《化工过程强化关键技术丛书》编委会

“十三五”国家重点出版物
出版规划项目

化工过程强化关键技术丛书

中国化工学会 组织编写

萃取过程强化技术

Extraction Process Intensification

任其龙 邢华斌 关怡新 等编著

化学工业出版社
·北京·

内容提要

《萃取过程强化技术》是《化工过程强化关键技术丛书》的一个分册。本书系统地介绍了液-液萃取这一经典化工分离技术在介质强化与外场强化两方面的最新研究成果，从萃取技术基本理论与发展历程入手（第一章），详细介绍了分子溶剂、离子液体、超临界流体、双水相体系等各类传统介质与新型介质在液-液萃取中的应用，重点阐述了各类新型介质的物化性质特点、萃取热力学与动力学强化机制以及萃取过程的影响因素（第二章～第五章），再着重介绍了各类外场强化萃取过程的原理、特点与应用（第六章），以及以微通道为代表基于新型设备的萃取过程强化（第七章），最后再简要介绍了萃取工艺发展过程中出现的若干工业化应用经典案例（第八章）。

《萃取过程强化技术》是编著者多年来在萃取技术领域多项国家和省部级科研成果的系统总结，提供了大量较为优秀的萃取技术应用实例，可供化工、材料、制药、环境、生物等领域科研人员、工程技术人员、生产管理人员以及高等院校相关专业本科生、研究生学习参考。

图书在版编目（CIP）数据

萃取过程强化技术/中国化工学会组织编写；任其龙等编著. —北京：化学工业出版社，2020.8

（化工过程强化关键技术丛书）

国家出版基金项目 “十三五”国家重点出版物出版规划项目

ISBN 978-7-122-36881-2

Ⅰ. ①萃… Ⅱ. ①中… ②任… Ⅲ. ①液液萃取-化工过程 Ⅳ. ①TF804.2

中国版本图书馆CIP数据核字（2020）第085837号

责任编辑：杜进祥　孙凤英　徐雅妮　任睿婷　　　装帧设计：关　飞
责任校对：王素芹

出版发行：化学工业出版社（北京市东城区青年湖南街13号　邮政编码100011）
印　　装：中煤（北京）印务有限公司
710mm×1000mm　1/16　印张25　字数514千字　2020年8月北京第1版第1次印刷

购书咨询：010-64518888　　售后服务：010-64518899
网　　址：http://www.cip.com.cn
凡购买本书，如有缺损质量问题，本社销售中心负责调换。

定　　价：198.00元

作者简介

任其龙， 中国工程院院士。1982 年和 1987 年分别获浙江大学学士、硕士学位，1998 年获浙江大学博士学位。现任浙江大学教授，生物质化工教育部重点实验室主任，浙江大学衢州研究院院长，兼任浙江省化工学会理事长，中国化工学会常务理事，中国化工学会超临界流体技术专业委员会主任委员，中国化工学会过程强化专业委员会副主任委员。曾任浙江大学化学工程与生物工程学院院长。

长期从事化工分离领域的应用基础研究和工程实践。曾主持国家重点研发计划项目、国家自然科学基金重点项目等。创建分子辨识分离工程平台技术，应用于组分极复杂、分子极相似生物基原料的分离，实现天然维生素 E、胆固醇、24- 去氢胆固醇等十余种高端化工医药产品的高效制造，产生了显著的经济和社会效益。发表 SCI/EI 收录论文 200 余篇，获授权发明专利 90 余件。作为第一完成人获国家技术发明奖二等奖 2 项（2009 年，2018 年）、省级科技一等奖 2 项。获第九届中国专利优秀奖、发明创业奖、赵永镐科技创新奖等荣誉。

丛书序言

化学工业是国民经济的支柱产业，与我们的生产和生活密切相关。改革开放 40 年来，我国化学工业得到了长足的发展，但质量和效益有待提高，资源和环境备受关注。为了实现从化学工业大国向化学工业强国转变的目标，创新驱动推进产业转型升级至关重要。

“工程科学是推动人类进步的发动机，是产业革命、经济发展、社会进步的有力杠杆”。化学工程是一门重要的工程科学，化工过程强化又是其中的一个优先发展的领域，它灵活应用化学工程的理论和技术，创新工艺、设备，提高效率，节能减排、提质增效，推进化工的绿色、低碳、可持续发展。近年来，我国已在此领域取得一系列理论和工程化成果，对节能减排、降低能耗、提升本质安全等产生了巨大的影响，社会效益和经济效益显著，为践行“绿水青山就是金山银山”的理念和推进化工高质量发展做出了重要的贡献。

为推动化学工业和化学工程学科的发展，中国化工学会组织编写了这套《化工过程强化关键技术丛书》。各分册的主编来自清华大学、北京化工大学、中北大学等高校和中国科学院、中国石油化工集团公司等科研院所、企业，都是化工过程强化各领域的领军人才。丛书的编写以党的十九大精神为指引，以创新驱动推进我国化学工业可持续发展为目标，紧密围绕过程安全和环境友好等迫切需求，对化工过程强化的前沿技术以及关键技术进行了阐述，符合“中国制造 2025”方针，符合“创新、协调、绿色、开放、共享”五大发展理念。丛书系统阐述了超重力反应、超重力分离、精馏强化、微化工、传热强化、萃取过程强化、膜过程强化、催化过程强化、聚合过程强化、反应器（装备）强化以及等离子体化工、微波化工、超声化工等一系列创新性强、关注度高、应用广泛的科技成果，多项关键技术已达到国际领先水平。丛书各分册从化工过程强化思路出发介绍原理、方法，突出应用，强调工程化，展现过程强化前后的对比效果，系统性强，资料新颖，图文并茂，反映了当前过程强化的最新科研成果和生产技术水平，有助于读者了解最新的过程强化理论和技术，对学术研究和工程化实施均有指导意义。

本套丛书的出版将为化工界提供一套综合性很强的参考书，希望能推进化工过程强化技术的推广和应用，为建设我国高效、绿色和安全的化学工业体系增砖添瓦。

中国科学院院士：费维扬

中国工程院院士：舒兴田

前言

分离是自古以来面临的难题，也是化学工程学科永恒的课题。众多分离方法中，萃取无疑是历史最久、应用最广的一种，千年以前的中国酿酒师已经运用萃取的方法来制取药酒。萃取是基于两相间的传质过程实现混合物分离的基本方法，在化学、化工、生物、环境、材料等领域都有着广泛的应用。该技术以分配定律为理论基础，通过建构不同的两相体系，选择性能各异的萃取剂、萃取方式、萃取流程和设备，提高相间分配的选择性和传质速率，实现萃取过程的强化，满足各类物质萃取分离的要求。19 世纪中叶以来，萃取开始系统地在化学化工领域应用，并形成了一系列相关的理论，经过将近 200 年的发展，萃取技术已经逐步成熟，不同领域的各式萃取设备层出不穷。进入 21 世纪以来，随着对物质分离的难度以及过程绿色化的要求越来越高，萃取分离技术在传统的以分子溶剂为主的液 - 液萃取基础上，发展出了基于离子液体、超临界流体、双水相体系等绿色介质和“可设计”介质的新型萃取方法，并且有一系列外场辅助手段被应用于强化萃取过程，从热力学和动力学两方面突破了传统萃取过程在分离效率上的瓶颈，极大地拓展了萃取分离的应用面，赋予了这一传统工艺崭新的生命力，并继续向着多元化、绿色化、精细化的方向迅速发展。

本书系统地介绍了液 - 液萃取这一经典化工工艺在介质与外场强化两方面的最新研究成果，从该技术的基本理论和发展历程起笔，重点围绕近年来研究比较深入、应用较为广泛的分子溶剂、离子液体、超临界流体、双水相体系等介质与外场强化技术在液 - 液萃取中的应用，阐述各类新型介质的物化性质特点、萃取热力学与动力学研究及其应用案例，再介绍各类外场强化萃取过程的原理、特点及应用，最后介绍经典的萃取设备以及萃取技术应用案例，以期为各位读者提供萃取工艺的“全景画面”，以及萃取工艺设计和设备选取时的重要参考。

本书主要分为八章，全书由任其龙负责确定结构框架、拟定编写要求。第一章由陈静雯撰写；第二章由杨亦文撰写；第三章由邢华斌等撰写；第四章由鲍宗必撰写；第五章由关怡新撰写；第六章由李敏撰写；第七章由杨启炜等撰写；第八章第一节由李敏撰写，第二节由张铭撰写，第三节由邢华斌撰写，第四节、第五节由鲍宗必撰写，第六节由邢华斌和杨启炜撰写。任其龙、杨亦文、张铭、杨启炜、张治国进行了全书的校审工作。另外，刘献献、崔希利等参与了第三章的撰写，周景怡、刘明杰参与了第七章的撰写。

本书的编写团队主要是浙江大学化学工程与生物工程学院二次资源化工国家专业实验室的教授 / 研究员团队。团队在萃取介质设计、结构相似物选择性萃取分离新方法构建、工业化分离工艺开发等方面做了大量的工作，积累了丰富的工程经验，为本书的编写打下了坚实的基础。在此对他们的辛苦工作表示诚挚的感谢。本书是多项国家技术发明奖、省部级科学技术奖、国家自然科学基金重点项目、国家高技术研究发展计划项目等成果的结晶，如获得国家技术发明奖二等奖的“天然活性同系物的分子辨识分离新技术及应用”和“食品功能因子高效分离与制备中的分子修饰与吸附分离耦合技术”、获得浙江省科学技术进步奖一等奖的“羊毛脂中甾醇同系物的高效分离及其副产物综合利用”等。真诚希望本书能为广大读者带来启迪与收获。

本书是由编写团队于百忙之中拨冗完成，虽然力求完美，尽可能全面地介绍国内外同行近年来出色的萃取技术研究，但难免有所遗珠或不足之处，还望读者不吝指正。

任其龙

2020 年 3 月于浙江大学

目录

第三章　离子液体萃取技术　/ 45

第六章　外场与介质辅助强化萃取技术 / 243

第七章　萃取设备　/ 282

第八章　工业化萃取技术示例 / 334

索引 / 378

第一章

萃取技术概论

第一节 萃取与萃取技术

分离一直是化工行业的主要课题之一，贯穿了化工行业从原料到产品的各个步骤，而萃取（extraction）是实验室和工业生产过程中最为经典的一种分离、提纯技术。从广义上理解，萃取过程包括液相到液相、固相到液相、气相到液相等传质过程。但在科学研究或实际生产中，“萃取”一词通常仅指液-液萃取[1,2]过程，即在两个不相混溶（或基本不混溶）的液相体系中，利用物质在两相中溶解度或分配系数的差异，将所需要的物质从一个液相转移到与其不混溶的另一个液相的传质过程。

早在一千多年以前，我国劳动人民就已开创性地将萃取法用于生产实践，如用有机溶剂（烧酒）提取药物或香花（如玫瑰花等）中有效成分，制备了药酒及香精。1842年，Péligot首次将萃取技术用于无机化学领域，采用乙醚从硝酸溶液中萃取硝酸铀酰 $UO_2(NO_3)_2$[3]。19世纪中期，Berthelot和Jungfleisch分析总结了一定数量的液-液平衡分配结果，并在此基础上对液-液萃取平衡进行了经验性的推断。1891年，Nernst根据热力学关系对此进一步阐明，并提出了著名的Nernst分配定律，即一种物质在不相混溶的两液相间进行分配时，在特定的温度下该物质在两相的浓度之比与物质的总量无关。Nernst分配定律为萃取化学和化工的发展奠定了最早的理论基础，并被用于处理溶液中各种溶质的化学平衡。1908年，Edeleanu首次采用液态二氧化硫为溶剂萃取罗马尼亚煤油中的芳烃，开启了溶剂萃取法在石油工业中应用的新时代。1925 年，研究者发现双硫腙（dithizone）可以作为萃取剂用于定量分析，打开了螯合萃取剂在分析化学中应用的新局面。

20 世纪 40 年代末期，人们发展了以磷酸三丁酯（TBP）为萃取剂的萃取工艺，此后发展成了在核燃料化学和稀有元素制备中广泛应用的 TBP 萃取工艺。1950 年，噻吩甲酰三氟丙酮（HTTA）被用作萃取剂，在热铀处理[4]及超铀元素分离中得到应用。此后，甲基异丁基酮作为萃取剂的核燃料后处理 Redox 流程、以二（2- 乙基己基）磷酸（HDEHP，即 P204）和长链脂肪胺为萃取剂从硫酸浸矿液中萃取铀等工艺流程不断被开发出来。此外，萃取法还被用于工业废水的处理，如处理丝厂的含锌废水、红矾钠厂的含铬废水、电镀厂的含铜和铬的废水等，减轻了工业生产对环境的污染。

目前，萃取法已被广泛用于无机化学、有机化学、分析化学等各个领域。在无机化学中，萃取过程主要用于冶金工业中提取、分离各种金属元素[5]，以现有的萃取技术，元素周期表中绝大多数元素都可以用萃取法进行提取和分离。萃取工艺在冶金工业中首先被用于核燃料的生产，随后在稀土及锆、铪等稀有元素的生产过程中得到应用，并进一步推广应用到铜、钴、镍等过渡金属元素的生产过程。在有机化工中，萃取法也有广泛的应用。例如，在石油化工中，萃取法常用于从石油中提取芳烃，精制糠醛，以及以石油基原料合成各种化学品的工艺过程；在煤焦油工业中，用于从煤焦油中分离苯酚及其同系物；在制药工业，用于抗生素及蛋白质类药物的提取、分离过程[6,7]。在分析化学中，研究者采用萃取法富集、分离痕量元素，从而大大提高分析结果的准确性[8]。近年来，得益于分析检测技术、计算机技术等领域的迅速发展，人们对萃取热力学、萃取动力学、化工系统工程等科学和技术问题的认识水平有了长足的提高，通过不断改良萃取设备，开发新型萃取剂和萃取工艺，显著提高了萃取效率[9]，并为萃取过程的进一步拓展应用创造了更加有利的条件。

萃取技术之所以在化学、化工各领域中有广泛的应用[9]，与其所具有的一系列优点密不可分。一般地，萃取过程具有如下特点：

（1）可实现快速、连续化生产，易于自动化控制，回收率较高，生产能力大。

（2）设备简单，操作条件温和，经济性较好。

（3）生产过程安全，有利于风险控制和环境保护。

第二节 萃取体系的分类

为了满足不同的分离要求，研究者开发了多种多样的萃取剂，萃取体系的组成也比较复杂，因此构成的萃取体系种类繁多。为了更好地认识并应用这些萃取体系，需要对不同体系进行深入研究，总结萃取规律，为构建更加高效、高选择性的萃取分离体系提供理论指导，因此有必要对其进行科学的分类，以更系统地进行研究。根据萃取体系的共性及个性，国内外学者提出了几种分类方法[10,11]，但由于不同时期对萃取过程的认识不一致，因此种种分类法之间有很大的不同。下面主要介绍 Irving 分类法、T.Sekine 分类法及徐光宪分类法。

一、Irving分类法

萃取体系的 Irving 分类法如表 1-1 所示。

表 1-1　Irving 的萃取体系分类法

序号	类　别	例　子
1	共价化合物萃取体系	氯仿从水溶液中萃取 I_2，四氯化碳从水溶液中萃取 OsO_4
2	螯合物萃取体系	8- 羟基喹啉、β- 双酮、铜铁试剂等对金属离子的萃取
3	无机酸及其盐类或络合金属酸萃取体系	乙醚从水中萃取三价铁，三辛胺从硫酸溶液中萃取六价铀
4	大型阴离子或阳离子萃取体系	氯仿萃取 $[(C_6H_5)_4As]^+ \cdot [ReO_4]^-$

二、T.Sekine分类法

1. 非电解质分子的萃取

在最简单的溶剂萃取体系中，溶质以分子的形式存在，并且不会在任一相中由于短程作用产生溶剂化作用。有机物质的溶剂萃取过程大多属于这一类，而在无机物质萃取中的应用例子较少，如某些气体元素、卤素分子、少数金属卤化物及氧化配合物。例如，氯仿对碘的萃取属于这一类。

2. 弱酸、弱碱的萃取

在液 - 液分配体系中，弱酸或弱碱在其离解可以忽略的范围内，可以被看做非电解质。弱酸随着 pH 的增加而使氢离子发生解离，导致分配比下降；而弱碱随着 pH 下降而使氢离子发生缔合，从而分配比减小。弱酸或弱碱的分配比与 pH 之间的依赖关系，是考虑这类物质的溶剂萃取时的重要参考，同时也对选择弱酸或弱碱萃取剂萃取各种金属离子提供参考。

3. 离子型盐类的萃取

水的介电常数很高，并且对带电组分具有很强的溶剂化作用，因此，对于各种离子型物质而言，水是最佳溶剂之一。尽管离子型化合物与水有很强的亲和力，水溶液中的一些离子型的盐类也能被萃取到有机溶剂中。这是因为庞大的分子或离子构成的物质一般是疏水的，根据相似相溶原理，当离子体积很大，且有机溶剂为极性溶剂时，就有可能实现上述萃取过程。此外，溶剂的高介电常数有利于被萃取的离子型物质的解离。

很多萃取体系中，水相中的阴离子和阳离子通常以离子对的形式被萃取出来，并且，一些离子对在有机溶剂中离解成离子。在某些体系中，被萃取金属离子与有机溶剂产生溶剂化。

4. 采用酸性萃取剂的萃取

为了萃取水溶液中带有正电荷的金属离子 M^{n+}，需要将其与等当量的不带电的阴离子结合，使其转化成另一不带电的组分。如上面所述，金属组分可以以离子对的形式被萃取。由于对于金属离子而言，可以找到许多能与其生成配合物的有机配体，因此，可采取配合物萃取的金属离子种类比离子对萃取的数量要多得多。此外，配合物形式萃取金属离子往往比离子对形式萃取金属离子更加有效。

5. 采用碱性萃取剂的萃取

该体系中的萃取剂主要为胺类萃取剂，主要是伯、仲、叔胺及季铵盐，前三种属于中等强度的碱性萃取剂，后者属于强碱性萃取剂。考虑到胺类化合物在水中的溶解度问题，用作萃取剂的有机胺的分子量通常在 250 ～ 600 之间。胺类萃取剂在青霉素萃取中具有较多的应用。

这类萃取剂的基本反应有：

（1）中和反应：胺与有机酸反应生成盐。

（2）化合反应：酸与胺盐或季铵盐反应生成盐。

（3）阴离子交换反应：被萃取酸的阴离子置换胺盐或季铵盐的阴离子。

6. 采用中性萃取剂的萃取

在有机相中，采用不带电的配体使物质溶剂化，从而将水相的溶质有效地萃取出来。有机相中的溶剂化，通常都是配合物中心金属离子的配位，或在被萃组分的氢离子和溶剂分子的阳离子之间形成氢键而实现。这种溶剂化现象，有时类似于水溶液中的水化作用，比较复杂。

三、徐光宪分类法

对萃取体系进行合理分类时，不仅要考虑萃取剂的性质，同时也要考虑被萃取物的特征及底液性质，即根据萃取机理或萃取过程中生成的萃合物的性质来分类。按照上述原则，徐光宪提出以下分类法 [1]。

1. 简单分子萃取体系

这类萃取的特点是被萃物在水相和有机相中均以中性分子的形式存在，溶剂与被萃物之间也没有化学结合，该体系中以有机溶剂为萃取剂。其典型的例子是碘单质在水相和有机相中的萃取分配，采用酯类（如醋酸丁酯）、酮类（如甲基异丁基酮）萃取抗生素或其他有机化合物均属于此类萃取体系。

值得注意的是，有时在此类萃取体系中也是允许存在化学反应的，如HTTA/H_2O/苯萃取体系中，HTTA在水溶液中发生电离：

$$\text{(C}_4\text{H}_3\text{S)}-\underset{\|}{\overset{\text{O}}{\text{C}}}-\underset{\text{H}}{\text{C}}=\overset{\text{O}\cdots\text{H}}{\text{C}}-\text{CF}_3 \rightleftharpoons \text{(C}_4\text{H}_3\text{S)}-\overset{\text{O}}{\text{C}}-\underset{\text{H}}{\text{C}}=\overset{\text{O}^-}{\text{C}}-\text{CF}_3 + \text{H}^+$$

HTTA

但是，这对萃取过程不会造成影响。在萃取过程中，HTTA在两相中进行物理分配，且与溶剂苯分子之间无化学反应，而不是TTA^-。

又如，OsO_4在水和CCl_4之间的萃取分配，也属于简单分子萃取范畴：

$$OsO_4/H_2O/CCl_4$$

OsO_4在有机相中发生聚合反应，生成$(OsO_4)_{4(o)}$：

$$4OsO_{4(o)} = (OsO_4)_{4(o)}$$

而在水相中，OsO_4存在两性的电离平衡：

$$OsO_4 + H_2O \rightleftharpoons H_2OsO_5 \rightleftharpoons H^+ + HOsO_5^-$$

$$H_2OsO_5 \rightleftharpoons OH^- + HOsO_4^+$$

尽管pH值影响OsO_4的萃取，但是决定体系是简单分子萃取体系的关键在于采用的是CCl_4从水溶液中萃取中性分子OsO_4，为物理分配，且OsO_4与CCl_4之间不存在化学反应。

简单分子萃取体系按照被萃物的性质不同，又可以被分为以下几种：单质萃取、难电离无机化合物萃取及有机化合物萃取[12]。分类及举例见表1-2。

表1-2 简单分子萃取体系的分类及举例

分　类	小类	举例
单质萃取	惰性气体	$He/H_2O/CH_3NO_2$
	卤素	$I_2/H_2O/CCl_4$
	其他单质	$Hg/H_2O/C_6H_{14}$
难电离无机化合物萃取	卤化物	$HgX_2/H_2O/CCl_4$ $AsX_3(SbX_3)/H_2O/CHCl_3$ $GeX_4(SnX_4)/H_2O/CHCl_3$

续表

分　类	小类	举例
难电离无机化合物萃取	硫氰化物	$M(SCN)_2/H_2O/R_2O$, M=Be, Cu $M(SCN)_3/H_2O/R_2O$, M=Al, Co, Fe
	氧化物	OsO_4 (RuO_4)/H_2O/CCl_4 $H_2O_2/H_2O/R_2O$
	其他	$CrO_2Cl_2/H_2O/CCl_4$ $HCN/H_2O/R_2O$
有机化合物萃取	有机酸	RCOOH（TTA, AcAc）/H_2O/R_2CO（R_2O, $CHCl_3$, CCl_4, C_6H_6, 煤油） $HOX/H_2O/C_6H_6$ $HDz/H_2O/CCl_4$
	有机碱	$ROH/H_2O/R_2CO$（$CHCl_3$, CCl_4, C_6H_6） $RSH/H_2O/CHCl_3$ RNH_2（R_2NH, R_3N）/H_2O/ 煤油
	中性有机化合物	R_2CO（R_2O, RCHO, R_2SO, TBP）/H_2O/ 煤油

2. 中性络合萃取体系

这类萃取体系中，被萃取物是中性分子，萃取溶剂本身也是中性分子，萃取剂与被萃物结合形成中性配合物而被萃取进入有机相。这类萃取体系在分析、分离中有广泛应用，在核燃料处理过程中，多采用这类萃取体系。根据萃取剂性质的不同，可以将中性络合萃取体系细分为以下几类：

（1）中性含磷萃取剂　中性含磷萃取剂是指磷酸$\mathrm{(HO)_2P({=}O)OH}$分子中，三个羟基分子全部被酯化或取代的化合物，例如：磷酸三烷基酯 $(RO)_3P{=}O$、烷基膦酸二烷基酯 $R(RO)_2P{=}O$、次膦酸酯 $R_2(RO)P{=}O$ 和三烷基氧化膦 $R_3P{=}O$；焦磷酸酯 $R_4P_2O_7$ 及其类似物；膦的有机衍生物 $(RO)_3P$；磷硫酰类化合物 $(RO)_3PS$、R_3PS。

（2）中性含氧萃取剂　这类萃取剂包括酮、醚、醇、酯、醛等，官能团为 $\gt C{=}O$ 或 $-\overset{|}{C}-O-$，它们从硝酸或弱酸性溶液中萃取金属盐，尤其是 $UO_2(NO_3)_2$，属于中性络合萃取。它们通过两种方式与被萃金属 M^{n+} 结合：一次溶剂化（萃取剂分子官能团与金属离子直接以配价键相结合）、二次溶剂化（萃取剂分子与金属离子通过氢键与第一配位层的分子相结合）。

（3）中性含氮萃取剂　例如吡啶（Py）萃取 $Cu(SCN)_2$，生成的萃合物为 $Cu(SCN)_2 \cdot (Py)_2$，其结构式为：

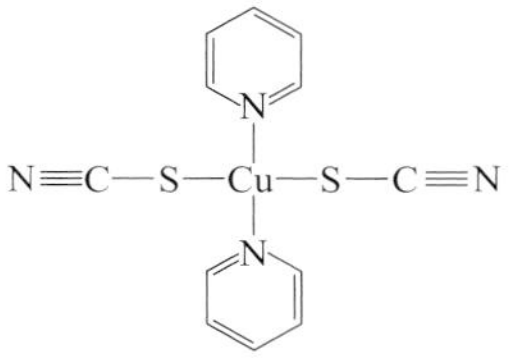

$$N\equiv C-S-\underset{\underset{N(C_5H_5)}{|}}{\overset{\overset{(C_5H_5)N}{|}}{Cu}}-S-C\equiv N$$

这里被萃物 $Cu(SCN)_2$ 及萃取剂吡啶均为中性分子，它们通过配位键生成中性分子，所以属于中性配合物萃取。

（4）中性含硫萃取剂　二甲基亚砜 $(CH_3)_2SO$、二苯基亚砜 $(C_6H_5)_2SO$ 等亚砜类化合物属于这类萃取剂。亚砜类萃取剂，如石油亚砜已成为稀有金属的特效萃取剂，二异辛基亚砜被用于青霉素 G 的萃取 [11,12] 中。

3. 螯合萃取体系

螯合萃取体系具有以下特点：①萃取剂是弱酸 HA 或 H_2A，它既溶于有机相也溶于水相（通常在有机相中溶解度大），在两相之间有一定的分配系数，与水相组成，尤其是水相 pH 值有关。②金属离子以阳离子 M^{n+} 或能离解成 M^{n+} 的络离子的形式存在。③在水相中 M^{n+} 与 HA 或 H_2A 作用，生成中性螯合物 MA_n 或 $M(HA)_n$ 等形式。④生成的中性螯合物不含亲水基团，因而难溶于水而易溶于有机溶剂，从而被萃取出来。

其基本萃取反应为：

$$M^{n+}_{(w)}+n\mathrm{HA}_{(o)}\rightleftharpoons \mathrm{MA}_{n(o)}+n\mathrm{H}^{+}_{(w)}$$

因为萃取平衡常数与 H^+ 的 n 次方有关，所以螯合萃取对 pH 的变化反应特别灵敏。在金属离子不发生水解的范围内，增加 pH 有利于萃取。因此，利用 pH 的不同可以达到分离的目的。

螯合萃取体系，根据萃取剂性质的不同，可以细分为以下五种：

（1）含氧螯合剂　即只含有 C、H、O，不含有 P、N、S 的螯合剂，如 β- 二酮类、羟基庚三烯酮等烯酮类化合物、水杨醛类、对醌二酚茜素等化合物，例如：

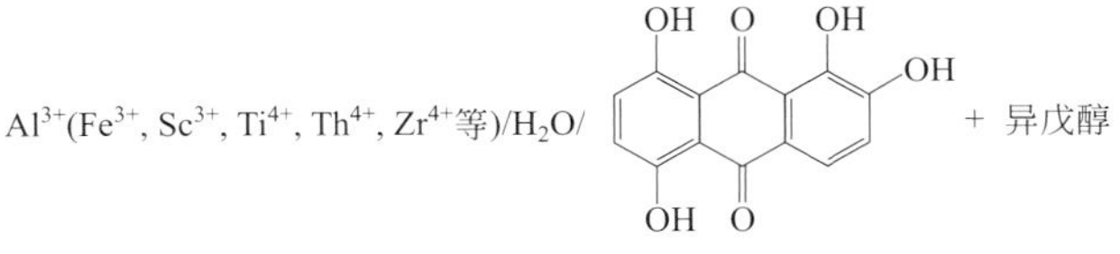

$Al^{3+}(Fe^{3+}, Sc^{3+}, Ti^{4+}, Th^{4+}, Zr^{4+}$等$)/H_2O/$ 醌茜素 + 异戊醇

醌茜素

（2）含氮螯合剂　只含有 C、H、N、O，不含 P、S 的螯合剂，如 8- 羟基喹啉及其类似物，二苯基乙二肟、二甲基乙二肟等乙二肟类化合物，水杨醛肟、二苯乙醇酮肟等单肟类化合物，铜铁试剂、新铜铁试剂等羟胺类化合物，α- 亚硝基 -β- 萘酚、β- 亚硝基 -α- 萘酚等亚硝基羟基类化合物，偶氮吡啶萘酚、硝基偶氮萘酚等偶氮酚类化合物以及安替匹灵及其类似物等。例如，镧在下列体系中可被定量萃取：

$$La^{3+}/H_2O\ (pH\ 7 \sim 10)/HOx\ (0.1mol/L)\text{-}CHCl_3$$

（3）含硫螯合剂　如双硫腙 HDz 及其类似物，*N*- 二乙基氨基硫代甲酸盐等氨基硫代甲酸盐化合物，黄原酸以及甲基 -3,4- 二硫酚等二硫酚类化合物。

（4）酸性磷萃取剂　只含 C、H、O、P，不含 N、S 的螯合剂，如磷酸二烷基酯、磷酸一烷基酯、焦磷酸二烷基酯（$R_2H_2P_2O_7$）等。

（5）羧酸及取代羧酸　如水杨酸、苯甲酸、环烷酸、脂肪酸和氯代羧酸等。

4. 离子缔合萃取体系

该体系的特点是：金属以络阴离子或络阳离子的形式存在于水相；水相中的阳离子或阴离子与该络离子以离子缔合的形式进入有机相。这类萃取剂的萃取反应有酸碱中和反应、阴离子交换反应和化合反应等 3 种。这一类萃取体系主要是胺类萃取剂。谢卫国等采用 N235 为萃取剂，萃取衣康酸属于离子缔合萃取 [13]。

离子缔合萃取可以细分为以下两类：

（1）阴离子萃取　金属形成络合阴离子，萃取剂与 H^+ 结合成阳离子，两者构成离子缔合体从而被萃取进入有机相。根据萃取剂为 N、O、P、S、As、Sb 等不同类型的成盐原子，阴离子萃取又可分为以下几类：锌盐萃取、铵盐萃取、钾盐萃取、鳞盐萃取、锑盐萃取、硫酸盐萃取、锡盐萃取、铅盐萃取、碘盐萃取等。

（2）阳离子萃取　金属离子与中性螯合剂（如联吡啶、邻二氮菲及联喹啉膦氧化物等）结合，形成螯合阳离子，然后联合水相中存在的较大的阴离子（如 ClO_3^-），形成离子缔合体系而溶于有机相中，例如联吡啶的氯仿溶液可以从水相中萃取氯酸铁：

$Fe(ClO_3)_2/H_2O/$（联吡啶结构式）$-CHCl_3$

生成的萃合物为

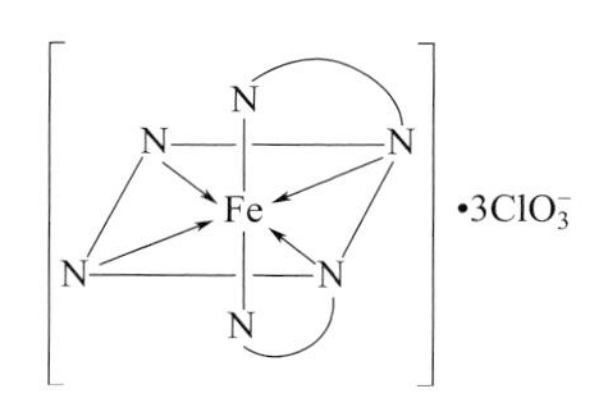

上图中N⌒N代表联吡啶分子。邻二氮杂菲及其衍生物等类似吡啶的结构，其氯仿溶剂也可以萃取水相中的氯酸铁及其他金属离子。

此外，金属离子还可以与某些大阴离子形成离子缔合物而被苯萃取。如水相存在多聚卤化物、四苯基硼化物和磺酸类化合物时，一些一价金属离子可以被有机溶剂萃取。

5. 协同萃取体系

早在 1954 年就有人发现，采用 HTTA 和 TBP 的苯溶液从硝酸介质中萃取镨和铵时，体系的分配比比单独使用两种萃取剂时的分配比之和大。但是这一现象在当时并没有引起人们的注意。随后，1956 年 Blake 等在研究二（2- 乙基己基）磷酸（HDEHP）从硫酸溶液中萃取铀的各种破乳剂（它能在碳酸钠溶液反萃时阻止第三相的生成）时，发现了所谓的协同效应[14]。徐光宪等对协同萃取体系的分类、原理及规律进行了系统论述，并定义同时含有两种或两种以上萃取物的体系称为二元或多元萃取体系，在这类萃取体系当中，如金属离子的分配系数 $D_{协}$显著大于每一萃取剂在相同浓度下单独使用时的分配系数之和 $D_{加和}$，这一现象被称作协同效应。反之，如混合萃取剂对金属的萃取比显著小于单独使用各萃取剂时的分配比之和，则称为反协同效应。若 $D_{协} \approx D_{加和}$，则无协同效应，该体系被称为理想混合萃取体系。理想的混合体系必须满足两个条件：①两种萃取剂之间无相互作用；②体系中不生成包含两种萃取剂的协萃配合物。

6. 高温萃取体系

在核燃料后处理工艺中，人们曾研究用高温的液 - 液萃取来分离裂变产物。

（1）熔融盐萃取　例如，以铀 - 铋合金为核燃料元件，经照射后熔融，其中所含的各种裂变产物，可用熔融的 $MgCl_2$ 来萃取：

$$\text{裂变产物 /0.2\% 铀 - 铋合金（熔融）/}\left\{\begin{matrix} MgCl_2 \\ KCl \\ NaCl \end{matrix}\right\}\text{（熔融）}$$

加入 KCl 和 NaCl 的目的是使熔点降低。$MgCl_2$ 能使裂变产物中的ⅠA，ⅡA，ⅢA 族和稀土元素金属氧化，而本身被还原为 Mg，进入铀 - 铋合金中（作为再生的燃料元件中含有少量镁并无妨碍），反应如下：

$$2Na^* + MgCl_2 \longrightarrow 2Na^*Cl + Mg$$

上标 * 表示放射性元素。这样裂变产物就转移到熔盐中，而与熔融的铀 - 铋金属分离。

（2）熔融金属萃取　例如熔融的金属镁与照射过的熔融的金属铀棒接触，钚便溶于金属镁中，而与铀分离。

Pu/U（熔融）/Mg（熔融）

然后 Pu-Mg 合金可用蒸馏法把 Mg 蒸出，达到 Pu 与 Mg 分离。

（3）高温有机溶剂萃取　例如用 TBP 的多联苯溶液，在 150℃，从 $LiNO_3$-KNO_3 低共熔混合物（熔点为 130℃）中可以萃取 Eu、Nd、Am、Cm、Np（Ⅵ）、U（Ⅵ）等硝酸盐，其萃取分配比比从相应的硝酸水溶液中萃取时提高 100 ～ 1000 倍。

第三节　萃取过程强化技术及展望

萃取技术经过百余年的发展，已广泛应用于化工行业的各个领域，各类新型的萃取工艺和设备层出不穷，但是其不足也逐步暴露出来，例如：萃取过程的产品纯度往往不够高，仍需配合其他分离手段进一步提纯；萃取剂用量大，回收利用过程需消耗较多能量；萃取剂的挥发性、毒性等，这些问题制约着萃取技术乃至整个化学工业的高质量发展。进入21世纪以来，我国化学工业转型升级的迫切需求对萃取技术的发展提出了绿色化、可持续化的更高要求[15]，与此同时，人类社会对于以高纯度、高附加值为重要特征的高端化学品的不懈追求更对萃取技术的进步提出了新的挑战[16]。在这种背景下，以突破传统萃取过程效率局限、实现萃取绿色化和高端化为目标的萃取过程强化技术得到了迅速发展，在深入认识萃取过程关键科学问题的基础上，各类基于介质、外场、装备的强化手段如雨后春笋，不断涌现[17-20]。

萃取过程的效率取决于萃取热力学与萃取动力学两个方面，各种萃取强化技术的基本思路都是围绕其中一方面展开或两方面同时展开。从热力学角度，传统萃取过程的瓶颈在于萃取剂的物化性质可调范围小、分子辨识能力弱，导致对于结构相似物质的萃取选择性低、选择性与容量难以兼顾，因此需从微观层次上精准辨析待分离对象的分子特征，对萃取剂结构进行创新设计，强化萃取剂的氢键、π-π键等特异性作用能力与多位点协同作用能力。从动力学角度，往往需利用外部能量在液滴内部或液滴周围产生高强度的湍动，增大液滴内外的传质系数或传质面积，降低传质阻力，提高传质速率。例如，以离子液体为介质的萃取分离，不仅可解决传统有机溶剂的挥发性问题，而且为提高分离对象的选择性提供了新的可能。原来分离度非常小、难以通过萃取方法实现分离的体系，也可以通过设计离子液体的结构，增强对某个组分的亲和溶解能力，扩大与混合物中其他组分的分配系数差异，以较小的理论板数和萃取剂消耗达到高效的分离[21-23]；超临界流体萃取则是利用超临界流体独特的密度、压力、黏度等性质，从热力学和动力学两方面来强化萃取、提高萃取效率，并具有不使用有机溶剂、绿色环保的突出优势；超声与微波辅助萃取技术通过外场强化萃取传质过程；微通道萃取则是利用微型或极微型设备的尺寸效应强化传质[13,24]。诸如这些过程，以通常的萃取方法是难以实现的。

在工业技术高速发展的时代，各类高难度的分离课题不断涌现，萃取技术也随时面临新的挑战，而各类萃取过程强化技术的出现，无疑为萃取技术注入了新的生命力，使其在新时代的化学工业中贡献更大的力量。但是，各类萃取强化技术虽具有其各不相同的优势，多数研究仍停留在实验室探索与工艺研究的阶段，仍存在许多问题，如对处理对象有特殊要求、不具普适性，或对分离介质和设备有较高要求，影响到过程的技术经济性，限制了在更多领域的工业化应用。这些问题也为萃取强化技术在今后的进一步发展指明了方向。

本书将在后面章节中对近年来得到广泛关注的几类萃取过程强化技术做详细介绍，以期为读者提供参考。

参考文献

[1] 汪家鼎，陈家镛．溶剂萃取手册 [M]. 北京：化学工业出版社，2001.

[2] Kocúrová L, Balogh I S, Šandrejová J, et al. Recent advances in dispersive liquid-liquid microextraction using organic solvents lighter than water. a review[J]. Microchemical Journal, 2012, 102: 11-17.

[3] 马荣骏．溶剂萃取在湿法冶金中的应用 [M]. 北京：冶金工业出版社，1979.

[4] 李洲．液 - 液萃取在制药工业中的应用 [M]. 北京：中国医药科技出版社，2005.

[5] 李洲，廖史书，雷文．制药工业中溶剂萃取技术的机制和应用发展方向 [J]. 中国医药工业杂志，1996，27(2)：89-94.

[6] 刘克本．溶剂萃取在分析化学中的应用 [M]. 北京：高等教育出版社，1965.

[7] 李以圭，李洲，费维扬．液 - 液萃取过程和设备 [M]. 北京：原子能出版社，1981.

[8] Sekine T, Hasegawa Y. Solvent extraction chemistry: fundamentals and applications[M]. New York: Dekke, 1977.

[9] 卡尔金 H П. 铀精矿处理工艺学 [M]. 北京：科学出版社，1963.

[10] 福明 B B. 萃取动力学 [M]. 张帆译．北京：原子能出版社，1988.

[11] 徐光宪，王文清，吴瑾光，等．萃取化学原理 [M]. 上海：上海科学技术出版社，1984.

[12] 高自立，孙思修，沈静兰．溶剂萃取化学 [M]. 北京：科学出版社，1991.

[13] Kurt S K, Gelhausen M G, Kockmann N. Axial dispersion and heat transfer in a milli/microstructured coiled flow inverter for narrow residence time distribution at laminar flow [J]. Chemical Engineering & Technology, 2015, 38: 1122-1130.

[14] 关根达也，长谷川佑子．溶剂萃取化学 原理和应用 [M]. 腾藤译．北京：原子能出版社，1981.

[15] 杨占财．新形势下我国化工行业转型研究 [J]. 化学工程与装备，2008, 12: 98-100.

[16] 庞晓华．跨国化企看好高附加值产业前景 [J]. 中国石油和化工，2011, 10:38-40.

[17] Goyal G, Dwivedi A K. Decolourization and deodourization of soyabean oil[J]. Journal of Industrial Pollution Control Paper, 2013, 29(1): 103-110.

[18] Ding Q, Cui X, Xu G, et al. Quantum chemistry calculation aided design of chiral ionic liquid-based extraction system for amlodipine separation[J]. AIChE Journal, 2018, 64(11): 4080-4088.

[19] Adamo A, Beingessner R L, Behnam M, Chen J, Jamison T F, Jensen K F, Monbaliu J M, Myerson A S, Revalor E M, Snead D R, Stelzer T, Weeranoppanant N, Wong S Y, Zhang P. On-

demand continuous-flow production of pharmaceuticals in a compact, reconfigurable system[J]. Science, 2016, 352: 61-67.

[20] Jin W, Yang Q, Zhang Z, et al. Self-assembly induced solubilization of drug-like molecules in nanostructured ionic liquids[J]. Chemical Communications, 2015, 51(67): 13170-13173.

[21] Wu H, Yao S, Qian G, et al. A resolution approach of racemic phenylalanine with aqueous two-phase systems of chiral tropine ionic liquids[J]. Journal of Chromatography A, 2015, 1418:150-157.

[22] Ventura S P M, Silva E F A, Quental M V, Mondal D, Freire M G, Coutinho J A P. Ionic-liquid-mediated extraction and separation processes for bioactive compounds: past, present, and future trends[J]. Chemical Reviews, 2017, 117: 6984-7052.

[23] Ren Q, Xing H, Bao Z, Su B, Yang Q, Yang Y, Zhang Z. Recent advances in separation of bioactive natural products[J]. Chinese Journal of Chemical Engineering, 2013, 21:937-952.

[24] Jensen K F, Reizman B J, Newman S G. Tools for chemical synthesis in microsystems[J]. Lab on a Chip, 2014,14: 3206-3212.

第二章

分子溶剂萃取技术

液 - 液萃取的主要目的是对两个组分以上的混合物进行分离。分离效果可用产品纯度和回收率进行评价。分子溶剂萃取是最经典的萃取方法，其在科学研究和工业生产中都起到非常大的作用。本章重点在于萃取流程的设计、选择和工艺计算，以此作为萃取设备设计和选型的基础。在萃取计算中，重点解决要达到特定分离效果需要的平衡级数。

分子溶剂萃取可分为三种，分别是单级萃取、逆流萃取和分馏萃取。单级萃取可用于选择萃取剂和萃取工艺条件，对一些分配系数和选择性都很大的体系，或者对分离要求不高的体系，也可用于工业生产。由于萃取相与进料液呈平衡状态，多级逆流萃取可望得到高收率，但是纯度不够高的产品。分馏萃取特别适合分离双组分混合物，可望以高收率同时得到两个高纯度的化合物。工业上常用的萃取流程是逆流萃取和分馏萃取。

分子溶剂萃取过程的强化方法则是选择合适的萃取剂，以期得到好的分配系数和选择性；加强传质，以期提高级效率。

本章最后概要介绍了分子溶剂萃取的应用领域。

第一节　分子溶剂萃取基本流程

分子溶剂萃取分离流程见图 2-1。不失一般性，图中将原料溶于溶剂水中，再用有机溶剂（含萃取剂）萃取，得到有机相（以 O 表示）和水相（以 W 表示）。再分别去除溶剂，得到两种产品，记为产品 1 和产品 2。

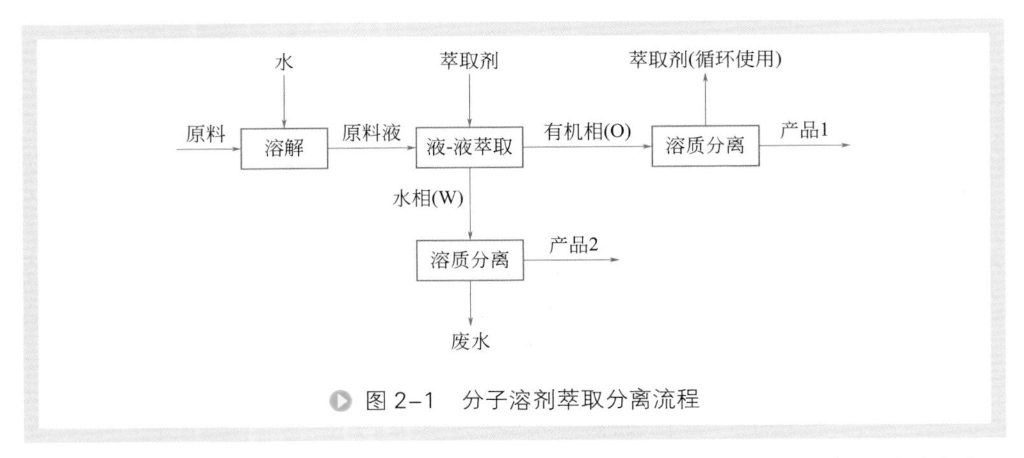

图 2-1　分子溶剂萃取分离流程

如果原料不溶于水，则可用有机溶剂，此时，液-液萃取时的两相均为有机相。溶剂都要循环使用。

一、逐级萃取过程

显然，液-液萃取步骤是整个流程的核心。在液-液萃取阶段，可采用逐级接触设备，如混合澄清槽；也可采用连续接触设备，如填料塔。逐级接触过程可分为单级萃取、多级错流萃取、多级逆流萃取、分馏萃取等操作过程。下面简要介绍流程。

1. 单级萃取

单级萃取的流程见图 2-2。图中萃取步骤只有一级，是最简单的萃取过程。萃取时，原料液与萃取剂进行一次混合与澄清过程，得到有机相和水相。

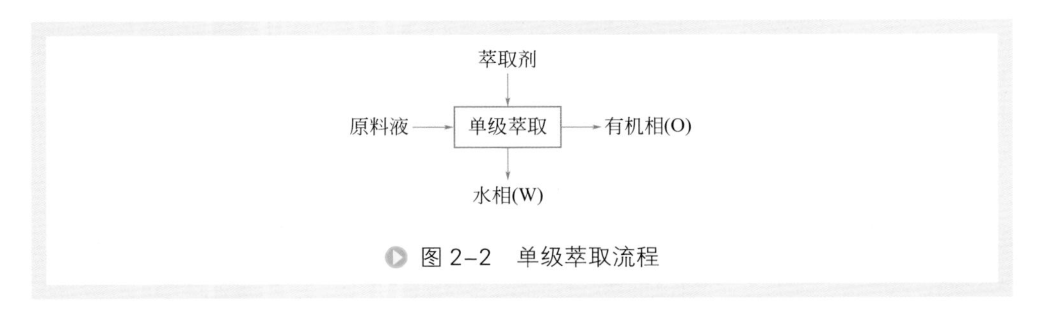

图 2-2　单级萃取流程

2. 多级错流萃取

多级错流萃取又称为重复萃取，指每级都用新萃取剂。流程见图 2-3。各级萃取相合并后成为有机相，因此，浓度较低。

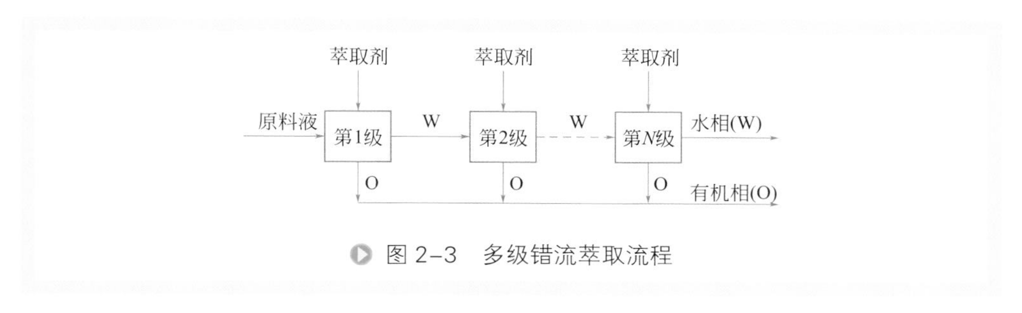

图 2-3 多级错流萃取流程

3. 多级逆流萃取

多级逆流萃取在工业上有广泛应用，流程见图 2-4。原料液从第 1 级进入，与浓度最高的有机相接触。萃取剂从最后一级进入，与浓度最低的水相接触。原料液与萃取剂逆向流动，可以显著提高产品纯度和有机相中的溶质浓度。

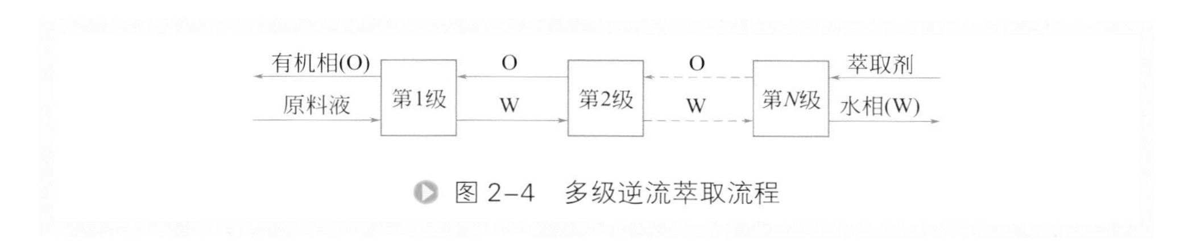

图 2-4 多级逆流萃取流程

4. 分馏萃取

分馏萃取是在逆流萃取的基础上增加一个洗涤段，见图 2-5。图中第 1 级到第 N 级为萃取段，第 1′ 级到第 M 级为洗涤段。洗涤液可以是纯溶剂，也可以由产品溶于溶剂中配成。当洗涤液由产品配成时，可以得到高纯度的有机相产品。容易看出，分馏萃取过程中，萃取段和洗涤段的相比是不同的。

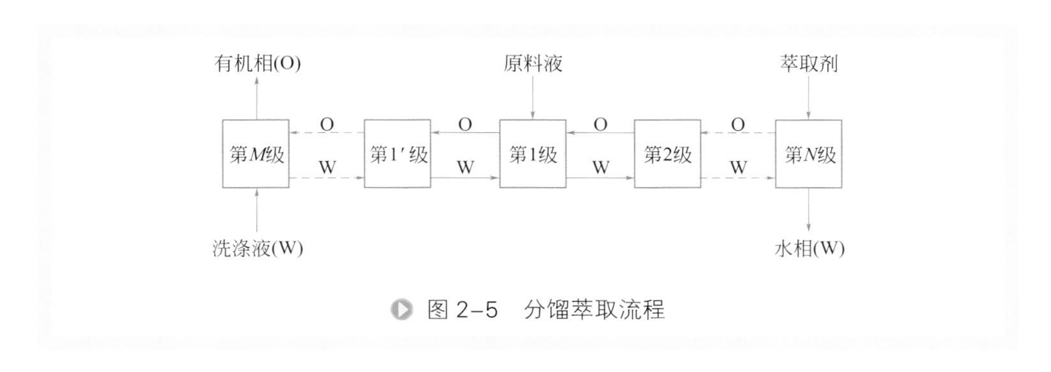

图 2-5 分馏萃取流程

二、微分接触逆流萃取过程

与逐级接触萃取过程不同，采用塔式萃取设备时，连续相和分散相逆流流动，并进行质量传递，两相的浓度沿塔高连续变化的过程称为微分接触过程。分散相的聚合及两相的分离在萃取塔的两端完成。此时，主要有两种流程安排，见图 2-6 和图 2-7。图 2-6 与图 2-4 类似，为逆流萃取过程，没有洗涤段。图 2-7 与图 2-5 类似，有洗涤段，为分馏萃取过程，可以得到高纯度的有机相产品。

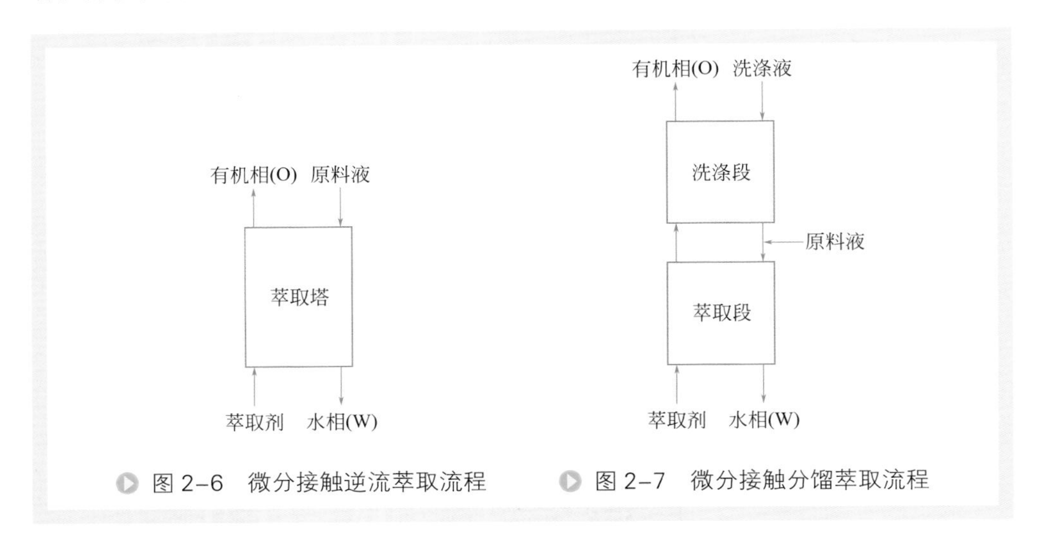

图 2-6　微分接触逆流萃取流程

图 2-7　微分接触分馏萃取流程

第二节　分子溶剂萃取过程基本计算

一、萃取过程物料衡算

液 - 液萃取过程中有三个基本参数：分配系数 D、选择性系数 β 和萃取率 E。分配系数 D 指溶质在两相中的平衡浓度之比：

$$D_A = c_{A,O}/c_{A,W}$$

$$D_B = c_{B,O}/c_{B,W} \tag{2-1}$$

式中　D_A——A 组分的分配系数；

D_B——B 组分的分配系数；

$c_{A,O}$——平衡时有机相中 A 组分的浓度；

$c_{A,W}$——平衡时水相中 A 组分的浓度；

$c_{B,O}$——平衡时有机相中 B 组分的浓度；

$c_{B,W}$——平衡时水相中 B 组分的浓度。

选择性系数 β 指分配系数之比，即：

$$\beta = D_A / D_B \tag{2-2}$$

萃取率指一次萃取过程中有机相的溶质量与两相之中总溶质量之比，即：

$$E_A = D_A\theta/(D_A\theta+1)$$

$$E_B = D_B\theta/(D_B\theta+1) \tag{2-3}$$

式中 E_A——组分 A 的萃取率；

E_B——组分 B 的萃取率；

θ——相比，即有机相与水相的体积比。

1. 单组分萃取

单组分萃取的目的是从水相中提取溶质，如从水相中回收产品、从废水中去除污染物等。其主要评价指标是溶质回收率和溶剂用量，即要求有机相中的溶质浓度高、萃余水相中的溶质浓度低。

以从溴水溶液中萃取回收溴为例，简析单级萃取、多级错流萃取和多级逆流萃取的区别。

表 2-1　溴在四氯化碳－水体系中的平衡数据

水相中溴浓度 /（g/L）	有机相中溴浓度 /（g/L）	溴分配系数 D
14.420	545.2	37.81
7.901	252.8	32.00
5.651	172.6	30.54
2.054	58.36	28.41
0.7711	21.53	27.92
0.5761	15.72	27.29
0.4476	12.09	27.01
0.3803	10.27	27.00
0.24789	6.691	26.99

以四氯化碳为萃取剂萃取溴水溶液中的溴。原料液组成为 15g/L 溴。平衡数据见表 2-1[1]。

单级萃取：为简单起见，假设溴的分配系数不变，取 27.0，则按照式（2-3），单级萃取时，萃取率与相比的关系见表 2-2。由表 2-2 可见，萃取率与相比有很大关系。因此，相比是一个有用的工艺参数。并且，相比变化时会影响有机相的浓度，直接影响最终产品分离。

多级错流萃取：多级错流萃取的流程见图 2-3。对任意一级进行物料衡算，有：

$$V_W c_{A,F} = V_O c_{A,O} + V_W c_{A,W} \tag{2-4}$$

表 2-2　单级萃取时溴萃取率与相比的关系

相比 θ	溴萃取率 /%	有机相中溴浓度 /（g/L）	水相中溴浓度 /（g/L）
0.1	72.97	109.45	4.055
1	96.43	14.46	0.5355
10	99.63	1.499	0.0555

重排后得：

$$(c_{\mathrm{A,F}}-c_{\mathrm{A,W}})/c_{\mathrm{A,O}}=\theta \tag{2-5}$$

式中　V_{W}——进料体积；

V_{O}——萃取相体积；

$c_{\mathrm{A,F}}$——进料浓度；

$c_{\mathrm{A,O}}$——萃取相浓度；

$c_{\mathrm{A,W}}$——萃余相浓度。

仍然假设溴的分配系数不变，取 27.0，则相比为 1 时四级错流萃取的结果见表 2-3。表中最后一行表示用与错流萃取总体积相同的萃取剂进行单级萃取的效果，此时相比为 4，以资比较。由表 2-3 可见，跟单级萃取比较，采用多级错流萃取的优势是明显的，表现为回收率高（四级萃取时高达 99.997%），有机相浓度高，特别是剩余水相中溴的浓度很低。

表 2-3　多级错流萃取结果（相比 =1）

级数	水相浓度 /（g/L）		有机相			
	进料	萃余相	萃取相浓度 /（g/L）	萃取率 /%	总萃取率 /%	平均浓度 /（g/L）
1	15.00	0.5355	14.46	96.43	96.43	14.46
2	0.5355	0.0191	0.5164	96.43	99.87	7.488
3	0.0191	0.000682	0.0184	96.34	99.993	4.998
4	0.000682	0.0000244	0.000658	96.48	99.997	3.749
单级	15.00	0.1376	3.715	99.08	99.08	3.715

多级逆流萃取：多级逆流萃取流程见图 2-4。对任意一级，如第 i 级进行物料衡算，有：

$$V_{\mathrm{O}}[(c_{\mathrm{A,O}})_i-(c_{\mathrm{A,O}})_{i+1}]=V_{\mathrm{W}}[(c_{\mathrm{A,W}})_{i-1}-(c_{\mathrm{A,W}})_i] \tag{2-6}$$

重排后得：

$$\theta=V_{\mathrm{O}}/V_{\mathrm{W}}=[(c_{\mathrm{A,W}})_{i-1}-(c_{\mathrm{A,W}})_i]/[(c_{\mathrm{A,O}})_i-(c_{\mathrm{A,O}})_{i+1}] \tag{2-7}$$

仍然假设溴的分配系数不变，取 27.0，则相比为 1 时四级逆流萃取的结果见表 2-4 和图 2-8。图 2-8 中箭头上的数字表示溴浓度（g/L）。

表 2-4　多级逆流萃取结果（相比 =1）

级数	水相浓度 /（g/L）		有机相			
	进料	萃余相	萃取相浓度 /（g/L）	萃取率 /%	总萃取率 /%	平均浓度 /（g/L）
1	0.0007622	0.00002722	0.000735	96.43	99.9998	0.000735
2	0.02058	0.0007622	0.02055	96.30	99.995	0.02055
3	0.5556	0.02058	0.5556	96.30	99.86	0.5556
4	15.00	0.5556	15.00	96.30	96.30	15.00
单级	15.00	0.5355	14.46	96.43	96.43	14.46

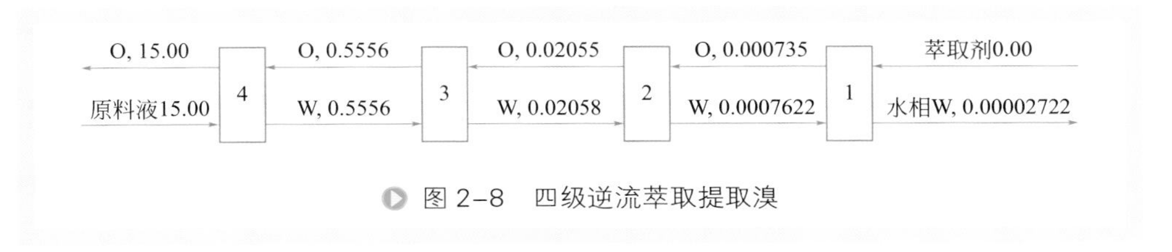

图 2-8　四级逆流萃取提取溴

比较表 2-4 和表 2-3 可见，多级逆流萃取比多级错流萃取有很大优势，表现在可以用四分之一的萃取剂量，得到相似的萃取效果，即溴回收率达到 99.9998%，剩余水相中的溴浓度达到 0.00002722g/L，并且有机相的浓度高，有利于后续分离。

2. 双组分萃取

双组分萃取的主要目的是两个溶质组分之间的分离。因此，主要评价指标是溶质回收率和产品纯度。

假设 A 为易萃取组分，其无限稀释下的分配系数为 10，B 为难萃取组分，其无限稀释下的分配系数为 1。原料液中 A 和 B 的浓度均为 1g/L。

应该注意，分配系数与溶质浓度密切相关。双组分存在时，它们的平衡关系会互相影响，因而分配系数不能简单地用单组分的分配系数代替。

在许多萃取体系中，任意组分 X 的分配系数 D_X 与游离配体浓度 c_L 有关，可以写成[2]：

$$D_X = c_{X,O} / c_{X,W} = D^0 c_L^n = D^0 (c_{L,Otot} - m c_{X,O})^n \quad (2\text{-}8)$$

式中　D^0——组分 X 在无限稀释下的分配系数；

$c_{L,Otot}$——萃取相中配体 L 的总浓度；

m, n——系数。

设 m=n=2，则有：

$$D_A = c_{A,O} / c_{A,W} = 10[1 - 2(c_{A,O} + c_{B,O})]^2$$

$$D_B = c_{B,O}/c_{B,W} = 1[1-2(c_{A,O}+c_{B,O})]^2 \quad (2-9)$$

物料衡算式为：

$$c_{A,F} = c_{A,W} + \theta c_{A,O}$$

$$c_{B,F} = c_{B,W} + \theta c_{B,O} \quad (2-10)$$

式中，下标 F 表示原料液。

已知 $c_{A,F}$，$c_{B,F}$，θ，由式（2-9）和式（2-10）可解出 $c_{A,O}$，$c_{A,W}$，$c_{B,O}$，$c_{B,W}$。

（1）单级萃取：考虑上述例子，A 为易萃取组分，B 为难萃取组分，原料液中 A 和 B 的浓度均为 1.00g/L，当 θ=4 时，单级萃取的计算结果见表 2-5。可见单级萃取难以得到高纯度的产品。

（2）多级错流萃取：继续上述例子，采用四级错流萃取，每次萃取剂用量与原料液体积相同，即相比 =1，计算结果见表 2-6。表中还列出总萃取剂量相同时单级萃取的效果，以资比较。从表 2-6 可见，四级错流萃取 A 的回收率可从 85.6% 提高到 95.3%，但是纯度没有明显提高（从 69.7% 提高到 72.0%）；水相中 B 的回收率可达 37.0%，与单级萃取（37.3%）相当，但是纯度却从 81.3% 提高到 93.1%。因此，多级错流萃取的主要作用是提高易萃取组分的回收率、难萃取组分的纯度。

表 2-5　单级萃取时的计算结果（相比 =1）

项目	$c_{A,W}$ /（g/L）	$c_{A,O}$ /（g/L）	E_A /%	$c_{B,W}$ /（g/L）	$c_{B,O}$ /（g/L）	E_B /%	A 的纯度 /%	B 的纯度 /%
原料液	1.00	—	—	1.00	—	—	—	—
单级萃取	0.144	0.214	85.6	0.627	0.093	37.3	69.7	81.3

表 2-6　多级错流萃取时回收率和纯度计算结果（相比 =1）

级数	$c_{A,W}$ /（g/L）	$c_{A,O}$ /（g/L）	E_A/%	$c_{B,W}$ /（g/L）	$c_{B,O}$ /（g/L）	E_B/%	A 的纯度 /%	B 的纯度 /%
1	0.662	0.338	33.8	0.951	0.049	4.9	87.4	59.0
2	0.371	0.291	62.9	0.882	0.069	11.8	84.2	70.4
3	0.158	0.212	84.2	0.778	0.104	22.2	79.1	83.1
4	0.047	0.111	95.3	0.630	0.147	37.0	72.0	93.1
单级萃取	0.144	0.214	85.6	0.627	0.093	37.3	69.7	81.3

（3）多级逆流萃取：继续上述例子，采用四级逆流萃取，相比 =3，计算结果见表 2-7。

表 2-7 多级逆流萃取的计算结果（相比 =3）

级数	水相浓度 /（g/L）		有机相浓度 /（g/L）	
	进料	萃余相	进料	萃取相
1. 易萃取组分 A				
1	1.00	0.686	0.227	0.332
2	0.686	0.265	0.086	0.227
3	0.265	0.058	0.017	0.086
4	0.058	0.006	0.0	0.017
2. 难萃取组分 B				
1	1.00	1.208	0.127	0.058
2	1.208	1.491	0.221	0.127
3	1.491	1.496	0.223	0.221
4	1.496	0.826	0.0	0.223

由表 2-7 可以算出有机相中 A 的回收率为 0.332×3/1.00=99.6%，纯度为 0.332/(0.332+0.058)=85.1%；水相中 B 的回收率为 0.826/1.00=82.6%，纯度为 0.826/(0.826+0.006)=99.3%。与错流萃取比较，优势是明显的。逆流萃取对难萃取组分的分离有很大作用，对 A 组分也有明显作用。

（4）分馏萃取：分馏萃取的流程即在多级逆流萃取的基础上增加一个洗涤段，见图 2-5。针对上述例子，将四级逆流萃取得到的有机相再经过洗涤，洗涤液由洗涤后的产品除去溶剂后配成。取相比 10，四级洗涤的计算结果见表 2-8。由表 2-8 可见，经过四级洗涤后，易萃取组分 A 的纯度可从 85.1% 提高到 0.350/(0.350+0.00014)=99.96%，效果非常明显。洗涤段的水相组成为 A 0.297g/L，B 0.0041g/L，返回到逆流萃取段。这样，B 组分的回收率也有很大提高。因此，分馏萃取特别适合于双溶质组分的分离，可望以高收率同时得到高纯度的 A 和 B 产品。

表 2-8 分馏萃取洗涤段的回收率和纯度计算结果（相比 = 10）

级数	水相浓度 /（g/L）		有机相浓度 /（g/L）	
	进料	萃余相	进料	萃取相
1. 易萃取组分 A				
1	0.500	0.390	0.339	0.350
2	0.390	0.328	0.333	0.339
3	0.328	0.299	0.329	0.333
4	0.299	0.297	0.332	0.329

续表

级数	水相浓度 / (g/L)		有机相浓度 / (g/L)	
	进料	萃余相	进料	萃取相
2. 难萃取组分 B				
1	0.0002	0.0016	0.00028	0.00014
2	0.0016	0.0027	0.00039	0.00028
3	0.0027	0.0035	0.00047	0.00039
4	0.0035	0.0041	0.0584	0.00047

二、图解法计算平衡级

平衡级是液 - 液萃取过程中的重要参数，表示一个萃取过程所需的理论级数。图解法因为直观而获得广泛应用。不过，精度有限。

1. 错流萃取过程平衡级的图解法

以表 2-1 所示的平衡数据为例，得到图 2-9 所示的萃取等温线。由式（2-5）得

$$c_{A,O} = -1/\theta(c_{A,F} - c_{A,W}) \tag{2-11}$$

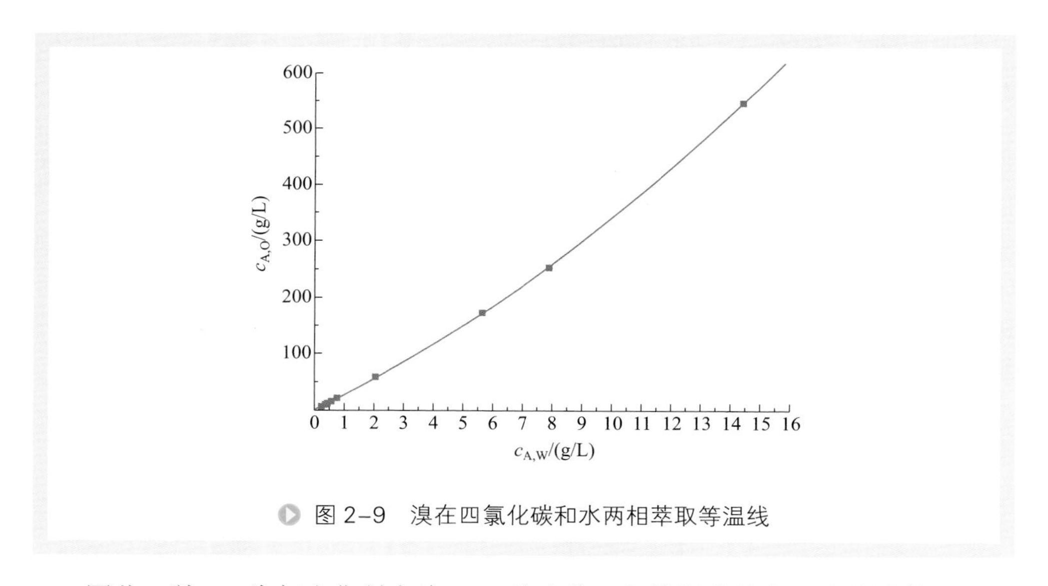

图 2-9 溴在四氯化碳和水两相萃取等温线

因此，以 $c_{A,F}$ 为起点作斜率为 $-1/\theta$ 的直线，与等温线的交叉点即为第 1 级的 $c_{A,O}$ 和 $c_{A,W}$。同理，以第 1 级的 $c_{A,W}$ 为起点作斜率为 $-1/\theta$ 的直线，与等温线的交叉点即为第 2 级的 $c_{A,O}$ 和 $c_{A,W}$。依此类推。图中示出了原料液浓度 15.00g/L，θ=1 时的情形，见图 2-10 虚线。由图 2-10 可见，由于溴的分配系数很大，所以很容易萃取，2 个平衡级就基本上萃取结束了。与前面的计算相符。

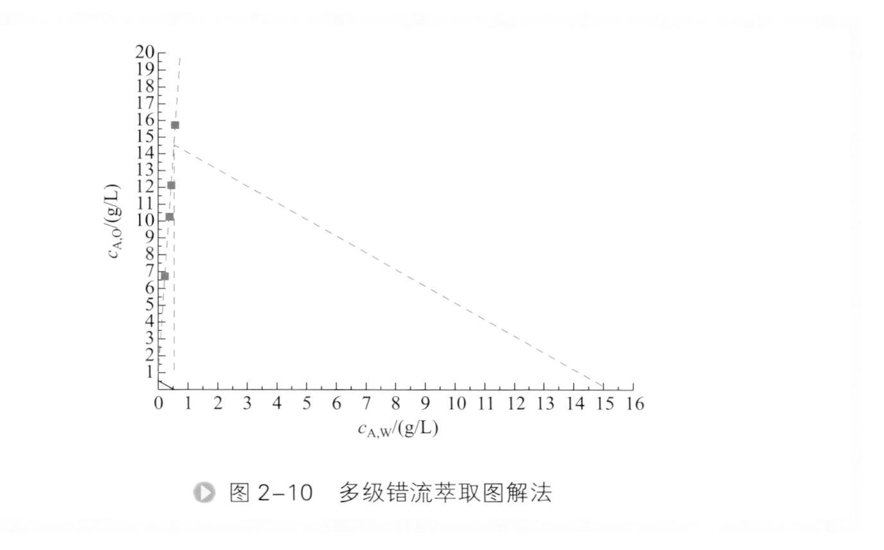

图 2-10　多级错流萃取图解法

2. 逆流萃取过程平衡级的图解法

对于图 2-4 所示的多级逆流萃取过程，作总物料衡算，得到：

$$c_{A,O,1}=(c_{A,F}-c_{A,W,N})/\theta \tag{2-12}$$

式（2-12）称为操作线方程。将其跟萃取等温线画在一起，称为操作线，为一条通过点 ($c_{A,W,N}$，0)、斜率为 $1/\theta$ 的直线。$c_{A,W,N}$ 可以根据实际需要规定，比如溶质回收率、废水排放要求等等。针对上述溴回收的例子，当 $c_{A,W,N}$=0.00002722g/L 时，操作线见图 2-11。另一方面，操作线也经过点 ($c_{A,F}$，$c_{A,O,1}$)，因此，可从原料液浓度为 15.00g/L 处向上作垂直线，与操作线相交，再作水平线，与等温线相交，再向

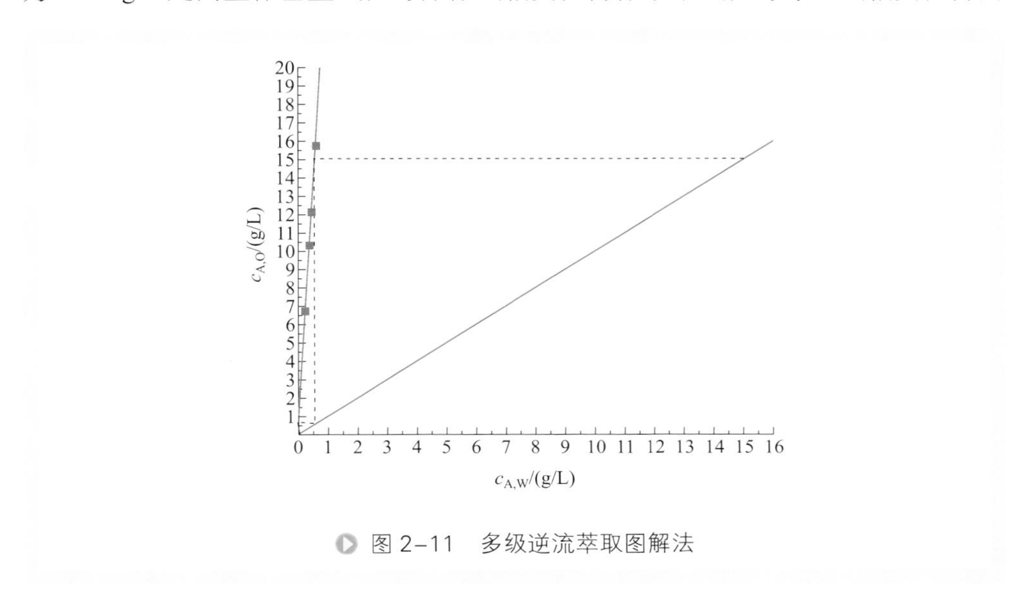

图 2-11　多级逆流萃取图解法

下作垂直线与操作线相交，得到 $c_{\mathrm{A,W,1}}$。这是第 1 级。接着作水平线与等温线相交，再向下作垂直线与操作线相交，得到 $c_{\mathrm{A,W,2}}$。依此类推，当最后得到的水相浓度低于预先规定时，即为所需的平衡级数。见图 2-11。

三、数学模型法计算平衡级

逐级计算法工作量大，图解法计算精度不够高。更好的计算方法是数学模型法。该方法经编程可构建合适的数学模型进行计算，简单快速。近年来，随着计算机技术的发展，数学模型法得到越来越多的应用。

于婷等 [3] 研究了钍 - 铀分离的计算机模拟；林军等 [4] 模拟了醋酸丁酯 - 糠醛 - 水体系的逆流萃取；王红星等 [5] 模拟了用对二甲苯逆流萃取处理对苯二甲酸精制废水；彭小平等 [6] 和胡亮 [7] 用 Excel 软件模拟了液 - 液萃取的图解法；彭昌荣等 [8] 用 MATLAB 软件模拟了多级错流萃取过程；鲁金辉等 [9] 用 ASPEN PLUS 软件模拟了环己酮生产装置中的萃取塔；陈利新等 [10] 模拟了稀土的分馏萃取过程；赵维彭等 [11] 开发了设计软件。

毫无疑问，萃取剂与溶质的相互作用是液 - 液萃取的基础。它们之间既有物理作用，也有化学反应，相当复杂。至今还没有一种理论能够完全解释这些相互作用，并据此设计和选择新型的萃取剂。Kislik[12] 的竞争络合 / 溶剂化理论试图把各种相互作用用一个统一的模型进行解释，是非常好的探索。有兴趣者请看原文，此处不再赘述。

四、级效率

通过平衡级计算可以得到理论上所需的萃取级数。实际上，由于反应速率、传质速率、接触时间等的限制，每次萃取都不可能完全达到平衡，所以实际所需的级数要大于理论级数。

级效率用 E 表示，定义为：

E= 两相经一次接触后的实际浓度变化 / 两相经一次接触达平衡后（即一个理论级）的浓度变化　　（2-13）

对任意一级 i，E 可表示成：

$$E_i=(c'_{\mathrm{A,O},i}-c_{\mathrm{A,O},i-1})/(c_{\mathrm{A,O},i}-c_{\mathrm{A,O},i-1})=(c_{\mathrm{A,W},i-1}-c'_{\mathrm{A,W},i})/(c_{\mathrm{A,W},i-1}-c_{\mathrm{A,W},i}) \quad (2\text{-}14)$$

式中　$c'_{\mathrm{A,O},i}$，$c'_{\mathrm{A,W},i}$——第 i 级萃取相和萃余相的实际浓度；

$c'_{\mathrm{A,O},i-1}$，$c'_{\mathrm{A,W},i-1}$——第 i–1 级萃取相和萃余相的实际浓度。

影响级效率的因素很多，所以最好通过实验测定，例如在中试装置上测定总的级效率，则实际级数为理论级数除以总级效率。

五、传质单元数和传质单元高度计算

对于微分接触逆流萃取过程，如填料塔，则与理论级数相对应的参数是塔高。塔高可以按照传质单元数和传质单元高度的乘积算出[13]。假设在塔式萃取设备中，分散相和连续相均为柱塞流，即在塔内同一横截面上没有流速、浓度、温度等分布，则有：

$$Z = (\mathrm{NTU})_{\mathrm{W}} \times (\mathrm{HTU})_{\mathrm{W}} \tag{2-15}$$

或者

$$Z = (\mathrm{NTU})_{\mathrm{O}} \times (\mathrm{HTU})_{\mathrm{O}} \tag{2-16}$$

式中　Z——塔高；

$(\mathrm{NTU})_{\mathrm{W}}$——水相总传质单元数；

$(\mathrm{NTU})_{\mathrm{O}}$——有机相总传质单元数；

$(\mathrm{HTU})_{\mathrm{W}}$——水相传质单元高度；

$(\mathrm{HTU})_{\mathrm{O}}$——有机相传质单元高度。

对单组分萃取，两相互不相溶的情况，则两相的流量 V_{O} 和 V_{W} 不随塔高而变，则：

$$(\mathrm{NTU})_{\mathrm{W}} = \int_{c_{\mathrm{W}}}^{c_{\mathrm{W,F}}} \frac{\mathrm{d}x}{x - x^*} \tag{2-17}$$

$$(\mathrm{NTU})_{\mathrm{O}} = \int_{c_{\mathrm{O,F}}}^{c_{\mathrm{O}}} \frac{\mathrm{d}y}{y^* - y} \tag{2-18}$$

$$(\mathrm{HTU})_{\mathrm{W}} = V_{\mathrm{W}} / (K_{\mathrm{W}} aS) \tag{2-19}$$

$$(\mathrm{HTU})_{\mathrm{O}} = V_{\mathrm{O}} / (K_{\mathrm{O}} aS) \tag{2-20}$$

式中　x——任意截面上水相中溶质浓度；

x^*——任意截面上水相中溶质的平衡浓度；

y——任意截面上有机相中溶质浓度；

y^*——任意截面上有机相中溶质的平衡浓度；

c_{W}——萃余水相中的溶质浓度；

$c_{\mathrm{W,F}}$——原料液浓度；

$c_{\mathrm{O,F}}$——初始萃取剂中的溶质浓度；

c_{O}——最终萃取液中的溶质浓度；

$K_{\mathrm{W}}a$——水相的体积传质系数；

$K_{\mathrm{O}}a$——有机相的体积传质系数；

S——萃取塔的横截面积。

由于式（2-17）和式（2-18）中有任意截面上平衡浓度项，该项与另一相的浓度相关，所以需要转换才能进行积分。下面举例说明。

当萃取等温线为直线时，即分配系数不随浓度而变，则有：

$$D = y / x^* \tag{2-21}$$

或者

$$D = y^* / x \tag{2-22}$$

另一方面，通过物料衡算可以得到：

$$y = V_W / V_O x - (V_W / V_O c_{W,F} - c_O) \tag{2-23}$$

将式（2-21）和式（2-23）代入式（2-17），变换代数式并积分后得到：

$$(\mathrm{NTU})_W = \frac{1}{1 - V_W / (V_O D)} \ln \frac{c_{W,F} - \dfrac{c_O}{D}}{c_W \left(1 - \dfrac{V_W}{V_O D}\right) - \dfrac{c_O}{D} + \dfrac{V_W c_{W,F}}{V_O D}} \tag{2-24}$$

代入萃取因子 $\varepsilon = (V_O / V_W) D$，整理后得：

$$(\mathrm{NTU})_W = \frac{1}{1 - 1/\varepsilon} \ln \frac{c_{W,F} - \dfrac{c_O}{D}}{c_W - \dfrac{c_{O,F}}{D}} \tag{2-25}$$

即

$$(\mathrm{NTU})_W = \frac{1}{1 - 1/\varepsilon} \ln \frac{c_{W,F} - c_{W,F}^*}{c_W - c_W^*} \tag{2-26}$$

考虑到

$$V_W / V_O = (c_O - c_{O,F}) / (c_{W,F} - c_W), 1/D = (c_{W,F}^* - c_W^*) / (c_O - c_{O,F})$$

故

$$\frac{1}{1 - \dfrac{V_W}{V_O D}} = \frac{1}{1 - \dfrac{c_{W,F}^* - c_W^*}{c_{W,F} - c_W}} = \frac{c_{W,F} - c_W}{(c_{W,F} - c_{W,F}^*) - (c_W - c_W^*)}$$

式（2-25）也可以写成：

$$(\mathrm{NTU})_W = \frac{c_{W,F} - c_W}{(x - x^*)_{\mathrm{lm}}} \tag{2-27}$$

式中

$$(x - x^*)_{\mathrm{lm}} = \frac{(c_{W,F} - c_{W,F}^*) - (c_W - c_W^*)}{\ln \dfrac{c_{W,F} - c_{W,F}^*}{c_W - c_W^*}} \tag{2-28}$$

称为对数平均浓度差，是萃取塔进出口传质推动力的对数平均值。

对于有机相，同样可以得到：

$$(\mathrm{NTU})_O = \frac{1}{\varepsilon - 1} \ln \frac{c_O^* - c_O}{c_{O,F}^* - c_{O,F}} \tag{2-29}$$

$$(\mathrm{NTU})_{\mathrm{O}} = \frac{c_{\mathrm{O}} - c_{\mathrm{O,F}}}{(y^{*} - y)_{\mathrm{lm}}} \tag{2-30}$$

$$(y^{*} - y)_{\mathrm{lm}} = \frac{(c_{\mathrm{O}}^{*} - c_{\mathrm{O}}) - (c_{\mathrm{O,F}}^{*} - c_{\mathrm{O,F}})}{\ln \dfrac{c_{\mathrm{O}}^{*} - c_{\mathrm{O}}}{c_{\mathrm{O,F}}^{*} - c_{\mathrm{O,F}}}} \tag{2-31}$$

应用举例：在喷淋塔内用苯为萃取剂，逆流萃取水溶液中的醋酸。已知实验装置尺寸为：塔高 1.4m，塔截面积 0.45dm^2。两相进、出口浓度如图 2-12 所示，单位为 mol/L。苯的流量为 20.4L/h，醋酸的分配系数 D=0.0247。求 $(\mathrm{NTU})_{\mathrm{O}}$ 和 $(\mathrm{HTU})_{\mathrm{O}}$。

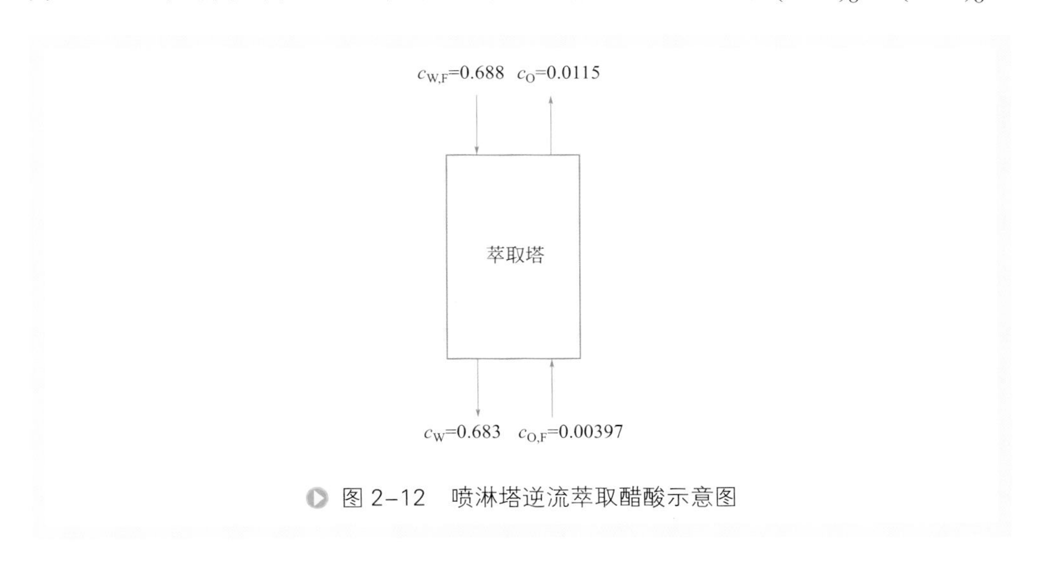

图 2-12 喷淋塔逆流萃取醋酸示意图

假设萃取塔传质量为 N，则总传质量为：

$$N=V_{\mathrm{O}}(c_{\mathrm{O}}-c_{\mathrm{O,F}})=20.4\times(0.0115-0.00397)=0.15\mathrm{mol/h}$$

塔顶和塔底的有机相平衡浓度为：

$$c_{\mathrm{O}}^{*} = 0.0247\times0.688 = 0.0170\mathrm{mol/L}$$

$$c_{\mathrm{O,F}}^{*} = 0.0247\times0.683 = 0.01687\mathrm{mol/L}$$

塔顶和塔底的传质推动力分别为：

$$c_{\mathrm{O}}^{*} - c_{\mathrm{O}} = 0.0170 - 0.0115 = 0.0055\mathrm{mol/L}$$

$$c_{\mathrm{O,F}}^{*} - c_{\mathrm{O,F}} = 0.01687 - 0.00397 = 0.0129\mathrm{mol/L}$$

因此，对数平均传质推动力为：

$$(y^{*} - y)_{\mathrm{lm}} = \frac{(c_{\mathrm{O}}^{*} - c_{\mathrm{O}}) - (c_{\mathrm{O,F}}^{*} - c_{\mathrm{O,F}})}{\ln \dfrac{c_{\mathrm{O}}^{*} - c_{\mathrm{O}}}{c_{\mathrm{O,F}}^{*} - c_{\mathrm{O,F}}}} = \frac{0.0055 - 0.0129}{\ln \dfrac{0.0055}{0.0129}} = 0.00868\mathrm{mol/L}$$

故

$$(\mathrm{NTU})_\mathrm{O}=\frac{c_\mathrm{O}-c_\mathrm{O,F}}{(y^*-y)_\mathrm{lm}}=\frac{0.0115-0.00397}{0.00868}=0.87$$

$$(\mathrm{HTU})_\mathrm{O}=1.4/0.87=1.61\mathrm{m}$$

通常情况下萃取等温线为曲线，此时没有解析解，可通过萃取等温线和操作线得到数值解。详见李洲等的专著[14]。

由于传质单元高度的计算涉及传质系数、传质比表面积等，相对复杂，也不是本书的重点，建议读者参看其他专著，如李洲等人的专著[15]。

第三节 萃取剂的选择

当从水相中萃取溶质到有机相时，有机相的组成成分通常为：萃取剂、稀释剂、改性剂。萃取剂起主要萃取作用，如可以与某种溶质起选择性反应的试剂。稀释剂起溶剂的作用，是有机相的主要成分。改性剂用于调节有机相的性质，如为了减轻乳化作用的试剂。所以，关于萃取剂的选择问题，往往指有机相的选择，其中的关键是萃取剂和稀释剂的选择。

一、萃取剂的选择标准

萃取剂的性质对于萃取性能有很大的影响。总体来说，为了使萃取过程能够在工业上应用，萃取剂应满足以下要求[12]：

（1）高选择性；

（2）高容量；

（3）高分配系数；

（4）高解络能力，易通过反萃取回收产品；

（5）络合与解络速度快，易达到萃取平衡；

（6）配合物通过水相 - 有机相界面的扩散速度快，易达到萃取平衡；

（7）稳定性好；

（8）没有副反应；

（9）没有不可逆或者分解反应；

（10）萃取剂在水相中的溶解度低，萃取剂损失少；

（11）萃取到有机相的水量少；

（12）萃取剂容易再生；

（13）萃取剂有适宜的物理性质，如密度、黏度、表面张力；
（14）低毒、低腐蚀性；
（15）价格合理。

二、稀释剂的选择原则

几乎所有的萃取工艺都用到稀释剂。稀释剂虽然不与溶质起化学反应，但会与萃取剂、配合物等起溶剂化作用，因而影响萃取性能，如萃取速率与选择性。

对稀释剂的选择原则有：
（1）对萃取剂、配合物、改性剂等溶解度大；
（2）对水的溶解度小；
（3）与水的密度差大，易于分离；
（4）易于回收；
（5）黏度低；
（6）低毒、低腐蚀性；
（7）价格合理。

显然，要满足上述萃取剂和稀释剂选择的所有要求是困难的。实际应用中应合理设置指标。

三、计算机辅助分子设计

传统的萃取剂选择方式是按照经验预选几种可能的萃取剂，实验测定分配系数、选择性等数据，按照实验结果综合判断工艺的适用性。这样做的优点是结果直观、可靠，但是缺点也是非常明显的，即不一定能选到“最优”的萃取剂。

另一方面，从本节前面的内容可以看出，对工业上萃取剂和稀释剂的要求是多方面的，有时甚至是矛盾的。这又使选择增加了难度。如何更好地解决这个问题？随着计算机技术的发展，计算机辅助设计技术在萃取剂的设计和选择中应用越来越普遍。这类技术称为计算机辅助分子设计[16](Computer-Aided Molecular Design，CAMD)。

计算机辅助分子设计方法是首先预选一组基团，将这些基团按照某种规则组合成分子，通过基团贡献法对分子的物化性质进行预测，然后按照给定的目标性质对这些分子进行筛选，最终找到最优的目标分子。基团贡献法是一个正向进行的方法，如果知道一个分子的结构，便可以由组成分子的基团的贡献值估算分子的物化性质；相反，CAMD是一个逆向的过程，如果知道期望的性质或是限制条件，要通过组合基团找到满足这些性质的分子。

计算机辅助分子设计的基本流程见图2-13。以一组基团为起始点，用这些基团

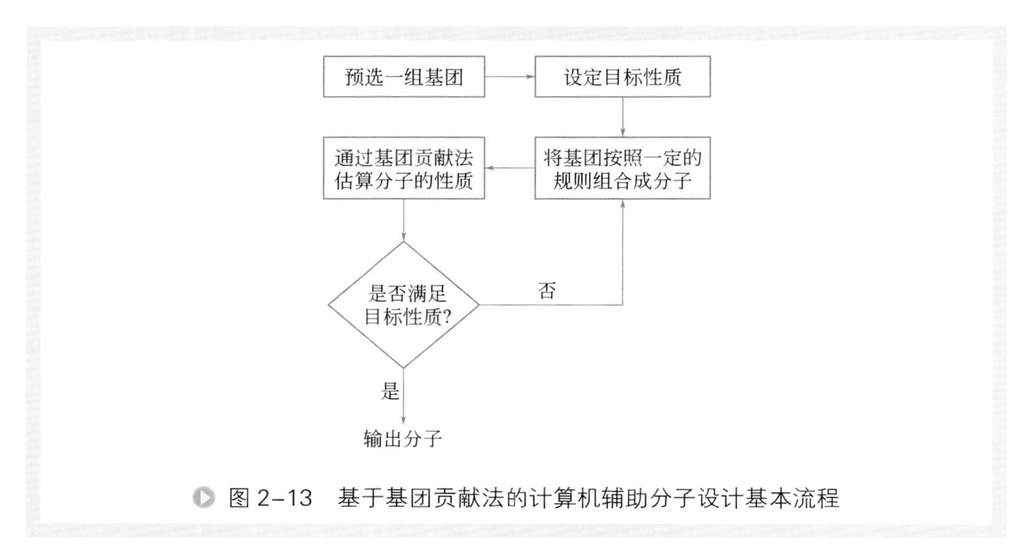

图 2-13　基于基团贡献法的计算机辅助分子设计基本流程

来设计所有可能产生的分子，每个基团的性质或基团之间的交互作用参数由实验或统计回归得到，通过基团组合而产生目标分子，一旦分子产生以后，便可根据组成分子的基团的性质预测分子的性质，以决定这些分子是否满足要求。这种方法可以产生一系列的候选目标分子。CAMD 方法在溶剂设计中已被普遍采用，主要有三种 CAMD 方法，即生成 - 验证方法、数学规划方法和组合优化方法。

宋静[16]系统、详细地研究了环境友好萃取剂的计算机辅助分子设计。

在分子设计中，对于由基团组成的溶剂（包括萃取剂和稀释剂）分子，需要对其纯物质性质、混合物性质和环境性质在内的多个方面性能进行综合评价，从而判断其是否能成为候选溶剂。溶剂的评价具有下面的特点：

（1）多指标性：即选择合适的溶剂要考虑多种因素，如选择性、溶解性、沸点、毒性等多个指标。

（2）模糊性：即被评价的各项指标不能定量赋值。

因此，对溶剂的性能进行评价时，要综合权衡各方面因素，因此可以考虑使用模糊综合评价。

所谓综合评价，就是对受到各种因素制约的事物或对象，作出一个总的评价。

由于在很多问题上，我们对事物的评价常常带有模糊性，因此，应用模糊数学的方法进行综合评价会取得更好的实际效果。模糊综合评价最早是由我国学者江培庄提出的，它以模糊数学为基础，应用模糊变换原理和最大隶属度原则，将一些边界不清、不易量化的因素定量化，从而进行综合评价的一种方法。

对液 - 液萃取过程萃取剂的分子设计，选取的目标为：分配系数 m，选择性 β，溶剂损失 S_l，毒性 T_{ox}，沸点 T_b，熔点 T_m 和摩尔质量 MW_s，建立评价指标的论域如下：

U={ 分配系数 m，选择性 β，溶剂损失 S_l，毒性 T_{ox}，沸点 T_b，熔点 T_m，摩尔

质量 MW_s}={$U_1, U_2, U_3, U_4, U_5, U_6, U_7$}

由于各指标的量纲不同，且不能定量赋值，所以将它们进行统一量纲化处理，将赋值调整到 0 ～ 1 之间，即所谓的隶属度。以分配系数为例。一般来说，分配系数越高，萃取率越高，溶质被萃取就越完全，同时，高的分配系数可减少萃取设备的体积和萃取剂的用量。当 $m \leqslant 0.15$ 时，视为差，定义隶属度为 0；$0.15<m<0.3$ 视为较差，$0.3 \leqslant m \leqslant 0.6$ 时为一般，$0.6<m<1$ 时视为好，定义 $m=0.3$ 和 $m=0.6$ 时的隶属度分别为 0.5 和 0.8；$m \geqslant 1$ 时的隶属度为 1。根据以上原则，可得到隶属函数关系式。即：

$$\tilde{R}_1 = \begin{cases} 0 & U_1 \leqslant 0.15 & 差 \\ \dfrac{10(U_1 - 0.15)}{3} & 0.15 < U_1 < 0.3 & 较差 \\ U_1 + 0.2 & 0.3 \leqslant U_1 \leqslant 0.6 & 一般 \\ \dfrac{U_1 - 0.6}{2} + 0.8 & 0.6 < U_1 < 1 & 好 \\ 1 & U_1 \geqslant 1 & 很好 \end{cases} \tag{2-32}$$

各因素的权重系数为：

$$B=\{0.1, 0.45, 0.1, 0.1, 0.15, 0.05, 0.05\}$$

四、分子设计的多目标优化

由上文的分析可以看出，分子设计是一个多目标优化过程。对于多目标问题，多个目标之间往往存在冲突，一个目标性能的改善可能会促使另外一个目标性能的恶化，因此，如何在这多个目标之间权衡，抓住主要的矛盾，使问题变得简化十分重要。

对于环境友好的萃取剂的选择，主要包含分离要求和环境两方面因素。要满足分离任务的要求，则设计的溶剂分子需要满足预先设定的纯物质性质和混合物性质；满足环境友好要求，主要指具有较低的毒性，以减少设计的溶剂分子对环境的潜在危害。

因此，提出液 - 液萃取分子设计的多目标优化模型如下 [16] ：

$$\begin{cases} \max m, \beta \\ \min S_1, T_{\text{ox}}, T_{\text{b}}, T_{\text{m}}, \text{MW}_{\text{s}} \end{cases} \tag{2-33}$$

萃取剂的分子设计多目标优化最终是要寻找满足一定性质要求的分子结构，实际上是一种组合优化问题。采用改进的模拟退火算法来解决该问题。模拟退火算法是 20 世纪 80 年代发展起来的一种用于求解大规模优化问题的随机搜索算法，它以优化问题求解过程与物理系统退火过程之间的相似性为基础：优化的目标函数相当于金属的内能；优化问题的自变量组合状态空间相当于金属的内能状态空间；问题的求解过程就是找一个组合状态，使目标函数值最小。利用 Metropolis 准则并适当地控制温度的下降过程实现模拟退火，从而达到求解全局优化问题的目的。固体退火是一个获取固体低能晶格状态的热处理过程。首先将固体加热，使其熔化为完全无序的液态，此时所有粒子处于自由运动状态；然后逐步降温，粒子运动渐趋有序，当温度降低到结晶温度，粒子运动变为围绕晶格点的微小振动，液体凝固成固态晶体。

假设组合优化问题：

$$\begin{aligned} &\min \quad f(x)\ x \in R \\ &\text{s.t.} \quad \begin{aligned} g(x) &\leqslant 0 \\ h(x) &= 0 \end{aligned} \end{aligned} \tag{2-34}$$

式中 $f(x)$——目标函数；

$g(x)$，$h(x)$——不等式和等式约束条件；

R——定义域，求解该优化问题的模拟退火算法对固体退火过程的模拟如表 2-9 所示。

表 2-9　固体退火过程和模拟退火算法

固体退火	模拟退火算法
粒子的一个状态 i	优化问题的一个解 x
能量最低的状态	最优解
系统能量 $E(i)$	目标函数 $f(x)$
温度 T	控制参数 t
某一恒定温度下趋于热平衡的过程	产生新解 - 判断 - 接受或是舍弃

对于多目标的优化问题，可采用线性加和法转化为综合目标问题的优化。

组合优化问题有三个基本要素：变量、约束和目标函数，将改进的模拟退火算法应用于萃取剂的计算机辅助分子设计，优化的变量即是由一组基团构成的分子结构，约束条件指基团连接的结构可行性和化学可行性准则，目标函数指所定义分子的一系列性质。

优化分子设计的总体思路见图 2-14。

具体步骤可描述如下：

步骤 1：设定初始温度 T_0，每一温度下的迭代次数（Markov 长度）L。

步骤 2：任意产生 M 个初始分子结构 $(x^1,x^2,\cdots,\ x^m)$，并计算其各个初始分子结构的目标函数 $E(x^m)=\{E_1(x^m), E_2(x^m),\cdots, E_p(x^m)\}\ \ m=1, 2,\cdots, M$。

步骤 3：采用模糊综合评判方法，对各个目标函数进行统一量纲化处理，处理后的各目标函数为 $F(x^m)=\{F_1(x^m), F_2(x^m),\cdots, F_p(x^m)\}\ \ m=1, 2,\cdots,M$；对各个目标值赋以权重值 $w_1, w_2, \cdots, w_p$，采用线性加和法将多目标转化为综合目标函数：$G(x^m) =$

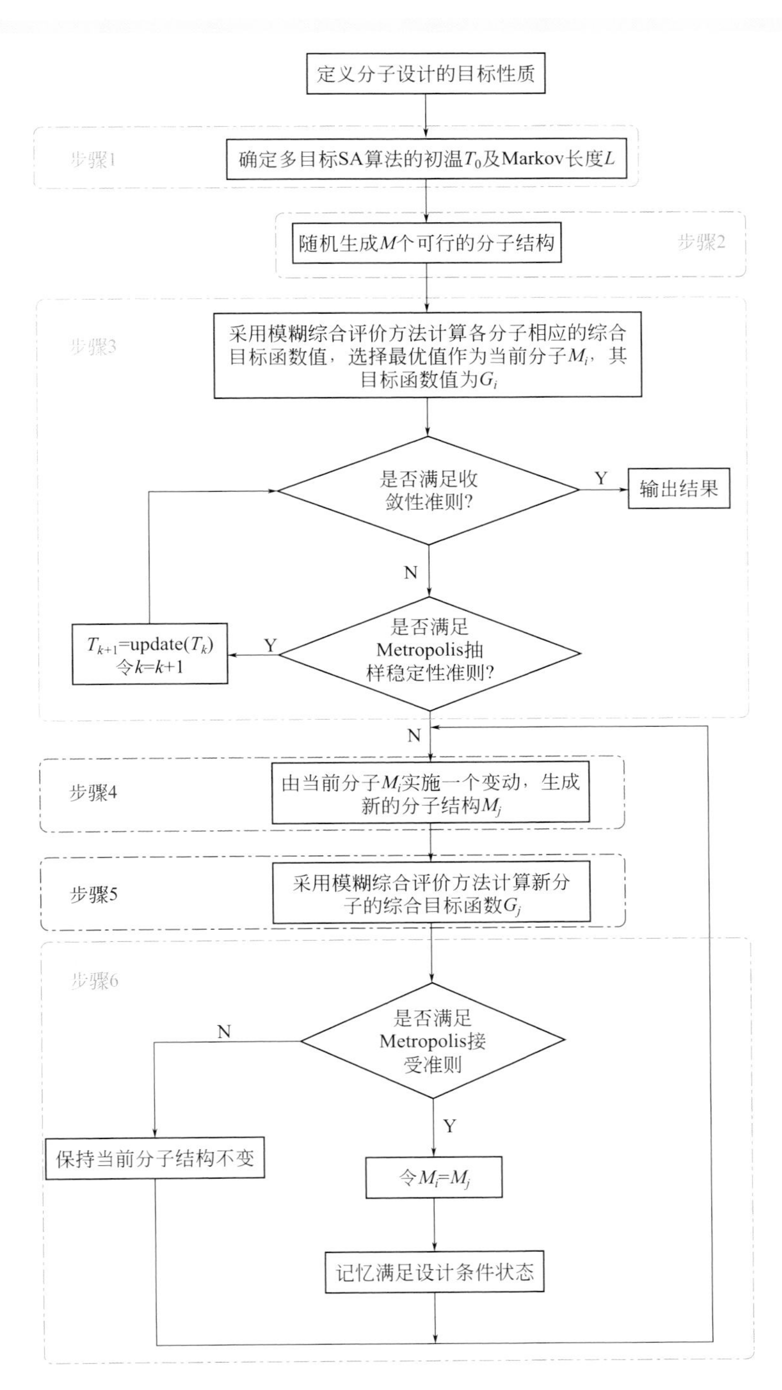

图 2-14　基于模拟退火算法的多目标优化用于分子设计的流程框图

$\sum_{i=1}^{p} w_i F_i(x^m) \quad m=1,2,\cdots,M$。根据综合目标值 $G(x^m)$ m=1, 2,⋯,M 确定最优的分子结构 x^*，并令其作为当前分子结构 x^i，并记录下满足设计条件的分子结构。

步骤 4：在当前分子结构 x^i 的邻域内随机实施一个扰动，从而产生一个新的分子结构 x^j，计算其相应的目标函数 $E_1(x^j), E_2(x^j),\cdots, E_p(x^j)$。

步骤 5：采用模糊综合评判对各个目标函数进行统一量纲化处理，处理后的各目标函数为 $F_1(x^j), F_2(x^j),\cdots,F_p(x^j)$；对各个目标值赋以权重值 $w_1, w_2,\cdots,w_p$，采用线性加和法将多目标转化为单目标函数 $G(x^j)=\sum_{i=1}^{p} w_i F_i(x^j)$。

步骤 6：计算目标函数差 $\Delta G=G(x^j)-G(x^i)$，根据 Metropolis 准则判断是否接受新分子结构：若 $\Delta G<0$，则新分子结构 x^j 被接受；否则若 $\Delta G \geqslant 0$，则在 (0, 1) 之间选取随机数 r，如果 $P=\exp\left(-\dfrac{\Delta G}{T}\right)>r$，则接受新分子结构。当新分子结构被接受时，则置 $x^i=x^j$，$G(x^i)=G(x^j)$；将当前分子结构 x^i 与记录的最佳状态 x^* 比较，若 x^i 优于 x^*，则令 $x^*=x^i$，$G(x^*)=G(x^i)$，并对 x^* 予以记录。

步骤 7：在温度 T 下，重复 L 次的“扰动 - 接受”过程，即重复步骤 4 ～步骤 6。

步骤 8：缓慢降低温度 $T_{k+1}=\mathrm{d}(T_k)$。

步骤 9：重复步骤 4 ～步骤 8，直至满足收敛条件。

步骤 10：输出最优解 x^* 及其最优综合目标函数值 $G(x^*)$。

由具体步骤可以看出，对生成的萃取剂分子结构综合考虑多个目标，采用模糊综合评价的方法，克服了使用单个目标作为评价函数的不准确性，使用加权后的综合目标函数对其进行评价，从而能够更全面客观地对萃取剂进行评价。

第四节 分子溶剂萃取过程强化方法

萃取过程的强化指通过调节萃取工艺条件，提高产品纯度和回收率；提高设备利用率，降低设备投资；降低成本；减少“三废”排放。

一、分离选择性强化

显然，萃取过程强化的主要思路在于提高分离选择性。从本章第二节的计算示例可以看出，分离选择性提高可以明显减少平衡级数。因此可以提高产品纯度、减少设备投资。

提高分离选择性的主要途径是设计和选择萃取剂。所以，新萃取剂研究是永恒的主题。例如，利用离子液体作萃取剂可以显著提高生育酚同系物的萃取分离选择性。详见第三章。再如，采用离子交换萃取的方法即可显著提高萃取选择性。原因是萃取剂与被萃物之间发生了有选择性的离子交换反应过程。这比常用的仅靠溶解度差别进行分离的所谓“物理萃取过程”要高效得多。以下举例说明。

徐亚兰[17]详细研究了以二（2-乙基己基）磷酸钠为萃取剂，以正己烷为稀释剂，从水溶液中萃取氨基葡萄糖盐酸盐过程中各因素对分配系数的影响。其中正己烷为上相（轻相、有机相）、水为下相（重相、水相）。

氨基葡萄糖盐酸盐 (RNH_3Cl，R 表示 $C_6H_{11}O_5$) 具有抗肿瘤、抗衰老、治疗关节炎、糖尿病等作用，在食品、化妆品、饲料添加剂等领域也有着广泛的应用。其合成工艺较为成熟，通常采用盐酸水解甲壳素制得。产品的分离过程存在收率低、成本高的问题。

二(2-乙基己基)磷酸钠 (D_2EHPNa 或 NaP，P 表示 D_2EHP^-) 与氨基葡萄糖盐酸盐的离子交换反应存在如下平衡关系[18]：

离子交换萃取平衡：

$$\overline{NaP} + RNH_3^+ \xrightleftharpoons{K_{11}} \overline{(RNH_3)P} + Na^+ \tag{2-35}$$

质子化有机胺的解离平衡：

$$RNH_3^+ \xrightleftharpoons{K_a} RNH_2 + H^+ \tag{2-36}$$

萃取剂 NaP 的质子化反应：

$$\overline{NaP} + H^+ \xrightleftharpoons{K_p} \overline{HP} + Na^+ \tag{2-37}$$

稀释剂对溶质的物理萃取：

$$RNH_2 \xrightleftharpoons{m} \overline{RNH_2} \tag{2-38}$$

上划线表示组分处于有机相，否则组分处于水相。

其中：

$$K_{11} = \frac{[\overline{(RNH_3)P}][Na^+]}{[\overline{NaP}][RNH_3^+]} \tag{2-39}$$

$$K_a = \frac{[RNH_2][H^+]}{[RNH_3^+]} \tag{2-40}$$

$$K_p = \frac{[\overline{HP}][Na^+]}{[\overline{NaP}][H^+]} \tag{2-41}$$

$$m = \frac{[\overline{RNH_2}]}{[RNH_2]} \tag{2-42}$$

由于氨基葡萄糖盐酸盐极性大，水溶性极好，在正己烷中几乎不溶，因此物理萃取可忽略不计，m=0。联立式（2-39）～式（2-41）可得分配系数表达式：

$$D=\frac{[\overline{(\mathrm{RNH_3})\mathrm{P}}]}{[\mathrm{RNH_3^+}]+[\mathrm{RNH_2}]}=\frac{[\overline{(\mathrm{RNH_3})\mathrm{P}}]}{[\mathrm{RNH_3^+}]\left(1+\frac{K_\mathrm{a}}{[\mathrm{H^+}]}\right)} \tag{2-43}$$

设 B_0 为萃取剂的浓度，$B_0=[\overline{\mathrm{NaP}}]+[\overline{\mathrm{HP}}]+[\overline{(\mathrm{RNH_3})\mathrm{P}}]$，则式（2-43）可整理为：

$$D=\frac{K_{11}B_0}{([\mathrm{Na^+}]+10^{-\mathrm{p}K_\mathrm{p}-\mathrm{pH}}+K_{11}[\mathrm{RNH_3^+}])(1+10^{\mathrm{pH}-\mathrm{p}K_\mathrm{a}})} \tag{2-44}$$

从式（2-44）可见，分配系数与溶质初始浓度、萃取剂初始浓度、温度、pH有关。徐亚兰[17]的实验结果表明，在一定条件下，分配系数可达 30 以上。如果杂质的分配系数小，则选择性可以很高。

二、传质强化

传质过程在液 - 液萃取中非常重要。如果能够在短时间内达到萃取平衡，则级效率可以接近 100%，因而可以减少实际级数。

传质强化的方法是开发新型萃取设备。常用的萃取设备有：混合澄清槽、离心萃取器、萃取塔（包括脉冲萃取塔、板式萃取塔及填料萃取塔）等，详见萃取设备一章。

这里举一个气相扰动强化传质的例子。即在填料萃取塔中通入空气，促进液 - 液传质过程。宋宁[19]详细研究了 30% 磷酸三丁酯煤油 - 醋酸 - 水萃取体系中通入空气对传质的影响。该体系以水相为连续相，从塔顶进入，塔底流出；煤油相为分散相，从塔底进入，塔顶流出，呈逆流流动；空气作为气相，从下往上流动。醋酸溶于煤油相，通过萃取进入水相。煤油相循环利用，并不断补充醋酸。

萃取塔分为三段，最上面为澄清段，直径 150mm，高 300mm；中间为萃取段，直径 150mm，高 700mm，内装填料；最下面为沉降段，直径 150mm，高 500mm。

利用高速摄像机对萃取塔内流体的流动情况进行拍摄，发现通入气相前，在液 - 液两相萃取中，分散相经过填料后液滴附着于填料之上，向上运动趋势并不十分明显，且液滴为实心，光泽均匀；通入气相后，分散相液滴在气相的扰动作用下为细长椭球形，仅少部分附着于填料上，向上运动趋势较为明显，且液滴为非实心状，呈现明显的“油包气”形态，内含小气泡，气泡位于油滴上部。通入气相后液滴数目增多、体积变小、分布更为广泛。气 - 液 - 液三相萃取使分散相比表面积增大，传质相界面积增加，传质效果增强。从传质单元高度看，填料的性能（如规整填料与散装填料）以及操作条件（如气相速度、分散相速度等）对传质单元高度均有显著影响。规整填料的传质单元高度比散装填料小，传质效率比散装填料平均提高 50%。

宋宁[19]还研究了新型开窗导流式规整填料的传质性能。开窗导流式规整填料是在普通板波纹填料的基础上进行的改进。开窗导流填料是由开窗导流式填料片组合而成的圆柱体，相邻两片填料片交错放置，在波峰接触处点焊。开窗导流式规整填料可通过其特有结构实现液膜在填料片两侧表面的交替流动，从而使液膜在填料表面的分布更加均匀，增强液膜的湍动程度，同时提高传质面积。从传质单元高度测定结果可以看出，在不通气相的条件下，开窗导流式填料比超级扁环填料的萃取效率略有提高；在气相扰动的情况下，开窗导流式填料比超级扁环填料的传质性能有显著提高，平均提高 45%，说明开窗导流式规整填料更适合在气相存在时使用且有非常好的传质效果。

从上述例子可见，尽管萃取设备相对成熟，但是开发适合具体萃取体系的萃取设备仍然大有可为。

第五节 分子溶剂萃取的应用领域

液 - 液萃取分离方法在工业上和实验室都有大量的应用，是一个通用的方法。值得在新分离工艺开发过程中尝试。下面简单介绍一些成熟的工业应用。

一、金属离子萃取分离

湿法冶金是液 - 液萃取在工业上的主要应用领域之一。如原子能工业上铀的提取分离等。金属离子的水溶性很好，难以溶于有机溶剂，因此，通常的做法是使金属离子形成配合物，增加其疏水性，提高在有机溶剂中的溶解性。

例如，钴和镍的分离。钴和镍经常共同存在。由于性质相近，并且容易发生两价阳离子和三价阳离子之间的转化，导致不易分离。

用阴离子交换剂萃取可以解决这个问题。在盐酸的存在下，两价钴离子易形成 $CoCl_4^{2-}$ 配合物，而两价镍离子难以形成。因此可用胺类化合物或季铵盐萃取到有机相。萃取络合反应方程式见式（2-45）。

$$CoCl_4^{2-} + 2R_3NH^+Cl^- \rightleftharpoons (R_3NH)_2CoCl_4 + 2Cl^- \tag{2-45}$$

该配合物溶于有机溶剂，因此，利用该络合反应，可以将钴离子从水相萃取到有机相。式（2-45）是可逆反应，又可通过反萃取的方法将有机相中的钴离子分离出来。

利用该方法，可将萃取相（有机相）中钴镍比提高到 1000 : 1，萃余相（水相）中的镍钴比提高到 2000 : 1，效果非常显著。

当然，实际矿床组成非常复杂。具体工艺流程应根据矿物组成设计和优化，参见 Rydberg 等的专著 [20]。

二、有机物萃取分离

石油炼制和石化工业是液 - 液萃取的最大应用领域之一。如润滑油的处理、芳香烃和脂肪烃的分离等。

例如[21]，Union Carbide 工艺采用两个萃取塔、四个精馏塔，以四甘醇为萃取剂、十二烷为洗涤剂，两个萃取塔的操作温度均为 100℃，将烃类原料分离成苯、甲苯、C_8 芳烃等芳香烃和脂肪烃部分，原料中芳香烃占 87%，苯和甲苯的回收率均达到 99.5% 以上，C_8 芳烃的回收率达到 98.5% 以上，苯的纯度可达 99.9%。

三、制药工业中的萃取分离

制药工业生产工艺复杂，表现为品种多、产品质量要求高、工艺流程长。对于热敏性的药品，用液 - 液萃取的方法在常温下进行分离是一个很好的选项。由于技术保密的原因，尽管液 - 液萃取分离药品的研究报道很多，但其在工业上的应用情况很少有详细报道。

例如[12]，青霉素的生产过程中，用乙酸丁酯从发酵液中萃取出青霉素，采用逆流萃取工艺，离心萃取器通过控制溶液的 pH 和萃取温度，使青霉素的分解降到最低。

需要注意的是，由于药品的特殊性，对萃取剂和稀释剂的选择有许多特殊要求，如毒性等因素。

四、食品工业中的萃取分离

食品等天然产物中往往含有热敏性物质，所以液 - 液萃取非常适合分离这些成分，因为可以在常温下操作。不过，由于食品中的成分非常复杂，通常含有结构相似的同系物，所以萃取分离经常作为有效成分提取分离过程中的一步，得到某一类化合物。另外，对萃取剂和稀释剂的选择也有严格的要求。

例如，菜籽油[22]和茶籽油[23]均可以用乙醇萃取法脱除游离脂肪酸。并已用于工业生产。以异丙醇为萃取剂，可以脱除改性乌桕脂中的脂肪酸[24]。经过 5 级错流萃取，脂肪酸脱除率可达 97% 以上，改性乌桕脂回收率在 95% 以上。

又如，发酵液中的柠檬酸可以用磷酸三丁酯在常温下萃取。萃取相的柠檬酸在高温下通过反萃取分离出来[12]。

五、环境工程中的萃取分离

1. 醋酸 – 水体系的分离

在有机化学工业中，凡使用醋酸、无水醋酸、过氧乙酸等原料，在生产糠醛、醋酸纤维酯、醋酸烷基酯类、乙烯酮、甘油、环氧链烷酸等过程中都会产生含醋酸的废水；此外，在金属处理和发酵工业也会产生含醋酸的废水。我国现有糠醛生产厂家 200 余家，年产量 9×10^4 t 以上，每年糠醛厂排放含酸废水多达 1.17×10^6 t，既造成环境污染，又浪费了大量重要的化工原料，因此，从含醋酸的废水中回收醋酸具有环境、经济和社会三方面的效益。但由于这些含酸废水中的醋酸含量很低，采用传统的分离方法如蒸馏法、中和法和电渗析法等不同程度地存在能耗大和回收率低等缺点，处理后的废水也很难达到国家排放标准。近年来，使用液 - 液萃取方法对醋酸废水进行回收越来越受到研究者的关注。

醋酸的水溶液是强极性体系，按经验选择萃取溶剂比较困难。

宋静[16]采用多目标优化方法对萃取剂进行了计算机辅助分子设计。

醋酸 - 水液 - 液萃取过程萃取剂的设计条件见表 2-10。

表 2-10　醋酸 – 水液 – 液萃取过程萃取剂的设计条件

项　目	指　标
设计温度 T/K	298.15
最小选择性 β_{min}	7
最小分配系数 m_{min}	0.15
最大溶剂损失 $S_{l,max}$	0.1
沸点 T_b/K	$421.45\leqslant T_b\leqslant 541.15$，高沸点 $321.15\leqslant T_b\leqslant 381.15$，低沸点
最大熔点 $T_{m,max}$/K	298
摩尔质量 MW/（g/mol）	$0\leqslant \text{MW}\leqslant 240$，环烷烃和芳香烃 $0\leqslant \text{MW}\leqslant 160$，链式烃

模拟退火算法的参数设置见表 2-11。

表 2-11　模拟退火算法参数设置

参数	设定值	参数	设定值
初温 T_0	1e4	Markov 链长 L	100
降温指数 α	0.95	运算次数	100
终止温度 T_f	0.1		

采用模拟退火算法进行多目标优化，目标函数为分配系数 m，选择性 β，溶剂损失 S_l，毒性 LC_{50}，沸点 T_b，熔点 T_m 和摩尔质量 MW_s 七个目标的模糊综合评价值，按照给定的设计条件对醋酸 - 水液 - 液萃取过程进行了溶剂的分子设计，得到满足设计条件的高沸点溶剂 31 种，没有找到满足条件的低沸点溶剂，表 2-12 给出了各个溶剂分子的目标性质计算值。

表 2-12　醋酸 - 水液 - 液萃取体系溶剂分子设计结果（高沸点）

名称	结构式	m	β	S_1	LC_{50}	G
3- 甲基 -4- 甲氧基 -2- 丁酮	$(CH_3CO)CH(CH_3)CH_2(CH_3O)$	0.611	15.4	0.158	712.9	0.84
苯甲醚	$(ACH)_5(AC)(CH_3O)$	0.271	33.9	0.00582	509.7	0.82
4- 甲基 -3,5- 己二酮	$CH_3(CH_2CO)CH(CH_3CO)CH_3$	0.466	24.6	0.0526	453.1	0.81
1- 甲基戊醇	$(CH_3)(CH_2)_3CH(CH_3)(OH)$	0.372	14.3	0.0135	312.8	0.86
苯乙酮	$(ACH)_5(AC)(CH_3CO)$	0.277	43.7	0.00257	326.2	0.75
3,5- 庚二酮	$(CH_3)_2(CH_2CO)_2CH_2$	0.487	24.8	0.0428	341.0	0.80
正己醇	$CH_3(CH_2)_5(OH)$	0.372	14.3	0.0135	235.5	0.71
1- 羟基 -3- 乙基环己烷	$(cy\text{-}CH_2)_4(cy\text{-}CH)_2(OH)CH_2CH_3$	0.164	15.2	0.0310	146.6	0.78
苯基丙酮	$(ACH)_5(AC)(CH_2CO)CH_3$	0.263	46.0	0.00081	130.3	0.72
2- 庚酮	$(CH_3CO)(CH_2)_4CH_3$	0.374	30.7	0.00853	108.8	0.85
3- 氯 -4- 甲基 -2- 戊酮	$(CH_3CO)(CHCl)CH(CH_3)_2$	0.279	29.9	0.00781	118.9	0.82
乙酸丙酯	$(CH_3COO)(CH_2)_2CH_3$	0.344	24.7	0.0269	86.2	0.70
苄甲醚	$(ACH)_5(ACCH_2)(CH_3O)$	0.233	38.7	0.00172	102.3	0.80
庚醇	$CH_3(CH_2)_6(OH)$	0.326	16.1	0.00486	95.8	0.81
1,2- 二甲基 -4- 羟基环己烷	$(cy\text{-}CH_2)_3(cy\text{-}CH)_2(cy\text{-}C)(OH)(CH_3)_2$	0.156	16.8	0.0115	113.7	0.76
5- 甲基 -6- 氯 -3- 己酮	$CH_3(CH_2CO)CH(CH_2Cl)CH_3$	0.271	30.0	0.00438	89.5	0.80
5- 氯 -3- 己酮	$CH_3(CH_2CO)CH_2(CHCl)CH_3$	0.279	30.5	0.00579	89.5	0.81
2- 酮基 -4- 甲基 -3- 己烯	$(CH_3CO)(CH{=}CH)CH(CH_3)_2$	0.468	37.8	0.0326	72.6	0.85
3,4- 二甲基 -3- 己酮	$CH_3(CH_2CO)(CH)_2(CH_3)_3$	0.310	32.7	0.00203	77.1	0.84
2- 酮基 -4- 甲基 -3- 己烯	$(CH_3CO)(CH{=}C)(CH_3)CH_2CH_3$	0.440	35.4	0.0226	61.4	0.84
环己基甲基酮	$(cy\text{-}CH_2)_5(cy\text{-}CH)(CH_3CO)CH_3$	0.161	93.2	0.0102	73.4	0.78
苯丙酮	$(ACH)_5(ACCH_2)(CH_3CO)$	0.265	51.8	0.00084	64.7	0.75
2- 酮基 -6- 庚烯	$(CH_2{=}CH)(CH_2)_3(CH_3CO)$	0.497	40.6	0.0469	48.7	0.81
3,8- 癸二酮	$CH_3(CH_2CO)(CH_2)_4(CH_2CO)CH_3$	0.310	32.7	0.00203	43.7	0.80

续表

名称	结构式	m	β	S_l	LC_{50}	G
乙酸苯酯	$(ACH)_5(AC)(CH_3COO)$	0.196	27.6	0.00127	41.9	0.71
甲基乙苯基醚	$(ACH)_5(ACCH_2)CH_2(CH_3O)$	0.195	40.3	0.00059	40.8	0.74
4,5- 二甲基 -2- 庚酮	$CH_3CH_2(CH_3)_2(CH)_2(CH_2CO)CH_3$	0.268	34.0	0.00068	30.6	0.78
苯丁酮	$(ACH)_5(ACCH_2)CH_2(CH_3CO)$	0.238	52.0	0.00031	25.6	0.70
丙酸丙酯	$CH_3(CH_2COO)(CH_2)_3CH_3$	0.214	32.4	0.00239	14.0	0.78
乙酸 -1- 异戊烯酯	$(CH_3COO)(CH{=}CH)CH(CH_3)_2$	0.337	30.2	0.0139	9.40	0.82
乙酸 -2- 异戊烯酯	$(CH_3COO)CH_2(CH{=}C)(CH_3)_2$	0.310	30.4	0.00976	7.95	0.81

注：AC 表示苯环上的 C 原子，下同。

在分子设计的基础上进行实验验证，可望得到适宜工业应用的萃取剂，大大节省工艺开发时间。

2. 糠醛 – 水体系的分离

糠醛，又名呋喃甲醛，是至今为止无法用石油化工原料合成，而只能用玉米芯、麦秆、甘蔗渣等等农林植物纤维废料水解生成戊糖再脱水而制得，是一种重要的有机化工溶剂和生产原料，可用来合成医药、农药、呋喃树脂、糠醛树脂、橡胶硫化促进剂、橡胶及塑料的防老化和防腐化等，在食品、香料、染料等工业中均有应用。国内外分离糠醛水溶液的方法有很多，如蒸馏法、吸附法、超临界萃取法及液 - 液萃取法等，由于液 - 液萃取法工艺简单、投资少、能耗低，研究日益广泛，近年已提出用不同的溶剂萃取分离糠醛和水。宋静[16]针对糠醛水溶液的萃取剂进行了计算机辅助分子设计。

糠醛 - 水液 - 液萃取过程萃取剂的设计条件见表 2-13。

表 2–13 糠醛 – 水液 – 液萃取体系萃取剂的设计条件

项　目	指　标
设计温度 T/K	298.15
最小选择性 β_{min}	7
最小分配系数 m_{min}	0.15
最大溶剂损失 $S_{l,max}$	0.1
沸点 T_b/K	$464.95 \leqslant T_b \leqslant 584.95$，高沸点 $330.15 \leqslant T_b \leqslant 404.95$，低沸点
最大熔点 $T_{m,max}$/K	298
摩尔质量 MW/（g/mol）	$0 \leqslant MW \leqslant 240$，环烷烃和芳香烃 $0 \leqslant MW \leqslant 160$，链式烃

模拟退火算法的参数设置见表2-14。

表2-14　模拟退火算法参数设置

参数	设定值	参数	设定值
初温 T_0	1e4	Markov 链长 L	100
降温指数 α	0.95	运算次数	100
终止温度 T_f	0.1		

采用模拟退火算法进行多目标优化，目标函数为分配系数 m，选择性 β，溶剂损失 S_l，毒性 LC_{50}，沸点 T_b，熔点 T_m 和摩尔质量 MW_s 七个目标的模糊综合评价值，按照给定的设计条件对糠醛 - 水液 - 液萃取过程进行了溶剂的分子设计，得到满足设计条件的高沸点溶剂21种、低沸点溶剂7种。各个溶剂分子的目标性质计算值分别见表2-15和表2-16。

表2-15　糠醛 - 水液 - 液萃取体系溶剂分子设计结果（高沸点）

名称	结构式	m	β	S_l	LC_{50}	G
4- 甲基 -2,5- 己二酮	$(CH_3CO)CH_2CHCH_3(CH_3CO)$	16.1	53.8	0.0608	453.1	0.88
苯乙酮	$(ACH)_5(AC)(CH_3CO)$	12.4	117	0.00257	326.2	0.89
3,6- 辛二酮	$CH_3(CH_2CO)(CH_2)_2(CH_2CO)CH_3$	12.3	44.8	0.0163	135.4	0.85
2,3- 二甲基 -4- 氯丁醇	$(CH_2Cl)(CH)_2(CH_3)_2CH_2(OH)$	7.11	21.8	0.00565	104.5	0.89
乙酸 -4- 羟基丁酯	$(CH_3COO)(CH_2)_4(OH)$	10.7	18.0	0.0636	96.4	0.86
丙酸 -3- 酮基丁酯	$CH_3(CH_2COO)(CH_2)_2(CH_3CO)$	14.4	32.5	0.0272	43.5	0.86
5- 甲基 -6- 氯 -2- 己酮	$(CH_3CO)(CH_2)_2CHCH_3(CH_2Cl)$	12.4	96.8	0.00215	35.4	0.86
乙酸苯酯	$(ACH)_5(AC)(CH_3COO)$	12.0	101	0.00127	41.9	0.87
乙酸乙基环己酯	$(cy\text{-}CH_2)_5(cy\text{-}CH)(CH_2)_2(CH_3COO)$	0.852	120	0.00172	2.46	0.82
丙酸己酯	$CH_3(CH_2COO)(CH_2)_5CH_3$	5.25	70.3	0.00027	2.19	0.85
甲基 - 甲基环己烷	$(cy\text{-}CH_2)_4(cy\text{-}CH)_2(CH_2CO)CH_3$	0.754	114	0.00372	26.1	0.84
甲基丙基苯醚	$(ACH)_5(ACCH_2)(CH_2)_2(CH_3O)$	4.78	71.0	0.00020	16.1	0.87
甲基乙基苯醚	$(ACH)_5(ACCH)(CH_3O)CH_3$	9.68	125	0.00043	15.3	0.86
乙酸 - 丙基环己酯	$(cy\text{-}CH_2)_5(cy\text{-}C)(CH_3COO)(CH_2)_2CH_3$	0.690	109	0.00044	1.40	0.80
8- 甲基 -3- 壬酮	$CH_3(CH_2CO)(CH_2)_4CH(CH_3)_2$	5.12	45.8	0.00023	9.06	0.85
二氯乙烷基环己烷	$(cy\text{-}CH_2)_5(cy\text{-}CH)CH_2(CHCl_2)$	1.09	1824	5.71×10^{-5}	1.17	0.84

续表

名称	结构式	m	β	S_1	LC_{50}	G
苯乙酸甲酯	$(ACH)_5(AC)(CH_2COO)CH_3$	8.69	103	0.00038	16.5	0.84
乙酸异辛酯	$(CH_3COO)(CH_2)_5CH(CH_3)_2$	5.70	77.7	0.00013	1.13	0.83
2- 甲基 -6- 酮基 -3- 庚烯	$(CH_3)_2CHCH{=}CHCH_2(CH_3CO)$	8.54	59.2	0.00402	11.6	0.86
1,1- 二氯辛烷	$CH_3(CH_2)_6(CHCl_2)$	8.35	574	1.35×10^{-5}	1.05	0.84
甲基 - 乙基环己酮	$(cy\text{-}CH_2)_5(cy\text{-}CH)(CH_2)_2(CH_3CO)$	0.844	159	0.00407	19.6	0.83

表 2-16　糠醛 - 水液 - 液萃取体系溶剂分子设计结果（低沸点）

名称	结构式	m	β	S_1	LC_{50}	G
2- 丁酮	$(CH_3CO)CH_2CH_3$	17.9	37.4	0.166	1500	0.85
甲基异丙基醚	$(CH_3O)CH(CH_3)_2$	3.93	14.4	0.0291	541.4	0.87
甲基丁基醚	$(CH_3O)(CH_2)_3CH_3$	3.93	14.4	0.0291	407.5	0.85
2- 己酮	$(CH_3CO)(CH_2)_3CH_3$	11.3	43.8	0.0239	266.7	0.78
2- 甲基 -3- 氯丙烷	$(CH_3)_2CH(CH_2Cl)$	5.03	100.8	0.00376	172.2	0.86
2,2- 二氯丙烷	$(CH_3)_2(CCl_2)$	13.1	623.1	0.00416	162.5	0.85
乙酸丁酯	$(CH_3COO)(CH_2)_3CH_3$	10.4	61.4	0.00982	35.1	0.75

需要注意的是，计算机模拟分子设计的结果应通过实验验证。

参考文献

[1] 戴猷元 . 液液萃取化工基础 [M]. 北京：化学工业出版社，2015:5.

[2] Rydberg J, Cox M, Musikas C, Choppin G R. Solvent extraction principles and practice [M]. second edition. New York: Marcel Dekker, Inc., 2004: 342.

[3] 于婷，李瑞芬，李峥，赵皓贵，张春龙，何辉，李晴暖，张岚 . Thorex 流程钍铀分离工艺单元计算机模拟研究 [J]. 原子能科学技术，2016，50(2)：227-234.

[4] 林军，顾正桂 . 醋酸丁酯 - 糠醛 - 水体系逆流萃取模拟计算 [J]. 计算机与应用化学，2002, 19(5)：635-638.

[5] 王红星，张希，黄智贤，邱挺 . 萃取处理 PTA 精制废水工艺模拟计算与设计 [J]. 福州大学学报（自然科学版），2014, 42(2)：317-320.

[6] 彭小平，颜清 . 萃取计算的 Excel VBA 图解方法 [J]. 计算机与应用化学，2008, 25(11)：1412-1416.

[7] 胡亮 . 用 Excel 进行溶剂萃取工艺计算 [J]. 化学通报，2002，(1)：56-59.

[8] 彭昌荣，刘期凤 . 多级错流萃取计算的 MATLAB 实现 [J]. 西华大学学报（自然科学版），

2006, 25(1)：57-59.
[9] 鲁金辉，梁志武．环己酮生产中萃取塔的模拟计算和改造 [J]. 计算机应用，2004, 11(4)：46-48.
[10] 陈利新，李忠虎．稀土串级萃取的计算机动态模拟 [J]. 内蒙古石油化工，2015，(18)：40-42.
[11] 赵维彭，郑英峨，赵权宇．相平衡和平衡级分离专用计算软件 VB 设计 [J]. 计算机与应用化学，2002, 19(6)：783-785.
[12] Kislik V S. Solvent extraction: classical and novel approaches [M]. Amsterdam: Elsevier B V, 2012.
[13] 李洲，秦炜．液 - 液萃取 [M]. 北京：化学工业出版社，2012: 175.
[14] 李洲，秦炜．液 - 液萃取 [M]. 北京：化学工业出版社，2012: 180.
[15] 李洲，秦炜．液 - 液萃取 [M]. 北京：化学工业出版社，2012: 411.
[16] 宋静．环境友好的分离过程溶剂的计算机辅助分子设计 [D]. 天津：天津大学，2008.
[17] 徐亚兰．基于高速逆流过程、络合反应的萃取强化过程研究 [D]. 杭州：浙江大学，2010.
[18] 徐亚兰，何潮洪．二 (2- 乙基己基) 磷酸钠离子交换萃取氨基葡萄糖盐酸盐的研究 [J]. 高校化学工程学报，2010, 24(4):254-261.
[19] 宋宁．液液萃取的强化及实验研究 [D]. 天津：天津大学，2014.
[20] Rydberg J, Cox M, Musikas C, Choppin G R. Solvent extraction principles and practice [M]. second edition. New York: Marcel Dekker, Inc., 2004:458.
[21] Rydberg J, Cox M, Musikas C, Choppin G R. Solvent extraction principles and practice [M]. second edition. New York: Marcel Dekker, Inc., 2004:427.
[22] 曾益坤．高酸值菜籽油的萃取脱酸工艺探讨 [J]. 中国油脂，2002, 27(5)：30-32.
[23] 樊和平，黄运江，刘煜．无水乙醇萃取脱酸加工一级油茶籽油 [J]. 中国油脂，2008, 33(5)：16-17.
[24] 谭志强，吴炜亮，郑建仙．改性乌桕脂的液 - 液萃取脱酸工艺研究 [J]. 食品工业科技，2012，(5)：285-288.

第三章

离子液体萃取技术

第一节 概述

液-液萃取是一项常见的分离技术，通常采用水或有机溶剂作为萃取剂。但是，常规萃取剂存在种类有限、物化性质可调范围小、分离选择性较低等不足。此外，水作为萃取剂只能适用于亲水性物质，有机溶剂则存在溶剂挥发和交叉污染等问题。上述问题严重阻碍了液-液萃取技术在化工分离过程中的应用。理想的萃取溶剂需具备以下特性：对分离对象具有良好的溶解能力，在分离过程中可以获得较大的分配系数和较高的处理能力；能选择性识别目标物质和杂质，达到较高的分离选择性；分离过程中不易流失，降低与其他相之间的交叉污染；易再生，具有良好的循环稳定性[1]。

离子液体（Ionic Liquid, IL）作为一种新型溶剂，完全由阴、阳离子构成在室温或接近室温的条件下呈液态的盐类。离子液体独特的阴、阳离子结构使其与常用的分子溶剂具有显著的性质差异，又有别于传统的盐类，具有蒸气压极低、稳定性好、溶解能力好、易形成液-液两相[2]、导电性优良以及可设计性等优点。离子液体的这些特性使其不仅可以作为环境友好的溶剂替代传统挥发性有机溶剂，而且为清洁化工过程的发展提供了创新的源头。近年来，离子液体已经在萃取分离、催化、材料等众多领域展现了良好的应用前景[3,4]，引起国内外学者的广泛关注和研究，并取得一系列重要进展。

离子液体是一类“可设计溶剂”，可以通过对阴、阳离子结构进行调变[5]，从而调控其对有机物、聚合物、无机物的溶解性，进而精准调控离子液体与分离对象的相互作用方式及强度，提高分离萃取容量和分离选择性，实现分离过程强化。自1998 年 Rogers 等 [6] 首次以离子液体为萃取剂在水中萃取酚类衍生物以来，以离子液体为新型萃取剂的分离方法已被广泛用于金属离子、天然活性物质、有机小分子物质、气体等分离 [7-9]，特别是在天然活性同系物的萃取分离方面取得重要进展 [1]。本章将从离子液体的种类和性质出发，着重介绍离子液体在萃取分离领域的研究及应用进展。首先总结了离子液体两相体系的相平衡研究：疏水性离子液体 - 水二元两相体系、离子液体 - 有机溶剂二元两相体系、离子液体 / 稀释剂 - 有机溶剂三元两相体系、离子液体双水相体系。进一步介绍了离子萃取过程中的强化技术，综述了离子液体在共沸物萃取精馏、有机物和生物分子萃取、天然活性同系物萃取分离等研究及应用的国内外最新进展，分析了离子液体与分离对象间的相互作用，探讨了离子液体萃取分离研究中存在的问题和未来发展方向。随着当今社会对工业过程的“绿色”溶剂的强烈需求，相信离子液体绿色溶剂在分离纯化方面将取得更为重要的进展。

第二节 离子液体的结构和性质

一、离子液体种类

室温离子液体（Room Temperature Ionic Liquid, RTIL）是一类由阴、阳离子构成的，在室温或接近室温的条件下呈液态的熔盐，通常也简称为离子液体（Ionic Liquid, IL）[10-12]。由于离子液体阴、阳离子体积较普通盐类要大，且结构具有高度不对称性，阴、阳离子间的静电力相对较小，熔点通常在 100℃以下。阳离子结构包含母核和侧链基团两部分，根据母核的不同可分为咪唑阳离子、吡啶阳离子、季铵阳离子、季鏻阳离子、三氮唑阳离子、吡咯烷阳离子、哌啶阳离子、胍基阳离子等（图 3-1）。一般离子液体的阳离子具有较大的体积和较高的结构不对称性，侧链基团可以是烷基链，也可以包含其他功能性的取代基。离子液体阴离子的化学结构则具有较大差异，常见的有金属卤化物络合的阴离子，如 $AlCl_4^-$、$Au_2Cl_7^-$、$FeCl_4^-$、$Cu_2Cl_3^-$ 等，以及质子酸的共轭碱，如卤素阴离子（Br^-、Cl^-、I^- 等）、HSO_4^-、NO_3^-、ClO_4^-、BF_4^-、PF_6^-、$N(CN_3)_2^-$、SCN^-、$[N(C_2F_5SO_2)_2]^-$（即 NTf_2^-）、CH_3COO^-、CF_3COO^-、$CF_3SO_3^-$ 等。

离子液体独特的阴、阳离子结构使其与常用的分子溶剂具有显著的性质差异，

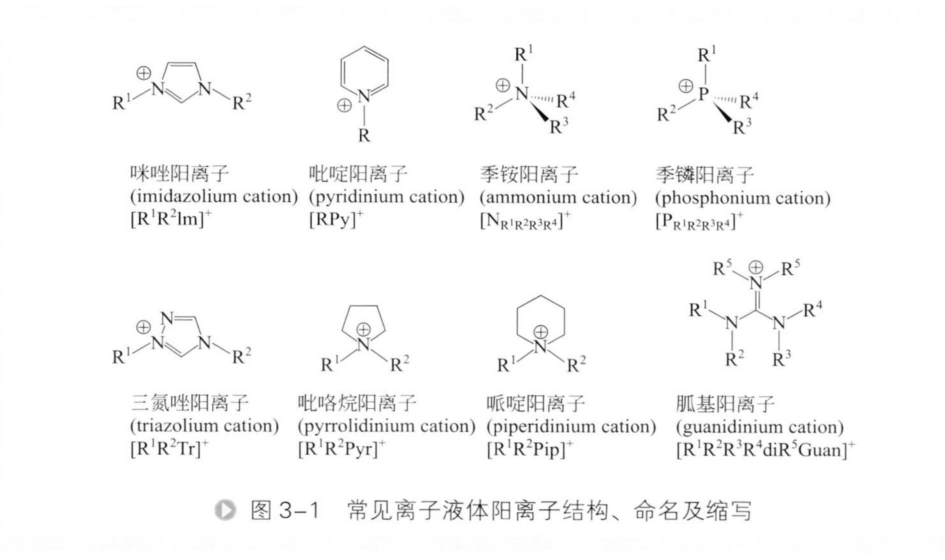

图 3-1　常见离子液体阳离子结构、命名及缩写

又有别于传统的盐类。通常离子液体具有以下特点：

（1）蒸气压极低，几乎不挥发。尽管在高温低压条件下［小于 0.07mbar（1bar=10^5Pa，下同），200 ～ 300℃］离子液体也可被蒸馏，但在近室温的条件下离子液体的蒸气压完全可以被忽略，这也是其取代传统挥发性有机溶剂最重要的优势之一。

（2）较高的热稳定性和较宽的液程。多数离子液体的热分解温度在 250 ～ 400℃，而结合其较低的熔点或玻璃化温度，可以在 300℃以上的温度范围内维持液态，相比之下常用有机溶剂如乙醇液程不到 200℃且主要位于低温范围 [13]。

（3）较高的化学稳定性和极佳的溶解性能。除第一代的 $AlCl_3$ 型离子液体对水和空气不稳定外，目前研究的多数离子液体在水、空气甚至酸、碱环境中均能稳定存在，并且根据阴、阳离子结构的设计，可以用于溶解药物、生物质、金属氧化物、聚合物等物质 [14] 和吸收 CO_2、SO_2、C_2H_2、C_2H_4 等气体 [15]。

（4）可设计性。基于结构 - 性质关系，通过分子设计可精确调控离子液体的氢键酸度、氢键碱度、极性和疏水性等物理化学性质。离子液体的阴、阳离子来源十分广泛，理论上离子液体数量可达 10^{18} 种。

离子液体的种类繁多，本节重点介绍具有良好萃取分离应用潜力的离子液体种类及其物化性质。

1. 中性离子液体

中性离子液体一般是指阴阳离子未经酸性、碱性或者其他功能性基团修饰的常规离子液体。该类离子液体通常表现出较好的水稳定性，根据亲疏水性的差异可分为亲水离子液体、疏水离子液体和两亲性离子液体。

由于离子液体之间有较强的自聚集倾向，与其他溶剂混合时易形成互溶低的液 - 液两相体系，例如大多数离子液体都能与烷烃类有机溶剂较好地分相，而阴离子为 NTf_2^- 、PF_6^- 的离子液体的水溶性较差，可与水形成水 - 离子液体两相体系。离子液体的这些特性有利于其在萃取领域的应用，例如疏水性离子液体可从水中提取生物活性物质、富集金属离子、脱除有机污染物等[16]。Wang 等[17]将咪唑型离子液体 $[Bmim]PF_6$，$[Hmim]PF_6$，$[Hmim]BF_4$ 和 $[Omim]BF_4$ 作为萃取剂来萃取水介质中的一些氨基酸（L- 色氨酸、L- 苯丙氨酸、L- 酪氨酸、L- 亮氨酸、D- 缬氨酸）。胡松青等[18]利用疏水性离子液体 $[Bmim]PF_6$ 对硫化物的萃取量要远远大于亲水性离子液体 $[Bmim]BF_4$ 的萃取量。

2. 酸性离子液体

酸性离子液体[19-23]是指离子液体结构中含有一个或多个酸性位点，并且可以提供酸性环境的离子液体。按酸性位点的性质主要可以分为以下三类：Lewis 酸性离子液体、Brønsted 酸性离子液体、Brønsted-Lewis 双酸性离子液体。

Lewis 酸性离子液体主要是由金属卤化物 MCl_x（如 M=Al、Zn、Fe 等）和有机卤化物（如卤化的四级铵盐、四级鏻盐等）按一定比例混合加热，在无水条件下反应制成的[22]。对于大多数的 Lewis 酸性离子液体，具有电子接受能力的是阴离子，其结构如图 3-2 所示。但这类离子液体酸性较弱，需在某些反应中额外添加 HCl 等质子酸增强酸性，逐渐被对空气和水都相当稳定并且酸性更强的 Brønsted 酸性离子液体所取代。

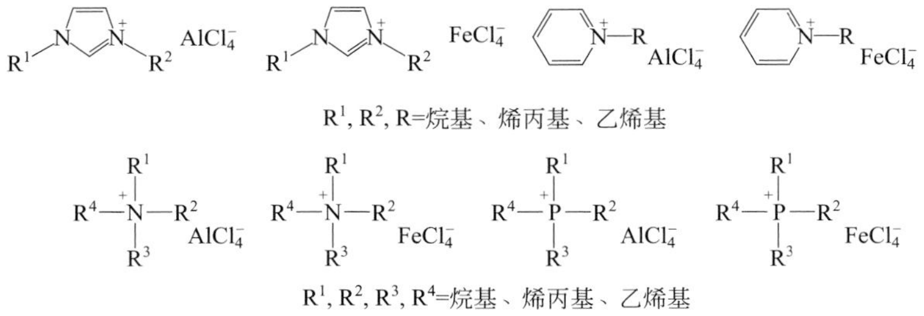

R^1, R^2, R=烷基、烯丙基、乙烯基

R^1, R^2, R^3, R^4=烷基、烯丙基、乙烯基

图 3–2　阴离子具有接受电子能力的 Lewis 酸性离子液体

Brønsted 酸性离子液体是指能够给出质子或结构中含有活泼酸性质子的离子液体。根据酸性来源的不同，主要可分为质子酸酸性离子液体、羧基功能化离子液体和酸性最强的磺酸功能化离子液体。

质子酸酸性离子液体是在 N 或 O 原子上有一个或多个酸性氢离子，主要可分为阳离子带有 H^+（图 3-3A ～ C）、阴离子带有 H^+（图 3-3D ～ F）以及阴阳离子都

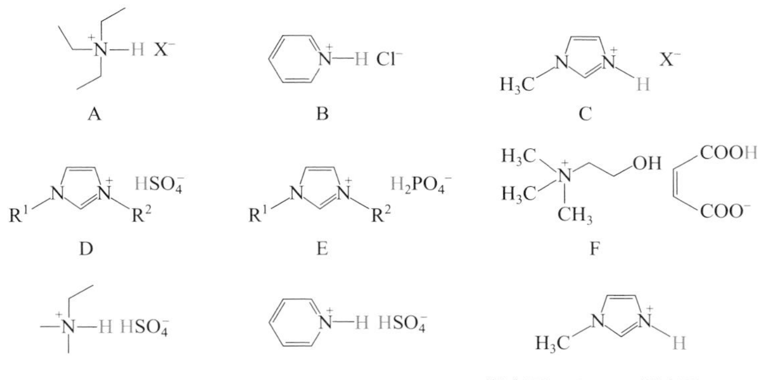

图 3-3　阳离子带有 H^+（A ~ C）、阴离子带有 H^+（D ~ F）以及阴阳离子都带有 H^+（G ~ J）的质子酸酸性离子液体 [20]

带有 H^+（图 3-3G ～ J）的质子酸酸性离子液体。该类离子液体通过 Brønsted 酸与 Brønsted 碱性物质的直接反应得到，制备过程简单。其对水比较稳定，酸性较弱，只适用于参与一些不需要强酸环境的反应，而且具有热稳定性差等问题 [20]。

羧基功能化离子液体是阳离子用羧基基团—COOH 进行修饰的功能性离子液体，其羧基基团不仅可以提供 Brønsted 酸性，还可作为酸催化剂和反应介质广泛应用于酯化反应或其他反应中。例如，Li 等 [23] 合成了羧基功能化离子液体 [Cmmim][BF_4]（图 3-4 Ⅰ），将其作为 Mannich 反应的催化剂。

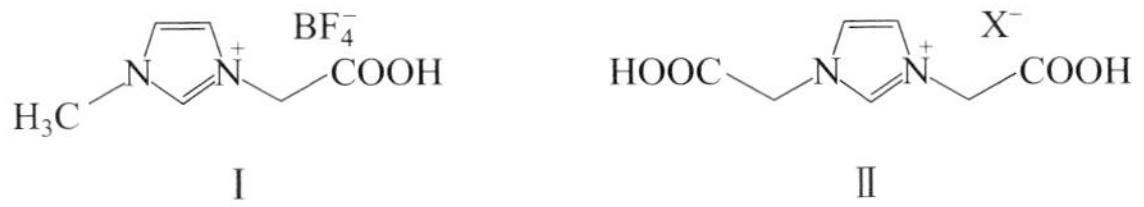

图 3-4　羧基功能化离子液体的结构

磺酸功能化离子液体其核心是在阳离子上引入了一个或多个磺酸基团（—SO_3H），或者阴离子为磺酸的 Brønsted 酸性离子液体，是目前酸性最强的 Brønsted 酸性离子液体，其对水和空气十分稳定，可替代易造成设备腐蚀和环境污染的传统液体无机酸（如硫酸、盐酸等）应用于很多酸催化反应，且易与产物分离，可循环使用，因此近几年来深受研究人员的关注和重视。Xing 等 [24,25] 制备了一系列基于吡啶阳离子的磺酸功能化离子液体（图 3-5），其中阴离子有硫酸氢根 HSO_4^-、磷酸二氢根 $H_2PO_4^-$、四氟硼酸根 BF_4^-、对甲苯磺酸根 $pTSA^-$，拓展了磺酸功能化离子液体阳离子的种类。

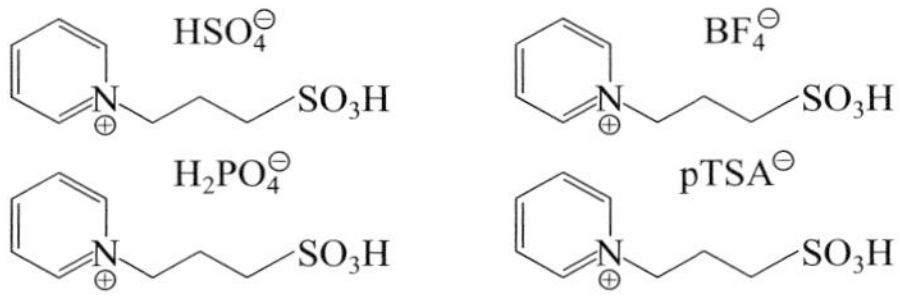

$HSO_4^{\ominus}$
SO_3H
$BF_4^{\ominus}$
SO_3H
$H_2PO_4^{\ominus}$
SO_3H
pTSA⊖
SO_3H

图 3-5　基于吡啶阳离子的磺酸功能化离子液体的结构 [24,25]

寇元等 [20] 于 2004 年首次合成了一种兼具 Brønsted 酸性和 Lewis 酸性的新型离子液体 $[C_4SCnim]Cl\text{-}AlCl_3$，将其称为双酸性离子液体（dual acidic IL），其中阳离子具有 Brønsted 酸性，阴离子具有 Lewis 酸性。

3. 碱性离子液体

现已报道的碱性离子液体根据碱性来源可分为三类：第一类是阳离子具有碱性，如氮杂环、胍基类、胆碱类离子液体；第二类是阴离子具有碱性，如卤素阴离子、二氰胺根、氨基酸类、羧酸根、氢氧根、咪唑和苯酚阴离子离子液体；第三类是含碱性功能取代基，如阳离子或阴离子部分有氨基等取代基团的离子液体。

目前，碱性来源于阳离子的种类较少，主要有氮杂环、胍基类、胆碱类，如图 3-6 所示。多氮杂环类，其阳离子结构特点是含有未被夺取电子的氮原子，具有富电子的共轭体系，可发生多种非共价键相互作用，如易形成氢键、π-π 堆积、与金属离子配位、静电作用等 [26]。氮杂环类阳离子主要有以下 4 种结构：①以 1,4- 二

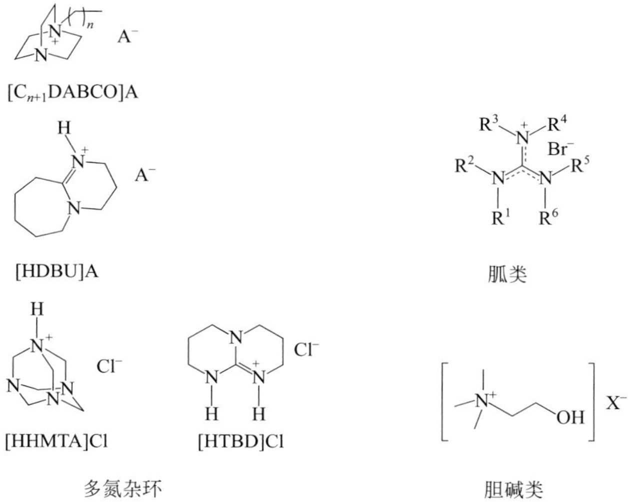

$[C_{n+1}DABCO]A$
[HDBU]A
胍类
[HHMTA]Cl
[HTBD]Cl
多氮杂环
胆碱类

图 3-6　具有碱性的阳离子结构图

氮杂二环 [2.2.2] 辛烷（DABCO）为母体；②以 1,8- 二氮杂二双环 [5.4.0] 十 - 碳 -7- 烯（DBU）为母体；③以六次甲基四胺（HMTA）为母体；④以 1,5,7- 三氮杂二环 [4.4.0] 十碳 -5- 烯（TBD）为母体。胍基类离子液体 [27]，其阳离子结构特点是含有两个叔胺氮原子，具有碱性，正电荷在三个氮原子之间离域分布，这导致其非常稳定，通常在 200 ～ 240℃稳定存在。胆碱类离子液体有两类，一类是以胆碱阳离子部分为母体，如 [Ch][AA] 和 [Ch][OH]，另一类是以胆碱羟基被取代后得到胆碱衍生物为母体，如 $CH_2ClP(O)(OEt)_2$，具有较弱的碱性。

大部分离子液体的碱性来自阴离子，一般地，离子液体的碱性随着阴离子对应的共轭酸酸性的增强而减弱，按阴离子升序排序为 $NTf_2^- < PF_6^- < BF_4^- < ClO_4^-$ $< CF_3SO_3^- < N(CN)_2^- < NO_3^-$ ~$CF_3COO^- < CF_3SO_4^- < CF_3SO_3^- < Br^- < Cl^- < CH_3COO^-$ $<$磷酸二甲酯 DMP^- $<$咪唑 $Im^- < OH^-$ 等 [28]。

不同阴离子结构的离子液体所具有的碱性强度差异大。常用含氟原子的离子液体，如以 NTf_2^-， PF_6^- 和 BF_4^-，氢键碱性很弱，只有 0.21 ～ 0.36。卤素阴离子型的离子液体，如 [Bmim]Cl，其氢键碱性较强，达 0.87，且为阴离子尺寸最小的碱性离子液体，得到了较多的研究和应用。尽管氢氧根型 $[OH]^-$ 离子液体的碱性较强，但其对热不稳定。另外，氨基酸为阴离子的离子液体由于其结构上存在一个氨基，具有较强碱性，最高可达 1.459（30℃），但黏度和极性较强。羧酸根离子液体碱性适中，氢键碱性为 1.0 左右，而通过向羧基相邻碳上引入吸电子基团，如 OH，SH，NH_2 和 CH_3OH 等，离子液体氢键碱性数值减少。

4. 氨基酸离子液体

碱性基团如氨基等，既可以结合在阳离子上，形成胺丙基咪唑离子液体，用于吸收 CO_2，以及能够形成电子转移复合物而达到催化化学反应；也可结合在阴离子部位，称为氨基酸离子液体，其对 CO_2 等酸性气体具有较好的吸收作用；而同时结合在阳离子和阴离子部分，形成多碱性位点的离子液体。以天然氨基酸为原料的氨基酸离子液体，因其具有原料无毒性、生产成本较低、可降解等特性，同时可以与目标分子形成较强的氢键网络，对许多生物材料如 DNA、纤维素、碳水化合物等表现出优异的溶解性能。Ohno 等 [29] 按图 3-7 利用阴离子交换树脂获得氢氧型离子液体，并与氨基酸进行酸碱中和反应，制备了 20 种氨基酸离子液体。Wang 等 [30] 研究了 11 种氨基酸功能化离子液体的 CO_2 吸收容量，如三己基十四烷基鏻甲硫氨酸

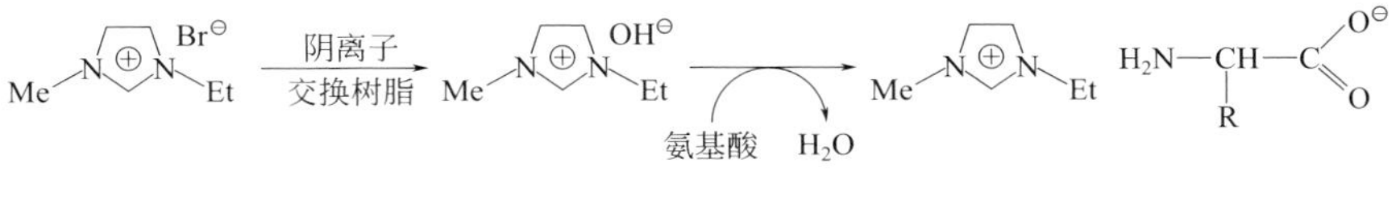

图 3-7　氨基酸离子液体合成路线 [29]

（$[P_{66614}][Met]$）和三己基十四烷基鏻脯氨酸（$[P_{66614}][Pro]$）的吸收量近 1mol CO_2/mol IL，并阐明了 CO_2 的吸收机理受阴离子结构的显著影响。

5. 脂肪酸离子液体

在实际应用中，含氟阴离子的离子液体，如 BF_4^-，PF_6^- 和 $(CF_3SO_3)_2N^-$ 等，存在氢键碱性弱、萃取效率低等不足。含碱性更强阴离子的离子液体，如 Cl^- 和醋酸根等，对有机分子具有相对较高的分配系数和选择性。但这类含较强碱性阴离子的离子液体通常具有较高的局部电荷，极性较大，对有机分子的亲和性差，且由于阴阳离子间的相互作用强，具有黏度相对较高、甚至室温下呈现固状、液程宽度较窄的缺点。此类离子液体也易溶于水，难以形成水 - 离子液体两相体系。

由天然来源的脂肪酸为阴离子的离子液体具有强氢键碱性、弱极性和良好的生物相容性，易形成液 - 液两相体系，可通过氢键和疏水作用，对天然活性物质和酸性气体均已表现出优异的分离性能 [28,31]。刘献献 [31] 按图 3-8 所示合成路线制备得到长链羧酸类离子液体，如 $[Ch][C_{12}OO]$、$[Ch][C_{14}OO]$、$[N_{2222}][C_{12}OO]$、$[Emim]$-$[C_{12}OO]$ 和 $[OHEmim][C_{12}OO]$ 等，在非水溶剂 *N,N*- 二甲基甲酰胺、乙腈、二甲基亚砜和甲醇中构建了溶致液晶聚集结构，并应用于生育酚分离体系，获得了非常优异的分离性能。此外，赵旭 [32] 制备的四丁基膦己酸盐（$[P_{4444}][C_5COO]$）具有强氢键碱性，且柔性结构和分子尺寸相对较大的阴阳离子可明显地增大离子液体自由体积，提高乙炔吸收容量和选择性。

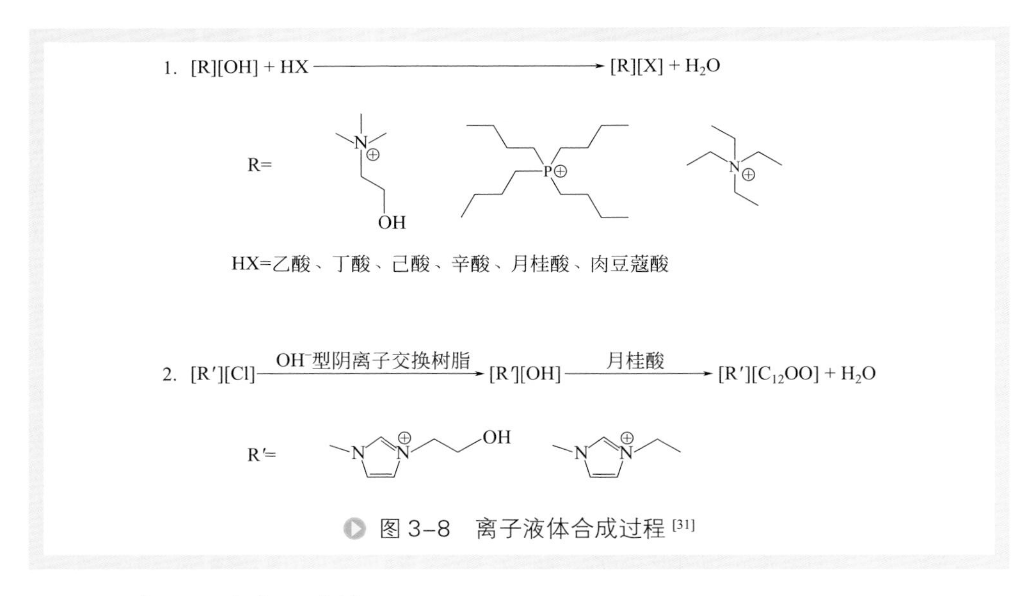

图 3-8　离子液体合成过程 [31]

6. 表面活性离子液体

表面活性剂是一类同时具有亲水性和疏水性的两亲化合物，结构中含有亲水头基和疏水尾剂[31]。通过对离子液体的阴、阳离子进行结构修饰（例如引入长烷基链），将离子液体与表面活性剂的结构特点整合得到表面活性离子液体。其兼具离子型表面活性剂和离子液体的特性，既能够保持离子液体良好的热稳定、宽液程、几乎不挥发、良溶剂等特性，还引入了表面活性剂在溶剂中发生聚集的能力，从而能够拓宽离子液体的应用范围和效率。

阳离子表面活性离子液体在表面活性离子液体中研究最多、最广泛。由含有长链取代基的阳离子和较小的阴离子组成的离子液体，具有阳离子表面活性剂的性质，其在溶剂中的聚集特性与阳离子表面活性剂类似。大部分阳离子表面活性剂具有季铵阳离子，而阳离子表面活性离子液体多为咪唑、吡啶、哌啶、吡咯阳离子和Gemini型阳离子。如图3-9所示，阳离子表面活性离子液体通常是在上述种类的阳离子母核上引入长烷基链，并与常规的卤素阴离子构建而成的。其性质主要受阳离子母核结构、取代烷基链长、取代基种类和阴离子种类的影响。

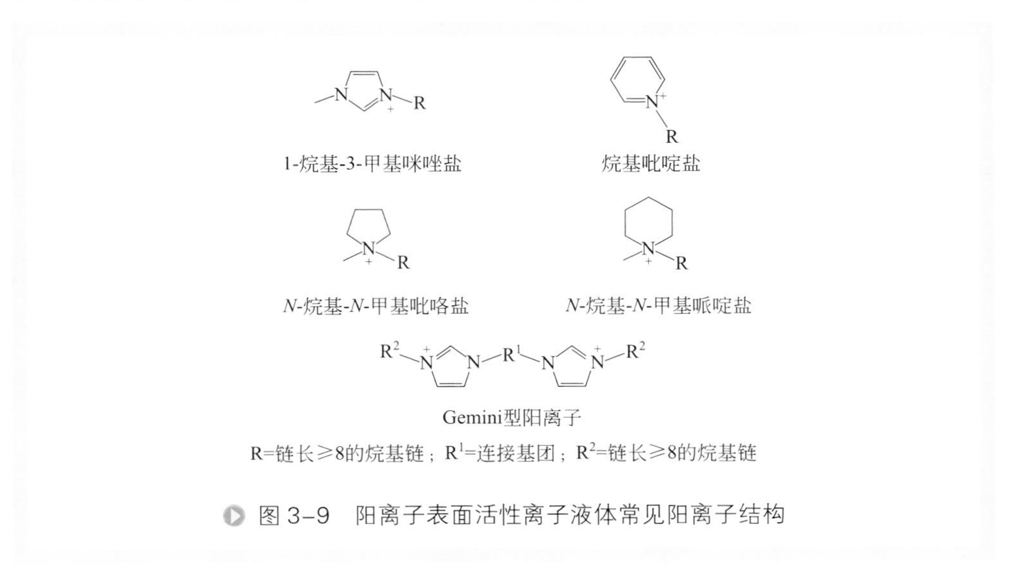

图3-9 阳离子表面活性离子液体常见阳离子结构

相比于阳离子表面活性离子液体而言，阴离子表面活性离子液体的研究较少[33,34]。与传统阴离子表面活性剂（Na^+或者K^+为阳离子）不同的是，阴离子表面活性离子液体具有体积较大的有机阳离子，如取代季铵阳离子、氨基酸类阳离子、吡啶阳离子和咪唑阳离子，其特征阴离子如图3-10所示。该类离子液体具有更低的溶剂化作用，能够更有效地屏蔽阴离子头基之间的静电排斥作用，具有更强的反离子结合度，因而使得表面活性离子液体表现出比同类型的表面活性剂更低的临界胶束浓度(CMC)和更为高级的聚集体结构。

7. 手性离子液体

手性离子液体是指具有手性原子、手性轴或手性面等手性因素的离子液体[35]。

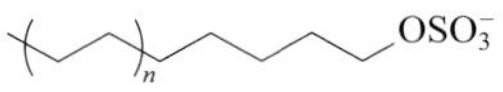

烷基硫酸根，n=1～4

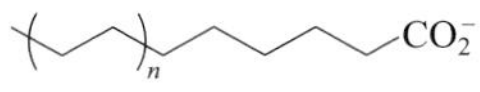

烷基羧酸根，n=1～5

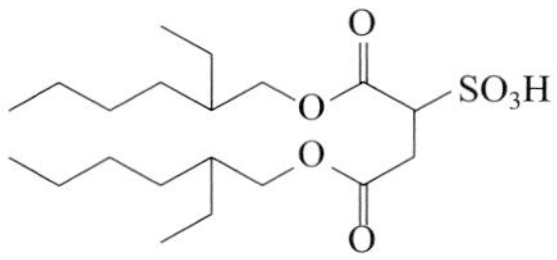

磺基琥珀酸二辛酯，AOT

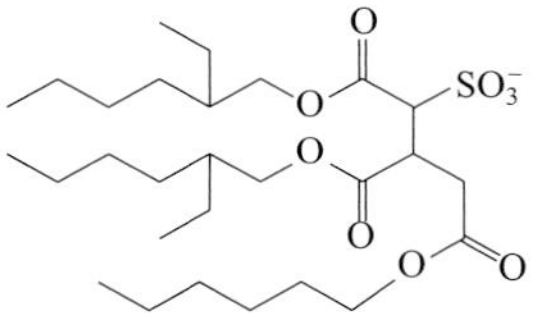

三链磺酸根，TC

图 3-10　阴离子表面活性离子液体常见阴离子结构

作为新型的手性介质，手性离子液体除具有一般离子液体的优点外，还具有结构可设计性等传统手性介质不具备的优势，因而在手性鉴别、外消旋化合物拆分、不对称合成等领域受到广泛的关注。目前其合成的方法大致可归为两类，其一是以非手性离子片段为载体，利用手性化学试剂对其进行修饰，进而获得手性离子液体；其二是以氨基酸、天然醇、羟基酸、环糊精等化合物及其衍生物直接作为天然手性源，合成手性离子液体。在手性离子液体制备中，研究者不断向咪唑型、吡唑型阳离子引入手性中心。

早期研究多集中于以手性卤代烷烃、手性醇等作为手性源[35]。以手性化学试剂合成手性离子液体的方法虽然较为成熟，但价格昂贵，且手性试剂种类有限，制约了其大规模制备及应用。而采用自然界广泛存在的手性化合物则可以大大降低成本，且丰富手性离子液体家族。Ohno 等[29]以 20 种氨基酸为原料制备出一类组成为 [Emim][AA] 的氨基酸手性离子液体。氨基酸离子液体具有天然的手性中心且比较稳定，可防止制备过程中的外消旋化。且此类离子液体具有较强的手性识别作用，可应用于氨基酸外消旋体及手性药物的拆分。以天然醇类作为手性源合成手性离子液体，其方法与化学试剂手性醇类似。例如，Ma 等[36]以 L- 薄荷醇为手性源，通过酯化、烷基化两步反应将其引入烷基咪唑阳离子侧链，制备了阴离子为 PF_6^- 的手性离子液体，并发现其可以用作甲基丙烯酸甲酯本体自由基聚合反应溶剂。酒石酸、乳酸等天然羟基酸也是合成手性离子液体的重要手性源。Seddon 等[37]以氯化 -1- 甲基 -3- 丁基咪唑与 *S*- 构型的乳酸钠为原料，合成了 1- 甲基 -3- 丁基咪唑乳酸盐 [Bmim][lactate]，并将其用做 Diels-Alder 反应溶剂，可有效地促进反应转化率。此外，一些生物碱（如麻黄素等）、DNA 以及樟脑衍生物等也可作为天然手性源用于手性离子液体合成。

8. 其他功能化离子液体

经过多年的发展，研究者们开始针对特定的应用设计离子液体的阴、阳离子结构。除以上功能化离子液体外，两性离子液体、金属配位离子液体、全氟烷基离子液体等拓展了离子液体的应用领域。

两性离子液体是由共价键连接的阴阳两性离子、阴离子和阳离子三部分组成。Ohno 课题组 [38] 首先将两性离子应用于离子液体中，通常两性离子是熔点较高的内盐，但加入等摩尔的离子化合物时，熔点即会降低。这类离子液体在电解质应用中表现出优良的性能，其两性离子性质赋予萃取剂独特的分相行为和萃取性质。

金属配位离子液体也因其特殊的金属位点而应用于催化和分离领域。例如，Richard[39] 制备的 1- 丁基 -3- 甲基咪唑四羰基钴盐离子液体 [Bmim][$Co(CO)_4$] 在 NaOH 存在下可以催化脱卤素和偶联反应。Zeng 等 [40] 制备了 [$C_n$mim]$_2$[$Co(NCS)_4$]，并利用钴离子的特性，实现了较高的 NH_3 吸附容量和 NH_3/CO_2 选择性。

9. 聚离子液体

离子液体的出现为分离技术的发展提供了新的机遇，但实际应用离子液体仍存在不足。选择性和分离容量往往难以兼顾，且与高沸点的介质难以分离，较高的黏度也不利于高效的传质。吡啶、多氟酸根等类型离子液体不可避免的生物毒性也限制了其工业化的应用 [41]。

聚离子液体［Polymeric/Polymerized Ionic Liquids or Poly(Ionic Liquid)s，PILs］是指一类以离子液体作为重复单元的聚合物 [42,43]，二者关系示于图 3-11。离子液体主要通过由后修饰和直接聚合两种策略引入聚合物骨架中，可以通过三维结构的空间效应与限域效应，强化离子液体的分子识别能力和多重相互作用，有望解决离子液体在实际应用时面临的问题。聚离子液体兼具离子液体和聚合物的优良性能，不仅具有优于离子液体的稳定性、易回收、易加工、耐久性和空间可控性，同时也表现出优良的可设计性和合成工艺多样性。目前用于聚合过程的阳离子除最为常见的咪唑类，还包括吡啶类、季铵类和季鏻类等，同时阴离子的灵活改变和特异官能团的引入，也可以有效调节聚离子液体的性质。研究表明，聚离子液体在分离、催

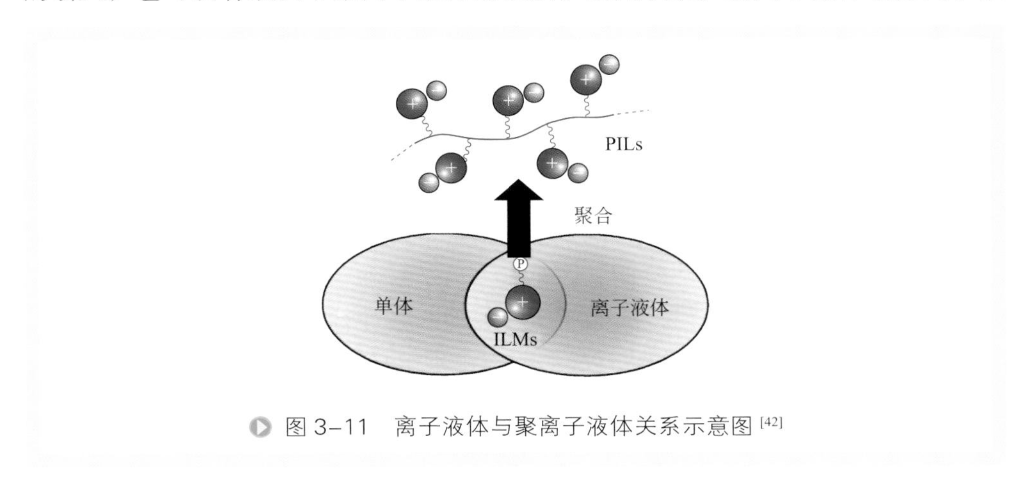

图 3-11　离子液体与聚离子液体关系示意图 [42]

化、电化学、碳材料及敏感材料制备等方面均有较大潜力。Lu 等[44]通过 RAFT 聚合设计合成的温敏型聚离子液体已经在生育酚同系物萃取分离方面表现出优良的性能。

二、离子液体理化性质

相比于传统的有机溶剂，离子液体具有一系列的优点[10-13]，如熔融态的温度范围宽，蒸气压低，不容易挥发，热稳定性以及化学稳定性好，更关键是结构性质可调控性强。通过调整离子液体的阴离子或者阳离子可以精确调节离子液体的物化性质，包括黏度、熔点、热稳定性、氢键碱性、极性等。例如在阴、阳离子中引入氨基、酰胺、羧基、羰基、磺酸基、硫脲等基团来进行定向调控。

1. 熔点和热稳定性

绝大多数离子液体的熔点都在室温附近，但也有部分含卤素阴离子的离子液体熔点较高，在室温下为固体或是过冷液体[45]。离子液体的熔点受离子的结构对称性、电荷分布、尺寸以及分子间氢键作用力等影响，一般而言，离子的结构对称性越低、电荷分布越均匀、体积越大，则离子液体的熔点越低；而氢键的存在则会使离子液体的熔点显著提高。

离子液体具有良好的热稳定性。大多数离子液体的热分解温度在 300℃以上，因而可以作为高温介质代替传统溶剂[12]。通常离子液体的热稳定性会随阴离子亲核性的增加而降低。

2. 黏度

离子液体的黏度通常高出传统溶剂 1 ～ 3 个数量级，这使得应用过程的传递性能差，给萃取过程带来许多负面影响。因此，降低离子液体的黏度是十分必要的。

研究表明，离子液体的黏度主要取决于离子间的范德华力、氢键和静电作用等因素[46]。通常，咪唑阳离子侧链长、分支多，阴离子体积大的离子液体黏度大。其中以 NTf_2^- 为阴离子的离子液体因其氢键作用弱而黏度小。对于氨基酸离子液体，因其阴离子上碱性功能基团氨基与阳离子上质子形成氢键而黏度较大。James H. Davis Jr 课题组[47]研究了在咪唑阳离子烷基长碳链中引入不饱和双键，可使离子液体的黏度降低。

3. 极性、氢键碱性和酸性

离子液体的酸碱性以及极性对于萃取分离具有重要意义。

就极性而言，离子液体的极性较强，与中等链长的醇类比较接近[48]，大于丙酮、二甲基亚砜，小于水。离子液体的氢键碱性是指离子液体作为氢键供体给出电子的能力。给出电子能力越强，则氢键碱性越强。氢键碱性通常包含两个部分，一是分子的碱性部位对另一分子的带正电原子或官能团的静电引力，二是碱性位点提供电子给另一分子轨道的能力，也称为静电部分和共价部分[49]。氢键碱性是离子液体最重要的性质之一，其氢键碱性要高于具有相同基团的分子溶剂以及无机盐。利用与其他物质的氢键作用的差异，离子液体被应用于天然活性物质的萃取[29,31,50]、酸性气体的吸收[15,30]等。Yang 等[51]研究发现，当把分子溶剂转变为离子液体时，其表面最小静电势以及表面最小平均局部电离势均减少。而两者值越小，离子液体的氢键碱性越强。这是由于离子液体独特的静电环境，其阴离子显著加强了离子液体的碱性位点通过静电或共价作用吸引其他分子酸性位点的能力。此外，离子液体的氢键碱性强度还高于具有相同基团的无机盐。这是因为离子液体阴阳离子间的距离要远小于无机盐阴阳离子之间的距离，离子液体中自由离子的数量也要远高于无机盐。

离子液体的氢键碱性具有可调控性。Xu 等[52]使用量化计算的方法探索了离子液体分子内作用力以及阴、阳离子上的取代基对氢键碱性的影响。研究发现，离子液体阴阳离子之间作用力越弱，氢键碱性越强。例如阴阳离子之间作用力的规律为[Bmim](1- 丁基 -3- 甲基咪唑盐)>[Bmmim](1- 丁基 -2,3- 二甲基咪唑盐)>[P_{4444}]（四丁基膦盐），而氢键碱性顺序与之相反。离子液体的阴离子主要是由有机酸或无机酸的共轭碱构成，其氢键碱性主要由阴离子决定，其强弱的顺序为 $Cl^- > Br^- > BF_4^- > PF_6^-$。阴离子增加碱性位点比阳离子增加碱性位点的离子液体的氢键碱性强。例如阳离子增加碱性位点的离子液体 [Apmim][Ac]（1- 胺丙基 -3- 甲基咪唑醋酸盐）的静电和共价碱性均弱于阴离子增加碱性位点的离子液体 [Pmim][Gly]（1- 丙基 -3- 甲基咪唑甘氨酸盐）。Ohno 等[53]研究发现羧酸离子液体的氢键碱性大于 Cl 盐离子液体，且阴离子烷基链越长越有利于提高氢键碱性。乳酸阴离子、甲酸阴离子、醋酸阴离子、二氰胺阴离子也是常见的呈碱性的阴离子。

除了阴离子结构对碱性会产生直接的影响外，阳离子结构也表现出对离子液体碱性的影响。在氨基酸离子液体中，当阳离子由 $[Emim]^+$ 换成四丁基膦 $[P_{4444}]^+$ 时，离子液体的氢键碱性有所提高[54]。在吡啶离子液体中，增加烷基侧链长度离子液体碱性增强，如 1- 辛基取代吡啶离子液体 [OP][BF_4] 碱性强于 1- 丁基取代吡啶离子液体 [BP][BF_4][55]，另外若 2- 位氢被甲基取代后氢键碱性增强。

常用碱性离子液体氢键碱性 β、偶极性 / 可极化性 π^* 列于表 3-1。

表 3-1　常用碱性离子液体氢键碱性 β、偶极性 / 可极化性 π^*（25℃）

离子液体名称	缩写	π^*	β
Bmim 离子液体			
1- 丁基 -3- 甲基咪唑六氟锑酸盐	[Bmim][SbF_6]	1.04	0.15
1- 丁基 -3- 甲基咪唑双（三氟甲磺酰）亚胺盐	[Bmim][NTf_2]	0.984	0.243

续表

离子液体名称	缩写	π^*	β
1-丁基-3-甲基咪唑六氟磷酸盐	[Bmim][PF_6]	0.92	0.21（20℃）
1-丁基-3-甲基咪唑四氟硼酸盐	[Bmim][BF_4]	1.08	0.36
1-丁基-2,3-二甲基咪唑四氟硼酸盐	[Bmmim][BF_4]	0.402	0.363
1-丁基-3-甲基咪唑二氰胺盐	[Bmim][$N(CN)_2$]		0.621
1-丁基-3-甲基咪唑氯盐	[Bmim]Cl	1.1（80℃）	0.87（80℃）
氨基酸离子液体			
1-乙基-3-甲基咪唑丙氨酸盐	[Emim][Ala]	1.10	1.036
1-乙基-3-甲基咪唑天冬氨酸盐	[Emim][Asp]	1.137	0.882
1-乙基-3-甲基咪唑氨酰胺盐	[Emim][Gln]	1.135	1.031
1-乙基-3-甲基咪唑谷氨酸盐	[Emim][Glu]	1.132	0.957
1-乙基-3-甲基咪唑甘氨酸盐	[Emim][Gly]	1.201	1.199
1-乙基-3-甲基咪唑组氨酸盐	[Emim][His]	1.239	0.917
1-乙基-3-甲基咪唑赖氨酸盐	[Emim][Lys]	1.056	1.212
1-乙基-3-甲基咪唑甲硫氨酸盐	[Emim][Met]	1.071	1.14
1-乙基-3-甲基咪唑丝氨酸盐	[Emim][Ser]	1.10	1.032
1-乙基-3-甲基咪唑缬氨酸盐	[Emim][Val]	1.044	1.069
四丁基膦丙氨酸盐	[TBP][Ala]	0.984（30℃）	1.035（30℃）
四丁基膦缬氨酸盐	[TBP][Val]	0.927（30℃）	1.459（30℃）
四丁基膦天冬氨酸盐	[TBP][Asp]	1.052	1.077
四丁基膦谷氨酰胺盐	[TBP][Gln]	固体	固体
四丁基膦谷氨酸盐	[TBP][Glu]	固体	固体
四丁基膦甘氨酸盐	[TBP][Gly]	1.039	1.302
四丁基膦组氨酸盐	[TBP][His]	固体	固体
四丁基膦赖氨酸盐	[TBP][Lys]	1.011	1.317
四丁基膦甲硫氨酸盐	[TBP][Met]	0.997	1.34
四丁基膦丝氨酸盐	[TBP][Ser]	1.106	1.099
羧酸根离子液体			
1-丁基-3-甲基咪唑醋酸盐	[Bmim][CH_3CO_2]		1.161

续表

离子液体名称	缩写	π^*	β
1- 丁基 -3- 甲基咪唑甲酸盐	[Bmim][HCO_2]		1.008
1- 丁基 -3- 甲基咪唑苯甲酸盐	[Bmim][(C_6H_5)CO_2]		0.987
1- 丁基 -3- 甲基咪唑 2- 羟基乙酸盐	[Bmim][$OHCH_2CO_2$]		0.967
1- 丁基 -3- 甲基咪唑 2- 巯基乙酸盐	[Bmim][$HSCH_2CO_2$]		1.032
1- 丁基 -3- 甲基咪唑 2- 羟基丙酸盐	[Bmim][($CH_3CHOHCO_2$]		0.964
不同侧链烷基的离子液体			
1- 乙基 -3- 甲基咪唑双（三氟甲磺酰）亚胺盐	[Emim][NTf_2]	0.998	0.225
1- 辛基 -3- 甲基咪唑双（三氟甲磺酰）亚胺盐	[Omim][NTf_2]	0.961	0.291
1- 甲基 -1- 丁基吡咯烷双（三氟甲磺酰）亚胺盐	[Mbpyrro][NTf_2]	0.93	0.37
1- 丁基 -4- 甲基吡啶烷双（三氟甲磺酰）亚胺盐	[4MBpyr][NTf_2]	0.98	0.29
1- 辛基 -4- 甲基吡啶烷双（三氟甲磺酰）亚胺盐	[4MOpyr][NTf_2]	0.97	0.33
1- 丁基吡啶烷四氟硼酸盐	[Bpyrr][BF_4]	1.081	0.213
1- 辛基吡啶烷四氟硼酸盐	[Opyrr][BF_4]	0.974	0.340
普通分子溶剂			
水		1.33	0.14
甲醇		0.73	0.61
乙醇		0.54	0.77
正己烷		–0.12	0.04
乙腈		0.75	0.31
二甲亚砜		1.00	0.76
二甲基酰胺		0.88	0.69
丙酮		0.71	0.48

注：括号内是测定温度，无特殊说明是 25℃。

氢键酸性是指离子液体作为氢键受体接收电子的能力，离子液体的酸性则主要来源于阳离子。羟基 [56]、羧酸基 [24]、磺酸基 [27] 在阳离子上的引入均能增加离子液体的酸性。此外，对于咪唑类离子液体，咪唑环的氢对氢键酸性影响极大。

4. 其他分子间作用力

离子液体的极性较为相似，但作为溶剂参与反应分离过程中所表现出的性质差别巨大。这是因为离子液体可以与其他分子形成多重相互作用，例如范德华作用、π-π 或 n-π 相互作用、氢键、偶极作用、静电相互作用等。Armstrong 等 [57] 采用了 Abraham 溶剂化模型来描述离子液体的多重相互作用力，17 种常用的咪唑以及季铵类离子液体与多种探针分子进行溶剂化作用，得到了离子液体多重作用能力的参数。研究表明，各离子液体的分散作用力基本相等。氢键碱性以及偶极性与离子液体结构相关性较大。其中阴离子对氢键碱性以及偶极性的影响比阳离子大。离子液体 [C_6m4im][NTf_2]（一己基 -2,3,4,5- 四甲基咪唑三氟甲磺酰亚胺盐）、[C_8m4im][NTf_2]（一辛基 -2,3,4,5- 四甲基咪唑三氟甲磺酰亚胺盐）、[Bmim]Cl、[Bmim][SbF_6]（1-丁基 -3- 甲基咪唑氟锑酸盐）以及 [Bmim][TfO]（1- 丁基 -3- 甲基咪唑三氟甲磺酸盐）均可形成 π-π 或 π-n 相互作用。在 [C_6m4im][NTf_2] 和 [C_8m4im][NTf_2] 体系中，咪唑环上的烷基链则可诱导并提供电子到芳香 π 体系中，从而使得离子液体与其他分子之间发生 π- 孤对电子以及 π-π 作用。富电子的芳环 π 体系与其他溶质的 π-n 以及 π-π 作用更强。

此外，离子液体的取代基以饱和烷基为主，具有较强的范德华作用能力。碳链越长，范德华作用能力越强。

第三节 离子液体两相体系的相平衡

在分离纯化或回收化学品及有害物质时，液 - 液萃取是一项常见的分离技术。液 - 液萃取通常采用水或有机溶剂作为萃取剂，与另一种不完全互溶的液体组成液 - 液两相体系，依靠组分在两相间的选择性分配实现分离。但在实际应用中，用水作为溶剂只适用于亲水性物质且实验过程中的蒸气压不能太低；而用有机溶剂作为溶剂又存在溶剂挥发、交叉污染等问题 [58]。此外，由于常规溶剂的种类非常有限、物化性质可调范围小，因此适宜液 - 液萃取的两相体系种类比较少，而且对于结构相近化合物的分离选择性也较低。这些因素严重阻碍了液 - 液萃取技术在化工分离过程中的应用。

离子液体的独特性质正好弥补了传统液 - 液萃取的这些缺陷。离子液体由阴阳离子组成的结构特点使其具有较高的内聚能密度，易与常规溶剂形成两相体系，通过对阴阳离子进行设计，可以根据需要精细调控离子液体的各种物化性质，因此有望实现对各种待分离对象的高选择性分离。要使离子液体在萃取分离领域中有所应用，可靠的液 - 液相平衡（LLE）数据必不可少，目前报道的含离子液体的液 - 液相平衡数据主要集中在离子液体 - 水两相体系、离子液体 - 分子溶剂两相体系、离子液体 / 稀释剂 - 分子溶剂三元两相体系以及含离子液体的双水相体系 [59]。

一、疏水性离子液体 - 水二元两相体系

作为离子液体液 - 液平衡研究的组成部分，离子液体和水的相平衡研究意义较

为重大。水是最为常用的溶剂，相对于有机溶剂而言，水更环保、更绿色且不易挥发，因此它与离子液体构成的混合体系要比离子液体与常用有机溶剂构成的体系具有一定的优势。离子液体的疏水性主要由阴离子调节，其次受阳离子烷基链长度等因素的影响。离子液体与水间的氢键相互作用是影响互溶度的主要因素，对阴离子而言，疏水性顺序为 $[BF_4]^-$<$[CH_3(C_2H_4O)_2SO_4]^-$<$[C(CN)_3]^-$<$[PF_6]^-$< $[N(SO_2CF_3)_2]^-$，而阳离子母核的疏水性顺序为 $[Bmim]^+$< $[Bmpy]^+$< $[Bmpyr]^+$<$[Bmpip]^+$[60,61]。当阳离子均为 $[Bmim]^+$ 时，离子液体和水的互溶度受咪唑阳离子上烷基链的长度和 C2 位置氢原子的影响，见图 3-12。随着 $[C_n mim][PF_4]$ 烷基链长度的增加，离子液体的极性降低，从而使其疏水性增强，两者互溶度降低。另一方面，$[Bmmim][PF_6]$ 与水的互溶度和 $[Omim][PF_6]$ 的互溶度相当，这是因为咪唑环上 C2 位置的酸性氢被甲基取代，降低了离子和水之间的氢键作用，从而导致溶解度降低。

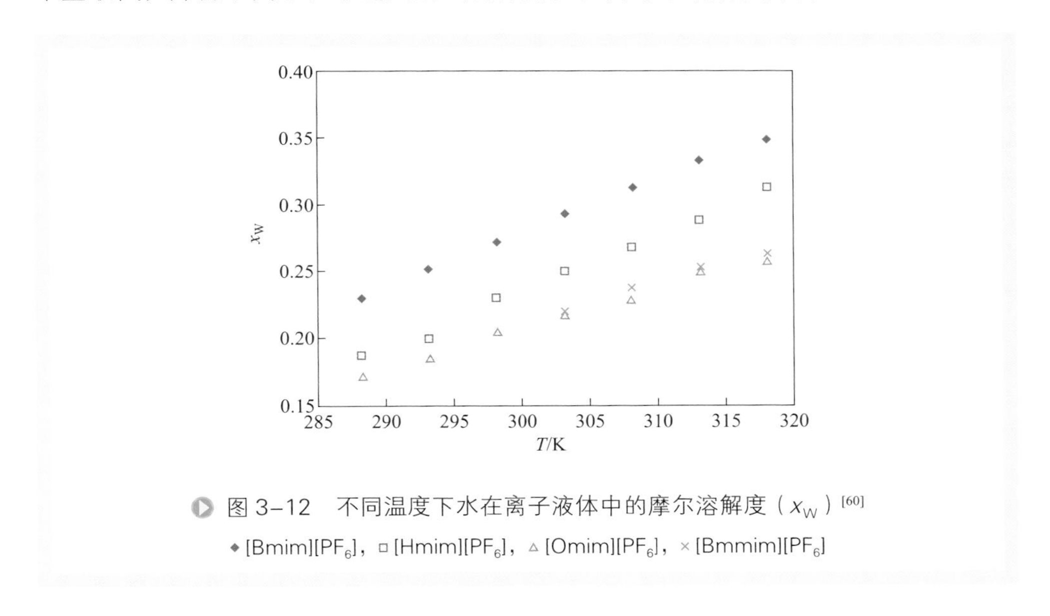

图 3–12　不同温度下水在离子液体中的摩尔溶解度（x_W）[60]

◆ $[Bmim][PF_6]$，□ $[Hmim][PF_6]$，△ $[Omim][PF_6]$，× $[Bmmim][PF_6]$

Anthony 等 [62] 研究了离子液体 $[Bmim][PF_6]$、$[Omim][PF_6]$ 和 $[Omim][BF_4]$+ 水体系的液 - 液相平衡。指出离子液体和水是部分互溶的，具有最高临界溶解温度 (UCST)。$[PF_6]^-$ 的亲水性比 $[BF_4]^-$ 的小，离子液体阳离子的烷基链越长，越不利于和水的互溶。Nockemann 等 [63,64] 测定了离子液体 $[Choline][NTf_2]$+ 水体系和 [HBet]-$[NTf_2]$+ 水体系的液 - 液平衡相图，指出 $[Choline][NTf_2]$+ 水和 $[HBet][NTf_2]$+ 水体系的最高临界溶解温度分别为 72℃和 55.5℃左右，并提出温度驱动了离子液体和水的二元混合体系的混溶和相分离行为。以 $[Choline][NTf_2]$+ 水的液 - 液平衡相图为例（图 3-13），在室温条件下 $[Choline][NTf_2]$ 和水形成两相体系，但将温度升高到 72℃左右时，两相混合成一相。

郭中甲 [65] 合成了 5 种以双三氟甲基磺酰亚胺 ($[NTf_2]^-$) 为阴离子，分别以 L-

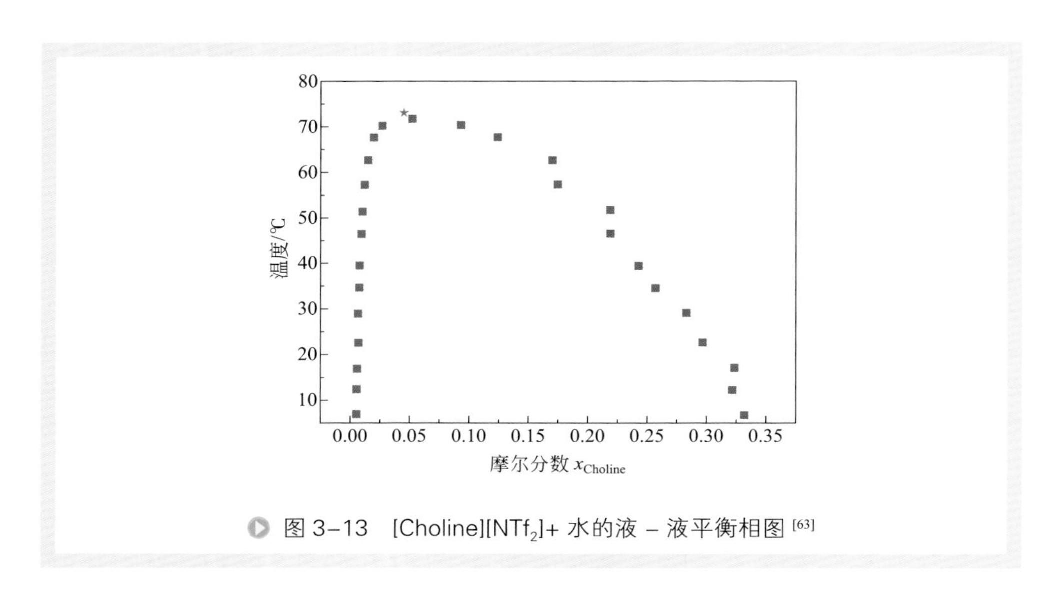

图 3-13 [Choline][NTf_2]+ 水的液－液平衡相图[63]

缬氨酸乙酯、胆碱、甜菜碱、吉拉尔特试剂 T、DL- 肉碱为阳离子的离子液体，并研究了它们和水的液 - 液平衡相图，这些相图均分为两部分，即在曲线之上的区域离子液体和水完全互溶，在曲线之下的区域离子液体和水部分互溶。这些离子液体 + 水体系的相图都具有最高临界溶解温度。离子液体的最高临界溶解温度从 [$ValC_2$][NTf_2]、[Choline][NTf_2]、[Betaine][NTf_2]、[Girards][NTf_2] 到 [Carnitine]-[NTf_2] 依次降低，说明这几种离子液体的亲水性逐渐增强。

通过对离子液体阴、阳离子整体的亲 / 疏水性进行适当的调控，可以设计出在水体系中具有较低临界共溶温度（Lower Critical Solution Temperature, LCST）的离子液体。该类离子液体 + 水体系在不同的温度下呈现出不同的溶解特性。谢圆邦[66] 合成了一系列季鏻脂肪酸盐离子液体，将其溶于水构建了水相 LCST 体系。结果表明，[$P_{444(16)}$][$C_{13}H_{27}COO$] 和 [$P_{444(16)}$][$C_{15}H_{31}COO$] 在水中极易形成凝胶，而其余离子液体则均有相当高的溶解度，大多可以与水混溶。热响应测试表明，除 [P_{4444}][$C_{11}H_{23}COO$] 和 [P_{4444}][$C_{17}H_{35}COO$] 不具备热响应特征外，以 [P_{4448}]$^+$ 和 [$P_{444(12)}$]$^+$ 为阳离子的脂肪酸离子液体以及 [$P_{444(16)}$][$C_{11}H_{23}COO$] 溶于水后，其水溶液均具有较低临界共溶温度，即离子液体的水溶液达到临界温度（Critical Temperature, T_c）以上时可形成分离的两相。

该实验还分别以 [P_{4448}]$^+$ 和 [$P_{444(12)}$]$^+$ 为阳离子的 8 种离子液体为研究对象，采用浊点法测定了离子液体在水溶液中的浓度与其水溶液临界温度 T_c 间的关系。由图 3-14 可见，该 8 种离子液体均可在较宽的温度范围内构建可调的 LCST 体系。

该研究利用季鏻长链脂肪酸盐离子液体同时具备强疏水与强亲水结构的特性实现热响应的机制，该类 LCST 体系在 10 ～ 90℃的宽温度范围内均可实现热响应，并且随着 LCST 体系中离子液体浓度的增加，体系的临界温度也随之升高。同时，

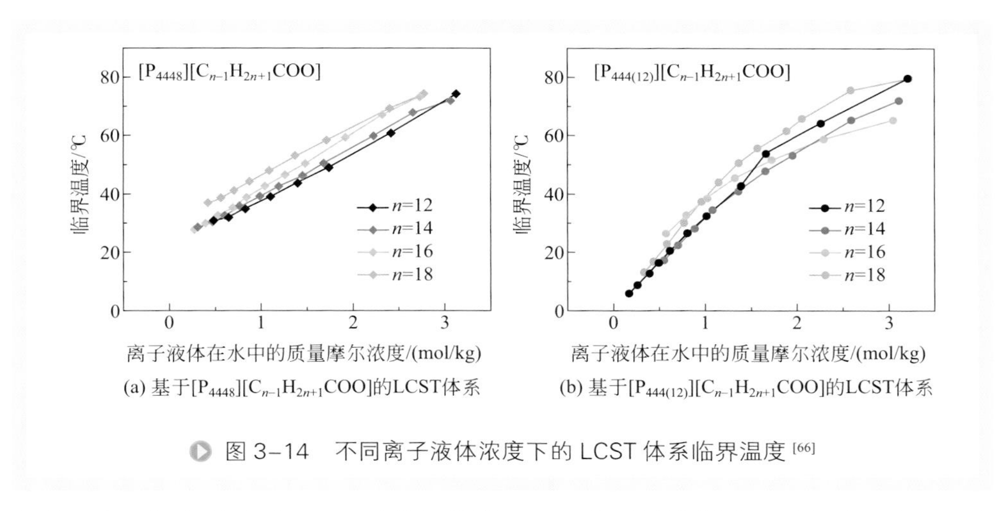

(a) 基于$[P_{4448}][C_{n-1}H_{2n+1}COO]$的LCST体系 (b) 基于$[P_{444(12)}][C_{n-1}H_{2n+1}COO]$的LCST体系

图 3-14 不同离子液体浓度下的 LCST 体系临界温度 [66]

当温度升至临界温度时，原本澄清透明的 LCST 体系迅速浑浊，即开始分为不相溶的两相，表明该研究中所构建的 LCST 对温度的变化十分敏感。

二、离子液体-有机溶剂二元两相体系

近年来，关于离子液体-有机溶剂的液-液相平衡研究有很多，包括 $[Bmim][PF_6]$、$[Bmim][BF_4]$、$[Emim][N(CF_3SO_3)_2]$、$[Bmim][CF_3SO_3]$ 等离子液体+脂肪醇、多元醇、醚、芳香烃、烷烃、烯烃、氯代烷烃等有机溶剂组成二元混合物 [67,68]。除咪唑类离子液体外，其他类型的离子液体+有机物体系的液-液平衡相图也有报道 [69,70]。

离子液体+脂肪醇液-液平衡体系属于典型的具有最高临界溶解温度 (UCST) 的部分互溶双液体系，并且在部分互溶区域内，脂肪醇相中仅含少量的离子液体，而离子液体相则含有较多的脂肪醇。离子液体和脂肪醇的结构及混合物的组成对体系相行为的影响主要表现在以下几个方面 [71-73]。

（1）对伯醇或仲醇与咪唑类离子液体构成的二元混合物，其 UCST 通常随着脂肪醇烷基链的增长而升高。表明脂肪醇的疏水性越强，混合物的 UCST 就越高，相应的脂肪醇在离子液体中的溶解度就越小。这是由于脂肪醇烷基链的增长削弱了醇分子和离子液体之间的氢键、偶极和库仑相互作用的缘故。

（2）脂肪醇烷基链的支化程度几乎不影响液-液平衡体系的 UCST，也不影响离子液体在脂肪醇中的溶解度，但是却能显著地影响脂肪醇在离子液体中的溶解度。在 $[Bmim][BF_4]$ 分别与正丁醇、2-丁醇、异丁醇和叔丁醇构成的二元混合物的部分互溶区域内，富离子液体相的相转变温度随脂肪醇烷基链支化程度的提高而降低，说明在一定温度下，支链醇在离子液体中的溶解度大于直链醇，叔丁醇的溶解度最大。Kamlet-Taft 的 β 参数是化合物作为氢键受体能力的一种量度。丁醇的 β

参数具有如下顺序：0.45（正丁醇）～ 0.45（异丁醇）<0.51（2- 丁醇）<0.57（叔丁醇）。因此，这种支化效应可以认为是作为较强氢键供体的咪唑阳离子与碱性较强的支链醇发生更加有效的氢键相互作用的结果。

（3）随着 1- 烷基 -3- 甲基咪唑阳离子上烷基链的增长，离子液体与脂肪醇构成的二元混合物的 UCST 显著降低，即离子液体与脂肪醇的互溶程度显著增强，这种现象可能是由于咪唑阳离子与脂肪醇的烷基链之间范德华相互作用增强的缘故。

（4）若阳离子咪唑上的 C2 氢原子被甲基取代，则会引起离子液体与脂肪醇互溶程度的显著变化。从离子液体 $[Hmmim][NTf_2]$ 和 $[Hmim][NTf_2]$+1- 己醇双液系的相图发现，当咪唑环上的 C2 氢原子被甲基取代后，混合物的 UCST 明显提高。咪唑环上的 C2 氢原子比其他原子具有更强的酸性，因此它和醇羟基之间的氢键作用最强。该氢原子被甲基取代后，破坏了这种氢键作用，从而导致离子液体 - 脂肪醇之间相互溶解度的显著降低。这也说明醇羟基与咪唑环上的酸性氢原子之间的氢键作用对混合物的相行为起着重要的作用。

（5）阴离子性质的变化对离子液体 - 脂肪醇体系的相行为也有很大的影响。实验结果表明，室温下，$[Bmim][N(CN)_2]$ 和 $[Bmim][CF_3SO_3]$ 与短链醇可形成完全互溶体系；正十二烷醇是能与 $[Bmim][CF_3SO_3]$ 形成部分互溶双液体系的烷基链最短的脂肪醇，而该脂肪醇却能与 $[Bmim][N(CN)_2]$ 完全互溶；$[Bmim][N(CF_3SO_3)_2]$、$[Bmim][BF_4]$ 和 $[Bmim][PF_6]$ 均可与正丁醇形成部分互溶双液体系，并且它们的 UCST 依次升高。综合这些实验结果可认为，阴离子与脂肪醇之间的亲和力的顺序为 $[N(CN)_2]^- > [CF_3SO_3]^- > [N(CF_3SO_3)_2]^- > [BF_4]^- > [PF_6]^-$。显然，阴离子与脂肪醇之间的氢键作用也是决定二者互溶性和 UCST 值的重要因素，增强阴离子的接受氢键能力，有利于二者互溶性的增强和 UCST 的降低。虽然改变阴离子是调节离子液体 - 脂肪醇互溶性的最容易的方法，但是当咪唑阳离子与脂肪醇之间的范德华作用增强时，可以削弱阴离子与醇之间的氢键效应。因此，当醇分子的烷基链增长时，阴离子对体系混溶性的影响减弱。

除了具有 UCST、LCST 的液 - 液平衡体系外，同时具有 LCST 和 UCST 的液 - 液平衡体系也有报道，如 $[C_m mim][N(CF_3SO_2)_2]+CHCl_3$ 液 - 液平衡体系（图 3-15），其中 m 为咪唑阳离子上烷基链的平均长度（$4 \leqslant m \leqslant 5$）。该相图由两个 LCST 和一个 UCST 构成，其上半部分含有一个 LCST，下半部分则由 LCST 和 UCST 构成封闭溶度曲线。这类相图的显著特点是，当温度变化时可以观察到两种独特的相分离现象。当温度降至足够低时，体系可以重新恢复到均相状态。

倪晓蕾[74]探究了一系列氨基酸根离子液体（AAILs）与有机溶剂的相平衡关系，发现在弱极性有机溶剂中，AAILs 的溶解性差异很大，因此 AAILs 可与某些弱极性有机溶剂形成液 - 液两相体系，互溶度受弱极性有机溶剂种类影响。对 [Emim]Ala 和 [Emim]Pro 两种极性较大的离子液体，其在有机溶剂中的溶解度随溶剂极性增大而增大，符合相似相溶原则。温度对 AAILs- 有机溶剂相平衡也有较大

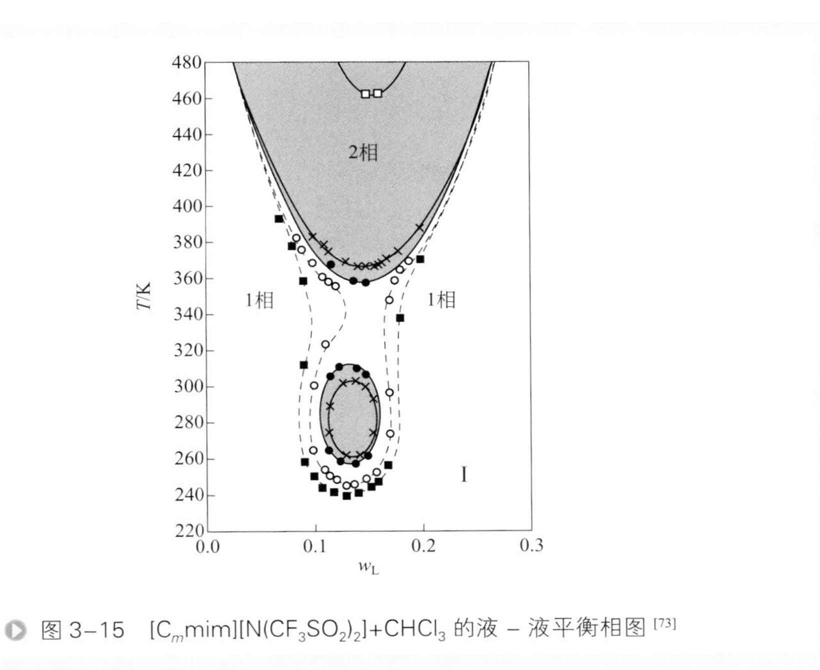

图 3-15 $[C_m mim][N(CF_3SO_2)_2]+CHCl_3$ 的液 – 液平衡相图 [73]

影响，一般 AAILs 在有机溶剂中的溶解度随温度升高而增大。

三、离子液体/稀释剂–有机溶剂三元两相体系

离子液体参与的相平衡研究为离子液体的应用提供了必需的基础数据，并为新型功能化离子液体的设计提供依据。然而，离子液体的黏度比常规溶剂高 1 ～ 3 个数量级，在萃取过程中会影响传质速率。虽然通过升温或者调节离子液体阴阳离子结构等方法能在一定程度上降低离子液体的黏度，但是效果非常有限，由于离子液体的高黏度是由其离子性的本质决定的，因此即使目前黏度最低的离子液体，其黏度也远高于常规分子溶剂。除此之外，虽然离子液体的结构和性质具有可设计性，但目前的研究表明，绝大部分的离子液体都是极性较强的化合物。因此，从溶剂极性的角度来说，离子液体的可选择性或者可调性就受到了很大的影响，对于那些非极性或者弱极性的溶质，离子液体的亲和性将有所下降，分配系数和萃取容量都将受到不利的影响。这在很大程度上也是由离子液体非对称的离子性结构本质导致的，因此同黏度一样，单纯依靠离子液体自身结构的调节难以达到满意的效果。这两点不足已经成为限制离子液体萃取技术发展的桎梏。

向离子液体中添加分子溶剂作为稀释剂，用离子液体 - 分子溶剂混合物代替单一离子液体萃取剂，有望成为解决上述问题的有效途径。作为稀释剂的分子溶剂的存在所带来的离子 - 分子相互作用及溶剂化效应可以有效削弱离子间的相互作用及其微观聚集结构，从而有望显著降低体系的黏度，促进传递过程的进行 [75-77]。除了

黏度之外，稀释剂的存在还可以使萃取溶剂的其他物化性质，如极性、氢键碱性、氢键酸性等的可调范围大大增加[78-81]。再联系到离子液体本身既有的可调性，稀释剂的引入无疑进一步提高了萃取溶剂及萃取过程的多样性和可设计性。换言之，稀释剂的引入使得可以通过离子液体和稀释剂实现对液-液萃取过程的双重调节而提高分离效率。除此之外，稀释剂的引入还有其他优点。例如对于某些分离性能卓著但在常温下为固体的离子液体如[Bmim]Cl等，其萃取操作目前只能在高于熔点以上的温度进行，非常不利[82]。而添加稀释剂组成复合萃取溶剂之后，相关过程即可在常温下进行。此外，离子液体的用量也会因为稀释剂的引入而降低，从而减少原料成本。

曹义风[83]选取中等极性溶剂乙酸乙酯与亲水性离子液体构建液-液两相体系，考虑到离子液体黏度较大、部分碱性较强的离子液体在常温下是固体而无法直接应用于液-液萃取等因素；其在离子液体中加入水作为稀释剂构成离子液体/水-有机溶剂三元两相体系。该体系具有以下优点：

（1）降低离子液体相黏度，使常温下为固态的亲水性离子液体也能用于液-液萃取。

（2）通过调节离子液体和水的比例调节离子液体水溶液的性质，实现萃取剂性质的精细调控，提高分离效率。

（3）亲水性离子液体在制备、储存过程中不可避免吸水，以水为稀释剂可避免离子液体除水这一耗时的过程。

（4）水为绿色溶剂，以水为稀释剂不会影响含离子液体萃取剂环境友好的特点。

除了以水作为稀释剂外，杨启炜[84]以甲醇或乙腈为稀释剂，构建了[Bmim]Cl-甲醇/乙腈-正己烷三元两相体系，并对其三元相平衡进行了研究。虽然甲醇与正己烷在常温附近可以部分互溶，但由于[Bmim]Cl的极性较强而且内聚能很高，因此向甲醇-正己烷二元体系中添加[Bmim]Cl有望显著改善体系的分相行为。从图3-16可见，[Bmim]Cl的量越大，平衡时甲醇-离子液体相中正己烷的摩尔分数就越小，正己烷相中甲醇和[Bmim]Cl的含量也越低。因此，当甲醇-离子液体中[Bmim]Cl的含量较高时，[Bmim]Cl+甲醇+正己烷可以近似被认为是不互溶液-液两相体系。

由于乙腈与正己烷的相溶性远低于甲醇与正己烷，[Bmim]Cl+乙腈+正己烷体系，两相互溶程度在较宽的组成范围内都处于较低水平，如图3-17，因此[Bmim]Cl+乙腈+正己烷可在更大范围内被近似为不互溶液-液两相体系。然而尽管乙腈与正己烷的相溶性远低于甲醇与正己烷，随着[Bmim]Cl的加入，[Bmim]Cl+甲醇+正己烷体系的互溶程度却呈现出低于[Bmim]Cl+乙腈+正己烷体系的趋势。这一现象表明在[Bmim]Cl存在的条件下，与甲醇分子相比，乙腈分子似乎更容易进入正己烷相。这可能是由于甲醇是极性质子溶剂而乙腈是偶极非质子溶剂，[Bmim]Cl与

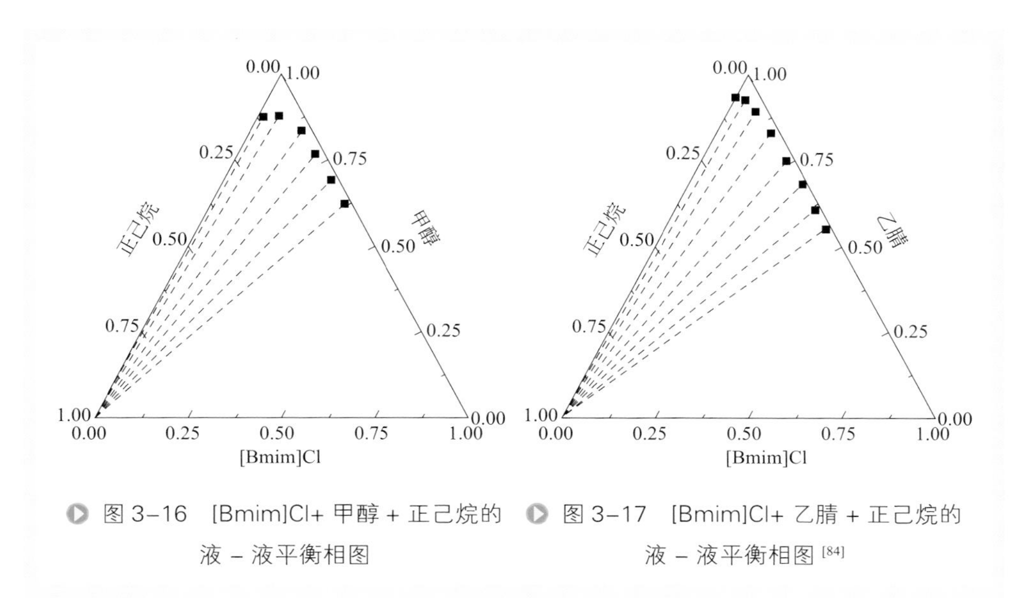

图 3–16 [Bmim]Cl+ 甲醇 + 正己烷的液 – 液平衡相图

图 3–17 [Bmim]Cl+ 乙腈 + 正己烷的液 – 液平衡相图 [84]

甲醇之间的相互作用应该强于与乙腈之间的相互作用。

从上面的相平衡研究结果可以看出，[Bmim]Cl+ 乙腈 + 正己烷和 [Bmim]Cl+ 甲醇 + 正己烷体系皆有望作为具有较低互溶度的液 - 液两相体系应用于实际的萃取分离过程。当采用上述体系应用于萃取过程时，[Bmim]Cl 几乎不会发生流失，而且平衡时的两相组成与混合之前各自的组成也非常相似，这对于萃取过程的进行显然是非常有利的。从根本上讲，这些特性都是由 [Bmim]Cl 的高内聚能以及强极性稀释剂与弱极性正己烷之间的难相溶性所决定的。而较高的内聚能以及与弱极性溶剂的难相溶性又正是离子液体和强极性分子溶剂的化学本质。因此，上述体系的相平衡性质具有很好的代表性意义。如果将 [Bmim]Cl 换成 [Bmim]Br、[Bmim][CF_3SO_3] 等其他亲水性离子液体，将甲醇和乙腈换成极性更强的 DMSO、DMF、NMP 等溶剂，将正己烷换成正庚烷、石油醚等其他非极性溶剂，它们所组成的离子液体 / 极性稀释剂 - 非极性溶剂三元体系同样有望具有较低的两相互溶度而适用于液 - 液萃取过程的进行。

孔利云 [85] 针对离子液体 + 水 + 乙酸乙酯三元两相体系，测定了其相平衡数据，系统研究了离子液体结构和实验温度对相平衡的影响，探究了水相中的微观结构及其对相平衡的影响。实验所考察的阳离子母环有咪唑、吡啶和哌啶，阴离子包括 Cl^-、Br^-、$[NO_3]^-$ 和 $[H_2PO_4]^-$。得到如下结论：

（1）随着离子液体阳离子烷基取代基长度的增加，离子液体的亲水性下降，与乙酸乙酯的亲和性增加，两相体系的互溶度增大。当阳离子烷基取代基长度从 6 增加至 8 和 12 时，由 [$C_n$mim]Cl 和 [C_nPy]Br 与水和乙酸乙酯形成的三元两相体系中，水相溶液依次出现胶束和液晶的微观聚集结构。伴随着胶束和液晶微观聚集结构的出现，离子液体结构中的疏水部分在胶束内部营造出一种有利于乙酸乙酯溶解的疏水性微环境，使乙酸乙酯在水相中的溶解度显著增大。

（2）阳离子母环结构对相平衡和水相微观结构有一定影响。一般而言，离子液体阳离子疏水性越强，离子液体相与乙酸乙酯相互溶度越大，但由于 $[C_8mPyrr]^+$，$[C_8mim]^+$，$[C_8mPy]$ 三种阳离子烷基取代基长度为 8 的离子液体在水溶液中会形成胶束的聚集结构，并在胶束内营造疏水微环境，有利于乙酸乙酯溶解。而阳离子母环结构不同的离子液体在水溶液中易形成聚集结构的顺序为 $[C_8mPyrr]^+<[C_8mim]^+<[C_8mPy]$[86]，与三元两相体系中乙酸乙酯在水相中溶解度增加的顺序一致。

（3）离子液体的阴离子结构对双水相体系的相平衡以及离子液体水溶液中的聚集结构等有重要影响。离子液体与水之间存在强烈的氢键相互作用，氢键碱性越强的离子液体与水之间的氢键相互作用越强，亲水性越好，与乙酸乙酯间的相互作用越弱。四种阴离子的氢键碱性强弱顺序为：$Cl^->[H_2PO_4]^->Br^->[NO_3]^-$[87-89]。随着阴离子从 Cl^- 变化到 $[NO_3]^-$，离子液体的氢键碱性依次减弱，与水之间的氢键相互作用减弱，亲水性降低，与乙酸乙酯间的相互作用增强，导致水相中乙酸乙酯的摩尔分数逐渐增大，乙酸乙酯相中离子液体与水的摩尔分数逐渐升高，两相体系的互溶度增大。

（4）温度升高，三元两相体系的互溶度增加。

此实验给出了离子液体 $[C_8Py]Br$+ 水 + 乙酸乙酯的三元体系相图。此三元体系的相图和水相中乙酸乙酯的摩尔分数和和乙酸乙酯相中水的摩尔分数随离子液体水溶液初始浓度的变化规律如图 3-18 所示。

在实验测定的浓度范围内，$[C_8Py]Br$ 可以与水和乙酸乙酯形成三元两相体系。

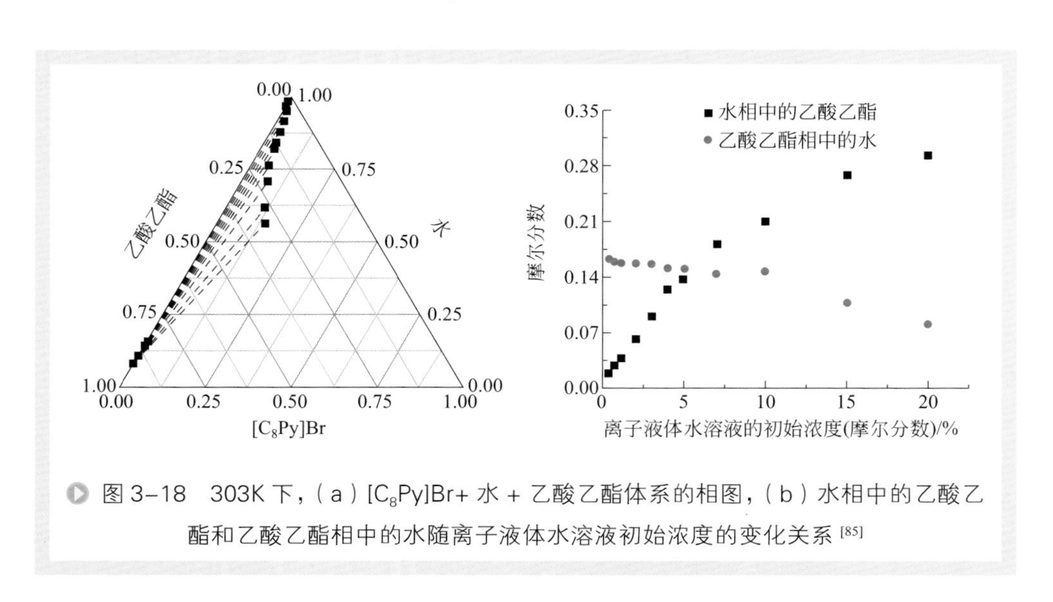

图 3-18　303K 下，（a）$[C_8Py]Br$+ 水 + 乙酸乙酯体系的相图，（b）水相中的乙酸乙酯和乙酸乙酯相中的水随离子液体水溶液初始浓度的变化关系 [85]

一方面，随着 $[C_8Py]Br$ 在水溶液中浓度的升高，水相中胶束的数量增多，对乙酸乙酯的增溶量变大，水相中乙酸乙酯的含量升高；另一方面，离子液体与水之间有强烈的氢键相互作用，随着离子液体浓度的升高，参与离子液体 - 水氢键相互作用的水分子数增多，乙酸乙酯相中水的摩尔分数降低。因此，随着离子液体水溶液初始浓度的升高，水相中乙酸乙酯的摩尔分数逐渐增大，乙酸乙酯相中水的摩尔分数逐渐减小，总体上，两相区逐渐变小（图 3-18）。

四、离子液体双水相体系

聚合物的极性范围比较窄，限制了它们在传统双水相体系中的应用。离子液体双水相（Ionic Liquid-based Aqueous Biphasic Systems, IL-based ABS）是继聚合物 / 盐双水相体系后发现的一种由离子液体与盐析剂形成的两相体系。2003 年，Rogers 等[90]首次提出离子液体双水相，即将 K_3PO_4 水溶液与 1- 丁基 -3- 甲基咪唑氯盐（$[C_4mim]Cl$）水溶液混合后，形成富含 $[C_4mim]Cl$ 的上相和富含 K_3PO_4 的下相的双水相体系。此后，越来越多的学者开始了离子液体双水相体系的研究。

离子液体蒸气压低、不易燃、热稳定性好以及某些离子液体具有生物相容性使得它们被认为是一类环境友好的介质。通过改变离子液体的阴阳离子可以改变离子液体的极性和亲水 / 憎水性，能有效地解决传统双水相体系极性不可调从而萃取效率低下的问题。通过阴、阳离子的结构设计，可以对离子液体的性质进行调整而扩大双水相萃取体系的应用范围。且离子液体双水相分相时间短，不易乳化，有较好的相界面。

聚离子液体技术的快速发展激发了研究者探索聚离子液体双水相萃取技术的兴趣，但是，目前对聚离子液体双水相体系的研究报道较少[106]。由于聚离子液体的特性，聚离子液体双水相体系也应包含上面提到的离子液体单体双水相体系的特点，尤其是极性调节方面的优势，且有可能含有更多自身独特的性质。因此，聚离子液体双水相体系具有非常重要的研究前景。

1. 离子液体阳离子对相平衡的影响

Bridges 等[91]通过比较 $[C_4C_1im]Cl$、$[C_4py]Cl$、$[N_{4444}]Cl$ 和 $[P_{4444}]Cl$ 四种离子液体在以 K_3PO_4、K_2HPO_4 或 K_2CO_3 为盐析剂时的相图，得到其分相能力分别为 $[P_{4444}]Cl>[N_{4444}]Cl>[C_4py]Cl>[C_4C_1im]Cl$。Freire 等[92]则在对比了 $[C_4C_1im]Cl$、$[C_4C_1C_1im]Cl$ 和 $[C_6C_1im]Cl$ 在以 K_3PO_4 为盐析剂时的相图后发现 $[C_4C_1C_1im]Cl$ 的分相能力介于 $[C_4C_1im]Cl$ 和 $[C_6C_1im]Cl$ 之间，因此指出咪唑离子液体 2 号位 H 与水的氢键相互作用对相行为的影响不大。Ventura 等[93]通过以 K_2HPO_4-KH_2PO_4 为盐析剂控制 pH 的同时，比较了 4 种取代基烷基链长度相同的离子液体的分相能力，结果为 $[C_4C_1pyr]Cl<[C_4C_1im]Cl<[C_4C_1pip]Cl<[C_4\text{-}3\text{-}C_1py]Cl$。咪唑侧链取代基上的羟基会显

著降低离子液体的分相能力，烯丙基也会使离子液体的分相能力有所降低，而带苄基的 $[C_7H_7C_1im]Cl$ 与带正庚基的 $[C_7C_1im]Cl$ 分相能力差别不大[94]。

2. 离子液体阴离子对相平衡的影响

Pei 等[95]首先发现 $[C_4mim]Br$ 和 $[C_6mim]Br$ 的分相能力均分别强于其氯盐。Ventura 等[96]对离子液体分相能力的影响进行了总结，认为对于具有相同阳离子的离子液体，其在双水相中的分相能力随阴离子作为氢键受体能力（即氢键碱性）的增强而减弱。Xie 等[97]研究了双水相体系中离子液体 $[Ch][C_nH_{2n+1}COO]$（n=3, 5, 7, 11）的分相能力，结果表明离子液体的分相能力随烷基链的增长而增强，从另一个角度提供了增强离子液体分相能力的策略。

3. 盐析剂对相平衡的影响

无机和有机盐是离子液体双水相体系中应用最为广泛的盐析剂。Li 等[98]提出离子液体双水相体系中亲液盐（kosmotropic salt）作为盐析剂时其盐析能力与 Hofmeister 序列一致，因此与其水合吉布斯自由能直接相关。Shahriari 等[99]以氢键碱性较弱的离子液体 $[C_4mim][CF_3SO_3]$ 测试了 21 种盐类的分相能力，结果表明盐类的分相能力与 Hofmeister 序列基本吻合。Freire 等[100]认为离子液体的析出是盐析剂水合物形成的同时，引起离子液体的脱水空腔表面张力增大而导致的，是一个熵推动的过程。

离子液体 - 聚合物双水相体系中，离子液体是带电荷的盐而聚合物一般为 PEG 或是 PPG 等中性分子，类似于传统聚合物 - 盐双水相体系。Visak 等[101]发现当离子液体在侧链较长（n = 6, 8, 10）时促进了 PEG 与水的氢键相互作用，同时由于烷基长链的存在使离子液体形成胶束与其他自聚集的结构，也起到了助溶剂的效果。而侧链较短（n = 2, 4）的离子液体在低浓度时也对 PEG 增溶，但在较高浓度时能够使 PEG 析出。Freire 等[102]发现离子液体阴离子的影响与其水合吉布斯自由能有关，阴离子水合能力越强的离子液体分相能力越强。而离子液体阳离子则相反，越疏水则分相能力越强。另外，Neves 等[103]报道的咪唑离子液体 -PPG 双水相体系中还存在两相区域为闭合区域的特殊现象。

糖类盐析剂的盐析能力较弱，适用范围较小，多用于阳离子侧链含烯丙基或以 $[BF_4]^-$、全氟磺酸根为阴离子的离子液体，而和包括侧链为长烷基链的咪唑离子液体在内的多数离子液体在水中均不能形成两相。常用的糖类盐析剂包括葡萄糖、果糖、蔗糖、木糖、麦芽糖、半乳糖、甘露糖、阿拉伯糖、麦芽糖醇、山梨糖醇、木糖醇等，其中麦芽糖醇的盐析能力最强。Freire 等[104]在对比了糖类的差向异构体、对映体等结构差异后指出糖类盐析剂分子中羟基数越多盐析作用越强，同时其构型也有影响。

氨基酸也是盐析能力较弱的一类盐析剂，主要被用于盐析以 $[BF_4]^-$、$[CF_3SO_3]^-$、

$[N(CN)_2]^-$ 等为阴离子的咪唑离子液体。Domínguez-Pérez 等 [105] 认为氨基酸的水溶性越好，则越容易形成水合物，从而将离子液体析出的能力越强。

4. 温度对相平衡的影响

对于离子液体 - 盐类、离子液体 - 糖类、离子液体 - 氨基酸双水相体系，温度的升高均会使双水相体系的两相区域发生不同程度的减小。由于 PEG 和 PPG 在水中的溶解主要依靠与水的氢键相互作用，存在较低临界共溶温度（LCST），因此部分离子液体 -PEG/PPG 双水相体系也存在此类对外界热刺激响应的相行为。Visak 等 [101] 报道的 PEG 3500 与 $[C_2mim]Cl$ 或 $[C_4mim]Cl$ 构建的体系在离子液体浓度较低时表现为 LCST 型，但当离子液体浓度较高时，体系转变为 UCST 型。在此之后也有一些 LCST 型双水相体系的报道，表现为体系在温度升高时，两相的不相溶性增强而分离度增加 [103]。

第四节 离子液体萃取过程强化技术

一、离子液体的黏度

离子液体作为一种绿色介质应用于萃取分离过程的难点之一在于其黏度通常比大部分有机溶剂高得多，扩散流动性差，不仅会大大降低体系中的传质速率，不利于产物的提取，同时也给单元操作带来一定的困难。设计合成低黏度的离子液体因此成为当前的研究焦点之一。

离子液体的黏度主要由离子间的范德华力、氢键、静电作用等因素决定。在多数情况下，阳离子侧链较长或分支较多、阴离子体积较大的离子液体黏度较大。2001 年，MacFarlane 等 [107] 首次报道了一系列低黏度的二氰胺类离子液体，其阴离子部分皆为二氰胺阴离子（dca^-），阳离子选自二烷基取代咪唑、二烷基取代吡咯等。其中 [Emim][dca] 表现出最低黏度，在 25℃下仅为 21cP（1cP=1mPa・s，下同），低于具有相同阳离子、但阴离子体积更大的离子液体 $[Emim][NTf_2]$（34cP）。Shirota 等 [108] 将图 3-19 所示的含有新戊基取代基的咪唑阳离子 $MNPIm^+$ 及其相应的硅代阳离子 $MTMSimim^+$ 与 BF_4^-、NTf_2^- 阴离子匹配制备了多种离子液体。研究者发现含硅离子液体的黏度总是相对较低，其中 $[MNPIm][BF_4]$ 的黏度约为 $[MTMSimim][BF_4]$ 的 7.4 倍，而 $[MNPIm][NTf_2]$ 的黏度约为 $[MTMSimim][NTf_2]$ 的 1.6 倍。其原因在于硅取代后的烷基具有相对较大的体积，更易被极化，使得硅烷基阳离子和阴离子之间的静电相互作用相对较弱，从而导致了黏度下降。Yu

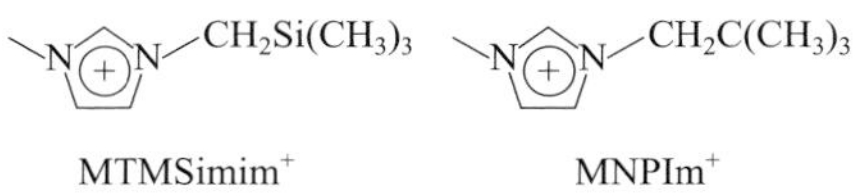

MTMSimim⁺ MNPIm⁺

图 3-19 MTMSimim⁺ 及 MNPIm⁺ 阳离子结构示意图 [108]

等 [109] 设计合成了一类以四烷基铵根为阳离子的低黏度氨基酸类离子液体。通过对阳离子结构进行调整，提高阳离子的不对称度有利于降低该类离子液体的黏度，$[N_{2224}]$[L-Ala] 在 25℃下的黏度为 29cP，而将其阳离子替换为具有对称结构的 $[N_{2222}]$ 后，离子液体黏度则上升至 81cP。阴离子的大小也会显著影响该类离子液体的黏度，随着阴离子体积的减小，其黏度也逐渐降低，依次为 [TAA][Val]>[TAA]-[β-Ala]>[TAA][Gly]（其中 [TAA] 表示四烷基铵根阳离子）。此外，也有研究表明离子液体在微观尺度下存在着氢键网络、尾基聚集等缔合结构，对离子液体的黏度、扩散系数等传递性质也有很大影响。

尽管目前低黏度离子液体得到了一定的发展，但在室温条件下黏度低于 20cP 的离子液体仍只有少数报道。黏度高、传递性能较差，仍在一定程度上限制了离子液体在工业中的应用发展。因此，研究离子液体的黏度无疑具有十分重要的理论价值与现实意义。

二、离子液体液滴的分散和聚并

在液 - 液萃取过程中，将两相中的一相分散成液滴状态，可以得到较大的传质面积，实现较高的分离效率。离子液体分散液 - 液微萃取（Ionic Liquid-based Dispersive Liquid-Liquid Microextraction，IL-DLLME）是近年来出现的一种分离富集技术，其原理与液相微萃取相似，借助于一定的分散剂，或在加热、超声、振荡、微波等方式的辅助下使离子液体分散，以液滴的形式从物料中萃取目标产物。IL-DLLME 具有萃取率高、萃取时间短、绿色环保等突出优势，在金属离子、药物、天然产物等的痕量检测、分离提取中有着广泛的应用。Gharehbaghi 等 [110] 以丙酮为分散剂、$[Hmim][NTf_2]$ 离子液体为萃取剂，从树叶和水中提取钼（Ⅳ），在最优条件下，钼的富集倍数可达 72.6。常安刚等 [111] 以 $[C_8mim][PF_6]$ 离子液体为萃取剂、甲醇为分散剂，利用温度驱动 IL-DLLME 技术，结合高效液相色谱测定水体中的磺胺类化合物。在萃取过程中，先在高温下使分散剂及离子液体组成的萃取剂充分分散在水体中，然后在低温条件下使离子液体相冷凝析出，达到富集目标化合物的目的，回收率可达 88% 以上。Yao 等 [112] 改进了 IL-DLLME 的方式，采用在线合成离子液体萃取相的方法从水中萃取芳香胺类化合物。将 [Bmim]Cl 和 $LiNTf_2$ 溶液先后加入待处理水样中并充分振荡，在产生 $[Bmim][NTf_2]$ 离子液体的过程中完成萃取，避免了分散剂的使用，且富集倍数可达单液滴微萃取的 4.6 ～ 8.6 倍。

适度的液滴聚并也是提高传质效率的有效途径。根据表面更新理论，液滴聚并形成大液滴，之后被分散成小液滴，形成新界面，将有利于强化传质。同时，液滴的局部聚并可以提高设备的处理能力，有效抑制过度混合。唐晓津 [113] 详细考察了液滴分散与聚并对脉冲筛板萃取塔性能的影响，发现在保证液滴良好分散状态的前提下，引入适度聚并，可显著强化传质过程。此外，已有研究表明在多级混合澄清槽中，液、液两相间的分散和聚并决定萃取级效率。

三、稀释剂对离子液体萃取过程的强化

离子液体黏度高、传质慢、成本高，这是限制其工业应用的关键问题，低黏度离子液体的设计可强化萃取过程，但选择性和容量却难以同时兼具。强化离子液体两相体系传质可行的方法是向离子液体中加入稀释剂，如双水相体系中离子液体相的水可看作稀释剂。通过向离子液体中引入能与之互溶的非质子型分子溶剂，可在不削弱甚至增强其分子辨识能力的同时，将离子液体原本较为致密和刚性的离子聚集结构转变为松散、柔性的胶束、液晶等自组装结构 [114,115]。添加稀释剂不仅显著降低体系黏度，强化本体传质，而且能增大溶质的溶解度并保持高选择性。同时，利用功能化离子液体阴离子键合策略，也可实现界面传质的强化。

Liu 等 [117] 利用长链羧酸离子液体，如 $[Ch][C_{12}OO]$、$[Ch][C_{14}OO]$、$[N_{2222}][C_{12}OO]$、$[Emim][C_{12}OO]$ 和 $[OHEmim][C_{12}OO]$ 等，在非水溶剂 *N,N*- 二甲基甲酰胺、乙腈、二甲基亚砜和甲醇中成功构建了溶致液晶聚集结构，该类萃取剂具有有序强氢键碱性受体界面与纳米级非极性环境（图 3-20），实现了生育酚、环烷酸等化合物的高容量、高选择性萃取分离，分离性能显著优于常规有机溶剂、纯离子液体及无液晶

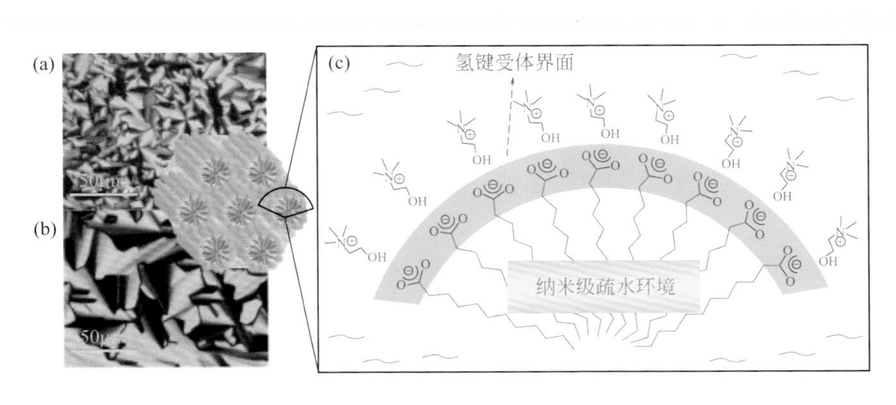

图 3-20 （a）溶剂渗透扫描实验中离子液体在极性溶剂形成的溶致液晶（LLC）的偏光织构；（b）离子液体非水溶致液晶形成示意图 [117]；（c）溶致液晶的微观结构示意图

结构的离子 - 分子混合溶剂。Cao 等 [118,83] 使用 $[N_{2222}]Cl$、[Emim]Cl、[HOEmim]Cl、[Emim]Br、[EPy]Br 等离子液体构建了离子液体 / 水 - 乙酸乙酯两相萃取体系，在稀释剂（水）的协同效应下，对天然产物银杏内酯同系物（GA、GB、GC）表现出适中的分配系数。因银杏内酯 B 含有分子内氢键，当离子液体碱性较低时，分配系数为 GC>GA>GB；特别地，当离子液体的碱性较强时，会破坏银杏内酯 B 含有的分子内氢键，分配系数为 GB>GA。对于强亲水的酸性化合物 L- 抗坏血酸（AA）和抗坏血酸葡糖苷（AA-2G）体系，Guo 等 [119] 构建了疏水性离子液体 - 分子溶剂复合萃取剂，通过调节复合物中组分的比例，实现了优于常规疏水离子液体和乙酸乙酯的高效分离性能，同时实验结果表明该复合物催化剂萃取容量大，可循环使用。

四、外场对离子液体萃取过程的强化

外场的加入可以有效强化萃取过程，附加的外场有许多种，如离心力场、电场、超声场、磁场、微波等，其中研究较多的是离心力场、电场和超声场。

离心萃取技术是借助离心力场实现液 - 液两相的接触传质和相分离的技术，它是液 - 液萃取和离心技术相结合的一种新型高效分离技术，表现出两相物料接触时间短、分相速度快、在设备中存留量小、操作相比范围宽等特点，应用于制药、废水处理、石油化工、精细化工等领域。例如，目前已有研究利用离心萃取技术对磷脂同系物实现分离、对高浓度含酚废水进行液 - 液萃取脱酚等 [120]。离心萃取主要包括混合传质与离心分离。水相和有机相进入离心萃取机后由高速旋转的转鼓或桨叶剪切分散成微小液滴，使两相充分接触，从而达到传质的目的。在反复多次传质后，利用两相液体的密度差和对分离物质溶解度的差异，使密度不同又互不混溶的两相实现分离。

大多数离子液体是黏性的，分离物质在离子液体中的传质率明显较低，利用离心萃取技术可克服这一不足。室温离子液体在芳香族 / 脂肪族碳氢化合物的分离中具有作为新型萃取剂的潜力。Zhu 等 [121] 利用 $[Bmim][PF_6]$ 离子液体为萃取剂，采用单级和四级串联环形空间离心萃取器分离乙苯和辛烷，有效地提高了萃取阶段效率。

用于强化萃取过程的电场主要有静电场、交变电场和直流电场三种，将电能加到液 - 液萃取体系中，以提高扩散速率，强化两相分散及澄清过程，从而达到提高分离效率的目的。在高强度的电场力作用下，分散相液滴进一步破碎，从而增大了传质比表面积，导电能力较强的液滴在连续相中的运动速度发生变化，从而提高了滴内或滴外的传质系数。小液滴的聚并速度加快，减少了相分离时间，两相的夹带量明显下降。陶柳 [122] 以高压脉冲电场为提取手段，对杜松松针中的类黄酮化合物进行提取研究，得到高于乙醇回流浸提、微波提取、超声波提取的提取率。

Kamiński 等[123]在电场作用下，以离子液体为萃取溶剂，分散在有机混合物中，如1-丁基-3-甲基咪唑甲硫酸盐[Bmim][$MeSO_4$]，实现了从正庚烷混合物中提取乙醇。

超声波萃取利用超声波辐射压强产生的强烈空化效应、机械振动、扰动效应、高的加速度、乳化、扩散、击碎和搅拌作用等多级效应，增大物质分子运动频率和速度，增加溶剂穿透力，从而加速目标成分进入溶剂，促进提取的进行。超声萃取技术适用萃取剂范围广，水、甲醇、乙醇等都是常用的萃取剂，具有操作简便、萃取效率高等优点。高占啟等[124]建立了超声辅助离子液体分散液-液微萃取-液相色谱方法，成功萃取分析了水体中四溴双酚A。

第五节　离子液体萃取分离技术的应用

一、共沸物离子液体萃取精馏

1. 有机溶剂萃取分离

制药及精细化工领域普遍面临着溶剂回收再利用的问题，能够高效地实现溶剂的回收利用不仅对工业生产的可持续发展具有重要意义，同时也是生产生活安全的重要保障。然而，有些溶剂间易于形成共沸物，很难用普通的精馏法分离。

将离子液体作为电解质添加到共沸混合物中，可以通过“盐效应”显著改变原有液体组分间的相对挥发度，破坏共沸现象，从而大大降低共沸混合物的分离难度。Zhang 等[125]研究了五种含卤素阴离子、咪唑基阳离子的疏水性离子液体([$C_n$mim]Cl, n=4, 6, 8 和[Amim]Cl、[Amim]Br)对于乙酸乙酯-乙醇共沸体系的分离。研究者认为，离子液体可以通过多种方式与乙醇形成分子间相互作用从而打破共沸效应，包括卤素阴离子、阳离子咪唑环与乙醇羟基形成氢键作用及范德华作用力等，同时咪唑基上取代基碳链的延长会增大阴离子的活动位阻。[Amim]Cl具有五种离子液体中最高的萃取分离效率，两次萃取后乙酸乙酯的纯度可达99.27%。Hu 等[126]研究了[Emim][BF_4]、[C_2OHmim][BF_4]、[Edmim][BF_4]及[C_2OHdmim][BF_4]四种离子液体对于乙酸乙酯-乙醇共沸混合物的分离。研究者发现[C_2OHmim][BF_4]具有几种离子液体中最优的分配系数及分离选择性，这主要得益于该离子液体阳离子包含的羟基和甲基可以有效与乙醇形成较强的分子间相互作用，从而大大提高了离子液体与乙醇的亲和性。Seiler 等[127]以特定的商业化超支化聚合物作为共沸剂、离子液体作为萃取剂，通过萃取精馏、液-液萃取的方式研究了多种共沸混合物的分离。气-液、液-液热力学平衡数据表明，超支化聚合物和离子液体都

可以有效打破水 - 四氢呋喃（THF）共沸体系，且优于传统的共沸剂及萃取剂。同时，对于水 - 乙醇共沸体系，超支化聚甘油和离子液体 [Emim][BF_4] 作为共沸剂都表现出优异的分离性能。流程模拟结果表明，以其作为共沸剂，相比于传统的 1,2-乙二醇共沸剂可显著降低萃取精馏过程的能耗，具有良好的应用前景。

2. 芳烃/烷烃萃取分离

从烷烃中分离出芳烃是石油化工的一个重要课题，同时也是最为复杂的过程之一。主要原因在于，C_4~C_{10} 烷烃与芳烃（包括苯、甲苯、二甲苯）的沸点十分接近，容易形成共沸物。采用传统的分离工艺，如吸附分离、抽提精馏等不仅过程复杂且运行成本高，而以 DMSO、环丁砜等有机溶剂进行萃取选择性较低。

作为一种新型溶剂，离子液体提供了一种具有发展潜力的新的萃取介质，它几乎不挥发，因此以离子液体为萃取剂分离芳烃 / 烷烃得到了越来越广泛的关注。Meindersma 等 [128,129] 通过研究发现，[Emim][HSO_4]、[Mmim][CH_3SO_4]、[Emim][$C_2H_5SO_4$]、[Bmim][BF_4]、[Emim][CH_3SO_3]、[Mebupy][BF_4] 等离子液体对甲苯 / 正庚烷共沸物具有显著的分离效果（图 3-21）。对于甲苯组成为 10% 的混合物，在 40 ～ 75℃温度条件下利用离子液体进行萃取分离，均可获得比工业上应用最为广泛、效果最好的有机萃取剂环丁砜高 1.5 ～ 2.5 倍的分离选择性。其中以 [Mebupy][BF_4] 作为萃取剂时，甲苯 / 正庚烷萃取选择性可高达 53.6，同时甲苯分配系数为 0.44。Hansmeier 等 [130] 基于真实溶剂似导体屏蔽模型（Conductor like Screening Model for Realistic Solvents, COSMO-RS），对咪唑阳离子、吡啶阳离子、吡咯阳离子和 [SCN]$^-$、[DCA]$^-$、[TCM]$^-$、[TCB]$^-$ 等阴离子组成的离子液体进行量化计算，从而考察筛选对苯 / 正己烷混合物具有良好分离性能的萃取介质。结果显示，

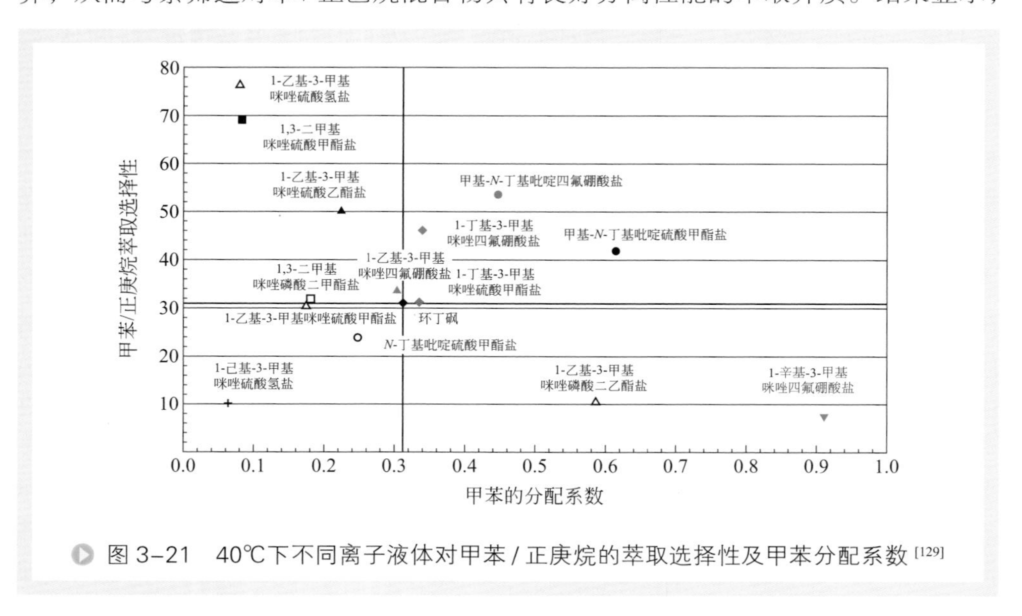

图 3-21 40℃下不同离子液体对甲苯 / 正庚烷的萃取选择性及甲苯分配系数 [129]

[3-Mebupy][DCA] 对苯的萃取容量可以达到 0.6g/g，并且分离选择性（苯 / 正己烷）可以达到 35.3。离子液体 [3-Mebupy][TCM] 和 [3-Mebupy][TCB] 的选择性虽然相对较低（$\alpha_{[3\text{-Mebupy}][\text{TCM}],\text{苯/正己烷}} = 34.8$ 和 $\alpha_{[3\text{-Mebupy}][\text{TCB}],\text{苯/正己烷}}=27$），但却表现出了较好的萃取容量（$D_{\text{苯},[3\text{-Mebupy}][\text{TCM}]}=70\text{g/g}$ 和 $D_{\text{苯},[3\text{-Mebupy}][\text{TCB}]}=74\text{g/g}$）。商云龙 [131] 合成制备了 1- 丁基 -3- 甲基咪唑四氯化铁离子液体 [Bmim][$FeCl_4$] 用于正辛烷与二甲苯、苯乙烷的萃取分离。通过三元液 - 液相平衡数据测定，发现 [Bmim][$FeCl_4$] 对正辛烷 + 邻二甲苯、正辛烷 + 间二甲苯、正辛烷 + 对二甲苯、正辛烷 + 乙苯共沸体系都具有显著的萃取分离效果，二甲苯和乙苯在离子液体富集相中分配系数均高于 0.5，萃取选择性超过 20，比环丁砜和四丁基溴化铵 - 环丁砜混合物的萃取分离效果更好。

此外，García 等 [132] 将 [Bpy][NTf_2]、[Bpy][BF_4] 两种离子液体混合，利用二者的协同效应对甲苯 / 正庚烷共沸物进行萃取分离研究，并详细考察了离子液体比例对分配系数和萃取分离选择性的影响。结果表明，当该混合萃取剂中 [Bpy][BF_4] 的摩尔分数为 0.7 时，亦可以获得比环丁砜更优的分配系数及分离选择性，为离子液体萃取分离芳烃 / 烷烃共沸物提供了新的思路。

二、有机物离子液体萃取

1. 水中有机污染物的脱除

随着化学工业的快速发展，地表水和地下水受到废弃化学品污染的情况日益加剧，严重威胁着生态环境和人类健康。有机污染物作为其中一类主要的污染源，包括酚类、染料、多环芳烃等。以离子液体为介质，通过液 - 液萃取的方式消除废水中的有机污染物具有良好的应用前景。

酚类有机物普遍具有弱酸性，提高离子液体的氢键碱性从而促进其与酚类化合物间的氢键作用是提高萃取率的关键因素。2005 年，李闲等 [133] 报道了以疏水型离子液体作为萃取介质分离酚类化合物，以 [Bmim][PF_6] 为萃取剂，萃取效果与二氯甲烷、正辛醇等有机萃取剂相当。郭少聪 [16] 合成了一系列具有碱性及疏水性的季鏻溴盐型离子液体（[P_{66614}]Br、[$P_{P,P,P,6}$]Br、[$P_{P,P,P,P}$]Br），用于酸性有机化合物的萃取分离。以 [P_{66614}]Br- 乙酸乙酯作为复合萃取剂，构筑复合萃取剂 - 水两相体系时，苯酚分配系数可高达 345，是纯乙酸乙酯作为萃取剂时的 5.3 倍，同时是 [C_8mim][BF_4] 等常规性疏水离子液体的 9 ～ 60 倍。徐丹 [28] 通过向离子液体阴离子部分引入具有柔性结构的长链饱和或不饱和脂肪酸根，合成了一类强碱性长链脂肪酸离子液体（LCFA-ILs，图 3-22），并在此基础上构筑离子液体 - 水两相体系，考察了该类离子液体对苯酚等有机污染物的萃取性能。结果表明，以 [P_{66614}][C_8] 为萃取剂时，苯酚的分配系数可高达 736.6，是以常规中性离子液体 [Omim][PF_6] 为萃取剂时的 42 倍。

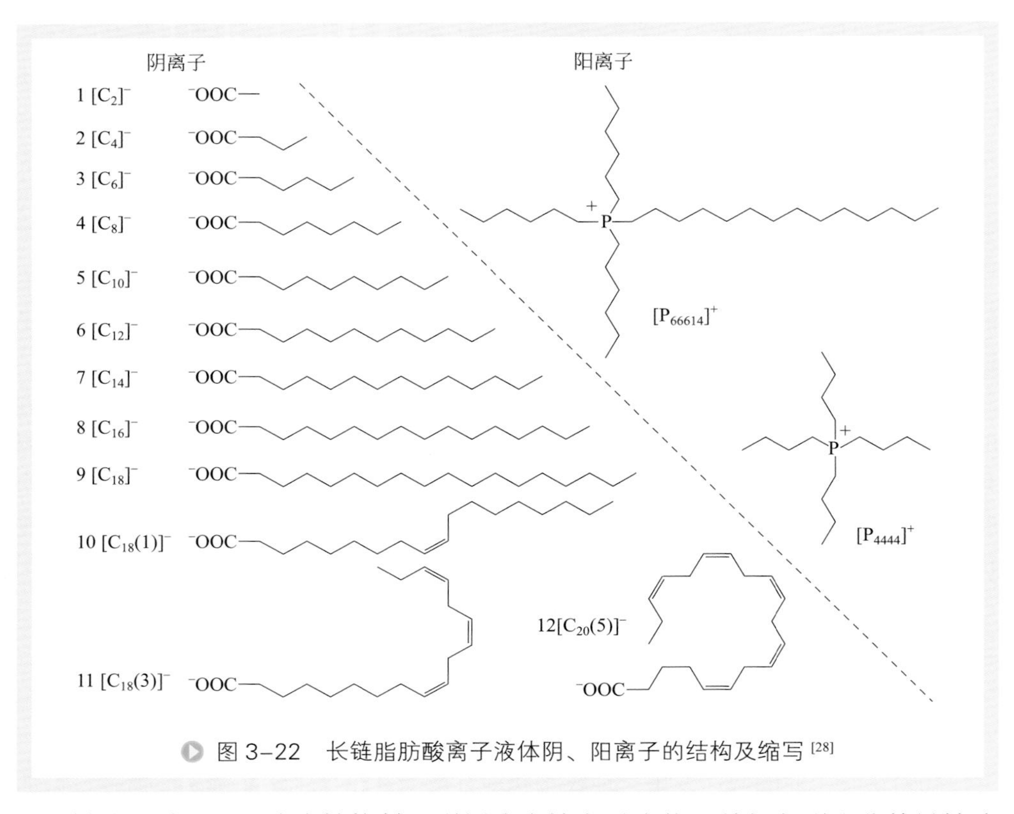

图 3-22 长链脂肪酸离子液体阴、阳离子的结构及缩写 [28]

另外，对于一些疏水性染料，利用疏水性离子液体可以与之形成非特异性分子间相互作用的特性，有望实现废水中染料污染物的高效脱除。Pei 等 [134] 研究了 $[C_4mim][PF_6]$、$[C_6mim][PF_6]$、$[C_6mim][BF_4]$、$[C_8mim][PF_6]$ 等咪唑类疏水性离子液体对甲基橙、伊红黄和橙黄 G 等阴离子染料的脱除性能。结果表明，咪唑阳离子烷基取代基越长，离子液体疏水性越强，越有利于与染料分子形成疏水相互作用，从而促进染料分子富集于离子液体一相中。水相 pH 也可以显著地影响萃取分离性能，在适宜条件下，咪唑类离子液体对伊红黄的萃取率可接近 100%，对甲基橙、橙黄 G 的萃取率也分别高达 99%、69%。徐丹 [28] 选用疏水性长链脂肪酸离子液体构建了 $[P_{66614}][C_8]$/DMF+ 正己烷两相体系，发现 $[P_{66614}][C_8]$/DMF 复合萃取剂对化学染色剂苏丹红 I 的萃取率接近 100%。Vijayaraghavan 等 [135] 以疏水性离子液体 $[P_{14}][NTf_2]$ 为萃取剂从废水中回收偶氮染料，萃取率可达到 98% 以上。

2. 燃油中硫氮化合物的脱除

汽油中的含硫、含氮化合物，在燃烧时会生成 SO_x 或 NO_x，不仅会影响车辆的性能而且会对环境和健康产生巨大的负面影响。因此，石油中含硫、含氮化合物成为近年来的研究热点。采用传统的加氢法脱硫脱氮会造成芳烃、烯烃含量的降低，从而导致汽油、柴油辛烷值大幅下降，此外还有脱除成本高、脱除不完全、副产物多等缺点。开发高效的非加氢法脱硫脱氮技术因而成为近年来研究者关注的重点。离子液体具有优良的可设计性等众多优点，为萃取脱硫脱氮技术提供了理想的溶剂。

汽油中的硫化物80%为噻吩类化合物，而氮化物以杂环化合物为主，又可分为碱性氮化物（如吡啶类、喹啉类等）和非碱性氮化物（如吡咯、吲哚等），组成十分复杂。这些化合物通常具有非常强的芳香性，π电子云的密度都比较大。遇到离子液体时，离散的π键会产生很强的极化作用，极化后的π键与咪唑环或吡啶环等基团的大π键会产生一定的络合作用，从而促使油品中的硫化物、氮化物被萃取到离子液体相中。此外，离子液体易于与目标萃取物形成氢键作用，也有利于增加硫化物、氮化物与离子液体之间的亲和性。由于离子液体的分子结构大，含硫、含氮化合物分子很容易进入“堆垛”中形成液相包合物，从而达到油品纯化的目的。

Wang等[136]以噻吩/正辛烷混合物为基础模型研究了咪唑类、吡咯烷酮类离子液体的脱硫效果，表明[Hmim][HSO_4]、[Hnmp][HSO_4]两种离子液体对硫化物的脱除率分别为55%和62.8%，重复萃取五次后脱硫率可达96.4%、94.4%。此外，离子液体可以通过抽真空的方式重新回收利用，在7次循环使用过程中萃取分离效率均未出现明显下降。王建龙等[137]研究了吡啶类离子液体对含硫化合物的脱除，采用[Bpy]BF_4为介质对含噻吩的正庚烷/二甲苯混合物进行脱硫，一次萃取后混合物的硫含量由最初的498ng/μL大幅下降至271.4ng/μL，经过六次萃取之后，油品中的硫含量只有18ng/μL，实现了深度脱硫。周兆骞等[138]合成了金属基离子液体[C_4mim]Br/$ZnCl_2$用于脱除模型油（正十二烷/甲苯，质量比80：20）中的喹啉（氮含量：500μg/g），脱除率可达99.42%。金昌磊等[139]制备了咪唑类离子液体[$(CH_2)_4SO_3$Hmim][HSO_4]用于脱除催化裂化柴油中的碱性氮化物，脱氮率可达86.08%。Xie等[82]考察了Cl^-作为阴离子的离子液体对油品中的中性含氮化合物的选择性脱除。利用[Bmim]Cl对直馏柴油（氮化物含量105×10^{-6}）进行萃取，一次可有效脱除约50%的含氮化合物。该类型的离子液体在柴油中溶解性极低，可以有效避免油品的交叉污染。

离子液体萃取脱除硫、氮化合物工艺条件温和，对环境无污染，有广阔的应用前景。合成价格更加低廉、脱除性能更好的离子液体，实现燃油的“无硫化”“无氮化”将是今后石油化工的重要发展方向。

三、生物分子离子液体萃取

氨基酸、蛋白质、维生素等生物分子在临床诊断、疾病治疗等领域具有重要的应用价值。但在实际的生物样品中，它们常与其他基体组分混合共存，分离提取难度大。经典的液-液萃取法常采用有机性挥发溶剂作为萃取剂，不仅易污染环境，且具有一定的生物毒性。离子液体作为一种绿色的新型溶剂，除了不易挥发、结构可设计性等优势，还具有生物相容性，使其在生物分子的提取纯化中受到了广泛的关注。

1. 离子液体双水相体系

在弱酸性生物分子的提取纯化中，通过对离子液体结构进行理性设计从而提高其氢键碱性是实现高效萃取分离的关键。谢圆邦[66]选用胆碱阳离子与长链脂肪酸阴离子匹配，合成了一系列具有强碱性及疏水性的胆碱脂肪酸盐离子液体（图3-23），用于苯丙氨酸及色氨酸的萃取。研究者构建了离子液体 $+K_3PO_4+H_2O$ 双水相体系，发现在萃取过程中苯丙氨酸、色氨酸都倾向于富集在离子液体一相中，且在 [Ch][C_7H_{15}COO] 体系中表现出最大的分配系数，苯丙氨酸和色氨酸的分配系数分别高达 58.5、120。而在 [Bmim]Br 等常见咪唑类离子液体构建的双水相体系中，苯丙氨酸和色氨酸的分配系数基本处于 18 ～ 35 范围内，由此可见胆碱脂肪酸盐离子液体对苯丙氨酸和色氨酸都表现出了超高的萃取能力。研究者还发现，胆碱脂肪酸离子液体的结构对氨基酸的分配系数有显著的影响。一方面，随着脂肪酸阴离子烷基链的增长，离子液体的氢键碱性也逐渐增强，有利于与目标溶质形成稳定的氢键网络从而提高二者的亲和性，因此苯丙氨酸、色氨酸在 [Ch][C_7H_{15}COO] 体系中表现出比在 [Ch][C_3H_7COO]、[Ch][C_5H_{11}COO] 体系中更高的分配系数。另一方面，[Ch][C_7H_{15}COO] 和 [Ch][$C_{11}H_{23}$COO] 两种离子液体在双水相体系中均可形成液晶结构（图 3-24），但后者比前者表现出更高的有序程度，使得体系中“自由”的离子液体减少，反而降低了体系中的氢键碱性，最终导致分配系数下降。这是离子液体双水相体系中液晶结构首次被发现。

聚离子液体兼具离子液体与聚合物的性质，相较于离子液体有更大的内聚能，从而在双水相体系中具有更好的分相能力，有望带来分离性能的进一步提升。张静竹[140]以聚离子液体为主体，通过对盐析剂进行筛选，构建了多个基于聚离子液体的双水相体系，并研究了其对多种生物小分子的萃取性能。结果表明，以 1- 乙烯基 -3- 丁基咪唑溴盐（[Vbim]Br）为单体通过 RAFT 聚合制备得到的聚离子液体 P[IL_{38}]Br 作为介质时，双水相体系 $PIL+K_3PO_4+H_2O$ 对色氨酸、酪氨酸、苯丙氨

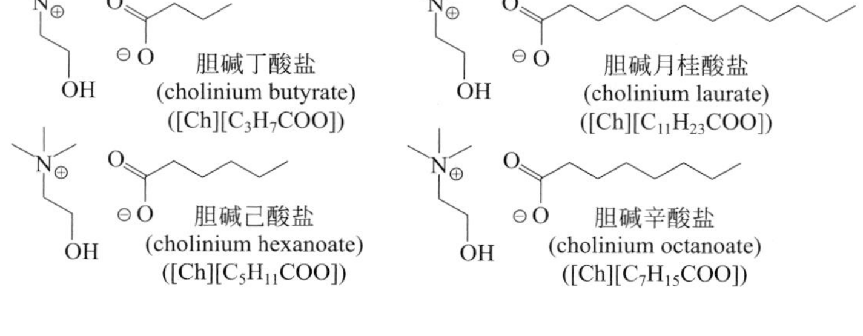

胆碱丁酸盐 (cholinium butyrate) ([Ch][C_3H_7COO])
胆碱月桂酸盐 (cholinium laurate) ([Ch][$C_{11}H_{23}$COO])
胆碱己酸盐 (cholinium hexanoate) ([Ch][C_5H_{11}COO])
胆碱辛酸盐 (cholinium octanoate) ([Ch][C_7H_{15}COO])

图 3-23 胆碱脂肪酸盐离子液体[66]

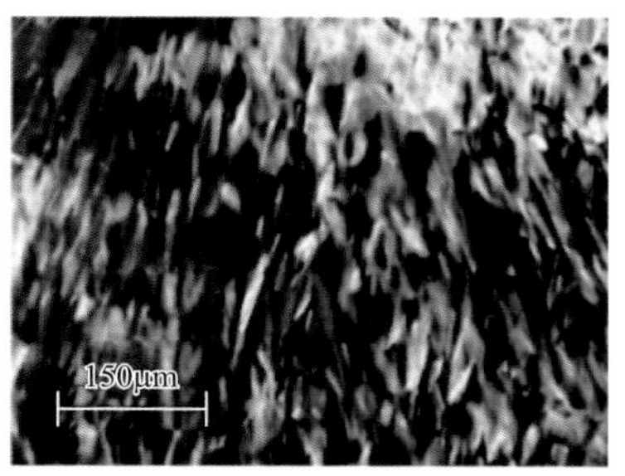

(a) [Ch][$C_7H_{15}COO$]，初始浓度1.20mol/kg

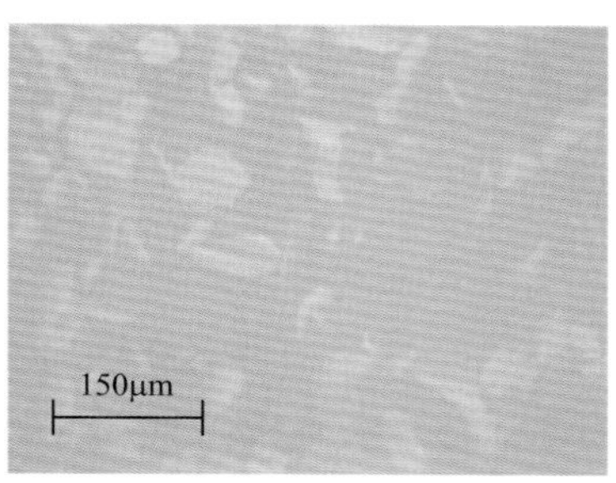

(b) [Ch][$C_7H_{15}COO$]，初始浓度0.66mol/kg

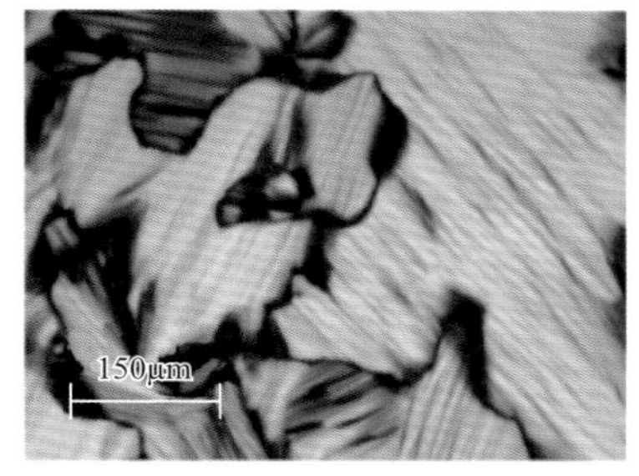

(c) [Ch][$C_{11}H_{23}COO$]，初始浓度0.66mol/kg

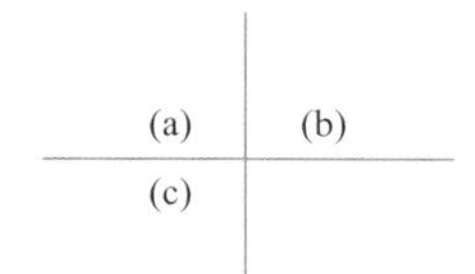

图 3-24　25℃条件下偏光显微镜所观察得到的离子液体富集相中的液晶结构[66]

酸均表现出超高的萃取分离能力，三者的分配系数分别达到 922、318 和 200，萃取率分别达 99.37%、98.77%、97.98%（图 3-25），说明大部分溶质都富集于聚离子液体一相中。其中，色氨酸分配系数是聚乙二醇 - 葡聚糖双水相体系的 900 倍，是聚合物 - 无机盐体系的 130 ～ 900 倍，是水溶性离子液体单体双水相体系的

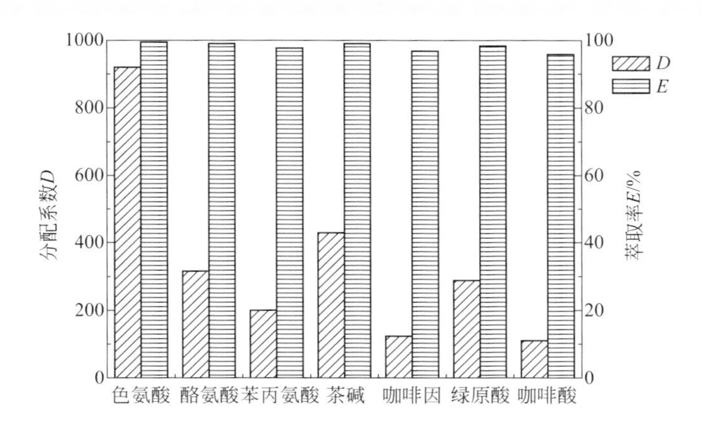

图 3-25　P[IL_{38}]Br+K_3PO_4+H_2O 双水相体系（温度为 25℃，双水相组成为 P[IL_{38}]Br：K_3PO_4：H_2O=13：25：62, 质量比）萃取不同物质的分配系数和萃取率[140]

12 ～ 18000 倍；酪氨酸的分配系数是水溶性离子液体单体和柠檬酸钾 /PPG 400 体系的 80 ～ 636 倍；苯丙氨酸的分配系数是水溶性离子液体单体 $[C_4C_1im]Br$ 和柠檬酸钾双水相体系的 67 ～ 200 倍，说明聚离子液体在生物小分子萃取中表现出比传统萃取剂和离子液体单体更加优异的提取分离能力。此外，研究者通过对具有不同阴离子的聚离子液体的萃取效果进行比较，也证实了阴离子氢键碱性的增加和疏水性的提高更有利于氨基酸分配系数的提高。

2. 离子液体 – 水两相体系

目前离子液体在生物分子的萃取分离中主要以双水相萃取为主，其原因在于双水相萃取技术展现出了优异的分离提取性能，且亲水性离子液体比疏水性离子液体选择范围更加广泛。但此类过程不可避免地引入了盐类，给后续的产物纯化带来了一定的困难。若采用离子液体液 - 液萃取技术分离提取生物分子，则更有利于克服这一缺陷。郭少聪 [16] 将同时兼具强碱性和疏水性的季鏻溴盐型离子液体（$[P_{66614}]Br$、$[P_{P,P,P,6}]Br$、$[P_{P,P,P,P}]Br$）应用于水溶性化合物 L- 抗坏血酸（AA）和抗坏血酸葡萄糖苷（AA-2G）的萃取分离中。将离子液体与分子溶剂制成复合萃取剂，构建离子液体 - 分子溶剂 / 水两相体系，系统研究了 AA 和 AA-2G 在体系中的分配行为，通过调控离子液体和分子溶剂的种类及浓度，实现了 AA 和 AA-2G 的高效分离。在 $[P_{66614}]Br$- 乙酸乙酯 / 水体系中，当 $[P_{66614}]Br$ 初始浓度为 10%（摩尔分数）时，AA 分配系数可达 1.3 以上，是常规疏水性离子液体的 60 ～ 680 倍，是乙酸乙酯为萃取剂时的 400 倍以上，同时 AA 对 AA-2G 的选择性超过 60。密度泛函理论计算结果显示，$[P_{66614}]Br$ 表现出优异的萃取选择性主要原因在于，其阴离子可以与 AA 的酸性 O—H 基团形成稳定的氢键作用，且成键能力强于正丁醇及其他常规疏水性离子液体。研究者还设计了一套 5 级逆流萃取工艺，在流比为 1.6、以 $[P_{66614}]Br$- 乙酸乙酯［离子液体浓度为 10%（摩尔分数）］为萃取剂时，AA-2G 纯度可由 50% 提升至 96% 以上，同时收率超过 98%。而在正丁醇和 $[C_8mim]BF_4$ 离子液体体系中，AA-2G 纯度均只能达到约 60%（图 3-26）。季鏻溴盐型离子液体可以通过减压蒸馏的方式实现回收利用，并且表现出优异的循环稳定性，具有良好的应用前景。

由于黏度和熔点限制，目前除少部分低黏离子液体外，很多基于离子液体的生物活性物质提取过程都需要加入一定量的助溶剂。但是得益于离子液体对生物活性物质的优良溶解特性，一般依靠绿色溶剂，例如水、乙醇、乙酸乙酯等即可达到理想的提取率，有望成为环境友好的溶剂替代基于挥发性溶剂的抽提方法。

四、天然产物离子液体萃取

我国是世界上中草药资源最丰富的国家，其中蕴藏着数量巨大的天然活性物质。天然活性物质往往具有抗氧化、抗肿瘤、抗心血管硬化等各种特殊的生理功

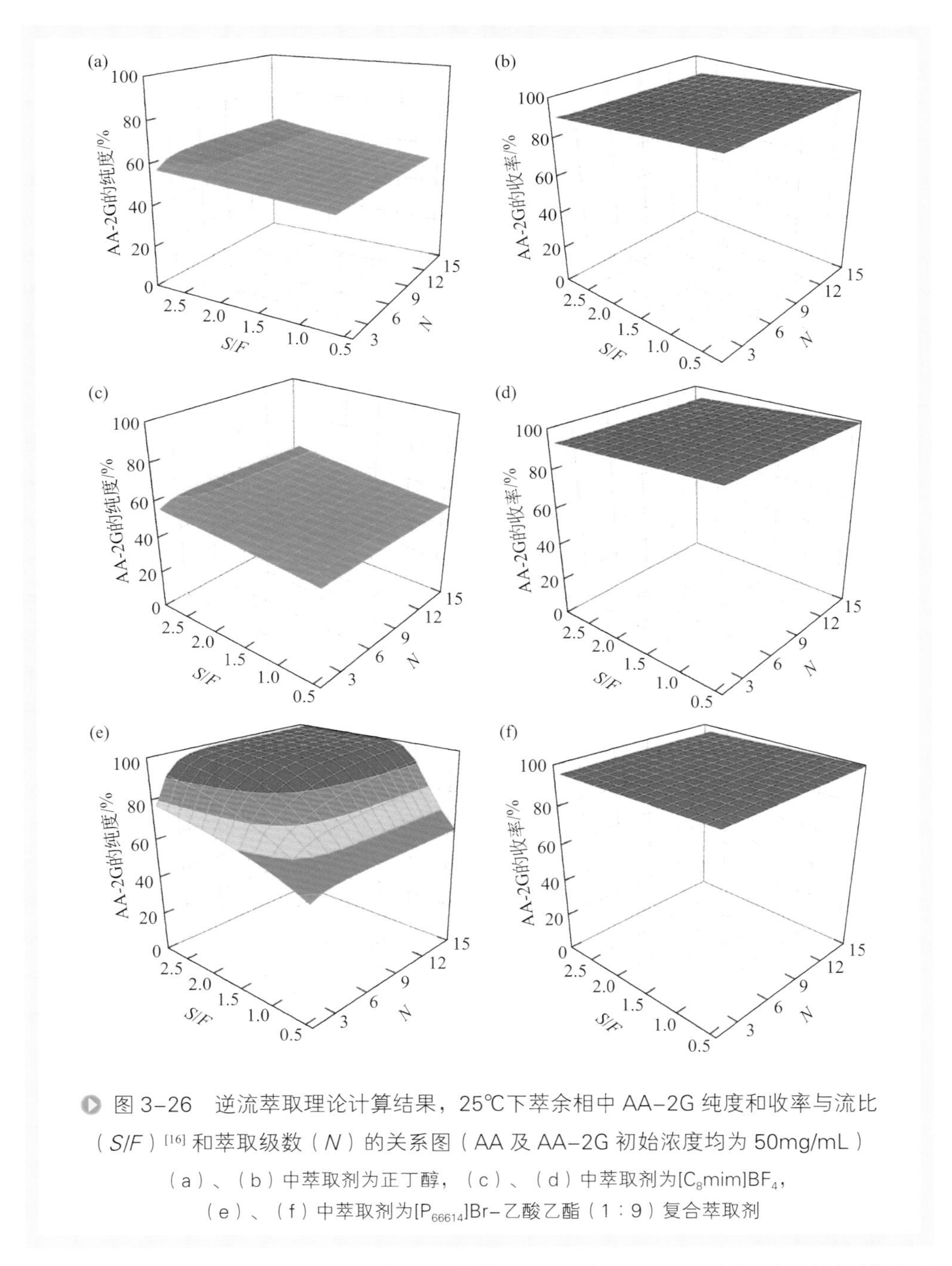

图 3-26 逆流萃取理论计算结果，25℃下萃余相中 AA-2G 纯度和收率与流比（*S/F*）[16] 和萃取级数（*N*）的关系图（AA 及 AA-2G 初始浓度均为 50mg/mL）

（a）、（b）中萃取剂为正丁醇，（c）、（d）中萃取剂为[C_8mim]BF_4，（e）、（f）中萃取剂为[P_{66614}]Br-乙酸乙酯（1∶9）复合萃取剂

能，是化妆品活性成分、药物和药物前体等的重要来源。随着人们对天然活性物质重要性认识的不断加强，对天然活性物质进行提取、纯化以实现资源的高效利用引起了越来越多的关注。但是，由于天然活性物质往往分子量较大且结构复杂，部分

天然活性分子上既有甾环、长烷基链等疏水片段，又有羟基、羧基等亲水基团，使得它们的水溶性和油溶性均很差，给分离纯化过程带来了极大的挑战。

离子液体可以通过氢键作用、π-π 作用、范德华力和静电作用等方式与目标分子形成多重相互作用，具有溶解性强的突出优势，还表现出高度的结构可设计性。将其与萃取分离结合而得到的以离子液体为介质的提取分离过程，已经逐渐成为分离天然活性物质的重要方法，广泛应用于各种天然活性物质的提取与分离。谢圆邦[66]研究了胆碱脂肪酸离子液体对咖啡因的萃取分离，在以 [Ch][$C_7H_{15}COO$] 为萃取介质形成的双水相中，咖啡因的分配系数可高达 120，几乎完全富集在离子液体相中，而在常见咪唑类离子液体形成的双水相体系中，分配系数通常不超过 50。研究者发现，在萃取过程中溶质亲水部分与 [$C_7H_{15}COO$]$^-$ 阴离子形成氢键作用，而疏水部分与离子液体烷基链形成非特异性范德华作用力，二者的协同作用使 [Ch][$C_7H_{15}COO$] 体系对咖啡因实现了高效萃取。倪晓蕾[74]采用氢键碱性较强的氨基酸类离子液体构建 IL-DMF/ 正己烷两相体系实现了 α- 生育酚和亚油酸甲酯的高效分离。以 [Emim]Ala-DMF 为萃取剂，当氨基酸离子液体与 DMF 摩尔比为 15 : 85 时，α- 生育酚分配系数达 2.46，同时 α- 生育酚对亚油酸甲酯的选择性高达 14.3，优于常规离子液体（选择性 3.2）。而氨基酸离子液体表现出良好的萃取选择性的根本原因在于，其与 α- 生育酚之间存在着明显的氢键缔合作用。

此外，有研究表明，基于离子液体与溶质间较强的相互作用关系，利用溶剂、溶质间的分子自主装行为可以显著提高目标分子的溶解性，这对萃取分离过程中提高天然活性物质的分配系数、提升萃取分离效率具有重要意义。金文彬[141]设计制备了一类季鏻脂肪酸离子液体 [P_{4444}][$C_nH_{2n+1}COO$]（LCC-ILs），具有强碱性和高度亲脂性，在室温下还具有较好的流动性。该类离子液体与胆固醇等活性分子结合后，可通过氢键 - 范德华自组装形成有序的液晶结构（图 3-27），这一独特的机理带来了极高的溶解度。50℃下，胆固醇在 LCC-ILs 中的溶解度最高可达 0.91mol/mol，是传统有机溶剂、胶束和常规离子液体的 5 ～ 8000 倍。LCC-ILs 同时还具有

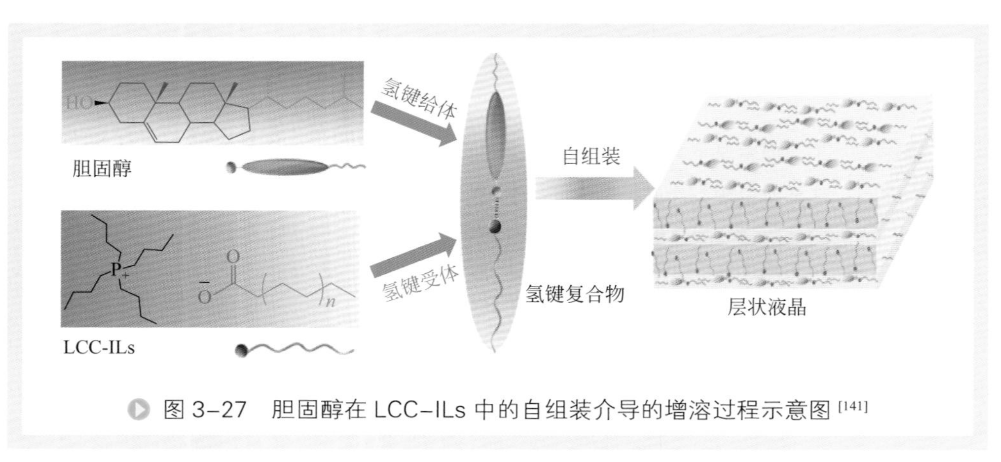

图 3-27　胆固醇在 LCC-ILs 中的自组装介导的增溶过程示意图[141]

与水互溶的性质，研究者据此构建了水 /LCC-IL 两元体系，研究了若干疏水性天然活性物质的溶解特性，发现其对 α- 生育酚、紫苏醇、芦丁和银杏内酯的溶解度分别可高达 1.46g/g、0.71g/g、0.39g/g 和 0.43g/g。

表 3-2 归纳了近十年来离子液体在从生物质资源中提取长春碱、胡椒碱、虾青素等多种天然活性物质的应用情况[140]。

表 3-2　离子液体在天然资源中提取和分离天然活性物质中的应用

天然活性物质	天然来源	方法	离子液体
儿茶素、鞣花酸、儿茶酚	儿茶和诃子	SLE	$[N_{1100}][N(C_1)_2CO_2]$（纯 IL）
皂苷和多酚	巴拉圭茶和野茶树	SLE	$[C_1im]Cl,[C_2C_1im][Lac],[C_2C_1im][CF_3SO_3],[C_2C_1im][C_2SO_4],[C_2C_1im][C_1CO_2],[C_2C_1im][N(CN)_2],[C_2C_1im]Cl,[C_4C_1im]Cl,[C_6C_1im]Cl,[C_7H_7C_1im]Cl,[C_8C_1im]Cl,[N_{111(2OH)}][NTf_2],[N_{111(2OH)}]Cl, [(OH)C_2C_1im]Cl$（水溶液）
莽草酸	八角	SLE	$[C_2im][HSO_4],[C_2C_1im][HSO_4],[(HSO_3)C_4C_1im][H_2PO_4],[(HSO_3)C_4C_1im][HSO_4], [(HSO_3)C_4C_1im][NTf_2], [(HSO_3)C_4C_1im]Br,[(HSO_3)C_4C_1im]Cl$（乙醇溶液）
桦木醇	桦树皮	SLE	$[C_2C_1im][(C_1)_2PO_4],[C_2C_1im][BF_4],[C_2C_1im][C_2CO_2],[C_2C_1im][C_3CO_2],[C_2C_1im][C_1CO_2],[C_2C_1im][N(CN)_2], [C_2C_1im][PF_6],[C_2C_1im]Br,[C_2C_1im]Cl,[C_4C_1im]Cl,[C_6C_1im]Cl,[C_8C_1im]Cl,[C_{10}C_1im]Cl, [C_{12}C_1im]Cl,[C_{14}C_1im]Cl,[C_1im]Cl, [C_1C_1im][C_3CO_2]$（纯 IL）
软木脂	栓皮栎	SLE	$[C_2C_1im][C_2OCO_2],[C_2C_1im][C_1CO_2],[C_2C_1im]Cl, [C_4C_1im]Cl,[N_{111(2OH)}][C_3CO_2],[N_{111(2OH)}][C_5CO_2], [N_{111(2OH)}][C_3CO_2],[N_{111(2OH)}][C_1CO_2], [N_{111(2OH)}][C_2OCO_2],[C_2C_1im][C_5CO_2],[N_{111(2OH)}][C_5CO_2], [N_{111(2OH)}][C_7CO_2],[N_{111(2OH)}][C_9CO_2]$（纯 IL）
10- 羟基喜树碱	喜树	UAE	$[C_1im]Br,[C_7H_7C_1im]Br,[C_2C_1im]Br,[C_3C_1im]Br, [C_4C_1im][BF_4],[C_4C_1im][ClO_4],[C_4C_1im][HSO_4], [C_4C_1im][NO_3],[C_4C_1im]Br,[C_4C_1im]Cl,[C_6C_1im]Br, [C_8C_1im]Br, [C_6H_{11}C_1im]Br$（水溶液）
七叶素和七叶苷	花曲柳	UAE	$[C_7H_7C_1im]Br,[C_7H_7C_1im]Cl,[C_{10}C_1im]Br,[C_{12}C_1im]Br,[C_2C_1im][BF_4],[C_2C_1im]Br,[C_4C_1im][BF_4],[C_4C_1im][ClO_4],[C_4C_1im][HSO_4], [C_4C_1im][Tos], [C_4C_1im]Br, [C_4C_1im]Cl, [C_4C_1im]I,[C_8C_1im]Br, [C_6C_1im]Br, [(OH)C_2C_1im]Cl$（水溶液）
长春碱、长春花碱、文多灵	长春花	UAE	$[C_1im]Br, [C_2C_1im]Br, [C_4C_1im][BF_4], [C_4C_1im][HSO_4],[C_4C_1im][NO_3], [C_4C_1im][Tos], [C_4C_1im]Br, [C_4C_1im]Cl, [C_4C_1im]I,[C_6C_1im]Br, [C_8C_1im]Br$（水溶液）
毛喉素	毛喉鞘蕊花	UAE	$[C_4C_1im]Cl, [C_4C_1im]Br, [C_4C_1im][BF_4], [C_4pyr][BF_4],[N_{000(2OH)}][C_0CO_2], [C_1C_1C_1C_1guan][Lac]$（水溶液）
鸢尾苷	鸢尾	UAE	$[C_4C_1im][BF_4], [C_6C_1im]Br, [C_8C_1im]Br$（水溶液）

续表

天然活性物质	天然来源	方法	离子液体
胡椒碱	黑、白胡椒	UAE	$[C_4C_1im][BF_4]$,$[C_4C_1im][H_2PO_4]$,$[C_4C_1im][PF_6]$,$[C_4C_1im]Br$, $[(HSO_3)C_4C_1im]Br$, $[C_6C_1im][BF_4]$（水溶液）
虾青素	虾壳	UAE	$[C_2C_1im][BF_4]$,$[C_4C_1im][BF_4]$,$[C_4C_1im][C_1SO_4]$,$[C_4C_1im]Br$, $[C_4C_1im]Cl$, $[C_6C_1im][BF_4]$, $[(NH_2)C_3C_1im]Br$（乙醇溶液）
鼠尾草酸、迷迭酸、挥发油	迷迭香	MAE	$[C_{10}C_1im]Br$,$[C_2C_1im]Br$,$[C_4C_1im][BF_4]$,$[C_4C_1im][NO_3]$, $[C_4C_1im]Br$,$[C_4C_1im]Cl$, $[C_6C_1im]Br$, $[C_8C_1im]Br$（水溶液）
挥发油	孜然	MAE	$[C_6C_1im][PF_6]$（纯 IL）
鞣花酸、没食子酸	番石榴、土茯苓	MAE	$[C_2C_1im][BF_4]$,$[C_2C_1im]Br$,$[C_4C_1im][BF_4]$,$[C_4C_1im][C_1SO_4]$, $[C_4C_1im][H_2PO_4]$, $[C_4C_1im][N(CN)_2]$, $[C_4C_1im]Br$, $[C_4C_1im]Cl$, $[C_4py]Cl$, $[C_6C_1im]Br$（水溶液）
川芎内酯	川芎	MAE	$[N_{11(2(O)2OH)0}][C_2CO_2]$, $[N_{11(3N)0}][C_2CO_2]$（纯 IL）

五、天然活性同系物离子液体萃取分离

天然活性物质具有各种特殊的生理功能，在近年来得到越来越多的关注。但是，一般提取分离方法只能从生物体内得到由两种或两种以上结构相似的化合物组成的混合物。这些化合物往往结构非常接近，但功能各异，有些甚至会有反作用，因此，实现结构相似天然活性物质的分离具有重要意义。以离子液体为介质的液-液萃取方法在这一方面具有巨大潜力。

1. 生育酚同系物

生育酚是公认的强有效的脂溶性天然抗氧化剂，四种同系物分别为α-生育酚、β-生育酚、γ-生育酚和δ-生育酚，具有非常相似的结构，主要差别在于苯环上甲基的个数和位置的不同（如图 3-28）[142]。

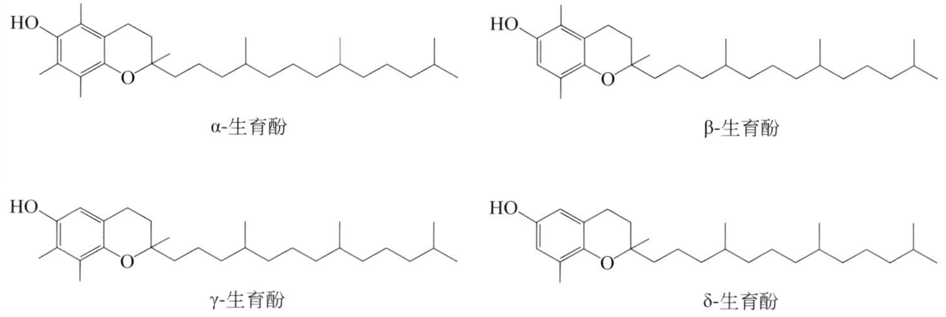

α-生育酚　β-生育酚

γ-生育酚　δ-生育酚

图 3-28　生育酚同系物的结构和相应的名称

生育酚同系物生物活性差别很大，α- 生育酚具有最高的生物活性，对于同系物进行分离纯化而得到纯度较高的 α- 生育酚具有非常重要的意义。由于生育酚同系物唯一的差别是苯环上甲基数量和位置不同而带来的极性和酚酸性的差异，选择性地识别 α- 生育酚对萃取剂又十分具有挑战性 [143-146]。

Yang 等 [50] 研究了离子液体 - 分子溶剂二元混合物的黏度、偶极性 / 可极化性、氢键碱性、氢键酸性等物化性质，揭示了离子液体 - 分子溶剂混合物比单一离子液体黏度更低、物化性质可调范围更广的特点，提出了以离子液体 - 分子溶剂混合物作为复合萃取剂的新思路。通过离子液体和稀释剂的协同效应与双重调节，可实现生育酚同系物分配系数和选择性系数的良好匹配，达到优于单一离子液体或传统溶剂的分离效率。以摩尔分数为 2% 的 [Bmim]Cl- 乙腈混合物为萃取剂，在与正己烷组成的两相体系中，30℃时，δ- 生育酚对 α- 生育酚的萃取选择性系数达 11.3，是纯乙腈作萃取剂时的 4 倍，δ、β/γ、α- 生育酚的分配系数分别为 4.07、2.02、0.36，是纯 [Bmim]Cl 为萃取剂时的 18 倍以上。Liu 等 [117] 首次将构建的长链羧酸离子液体非水溶致液晶作为新型萃取剂应用于生育酚同系物的萃取分离，当生育酚原料浓度达到 100 mg/mL 以上时，δ- 生育酚在离子液体非水溶致液晶萃取剂中的分配系数仍然高达 50 ～ 60，是同条件下常规有机溶剂、离子液体、聚合物以及不具备溶致液晶结构的离子液体 - 分子溶剂混合物等萃取剂的 800 ～ 1000 倍。采用溶剂化显色法、IR、XRD 和 POM 等多种方法对萃取机理进行了探索，结果表明离子液体中的长链羧酸阴离子能够与目标分子发生较强的氢键相互作用，并且溶致液晶聚集结构提供了十分丰富的纳米尺度的极性 / 非极性微环境，使得目标分子增溶到溶致液晶的栅栏层（图 3-29）。通过向萃取后的离子液体相中加入适量溶剂可以破坏溶致液晶的聚集结构，实现离子液体与目标分子的分离回收。

Wang 等 [44] 通过 RAFT 聚合合成了 1- 乙烯基 -3- 丁基咪唑溴盐与 *N*- 异丙基丙烯酰胺的聚离子液体，并通过离子交换引入丙氨酸阴离子。将此聚离子液体与乙腈混合作为萃取剂，用于生育酚同系物的分离，δ- 生育酚和 β-/γ- 生育酚的两相分配系数分别为 7.86 和 3.63，δ- 生育酚和 β-/γ- 生育酚对 α- 生育酚的选择性分别达到 13.0 和 6.0。该体系具有 UCST，使得聚离子液体可通过改变温度得到快速回收和再利用，同时实现了与生育酚的分离，避免了使用大量溶剂的反萃操作。

2. 黄酮及萜类同系物

黄酮类化合物是植物中分布广泛的天然产物，目前已发现的种类超过六千种 [147]。黄酮类化合物的基本骨架是 C_6-C_3-C_6 结构，即两个苯环由三碳链链接而成，同时结构中可能含有一个或多个酚羟基，具有广泛的抗氧化、抗菌、抗肿瘤、预防和治疗心脑血管疾病等多种生理活性和药用价值 [148, 149]。大豆果实中含有丰富的异黄酮类化合物，其中苷元的活性高于糖苷等其他形式的化合物。大豆异黄酮苷元（Soybean Isoflavone Aglycone，SIA）同系物包括大豆苷元（daidzein）、黄豆黄素

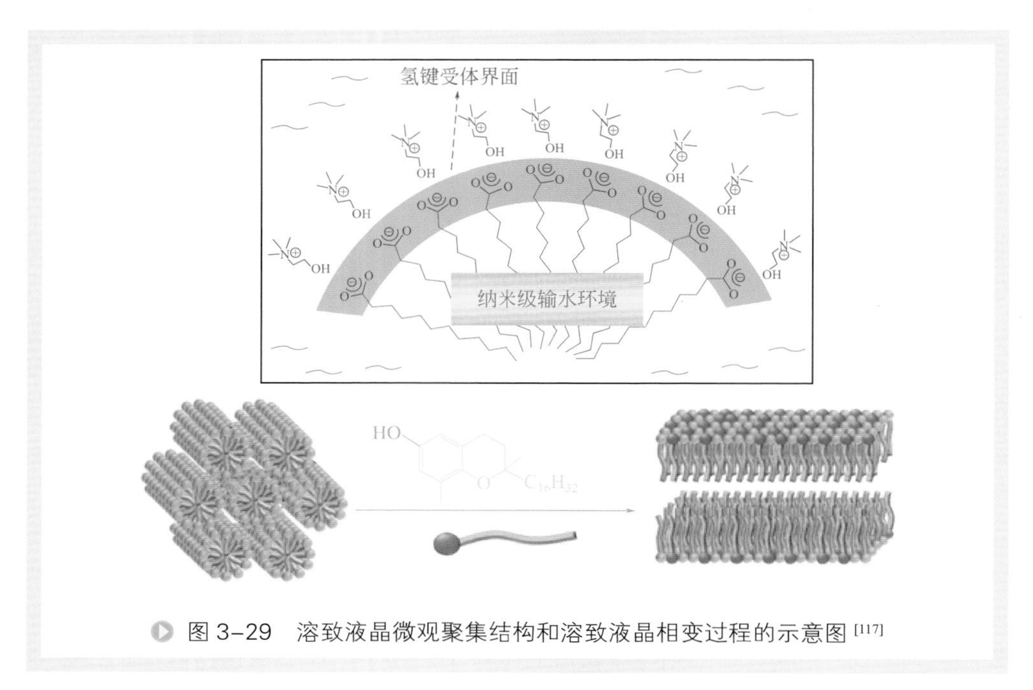

图 3-29　溶致液晶微观聚集结构和溶致液晶相变过程的示意图 [117]

（glycitein）和染料木素（genistein），其中染料木素分子中含酚羟基数量最多而在抗氧化、抗肿瘤等研究中表现出最高的生理活性 [150, 151]。大豆异黄酮苷元同系物由于水溶、脂溶性差且结构、性质相近，分离较为困难。现有的分离方法色谱层析法和逆流色谱法等存在溶剂消耗量大、处理量小、工业放大困难等缺点。

离子液体独特的物理化学性质使之可能对大豆异黄酮苷元同系物有较好的溶解能力和分离效果。大豆异黄酮苷元同系物在水 - 疏水性离子液体两相体系中的分配系数如图 3-30 所示。三种同系物的分配系数大小顺序为染料木素 > 大豆苷元 > 黄

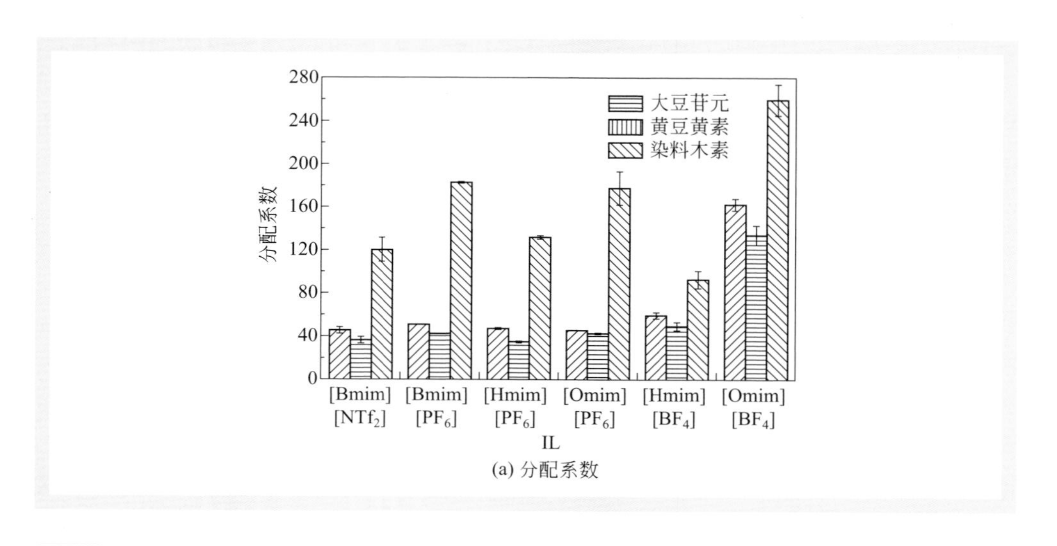

(a) 分配系数

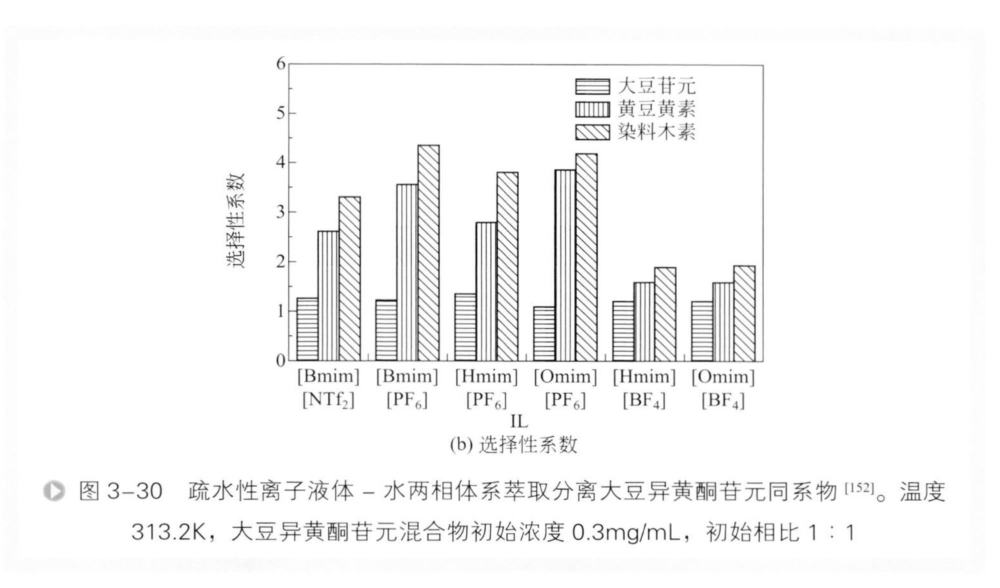

(b) 选择性系数

图 3-30 疏水性离子液体 – 水两相体系萃取分离大豆异黄酮苷元同系物[152]。温度 313.2K，大豆异黄酮苷元混合物初始浓度 0.3mg/mL，初始相比 1 ∶ 1

豆黄素。溶质在疏水性离子液体 - 水两相体系中的分配行为与溶质 - 离子液体、溶质 - 水间相互作用有关，而苷元同系物的结构差异导致分配系数的差异。

Cao 等[152]构建的乙酸乙酯 - 离子液体 / 水两相体系对大豆异黄酮同系物具有良好的分离性质，303.2K 下 $x_{[Epy]Br}$=10%（摩尔分数）时，大豆苷元、黄豆黄素和染料木素的分配系数分别为 0.75、0.77 和 0.13，对应的大豆苷元和黄豆黄素对染料木素的分离选择性分别为 7.1 和 7.4。在乙酸乙酯 - 离子液体 / 水两相体系，随着离子液体 - 水中离子液体含量增加，三种同系物的分配系数均快速上升，大豆苷元和黄豆黄素对染料木素选择性降低，在离子液体含量适中的条件下可获得合适的分配系数和较高的分离选择性（＞ 7）。在此基础上设计了逆流萃取、分馏萃取分离染料木素的工艺，采用 $x_{[Emim]Br}$=10%（摩尔分数）的离子液体水溶液为萃取剂、乙酸乙酯为原料液和洗涤剂，原料液：萃取剂：洗涤剂 =0.1 ∶ 1 ∶ 0.25（体积比）经过萃取段和洗涤段各 4 级的分馏萃取后，样品中染料木素的相对纯度从 21.6% 上升至 96.3%，回收率为 91.6%。实验和计算结果显示，在优化的条件下通过分馏萃取可获得高纯度和高回收率的染料木素产品（图 3-31）。

银杏内酯是一类结构独特的三萜类化合物，其中银杏内酯 B 为目前自然界中存在的活性最强的血小板活化因子（PAF）拮抗剂，是一种有潜力和市场前景的新药。银杏内酯是目前发现的唯一有叔丁基结构的天然活性物质，由六个五元环组成，包括一个四氢呋喃环、三个内酯环和一个螺壬环（图 3-32），同时分子中含有极性基团羟基。由于复杂且多官能团的分子结构，银杏内酯易溶于丙酮、甲醇、乙醇、乙酸乙酯和二甲基亚砜等中等极性及极性有机溶剂，微溶于醚和水，不溶于正己烷、苯、氯仿和四氯化碳等弱极性或非极性有机溶剂[153, 154]。由于银杏内酯 B 的 C1- 羟基和 C10- 羟基的分子内氢键，银杏内酯 A 和 B 性质接近且分离难度加大，而目前

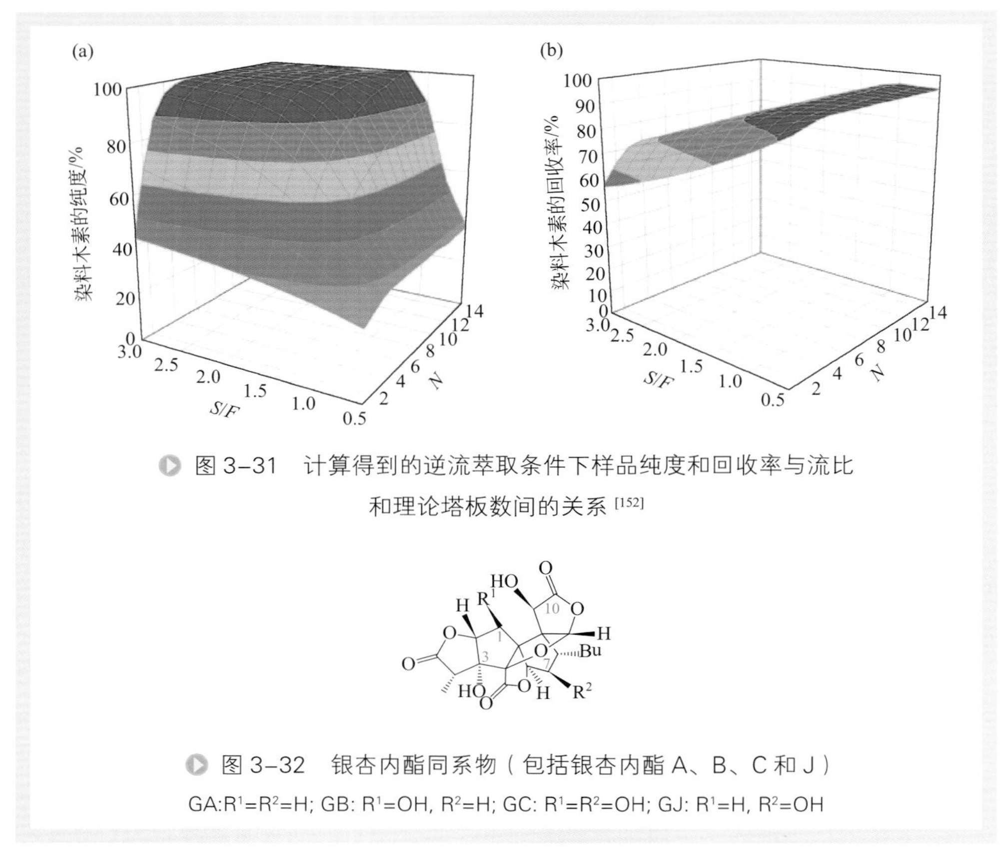

图 3-31 计算得到的逆流萃取条件下样品纯度和回收率与流比和理论塔板数间的关系 [152]

图 3-32 银杏内酯同系物（包括银杏内酯 A、B、C 和 J）

GA:$R^1=R^2=H$; GB: $R^1=OH$, $R^2=H$; GC: $R^1=R^2=OH$; GJ: $R^1=H$, $R^2=OH$

银杏内酯同系物中分离银杏内酯 B 的方法如柱色谱法、反应 - 分离耦合法、逆流色谱法等，存在溶剂消耗量大、操作烦琐、溶剂回收利用困难等问题。

离子液体可与银杏内酯同系物进行较强的氢键、范德华等多重相互作用，从而使分配系数上升，比常规两相体系乙腈 - 正己烷、DMF- 正己烷、DMSO- 正己烷、乙酸乙酯 - 水、正辛醇 - 水中的分配系数高 1 ～ 2 个数量级。

Cao 等 [155, 156] 构建了乙酸乙酯 - 离子液体 / 水两相体系，为难溶性银杏内酯同系物的分离提供了清洁、高效的分离方法。研究发现，银杏内酯的分配系数受其与离子液体的氢键相互作用、范德华相互作用等因素影响。以卤素和 BF_4^- 为阴离子时，由于 GB 存在分子内氢键而导致分配变弱，分配系数顺序为 GC ＞ GA ＞ GB。阳离子烷基链长度增加，GA 和 GB 的分配系数皆提高。随着离子液体含量升高，GA 和 GB 的分配系数均上升，但 GA 对 GB 的分离选择性则先上升后降低，表明 GA 对 GB 的分离选择性受离子液体 - 水混合物的偶极 / 可极化率及氢键碱性的共同影响，离子液体与稀释剂水的协同效应可获得高于纯离子液体的 GA 对 GB 的分离选择性。以摩尔分数为 12.6% 的 [Emim]Br- 水溶液为例，30℃下 GA、GB 和 GC 的分配系数分别为 0.46、0.27 和 1.7，GA 对 GB、GC 对 GB 的分离选择性分别为

1.7 和 6.5，同时该两相体系对银杏内酯的萃取容量达 25.4g/L，是常规分子溶剂的 10 倍以上。在以上条件下，采用萃取段和洗涤段分别为 4 级的分馏萃取，原料液：萃取剂：洗涤剂 =0.05：0.2：1（体积比）条件下，在萃余相可获得 GB 相对纯度为 91.86% 的产品。

利用银杏内酯的分配系数随复合萃取剂中离子液体含量增加而显著提高的变化特性，采用稀释剂摆动效应进行离子液体的循环使用和银杏内酯的反萃，离子液体在循环使用 5 次后萃取效率基本不变。采用实验验证模拟计算多级分馏萃取的可靠性，在优化的条件下采用分馏萃取可获得纯度和回收率高的 GB 产品；分馏萃取与稀释剂摆动效应回收利用离子液体结合，建立以离子液体为介质萃取分离银杏内酯同系物的工艺流程（图 3-33），与广泛应用的色谱法比，该方法可降低有机溶剂使用量约 90%。

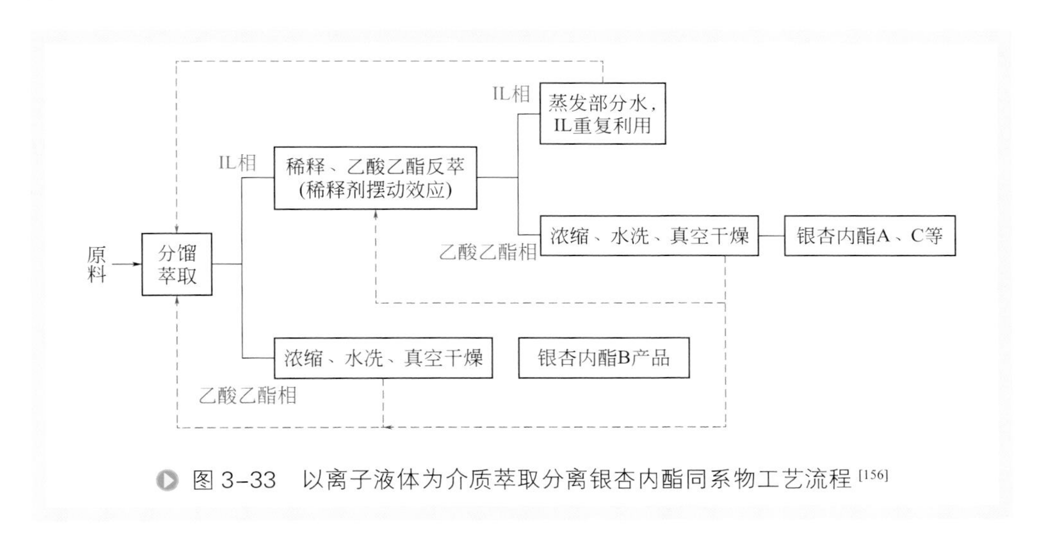

图 3-33　以离子液体为介质萃取分离银杏内酯同系物工艺流程 [156]

3. 甾醇类同系物

甾醇是广泛存在于生物体内的一种重要的天然活性物质，是由 3 个己烷环和 1 个环戊烷稠合而成的环戊烷多氢菲衍生物，基本结构如图 3-34 所示 [157]。多数甾醇 C5 位为双键，C3 位羟基是重要的活性基团之一。

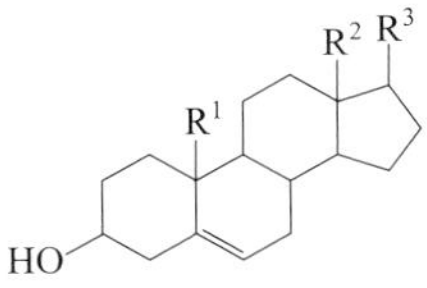

图 3-34　甾醇类化合物的基本结构图

胆固醇（cholesterol）又称胆甾醇，分子结构如图 3-35（a）所示，可溶于乙醇、丙酮、醋酸、苯、醚、氯仿、己烷、石油等溶剂中，几乎不溶于水、酸或碱中[158]。24- 去氢胆固醇（desmosterol）是白色粉末状固体，结构与胆固醇极为相似，如图 3-35（b）所示，只在侧链上比胆固醇分子多了一个双键[159]，是重要的医药中间体及许多甾类化合物合成的初始原料，具有很高的经济价值和良好的市场前景。

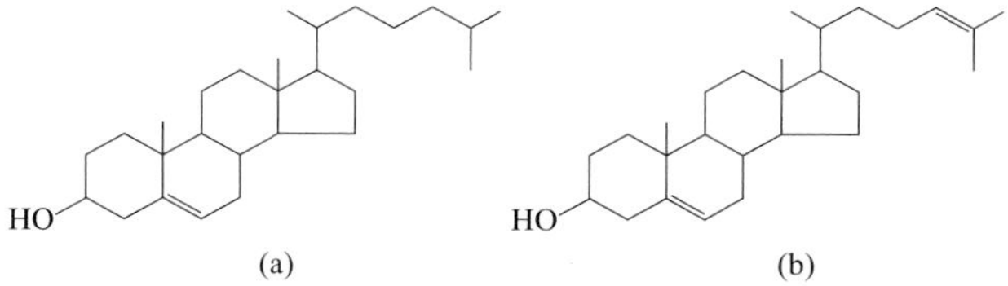

(a) (b)

图 3–35　胆固醇（a）和 24– 去氢胆固醇（b）的结构式

维生素 D_3［vitamin D_3，图 3-36（a）］，又名胆钙化醇，是一种无色晶体，熔点 84 ～ 85℃。它是一种脂溶性物质，不溶于水，能溶于醇、醚、丙酮、氯仿、植物油等溶剂中。速甾醇 T_3［tachysterol$_3$，图 3-36（b）］是光化合成维生素 D_3 过程中的另一个产物，与维生素 D_3 结构上的区别只在于母核中双键的位置不同。

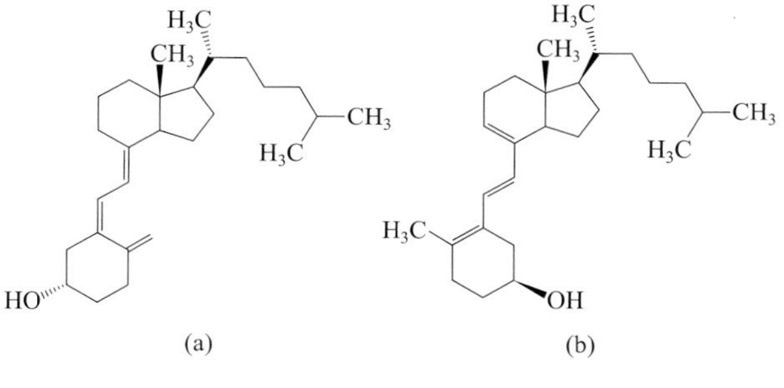

(a) (b)

图 3–36　维生素 D_3（a）和速甾醇 T_3（b）的结构式

现有的分离方法有各种局限性。色谱法成本高，处理量小，化学转化法步骤烦琐，柱层析法处理效率低，分子蒸馏、模拟移动床和超临界色谱法因设备昂贵限制了在工业上的应用。传统的有机萃取体系数量有限，对萃取容量和选择性的调节范围很小，对弱极性的胆固醇、24- 去氢胆固醇、维生素 D_3 和速甾醇 T_3 的溶解度也很低[160-164]。以离子液体为介质的液 - 液萃取方法在分离结构相似的天然活性物质方面有巨大潜力，是分离胆固醇和 24- 去氢胆固醇，维生素 D_3 和速甾醇 T_3 较为理想的萃取溶剂。

Jin 等[165]等利用离子液体的自组装特性，设计应用了季鏻脂肪酸类离子液体

$[P_{4444}][C_nH_{2n+1}COO]$，该离子液体可与胆固醇结合形成有序的液晶结构，二者间存在较强的氢键碱性，因而使得胆固醇在离子液体中具有良好的溶解性，这对于液-液萃取分离过程中提高胆固醇的分配系数、提升萃取分离效率具有重要意义。

梁瑞斯[166]根据胆固醇和24-去氢胆固醇的双键差异，选取一系列可构成π-π共轭作用力的离子液体作萃取剂，用以选择性识别分离目标物中的碳碳双键结构。实验结果表明，离子液体[Bmim][SCN]作萃取剂时，24-去氢胆固醇对胆固醇的选择性系数最高，达到2.45；氢键碱性较强的[Bmim][OAc]作萃取剂时，24-去氢胆固醇达到最大分配系数5.935。离子液体阴离子大小、阳离子上取代烷基长度、功能性基团等均对萃取分配系数和选择性系数有较大影响。离子液体的极性大或者尺寸小，胆固醇和24-去氢胆固醇在离子液体相的分配系数小。阴离子相同时，随着阳离子中取代基碳链长度的增加，离子液体对胆固醇和24-去氢胆固醇的分配系数增加，选择性降低。功能性基团—CN，—OH的引入增加了离子液体的极性，虽提高了对目标物质的选择性，但分配系数大大降低。

梁瑞斯[166]研究发现含有不饱和键的离子液体因能和维生素D_3和速甾醇T_3中不同位置的双键产生不同的π-π相互作用，从而得到更高的选择性系数。阴离子为$[TfO]^-$或$[NTf_2]^-$，阳离子中含有吡啶环或吡咯环的离子液体既能让目标物质在萃取相中有适当的分配，而且对两种物质也具有较高的选择性。其中$[Bmpr][NTf_2]$对维生素D_3和速甾醇T_3的选择性在各种离子液体中最大，达到1.77，比有机溶剂中选择性最好的环丁砜高出23%。阴离子相同时，随着阳离子中取代基碳链长度的增加，离子液体对维生素D_3和速甾醇T_3的分配系数增加，选择性降低。功能性基团—CN，—OH的引入增加了离子液体的极性，虽提高了对目标物质的选择性，但分配系数大大降低。

离子液体-有机溶剂二元混合溶剂能发挥离子液体和有机溶剂各自的优势，选择合适的有机溶剂，可以使得维生素D_3和速甾醇T_3在萃取剂相有较大的分配，而且萃取剂对两者也有较高的选择性。以$[Bmpr][NTf_2]$+DMF二元混合溶剂为萃取剂分离维生素D_3和速甾醇T_3，相比以环丁砜作为萃取剂的萃取体系，选择性接近时分配系数高出近1倍，分配系数接近时选择性高出10%。通过模拟的方法计算多级分馏萃取所得维生素D_3产物的纯度和回收率，验证了萃取分离目标物质的实际应用价值。当$[Bmpr][NTf_2]$+DMF二元混合溶剂中$[Bmpr][NTf_2]$的摩尔分数为40%、萃取段塔板数为16、洗涤段塔板数为12、萃取段流比［$ES/(F+SS)$］为2.5、洗涤段流比（SS/ES）为0.3时，维生素D_3的纯度达到96%，同时回收率达88%。

4. 生物碱类同系物

磷脂是一类含有磷酸根的脂类物质，其结构主要由多元醇、脂肪酸、磷酸以及极性基团组成。磷脂根据多元醇种类的不同分为两大类，一种为由甘油构成的甘油磷脂，另一种为由鞘氨醇构成的鞘磷脂。甘油磷脂主要包括磷脂酰胆碱（Phosphatidylcholine，PC）、磷脂酰乙醇胺（Phosphatidylethanolamin，PE）、磷脂酰丝氨酸（Phosphatidylserine，PS）、磷脂酰肌醇（Phosphatidylinositol，PI）、磷脂酰甘油（Phosphatidylglycerol，PG）以及磷脂酸（Phosphatidic Acid，PA）等磷脂单体，其结构如图 3-37 所示。

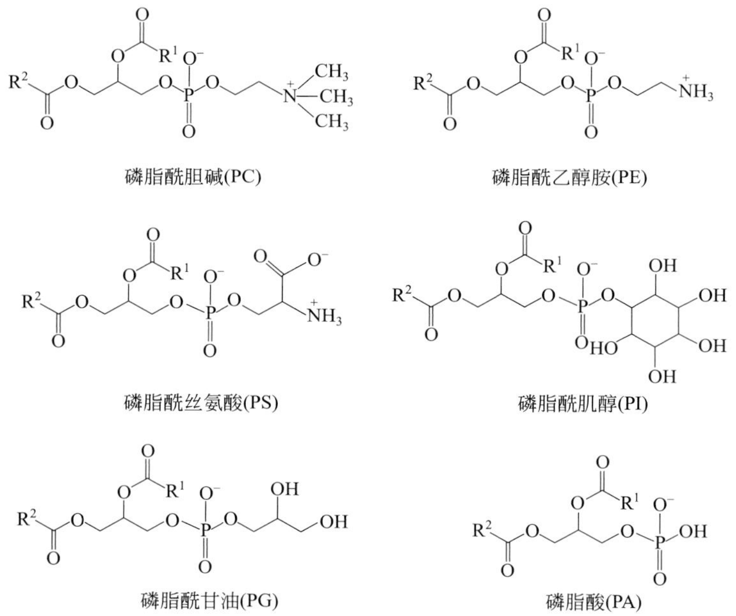

磷脂酰胆碱(PC)　　磷脂酰乙醇胺(PE)

磷脂酰丝氨酸(PS)　　磷脂酰肌醇(PI)

磷脂酰甘油(PG)　　磷脂酸(PA)

图 3–37　磷脂同系物的分子结构

由于磷脂组分的复杂性以及各组分结构的相似性，使得磷脂单体的分离纯化难度大大增加，成为天然产物分离技术发展中的难题之一。目前的分离纯化方法以溶剂萃取法和柱色谱法为主[167, 168]，但这些方法溶剂消耗量大，选择性较低。

师维[114]研究了磷脂同系物在有机溶剂中的溶解特性，构建了离子液体 / 稀释剂 - 正己烷液 - 液两相体系，测定了 PS 及磷脂同系物在离子液体两相体系中的萃取平衡，研究了离子液体结构、稀释剂种类、萃取温度和原料液初始浓度等因素对萃取分离性能的影响。结果表明，离子液体的阴离子结构显著影响分离性能，具有适宜氢键碱性的 Br^- 为阴离子的离子液体表现出优异的分离选择性。离子液体的摩尔分数仅为 5% 时，在 1- 乙基 -3 甲基咪唑溴盐（[Emim]Br）/ 甲醇 - 正己烷两相体系中，PC 对 PS 的选择性分离系数高达 29.48，显著优于常规有机溶剂体系。延长阳离子烷基侧链长度可有效提高 PC 的分配系数，当烷基侧链由乙基（[Emim]Br）延长至辛基（[Omim]Br）时，PC 的分配系数由 11.79 提高至 37.11。此外，研究表明离子液体与极性稀释剂之间存在明显的协同萃取效应，较低浓度的离子液体即可获得高的分配系数和分离选择性。张静竹[140]以聚离子液体 / 正己烷为新型液 - 液两相体系实现了磷脂同系物的选择性萃取分离。在 P[IL_{20}]Br/ 甲醇 - 正己烷两相体系中，磷脂酰胆碱（PC）的分配系数 D_{PC} 为 2.57，PC 对磷脂酰乙醇胺（PE）的选择性为 $S_{PC/PE}$ 为 2.98，优于之前文献中报道过的现有的萃取剂对 PC 的萃取数据。随着萃取剂中 P[IL_{20}]Br 质量分数增加，D_{PC} 先上升后下降。当 P[IL_{20}]Br 的质量分数为 15% 时，D_{PC} 达到最大值 3.87。随着萃取剂中离子液体浓度增加，D_{PE} 呈现下降的趋势。此外，利用量子化学计算对离子液体萃取磷脂的机理进行了探讨，研究表明 IL 与 PC 之间形成了较强的氢键作用。

辣椒碱为香草酰胺类生物碱，可作为镇痛剂，用于外用止痛膏中；近年来也被发现具有抗癌、保护心脑血管系统、保护胃黏膜等活性而受到广泛关注[169-171]。辣椒碱中的杂质可抑制其活性，高纯辣椒碱单体的制备为辣椒中活性成分高效利用的关键过程。从辣椒中提取的辣椒素有多种辣椒碱类化合物，其中含量最高的两种为辣椒碱和二氢辣椒碱（图 3-38），二者结构差异仅在于辣椒碱 C6 位置的碳碳双键，常规溶剂组成的二元（极性有机溶剂 - 烷烃、中等极性有机溶剂 - 水）、三元（甲醇 / 水 - 烷烃、烷烃 / 乙酸乙酯 - 极性有机溶剂）、四元（烷烃 / 乙酸乙酯或 MTBE- 甲醇或 DMSO/ 水）液 - 液两相体系以及柱色谱均难以实现辣椒碱同系物的萃取分离[172]。

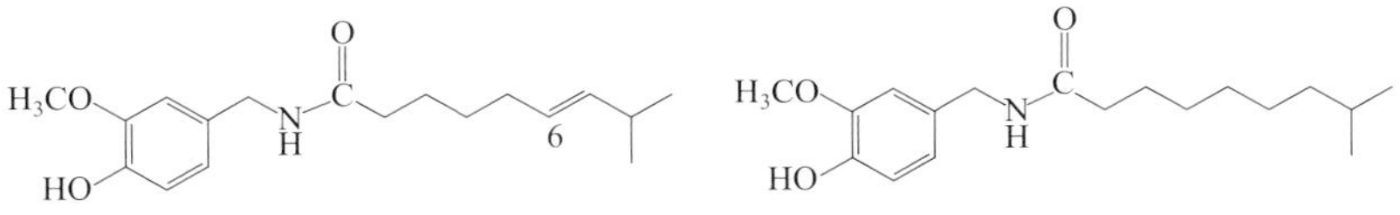

(a)　　(b)

图 3-38　辣椒碱（a）及二氢辣椒碱（b）

曹义凤等[173]证明了乙酸乙酯 - 离子液体 / 水液 - 液两相体系具有萃取分离辣椒碱和二氢辣椒碱同系物的可行性，该两相体系具有选择性较高、萃取容量大等特点。当 $x_{[PP12]Br}$=10%（摩尔分数）、原料浓度为 10mg/mL 时，30℃下辣椒碱对二氢辣椒碱的选择性系数为 2.1；而 $x_{[Epy]Br}$=30%（摩尔分数）时，30℃下该萃取体系对辣椒碱同系物的萃取容量在 100mg/mL 以上。离子液体阴阳离子结构的改变均可对辣椒碱同系物的分配系数产生明显影响，对选择性系数影响稍弱。辣椒碱和二氢辣椒碱的分离选择性主要由离子液体 - 水溶液的偶极 / 可极化率决定。离子液体 - 水二元萃取剂存在协同效应，$x_{[Epy]Br}$=40%（摩尔分数）时，辣椒碱和二氢辣椒碱的分配系数出现最高点，分别为 0.22 和 0.11，离子液体 - 水混合物为萃取剂具有比纯离子液体更高的萃取容量。辣椒碱同系物的加入可影响萃取体系的性质，随着辣椒碱同系物原料液浓度升高，辣椒碱和二氢辣椒碱的分配系数降低，而辣椒碱对二氢辣椒碱的选择性系数变化明显。

六、金属离子液体萃取分离

萃取技术是工业上分离金属离子一种较为成熟的方法。将离子液体作为一种绿色溶剂应用于金属离子的萃取分离，具有不易挥发、热稳定性好、液程宽、无可燃性等常规萃取剂不可比拟的优点。离子液体在金属离子萃取分离中的作用通常可分为两种，一是作为稀释剂协助螯合剂进行萃取，二是某些具有配位功能基团的离子液体可以作为螯合剂直接对金属离子进行萃取。

目前基于离子液体萃取分离金属离子的研究多集中于碱金属与碱土金属的萃取分离。1999 年，Dai 等[174]首次报道了以离子液体作为稀释剂、冠醚为螯合剂萃取硝酸锶，发现采用 $[EtMeim]NTf_2$ 离子液体时，Sr^{2+} 在离子液体与水相间的分配系数可达 1.1×10^4，比传统有机溶剂如甲苯、氯仿等大 4 个数量级。Visser 等[175]以一系列咪唑型离子液体 $[C_n mim][PF_6]$ 为稀释剂，3 种冠醚为螯合剂从水溶液中萃取 Na^+、Cs^+ 及 Sr^{2+}。在不添加螯合剂条件下，几种金属离子的分配系数都极低，而有螯合剂存在时，金属离子的分配系数同时受水相 pH、离子液体和冠醚疏水性等多种因素的影响，表明其相行为相比于采用传统有机溶剂萃取时更加复杂。

疏水性离子液体经过修饰，在其阴离子或阳离子中引入能与金属离子发生较强相互作用的官能团后，可以用于废水中过渡金属及重金属离子的脱除。Visser 等[176]合成了一类以 PF_6^- 为阴离子、具有功能化咪唑型阳离子的离子液体，用于萃取 Hg^{2+}、Cd^{2+} 重金属离子。研究者在阳离子咪唑基侧链引入了含羰基或含硫官能团（图 3-39），可显著提升 Hg^{2+}、Cd^{2+} 萃取率，其分配系数在相同条件下均可比采用非功能化离子液体 $[C_4mim][PF_6]$ 作为萃取剂时高两个数量级。Fischer 等[177]采用含有硫醚或硫醇的功能化离子液体对 Pt^{2+}、Ag^+、Hg^{2+} 和 Cu^{2+} 进行萃取，由于功能化基团对金属离子具有很强的亲和性，萃取率可达 95% 以上。

稀土金属被誉为“工业的维生素”，在冶金、军事、石油化工等诸多领域有着广泛的用途。加之稀土金属资源来源匮乏，针对稀土金属回收再利用的研究更显得尤为重要。Hoogerstraete 等[178]以 $[P_{66614}]Cl$ 纯离子液体作为萃取剂从稀土金属中选择性萃取过渡金属离子（图 3-40）。当水相中 HCl 浓度为 9mol/L 时，Fe^{3+} 对 Nd^{3+} 的选择性可达 5.0×10^6；当水相中 HCl 浓度为 8.5mol/L 时，Co^{2+} 对 Sm^{3+} 的选择性可达 8.0×10^5。同时，稀土金属元素在离子液体一相中浓度极低，不超过 0.5×10^{-6}。萃取后，离子液体一相中富集的 Co^{2+} 和 Fe^{3+} 可分别通过反萃取的方式去除从而实现离子液体的回收。Rout 等[179]报道了以中性氧化膦 Cyanex 923 为螯合剂，NTf_2^- 类离子液体为稀释剂萃取 Ce^{3+}、Pr^{3+}、Nd^{3+} 等稀土金属，当水溶液中 NO_3^- 浓度较高时，Nd^{3+} 以中性螯合物的形式被萃取到离子液体相中，从而避免了离子液体在萃取过程中的损失。

图 3-39 功能化咪唑型阳离子结构示意图[176]

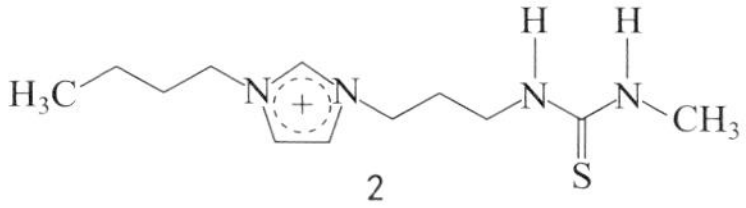

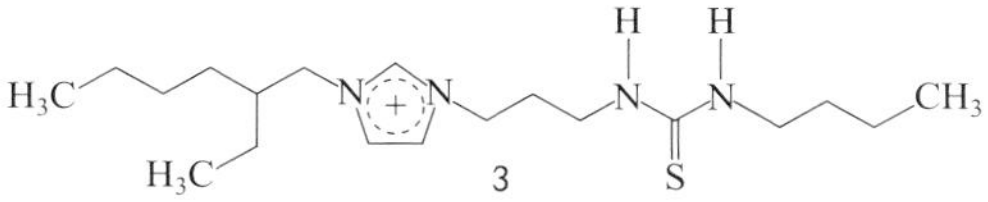

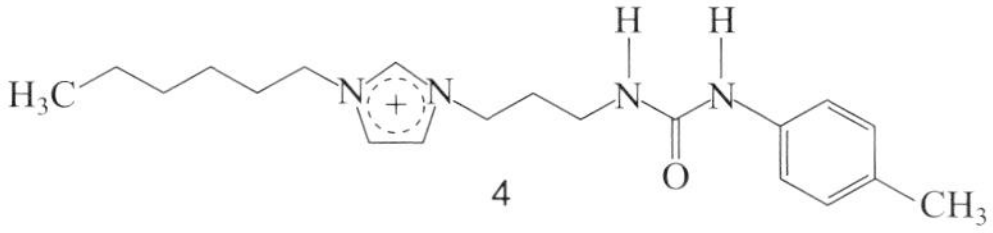

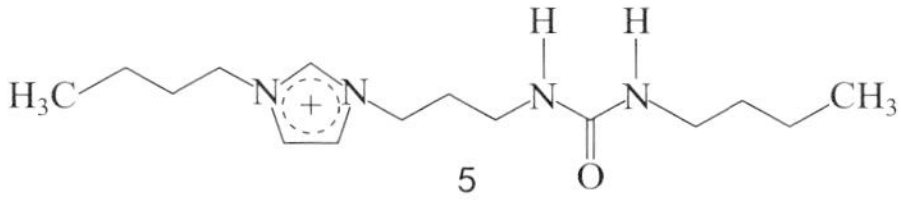

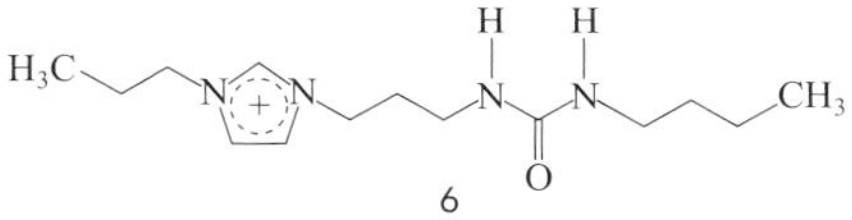

图 3-40 $[P_{66614}]Cl$ 萃取分离稀有金属和过渡金属（左：萃取前，右：萃取后）[178]

七、手性化合物离子液体萃取

手性是生物体的基本特征之一，人本身就是一个手性环境，这使得含手性中心的药物对映体在人体内的药理活性、代谢过程及毒性等都存在显著差异。自药物“沙利度胺”致畸事件发生后，手性药物对映体的药理和毒副作用表现出的明显差异备受关注。多数情况下只有一种药物对映体有显著的药理活性，而另一种对映体活性较低或没有活性，甚至活性相反或导致毒副效应。为了减少药物毒副作用，避免发生不良反应，提高药物利用度，以及控制药物的质量，对药物手性对映体的研究越来越引起重视，如何获得单一异构体手性药物已成为当前国际药物研究最热门的方向之一。

单一异构体手性药物一般可通过不对称合成和外消旋体拆分来得到。不对称合成是获得单一异构体手性药物的重要方法，但要为每种手性药物开发一个合适的合成路径，无疑需要相当大的成本和开发时间，因此许多非天然手性药物仍然是由外消旋体的拆分得到的。目前有关外消旋体拆分方法的研究很多，其中液 - 液萃取拆分法与色谱拆分法相比，具备能耗低、操作简便、设备简单、易放大等特点，最值得重视。但传统的手性萃取剂，如酒石酸、扁桃酸等往往选择性较低，亟需开发新的手性识别剂。手性离子液体挥发性低，热稳定性、溶解性好，同时具有独特的可设计性，适用于手性液 - 液萃取。

由于天然氨基酸具有成本较低以及生物可降解等优势，氨基酸离子液体作为手性离子液体中的一类在手性液 - 液萃取中获得了较多的关注。Ding 等 [180] 通过量子化学计算对多种含有咪唑基阳离子的氨基酸类离子液体与抗高血压类药物氨氯地平不同对映体的分子间相互作用进行了研究，筛选出其中手性识别效果最佳的识别剂 [Bmim][Glu]。量化计算结果显示，$Bmim^+$ 阳离子的烷基链对 *R*- 氨氯地平具有显著的位阻效应，不利于药物分子与 Glu^- 阴离子间形成氢键相互作用，[Bmim][Glu] 因此对 *S*- 氨氯地平表现出更强的亲和性。研究者将 [Bmim][Glu] 与水制成混合萃取剂进行萃取分离，大大降低了离子液体的浓度，从而提高了可操作性。在适宜条件下，[Bmim][Glu] 对 *S*- 氨氯地平的选择性为 1.35。同时，由于 [Bmim][Glu] 在油相中的溶解度较低，离子液体可以通过反萃取的方式再生，且在循环实验中表现出良好的稳定性。Cui 等 [181] 研究了以 $Bmim^+$ 为阳离子的氨基酸类离子液体对非甾体抗炎药氟比洛芬外消旋体的萃取分离性能。结果表明，氨基酸阴离子的结构对离子液体的手性识别倾向具有显著的影响。例如，含有色氨酸阴离子的 [Bmim][L-Trp] 可优先结合 *R*- 氟比洛芬，而含有丝氨酸阴离子的 [Bmim][L-Ser] 则优先识别 *S*- 氟比洛芬。通过量子化学计算研究离子液体与药物对映体间的相互作用，研究者发现氨基酸阴离子与对映体之间存在多重氢键相互作用，作用位点的不同决定了离子液体的手性识别性能。在实际液 - 液萃取分离过程中，[Bmim][L-Trp] 表现出最佳的分离性能，单次萃取分离中选择性达 1.2。

将手性离子液体与传统萃取剂结合起来，通过二者之间的协同作用可以显著提高药物外消旋体的萃取分离性能。陈冬璇 [182] 以溶有 L- 二苯甲酰酒石酸的正癸醇为有机相，含有手性离子液体 1- 乙基 -3- 甲基咪唑 -L- 酒石酸的水溶液作为水相，通过双相手性识别萃取拆分氧氟沙星对映体。其中，有机相中的 L- 二苯甲酰酒石酸可优先识别 L- 氧氟沙星，而水相中的 1- 乙基 -3- 甲基咪唑 -L- 酒石酸则优先识别 D- 氧氟沙星。在最优条件下，氧氟沙星对映体在单次萃取拆分中选择性系数可达 3.6，而仅使用 L- 二苯甲酰酒石酸作为萃取剂时，萃取选择性仅为 1.13。

氨基酸离子液体由于具有含孤电子对官能团，与过渡金属之间可以通过络合作用形成稳定的手性配合物，同样具有手性识别特性。基于这一性质，氨基酸离子液体也被应用到氨基酸等天然手性化合物的萃取分离中。例如，Tang 等 [183] 将一系列含咪唑基阳离子的 L- 脯氨酸离子液体 [$C_n$mim][L-Pro] 同时作为溶剂及手性识别剂，用于苯丙氨酸、酪氨酸、组氨酸和色氨酸的分离。实验过程中，在离子液体一相中添加醋酸铜，使 Cu^{2+} 和 [$C_n$mim][L-Pro] 通过络合作用预先形成手性配体，在另一相乙酸乙酯中添加氨基酸消旋体。两相接触时，氨基酸对映体通过手性配体交换机理与 Cu^{2+} 络合进入离子液体一相中，同时使部分预先络合的离子液体重新游离（图 3-41）。由于两种对映体存在空间结构的差异，它们与离子液体竞争络合 Cu^{2+} 的能力不同，从而导致了二者在离子液体一相中富集的程度也不同。研究者优化了氨基酸浓度、铜离子浓度等条件，在适宜条件下 [Emim][Pro] 单次萃取苯丙氨酸与酪氨酸消旋体后，对映体超量（ee% 值）分别可达 35.8%、21.9%。Wu 等 [184] 以色氨酸为前体，在色氨酸结构上引入不同长度的烷基侧链合成了一系列新的手性离子液体 [C_nTropine]Pro，同样基于配体交换原理对苯丙氨酸消旋体进行了双水相萃取拆分研究。体系中存在 $CuSO_4$，Cu^{2+} 与 [C_nTropine]Pro 离子液体通过络合作用预先形成手性配体。D- 苯丙氨酸可以通过与离子液体的竞争结合 Cu^{2+} 被萃取到离子液体一相中，而 L- 苯丙氨酸竞争能力较弱，主要以沉淀形式存在，L- 苯丙氨酸的对映体超量可达 65%。

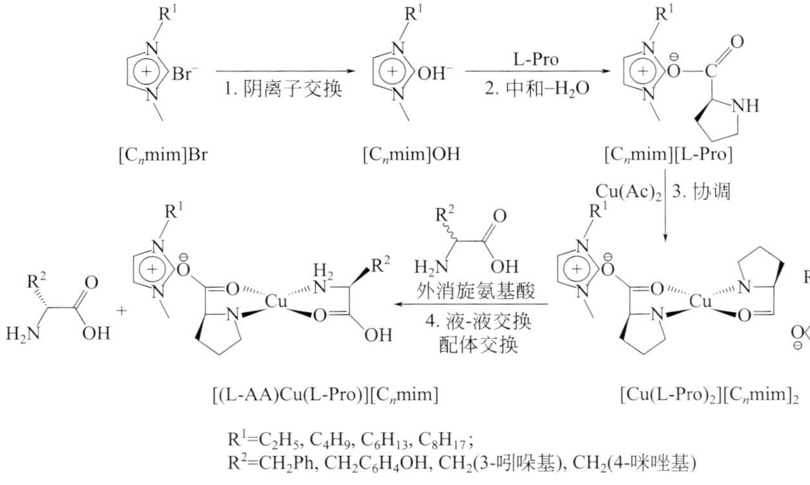

R^1=C_2H_5, C_4H_9, C_6H_{13}, C_8H_{17};
R^2=CH_2Ph, $CH_2C_6H_4OH$, CH_2(3-吲哚基), CH_2(4-咪唑基)

图 3-41　手性配体交换机理示意图 [183]

手性离子液体在液 - 液萃取拆分中的应用目前仍不多，处于起步阶段。手性液 - 液萃取的关键在于设计一种高效的手性识别剂。手性离子液体具有可调控性，使得其在手性液 - 液萃取拆分方面具有广阔的发展前景。

第六节 展望与未来发展方向

室温离子液体是一类“可设计”的溶剂，通过在阴阳离子骨架上引入特定基团可以精准调变其物理化学性质，进而实现对于特定混合体系的高选择性分离。离子液体较低的挥发性和较强的离子内聚能有利于增大溶解度、降低分离过程中污染问题，便于分离介质的绿色循环利用。现有研究在有机物、金属离子、天然活性同系物的萃取分离中取得重要进展，展现了离子液体作为新型绿色分离介质的潜力。但对于真正的工业应用而言，离子液体萃取分离过程仍存在一些亟需解决和完善的问题。未来的研究方向主要包括：

（1）离子液体与分离对象相互作用机理研究，进一步利用离子液体独特的纳米聚集结构和自组装性质，构建具有有序纳米结构的功能性软材料，提高对分离对象的分子识别能力，掌握离子液体结构对分离效率和选择性的影响规律，深入研究离子液体构效关系，指导高效功能化离子液体的设计和定制。

（2）离子液体萃取过程中扩散传递现象研究。离子液体的黏度普遍较高，不利于气 - 液和液 - 液两相间的扩散传质。离子液体存在下的界面性质明显不同于传统液 - 液萃取过程，而现有研究对于分离对象在离子液体两相体系中的传递现象研究较少。因此，有必要深入研究离子液体为分离介质的萃取过程中的传递现象和规律，为离子液体萃取过程的放大提供理论依据。

（3）价格低廉且性能稳定的功能离子液体的大规模制备。目前而言，离子液体的成本相对较高，与现有成熟的常规有机溶剂相比，其经济可行性有待于进一步评价，这也是制约工业应用的一大瓶颈。因此，为了降低其在分离过程的使用成本，需要推动离子液体的规模化生产、研发清洁高效的离子液体循环回收的方法。此外，要积极探索离子液体在高附加值产品分离纯化过程中的应用，提高过程的技术经济可行性。

迄今为止，离子液体的研究取得了重要的进展并展现了强劲的势头，大量的基础研究成果和数据为工业化应用奠定了良好的基础。离子液体的“可设计性”反映了它的“普适性”，这正是分离工程领域最需要具备的特点，适合于当前所倡导的清洁技术和可持续发展的要求。离子液体绿色溶剂的大规模工业应用指日可待，离子液体分离技术必将取代更多的传统的分离工艺。

参考文献

[1] 金文彬，李雪楠，张依，杨启炜，邢华斌，任其龙 . 离子液体在结构相似物分离中的进展 [J]. 中国科学：化学，2016, 46(12): 1251-1263.

[2] Earle M J, Esperança J M S S, Gilea M A, et al. The distillation and volatility of ionic liquids[J]. Nature, 2006, 439(7078): 831-834.

[3] Blanchard L A, Hancu D, Beckman E J, et al. Green processing using ionic liquids and CO_2[J]. Nature, 1999, 399(6731): 28-29.

[4] Hallett J P, Welton T. Room-temperature ionic liquids: solvents for synthesis and catalysis. 2[J]. Chemical Reviews, 2011, 111(5): 3508-3576.

[5] Davis J H . Task-specific ionic liquids[J]. Chem Lett, 2004, 33:1072-1077.

[6] Huddleston J G, Willauer H D, Swatloski R P, et al. Room temperature ionic liquids as novel media for 'clean'liquid-liquid extraction[J]. Chemical Communications, 1998, (16): 1765-1766.

[7] Vander Hoogerstraete T, Onghena B, Binnemans K. Homogeneous liquid-liquid extraction of metal ions with a functionalized ionic liquid[J]. The Journal of Physical Chemistry Letters, 2013, 4(10): 1659-1663.

[8] Li P, Paul D R, Chung T S. High performance membranes based on ionic liquid polymers for CO_2 separation from the flue gas[J]. Green Chemistry, 2012, 14(4): 1052-1063.

[9] Poole C F, Poole S K. Extraction of organic compounds with room temperature ionic liquids[J]. Journal of Chromatography A, 2010, 1217(16): 2268-2286.

[10] Rogers R D, Seddon K R. Ionic liquids-solvents of the future?[J]. Science, 2003, 302(5646): 792-793.

[11] Zhang S, Sun N, He X, et al. Physical properties of ionic liquids database and evaluation[J]. Journal of Physical and Chemical Reference Data,2006,35: 1475-1517.

[12] Plechkova N V, Seddon K R. Applications of ionic liquids in the chemical industry[J]. Chemical Society Reviews, 2008, 37(1): 123-150.

[13] Maton C, De Vos N, Stevens C V. Ionic liquid thermal stabilities:decomposition mechanisms and analysis tools[J].Chemical Society Reviews,2013,42(13): 5963-5977.

[14] Smith K B, Bridson R H, Leeke G A. Solubilities of pharmaceutical compounds in ionic liquids[J]. Journal of Chemical & Engineering Data, 2011, 56(5): 2039-2043.

[15] Zhao X, Xing H, Yang Q, et al. Differential solubility of ethylene and acetylene in room-temperature ionic liquids:a theoretical study[J]. The Journal of Physical Chemistry B, 2012,116(13): 3944-3953.

[16] 郭少聪 . 强氢键碱性疏水复合萃取剂的构建与应用 [D]. 杭州 : 浙江大学 , 2016.

[17] Wang J, Pei Y, Zhao Y, et al. Selective extraction of bioproducts by ionic liquids[J]. Chinese Journal of Chemistry, 2005,23(6): 662-664.

[18] 胡松青 , 张军 , 刘冰 , 等 . 离子液体萃取脱硫的探索性研究 [J]. 石油学报 (石油加工), 2007, 01: 100-103.

[19] Greaves T L, Drummond C J. Protic ionic liquids: properties and applications[J]. Chemical Reviews, 2008, 108(1): 206-237.

[20] 寇元 , 杨雅立 . 功能化的酸性离子液体 [J]. 石油化工 , 2004, 33(4): 297-302.

[21] Yang Y, Kou Y. Determination of the Lewis acidity of ionic liquids by means of an IR spectroscopic probe[J]. Chemical Communications, 2004, (2): 226-227.

[22] Fei Z, Zhao D, Geldbach T J, et al. Brønsted acidic ionic liquids and their Zwitterions: synthesis, characterization and pK_a determination[J]. Chemistry-A European Journal, 2004, 10(19): 4886-4893.

[23] Li J, Peng Y, Song G. Mannich reaction catalyzed by carboxyl-functionalized ionic liquid in aqueous media[J]. Catalysis Letters, 2005, 102(3): 159-162.

[24] Xing H, Wang T, Zhou Z, et al. Novel Brønsted-acidic ionic liquid for esterifications [J]. Industrial & Engineering Chemistry Research, 2005, 44: 4147-4150.

[25] Xing H, Wang T, Zhou Z, et al. The sulfonic acid-functionalized ionic liquids with pyridinium cations: acidities and their acidity-catalytic activity relationships[J]. Journal of Molecular Catalysis A: Chemial, 2007, 264(1):53-59.

[26] MacFarlane D R, Pringle J M, Johansson K M, et al. Lewis base ionic liquids[J]. Chemical Communications, 2006, 18: 1905-1917.

[27] Mateus N, Branco L C, Lourenco N, et al. Synthesis and properties of tetra-alkyl-dimethylguanidinium salts as a potential new generation of ionic liquids[J]. Green Chemistry, 2003, 5(3): 347-352.

[28] 徐丹 . 离子液体碱性调控机制及强碱亲脂性离子液体的合成、表征与分离性能研究 [D]. 杭州 : 浙江大学 , 2014.

[29] Fukumoto K, Yoshizawa M, Ohno H. Room temperature ionic liquids from 20 natural amino acids[J]. Journal of the American Chemical Society, 2005, 127 (8): 2398-2399.

[30] Yang Q, Wang Z, Bao Z, et al. New insights into CO_2 absorption mechanisms with amino-acid ionic liquids[J]. Chem Sus Chem, 2016, 9: 806-812.

[31] 刘献献 . 离子液体非水溶致液晶的构建及萃取分离性能研究 [D]. 杭州 : 浙江大学 , 2016.

[32] 赵旭 . 离子液体吸收分离乙炔乙烯的分子模拟与实验研究 [D]. 杭州 : 浙江大学 , 2014.

[33] Brown P, Butts C, Dyer R, et al. Anionic surfactants and surfactant ionic liquids with quaternary ammonium counterions[J]. Langmuir, 2011, 27(8): 4563-4571.

[34] Fukaya Y, Ohno H. Hydrophobic and polar ionic liquids[J]. Physical Chemistry Chemical Physics, 2013, 15(11): 4066-4072.

[35] Ding J, Armstrong D W. Chiral ionic liquids: synthesis and applications[J]. Chirality, 2005, 17(5): 281-292.

[36] Ma H, Wan X, Chen X, et al. Design and synthesis of novel chiral ionic liquids and their application in free radical polymerization of methyl methacrylate[J]. Chinese Journal of Polymer Science, 2003, 21(3): 265-270.

[37] Earle M J, McCormac P B, Seddon K R. A safe recyclable alternative to lithium perchlorate diethyl ether mixtures[J]. Green Chem, 1999, 1: 23-25.

[38] Yoshizawa M, Hirao M, Ito-Akita K, et al. Ion conduction in Zwitterionic-type molten salts and

their polymers[J]. Journal of Materials Chemistry, 2001, 11(4): 1057-1062.

[39] Richard J C. 1-Butyl-3-methylimidazolium cobalt tetracarbonyl [Bmim][Co(CO)$_4$]: a catalytically active organometallic ionic liquid[J]. Chemical Communications, 2001, (18): 1862-1863.

[40] Zeng S, Liu L, Shang D, et al. Efficient and reversible absorption of ammonia by cobalt ionic liquids through Lewis acid-base and cooperative hydrogen bond interactions[J]. Green Chemistry， 2018, 20: 2075-2083.

[41] 锁显 . 有序多孔聚离子液体的制备及吸附分离性能研究 [D]. 杭州：浙江大学 , 2018.

[42]Yuan J, Mecerreyes D, Antonietti M. Poly(ionic liquid)s: an update [J]. Progress in Polymer Science， 2013, 38(7): 1009-1036.

[43] Yuan J, Antonietti M. Poly (ionic liquid) s: Polymers expanding classical property profiles[J]. Polymer, 2011, 52(7): 1469-1482.

[44] Lu Y, Yu G, Wang W, et al. Design and synthesis of thermoresponsive ionic liquid polymer in acetonitrile as a reusable extractant for separation of tocopherol homologues[J].Macromolecules, 2015, 48(4): 915-924.

[45] 孙宁 , 张锁江 , 张香平 , 等 . 离子液体物理化学性质数据库及 QSPR 分析 [J]. 过程工程学报 , 2005, 5(6): 698-702.

[46] Malham I B, Turmine M. Viscosities and refractive indices of binary mixtures of 1-butyl-3-methylimidazolium tetrafluoroborate and 1-butyl-2, 3-dimethylimidazolium tetrafluoroborate with water at 298 K[J]. Journal of Chemical Thermodynamics, 2008, 40(4): 718-723.

[47] Murray S M, O’Brien R A, Mattson K M, et al. The fluid-mosaic model, homeoviscous adaptation, and ionic liquids: dramatic lowering of the melting point by side-chain unsaturation[J]. Angewandte Chemie-International Edition, 2010, 49(15): 2755-2758.

[48] Reichardt C. Polarity of ionic liquids determined empirically by means of solvatochromic pyridinium *N*-phenolate betaine dyes[J]. Green Chemistry, 2005, 7(5): 339-351.

[49] Maria P C, Gal J F, De Franceschi J, et al. Chemometrics of solvent basicity: multivariate analysis of the basicity scales relevant to nonprotogenic solvents[J]. Journal of the American Chemical Society, 1987, 109(2): 483-492.

[50] Yang Q, Xing H, Cao Y, et al. Selective separation of tocopherol homologues by liquid-liquid extraction using ionic liquids[J]. Industrial & Engineering Chemistry Research, 2009, 48(13): 6417-6422.

[51] Yang Q, Xing H, Bao Z, et al. One of the distinctive properties of ionic liquids over molecular solvents and inorganic salts: enhanced basicity stemming from the electrostatic environment and “free” microstructure[J]. The Journal of Physical Chemistry B, 2014, 118(13): 3682-3688.

[52] Xu D, Yang Q, Su B, et al. Enhancing the basicity of ionic liquids by tuning the cation-anion interaction strength and via the anion-tethered strategy[J]. The Journal of Physical Chemistry B, 2014, 118(4): 1071-1079.

[53] Ohno H, Fukaya Y. Task specific ionic liquids for cellulose technology[J]. Chemistry Letters, 2008, 38(1): 2-7.

[54] Ohno H, Fukumoto K. Amino acid ionic liquids[J]. Accounts of Chemical Research, 2007, 40(11): 1122-1129.

[55] Khupse N D, Kumar A. Contrasting thermosolvatochromic trends in pyridinium-, pyrrolidinium-, and phosphonium-based ionic liquids[J]. Journal of Physical Chemistry B, 2010, 114(1): 376-381.

[56] Dai W, Chen L, Yin S, et al. High-efficiency synthesis of cyclic carbonates from epoxides and CO_2 over hydroxyl ionic liquid catalyst grafted onto cross-linked polymer[J]. Catalysis Letters, 2010, 137(1-2): 74-80.

[57] Anderson J L, Ding J, Welton T, et al. Characterizing ionic liquids on the basis of multiple solvation interactions[J]. Journal of the American Chemical Society, 2002, 124(47): 14247-14254.

[58] 汪家鼎，骆广生．溶剂萃取 [M]. 北京：清华大学出版社，2002.

[59] 赵东滨，寇元．室温离子液体：合成、性质及应用 [J]. 大学化学，2002, 17(1): 42-46.

[60] Freire M G, Santos L M, Fernandes A M, Coutinho J A, Marrucho I M. An overview of the mutual solubilities of water-imidazolium-based ionic liquids systems[J]. Fluid Phase Equilibria, 2007, 261: 449-454.

[61] Freire M G, Neves C M, Carvalho P J, Gardas R L, Femandes A M, Marrucho I M, et al. Mutual solubilities of water and hydrophobic ionic liquids[J]. The Journal of Physical Chemistry B, 2007, 111: 13082-13089.

[62] Anthony J L, Maginn E J, Brennecke J F. Solution thermodynamics of imidazolium-based ionic liquids and water[J]. The Journal of Physical Chemistry B, 2001, 105(44): 10942-10949.

[63] Nockemann P, Binnemans K, Ben T, et al. Temperature-driven mixing-demixing behavior of binary mixtures of the ionic liquid choline bis(triuoromethylsulfonyl)imide and water[J]. The Journal of Physical Chemistry B, 2009, 113: 1429-1437.

[64] Nockemann P, Thijs B, Pittois, et al. Task-specific ionic liquid for solubilizing metal oxides[J]. The Journal of Physical Chemistry B, 2006, 110(42): 20978-20992.

[65] 郭中甲．某些添加剂对双三氟甲基磺酸类离子液体＋水体系相平衡的调控 [D]. 新乡：河南师范大学，2014.

[66] 谢圆邦．长链阴离子功能化离子液体双水相体系的相平衡及萃取性能研究 [D]. 杭州：浙江大学，2017.

[67] Domańska U, Marciniak A. Solubility of 1-alkyl-3-methylimidazolium hexafluorophosphate in hydrocarbons[J]. Journal of Chemical & Engineering Data, 2003, 48(3): 451-456.

[68] Wagner M, Stanga O, Schröer W. Corresponding states analysis of the critical points in binary solutions of room temperature ionic liquids[J]. Physical Chemistry Chemical Physics, 2003, 5(18): 3943-3950.

[69] Domanska U, Bogel-Lukasik R. Physicochemical properties and solubility of alkyl-(2-hydroxyethyl)-dimethylammonium bromide[J]. The Journal of Physical Chemistry B, 2005, 109: 12124-12132.
[70] Henderson W A, Passerini S. Phase behavior of ionic liquid-LiX mixtures: pyrrolidinium cations and TFSI-anions[J]. Chemistry of Materials, 2004, 16(15): 2881-2885.
[71] Crosthwaite J M, Aki S N V K, Maginn E J, et al. Liquid phase behavor of imidazolium based ionic liquids with alcohols[J]. The Journal of Physical Chemistry B, 2004, 108: 5113-5119.
[72] Crosthwaite J M, Aki S N V K, Maginn E J, et al. Liquid phase behavior of imidazolium-based ionic liquids with alcohols: effect of hydrogen bonding and non-polar interactions[J]. Fluid Phase Equilibria, 2005, 228: 303-309.
[73] Najdanovic-Visak V, Esperanca J M S S, Rebelo L P N, et al. Pressure, isotope, and water co-solvent effects in liquid– liquid equilibria of (ionic liquid+ alcohol) systems[J]. The Journal of Physical Chemistry B, 2003, 107(46): 12797-12807.
[74] 倪晓蕾 . 离子液体萃取分离酚类天然产物的研究 [D]. 杭州 : 浙江大学 , 2011.
[75] Domanska U, Laskowska M. Temperature and composition dependence of the density and viscosity of binary mixtures of {1-butyl-3-methylimidazolium thiocyanate+1-alcohols} [J]. Journal of Chemical and Engineering Data, 2009, 54(7): 2113-2119.
[76] Ries L, Do Amaral F A, Matos K, et al. Evidence of change in the molecular organization of 1-*n*-butyl-3-methylimidazolium tetrafluoroborate ionic liquid solutions with the addition of water [J]. Polyhedron, 2008, 27(15): 3287-3293.
[77] Froba A P, Wasserscheid P, Gerhard D, et al. Revealing the influence of the strength of Coulomb interactions on the viscosity and interfacial tension of ionic liquid cosolvent mixtures [J]. Journal of Physical Chemistry B, 2007, 111(44): 12817-12822.
[78] Mellein B R, Aki S N V K, Ladewski R L, et al. Solvatochromic studies of ionic liquid/organic mixtures [J]. Journal of Physical Chemistry B, 2007, 111(1): 131-138.
[79] Li W, Zhang Z, Zhang J, et al. Micropolarity and aggregation behavior in ionic liquid plus organic solvent solutions [J]. Fluid Phase Equilibria, 2006, 248(2): 211-216.
[80] Sarkar A, Pandey S. Solvatochromic absorbance probe behavior and preferential solvation in aqueous 1-butyl-3-methylimidazolium tetrafluoroborate [J]. Journal of Chemical and Engineering Data, 2006, 51(6): 2051-2055.
[81] Mancini P M, Fortunato G G, Vottero L R. Molecular solvent/ionic liquid binary mixtures: designing solvents based on the determination of their microscopic properties [J]. Physics and Chemistry of Liquids, 2004, 42(6): 625-632.
[82] Xie L, Favre-Reguillon A, Wang X, et al. Selective extraction of neutral nitrogen compounds found in diesel feed by 1-butyl-3-methyl-imidazolium chloride [J]. Green Chemistry, 2008, 10(5): 524-531.

[83] 曹义凤 . 离子液体萃取分离疏水油天然活性同系物 [D]. 杭州 : 浙江大学 , 2013.

[84] 杨启炜 . 离子液体为介质萃取分离天然活性同系物 [D]. 杭州 : 浙江大学 , 2010.

[85] 孔利云 .*RRR*-α- 生育酚聚乙二醇琥珀酸单酯的合成与分离方法研究 [D]. 杭州 : 浙江大学 , 2014.

[86] Wang H, Wang J, Zhang S, Xuan X. Structural effects of anions and cations on the aggregation behavior of ionic liquids in aqueous solutions[J]. Journal of Physical Chemistry B, 2008, 112(51): 16682-16689.

[87] Cammarata L, Kazarian S G, Salter P A, Welton T. Molecular states of water in room temperature ionic liquids[J]. Physical Chemistry Chemical Physics, 2001, 3(23): 5192-5200.

[88] Claudio A F M, Swift L, Hallett J P, Welton T, Coutinho J A P, Freire M G. Extended scale for the hydrogen-bond basicity of ionic liquids[J]. Physical Chemistry Chemical Physics, 2014, 16(14): 6593-6601.

[89] Mourao T, Claudio A F M, Boal Palheiros I, Freire M G, Coutinho J A P. Evaluation of the impact of phosphate salts on the formation of ionic-liquid-based aqueous biphasic systems[J]. Journal of Chemical Thermodynamics, 2012, 54:398-405.

[90] Gutowski K E, Broker G A, Willauer H D, et al. Controlling the aqueous miscibility of ionic liquids: aqueous biphasic systems of water-miscible ionic liquids and water-structuring salts for recycle, metathesis, and separations[J]. Journal of the American Chemical Society, 2003, 125(22): 6632-6633.

[91] Bridges N J, Gutowski K E, Rogers R D. Investigation of aqueous biphasic systems formed from solutions of chaotropic salts with kosmotropic salts (salt-salt ABS)[J]. Green Chemistry, 2007, 9(2): 177-183.

[92] Freire M G, Claudio A F M, Araujo J M, et al. Aqueous biphasic systems: a boost brought about by using ionic liquids[J]. Chemical Society Reviews, 2012, 41(14): 4966-4995.

[93] Ventura S P, Sousa S G, Serafim L S, et al. Ionic liquid based aqueous biphasic systems with controlled pH: the ionic liquid cation effect[J]. Journal of Chemical & Engineering Data, 2011, 56(11): 4253-4260.

[94] Deive F J, Rivas M A, Rodríguez. Sodium carbonate as phase promoter in aqueous solutions of imidazolium and pyridinium ionic liquids[J]. The Journal of Chemical Thermodynamics, 2011, 43(8): 1153-1158.

[95] Pei Y, Wang J, Liu L, et al. Liquid- liquid equilibria of aqueous biphasic systems containing selected imidazolium ionic liquids and salts[J]. Journal of Chemical & Engineering Data, 2007, 52(5): 2026-2031.

[96] Ventura S P, Neves C M, Freire M G, et al. Evaluation of anion influence on the formation and extraction capacity of ionic-liquid-based aqueous biphasic systems[J]. The Journal of Physical Chemistry B, 2009, 113(27): 9304-9310.

[97] Xie Y, Xing H, Yang Q, et al. Aqueous biphasic system containing long chain anion-functionalized ionic liquids for high-performance extraction[J]. ACS Sustainable Chemistry & Engineering, 2015, 3(12): 3365-3372.

[98] Li Z, Pei Y, Liu L, et al. (Liquid+ liquid) equilibria for (acetate-based ionic liquids+ inorganic salts) aqueous two-phase systems[J]. The Journal of Chemical Thermodynamics, 2010, 42(7): 932-937.

[99] Shahriari S, Neves C M, Freire M G, et al. Role of the Hofmeister series in the formation of ionic-liquid-based aqueous biphasic systems[J]. The Journal of Physical Chemistry B, 2012, 116(24): 7252-7258.

[100] Freire M G, Neves C M S S, Silva A M S, et al. ^{1}H NMR and molecular dynamics evidence for an unexpected interaction on the origin of salting-in/salting-out phenomena[J]. The Journal of Physical Chemistry B, 2010, 114(5): 2004-2014.

[101] Visak Z P, Canongia Lopes J N, Rebelo L P N. Ionic liquids in polyethylene glycol aqueous solutions: salting-in and salting-out effects[J]. Monatshefte für Chemie/Chemical Monthly, 2007, 138(11): 1153-1157.

[102] Freire M G, Pereira J F, Francisco M, et al. Insight into the interactions that control the phase behaviour of new aqueous biphasic systems composed of polyethylene glycol polymers and ionic liquids[J]. Chemistry-A European Journal, 2012, 18(6): 1831-1839.

[103] Neves C M, Shahriari S, Lemus J, et al. Aqueous biphasic systems composed of ionic liquids and polypropylene glycol: insights into their liquid-liquid demixing mechanisms[J]. Physical Chemistry Chemical Physics, 2016, 18(30): 20571-20582.

[104] Freire M G, Louros C L, Rebelo L P N, et al. Aqueous biphasic systems composed of a water-stable ionic liquid+ carbohydrates and their applications[J]. Green Chemistry, 2011, 13(6): 1536-1545.

[105] Domínguez-Pérez M, Tomé L I, Freire M G, et al. (Extraction of biomolecules using) aqueous biphasic systems formed by ionic liquids and aminoacids[J]. Separation and Purification Technology, 2010, 72(1): 85-91.

[106] João K G, Tomé L C, Isik M, et al. Poly (ionic liquid) s as phase splitting promoters in aqueous biphasic systems[J]. Physical Chemistry Chemical Physics, 2015, 17(41): 27462-27472.

[107] MacFarlane D R, Golding J, Forsyth S, et al. Low viscosity ionic liquids based on organic salts of the dicyanamide anion[J]. Chemical Communications, 2001, (16): 1430-1431.

[108] Shirota H, Castner E W. Why are viscosities lower for ionic liquids with —$CH_2Si(CH_3)_3$ vs —$CH_2C(CH_3)_3$ substitutions on the imidazolium cations?[J]. The Journal of Physical Chemistry B, 2005, 109(46): 21576-21585.

[109] Yu H, Wu Y, Jiang Y, et al. Low viscosity amino acid ionic liquids with asymmetric tetraalkylammonium cations for fast absorption of CO_2[J]. New Journal of Chemistry, 2009,

33(12): 2385-2390.

[110] Gharehbaghi M, Shemirani F. Ionic liquid-based dispersive liquid-liquid microextraction and enhanced spectrophotometric determination of molybdenum (Ⅵ) in water and plant leaves samples by FO-LADS[J]. Food and Chemical Toxicology, 2011, 49(2): 423-428.

[111] 常安刚，周凯，江静，等．温度驱动的离子液体分散液－液微萃取法同时检测环境水体中磺胺类药物[J]. 环境化学，2013, 32(2): 295-301.

[112] Yao C, Anderson J L. Dispersive liquid-liquid microextraction using an in situ metathesis reaction to form an ionic liquid extraction phase for the preconcentration of aromatic compounds from water[J]. Analytical and Bioanalytical Chemistry, 2009, 395(5): 1491.

[113] 唐晓津．分散－聚并脉冲筛板萃取塔传质强化与模型化的研究[D]. 北京：清华大学，2004.

[114] 师维．基于离子液体及聚离子液体的磷脂酰丝氨酸分离方法研究[D]. 杭州：浙江大学，2017.

[115] Yang Q, Xing H, Su B, et al. Improved separation efficiency using ionic liquid-cosolvent mixtures as the extractant in liquid-liquid extraction: a multiple adjustment and synergistic effect [J]. Chemical Engineering Journal, 2012, 181-182(1): 334-342.

[116] Xing H, Yan Y, Yang Q, et al. Effect of tethering strategies on the surface structure of amine-functionalized ionic liquids: inspiration on the CO_2 capture [J]. The Journal of Physical Chemistry C, 2013, 117(31): 16012-16021.

[117] Liu X, Yang Q, Bao Z, et al. Nonaqueous lyotropic ionic liquid crystals: preparation, characterization, and application in extraction[J]. Chemistry-A European Journal, 2015, 21: 9150-9156.

[118] Cao Y, Xing H, Yang Q, et al. High performance separation of sparingly aqua-/lipo-soluble bioactive compounds with an ionic liquid-based biphasic system [J].Green Chemistry, 2012, 14(9): 2617.

[119] Yang Q, Guo S, Liu X, et al. Highly efficient separation of strongly hydrophilic structurally related compounds by hydrophobic ionic solutions [J]. AIChE Journal, 2018, 64(4): 1373-1382.

[120] 安路阳，刘睿，王钟欧，等．含酚废水离心萃取脱酚技术研究[J]. 环境工程，2016, 34: 62-65.

[121] Zhu J, Chen J, Li C, et al. Centrifugal extraction for separation of ethylbenzene and octane using 1-butyl-3-methylimidazolium hexafluorophosphate ionic liquid as extractant [J]. Separation and Purification Technology, 2007, 56(2): 237-240.

[122] 陶柳．高压脉冲电场萃取干松针中类黄酮物质的研究[D]. 长春：吉林大学，2008.

[123] Kamiński K, Krawczyk M, Augustyniak J, et al. Electrically induced liquid-liquid extraction from organic mixtures with the use of ionic liquids[J]. Chemical Engineering Journal, 2014, 235: 109-123.

[124] 高占啟，何欢，王荟，等．超声辅助离子液体分散液液微萃取水体中的四溴双酚 A[J]. 安

徽农业科学, 2015, 34: 101-103.
[125] Zhang D, Deng Y, Li C, et al. Separation of ethyl acetate-ethanol azeotropic mixture using hydrophilic ionic liquids [J]. Industrial & Engineering Chemistry Research, 2008, 47(6): 1995-2001.
[126] Hu X, Li Y, Cui D, et al. Separation of ethyl acetate and ethanol by room temperature ionic liquids with the tetrafluoroborate anion [J]. Journal of Chemical and Engineering Data, 2008, 53(2): 427-433.
[127] Seiler M, Jork C, Kavarnou A, et al.Separation of azeotropic mixtures using hyperbranched polymers or ionic liquids [J]. AIChE Journal, 2004, 50(10): 2439-2454.
[128] Meindersma G W, Podt A, Klaren M B, et al. Separation of aromatic and aliphatic hydrocarbons with ionic liquids [J]. Chemical Engineering Communications, 2006, 193(11): 1384-1396.
[129] Meindersma G W, Podt A, de Haan A B. Selection of ionic liquids for the extraction of aromatic hydrocarbons from aromatic/aliphatic mixtures [J]. Fuel Processing Technology, 2005, 87(1): 59-70.
[130] Hansmeier A R. Ionic liquids as alternative solvents for aromatics extraction[D]. Technische Universiteit Eindhoven, 2010.
[131] 商云龙. 离子液体用于脂肪烃、芳香烃萃取分离的研究 [D]. 北京: 北京化工大学, 2016.
[132] García S, Larriba M, García J, Torrecilla J S, Rodríguez F. Liquid-liquid extraction of toluene from *n*-heptane using binary mixtures of *N*-butylpyridinium tetrafluoroborate and *N*-butylpyridinium bis(trifluoromethylsulfonyl)imide ionic liquids[J]. Chemical Engineering Journal, 2012, 180: 210-215.
[133] 李闲, 张锁江, 张建敏, 等. 疏水性离子液体用于萃取酚类物质 [J]. 过程工程学报, 2005, 5(2): 148-151.
[134] Pei Y, Wang J, Xuan X, et al. Factors affecting ionic liquids based removal of anionic dyes from water[J]. Environmental Science & Technology, 2007, 41(14): 5090-5095.
[135] Vijayaraghavan R, Vedaraman N, Surianarayanan M, et al. Extraction and recovery of azo dyes into an ionic liquid[J]. Talanta, 2006, 69(5): 1059-1062.
[136] Wang X, Han M, Wan H, et al. Study on extraction of thiophene from model gasoline with Brønsted acidic ionic liquids[J]. Frontiers of Chemical Science and Engineering, 2011, 5(1): 107-112.
[137] 王建龙, 赵地顺, 等. 吡啶类离子液体在汽油萃取脱硫中的应用研究 [J]. 燃料化学学报, 2017, 35(3): 293-296.
[138] 周兆骞, 李文深, 刘洁. [C_4mim]Br/$ZnCl_2$ 离子液体脱除油品中的氮化物 [J]. 石油学报（石油加工）, 2017, 33(5): 934-940.
[139] 金昌磊, 吕燕, 苑丽质, 等. 酸性离子液体脱除柴油中碱性氮的研究 [J]. 唐山学院学报, 2010, 23(6): 74-76.

[140] 张静竹 . 聚离子液体双水相体系的构建及萃取性能 [D]. 杭州：浙江大学 , 2016.
[141] 金文彬 . 天然活性物质在离子液体中的溶解特性研究 [D]. 杭州 : 浙江大学 , 2017.
[142] Packer L. Protective role of Vitamin E in biological systems [J]. American Journal of Clinical Nutrition, 1984, 53: 1050-1055.
[143] Hosomi A, Arita M, Sato Y, et al. Affinity for α-tocopherol transfer protein as a determinant of the biological activities of Vitamin E analogs [J]. Febs Letters, 1997, 409(1): 105-108.
[144] Chen T H, Payne G F. Separation of α -and D-tocopherols due to an attenuation of hydrogen bonding [J]. Industrial & Engineering Chemistry Research, 2001, 40(15): 3413-3417.
[145] 吕裕斌 , 任其龙 , 吴平东 . 生育酚同系物在硅胶柱中的色谱特性 [J]. 浙江大学学报 (工学版), 2007, (04): 688-692.
[146] Jiang C, Ren Q, Wu P. Study on retention factor and resolution of tocopherols by supercritical fluid chromatography [J]. Journal of Chromatography A, 2003, 1005(1-2): 155-164.
[147] Harborne J B, Williams C A. Advances in flavonoid research since 1992[J]. Phytochemistry, 2000, 55: 481-504.
[148] Birt D F, Hendrich S, Wang W. Dietary agents in cancer prevention: flavonoids and isoflavonoids[J]. Pharmacology & Therapeutics, 2001, 90: 157-177.
[149] Naim M, Gestetner B, Bondi A, Birk Y. Antioxidative and antihemolytic activities of soybean isoflavones[J]. Journal of Agricultural and Food Chemistry, 1976, 24: 1174-1177.
[150] Pietta P G. Flavonoids as antioxidants[J]. Journal of Natural Products, 2000, 63: 1035-1042.
[151] Qu L, Fan G, Peng J, Mi H. Isolation of six isoflavones from semen sojae praeparatum by preparative HPLC[J]. Fitoterapia, 2007, 78:200-204.
[152] Cao Y, Xing H, Yang Q, et al. Separation of soybean isoflavone aglycone homologues by ionic liquid-based extraction[J]. Journal of Agricultural and Food Chemistry, 2012, 60(13): 3432-3440.
[153] Machado J J, Coutinho J A, Macedo E A. Solid-liquid equilibrium of α-lactose in ethanol/water[J]. Fluid Phase Equilibria, 2000, 173: 121-134.
[154] van Beek T A. Ginkgolides and bilobalide: their physical, chromatographic and spectroscopic properties[J]. Bioorganic & Medicinal Chemistry, 2005, 13: 5001-5012.
[155] Cao Y, Xing H, Yang Q, et al. Separation of ginkgolide homologues by liquid-liquid extraction using ionic liquid as extractant[C]//Cao Y. AIChE annual meeting, Minneapolis, U. S., Oct. 2011.
[156] 邢华斌 , 曹义风 , 杨启炜 , 苏宝根 , 杨亦文 , 苏云 , 张芮菡 , 倪晓蕾 , 任其龙 . 一种从银杏内酯混合物中分离银杏内酯 B 的方法 [P]: 中国 , ZL 201010608847.X. 2012-11-07.
[157] 郑集 . 普通生物化学 [M]. 2 版 . 北京 : 高等教育出版社 , 1986.
[158] 王建新 . 天然活性化妆品 [M]. 北京 : 中国轻工业出版社 , 1997: 303-307.
[159] Sion B, Grizard G, Boucher D. Quantitative analysis of desmosterol, cholesterol and cholesterol

sulfate in semen by high-performance liquid chromatography[J]. Journal of Chromatography A, 2001, 935(1-2): 259-265.

[160] Flynn G L, Shah Y, Prakongpan S, Kwan K H, Higuchi W I, Hofmann A F. Cholesterol solubility in organic-solvents[J]. Journal of Pharmaceutical Sciences, 1979, 68(9): 1090-1097.

[161] Domanska U, Klofutar C, Paljk S. Solubility of cholesterol in selected organic-solvents[J]. Fluid Phase Equilibria, 1994, 197: 191-200.

[162] Chen W, Su B, Xing H, Yang Y, Ren Q. Solubilities of cholesterol and desmosterol in binary solvent mixtures of *n*-hexane plus ethanol[J]. Fluid Phase Equilibria, 2009, 287(1): 1-6.

[163] Chen W, Su B, Xing H, Yang Y, Ren Q. Solubility of desmosterol in five organic solvents[J]. Journal of Chemical and Engineering Data, 2008, 53(11): 2715-2717.

[164] Liang R, Bao Z, Su B, Xing H, Ren Q. Solubility of Vitamin D_3 in six organic solvents at itemperatures from (248.2 to 273.2) K[J]. Journal of Chemical and Engineering Data, 2012, 57(8): 2328-2331.

[165] Jin W, Yang Q, Zhang Z, et al. Self-assembly induced solubilization of drug-like molecules in nanostructured ionic liquids[J]. Chemical Communications, 2015, 51(67): 13170-13173.

[166] 梁瑞斯 . 以离子液体为介质萃取分离甾醇类物质的研究 [D]. 杭州 : 浙江大学 , 2013.

[167] Obrien B C, Andrews V G. Influence of dietary egg and soybean phospholipids and triacylglycerols on human serum-lipoproteins [J]. Lipids, 1993, 28(11): 1045.

[168] Hanahan D J, Chackoff I L. Analysis of phospholipase D[J]. The Journal of Biological Chemistry, 1974, 169: 199.

[169] Santoni G, Caprodossi S, Farfariello V, Liberati S, Amantini C. Role of death receptors belonging to the TNF family in capsaicin-induced apoptosis of tumor cells[M]// Role of capsaicin in oxidative stress and cancer. Springer, 2013: 19-46.

[170] Lin C H, Lu W C, Wang C W, et al. Capsaicin induces cell cycle arrest and apoptosis in human KB cancer cells[J]. BMC Complementary and Alternative Medicine, 2013, 13(1): 1-9.

[171] Hayman M, Kam P C. Capsaicin: A review of its pharmacology and clinical applications[J]. Current Anaesthesia & Critical Care, 2008, 19: 338-343.

[172] Wei F, Zhao Y. Separation of capsaicin from capsaicinoids by simulated moving bed chromatography[J]. Journal of Chromatography A, 2008, 1187: 281-284.

[173] 邢华斌 , 曹义风 , 任其龙 , 杨启炜 , 苏宝根 , 鲍宗必 , 杨亦文 , 何芷琪 , 苏云 . 一种从辣椒碱类化合物中分离辣椒碱单体的方法 [P]: 中国 , ZL201210065573.3. 2013-11-06.

[174] Dai S, Ju Y, Barnes C E. Solvent extraction of strontium nitrate by a crown ether using room-temperature ionic liquids[J]. Journal of the Chemical Society, Dalton Transactions, 1999, (8): 1201-1202.

[175] Visser A E, Swatloski R P, Reichert W M, et al. Traditional extractants in nontraditional solvents: groups 1 and 2 extraction by crown ethers in room-temperature ionic liquids[J].

Industrial & Engineering Chemistry Research, 2000, 39(10): 3596-3604.

[176] Visser A E, Swatloski R P, Reichert W M, et al. Task-specific ionic liquids for the extraction of metal ions from aqueous solutions[J]. Chemical Communications, 2001, (1): 135-136.

[177] Fischer L, Falta T, Koellensperger G, et al. Ionic liquids for extraction of metals and metal containing compounds from communal and industrial waste water[J]. Water Research, 2011, 45(15): 4601-4614.

[178] Vander Hoogerstraete T, Wellens S, Verachtert K, et al. Removal of transition metals from rare earths by solvent extraction with an undiluted phosphonium ionic liquid: separations relevant to rare-earth magnet recycling[J]. Green Chemistry, 2013, 15(4): 919-927.

[179] Rout A, Binnemans K. Influence of the ionic liquid cation on the solvent extraction of trivalent rare-earth ions by mixtures of Cyanex 923 and ionic liquids[J]. Dalton Transactions, 2015, 44(3): 1379-1387.

[180] Ding Q, Cui X, Xu G, et al. Quantum chemistry calculation aided design of chiral ionic liquid-based extraction system for amlodipine separation[J]. AIChE Journal, 2018, 64(11): 4080-4088.

[181] Cui X, Ding Q, Shan R N, et al. Enantioseparation of flurbiprofen enantiomers using chiral ionic liquids by liquid-liquid extraction[J]. Chirality, 2019, 31(6): 457-467.

[182] 陈冬璇 . 离子液体用于已内酰胺萃取和氧氟沙星拆分的研究 [D]. 杭州 : 浙江大学 , 2014.

[183] Tang F, Zhang Q, Ren D, et al. Functional amino acid ionic liquids as solvent and selector in chiral extraction[J]. Journal of Chromatography A, 2010, 1217(28): 4669-4674.

[184] Wu H, Yao S, Qian G, et al. A resolution approach of racemic phenylalanine with aqueous two-phase systems of chiral tropine ionic liquids[J]. Journal of Chromatography A, 2015, 1418: 150-157.

第四章

超临界流体萃取技术

第一节 概述

一、超临界流体的概念

自然界中物质在不同温度及压力条件下可呈现不同的物理状态即固态、液态或气态三种（图 4-1），当流体的温度和压力均超过其相应的临界温度 T_c 和临界压力 p_c 时，则称该状态下的流体为超临界流体（Super Critical Fluid，SCF）[1-5]。超临界流体有不同于气体与液体的特殊性质，为与通常所称的气体和液体状态区别开来，特别称它为超临界流体状态。

超临界流体也可以通过流体的对比性质进行描述。对比压力 $p_r(p_r=p/p_c)$ 定义为实际压力 p 与临界压力 p_c 的比值；对比温度 $T_r(T_r=T/T_c)$ 定义为实际温度 T 与临界温度 T_c 的比值；对比密度 $\rho_r(\rho_r=\rho/\rho_c)$ 定义为实际密度 ρ 与临界密度 ρ_c 的比值；图 4-2 描述了纯二氧化碳的 p_r-T_r-ρ_r 的关系 [4]，图 4-2 中 ρ_r 为纵坐标，p_r 为横坐标，T_r 为参数。临界点处的 T_r、p_r、ρ_r 均为 1，故超临界流体又可以定义为对比温度和对比压力均大于 1 的流体。

二、超临界流体的特性

临界温度与临界压力是物质独有的物理性质，对于不同物质而言，其数值是不

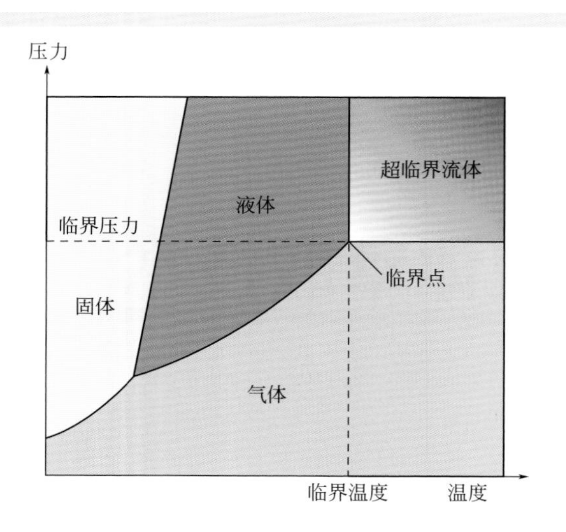

图 4–1 纯物质的压力 – 温度关系示意图 [1]

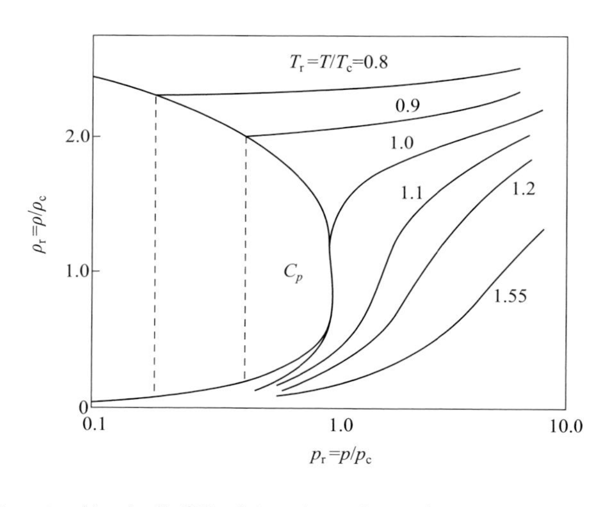

图 4–2 纯二氧化碳的对比压力 – 对比温度 – 对比密度关系图 [2]

同的。但当各物质达到超临界状态时，其特性是基本相似的。由于目前 CO_2 在超临界流体技术中作为介质或溶剂的用途最为广泛，对其研究得到的基础数据也相对充分，故本节以超临界二氧化碳（简称 SC-CO_2）为例对超临界流体的特性进行表述。CO_2 的临界温度为 31.1℃，临界压力为 7.38MPa，临界密度为 469kg/m^3。

表 4-1 比较了 CO_2 在气态、液态和超临界流体态下的密度、黏度和扩散系数这三个重要的物理性质 [6]。对表 4-1 和图 4-2 进行分析比较，可归纳出超临界流体基本特性如下：

（1）超临界流体的密度接近于液体，比气体的密度大两个数量级。密度是超临界流体最重要的性质之一，由于溶质在溶剂中的溶解度一般与试剂的密度成比例，使超临界流体的溶解能力与液体溶剂相当。

表 4-1　超临界流体与气体和液体性质的比较 [6]

性质	相态		
	气体（常温、常压）	超临界流体	液体（常温、常压）
密度 /(kg/m³)	1.0	7.0×10^2	1.0×10^3
黏度 /Pa・s	$10^{-6}\sim10^{-7}$	10^{-5}	10^{-4}
扩散系数 /(m²/s)	10^{-5}	10^{-7}	10^{-9}

（2）超临界流体的扩散系数介于气体与液体之间，其黏度更接近气体状态。扩散系数和黏度是评价流体传质能力的重要物性参数，超临界流体由于具有类似气体的低黏度和高扩散性，其在进行反应或分离操作时的传质速率远大于一般的液体。

（3）超临界流体在临界点附近（$1.0<T_r<1.2$，$1.0<p_r<2.0$）的密度对温度和压力变化高度灵敏，在其临界点附近的压力或温度的微小变化都会导致流体密度的显著变化，从而导致溶质在流体中的溶解度的显著变化。

该特性可利用图 4-2 进行说明。在 $1.0<T_r<1.2$ 时，溶剂的对比密度可从近似气体般的对比密度（ρ_r=0.1）变化到近似液体般的对比密度（ρ_r=2.0），表明超临界流体具有极大的可压缩性，微小的温度或压力变化都会导致超临界流体密度的显著变化，从而显著地改变超临界流体的溶解能力。该特性是超临界流体技术的设计基础，例如，超临界流体萃取技术就是利用上述特性，将超临界流体（如 CO_2）作为萃取溶剂，选择在较高密度下对待萃取溶质进行有效的超临界 CO_2 萃取，然后再通过调节压力或温度使溶剂的密度显著降低，从而降低其萃取能力，达到溶剂与溶质（萃取物）有效分离的目的。

（4）超临界流体在其临界点附近（$1.0<T_r<1.2$，$1.0<p_r<2.0$）的压力或温度的微小变化也会导致其他流体性质（如扩散系数、黏度、热导率）产生显著的变化。

图 4-3 描述了二氧化碳的自扩散系数与压力及温度的关系 [7]，二氧化碳的自扩散系数随温度的升高而升高，随压力的升高而降低；而在临界点附近区域，微小的压力或温度变化都会明显地改变超临界流体的自扩散系数。图 4-3 也给出了一般情况下溶质在常规液体中的扩散系数的范围（10^{-5}cm²/s 左右），可见超临界流体的自扩散系数远高于溶质在常规液体中的扩散系数。

图 4-4 给出了三个温度下二氧化碳的黏度与压力的关系。当压力小于临界压力 7.38MPa 时，三个温度下的流体的黏度值基本保持恒定，且数值相似；而当压力升高时，三个温度下二氧化碳的黏度随之增大，尤其是在临界点附近，黏度随着压力的升高而急剧增大。

（5）临界点处的蒸发热（焓）理论值为零，由于蒸发焓直接反映能量消耗大小，

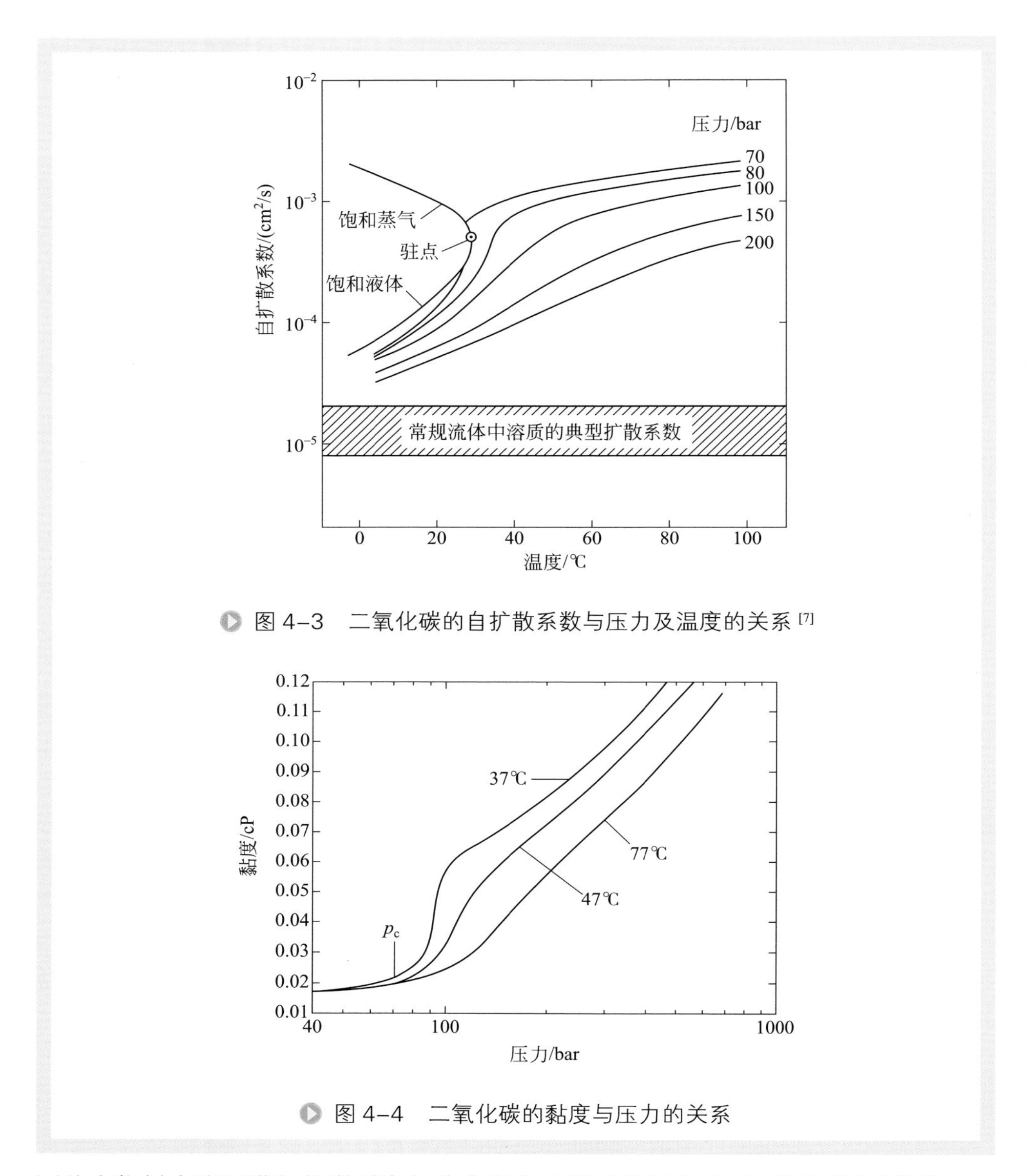

图 4-3 二氧化碳的自扩散系数与压力及温度的关系 [7]

图 4-4 二氧化碳的黏度与压力的关系

因此在临界点附近进行化学反应与分离操作时消耗能量会比气 - 液平衡区域要小。

（6）超临界流体的表面张力为零，因此超临界流体很容易渗透扩散到溶质微孔内，利于传质速率的提高。一般情况下，两相间存在着相界面，因此，产生一种张力使表面层的面积收缩到最小，相界面的稳定性与表面张力有关 [3]。由于超临界流体通过温度与压力变化变为气体或液体时，不存在超临界流体与气体或液体的相界面，因此没有表面张力的存在。

综上所述，超临界流体既区别于气体和液体，但又兼具气体和液体的一些优良特性。这些特性成为各种新型超临界流体技术的设计基础，可通过巧妙合理地调节体系的温度及压力控制流体的传质系数、传热系数以及化学反应性质（反应速率、选择性和转化率）等[5]，进而实现了各种高效、环保的超临界条件下的反应或分离过程。

超临界流体技术经常使用的实际操作条件为p_r=1 ～ 6、T_r=1.0 ～ 1.4；其中p_r=1 ～ 6与T_r=0.9 ～ 1.0之间的区域是具有高度压缩性的高压液体，一般称作亚临界流体或近临界流体（Sub-Critical Fluid或Near-Critical Fluid，Sub-CF）。Sub-CF密度高，传递性质介于液体和超临界流体之间。由于亚临界流体与超临界流体有相似的性质，因此也把亚临界流体包括在研究范围内而泛称为超临界流体技术。

三、超临界流体的选择

超临界溶剂的选择原则应尽可能满足以下几个基本条件[1]：

（1）化学性质稳定，对设备无腐蚀性或腐蚀性较小；

（2）临界压力不宜太高，临界温度以接近室温或者接近于反应操作温度最佳，以减小设备加工难度；

（3）来源充足，易于回收和循环利用；

（4）试剂绿色无害，对人类和环境的毒害与污染应尽可能小。

上述条件一般很难全部得到满足，文献中报道的常被采用的超临界流体溶剂较少。

表4-2列出了常用的超临界溶剂，分为极性和非极性两类[2]，其中，非极性的超临界二氧化碳和强极性的超临界水在超临界流体技术中应用最广泛，被视为环境友好的绿色溶剂。

表4-2　一些常用的超临界流体的临界性质[2]

分类	常用的超临界流体	临界温度/K	临界压力/MPa	临界密度/(kg/m^3)
非极性溶剂	二氧化碳	304.3	7.38	469
	乙烷	305.4	4.88	203
	乙烯	282.4	5.04	215
	丙烷	369.8	4.25	217
	丙烯	364.9	4.60	232
	丁烷	425.2	3.80	228
	戊烷	569.9	3.38	232
	环己烷	553.5	4.12	273
	苯	562.2	4.96	302
	甲苯	592.8	4.15	292
	对二甲苯	616.2	3.51	280

续表

分类	常用的超临界流体	临界温度 /K	临界压力 /MPa	临界密度 /(kg/m³)
极性溶剂	甲醇	512.6	8.20	272
	乙醇	513.9	6.22	276
	异丙醇	508.3	4.76	273
	丁醇	562.9	4.42	270
	丙酮	508.1	4.70	278
	氨	405.5	11.35	235
	水	647.5	22.12	315

由表 4-2 可知，低分子烃类溶剂（乙烯、丙烯、乙烷、丙烷、丁烷、戊烷等）的临界压力在 3 ～ 5MPa 左右，临界温度从接近室温（乙烯）到接近 200℃（戊烷），且它们的临界温度随摩尔质量的增加而提高，因此低分子烃用作超临界溶剂时需要在中等压力和中等温度下操作。低分子烃多应用在燃料、石油化工等领域，例如，美国 Kerr McGee 公司的渣油萃取采用丙烷为超临界溶剂，建成了工业装置[5]。

芳烃化合物（苯、甲苯、对二甲苯等）的临界压力也在 3 ～ 5MPa 之间，但其临界温度高达 300℃左右，因此它们作为超临界溶剂时需要中等压力和相对高温条件下操作，且芳烃化合物有一定毒性，因而限制了它们的广泛应用。但在煤炭液化、从煤炭中提取易挥发组分及煤炭液化油的脱灰等领域，人们还是利用苯、甲苯、对二甲苯作为超临界萃取剂进行了大量研究[9-13]。

极性的醇（甲醇、乙醇、异丙醇、丁醇）和丙酮的临界压力在 3 ～ 8MPa 左右，它们的临界温度偏高，在 200 ～ 300℃左右，因此，它们在超临界流体技术中较少单独使用。但在超临界二氧化碳萃取极性化合物时，它们（例如乙醇、丁醇等）常被用作共溶剂加入超临界萃取主溶剂中，以便改进超临界二氧化碳的极性，提高对溶质的溶解度和选择性[14]。在超临界条件下制备生物柴油时，甲醇则作为反应物与甘油三酯进行酯交换合成生物柴油[15]。

1. 超临界二氧化碳

超临界 CO_2 在超临界流体技术中得到最广泛的应用得益于以下优良特性：

（1）CO_2 的临界温度低（304.3K），可在室温附近进行超临界流体技术操作，例如在超临界二氧化碳萃取天然产物与药物时，可避免高温操作造成热敏性物质分解，使高沸点、低挥发度、易热解的非极性物质能远在其沸点之下萃取出来。

（2）CO_2 的临界压力（7.38MPa）处于中等压力，由于超临界流体使用的对比压力通常为 p_r=1 ～ 6，使用的最高压力很少高于 70MPa，对于设备的压力要求低，加工及控制难度较小。

（3）二氧化碳无毒、无味、不燃、不腐蚀、价格便宜、易于精制、易于回收，这些特性使二氧化碳比易爆的低分子烃类和有毒的芳烃化合物更具有吸引力。

（4）超临界二氧化碳和溶质易于分离，不存在溶剂残留问题，而且二氧化碳还具有抗氧化灭菌作用，有利于保证和提高天然物产品的质量，因此 SC-CO_2 用于那些与人类健康安全相关的药物、食品加工时，其作为环境友好的绿色溶剂优势则更加凸显。

溶剂的溶剂化能力与特性可以用溶解度参数 δ（即内聚能密度的均方根）说明：

$$\delta=\left(\frac{u^{\text{ig}}-u}{V}\right)^{\frac{1}{2}}=\left(\frac{h^{\text{ig}}-RT-h+pV}{V}\right)^{\frac{1}{2}} \tag{4-1}$$

式中 u——流体的摩尔蒸发能；

h——摩尔蒸发焓；

V——液体的摩尔体积；

上标 ig——理想气体；

T——气体温度；

p——气体压力；

R——理想气体常数。

溶解度参数是一种热力学函数，它数值的大小直接反映作为溶剂的溶解能力。

图 4-5 描述了三个不同温度下 CO_2 的溶解度参数随压力的变化关系[16]。将图 4-5 与图 4-2（CO_2 的对比密度 ρ_r 随对比压力的等温变化关系）对照可知，CO_2 流体的 δ 与 ρ_r 各自随着压力的变化趋势极为相似。在 –30℃时，低密度的气态 CO_2 的 δ 值接近于零；而同温同压下冷凝成高密度的液态 CO_2 的 δ 值则达到了 $9(\text{cal/cm}^3)^{1/2}$（1cal=4.1868J，下同），但是在此条件下从气体冷凝到液体的整个过程中，由于存在相变现象而使得 δ 值是不连续变化的，所以 δ 是不能够被连续调节的。只有在温度高于临界点后才可以通过调节压力使 δ 值连续变化，且 δ 值在临界点附近对压力和 / 或温度的变化极为灵敏，如图 4-5 所示的两条实线曲线。

图 4-6 给出了温度 35℃时 CO_2 的介电常数随压力的变化关系[17]。由图可知，二氧化碳的介电常数随着压力的升高而增大，且在临界点附近区域变化很明显[17]，但在较高压力区域介电常数对压力的变化不再敏感，说明 CO_2 的极性不再随着压力的增大而明显增加。有文献指出，二氧化碳的介电常数随着压力的变化与密度随着压力的变化趋势相似[17]。

对 CO_2 的分子结构及分子间力的研究表明，尽管 CO_2 具有两个极性 C=O 双键，但其分子整体呈线性，属于直线形的非极性分子，偶极矩为零，其极化率为 $26.5\times10^{-25}\text{cm}^3$，略大于甲烷的极化率，但远小于其他烷烃的极化率[18]，在超临界条件下，CO_2 的溶解度参数与碳氢化合物（如正己烷）相近，超临界 CO_2 本身的分子结构和物理特性决定了用它作溶剂时仅对亲脂性、分子量小的非极性和弱极性物质具有较高的溶解度。

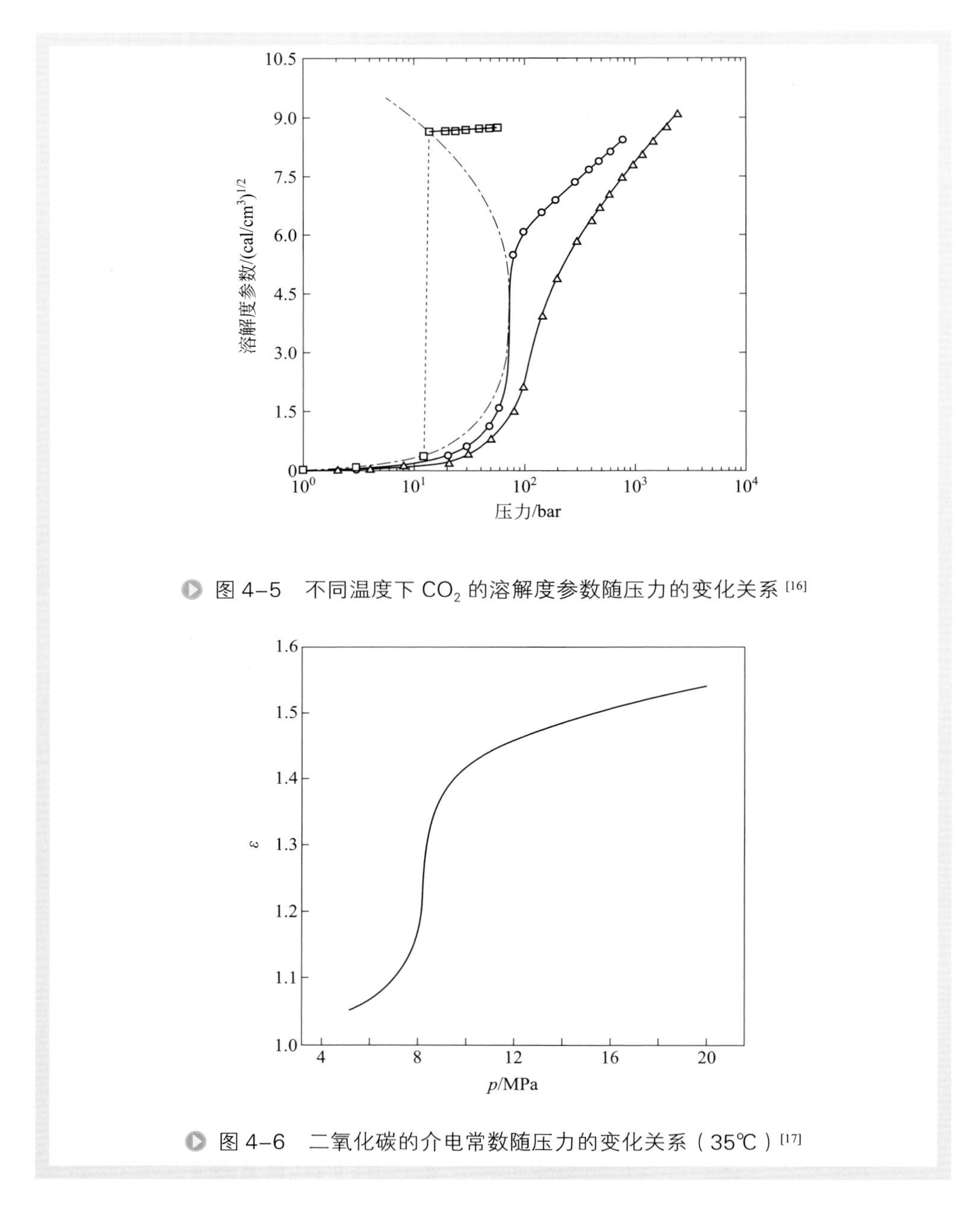

图 4-5 不同温度下 CO_2 的溶解度参数随压力的变化关系 [16]

图 4-6 二氧化碳的介电常数随压力的变化关系（35℃）[17]

迄今为止，约90%以上的超临界流体技术研究使用SC-CO_2为分离或反应介质，体现了 SC-CO_2 在超临界流体技术中的重要性。

2. 超临界水

水是应用最广和最重要的溶剂，水的临界温度为374.3℃，临界压力为

22.05MPa。表 4-3 比较了超临界水（Super Critical Water，SCW）、亚临界水、常温常压水及过热蒸汽的一些物理化学性质的差异[19,20]。例如，超临界水的密度更接近于液态水而远高于过热水蒸气；而超临界水的黏度在液态和气态之间，但更接近于过热水蒸气，使得溶质分子在超临界水中的扩散容易而具有良好的传质性能，常温常压水由于存在很强的氢键作用而使水的介电常数高达 78.5；但在超临界状态下，温度为 400℃，压力分别为 25MPa 和 50MPa 时，介电常数分别为 5.9 和 10.5。

表 4-3　不同状态下水的物理化学性质[19]

性质	常温常压水	亚临界水	超临界水		过热蒸汽
温度 T/℃	25	250	400	400	400
压力 p/MPa	0.1	5	25	50	0.1
密度 /（g/cm³）	0.997	0.80	0.17	0.58	0.0003
介电常数 ε	78.5	27	5.9	10.5	1
黏度 /mPa·s	0.89	0.11	0.03	0.07	0.02

水在常温常压是不可压缩的强极性溶剂，可以溶解包括盐类在内的大部分电解质，对气体和大部分有机物则微溶或不溶。水在超临界状态时性质发生了极大的变化，介电常数的减小使无机盐在水中的溶解度降低，在超临界水中无机盐会沉淀析出，而它却能与非极性物质（如烃、有机物）完全互溶；超临界水也可与空气、氧气、氮气、氢气、甲烷、二氧化碳等气体完全互溶。可以说，超临界水的上述性质与其在常温常压下的性质相比发生了“反转”[21]。

由于超临界水可以与许多气体、有机物混溶形成均相体系，从而消除了相间传质阻力，促进了反应进行；同时还可以通过调节温度和压力来调节超临界水的性质，达到控制反应产物的目的，又加之水无毒、廉价，使得超临界水成为非常有用的绿色反应介质，以超临界水为介质或反应物的超临界水有机化学反应（氧化反应、还原反应、脱水反应、水解反应、烷基化反应、水热合成、聚合物降解等），越来越受到国际广泛的重视，特别是超临界水氧化（SCWO）在有毒、难降解的有机物废水的处理中具有广阔的工业应用前景。

3. 超临界丙烷

超临界溶剂的选择上，除了应用最多、最广泛的 CO_2 外，还有诸多其他选择，如轻质烷烃、氟氯烃、N_2O 等各类化合物，其中以乙烷、丙烷、丁烷等烷烃类最受瞩目。如 Kerr-McGee 公司的渣油萃取 ROSE（Residual Oil Supercritical Extraction）工艺就是采用丙烷作为超临界溶剂的[22]，目前已取得了大规模工业应用并得以推广，是最成功的超临界流体萃取技术之一。目前文献上都以丙烷为轻质烷烃的代表进行超临界流体萃取技术的研究。尽管有关超临界丙烷流体萃取技术的实际应用的报道远比超临界 CO_2 流体萃取的少，但丙烷的确是一种极有竞争力的超临界溶剂：

丙烷的临界压力为4.2MPa，比 CO_2 的临界压力低得多，相应的超临界萃取压力也比采用 CO_2 时要低，因此可显著降低高压萃取过程的设备投资。丙烷的临界温度较高，达96.8℃，因此会对热敏性的生物活性物质的分离带来一定的影响，但能满足绝大多数情况下的应用。

超临界丙烷流体的溶解度数据相对较少，但从已知数据来看，超临界丙烷流体的溶解度比超临界 CO_2 流体的溶解度要大得多。由于丙烷的溶解度较大，因此可采用较低的超临界压力，有利于在萃取过程减少溶剂的循环量，从而提高设备的处理能力和降低过程的操作费用。特别需要注意的是，丙烷易燃，采用丙烷的超临界萃取装置必须进行防爆处理。

第二节 超临界流体萃取原理及特点

一、超临界流体萃取工艺流程及类型

超临界流体萃取工艺可分为降压法、变温法和恒温恒压吸附法等。依据萃取与分离的流体相态的区别，可进一步划分为更多的模式，表4-4中为7种操作模式[23-25]。

表4-4　超临界流体萃取工艺的基本类型

模型特点	模式号	参数调节		萃取状态	分离状态
		压力 p	温度 T		
降压	1	$p_1>p_c>p_2$	$T_1>T_c>T_2$	SCF	气-液混合物
	2	$p_1>p_c>p_2$	$T_1<T_c>T_2$	亚临界流体	气-液混合物
	3	$p_1>p_c>p_2$	$T_1\geqslant T_2>T_c$	SCF	气体
	4	$p_1>p_2>p_c$	$T_1\geqslant T_2>T_c$	SCF	SCF
变温	5	$p_1=p_2>p_c$	$T_1>T_2>T_c$	SCF	SCF
	6	$p_1=p_2>p_c$	$T_1<T_2>T_c$	SCF	SCF
恒温恒压吸附	7	$p_1=p_2>p_c$	$T_1=T_2>T_c$	SCF	SCF

由热力学定律，可逆过程所需能量（Q_r）可以用下式表达：

$$Q_r=\int_1^2 T\mathrm{d}S \tag{4-2}$$

下面用温（T）-熵（S）图对超临界萃取-分离操作原理与操作模式进行简要说明。

1. 降压法分离工艺

图 4-7 为用温 - 熵图及超临界萃取流程示意图描述的降压法中的模式 1 的工艺流程[1]。首先流体（例如 CO_2）通过高压泵被压缩到萃取压力（1→2），再经换热器（W_1）达到所需的超临界温度和超临界状态（3）后进入萃取器。超临界流体在萃取器里面的固态或液态的原料在 p_1、T_1 条件下接触使溶解了的溶质进入 SCF（3→3°），溶解了溶质的 SCF 离开萃取器再通过减压阀节流膨胀（等焓过程），从而使流体状态从 3° 变成处于气 - 液两相共存区的状态（4）而进入分离罐中。此时部分变为气体的溶剂由于密度远低于 SCF 状态必然会与溶质分离，并从分离罐出口（5）离开；而部分变成液态的溶剂则会与在超临界状态（3→3°）下萃取的溶质一起留在分离罐底部。为了控制分离罐内液体溶剂的液面稳定，分离罐配备加热外套。气体溶剂在进高压泵 P 之前需先通过换热器（W_2），以便冷凝（5→1）到最初的液体状态（1），这样可避免气蚀现象在压力泵内发生。然后液态的溶剂（1）再次进入高压泵加压到萃取压力（1→2），与待分离的混合物相接触，通过流体多次循环重复上述萃取 - 分离步骤（1→2→3→3°→4→5→1），达到预定的萃取率。

如果模式 1 的工艺过程改用压缩机代替高压泵，则气体溶剂在压缩机前不需要在换热器（W_2）冷凝，而换热器（W_1）的作用变为冷却作用。在温 - 熵图上应是（1′→2′→3→3°→4→5→1′）。使用压缩机减少了分离回收的萃取剂的冷凝过程，但是需要通过冷却模块降低温升。

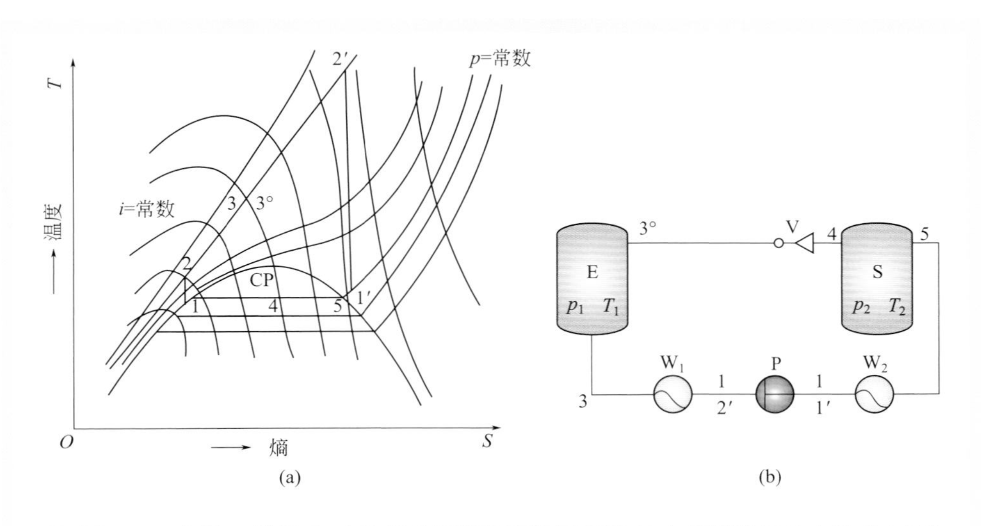

图 4-7　用温 - 熵图（a）和超临界萃取流程示意图（b）描述降压法（模式 1）[1]

降压分离法中的模式 2 与上述模式 1 不同之点仅是其萃取条件为亚临界态的高压液体，故而只能用高压泵输送；模式 3 与模式 1 的不同之点是它的分离条件是

SCF 变为气体；而模式 4 与模式 1 的不同之点是它的分离条件是 SCF 仍为超临界状态，只是其分离压力或分离温度低于萃取的压力或温度。

从节能观点分析，由于模式 1 在分离罐存在液态溶剂汽化消耗大量热能，故过低的分离压力并非最优。模式 1 可通过对液面调节控制分离条件，使操作稳定，所以更常被选用。

2. 等压变温分离工艺

模式 5 和模式 6 属于等压变温操作。其分离温度的选择取决于溶质在超临界流体中的溶解度与温度的关系。温度对溶质溶解度的影响受两个竞争因素制约：提高温度会使液体溶质的蒸气压升高或固体溶质升华压增大从而使溶质在超临界流体中的溶解度也提高；但提高温度也同时使超临界流体的密度下降从而会降低溶质在超临界流体中的溶解度。

图 4-8（a）为不同温度下萘在 SC-CO_2 中的溶解度[2]，压力在 15MPa 以上时，CO_2 的密度对温度不敏感，溶质的蒸气压对溶质在超临界流体中的溶解度起主导作用，形成溶质溶解度随温度的提高而下降的所谓“逆向冷凝区”。因而，等压变温操作的两种模式主要是依据萃取压力的不同而有所区别，既可采用萃取和分离压力均为 30MPa，通过用 55℃的萃取温度和 32℃的分离温度（从 1 到 2）使萘进行超临界萃取与分离（模式 5）；也可在压力为 8MPa、温度为 32℃的条件下萃取，而后再等压升温到 42℃（从 3 到 4）进行分离（模式 6），如图 4-8 所示。

从能量利用观点分析，变温法较降压法优越。但升温有时会造成热敏性萃取成分的降解损失。如果萃取物是固体，那么萃取物会由于变温直接沉积在换热管壁

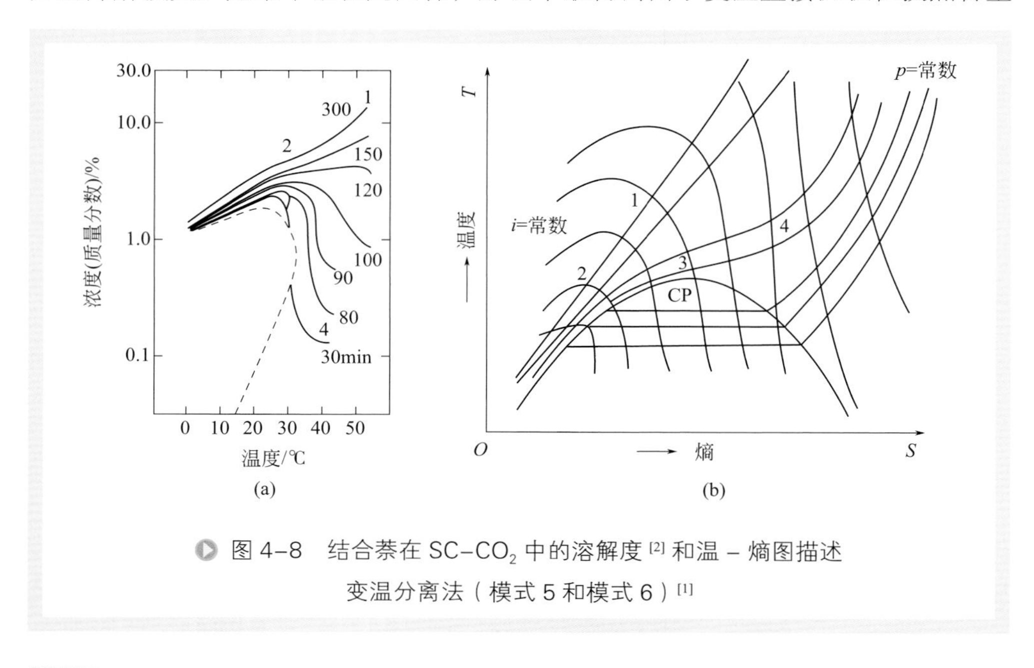

图 4-8 结合萘在 SC-CO_2 中的溶解度[2] 和温 - 熵图描述变温分离法（模式 5 和模式 6）[1]

上，使得萃取物在分离器中的收集较降压法难度要大一些。

3. 恒温恒压吸附法分离工艺

模式 7 属于等温等压操作，故流体无需变压操作或变温操作，在理论上是最节能的操作。高压下吸附剂的吸附性能和选择性决定了此模式的分离效果，而高压吸附热力学和动力学实验数据和理论研究相对不够深入。该法主要用在对产品中少量杂质的脱除过程，如果吸附的萃取物为目的产品时，萃取物的脱附过程需要深入研究。

上述 3 类模型各有优缺点，通常超临界萃取采用降压法居多。实际应用中常根据具体物系的需要对上述 7 个模式单独或联合使用。

二、超临界流体萃取过程热力学分析

1. 超临界流体萃取热力学原理

超临界流体萃取（Supercritical Fluid Extraction，SCFE）是通过改变超临界状态下压力和温度，从而改变 SCF 溶解能力进行的。在超临界状态下 SCF 与混合物接触，有选择性地将不同极性、沸点和分子量的成分依次萃取出来，当然，对应各压力范围所得到的萃取物不可能是单一的，但通过控制条件可以得到最佳比例的混合组成，再借助减压、升温的方法使 SCF 变成普通气体，被萃取物质就可完全或基本析出，进而达到分离提纯的目的。

SCF 对组分的溶解能力极强，现以固体溶质在 SCF 中的溶解为例，从热力学角度分析这一问题。

固体在气体中的溶解度可用下式推算：

$$y_2 = \frac{p_2}{p} E \tag{4-3}$$

式中 y_2——固体组分 2 在气体中的溶解度；

p_2——体系温度下，纯固态组分 2 的饱和蒸气压；

p——体系的总压力；

E——增强因子。

假定当压力变化时，固体组分 2 的摩尔体积不变，则：

$$E = \frac{\varphi_f}{\varphi_2} \exp\left(\frac{V_2 p_2}{RT}\right) \tag{4-4}$$

式中 φ_f——组分 2 在压力 p_2 时的逸度系数；

φ_2——在体系温度、压力下，气相中溶质 2 的逸度系数；

V_2——纯组分 2 的摩尔体积；

R——气体常数；

T——气体温度。

由于固体蒸气压很低，逸度系数 φ_f 接近于 1，因此，逸度系数 φ_2 是形成高增强因子的主要因素，即固体溶质在 SCF 中溶解度 y_2 的计算基本上就形成了溶质 2 在气相中逸度系数的计算，而逸度系数通过状态方程来计算。据 Virial 方程可推得增强因子的计算公式：

$$\ln E = \frac{V_2 - 2B_{12}}{V} \tag{4-5}$$

式中　B_{12}——溶质 2 和 SCF 之间的相互作用。

溶质和溶剂间相互作用的位能越大，B_{12} 就有较大的负值，这样就得到一个较大的增强因子。

根据以上分析，可以看出，SCFE 具有较大溶解能力的主要原因为：

（1）溶质和溶剂之间具有比较大的相互吸引力，因此，B_{12} 具有很大的负值，增强因子也就很大，导致溶解能力大大增加。

（2）在普通压力下，气相中溶质的浓度随温度的增加而增加，当温度增加时，p_2 增加，因而使 y_2 增加。

（3）在低压范围内，溶解度先随压力增加而减小，随后又随压力增加而增加；在高压范围内，溶解度随压力增加而略有增加。

2. 液体溶质在超临界流体中的溶解度

液体溶质在气相中的溶解度涉及气 - 液的相平衡关系。当气、液两相平衡时，液体溶质 2 在两相的分配系数相等，因此可以得到：

$$x_2 r_2 f_2^0 = y_2 \varphi_2 p \tag{4-6}$$

式中　x_2——溶质 2 在液相中的组成；

r_2——溶质 2 在液相中的分配系数；

f_2^0——体系温度下纯溶质 2 的逸度。

从热力学分析可看出，在超临界状态下，溶剂和溶质之间具有较大的相互吸引力，使 B_{12} 为很大的负值，因此得到很大的增强因子 E，超临界流体具有较大的溶解度。

3. 纯物质在SC-CO_2中溶解度和萃取初压的测定

用热力学公式计算纯物质在超临界二氧化碳（SC-CO_2）中的溶解度有较大难度和差距，在实际中往往用实验方法进行测定。有静态法和流动法两种。流动法以流动态重量法应用最广，也可以与毛细管色谱、测量介电常数或光谱等技术联用来测定溶解度。流动态重量法是在 CO_2 流体与被测溶质达到某一动态平衡的条件下，测定每单位质量的 CO_2 所溶解的溶质质量来表示溶解度，结果能直接反映在选定的压力、温度条件下，CO_2 对溶质的平衡溶解度，并以溶解度等温线或等压线形式表示出来，具有很好的实用价值。但该法需要使用纯物质，且在高压下进行，技术上有一定难度，加之溶质与溶质之间相互影响等因素，使得文献上溶解度数据较缺乏，在工程开发过程中往往需要自行测定。

为了对超临界流体萃取分离过程能否进行以及对其经济性做出估算，需要一种定性表示 SC-CO_2 溶解能力的经验方法。Stahl 等[4,26]提出了测定“溶质初始被萃取压力”（简称“萃取初压”）的方法：样品放入微型高压釜（2mL）中，将萃取物通过毛细管直接喷到薄层板上，并用薄层色谱法鉴定被萃取的化合物。

通过在 40℃下，0 ～ 40MPa 压力范围内测定超临界 CO_2 萃取一系列化合物的初始压力的实验结果，按化合物所含官能团的性质和数量分类，可归纳成一些初步的定性规律，可定性判别超临界 CO_2 流体应用于某一物质的可能性以及化合物极性大小对 CO_2 流体溶解能力的影响。表 4-5 为 40℃下超临界 CO_2 萃取有机化合物（按官能团分类）的初压的部分实验结果（8.0 ～ 20.0MPa）。通过对系列物质的实验总结出 CO_2 流体溶解度某些经验规律。

表 4-5　40℃下超临界 CO_2 萃取有机化合物初压[26]

萃取初压 /MPa	8.0	9.0	10.0	12.0	15.0	20.0
官能团	—OH	—OH，=O	—OH（酚），—OH	2（—OH）	3（—OH）	2（OH），COOH
分类	2（=O）	—OH（酚）	—OH（酚），=O		2（OH），内酯	

注：不能被萃取者为 4（—OH）；3（—OH）；COOH；2（—OH）OH（酚）；糖和氨基酸。

（1）在 7 ～ 10MPa 较低压力范围内极性极低的碳氢化合物和类脂化合物，如酯、醚、内酯类、环氧化合物等可被萃取出来。

（2）极性基团（如—OH，—COOH）的引入增加了萃取难度。苯的衍生物中，具有 3 个酚羟基或 1 个羧基和 2 个羟基的化合物仍然可以被萃取，但具有 1 个羧基和 3 个以上羟基的化合物是难以被萃取的。

（3）在 40MPa 以下更强极性物质，如糖类、氨基酸类，无法被萃取出来。

（4）生物碱从萃取初压上看易被萃取，但实际上随着生物碱分子量和极性的增加，它们在 CO_2 流体中的溶解度反而急剧下降。

综上所述，应用萃取初压可以定性地判别 SC-CO_2 流体萃取某一物质的可能性以及化合物极性大小对 SC-CO_2 溶解能力的影响。应该注意的是，萃取初压只是一种粗略的判断方法，它不能提供溶解度的实际情况和变化规律，只能作为一种参考。

三、超临界流体萃取过程的影响因素

1. 压力的影响

压力是影响超临界流体溶解能力的关键因素。随着 CO_2 流体压力增加，绝大多数化合物的溶解度参数都大幅度增加。在临界压力（7.0 ～ 10.0MPa）附近各化合物溶解度参数增加值达 2 个数量级以上。溶解度与压力的关系构成超临界萃取的基础[27-33]。

CO_2 流体的溶解能力与其压力的关系，可以用 CO_2 流体的密度来表示，超临界流体的溶解能力一般随密度增加而增加。Stahl 等[26] 指出：CO_2 压力在 80 ～ 200MPa 之间时，压缩气体中溶解物质的浓度与 CO_2 流体密度成比例关系。而超临界流体的密度则取决于压力和温度。在临界点附近压力对密度的影响特别明显，超出此范围，压力对密度增加的影响减小。此种情况与压力 - 溶解度曲线极为相似。压力的增加提高了 CO_2 流体的密度，其溶解能力进而增加，在临界点附近增加溶解度的效果最明显，超出此范围，压力对密度增加的影响变缓，相应溶解度增加的效应也变缓慢。

2. 温度的影响

与压力相比，温度对 CO_2 流体中溶质溶解度的影响更加复杂。一般来讲随着温度增加，物质在 CO_2 流体中溶解度随之减小，往往出现最低值。综合起来看，温度主要通过两个方面对 CO_2 流体中的溶解度产生影响：一个是温度对流体密度的影响，随温度的升高导致 CO_2 流体密度降低，流体溶剂化效应下降，对物质的溶解度下降；另一个是温度对物质蒸气压的影响，随温度升高，物质的蒸气压增大，使物质在 CO_2 流体中的溶解度增大。这两种相反的影响导致一定压力下，溶解度的等压线出现最低点，在最低点温度以下，前者占主导地位，导致溶解度等压曲线呈下降趋势；而在最低点温度以上，后者占主要地位，溶解度等压线呈上升趋势。

3. 溶剂比的影响

溶剂比就是超临界流体与被萃取物质的比例，当萃取温度和压力确定后，增加溶剂比，可以增加萃取过程的传质推动力，有利于溶质的萃取，缩短萃取时间，提高萃取速率，但溶剂比大，溶剂中溶质浓度低，引起溶剂循环成本增加，一般应兼顾效率和成本这两方面来确定合适的溶剂比。

4. 夹带剂的影响

以超临界 CO_2 为例，超临界 CO_2 流体对极性较强溶质的溶解能力明显不足，这将限制该技术的实际应用。人们发现当在 CO_2 流体中加入少量第二溶剂，可以大大提高其溶解能力，特别是对于原来溶解度很小的溶质。这种第二组分溶剂称为夹带剂（entrainer），也称提携剂、共溶剂（cosolvent）或修饰剂（modifier）。夹带剂是在纯超临界流体中加入的一种少量的、可以与之混溶的、挥发性介于被分离物质与超临界组分之间的物质。夹带剂可以是某一种纯物质，也可以是两种或多种物质的混合物。按极性的不同，可分为极性夹带剂与非极性夹带剂。例如，氢醌在超临界 CO_2 流体中溶解度很低，当加入 2% 磷酸三丁酯（TBP）夹带剂后，溶解度可以增加2个数量级以上，并随夹带剂加入量的增加而增加。又如在SC-CO_2流体中加入5%的甲醇后，吖啶的溶解度明显增加，同时增强了压力对溶解度的影响。

加入夹带剂对超临界流体的影响可概括为：

（1）大大增加被分离组分在超临界流体中的溶解度，相应也可能降低萃取压力，例如向气相中增加百分之几的夹带剂后，可使溶质溶解度的增加与增加数百个大气压的作用相当。

（2）通过适当选择夹带剂加入，有可能增加萃取过程的分离因素，使该溶质的选择性（或分离因子）大大提高。

（3）加入夹带剂后，有可能单独通过改变温度达到分离析出的目的，而不必应用一般的降压流程。如加入乙醇作夹带剂后，棕榈油在SC-CO_2流体中受溶解度、温度的影响变为很明显，在13MPa压力下，50℃时的溶解度大约为5%（质量分数），但当温度上升到110℃时，其溶解度几乎为零，结果变温对分离有利。

（4）同有反应的萃取精馏相似，夹带剂可用作反应物，例如煤的萃取可用四氢化萘为反应夹带剂，以提高萃取得率，也可用于煤的常温脱硫。

（5）能改变溶剂的临界参数。当萃取温度受到限制时（如对热敏性物质），根据Paul等[34]的热力学计算，溶剂的临界温度越接近于溶质的最高允许操作温度，则溶解度越高，用单组分溶剂不能满足这一要求时，可使用混合溶剂。如对某热敏性物质，最高允许操作温度为341K，没有合适的单组分溶剂，但CO_2的临界温度为304K，丙烷的临界温度为370K，二者以适当比例混合，可获得最优的临界温度[35]。

夹带剂的作用机制尚不明确，有人认为其作用主要是化学缔合，与极性有关。从经验上看，加入极性夹带剂对提高极性成分的溶解度有帮助，对非极性溶质作用不大；相反，非极性夹带剂对极性和非极性溶质都有增加溶解度的效能[36,37]。

夹带剂一般选用挥发度介于超临界溶剂和被萃取溶质之间的溶剂，以液体的形式，少量［1%～5%（质量分数）］加入超临界溶剂中。通常具有很好溶解性能的溶剂，往往是好的夹带剂，例如甲醇、乙醇、丙醇、乙酸乙酯、乙腈等。

第三节 超临界流体萃取过程中的传递基础

一、超临界流体萃取过程传质机理分析

对于固体物料的萃取大致可以分为以下两个步骤：第一，被萃取的组分从固体物料内部传递到固体-流体界面上；第二，被萃取组分转移到流体相中，随萃取溶剂将萃取物带出。大量文献已报道对于非超临界状态下的两相流体间的传质情况，

并且在工艺改进上也积累了不少经验。对于超临界流体的传质研究，由于其在高压下难以测定及超临界状态下对流体性质的掌握不充分以及工业实践少，目前报道的文献甚少。

一般情况下，内扩散和外扩散对传质速率影响极大，通常是两者之和来控制总过程的萃取传质速率。传质除了分为相际传质外，还有强制对流传质、自然对流传质和湍流对流传质之分。以上三种传质统称为外部传质，是流体的总体运动造成的。当流体运动处于湍流状态时，由于湍流中又没有流线，且存在大量的旋涡以无序的方式快速运动，这种旋涡运动组成了湍流扩散，与分子扩散相比，其速率要大得多，因此难以明确描述流体微团的真实速率，同时传质系统的数学运算也较困难。在超临界流体技术中，尚未明确、针对性地讨论湍流对流传质。强制对流传质是流体的总体运动因流体消耗而产生的，自然对流传质是流体的总体运动由于流体密度不均匀而引起。这两类传质过程在超临界流体萃取中都很常见，不过以自然对流传质更为常见，研究也更多。

虽然众多资料研究提出超临界流体由于具有扩散系数大、黏度小的特点从而有利于萃取中的传质过程，但对于萃取固体中的溶质情况，实际用超临界流体萃取却无法表现出这些优点。之所以出现了偏差，是因为溶质在固体中的扩散是固体中的溶质最终传递到超临界流体相中的控制步骤，而这一扩散速率取决于溶质在固体中的扩散系数的大小和固体的尺寸。现有的理论分析及实验数据都表明，流体相的传质阻力与溶质在固体中的扩散阻力相比，可以忽略不计。对固体作超临界流体萃取时，总是要先将固体破碎到合适的尺寸，若尺寸过大，则萃取时间延长，若尺寸过小，则流体流动阻力增大，都不利于萃取过程。

二、超临界流体萃取过程传质数学模型

现有很多研究人员对超临界流体萃取固态物料做了萃取机理分析，并建立了不同的萃取动力学模型来描述超临界流体对固态物料的萃取过程，并同时寻找最佳萃取工艺条件。典型的动力学模型有收缩核模型（shrinking core model）、基于质量平衡微分方程的模型（grading extraction model）、分级萃取模型（grading extraction model）和热球模型（hot sphere model）。

1. 收缩核模型

在临界区附近，溶剂分子因分子间引力会在溶质分子的周围出现大量集聚的现象，即超临界溶剂的集聚现象。该现象可用实验观察到的溶质在超临界流体溶剂中的无限稀释偏摩尔体积是一个极大的负值而获得证明[37]。有的研究人员也称超临界流体对固态物料的萃取作用是这一微观集聚现象的宏观表现[38]。当超临界流体与固态物料接触时，由于集聚现象出现，萃取物分子就被超临界流体分子层层包

裹，两者成为不可分割的整体。为区别是否夹带萃取物的流体，研究人员将“携带有萃取物的超临界流体”称为超临界流体 F，而把最初的超临界流体溶剂称为超临界流体 A。当操作条件发生变化，操作状态偏离超临界区域时，集聚现象也就不复存在。相应地，超临界流体 F 被“分解”为超临界流体 A 和萃取物，即超临界流体已解吸出其所携带的萃取物。

根据收缩核模型研究理论，固态物料的超临界流体萃取过程为：首先，超临界流体仅对固态颗粒外表面进行萃取，萃取的产物随着超临界流体带出，产生固态萃余物层，往内层则是还没参与萃取过程的固体物料内部（简称未萃取芯），萃余物层和未萃取芯的交界面称为萃取界面。超临界流体通过固态萃余物层扩散至萃取界面，对未萃取芯进行萃取，于是固态萃余物层不断向颗粒中心扩展，未萃取芯逐渐缩小，萃取界面不断由外向内收缩移动，所以在整个萃取过程中，萃取界面是不断缩小的（见图 4-9）。图中 c 为浓度（$kmol/m^3$），下标 g、s、c 分别代表流体滞留膜外表面、颗粒外表面和萃取界面，下标 A、F 分别代表超临界流体和携带有萃取物的超临界流体。简言之，萃取过程仅发生在固态萃余物层和未萃取芯之间的萃取界面上，萃取界面由表及里不断往颗粒中心缩小，这便是“收缩核萃取模型”的物理含义。为能对萃取过程进行数学描述，以便于建立数学模型，对萃取体系作如下几点合理假设：①固态萃取物料为球形颗粒；②固态萃取物料组织致密，孔隙很小，超临界流体在萃取界面上的萃取过程比其在固态萃余物层内的扩散过程快得

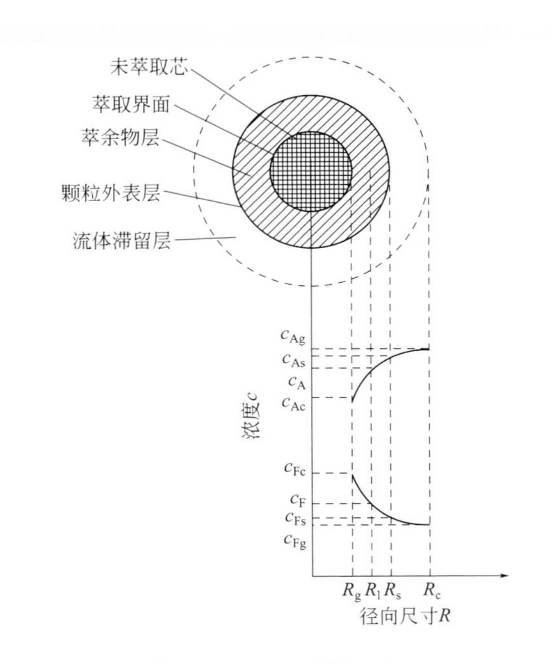

图 4-9 收缩核示意图

多；③整个萃取操作过程为拟稳态过程；④固态物料内部的温度和压力是均匀的；⑤所有萃取颗粒处于相同的萃取状态。在稳态萃取的过程中，单位时间内超临界流体 A 通过固体颗粒外表面扩散进入颗粒内部的量应等于单位时间内 A 通过固态萃余物层扩散至萃取界面的量，同时也应等于单位时间内 A 在萃取界面上被消耗（即 A 在溶质分子周围集聚，使超临界流体 A 变成携带有萃取物的超临界流体 F）的量，用下式表示：

$$J_{\mathrm{A}} = 4\pi R_{\mathrm{s}}^2 k_{\mathrm{c}} (c_{\mathrm{Ag}} - c_{\mathrm{As}}) = 4\pi R_{\mathrm{c}}^2 D \left(\frac{\mathrm{d}c_{\mathrm{A}}}{\mathrm{d}R} \right)_{R-R_{\mathrm{c}}} = 4\pi R_{\mathrm{c}}^2 k c_{\mathrm{Ac}} \tag{4-7}$$

式中　J_{A}——单位时间内超临界流体 A 的传递量，kmol/g；

R——半径，m；

c——浓度，kmol/m³；

k_{c}——超临界流体在流体滞留膜层内的对流传质系数，m/s；

k——萃取界面上的萃取速率常数，m/s；

下标 A——不含有溶质的超临界流体；

下标 c——萃取界面；

下标 g——流体滞留膜外表面；

下标 s——颗粒外表面。

根据上面所提出的一系列假设，c_{Ag} 为一常数，并消去中间变量 c_{As} 和 c_{Ac}。又因为单位时间内单个颗粒内部固态萃取物料 B 被萃取的量为：

$$J_{\mathrm{B}} = -\frac{\rho_{\mathrm{B}}}{M_{\mathrm{B}}} \times \frac{\mathrm{d}}{\mathrm{d}t} \left(\frac{4}{3} \pi R_{\mathrm{c}}^3 \right) = \frac{-4\pi R_{\mathrm{c}}^2 \rho_{\mathrm{B}}}{M_{\mathrm{B}}} \times \frac{\mathrm{d}R_{\mathrm{c}}}{\mathrm{d}t} \tag{4-8}$$

式中　ρ_{B}——萃取物料 B 的密度，kg/m³；

M_{B}——萃取物料 B 的摩尔质量，kg/kmol。

该收缩核模型适用于：①萃取物料颗粒的形状为球形或者近似为球形；②物料含油量较低，颗粒尺寸较大，大部分萃取物包含在颗粒内部，从而基本接近收缩核模型的萃取过程假设；③物料堆积厚度较薄，超临界流体流速较低，从而近似认为参与萃取过程中的所有固体颗粒萃取所处状态相同。

2. 基于质量平衡微分方程的萃取动力学模型

基于质量平衡微分方程的萃取动力学模型也被广泛应用于描述超临界流体萃取过程 [39,40]。此模型中，将萃取床当成是由许多薄层组成，针对每一薄层进行质量衡算，列出质量守恒微分方程，最后将整个床层在高度上积分，即可估算出萃取床的工作情况。萃取床的分层如图 4-10 所示。

要在整个床层高度上积分求解质量平衡微分方程，就必须知道萃取传质机理和相平衡数据。E.Reverchon 等 [41] 认为颗粒表面上的萃取物量比较少，因而整个萃取过程受固体颗粒内部的质量传递控制，即萃取物在固体颗粒内部的扩散系数为萃取

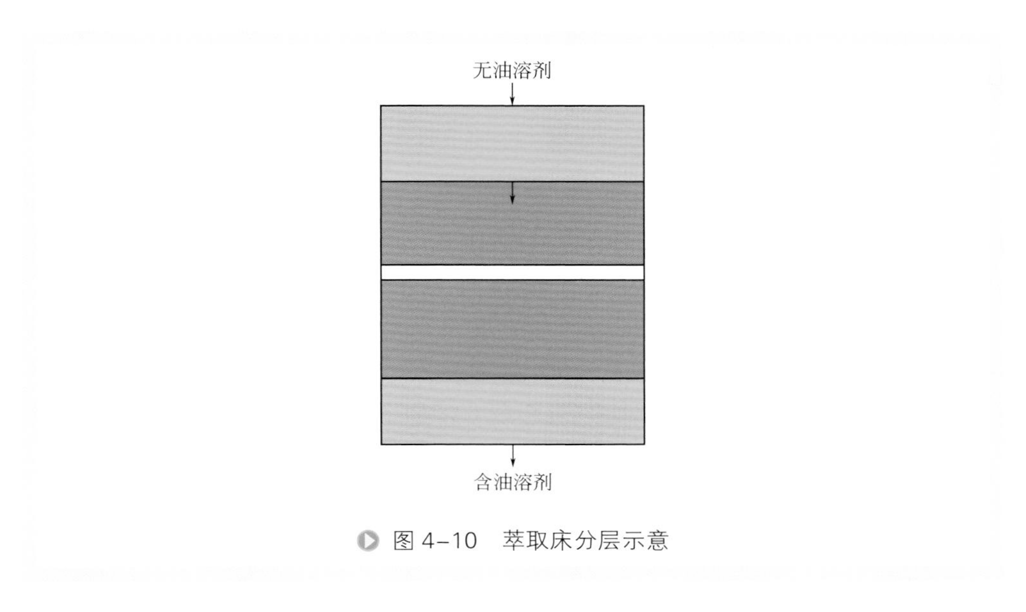

图 4-10　萃取床分层示意

过程的控制因素[42]。为简化模型、方便计算，特作如下基本假设：①颗粒外部的传质阻力相对于颗粒内部的传质阻力很小，可以忽略不计；②轴向与径向浓度分布可以忽略，即不考虑轴向与径向的弥散；③整个床层内部各点的温度和压力相同；④溶剂密度和流率在整个床层高度上保持不变。

根据上述假设，可以列出厚度为 δh 薄层的质量守恒方程：

$$\rho\varepsilon\frac{V}{n}\frac{\partial c}{\partial t}+\rho u_0\frac{V}{n}\frac{\partial c}{\partial h}+(1-\varepsilon)\frac{V}{n}\frac{\partial c_s}{\partial t}=0 \tag{4-9}$$

$$(1-\varepsilon)\frac{V}{n}\frac{\partial c_s}{\partial t}=-\frac{A_p}{n}K(c_s-c_s^*) \tag{4-10}$$

式中　u_0——超临界流体的流速，m/s；

ε——床层的空隙率；

A_p——单位体积床层内物料的表面积，m^2；

V——萃取床的总体积，m^3；

K——总传质系数；

n——萃取床中所分割的层数；

c——超临界流体相中的萃取物的浓度，kg/m^3；

c_s——固相中萃取物的浓度，kg/m^3；

c_s^*——物料颗粒表面与流体相浓度 c 相平衡的萃取物的浓度，kg/m^3；

h——距萃取床入口处的轴向距离，m；

t——萃取时间，s。

式（4-9）的含义为：单位时间在某一床层高度范围单元内，由固体物料中萃取出来的萃取物的量，等于流体流过此单元带走的量与单元内流体中萃取物量的积累量之和。式（4-10）的含义为：从固体物料中萃取出来的萃取物的量，等于物料中萃取物的减少量。

质量平衡微分方程的萃取动力学模型紧紧抓住了传质的概念，可以求解出流体相浓度在整个床层高度上的分布情况，同时还考虑到了颗粒形状的影响，相对于前面提到的收缩核模型而言，其通用性较好；进一步，为提高计算的准确度，还可考虑轴向浓度分布造成的影响。质量守恒微分方程的萃取动力学模型适用于以下条件：①萃取物料的颗粒形状较为规则；②萃取床的高度比较大，溶质在超临界流体中的浓度随萃取床位置的变化不能忽略。

3. 分级萃取模型

在本质上，分级萃取模型[43]的基础与上述第二类的动力学模型类似，都是基于质量平衡微分方程，但其在此基础上提出了更先进性的分级萃取的概念。对固体颗粒进行超临界流体萃取时，可以分为2个不同的萃取阶段（见表4-6）。

表 4-6　固体颗粒在超临界流体萃取时的不同阶段

$J(x>x_k,y)$	$J(x\leqslant x_k,y)$
$K_f\alpha_0\rho(y_r-y)$	$K_f\alpha_0\rho(y_r-y)x/x_k$
$K_f\alpha_0\rho(y_r-y)$	$\exp\left\|\ln(0.001)\dfrac{x_0-x}{x_0-x_k}\right\|$
$K_f\alpha_0\rho(y_r-y)$	$K_s\alpha_0\rho_s x(1-y/y_r)$

在萃取的初始阶段，位于颗粒表面的溶质很容易被萃取，在这一阶段萃取仅受到溶质在流体相中的扩散阻力的影响，萃取速率较快，称作快速段；在萃取后期，溶质包含在固体颗粒内部[44]，萃取过程主要受溶质在固体颗粒内部的扩散系数控制，该过程的萃取速率很慢，因此称作慢速段。分级萃取模型就是基于这样一个萃取机理，对于每个阶段分别给出萃取速率的计算表达式[45]，从而对萃取过程进行模拟求解。

在快速萃取段，萃取仅受到溶质在流体相中的扩散阻力的影响，并认为溶质在固相与流体的相界面浓度为饱和浓度y_r，于是此阶段的传质速率可表示为

$$J(x>x_k,y)=K_f\alpha_0\rho(y_r-y) \tag{4-11}$$

式中　K_f——流体相传质系数，m/s；

α_0——两相接触界面的比表面积，m^{-1}。

在慢速萃取段，由于固体相的传质阻力远远大于流体相的传质阻力，忽略流体相传质阻力的影响，因此慢速段的传质速率为

$$J(x\leqslant x_k,y)=K_h\alpha_0\rho_h(x-x^+) \tag{4-12}$$

式中　K_h——固体相传质系数，m/s；

x^+——两相界面处的固相浓度。

由于固体相传质阻力远远大于流体相的传质阻力，因此上式可写为

$$J(x \leqslant x_k, y) = K_h \alpha_0 \rho_h x \tag{4-13}$$

Reis-Vasco 等[46]萃取薄荷油时认为第一阶段由平衡控制，第二阶段由内扩散控制，其结果与实验结果的误差也不大。Reverchon 等[47]萃取玫瑰种子油时也采取了内扩散控制模型，并认为内部传质系数是变化的，与产率成线性关系，但曲线的过渡段很短，尤其是颗粒较大的时候偏差较大。他们通过修改比表面积和初始浓度值提高了模型的准确度。分级萃取动力学模型全面考虑了固相与流体相的传质阻力，更接近于超临界流体萃取固体物料的机理，因而能较准确地模拟计算超临界流体萃取固体物料的萃取过程，但仍需比较计算结果与实验结果来迭代计算有关的传质参数，所以还不能预测其他操作条件下的萃取过程。

4. 热球模型

将所有的物料颗粒视为浸在冷却的均匀介质内的一个个热球，并认为扩散过程符合第一菲克定律，在此基础上建立单个颗粒的扩散方程，在方程求解的过程中运用傅里叶变换和热质类比的方法，将单个颗粒的模拟结果推及到整个萃取器。

在对固体萃取中，对半径为 R 的球形固体颗粒作扩散过程分析，对各向同性的球形固体颗粒，溶质的扩散微分方程式为：

$$\frac{\partial c}{\partial t} = D\left[\frac{\partial^2 c}{\partial r^2} + \frac{2}{r}\left(\frac{\partial c}{\partial r}\right)\right] \tag{4-14}$$

式中　D——溶质在固体中的扩散系数；

　　c——溶质在固体中的浓度。

令 c_0 为固体中溶质的初始浓度，c_f 为颗粒外主体相中溶质的浓度换算成固体上的平衡浓度。式（4-14）的边界条件为：

t=0 时　　$$c = c_0 \tag{4-15}$$

r=R 处　　$$-D\left(\frac{\partial c}{\partial r}\right)\bigg|_{r=R} = k(c|_{r=R} - c_f) \tag{4-16}$$

r=0　　$$\frac{\partial c}{\partial r} = 0 \tag{4-17}$$

式（4-16）中的 k 为颗粒外流体对颗粒的对流传质系数。

以上的讨论是指在单个球形颗粒上的传质，对于一个由众多颗粒所堆积而成的固定填充床层，只需先求出存在于床层中的颗粒数，再乘以每一颗粒的传质量即可得整个床层的传质量。令床层的体积为 V，颗粒直径为 d_p，床层的空隙率为 ε，则床层中的颗粒数 N_p 为：

$$N_p = \frac{6V(1-\varepsilon)}{\pi d_p^3} \tag{4-18}$$

总传质量 M 为

$$M = WN_{\mathrm{p}} \tag{4-19}$$

Lee 等[48]对低芥酸菜籽油的超临界流体萃取过程运用热质类比建立方程，同时忽略了轴向弥散对传质的影响。Reverchon 等对玫瑰叶、罗勒叶、马郁兰叶等草本植物的超临界流体萃取过程进行了数值模拟，同时不考虑流体相的传质阻力，认为固相传质为传质中的控制步骤。该方法仍需要在一定限定范围内使用。首先，该方法将参与萃取过程中的单个固体颗粒视为球形，然而针对实际过程中参与的颗粒形状与球形差别很大的物料，用此模型产生的误差不可忽略。其次，该模型只考虑了粒子间扩散对传质的影响，若流体相的传质阻力较大，流体相的溶解平衡为传质控制步骤时，该模型将不再适用。

对于超临界流体与液体间的传质，两相流体间的传质通常在塔内进行，根据两相各自性质的不同，液 - 液间的传质和气 - 液间的传质设备有较大差别，其根本原因在于气 - 液间的密度差大，容易形成相际传质界面，且相际的分散和聚并也较容易。而液 - 液相间的密度差通常很小，不易形成大的相界面，已经形成了一相在另一相中的分散状态后，分散相的聚并也较困难，所以液 - 液萃取的传质效率比气 - 液传质的效率低，为了改进液 - 液萃取塔的效率，常采用外加能量的方法，如施加搅拌，使液体作脉冲式流动等，以增大相际界面，并促进相际质量交换。在超临界流体与液体间作传质时，由于超临界流体的密度与液体的相近，其过程类似于液 - 液萃取。但超临界流体萃取是在高压下进行的，要考虑设备的密封，所以在塔内不采用施加搅拌等运动部件的措施来促进传质，而常用喷洒塔、填料塔、筛板塔等塔型。文献中报道过一些超临界流体和液体间的传质研究，多以乙醇水溶液的超临界流体萃取为对象。

三、超临界流体萃取过程的模拟与优化

超临界流体萃取技术被证明是一种有效且经济的分离技术，但过程中参数众多，相比传统的常压溶剂萃取技术，对设备要求高，投资成本较大，这使得超临界流体萃取技术在一些地区的应用受到限制。仿真模拟和优化技术用于此类的设计与开发中，是十分有必要的。

复杂的超临界萃取过程模拟需要准确的模型，而且在其研究过程中会遇到一些困难：首先，要萃取的溶质大多是天然产物，难以进行表征。这些溶质常是大的有机化合物分子，它们的蒸气压和临界参数常是未知的，而且难以（甚至不可能）进行测量，基质也常是“天然”固体或液体，并含有几百个化合物。其次，在小分子的、非极性溶剂和大分子的、常是极性的有机物溶质间发生复杂的相互作用，需要更为可靠的热力学模型。但是这些模型又不能过分复杂，因为在模拟或优化的过程中相平衡要进行几千次的计算，否则会花费过多时间。最后，超临界萃取过程在临

界区不远处操作，故相平衡计算常不易收敛，需要更巧妙的计算技术[50-53]。

仿真和优化的研究就是针对上述难点进行的。化工热力学的学者们研究开发了简单但有效的EOS，并运用与密度有关的、局部组成等混合规则，把EOS和活度系数模型联系起来。Skjold-Jorgensen[54]提出的基团贡献状态方程（GC-EOS），只要有组分物质的化学结构，就能推算系统的相行为，也引起了设计工作者的兴趣。

在高压相平衡计算中，Michelsen[55]对开发有效且可靠的算法作出了重要的贡献，如他提出的切线平面法（tangent-plane method），用来进行稳定性分析（stability analysis），不仅指明一个相是否稳定，而且也对新相给出了很好的初步估计。这对临界区内的相平衡计算特别重要，因为在此区内相的分布常是易变的。此外，他的描述相包线连续算法和临界点计算在寻求萃取和溶质回收的切实可行区间时是有用的。

Cygnarowicz和Seider[56]对用SC-CO_2萃取发酵液中的β-胡萝卜素进行了优化设计，具体介绍如下：

（1）稳态SCFE过程的模型化 β-胡萝卜素提取过程的优化设计中，需先作下列简化假设。

① 在循环溶剂中不存在少量的植物或动物油；发酵液中的液体部分是纯水。

② 忽略细胞壁的传质限制（发酵产物存于胞内），并假定β-胡萝卜素在水中以纯固体的形式存在。这点并不合理，因为在萃取前，细胞要打碎，发酵液要过滤。但这样的假设是为了简化设计。

③ 进行模型化的系统含有三个化合物（CO_2，β-胡萝卜素和水），并分别属于三相（固、液和超临界相）。因β-胡萝卜素实际上不溶于水，而液相中又含有少量的CO_2，假定在液相中不存在β-胡萝卜素，且固体是纯粹的β-胡萝卜素。

假设在稳态、连续操作下运行。

在给定的温度和压力下，对萃取器和分离器需要求解的方程为

$$f_1 - v_1 - s = 0 \tag{4-20}$$

$$f_i - v_i - l_i = 0(i = 2,3) \tag{4-21}$$

$$\frac{v_1}{V}\phi_1^{\mathrm{V}} p - p_1^{\mathrm{S}} \exp\left(\frac{V^{\mathrm{S}}(p - p_1^{\mathrm{S}})}{RT}\right) = 0 \tag{4-22}$$

$$\frac{v_i}{V}\phi_i^{\mathrm{V}} - \frac{l_i}{L}\phi_i^{\mathrm{L}} = 0(i = 2,3) \tag{4-23}$$

$$\sum_{i=1}^{3} v_i - V = 0 \tag{4-24}$$

$$\sum_{i=2}^{3} l_i - L = 0 \tag{4-25}$$

式中 i——i=1、2、3，代表β-胡萝卜素、CO_2和H_2O；

f_i——化合物 i 的进料流率；

ϕ_i^{V}，ϕ_i^{L}——气相和液相中 i 组分的逸度系数；

p_1^{S}——β- 胡萝卜素的饱和蒸气压；

V^{S}——固体胡萝卜素的摩尔体积；

T,p——温度和压力；

R——普适气体常数。

未知数为化合物 i 在液相中的流率 l_i 和化合物 i 在气相中的流率 v_i，β- 胡萝卜素在固相中的流率 s，以及总的气相和液相流率 V 和 L。

纯组分性质（如 β- 胡萝卜素的饱和蒸气压、临界性质和偏心因子由估算得出）；由改进的 PR 方程计算组分的逸度系数；混合规则中的相互作用参数由 β- 胡萝卜素 -CO_2 系统等的相平衡数据拟合得出。采用 SEPSIM 流程程序进行计算，CO_2 和 H_2O 流速的初值用进料中不含 β- 胡萝卜素的气 - 液平衡数据进行估算，估算 β- 胡萝卜素在超临界流体相中的初值。这种初值估算法用起来很方便，经过 3 ～ 4 次的迭代就可得到收敛。

分离器的模型采取连续放出固体的 β- 胡萝卜素和水。由于 β- 胡萝卜素和水相在分离器的装置中只占一小部分，对此可作出合理的理想化剖析。β- 胡萝卜素 - 水混合物的密度可近似地看作在分离器温度和压力下水的密度。假设重的 β- 胡萝卜素 - 水混合物沉降在分离器的底部，用一连串的阀门将此混合物汇集在一起，周期性地打开阀门，把积累的固体放出。

图 4-11 示出了用 SC-CO_2 萃取 β- 胡萝卜素的流程。除了有萃取器和分离器以外，还有热交换器、冷却器和压缩机等。在萃取器和分离器的稳态模型化中，用的是改进的 PR 方程，其相互作用参数的温度范围很窄（313 ～ 343K)。不能用此状态方程计算加热、冷却和压缩机的负荷。在此宜用 GC-EOS，并在过程流股中忽略 β- 胡萝卜素的量。开发出一种非线性规划（Non-Linear Program，NLP) 来使过程的按年度成本成为最小值，计算中的建议年产量为 8930kg。

（2）按年度的最低成本改变萃取器温度（T_c）和压力（p_c），分离器压力（p_s），补充溶剂的流率 F_{CO_2}，循环溶剂的流率 F 和温度等都会影响按年度的最低成本 (minimum annualized cost)。按年度成本等于每年的水、电等公用费用和设备投资的折旧年 (设为 15%) 之和。表 4-7 中列出了三种方案，现分别概述于后。

方案 1：$T_c \leqslant$ 343K。平衡溶解度的最高温度不超过 343K，p_c 为 101.3MPa。即使在这最极端的条件下，由于 β- 胡萝卜素的溶解度太低，若要使回收率达 99%，则 CO_2 的循环流率达 11.487kmol/h。正因为 CO_2 的循环流率太高，致使产品中的水分含量不能低于 10%（质量分数），最后降低产品质量，β- 胡萝卜素的含量从 90%（质量分数）下降到 70%（质量分数）。CO_2 的循环流率太高也增加了设备投资，需建设 0.66m 直径的萃取器 8 台和直径为 0.99m 的分离器 3 台，并联地处理大量的循环溶剂。最后的结果是按年度成本达 1231000 美元，每千克 β- 胡萝卜素的成本

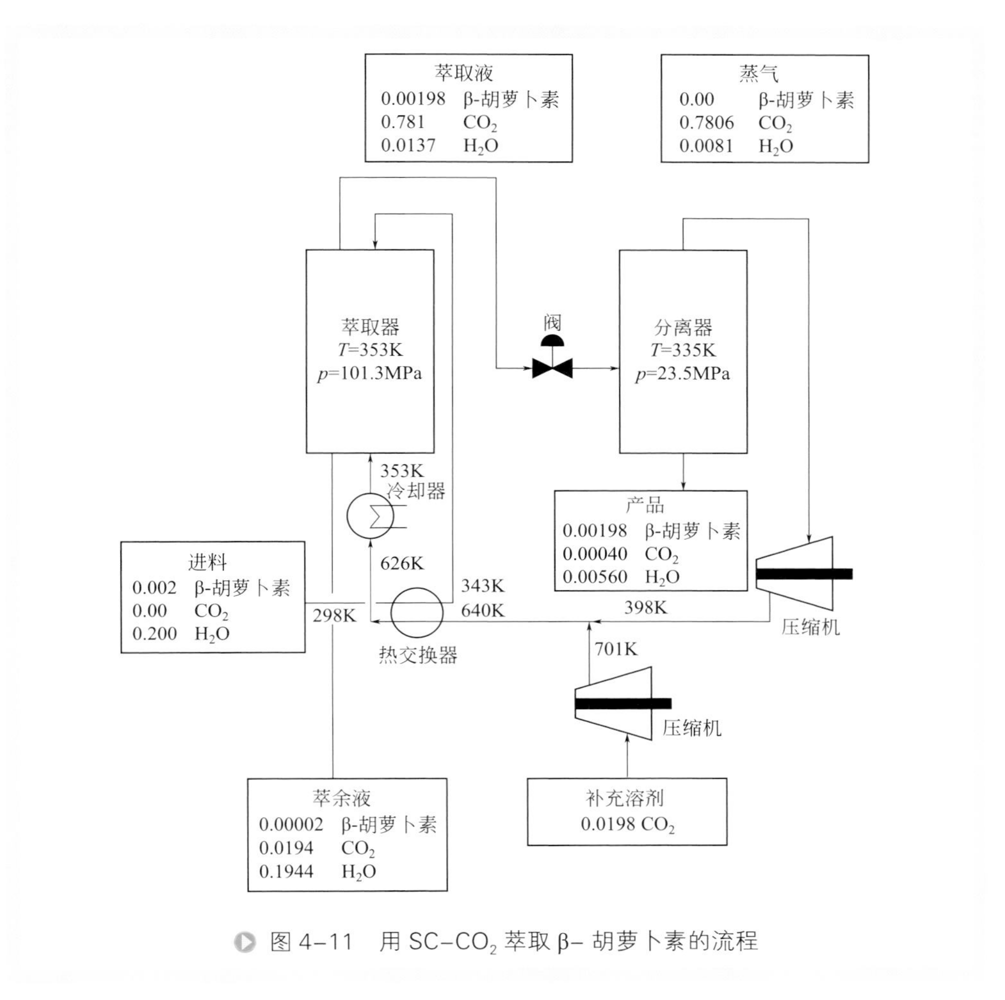

图 4-11 用 SC-CO_2 萃取 β- 胡萝卜素的流程

为 137.85 美元。很清楚，这样的设计是没有竞争力的。

表 4-7 不同方案下的按年度最低成本比较

条 件	方案 1	方案 2	方案 3 CO_2/1% 乙醇
产品回收 /%	99	99	99
产品质量（质量分数）/%	70	90	90
p_c/MPa	101.3	101.3	101.3
T_c/K	343	353	343
p_s/MPa	45.9	23.49	47.3
$F_{CO_2}^{make}$ /（kmol/h）	0.01991	0.01976	0.02702
$F_{CO_2}^{rec}$ /（kmol/h）	11.487	0.781	2.280
产品 /（kmol/h）			

条　　件	方案 1	方案 2	方案 3 CO_2/1% 乙醇
β- 胡萝卜素	0.001980	0.001980	0.001980
CO_2	0.001769	0.000408	0.000570
H_2O	0.02099	0.005566	0.005146
总的公用费用 /（$/a）	2805	358	602
压缩机 /$	320600	119000	186200
换热器 /$	39120	6650	14070
萃取器 /$	5463000	385700	1240000
台数	8	2	2
直径 /m	0.66	0.35	0.59
停留时间 /h	4	2	3.8
分离器 /$	2006000	158900	620000
台数	3	1	1
直径 /m	0.99	0.45	0.76
成本 /（$/a）	1231000	174000	309100
β- 胡萝卜素成本 /（$/kg）	137.85	19.48	34.61

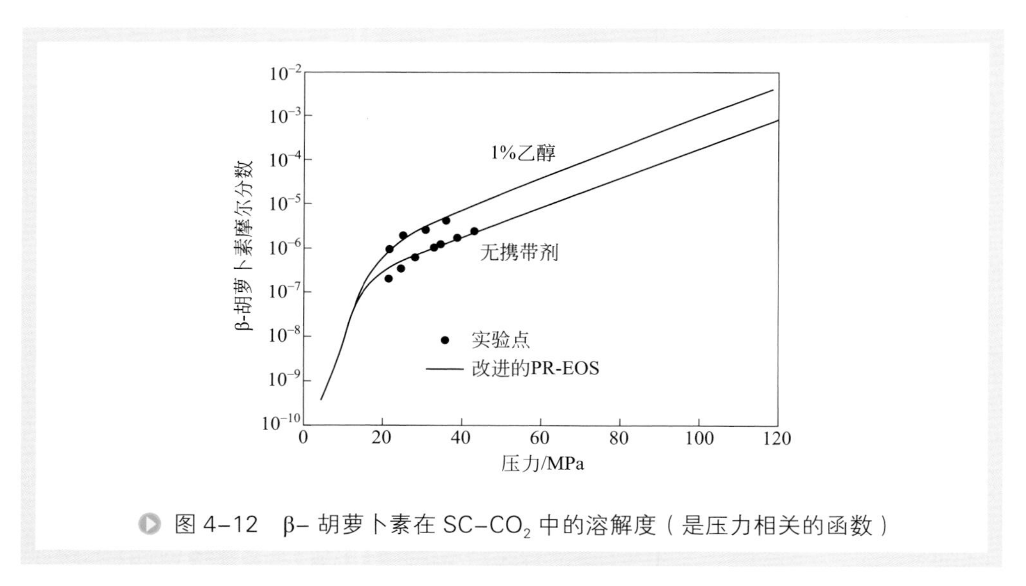

图 4-12　β- 胡萝卜素在 SC-CO_2 中的溶解度（是压力相关的函数）

方案 2：$T_c \leqslant 353K$。因 β- 胡萝卜素的溶解度随温度上升而增加。但在 353K 时没有实测的溶解度数据。Cygnarowicz 和 Seider 在 313K、333K 和 343K 时用改进的 PR 方程从已有的相平衡实验数据计算出相互作用参数，然后再将其写成温度的函数，借此外推，得到 353K 下，β- 胡萝卜素的溶解度对压力的曲线（图 4-12）。

353K 时的溶解度明显地高于其他较低温度下的溶解度。

在方案 2 的条件下，由于 β- 胡萝卜素在 SC-CO_2 中溶解度的增加，使 CO_2 的循环流率大幅度下降（与方案 1 相比），达 0.781kmol/h，而回收率和产品质量都分别能保持在 99%（质量分数）和 90%（质量分数）的水平。由于 $F_{CO_2}^{rec}$ 下降，公用费用和设备费用都下降。最后结果表明，每千克的 β- 胡萝卜素成本只有 19.48 美元。一般情况下，发酵产物的分离成本约占卖出价的 40%，则对 β- 胡萝卜素来说，应在 24 ～ 32 美元之间，而现设计的分离成本为 19.48 美元，有一定竞争力。

方案 3：T_c=343K，用 1% 乙醇为携带剂。Cygnarowicz 和 Seider 等的实验表明，加携带剂后能提高 β- 胡萝卜素在 SC-CO_2 中的溶解度，增加幅度为 2 ～ 5 倍。因为没有 β- 胡萝卜素在乙醇中的溶解度数据，故将 CO_2- 乙醇看作虚拟组分（pseudo component)。用改进的 PR 方程计算 β- 胡萝卜素在此虚拟组分中的溶解度。在计算中，用虚拟组分的临界性质（计算得到）代替纯组分的临界性质；用 β- 胡萝卜素在 CO_2+1%C_2H_5OH 中的溶解度数据来拟合得出相互作用参数。然后再计算不同压力下，70℃时的 β- 胡萝卜素在 CO_2+1% C_2H_5OH 中的溶解度曲线。

加 1% 乙醇后，萃取温度与方案 1 一致，但 CO_2 的循环流率要比方案 1 下降很多，只有 2.280kmol/h，但比方案 2 要高。结果每千克 β- 胡萝卜素的成本为 34.61 美元，比方案 1 下降 75%。

从以上三种方案比较后可以认为，对高压操作的 SCFE 过程，即使在小产量的条件下，还是有可能寻求出有竞争力的设计方案（方案 2）；其次，加少量携带剂后，促使溶质溶解度增加，其结果会对经济衡算产生重大影响。

以上讨论的是静态仿真，优化设计。若要进行自动控制，需要具备动态模型（dynamic model）。

第四节　超临界流体萃取过程的强化

超临界流体的物理化学性质与非临界状态下的液体和气体有很大的不同。由于密度代表溶解度，黏度代表流体流动阻力，扩散系数是传质速率的主要参数，超临界流体特殊的物理化学性质决定了超临界流体萃取技术的一系列重要特性。超临界流体的黏度是常规液体的 1%，扩散系数是常规液体的 100 倍 [3]。因此，超临界流体具有良好的传质特性，可以大大缩短相平衡所需的时间，是高效传质的理想介质。同时，超临界流体的溶质溶解速率也比液体快得多，固体物质溶解速率和携带能力也比气体大得多，而且具有非常巨大的可压缩性。在临界点附近，压力和温度的微小变化将导致 CO_2 流体密度的巨大变化。它的溶解能力可以通过简单调节 CO_2

流体的压力和温度来调节，从而提高萃取的选择性[57]；它还可以通过降低系统的压力来分离 CO_2 流体和溶解的产物，从而大大简化了去除溶剂的过程[58]。因此，特别适用于不稳定天然产物和生理活性物质的分离精制，成为食品、香料、生物、医药、化工、轻工、冶金、环保、煤炭、石油等深加工领域获得优质产品的最有效方法之一[4,59]。

然而，超临界 CO_2 流体萃取技术并不是万能的，还存在一些有待解决的问题。CO_2 的分子结构决定了它在一定的分离过程中有很大的局限性[60]：它对烃类和弱极性脂溶性物质有很好的溶解能力，而对强极性有机物则需要增加萃取压力或使用夹带剂来实现萃取分离。一般来说，超临界 CO_2 流体萃取具有压力高、设备要求高、萃取能力小、能耗高等特点。因此，如何采取外部措施，提高超临界流体萃取过程的选择性溶解能力和萃取率，已成为当前研究的新趋势[30,61,62]。

一、夹带剂强化

夹带剂的存在可以强化超临界流体萃取过程。一些学者在研究液体或固体在超临界流体中的溶解度时发现，在纯溶质和超临界 CO_2 组成的二元体系中加入第三组分，可以改变原溶质的溶解度。例如，Marentis 等人[63]。测定了棕榈酸在超临界 CO_2 中的溶解度为 0.25%（质量分数），在 2×10^4 kPa 和 70℃条件下，加入 10% 乙醇作为夹带剂，棕榈酸的溶解度可提高到 5.0%（质量分数）以上[64]。进一步发现这些新组分的加入也能有效地改变超临界流体的选择性溶解作用。新添加的成分通常称为夹带剂或携带剂。由于纯 CO_2 的非极性，其应用范围受到很大限制。为了有效提取中药中非脂溶性强极性有效成分，经常需要在 CO_2 中加入夹带剂来调节超临界 CO_2 流体的极性。

1. 夹带剂的作用及其机理

夹带剂是与纯超临界流体混溶的少量物质，其挥发性介于分离物和超临界组分之间。夹带剂可以是纯物质或两种或多种物质的混合物。根据极性的不同，可分为极性夹带剂和非极性夹带剂[65]。

夹带剂在超临界流体中的作用为：

（1）提高分离组分在超临界流体中的溶解度。例如，当夹带剂加入气相时，溶质溶解度增加水平相当于压力增加到几百个大气压。

（2）加入一种对溶质有特殊作用的夹带剂，可以大大提高溶质的选择性（或分离因子）[66]。

（3）提高溶解度对温度和压力的敏感性，保持萃取组分的工作压力不变，适当提高温度，可大大降低溶解度，使其与循环气体分离，避免气体再压缩的高能耗。

（4）与反应萃取精馏类似，夹带剂可以作为反应物，如四氢萘可以作为反应夹带剂用于抽提煤，提高抽提率，也可以用于常温下煤的脱硫。

（5）它可以改变溶剂的临界参数。当萃取温度受到限制（例如对于热敏物质），根据 Paul 的热力学计算[34]，溶剂的临界温度越接近溶质的最大允许操作温度，如果单组分溶剂不能满足此要求，可以使用混合溶剂。如对于热敏物质，最大允许操作温度为 341K，没有合适的单组分溶剂，但 CO_2 的临界温度为 304K，丙烷的临界温度为 370K，通过适当配比，可以得到最佳的临界温度。

夹带剂有两种，一种是非极性夹带剂，另一种是极性夹带剂。不同种类的夹带剂有不同的作用机制。一般来说，夹带剂可以从两个方面影响溶质在超临界流体中的溶解度和选择性。一个是溶剂的密度，另一个是溶质和夹带剂之间的相互作用[67]。一般来说，加入少量夹带剂对溶剂的密度影响不大，甚至降低了超临界溶剂的密度。溶质溶解度和选择性的决定因素是夹带剂与溶质分子之间的范德华力或夹带剂与溶质之间特定的分子间作用，如氢键的形成和其他各种作用力。此外，溶质溶解度对溶剂临界点附近的温度和压力变化最为敏感。加入夹带剂后，混合溶剂的临界点相应地发生变化。温度越接近萃取温度，溶质溶解度对温度和压力的敏感性越高。

2. 非极性夹带剂

（1）非极性夹带剂与非极性溶质　非极性夹带剂与溶质之间的分子间作用力主要是色散力，这与分子的极化率有关。极化率越大，色散力越大。例如，二氧化碳的极化率是除甲烷外所有碳氢化合物中最小的。为了提高溶质的溶解度，可以加入具有高极化率的非极性夹带剂。Dobbs 等[18]研究了以 CO_2 为气体溶剂、烷烃为夹带剂萃取六甲苯和菲的工艺。结果表明，菲与六甲苯的溶解度相近。见表 4-8。也就是说，非极性夹带剂可以大大提高溶质的溶解度，但其选择性几乎没有提高，这是色散力作为主要分子间作用力的典型结果。

表 4-8　非极性夹带剂对溶质溶解度的影响

溶质	夹带剂	夹带剂含量（摩尔分数）/%	溶解度之比①
六甲苯	正庚烷	3.5	1.6
	正辛烷	3.5	2.1
	正十一烷	3.5	2.6
菲	正庚烷	3.5	1.6
	正辛烷	3.5	2.8
	正辛烷	5.25	4.2
	正辛烷	7	5.4
	正十一烷	3.5	3.6

① 溶解度之比 = $\frac{\text{有夹带剂时的溶解度}}{\text{无夹带剂时的溶解度}}$。

注：超临界溶剂为 CO_2；萃取温度为 35℃；溶剂密度为 18.54mol/L。

此外，在考虑溶质与夹带剂之间的吸引力时，还必须考虑加入夹带剂后溶剂范德华体积的增加所引起的排斥力的增加，因为排斥力的增加会降低溶解度。可以综合考虑范德华引力常数与范德华体积之比的影响。

（2）非极性夹带剂与极性溶质　由于非极性夹带剂与极性溶质之间没有特定的分子间作用力（如氢键的形成），溶质溶解度的增加只能依赖于分子间吸引力的增加。选择性不会有明显的改善。Schmitt 等[68]研究了以 CO_2 或乙烷为超临界溶剂，苯、环己烷和二氯甲烷为夹带剂，萃取菲（非极性）和苯甲酸（极性）。结果表明，两种溶质的溶解度增长倍数相似。Dobbs 等[18,36]以辛烷为夹带剂，提取六甲苯和苯甲酸，也获得了相类似的结论。

3. 极性夹带剂

极性夹带剂是指在超临界溶剂中加入少量具有极性官能团（有时是酸碱官能团）的物质。由于临界温度高，这些物质不能单独用作超临界溶剂。由于极性夹带剂与极性溶质分子之间的极性作用力、氢键或其他特殊化学作用力的形成，使溶质的溶解度和选择性大大提高。例如，对于蒸气压相似但分子官能团不同的两种溶质，或者对于溶解度小的溶质（如氨基酸、糖、甾醇等），选择合适的极性夹带剂在选择性萃取中非常有效[69]。

虽然夹带剂的作用不能定量描述，但根据各种现有的参数，可以解释和判断哪些系统具有夹带剂效应。

（1）溶解度参数　溶质与夹带剂之间的相互作用可以用各组分的溶解度参数来描述，并用建立的方法进行计算。

Dobbs 等[70]研究了溶解度参数与夹带剂效应之间的对应关系，见表 4-9。所用化合物的溶解度参数实验结果见表 4-10。

表 4-9　夹带剂效应与溶解度参数的对应关系

溶质	夹带剂	溶解度之比①	溶质	夹带剂	溶解度之比①
苯甲酸	甲醇	3.7	六甲苯	甲醇	1.1
	丙酮	2.1		丙酮	1.2
	正辛烷	2.3		正辛烷	2.1
2-氨基苯甲酸	甲醇	7.2	吖啶	甲醇	2.3
	丙酮	3.1		丙酮	1.7

① 溶解度之比 $=\dfrac{\text{有夹带剂时的溶解度}}{\text{无夹带剂时的溶解度}}$。

注：超临界溶剂为 CO_2；萃取温度为 35℃；溶剂浓度为 20.5mol/L。

上述实验结果可用溶解度参数定性解释。对于苯甲酸，δ^{A}=9.3，以甲醇为夹带剂时，苯甲酸的溶解度提高了 3.7 倍，而丙酮仅为 2.1 倍。这与酸碱作为溶解度参数是一致的。但由于非极性夹带剂正辛烷的存在，溶质苯甲酸的溶解度比无夹带剂时提高了 2.3 倍甚至更多。一方面是由于正辛烷的 δ^{D} 较大，另一方面是由于超临界溶剂本身性质的影响。

表 4-10　某些夹带剂与溶质的溶解度参数

项　　目	δ^{T}	δ^{D}	δ^{O}	δ^{I}	δ^{A}	δ^{B}
丙酮	9.6	7.2	5.1	1.5	0	3
苯甲酸	14.5	6.8	4.9	0.8	9.3	8.3
2- 氨基苯甲酸	7.6	7.6	0	0	0	0
六甲苯	13	8..9	2.5	0.3	9.3	0
甲醇	12.7	8.9	2.5			
正辛烷	8.3	8			0	2
吖啶	10.5	9.5	3	0.3	0	3.8

注：δ^{D}——色散力（dispension）；δ^{O}——取向力（orientation）；δ^{I}——诱导力（induction）；δ^{A}——酸性（acidity）；δ^{B}——碱性（basicity）；δ^{T}——总溶解度参数。

（2）Lewis 酸碱解离常数 pK_a，pK_b　极性夹带剂的作用来源于两种特殊的化学力，一种是溶质与夹带剂之间氢键的形成，另一种是电荷转移配合物的形成。这些特殊的化学力是路易斯酸碱相互作用。

Van Alsten[71] 以 CO_2 为超临界溶剂、甲醇为夹带剂，研究了菲、芴、芴酮、氧芴和吖啶的萃取。结果表明，溶质溶解度的增加倍数与夹带剂和溶质的酸碱离解常数有很强的对应关系。Schmitt 等 [68] 研究了苯甲酸在超临界乙烷中的溶解度。实验证明，丙酮（Lewis 碱，pK_b=21.2）可使苯甲酸（Lewis 酸，pK_a=4.2）的溶解度提高数倍，远大于其他非极性夹带剂的作用。

（3）参数 α（氢键供体）、β（氢键受体）　α 是供给质子的能力，表示酸度的强弱，β 是接受质子的能力，表示碱度的强弱。α、β 在 0 ～ 1 之间，值越大，氢键形成能力越强。根据溶质的 α 和 β 值，初步选择合适的夹带剂。例如，吖啶是强氢键受体（α=0.0，β=0.64），甲醇是强氢键供体（α=0.93，β=0.62），甲醇用作夹带剂，由于甲醇和吖啶之间的氢键很强，吖啶在超临界二氧化碳中的溶解度显著提高 [72]。

（4）光谱判断　溶质与夹带剂之间的化学结合可用光谱来确定。如果溶质与夹带剂之间存在化学缔合，则吸收光谱会发生变化。以 CO_2 为超临界溶剂、甲醇为夹带剂，萃取菲、芴、芴酮、氧芴和吖啶 5 种结构相似的化合物时，吖啶的溶解度值显著提高。Walsh 等 [73] 通过红外光谱证明，只有甲醇和吖啶形成分子间化学缔合，而甲醇与其他四种分子不能形成分子间化学缔合。

（5）分子间缔合作用　一般来说，分子间缔合的吸引力远大于分子间极性的吸引力，因此缔合是影响溶解度的主要因素。例如，芴酮的偶极矩为 3.4D（1D=3.33564×10^{-30}C • m，下同），比吖啶的偶极矩 2.1D 大。但以甲醇为夹带剂时，芴酮的溶解度增加与吖啶相比几乎可以忽略不计。这是由于甲醇和吖啶之间的分子间缔合作用，而芴酮与甲醇则没有。

（6）超临界溶剂对夹带剂作用的影响　Schmitt 等[68]研究苯甲酸在超临界 CO_2 和超临界乙烷中的溶解度时，发现夹带剂丙酮在两种超临界溶剂中的作用不同。实验结果见表 4-11。

表 4-11　超临界溶剂对夹带剂作用的影响

超临界溶剂	夹带剂	夹带剂含量（摩尔分数）/%	压力 /10^4Pa	溶解度之比①
CO_2	丙酮	3.5	202	1.7
	丙酮	9.3	202	4.65
	苯	3	202	2.1
乙烷	丙酮	2.91	182	2.6
	丙酮	7.21	182	5.1
	苯	2.56	182	1.78
	苯	6.85	182	2.7

① 溶解度之比 = $\frac{\text{有夹带剂时的溶解度}}{\text{无夹带剂时的溶解度}}$。

这种现象是由于溶质、超临界溶剂和夹带剂的化学官能团和浓度不同造成的。二氧化碳有两个羰基氧，也是氢键受体，它与丙酮竞争，与苯甲酸形成氢键，但 CO_2 的浓度远高于丙酮（96.5%：3.5%）。尽管 CO_2 的氢键受体能力弱于丙酮，但其高浓度使丙酮的夹带效应小于乙烷。由于乙烷没有氢键受体容量，少量丙酮可以发挥重要作用。

在 CO_2- 芴酮 - 甲醇体系[74]中，CO_2 和芴酮都是弱 Lewis 碱，可以接受甲醇（Lewis 酸）提供的质子，但高浓度的 CO_2 气体首先与甲醇形成氢键，使甲醇对芴酮没有夹带作用。在 CO_2- 吖啶 - 甲醇体系中，由于吖啶是强 Lewis 碱，其竞争能力远强于 CO_2，并与甲醇（强 Lewis 酸）形成氢键，因此甲醇对吖啶具有较强的夹带作用。

4. 伴有反应的超临界 CO_2 流体萃取

与反应萃取精馏类似，夹带剂可以作为反应物提高萃取率和选择性。例如，当在混合物中纯化溶质时，如果夹带剂对所需产物有特定的影响（包括化学或其他分子间作用力），或者溶质之间存在化学平衡，夹带剂参与化学反应，产物的收率和纯度将大大提高。

例如，Larson 等[75]以超临界 CO_2 流体为萃取剂，分别以甲醇、乙酸和叔丁胺为夹带剂萃取脱水发酵产物。以乙酸为夹带剂时，提取液中的甲维诺林含量急剧上升至 74.0%，萃余液含量由 1.85% 上升至 10%。由于乙酸作为夹带剂同时参与反应，因此产品的纯度和收率大大提高。然而，对于碱性夹带剂叔丁胺，反应方向相反，使得提取物中的甲长春碱含量从 1.85% 降低到 1.24%，萃余液含量甚至降低到零。

5. 夹带剂的选择

夹带剂的正确选择和使用对萃取效果有很大影响，可大大拓宽超临界 CO_2 在生理活性物质萃取中的应用范围。因此，在选择夹带剂时，必须掌握与萃取条件有关的相变和相平衡情况。但是，目前对夹带剂的使用还没有足够的理论研究，可预测性较差，主要是通过实验探索，相关报道不多。董新艳[76]根据化合物的分子体积、分子构型，以及分子的偶极极化率和氢键酸碱性等分子特征，筛选了一系列夹带剂，通过测定不同溶质在含有不同夹带剂的超临界 CO_2 中的三元扩散系数，研究了溶质 - 夹带剂分子间作用力、溶质分子结构对溶质扩散系数的影响规律。曹秋瑾[77]测定了含不同羟基的二氢黄酮类溶质（黄烷酮、4′- 羟基黄烷酮、7- 羟基黄烷酮和甘草素）在 15% 乙醇夹带剂的超临界 CO_2 中的三元无限稀释扩散系数 D_{12} 及保留因子，扩散系数值较纯液态乙醇中大了近一个数量级。

夹带剂的选择应主要考虑三个方面：萃取阶段，夹带剂与溶质的相互作用是主要因素；溶剂再生阶段（分离阶段），夹带剂与超临界溶剂的相互作用和溶质的分离是主要因素；夹带剂应易于从产品分离。夹带剂与溶剂的相互作用可参考液 - 液萃取过程中萃取剂的选择方法，或从溶解度参数、路易斯酸碱离解常数、夹带剂与溶质相互作用后吸收光谱的变化等方面考虑。

（1）萃取段　Sunol[78]提出，应根据溶质与溶质基团相互作用对溶质活度系数的影响以及溶质与溶剂分子间氢键形成的不同趋势来选择夹带剂。根据现有文献数据（如溶解度参数、Lewis 酸碱离解常数等），考虑是否存在分子间缔合，是否可以通过添加夹带剂形成超临界萃取反应，并考虑超临界溶剂本身的影响。

（2）溶剂再生段[79]　在溶剂再生部分，一般采用升温法、减压法或吸附法将溶质在气相中的溶解度降低到很小或完全不溶于气相，从而达到产品分离的目的。升温法或吸附法可以避免气体再压缩，节约能源，因此常被采用。

在溶剂再生部分，希望加入夹带剂能提高溶解度对温度的敏感性，并在温度升高时形成宽范围的两相区，使溶质从气相中分离出来。

此外，溶质（提取组分）应易于与夹带剂分离，在食品和医药工业的应用中应考虑夹带剂的毒性。

上述夹带者的选择原则只是初步选择。在此基础上，根据多组分高压相平衡实验确定了夹带剂、萃取段和溶剂再生段的适宜操作条件。目前，用数学模型无法预测哪些系统会产生夹带效应，只能进行定性预测。

6. 夹带剂强化超临界 CO_2 流体萃取的应用

适当的夹带剂可大大增加被分离组分在超临界流体相中的溶解度和溶质的选择

性。增加溶质溶解度对温度、压力的敏感程度，使被分离组分在操作压力不变的情况下，适当升温就可使溶解度大大降低，从循环气体中分离出来，以避免气体再次压缩的高能耗。另外，夹带剂还可作为反应物提高萃取分离的效率，降低操作压力，缩短萃取时间，提高萃取得率，对实现超临界流体萃取的工业化生产将起到关键作用。纯CO_2几乎不能从咖啡豆中萃取咖啡因，但在加湿（水）的超临界CO_2中，因为生成了具有极性的碳酸，因此在一定条件下能选择性地溶解极性的咖啡因[80]。范晓良等[81]研究发现，在萃取时加入夹带剂，特别是80%乙醇，有利于改善超临界CO_2流体在药材中的扩散速度和扩散深度，可以提高超临界CO_2流体的溶解能力，改善其选择性。Machmudah等[82]指出，乙醇夹带剂含量为5%（体积分数）时，超临界CO_2萃取虾青素可获得最高的提取率，当夹带剂含量继续增大时，则因超临界流体密度减小，提取率反而降低。禹慧明等[83]指出，加入甲醇作夹带剂，可在较低CO_2密度时萃取到更多的油脂。应用于工业生产中，将CO_2密度从$0.95g/cm^3$降至$0.75g/cm^3$，可使操作压力从38.3MPa降至13.4MPa，因此可大大降低对容器材料的耐压性要求，从而降低生产成本，减小危险性。臧志清[74]研究认为，以水为夹带剂，对辣椒素萃取的夹带剂效应显著，以丙酮为夹带剂，对红色素萃取的夹带剂效应显著，有利于色素的萃取。采用夹带剂时萃取可在19～20MPa操作，比纯CO_2流体萃取所需压力低，而且经济，操作也方便。朱仁发等[84]通过综述夹带剂在烟草的超临界流体萃取中的应用指出，夹带剂的应用可大大拓宽超临界萃取烟草中有效成分的应用范围，特别是当被萃取组分在超临界溶剂中的溶解度很小时，夹带剂的应用则显得非常有效。

夹带剂对超临界流体萃取过程的强化技术已广泛应用于轻工、化工、医药、食品、环保等许多领域的研究，而且都取得了很好的效果：在超临界状态下，咖啡因、茶多酚的萃取；用水-乙醇作夹带剂从甘草中萃取甘草素、异甘草素、甘草查耳酮；一些天然色素如类胡萝卜素、姜黄色素和叶绿素的提取；脂类物质的提取，如从米糠中萃取米糠油，从鱼油中萃取EPA和DHA，提取真菌中的EPA，蛋黄粉中的卵磷脂、花生油的萃取，提取啤酒花浸膏；在医药上，从藏药“生等”中萃取墨沙酮成分，从光菇子中萃取秋水仙碱，从藏药雪灵芝中萃取总皂苷及多糖，萃取马钱子中士的宁、银杏叶中的银杏内酯等有效成分；在食品上，提取食品的有效成分；环保上萃取有害金属污染物和有机污染物等。

夹带剂的应用可大大拓宽超临界流体萃取的应用范围，特别是当被萃取组分在超临界溶剂中的溶解度很小或需要高度选择性萃取时，夹带剂的应用是非常有效的，但夹带剂的应用会使已经复杂的高压相平衡理论更加复杂化，这就要看夹带剂所带来的好处能否弥补这一不足。

二、超声场强化

1. 超声场对物质的作用机制

超声波是一种频率为 2×10^4 ～ 10^9Hz 的声波，由一系列密集的纵波组成。当它在物质介质中传播时，会引起介质中颗粒的机械振动，从而引起与介质的相互作用。超声与介质的相互作用可以改变超声的相位和振幅，改变介质的状态、组成、结构和功能。这种变化称为超声波效应。超声与介质的相互作用可分为三种类型：热作用机理、机械作用机理和空化作用机理。

热作用机理是指超声波在介质中传播时，其振动能量不断被介质吸收并转化为热能，使介质温度升高。这种加热效果可以达到与其他加热方法相同的效果，因此称为热作用机理。当强度为 I 的平面超声波在声压吸收系数 α 的介质中传播时，作用于单位体积介质中的超声波产生的热量为 $Q=2\alpha It$。

当频率较低、吸收系数较小、超声时间较短时，超声效应没有明显的热变化。此时，超声效应可以归结为机械作用机理，即超声效应来自代表声场的机械量的贡献。由于超声波也是机械能传递的形式，所以在超声波传播过程中的机械量，如原点位移、振动速度、加速度和声压等，都可以表达超声波的效果。在传播过程中，超声波能使介质中的颗粒进入振动状态，从而增强液体介质中颗粒的运动，加速传质，称为机械作用机理。

不同于热能、光能和电能，超声能和物质有着独特的作用形式——超声空化。所谓超声空化是指在超声场作用下，液体中的微气核（空化核）在振动、生长、溃灭和闭合等一系列动态过程中的声能聚集方式。声波在介质中传播时，在压力波作用下，液体中分子的平均距离随分子的振动而变化。如果声强足够大，使液体上的负压足够大，那么介质中分子之间的平均距离就会增加到超过极限距离，从而破坏液体结构的完整性，导致空化。一旦形成空腔，分子距离将继续增加，直到负声压达到最大值。然而，在连续的正声压阶段，这些空腔将再次被压缩。因此，一些空化气泡将进入连续振荡状态，而另一些空化气泡将完全崩溃。当气核积聚足够能量崩塌闭合时，会产生局部高温高压。

根据对声场的响应程度，超声空化可分为稳态空化和瞬态空化两种。稳态空化是一种长寿命的气泡振动。它通常发生在低声强（小于 $10W/cm^2$）下。气泡溃灭和闭合所产生的局部高温和高压并没有瞬态空化所产生的高温和高压那样高，但它能引起超声流动。瞬态空化通常发生在较高的声强（大于 $10W/cm^2$）下。并在 1 ～ 2 个周期内完成。在空化气泡强烈收缩和溃灭的时刻，当空化气泡中的气体或蒸气被压缩时，会产生 5000℃高温和 50MPa 局部高压，并伴有发光、冲击波，水溶液中会产生自由基羟基。超声空化研究表明，气泡在液 - 固界面附近坍塌时，微射流会破坏固体表面或使微固体颗粒高速碰撞。

2. 超声场对超临界CO_2流体萃取的强化作用

超声强化萃取在食品、医药、化工、生物工程等领域得到了广泛的研究。如超声波强化提取其他植物油显著提高了提取效果[85]。从花生中提取花生油，频率为400kHz、强度为6.5～62W/cm^{2}的超声波，可使花生油产量提高2.76倍。梁汉华等[86]采用低频超声处理豆浆和豆渣，可有效提高蛋白质和固体的提取率。通常采用乙醇回流法在室温下提取岩白菜素，在超声波的作用下，可在一半的提取时间内获得50%以上的提取率。有效的传质和细胞破裂已被证明是萃取率提高的主要原因[87]。超声强化提取技术应用在中草药有效成分提取分离中，具有提取时间短、提取率高等优点。在生物工程的应用方面也有成功的例子[88]。例如，超声波在19.2kHz和3.34W/cm^{2}的条件下，可以在45min内成功地提高提取率，在不使用超声波的情况下，150g反刍动物胃中只能提取30.60g酶，而超声可提取47.81g酶。与常规方法相比，蛋白酶活性略有提高。

超声可以强化普通流体的萃取分离，其强化效果主要来自超声空化。超声波的机械和热效应也会在一定程度上起作用。超声空化产生湍流效应、微扰效应、界面效应和聚能效应，其中湍流效应使边界层变薄，提高了传质速率；微扰效应增强了微孔扩散；界面效应增大了传质表面积；聚能效应激活了分离物分子，从而提高了整个萃取分离过程的传质速率和效果。

超声波还可以强化超临界流体的萃取过程。Li等[89]使用60W/L超声波强化复方丁香肉桂挥发油的超临界CO_2萃取，将挥发油得率提升至11.60%。Tang等[90]使用超声波强化超临界CO_2萃取，在不破坏茶叶结构的前提下，成功去除了茶叶中的咖啡因。李卫民等[91]试验表明，超声强化超临界流体萃取大黄总蒽醌提取率（66.5%）明显高于单独的超声和超临界流体提取。肖飞等[92]研究表明，在丹参酮提取率相同的情况下，超声强化超临界CO_2萃取与单独使用超临界CO_2萃取比较，萃取压力由25MPa降低至18MPa，萃取时间由2h缩短至1.5h，超声强化超临界CO_2萃取有助于降低能耗、提高活性成分的提取效率。Riera等[93]使用超声强化超临界CO_2萃取，将杏仁油提取率提高了20%。方瑞斌等[94]研究了超声强化超临界流体萃取紫杉醇的工艺。结果表明，用超临界流体从红豆杉树皮中提取紫杉醇的时间和CO_2消耗量是超声强化超临界流体提取的近3倍。在1.1%紫杉醇提取物样品的提取实验中发现，对于高含量样品，超声强化超临界流体萃取可快速达到100%的提取率，而单纯超临界流体萃取在3倍时间和3倍剂量下只能达到41%的提取率，充分显示了超声强化超临界流体萃取的优越性。在超声波强化超临界流体萃取树皮的过程中，紫杉醇的浓度一次浓缩67倍，高效、快速、无毒。与传统溶剂法相比，大大降低了提取时间、物耗和能耗，提高了提取的选择性，在紫杉醇工业生产中具有广阔的应用前景。

虽然超声波可以强化超临界流体的萃取过程，但其强化机理尚无定论，有待进一步探讨。陈钧等[95]对超声强化超临界流体萃取小麦胚芽油进行了实验研究。结果表明，超临界流体超声提取麦胚油后，麦胚油的提取率可提高10%左右，且不引起麦胚油的降解。超临界流体具有很大的可压缩性，压力远大于声压的振幅，不会引起麦胚油的降解，这与传统流体中的空化现象及其作用类似，它是由于系统的压力波动和超声波场引起的流体颗粒的快速振动，破坏颗粒表面的保留膜，对颗粒内部的分子扩散形成“微搅动”效应，从而加强萃取传质过程，提高萃取收率。

3. 超声场强化萃取过程的机理

与超声场强化过程的技术研究相比，超声场强化过程的机理研究尚处于初步阶段，大多处于定性讨论阶段。一方面，物理学家明确提出，超声场的介入不仅起到热能、光能、电能等能量形式的作用，降低了过程的能量屏障，而且声波由于独特的相互作用形式，可以成为过程强化的一种非常有效的手段。这一结论为人们加深对超声场的认识，探索超声场强化分离过程的机理提供了依据。另一方面，由于学科的局限性，对这种机理的讨论往往只是从物理学的角度出发：

（1）研究超声波场参数（波长、频率和强度）对系统物理性能的影响，分析系统物理性能变化引起的工艺强化效果。

（2）研究水溶液体系中的超声空化现象，如热效应（局部高温、高压和系统整体上升）、力学效应（系统中的声射流、冲击波和微射流）、光效应（声致发光）、活化效应（水溶液中产生的羟基自由基）等。根据研究结果，对其他工艺的强化机理进行进一步的解释研究。

（3）超声与物质的相互作用类似于热的输入，它模拟了热输入对过程自由能的影响，并推断过程强化与能量的关系。这些研究的进展是非常有益的，但还需要进一步深化。缺点在于它更注重评价超声场强化分离过程的宏观效果，局限于定性讨论阶段；更注重分析超声场本身的特性，而对于分离过程中涉及的多组分和多相流动系统的复杂性以及超声场在这类系统中的作用和影响还不够深入。

应强调的是，对化学分离过程中超声场介入强化机理的研究，必须立足于分离过程的实际特点，正确把握声能与物质之间独特的相互作用形式，分析超声场在化学分离过程中的附加效应，从化学工程的角度出发，使研究有明确的目标，不断深化，起到指导作用。

秦炜等[96]对国内外超声强化化学过程进行了广泛的文献研究，对超声强化分离过程进行了实验研究。根据固 - 液萃取分离系统的传质特性，分析了声能与物质的相互作用形式。研究发现，物理学家提出的超声的四种效应（热效应、力学效应、光学效应和活化效应）与分离过程的强化方式并不一一对应。超声场对分离过程的增强作用必须根据分离过程本身的特点进行重新排列和划分。结合固 - 液萃取和液 - 液萃取的传质特性以及对超声波化学效应的研究，秦炜等细分了超声场强化分离过程中的四个附加效应（湍流效应、微扰效应、边界效应和聚能效应），以加深对超声场强化分离机理的认识。

以固-液体系为例，超声空化产生的声射流和冲击波会引起宏观湍流和固体颗粒的高速碰撞，使边界层变薄，增加传质速率，称为“湍流效应”；超声空化的微扰作用可以强化固-液传质过程的“瓶颈”，即微孔扩散，称为“微扰效应”；超声空化微射流产生了新的活性表面，增大了传质的表面积，称为“界面效应”；超声空化能量聚结产生的局部高温高压，会破坏并激活被分离物质与固体表面分子之间的结合键（如氢键），实现传质，称为“聚能效应”。

显然，深入了解超声场强化分离过程的机理，掌握声能与物质的相互作用形式，分析超声场强化分离过程的附加效应，具有十分重要的意义。该领域的工作包括：继续开展超声场增强超临界流体萃取过程的实验研究，总结超声场与系统（介质环境）的关系以及超声空化的产生，通过实际系统或模拟系统的实验研究，探讨超声场特征参数的变化对分离系统的物理性质、过程中的传质速率、固-液界面平衡和萃取速率以及热能、机械能等的影响，逐一验证附加效应的影响，建立超声场特性参数与系统物理性能及附加效应的对应关系。在此基础上，真正掌握超声场强化分离过程中声能与物质的相互作用形式，加深对超声场强化分离过程机理的认识，指导寻找有效可行的工艺强化途径。

三、电场强化

电场强化萃取技术是近年来研究开发的一种新型高效分离技术。它也是静电技术和化学分离的交叉前沿。20世纪80年代以来发展迅速，具有潜在的工业市场。通过对液滴在电场中两相流动行为的研究，发现电场强度和交变频率对液滴聚合和分散有重要影响。电场的增强可以提高萃取设备的效率，降低能耗几个数量级。此外，由于电场具有多个可变参数，易于计算机控制，能有效地控制和调节过程。因此，电场提取技术的发展和完善将促进提取设备概念设计的飞跃[97]。但目前仍处于实验室开发阶段，存在防止高压击穿、寻找有效介质材料、限制有机相连续运行和设备放大等几个重要技术难点。但随着高新技术和材料科学的发展，人们相信这些问题将得到解决，从而实现电场强化萃取技术的产业化。

在超临界状态下，电场也可以增强萃取过程。宁正祥等[98]用高压脉冲电场强化超临界流体萃取荔枝核精油。当萃取率低于80%时，高压脉冲电场能显著提高萃取率。当萃取率大于85%时，高压脉冲电场的影响不显著。这是因为：从植物组织中提取挥发油的效率，本质上取决于提取溶剂与植物细胞膜磷脂和脂质体的接触、挥发油的互溶速率和溶剂系统通过细胞壁的传质速率。当细胞壁与脂质双分子极性表面之间存在连续水体系时，由于连续水体系的阻隔作用，溶剂的萃取效率很低。当含水量降低到单一分子层时，任何引起膜损伤的因素都能显著提高精油的提取效率。在细胞脂膜中，结构物质几乎是偶极或带电子，分子运动主要是侧流，因此很难观察到跨膜旋转。在脉冲电场中，随着电场的旋转，膜结构分子的取向电阻与水分子的取向电阻有显著差异。在一定条件下，高压脉冲电场的电能主要积聚在细胞膜系统中。生物膜结构的不均匀性，特别是膜蛋白的半导体性质，使得生物膜具有动态的“导通”点。在高压脉冲电场中，这种传导能使膜上积累的能量瞬间高强度释放，使膜系统发生故障。在高压脉冲放电过程中，气体等离子体爆炸产生的强烈冲击波会破坏各种亚细胞结构，使细胞器和细胞膜崩塌。因此，当细胞内有连续完整的水分子层时，高压脉冲电场能显著提高萃取溶剂与膜脂等精油组分的相互溶解速率和通过细胞壁的物质的传质能力，从而提高萃取效率。

四、微波强化

微波是一种频率为300MHz～300GHz的电磁波，具有波动性、高频性、热特性和非热特性。在微波场的作用下，离解物产生的离子沿一定方向流动形成离子流，在流动过程中与周围的分子和离子高速摩擦碰撞，使微波能转化为热能；对于液体极性分子，分子以每秒24.5亿次的速度改变正负方向，导致分子间高速摩擦碰撞，产生高热。微波加热是通过分子极化和离子导电性的影响对物质进行直接加热。因此，分子的极性越大，释放的热能就越多。在一定频率下，加热的速度越快，对于非极性分子，加热不受微波的影响。

微波强化萃取的基本原理是利用微波能量作为溶剂样品加热的热源。由于微波对物质（即分子极化和离子导电性）的特殊影响，不同的物质由于其介电常数的不同而具有不同程度的微波能量吸收，产生和传递到周围环境的热能也不同。在微波场中，由于微波吸收能力的不同，使得萃取系统中某些基体材料或组分的某些区域被选择性加热，这使得固体或半固体样品中的一些有机成分有效地从基体材料中分离出来，进入介电常数小、微波吸收能力相对较差的萃取剂中。因此，微波萃取或微波强化萃取是一种高效的萃取新技术。

当微波作用于含有极性分子的材料时，会产生热效应，使温度迅速升高，从而增加扩散系数。微波还可以对固体表面的液膜产生一定的微“扰动”，使其变薄，降低扩散过程中的阻力。另外，微波能对细胞膜产生一定的生物效应，使细胞内温度突然升高，压力增大。当压力超过细胞壁的容量时，细胞壁破裂，有效地打破了细胞壁的势垒，将细胞内的物质从细胞中释放出来，转移到溶剂中并溶解在周围。因此，微波辅助萃取可以增强萃取过程。

1984年，Joos等[99]首先报道了在开放式微波系统中以微波为热源对生物样品进行湿法灰化，而后大部分工作集中在微波酸消解[100]。在20世纪80年代末，Ganzler等[101]首次报道了利用家用微波炉提取有机物。1995年前后，一种专门用于有机样品提取的微波制备系统正式出现[100]。商用微波制备系统的出现，促进了微波萃取和微波强化萃取技术的快速发展和应用。微波强化萃取技术是 20 世纪 90 年代后在国际上发展起来的一种新的萃取技术，具有许多其他方法无法比拟的特点：

（1）由于热传导和辐射引起的热损失，普通加热的热效率较低。微波加热利用分子极化或离子导电效应直接加热物质，具有较高的热效率。同时，微波萃取一般是在特定的封闭系统中进行，内部加热均匀，萃取效率大大提高。此外，微波萃取可以通过时间、温度和压力来控制，以确保有机物在萃取过程中不会分解。

（2）微波强化萃取可以减少溶剂的用量，加快萃取过程。在提取过程中，目标一般处于一个封闭的系统中，在相同的条件下可以同时提取多个样品 [102]。

（3）在微波样品制备系统中进行微波发生和样品提取。微波能可用于制备样品，按工艺可分为封闭式（可控温度、压力）和开放式，又称压力微波提取和聚焦微波提取 [103]。在聚焦微波萃取系统中，溶剂的温度受大气压和溶剂沸点的限制；在压力微波萃取系统中，溶剂的温度可以通过压力调节来控制。当压力固定时，可以通过控制提取功率和时间来选择最合适的提取温度，使得目标不仅可以保持原始形状，而且可以获得最大的提取效率。同时，压力微波萃取系统更适合于挥发性化合物的萃取。封闭萃取技术可以减少萃取过程中目标化合物的损失，降低萃取率 [104]。因此，压力微波萃取法应用较为广泛，但萃取后需要冷却系统，增加了总萃取时间。

为了准确、完整地提取目标产物，采用微波提取或微波强化提取时必须考虑以下因素：

1. 萃取溶剂

微波萃取或微波强化是利用微波能量提高萃取效率的新技术。不同物质具有不同的介电常数和吸收能力，因此萃取溶剂的选择对微波萃取或微波强化萃取有着非常重要的影响。溶剂的选择应考虑以下几个方面：

（1）溶剂应具有一定的极性；

（2）溶剂对待分离组分具有较强的溶解能力；

（3）溶剂对后续提取组分的测定干扰较小。对于超临界 CO_2 等非极性溶剂，必须加入极性溶剂夹带剂以提高其介电常数。

2. 萃取温度、时间、溶剂体积、样品量对微波萃取强化萃取的影响

萃取温度应低于萃取溶剂的沸点，不同物质的最佳萃取温度不同。微波萃取时间与被测样品量、溶剂提取和加热功率有关，一般情况下为 10 ～ 15min。对于不同的物质，最佳萃取时间不同。但是由于微波萃取或微波强化萃取速率通常很快，萃取时间对萃取效率的影响不显著。萃取回收率随萃取时间的延长有所增加，但增加幅度不大，可以忽略不计，而它随温度升高而增加的趋势仅表现在不太高的温度范围内。

3. 影响微波萃取或微波强化萃取的其他因素

从固体或半固体样品中进行萃取是一个复杂的过程，该过程可简化为五步：

（1）目标物从样品基质的活性点解吸；

（2）目标物扩散到整个样品基质；

（3）目标物在萃取溶剂中的溶解；

（4）目标物在溶剂中扩散；

（5）目标物的收集。

因此，目标物的有效萃取不仅与溶剂有关，还与样品基质的性质有关。

采用微波萃取或微波强化萃取在国内外有很多成功的范例。余先纯等[105]采用微波强化超临界CO_2萃取技术萃取柚皮果胶，在优化条件下，相比微波辅助水浴加热提取法的果胶得率高6.52%。Ma等[106]通过微波辅助/超临界流体萃取技术分别提取了茶叶籽油、杜仲籽油，两种方法均能获得优于传统方法的提取效果。在微波作用下，从矿石中回收Ni、Co、Mn，用三氯化铁溶液提取铜矿石、铜精矿中的Cu，方铅矿中的Pb，闪锌矿中的Zn，红土矿选择性氧化提取Co、Ni，硫酸提取钛铁矿、铝土矿等，结果均表明，在相同温度、压力、粒度、液固比、溶剂浓度条件下，微波辅助提取较传统加热方法反应速率快，节能，并使劳动强度、工作环境得到改善[107]。张嘉芷等[108]用微波萃取法制备了优质的速溶绿茶、花茶和红茶，不仅保护了颜色，而且其风味几乎与泡茶没有差异，尤其是银杏叶保健茶的试验中，用微波萃取银杏叶只需4min，相当于传统热浸提时间的1/60，而且产品品质好，得率高。沈平嬢等[109]用微波辅助浸取丹参酮也取得了较为理想的结果。贾贵儒等[110]用二氯甲烷从缬草中萃取精油，微波辐射溶剂萃取所用时间仅为温箱溶剂萃取时间的1/20，萃取量却超过温箱溶剂萃取量。陈翠莲等[111]在萃取预混合饲料中的维生素A、D和E时，比较了磁力搅拌萃取和微波萃取等萃取方法，结果表明，微波萃取的回收率最好，萃取时间最短，仅需5min，而磁力搅拌萃取需150min。由业诚等[112]用微波辅助萃取技术萃取大蒜有效成分，并与传统法进行了比较，证明该法具有时间短、产率高、操作简单、节约能源等优点。其萃取效率是索氏萃取的1000多倍，能源节约600倍。微波强化萃取过程还应用于环境分析，生化分析，食品分析，化工分析，天然产物以及挥发油、醇类物质等的提取[113]。

第五节 超临界流体萃取技术的应用

目前，超临界流体萃取技术作为发展迅速、应用广泛的一种分离技术手段，不仅能够选择性提取有效成分或去除有害物质，且易从产品中实现清洁分离，现已经广泛应用于天然产物提取、医药、食品、环境保护等多个领域[3]。利用超临界流体技术这一独特的技术手段，能解决许多传统分离技术不能解决的难题。不仅如此，超临界流体萃取技术顺应了时代发展的主潮流，为环境保护和可持续发展做出了卓越贡献[114]。

一、天然产物的提取

由于超临界 CO_2 流体萃取操作条件温和，萃取时免去大量供热来保持体系温度，因此能大量节约能耗。对于天然产物进行萃取时，由于操作温度接近产物生长环境的温度，加上二氧化碳的惰性保护作用、无毒无害、无有毒物质残留，因而可以最大限度地保证产品的天然品质。同时，二氧化碳不能燃烧，所以无需像通常的溶剂萃取那样要使用防爆设备[115]。

种类繁多、生产量小的天然香料能极大程度地改善人民生活水平。超临界二氧化碳流体萃取过程具备的独特优势：操作条件温和、CO_2 无毒、无残留，使其尤其适用于分离提纯不稳定的天然产物和生理活性物质。为了保有人工调制不能实现的天然香料独有的自然、舒适的香气和香韵，对天然香料的分离提纯历来都是强调保留各种天然香料特有的香味，尽量减少分离过程对香气成分的破坏和微量成分的丢失，以期制备具有天然香料植物香气的浓缩香料产品[116]。

传统的天然香料的提取方法包括榨磨法、水蒸气蒸馏法、挥发性溶剂浸提法和吸附法等[117]。过去大多数都采用水蒸气蒸馏法来获得有关产品。植物所特有的香味的表现不是由一种化合物决定的，而是由上百种化合物复杂的相互作用而构成的。尽管在许多传统提取方法中使用多种手段来控制温度，但香料成分仍避免不了经受加热处理的处理工艺。如水蒸气蒸馏温度过高，又有水存在，容易导致产品的受热分解、水解和水溶作用等发生，加热可能造成天然香料中某些热敏性或化学不稳定性成分被破坏，改变天然香料的独特香味从而降低产量和产品的质量。

据报道，天然香料的超临界二氧化碳流体萃取无论在大量品种筛选研究方面，或是某些品种研究深度上都是处于各应用领域前列[118]。在日本、欧美等发达国家和地区，天然香料的超临界二氧化碳流体已有不少品种走向工业化应用阶段。表 4-12 统计了国外已实现工业化规模的超临界二氧化碳流体萃取装置和萃取对象的情况。

表 4-12　国外超临界二氧化碳流体萃取工业化的部分情况[119]

国家	公司	萃取对象	设备规模	投产时间
意大利	FEDEGARI	萃取香精油	300L×1	1990 年
日本	武田药品	药品脱溶剂	1200L×1	1989 年
日本	长谷川香料	香料、精油、中药	500L×2	1989 年
日本	高砂香料	天然香料	300L×2	1989 年

续表

国家	公司	萃取对象	设备规模	投产时间
日本	茂利制油	合成风味剂、色素	500L×1	1988 年
日本	制铁化工社	生产干松鱼味产品	50L×2	1985 年
日本	Yasuma	辣椒色素和香料品	100L×2	1984 年
日本	富士香料	天然调味品、色素	300L×2	1988 年
日本	富士香料	烟草、食品香料	200L×1	1984 年
美国	超临界流体	天然香料、调味品	1000L×2	1988 年
美国	法伊查	萃取啤酒花香精	10t×6	1988 年
美国	海牙	脱咖啡豆中咖啡因	20000t/a	1979 年
美国	花少	天然香料	100L×4	—
德国	Flave	天然香料	600kg/d	—
德国	SKW	天然香料、咖啡	500t/a	1982 年
英国	弗尔顿	天然香料	500L×3	1982 年
法国	法伊查	天然香料、色素	100L×4	1981 年

室温操作的超临界二氧化碳流体萃取保护了植物中部分不稳定的香气成分，所以成为了传统的提取手段的理想替代方法。芳香成分的二氧化碳流体萃取，一般使用液体二氧化碳或低压下的超临界二氧化碳流体，萃取物的主要成分为精油。若在超临界条件下精油和特征的呈味成分可同时被抽出，而且由于植物精油在超临界二氧化碳流体中的溶解度很大，与二氧化碳几乎能完全互溶，因此精油可以完全从植物组织中被抽提出来，加之超临界二氧化碳流体对固体颗粒的渗透性很强，使萃取过程不但效率高，而且与传统工艺相比具有较高的收率。

1. 烟草香料的萃取

香味是烟草制品的重要质量指标，由于超临界流体萃取技术具有传统提取方法无法比拟的高纯度、全天然、无溶剂残留和无污染等特点，现今已被广泛应用于从烟草中提取无污染的天然活性物质，如烟碱、茄尼醇、绿原酸等[120]。

用超临界流体萃取可以从烟草中获得与天然原材料相近的香精，将它添加到卷烟中可以补增香气，而且有诱发烟草本香的功效，从烟末中提取精油，也可以充分利用废料。李继睿等[121]利用超临界流体萃取技术对从野菊花中提取绿原酸的工艺进行了研究和改进，探究了一系列操作条件如压强、时间、温度等对超临界萃取绿原酸工艺提取率的影响。通过正交试验对工艺参数进行优化，并用紫外分光光度法测定了提取液中绿原酸的含量。研究表明，以水为助提剂，在压强 25MPa 和温度 50℃条件下萃取 3h 可得到较高提取率（0.4883%）。杨靖等[122]研究了用超临界二氧化碳流体萃取技术从烟叶中提取烟碱的高效工艺条件，研究表明，在原料粒度为 40 目、含水量 25%、分离釜压力 4 ～ 5MPa 和温度为 40℃条件下，在压力 30MPa

和温度50℃下萃取2h可获得萃取率为2.92%的烟碱产物。钟玲等[123]研究了超临界CO_2萃取金银花叶的工艺条件，利用GC-MS对挥发性产物进行了研究，确定最佳萃取工艺为萃取压力30MPa，温度50℃，分离釜Ⅰ压力6MPa、温度50℃，分离釜Ⅱ压力6MPa、温度45℃。张春涛等[124]用烟草为原料，用响应面法（RSM）优化了超临界CO_2萃取烟草精油的工艺，用GC-MS对精油化学成分进行分析得到了优化后的萃取条件为在压力26.4MPa和温度38℃下萃取56min，最终能得到烟草精油收率0.73%。

2. 柑橘香气成分的萃取

柑橘类果汁和精油的提取具有重要的价值。在柑橘加工工业中，主要问题是如何生产具有自然香气的果汁和减少不希望的杂质，如因加热造成的气味以及苦味。柑橘精油是柑橘加工过程中重要的副产品，主要来源于柑橘类的外皮，是一种重要的天然精油，目前全世界需求量每年达到9000t。通常的提取方法是冷磨、冷榨和蒸馏法，其中以冷磨法油品最佳，一般精油的收率为0.2%～0.5%[125]。应用超临界流体提取柑橘精油已有报道，超临界二氧化碳流体萃取法从柠檬果皮中萃取精油，控制压力和温度为30MPa和40℃，精油的得率达到0.9%。与冷榨相比，超临界流体萃取的产物中含有较多的萜品醇、橙花醇和香叶醇，含较少的柠檬醛等醛类[126]。两种方法得到的产品对比见表4-13。

表4-13　柠檬果皮超临界流体萃取和冷榨法产物对比表[127]

香气成分	超临界流体萃取/%	冷榨法/%
单萜烯	92.40	95.00
香茅醇	—	0.40
柠檬烯	2.90	1.20
橙花醇	0.80	0.01
香叶醇	1.30	0.03
橙花醛	0.30	1.20
柠檬醛	0.20	1.15
萜品醇	1.20	0.25
橙花醇乙酸酯	0.45	0.40
香叶基乙酸酯	0.45	0.36

超临界流体萃取技术的另外一个应用是精油脱萜。植物精油的主要成分为萜烯类、高级醇类、醛类、酮类、酯类等含氧化合物。真正对精油香气具有决定性影响的是其中所含的醛、醇、酯、酮和有机酸等含氧化合物。但大规模工业化生产得到的冷榨柑橘精油中萜烯的含量高达95%，但对精油香气几乎没有贡献，反而由于萜类多以不饱和烃类为主，对热和光不稳定，在空气中极易氧化变质而影响精油品

质，因此有些精油在应用中都需要预先脱萜浓缩[128]。

此外，超临界流体萃取技术也常用于水果、蔬菜汁的提取浓缩，以极性较小的超临界二氧化碳作为萃取剂，能有效溶解果汁中的醇、酮、酯类等有机物，因而适用于水果汁和蔬菜汁的香味浓缩，不仅安全无毒，而且没有溶剂残留，且得到的产品富含含氧成分，香气风味俱佳。超临界流体针对柑橘汁中的苦味以及某些新鲜的蔬菜汁中的怪味脱除也非常有效。柑橘汁的苦味主要来源于其中的柠檬碱，使用超临界二氧化碳流体萃取法在压力为 21 ～ 41MPa、温度为 30 ～ 60℃的条件下，可在 1h 内将柠檬碱减少 25%，萃取 4h 后可将柠檬碱减至苦味阈值 7×10^{-6} 以下，是一种有希望的果汁脱苦的方法[129]。

3. 芹菜籽精油的萃取

芹菜，又名旱芹，是一种一年生或两年生草本植物，其鲜品、干品和种子均可药用。芹菜籽油具有防治心血管疾病的药理作用，同时也具有清新香气，可作为食品、化妆品及皂用香精的香味剂[130]。水汽精油主要产于印度和中国，法国、荷兰、匈牙利也有生产。精油为金黄色透明油状液体，有芹菜籽香味，液体二氧化碳萃取芹菜精油香气比水蒸气蒸馏法更接近天然芹菜籽的香气，香气浓烈持久，有极少的萜烯气味。两种方法得到的产品的物理性质对比如表 4-14 所示。采用乙醇（90%）与萃取剂按一定比例混合，超临界流体与乙醇的体积比为 1 ∶ 9，而采用水蒸气蒸馏法中水蒸气与乙醇的体积比为1 ∶ 6。两种方法得到的产品组成成分如表4-15所示。

表 4-14　超临界流体与水蒸气蒸馏法得到的产品物理性质对比[131]

性质	超临界流体萃取	水蒸气蒸馏
相对密度	0.930 ～ 0.970	0.866 ～ 0.916
折射率	1.475 ～ 1.495	1.478 ～ 1.498
旋光度 /（°）	+25 ～ +45	+40 ～ +80

表 4-15　超临界流体与水蒸气蒸馏法得到的产品组成成分对比[131]

编号	化合物	超临界流体萃取法质量分数 /%	水蒸气蒸馏法质量分数 /%
1	α- 蒎烯	—	0.05
2	β- 蒎烯	0.19	1.16
3	月桂烯	0.97	4.38
4	柠檬烯	14.88	51.90
5	罗勒烯	0.02	0.07
6	芳樟醇	0.02	0.06
7	1,8- 萜二烯氧化物	0.01	0.08
8	苯基戊烷	0.33	0.79

续表

编号	化合物	超临界流体萃取法质量分数 /%	水蒸气蒸馏法质量分数 /%
9	二氢香芹酮	0.02	0.07
10	对薄荷 -6,8- 二烯 -2- 醇	0.01	0.06
11	反香芹醇	0.03	0.13
12	顺香芹醇	0.02	0.06
13	香芹醇	0.02	0.06
14	反乙酸桧酯	0.02	0.09
15	顺乙酸时芹酯	0.03	0.07
16	1- 苯基 -1- 戊酮	0.02	0.12
17	β- 榄香烯	0.04	0.07
18	β- 石竹烯	0.21	0.27
19	α- 石竹烯	0.03	0.05
20	α- 芹子烯	1.82	2.17
21	β- 芹子烯	17.59	20.76
22	石竹烯氧化物	0.21	0.25
23	正丁基苯并呋喃酮	5.49	2.68
24	1- 未知苯并呋喃酮	0.08	0.06
25	2- 未知苯并呋喃酮	0.03	0.07
26	3- 正丁基 -4,5- 二氢苯并呋喃酮	22.39	9.89
27	瑟丹内酯	28.84	2.50

超临界流体萃取精油和水蒸气蒸馏法萃取得到的精油气相色谱数据表明，超临界流体萃取得到的精油主要是由苯并呋喃酮类化合物组成，含量高达 56.8%。而水蒸气蒸馏法得到的精油中的苯并呋喃酮化合物只含 15.2%，其主要成分为单萜烯，约占整体的 57.6%。苯并呋喃化合物是芹菜特征香气的关键组分，因此这种组成差异导致两种方法获得的精油在香气品质上有着显著的不同，且从数据结果表明，采用超临界流体萃取得到的精油更接近芹菜的本征香气。

二、中药有效成分提取

中药为我国传统医药，中药资源是我国劳动人民长期同疾病斗争的经验总结，是我国劳动人民智慧的结晶。中草药的药用部分很广泛，总体上来讲，地上和地下部分均可入药，如根及根茎、茎、皮、叶、花、果实、种子和全草等，从而形成了中草药的浩瀚天然药库。中药的成分大致可以分为亲脂性成分（极性小）、亲水性成分（极性大）和介于中间的中等极性的成分。进一步可以分为：糖类、氨基酸、蛋白质、酶、有机酸、黄酮、皂苷、油脂、色素、鞣质、生物碱、萜及挥发油等[132]。

由于很多天然药物中的很多有效成分是不耐热、不耐酸、不耐碱的，在传统的提取方法中有效成分易损失，而超临界流体萃取技术具有提取速率高、选择性强、操作温度低、无毒、无溶剂残留、溶剂可循环使用以及对天然植物中活性成分和热敏性成分破坏少等优点，因此超临界流体萃取技术在医药领域运用很广泛[133]。

1. 生物碱的提取

生物碱主要是指来源于生物的含氮有机化合物。然而，实际上生物碱并不包括氨基酸、肽类（肽类生物碱除外）、蛋白质等含氮化合物，大部分生物碱化学结构复杂，多有复杂的含氮杂环结构，绝大多数具有显著的生物活性，可用于防治多种疾病，有益于血管和神经系统。

生物碱主要分布在双子叶植物中，并较为集中地分布于罂粟科、夹竹桃科、毛茛科、豆科、马钱科、茄科等。在较为常用的四百多味源于植物本草的中药中，至少有四十多味含有生物碱，而且大多数是重要的活性成分[134]。生物碱的生物活性是多方面的，已用于临床的约有数十种，如吗啡是很好的镇痛药，利血平是常用降压药等。特别是近几十年来在研究抗癌药物的过程中，发现了一些生物碱有较好的抗癌作用，如长春新碱、美登木碱、紫杉醇等，有的已经用于临床[135]。

大多数生物碱以有机酸盐、无机酸盐、酯、苷等的形式存在于植物体内，但由于超临界二氧化碳流体对生物碱溶解度较低，一般要先用碱性试剂进行预处理使结合的生物碱游离出来，从而提高溶解度和萃取率[136]。大部分生物碱是极性的，因此利用超临界二氧化碳流体提取时一般要加入甲醇、乙醇、丙酮、氯仿等夹带剂来提高提取效率[137]。因此，超临界二氧化碳流体萃取法目前对大多数生物碱的提取尚不是一种很有效的方法，但基于其可大大减少酸或碱性试剂的用量及具有较高的提取效率，仍值得进一步的深入研究。部分超临界二氧化碳流体萃取生物碱的实例见表 4-16。

表 4-16　中草药中生物碱的超临界二氧化碳流体提取实例[138]

科属	名称	药用部位	有效成分
爵床科	马蓝	枝或枝叶	靛玉兰
蓼科	蓼蓝	枝或枝叶	靛玉兰
十字花科	菘蓝	枝或枝叶	靛玉兰
罂粟科	延胡索	块茎	延胡索乙素
茄科	洋金花	花	东莨菪碱
马钱子科	马钱子	种子	士的宁
百合科	光菇子	鳞茎	秋水仙碱

王颖滢[139]对超临界二氧化碳流体萃取荷叶总生物碱工艺进行了研究，传统的溶剂提取一般都采用氯仿，整个过程烦琐耗时且污染环境，对实验人员的健康会造成一定影响。实验采用超临界二氧化碳流体萃取技术研究荷叶总生物碱的提取工艺条件。以萃取温度、萃取压力、夹带剂流速、萃取时间为工艺参数，通过单因素试验和正交试验相结合的方法，最后确定出最佳工艺参数，且荷叶总生物碱的收率较高。佟若菲等[140]对黄连中生物碱的超临界二氧化碳萃取工艺进行了研究，黄连中生物碱的提取方法多采用醇提法，但存在溶剂残留且收率低的问题，醇提法时间相对较长，会造成易氧化成分的破坏。其研究了黄连中生物碱的超临界二氧化碳萃取工艺。采用单因素和正交试验的方法，考查了萃取压力、萃取温度、萃取时间和物料粒度等因素对黄连中生物碱超临界二氧化碳萃取物得率的影响，确定了最佳萃取工艺条件：萃取温度60℃，萃取时间1.5h（明显缩短），此条件下黄连中生物碱萃取率高、稳定、准确且重现性好。

卢琴芳等[141]用微波联用超临界CO_2萃取技术提取三七生物碱，对乙醇浓度、浸泡时间、微波辐照时间等条件进行了单因素研究，得出优化工艺条件为乙醇浓度90%、浸泡时间10h、微波处理2min。张玉红等[142]研究了从黄檗树皮中用超临界CO_2萃取获得小檗碱的工艺，研究了多种因素对产物提取率的影响，得到了超临界萃取的最佳工艺：在乙醇体积分数95%的情况下，在压力25MPa和温度50℃下萃取60min，可得到提取率为67.56%的小檗碱产物。尹志芳等[143]研究了不同影响因素条件下，利用超临界CO_2萃取技术从黑茶中提取茶多酚和咖啡碱的工艺条件，根据正交试验极差分析结果得出最佳萃取条件为：温度50℃、压力20MPa、夹带剂为体积分数70%的乙醇、萃取时间固定为2h，即可得0.19%的茶多酚；咖啡碱的最佳萃取条件为：温度40℃、压力20MPa、夹带剂乙醇体积分数为70%，最后提取率为0.457%。邓传波等[144]研究了用超临界CO_2流体萃取从黄灯笼椒中提取食用级辣椒碱的最佳工艺，通过单因素试验分析和正交试验发现影响辣椒碱萃取效果的影响因素排序为：压力 > 时间 > 粉碎粒度 > 温度，最佳工艺条件为：压力30MPa，时间90min，粉碎粒度80目和温度35℃，同时加5%的夹带剂，辣椒碱的一次萃取率可达到93%。

2. 黄酮类化合物的提取

黄酮类化合物广泛存在于自然界中，属于植物在长期自然选择过程中产生的一些次级代谢产物。已发现有4000余种黄酮类化合物，主要存在于植物的叶、果实、根、皮中，有文献估计约有20%的中草药中含有黄酮类化合物，可见其资源之丰富。黄酮类化合物主要存在于芸香科、唇形科、豆科、伞形科、银杏科与菌科等[145]。该类化合物不但分布范围广，种类多，而且生物活性广泛，毒性小，因此很多制剂可长期使用，如水飞蓟有保肝作用；葛根素有明显的扩冠作用，已用于临床。

黄酮类化合物有很多重要的生理功能，因此对该类化合物的研究已成为国内外食品、医药界研究的热门课题，是一类具有广泛开发前景的天然活性成分[146]。从植物中提取黄酮类物质，传统提取方法中较常用的有乙醇、碱水或热水提取等，其粗产品的分离主要是根据其极性差异、酸碱强弱、分子大小和特殊结构等性质而采用适宜的分离方法，如系统溶剂法、pH值梯度萃取法、硼酸络合法、铅盐沉淀法等。这些方法排污量大、有效成分损失多、提取效率低、成本高。而采用超临界萃取方法能弥补这些不足[147]。部分黄酮类化合物的超临界二氧化碳流体萃取实例见表4-17。

表 4-17 中草药中黄酮类化合物的超临界二氧化碳流体萃取实例

科属	名称	药用部位	主要目标成分
银杏科	银杏叶	叶	银杏黄酮、银杏内酯
豆科	甘草	根及根茎	甘草素，异甘草素，甘草查耳目酮A、B
姜科	高良姜	根及根茎	高良姜素
山茶科	茶叶	芽叶	茶多酚
蔷薇科	墨红花	花	墨红花素
桑科	橙桑	根皮	黄烷酮
桑科	桑白皮	根皮	黄酮类

张诗静等[148]利用超临界CO_2流体萃取技术，以总黄酮、槲皮素量为研究指标，运用正交表研究了压力、温度、时间对萃取效果的影响，得出了工艺条件为压力30MPa、温度40℃、时间2h时提取率最高，且与回流法和超声法相比，超临界萃取法得到的样品纯度更高，为提取赶黄草中黄酮类化合物提供了一种新方法。丁丽娜等[149]先用超临界CO_2萃取技术获得了沙棘果油，然后用超高效液相色谱-质谱联用技术等对相关化合物的组成和分子结构进行了分析。结果表明沙棘果油中含有18种黄酮类化合物，其中包括5种新黄酮化合物，而超临界CO_2萃取技术具有的操作条件温和、无毒无害无残留等优点对于发现5种新黄酮化合物有着重要作用。石全雨等[150]用响应面法考察了萃取压强、时间、夹带剂流速对桑叶中总黄酮提取率的影响，从而得出超临界CO_2萃取法提取桑叶中总黄酮的最佳工艺条件为：压力26MPa、温度50℃、时间3h、夹带剂流速2.5mL/min，最终得到的最佳提取率为6.21%。张珊珊等[151]对超临界CO_2萃取北方地区早园竹叶中总黄酮的工艺进行了研究和优化，利用单因素试验确定了影响总黄酮提取率的主要影响因素并通过正交试验确定了最佳萃取条件为：温度36℃、夹带剂乙醇体积分数50%、压强35MPa、夹带比9%、萃取时间40min，最佳总黄酮提取率可达23.24mg/g。

茶多酚，又名茶单宁，是一种从茶叶中提取得到的具有抗氧化性和清除自由基能力的多羟基酚类混合物，因具有保健效果和药理作用而在食品和医药工业中有着广泛的应用前景，国内外都在积极开展提取研究。常用的提取工艺有溶剂萃取法、超声波辅助提取法、微波辅助提取法、离子沉淀法和超临界萃取法等。尹志芳等[152]以自制黑茶为研究对象，用超临界CO_2萃取法、醇水浸提法、醇水浸提-超临界CO_2联合萃取法分别提取原料中的茶多酚，并用正交试验法优化了试验条件。研究结果表明，联合法的提取率和产物纯度最高，该方法无毒、绿色、环保，为黑茶饮品的进一步研究提供了参考。

3. 糖及苷类的提取

糖类是植物光合作用的主要产物，占植物体的50%～80%，是植物细胞和组织的重要营养物质和支持物质。中药所含的糖类成分包括单糖类、低聚糖类和多糖类。

皂苷及多糖的极性较大，用纯超临界二氧化碳流体基本无法萃取出来，常需使用夹带剂并加大压力，必要时可考虑梯度超临界二氧化碳萃取[153]。张乐等[154]利用超临界二氧化碳流体技术提取极性较小的人参稀有皂苷，研究得出的最佳试验条件：萃取压力35MPa、萃取温度50℃、夹带剂乙醇体积分数为70%、夹带剂用量为1.7mL/g。采用高效液相色谱-质谱联用分析手段可证明超临界二氧化碳流体技术得到的产物提取率与常规方法超声提取的结果接近。姜晓晴等[155]利用超临界二氧化碳流体技术实现了从人参中提取人参皂苷Rh1和Rh2，通过研究得到了最佳萃取工艺条件，最终的人参皂苷Rh1和Rh2的提取率分别为7.33%和14.69%，均优于传统的回流提取法。樊红秀等[156]利用超临界萃取人参皂苷及HPLC分析结果表明：以人参粉为原料、70%乙醇溶液为夹带剂，采用预浸-动态萃取法，在萃取压力30MPa、萃取温度45℃、萃取时间4h、夹带剂用量200mL、萃取次数为2次的条件下进行超临界萃取，超临界二氧化碳萃取人参皂苷的提取率低于传统溶剂法，但其具有分离工艺简单、无溶剂污染、保护热敏性物质等优点。皂苷类分子量较大，羟基多，极性大，用纯二氧化碳提取，其产率很低，加入夹带剂和增大压力则可提高产率。

杨军宣等[157]研究了酸枣仁中皂苷类成分的超临界CO_2萃取最佳工艺参数。研究了萃取压力、温度、时间、CO_2体积流量、夹带剂类型和用量对提取效果的影响，最后还将超临界萃取的提取结果与传统的溶剂萃取法等进行比较。结果表明，利用超临界CO_2流体萃取酸枣仁中皂苷类成分的最佳工艺条件为压力35MPa、温度45℃、夹带剂为95%乙醇、夹带剂与药材投料比为1∶1(体积质量比)、二氧化碳体积流量为6L/min、萃取时间为3h。绞股蓝的主要活性成分为绞股蓝皂苷，其具有抗疲劳、防衰老、提高机体免疫力、调节心脑血管和改善神经系统等多方面作用，具有巨大的医药应用潜力。张新宇等人[158]研究了绞股蓝皂苷的多种提取方法，包括溶剂热提取、超声波提取、酶法提取、微波提取、超临界流体萃取提取和超高压提取等。其中超临界流体萃取法具有低温萃取、无毒无残留、绿色环保等特点，但需要采取诸如超声等强化手段来提高萃取率和生产效率，同时对样品的制备及预处理有一定要求。

多糖是一类由醛糖或酮糖通过糖苷键连接而成的天然高分子多聚物，在自然界含量最丰。多糖具有多种生物活性，具有提高免疫力、降血糖、抗肿瘤、抗病毒等功能，被认为是构成生命的四大基本物质之一。对于中草药中的多糖，传统提取中大多数采用不同温度的水、稀释溶液提取，然后采用分步沉淀法、盐析法、金属络合法、季盐沉淀法等分离纯化[159]。而对于各类苷类而言，由于苷元的结构不同，所连接的糖的种类和数目也不一样，很难有统一的提取方法。由于苷类及糖的化合物分子量较大，羟基多，极性大，用纯二氧化碳流体萃取的产率低，加入夹带剂或加大压力则可提高产率。部分关于超临界二氧化碳流体萃取糖及苷类的实例见表4-18。

表 4-18　中草药中糖及苷类的超临界二氧化碳流体萃取实例[160,161]

科属	名称	药用部位	主要目标成分
石竹科	雪灵芝	全草	总皂苷及多糖
伞形科	柴胡	根	皂苷
五加科	人参	叶	人参皂苷
玄参科	毛花洋地黄	叶	地谷新
毛茛科	芍药	根	芍药苷、白芍药苷
薯蓣科	黄山药	根	薯蓣皂苷
薯蓣科	穿山薯蓣	块茎	薯蓣皂苷

杨孝辉等[162]用正交试验法优化了超临界 CO_2 流体萃取淮山多糖的工艺，用苯酚 - 硫酸法测定多糖含量并以淮山多糖萃取率作为考察指标，研究了可能对实验结果产生影响的多种工艺条件因素。研究结果表明，最佳萃取工艺为压力 35MPa、温度 45℃、夹带剂为 90% 的乙醇溶液、夹带剂用量为 150mL、萃取时间为 2.5h。韦晓洁等[163]探究了超临界 CO_2 流体技术萃取广西苦丁茶中多糖的工艺条件，考察了多组萃取操作条件下的多糖提取率，用苯酚 - 硫酸法测定多糖含量，最终得到了最佳萃取工艺。在萃取温度为 50℃、压力为 40MPa、夹带剂流量为 3.5mL/min、萃取时间为 150min 时可得到最佳苦丁茶多糖提取率 7.05%。李青宇等[164]采用响应面分析法优化了超临界 CO_2 流体技术提取甘草多糖的工艺条件。首先建立了超临界 CO_2 提取甘草多糖提取率的数学模型，并验证了模型的有效性。随后研究了温度、压力、时间因素对甘草多糖得率的影响，通过模型结果对工艺参数进行了进一步的优化，得到了最佳萃取工艺条件：温度 62.6℃、压力 37.7MPa、时间 82.9min，最高的甘草多糖得率为 7.34%。该研究表明利用超临界 CO_2 流体萃取技术从甘草中提取多糖是可行的。刘春雷等[165]则将超临界 CO_2 萃取脱脂技术应用于从银耳中萃取油脂，脱脂后的银耳再用浸提法提取银耳多糖。该研究通过单因素分析和响应面分

析，得到了最佳油脂萃取工艺条件：萃取温度40℃、压力30MPa、时间3h，在此条件下得到的萃取率为2.16%，银耳多糖提取率可达20.5%，高于未脱脂银耳的多糖提取率。

三、食品工业中的应用

超临界流体萃取技术作为一种新型的加工分离技术，在食品加工领域具有广阔的应用前景。许多研究表明：超临界流体具有较高的扩散性，传质阻力小，因此对多孔疏松的固态物质和油脂材料中的化合物萃取特别有利；超临界流体对操作条件（如压力、温度等）的改变特别敏感，这就提供了操作上的灵活性和可调性；超临界流体接近液体溶剂的溶解性能，并能实现低温、无毒、无溶剂残留等苛刻要求，特别适合于食品工业中风味特征物质、热敏性物质和生理活性物质的分离精制[3,166]。在食品工业中，超临界流体萃取具有优于传统提取工艺技术的显著特点，即在实现萃取物无残留的基础上，还可以防止热敏性物质的失活变形。第一次应用于工业化生产的是利用超临界流体萃取技术去除咖啡豆中的咖啡因。至今已有近百个食品进行了系统的成分提取和分离研究，且不少产品已走向市场[167]。我国的超临界流体萃取技术的研究开发也是从食品方面起步的，围绕我国丰富的自然资源开展了大量的实验和探索研究，在天然产物提取方面使用超临界萃取技术研究出一批可以工业化生产的产品，内容涉及玉米胚芽油、小麦胚芽油、蛋黄油和卵磷脂、螺旋藻、胡萝卜素、生姜精油、无咖啡因的咖啡等。

对食品中存在的一些对健康无益或有害物质如多环芳香烃[168]、多氯联苯[169,170]、兽药[171,172]等，也可以通过超临界流体萃取技术进行提取。Choi等[172]研究了在猪肉中，利用超临界流体萃取技术，通过使用Na_4EDTA和海砂并结合80℃、30MPa的二氧化碳和30%的甲醇，提取氟喹诺酮类抗生素（恩诺沙星、达氟沙星和环丙沙星）效果显著。还有一些有害物质主要来源于农药残留和环境的污染，Valverde等[173]通过超临界萃取技术对大米、野生水稻和小麦中残留的杀虫剂进行了研究，在萃取压力为20MPa，萃取温度为50℃，甲醇作为夹带剂可以成功提取出农药残留，且效果远比使用乙酸乙酯作为提取溶剂效果好。食品中还可能存在几种毒素如霉菌毒素、藻毒素或植物毒素等，在很多情况下，这些毒素大多为大极性化合物，Yao等[174]和Gupta等[175]试验发现相比传统的索氏提取法，利用超临界流体萃取技术更容易成功去除毒素。

在某些食品中存在一些物质，无毒但会降低食品的整体质量。如橄榄油[176]、大豆油[177]、柚子油[178]等中存在的游离脂肪酸，就可以通过逆流超临界流体萃取对提取物进行脱酸处理，与传统的化学提取过程相比，该技术具有很大的优势。还有从非活性干酵母中提取一些挥发性化合物[179]。类似的方法也用于精油的分离、精油的回收[180]、小麦胚芽中提取天然维生素E[181]、鲨鱼肝油中提取烷氧基甘油类[182]。

1. 啤酒花的萃取[183]

啤酒花也称葎草花或蛇麻，是雌性啤酒花成熟时在叶和枝之间生成的籽粒，自古以来就用来酿造啤酒。在啤酒花中除了软、硬树脂外，还有单宁、挥发油、脂肪和蜡等。过去在啤酒酿造时直接用啤酒花，啤酒花存在的中 α- 酸只能利用 25%。在传统的萃取过程中常采用二氯甲烷或甲酸等有机溶剂作为萃取剂。此时得到的暗绿色浆状萃取物，其中有价值的物质为软树脂，由 α- 酸和 β- 酸构成。采用超临界二氧化碳流体萃取技术，萃取率很高，软树脂和 α- 酸分别达到 96.5% 和 98.9%。萃取物为黄绿色的带芳香味的膏状物，质量较传统的有机溶剂萃取法高。主要表现在 α- 酸的含量高且不含有机溶剂，符合食品规范，有利于人身健康。超临界流体萃取物和传统有机溶剂萃取物的分析结果比较见表 4-19。

表 4-19 啤酒花的超临界流体萃取物和传统有机溶剂萃取物组成比较

项目	超临界流体萃取前	超临界流体萃取后	超临界流体萃取物	萃取率	有机溶剂萃取物
水分 /%	6.0	5.4	7.0	—	8.0
树脂含量 /%	30.3	4.3	90.0	89.9	88.5
软树脂 /%	26.6	1.3	84.8	96.5	82.0
α- 酸 /%	12.6	0.2	41.2	98.9	39.5
β- 酸 /%	14.0	1.1	43.6	94.4	42.5
硬脂酸 /%	3.7	3.0	5.2	—	6.5

由上述实验数据可以看出，采用超临界流体萃取法得到的是一种安全的、高品质、富含啤酒花风味物质的浸膏，将其萃取物用于酿造啤酒占有较大的优势。我国也盛产啤酒花，国内学者对我国新疆、甘肃产的啤酒花也做了大量的超临界二氧化碳流体萃取试验工作，取得大量试验数据和批量样品，经部分啤酒厂试用，证明采用超临界二氧化碳流体萃取得到的浸膏来生产啤酒，啤酒的主要成分的含量、色泽、味道都与全啤酒花生产的啤酒相似。

2. 植物油脂的萃取[184]

溶剂萃取法与压榨法是普遍使用的传统油脂提取方法。由于物理压榨法提取率较低，而有机溶剂萃取法虽然提取率高，但其存在一系列问题，如萃取产品溶剂残存率高、回收率低、成本高及对设备的要求高，不能有效地选择性萃取物质成分等。所以，在油脂的生产与提取中，人们一直在探寻新的油脂萃取技术与方法。后来，随着对超临界萃取技术研究的深入，人们越来越多地把超临界二氧化碳萃取技术用到油脂的萃取与生产中。这种方法不仅大大提高了油脂的提取率，而且溶剂残留量很低、操作条件容易控制、对不饱和脂肪酸能实现选择性分离提取，以及可以很方便地用于提取很多难分离物质及活性成分，最大限度地实现对原材料的综合利用，减少废弃物的排放，提高产品的多样化生产。目前，在高附加值保健品的开发与应用上采用超临界流体萃取技术，大大提高了生产效率与经济效益。许多新兴油脂的生产与提取都普遍使用该方法，如沙棘油、亚麻籽油、核桃油等。

葡萄籽油中含有丰富的不饱和脂肪酸，其中亚油酸的含量更是高达 70% 以上。有研究者基于对酿酒过程中废弃葡萄籽的开发利用，探讨了采用超临界流体萃取技术从废弃葡萄籽中萃取葡萄籽油的可行性，重点考察了萃取温度、萃取压力、二氧化碳用量及不同原料对葡萄籽油产率的影响。研究表明萃取压力对产率的影响显著，气相色谱分析表明葡萄籽油产品中含有 72.05% 的亚油酸。另外还分别以三种不同来源的葡萄籽为原料进行试验，研究表明葡萄籽油产率随原料不同而存在一定的差异，产率最高达 13.51%。

Machmudah 等 [185] 深入研究了萃取压力、萃取温度和二氧化碳流量对玫瑰果油中不同种类脂肪酸如软脂酸、亚油酸、亚麻酸和硬脂酸等萃取率的影响，通过气相色谱分析获得了不同萃取条件下萃取物中的各脂肪酸组成，详见表 4-20。

表 4-20　不同萃取条件下玫瑰果油萃取物中组分含量　　单位：%

脂肪酸	温度 /℃			压力 /MPa			CO_2 流量 /(mL/min)		
	40	60	80	15	30	45	2	3	4
亚油酸	47.02	48.26	49.14	47.64	49.33	49.14	49.73	50.25	49.14
亚麻酸	33.02	36.57	40.21	33.90	37.84	40.21	34.57	37.91	40.21
棕榈酸	3.90	4.68	3.83	0	4.17	3.83	3.71	3.47	3.83
硬脂酸	2.88	2.62	2.46	0	2.85	2.46	2.84	2.43	2.46
未知	13.18	7.87	4.36	18.46	5.81	4.36	9.15	5.94	4.36

四、环境科学中的应用

随着社会进步和人们生活水平的提高，我国的环境污染问题日益突出，所以绿色环保已经成为全人类关注的焦点问题之一。各国政府对于有毒、有害废物的处理提出了更高的要求，制定了更为严格的环保标准。目前，超临界流体技术在环保领域中的应用以超临界水氧化法为主。和传统的氧化法相比，这种技术的优点就是能够将有机物和水在超临界条件下进行完全融合，使之成为一种单一流相。这样，如果温度满足条件，就能提升氧化反应的速度，提高转化的效率。这种技术可处理很多有害物质，例如甲醇、氨基氰、二氯二苯三氯乙烷、多氯联苯等。

超临界流体萃取法有萃取和蒸馏的双重作用，可用于有机物的分离、精制。多环芳烃（PAHs）是弱极性的有机物，是近年来常用超临界流体萃取技术处理的有机污染物。Nagpal 等 [186] 通过采用超临界流体萃取技术，选用二氧化碳为流体介质，较好地处理了包括 PAHs 在内的石油烃污染物，萃取效率达 80% 以上。Librando 等 [187] 用超临界流体萃取沉积物和土壤中的 PAHs，在最佳条件下测得 PAHs 的加标回收率超过 90%。Yaminia 等 [188] 成功利用超临界流体对土壤和海底沉淀物中的伐灭磷、甲基对硫磷、对硫磷等七种有机磷农药进行了萃取，并建立了相应的方法，而且此方法已成功用于实测土壤和海底沉积物中有机磷农药的含量。

利用超临界 CO_2 萃取技术可以实现从含醇稀溶液中回收酒精，净化废水。Yu[189] 利用超临界 CO_2 萃取技术处理含有机磷农药废水，研究表明，在温度 90℃、压力 32.9MPa、萃取时间 >40min 的条件下，可将各种低浓度有机磷农药成分基本除尽。陈皓等 [190] 采用超临界 CO_2 再生吸苯活性炭，再生效率随温度降低、压力升高而提高，低压下，温度的影响更为明显，随着压力的升高，各温度间再生效率的差距减小，16MPa、45℃时再生效率最高。可见，超临界 CO_2 萃取对吸苯活性炭的再生效果比较理想，在较温和的条件下就可达到较理想的再生效率，并且经多次循环使用再生后，活性炭仍能保持较高的吸附性能。Wang 等 [191] 采用超临界萃取技术还可从油渣中脱出沥青和重金属，迅速分离出纯油。用超临界萃取技术处理褐煤加氢产品的废渣可获得用其他处理方法无法得到的 45% 的燃油；而且在适宜的条件下，用超临界萃取技术还可从大量的木材加工废料中回收到酚类产品，实现资源的二次利用。此外，Su 等 [192] 采用静态原位萃取的方式，在 313K、20MPa 条件下，初步考察了利用超临界 CO_2 和新系列螯合剂从滤纸上萃取 La^{3+}、Gd^{3+} 和 Yb^{3+} 等三种镧系金属离子的效率。结果表明：在不借助有机改性剂或含氟螯合剂的条件下，螯合剂萃取效率可达 80%，与含氟的螯合剂萃取效率具有一定可比性。

工业废水是指工业生产过程中产生的废水、污水和废液，其中含有随水流失的工业生产用料、中间产物和产品以及生产过程中产生的污染物。随着工业生产的迅速发展，废水的种类和数量迅猛增加，对水体的污染也日趋严重，威胁人类的健康和安全。对于保护环境来说，工业废水的处理比城市污水的处理更为重要。由于超临界水在处理污水过程中不存在体系之间的互溶性及分离等要求，所以超临界水氧化技术在处理废水中得到了广泛的应用。Cocero 等 [193] 研究了硝基苯、硝基苯胺、乙腈等含氮有机物的运行参数。研究表明，当反应温度在 600 ～ 700℃、停留时间在 40s 左右时反应能够达到最佳。经检测，总有机碳去除率超过 99.97%，氮污染物通常转化为氮气、一氧化氮和二氧化氮而得到去除，去除率也达到 97% 以上。另外，酚作为一类典型的污染物，亦有学者已经开始尝试利用该项技术把酚类化合物氧化去除。Cocero 等 [8] 研制了用超临界水氧化技术处理含酚废水的装置，实验后发现，在 650℃左右酚的去除率达到了 99.9%。Chen 等 [49] 研究发现用超临界水氧化技术处理苯酚类化合物能够使废水中的 COD 值降低 90% 以上，且随着温度、压力和停留时间的增大处理效率能够进一步提高，同时也发现温度和停留时间对处理效率的贡献要大于压力；在对苯胺、硝基苯、苯酚三种物质进行同步处理后，发现处理效率由小到大为硝基苯 < 苯胺 < 苯酚。

超临界流体技术作为一种新兴的废物处理技术，虽然其应用研究在我国起步较晚，但发展十分迅速，并以其独特的优势在环境保护中发挥着越来越重要的作用。由于超临界流体良好的环境性能，处理废物的工艺不会向周边环境释放有害气体和废水，所用的 CO_2 和 H_2O 都是环境友好的材料且可循环使用，不会产生二次污染，体现了与自然环境良好的兼容性。

参考文献

[1] 李淑芬, 张敏华. 超临界流体技术及应用 [M]. 北京: 化学工业出版社, 2014.

[2] McHugh M, Krukonis V. Supercritical fluid extraction: principles and practice[M]. Stoneham, MA: Elsevier, 2013.

[3] 朱自强. 超临界流体技术——原理和应用 [M]. 北京: 化学工业出版社, 2000.

[4] 张镜澄. 超临界萃取 [M]. 北京: 化学工业出版社, 2000.

[5] 韩布兴. 超临界流体科学与技术 [M]. 北京: 中国石化出版社, 2005.

[6] 张定安, 陆志禹, 时钧. 超临界流体及超临界萃取 (Ⅰ)(Ⅱ)[J]. 南京工业大学学报 (自然科学版), 1992, 14(2): 79-93.

[7] Pulaitis M, Krukonis V J, Kurnik R T, et al. Supercritical fluid extraction[J]. Reviews in Chemical Engineering, 1983, 1(2): 179-250.

[8] Cocero M J, Sanz M T, Fernández-Polanco F. Study of alternatives for the design of a mobile unit for wastewater treatment by supercritical water oxidation[J]. Journal of Chemical Technology and Biotechnology, 2001, 76(3): 257-264.

[9] Guildner L A. The thermal conductivity of carbon dioxide in the region of the critical point[J]. Proceedings of the National Academy of Sciences of the United States of America, 1958, 44(11): 1149.

[10] Jasper J J. The surface tension of pure liquid compounds[J]. Journal of Physical and Chemical Reference Data, 1972, 1(4): 841-1010.

[11] Demirbas A. Characterization of products from two lignite samples by supercritical fluid extraction[J]. Energy Sources, 2004, 26(10): 933-939.

[12] 薛文华, 陈受斯. 褐煤超临界流体连续萃取模试工艺开发研究 [J]. 燃料化学学报, 1993, (3): 279-287.

[13] 胡浩权, 郭树才, Hedden K. 以水为溶剂褐煤超临界萃取研究 [J]. 大连理工大学学报, 1992, (04): 385-391.

[14] Zhang Y, Li S, Wu X. Pressurized liquid extraction of flavonoids from *Houttuynia cordata* Thunb[J]. Separation and Purification Technology, 2008, 58(3): 305-310.

[15] Bunyakiat K, Makmee S, Sawangkeaw R, et al. Continuous production of biodiesel via transesterification from vegetable oils in supercritical methanol[J]. Energy&Fuels, 2006, 20(2):

812-817.
[16] Johnston K P, Peck D G, Kim S. Modeling supercritical mixtures: how predictive is it?[J]. Industrial & Engineering Chemistry Research, 1989, 28(8): 1115-1125.
[17] Williams D F. Extraction with supercritical gases[M]. Weinheim: Verlag Chemie, 1980.
[18] Dobbs J M, Wong J M, Lahiere R J, et al. Modification of supercritical fluid phase behavior using polar cosolvents[J]. Industrial & Engineering Chemistry Research, 1987, 26(1): 56-65.
[19] Bröll D, Kaul C, Krämer A, et al. Chemistry in supercritical water[J]. Angewandte Chemie International Edition, 1999, 38(20): 2998-3014.
[20] Krammer P, Mittelstädt S, Vogel H. Investigating the synthesis potential in supercritical water[J]. Chemical Engineering & Technology, 1999, 22(2): 126-130.
[21] 向波涛, 王涛, 杨基础, 等. 一种新兴的高效废物处理技术——超临界水氧化法 [J]. 化工进展, 1997, (3): 39-44.
[22] 关卫龙. 分析超临界流体技术及石油化工和环境保护中的应用 [J]. 山东工业技术, 2015, (13): 285.
[23] 元英进, 刘明言, 董岸杰. 中药现代化生产关键技术 [M]. 北京: 化学工业出版社, 2002.
[24] 李淑芬, 姜忠义. 高等制药分离工程 [M]. 北京: 化学工业出版社, 2009.
[25] 李淑芬, 白鹏. 制药分离工程 [M]. 北京: 化学工业出版社, 2009.
[26] Stahl E, Gerard D. Solubility behavior and fractionation of essential oils in dense carbon dioxide[J]. Perfumer and Flavorist, 1985, 10(2): 29-30.
[27] 黄梅, 任其龙, 杨丽娟, 等. 超临界二氧化碳中布洛芬响应因子的研究 [J]. 分析化学, 2003, 31(9): 1040-1043.
[28] 钱国平, 杨亦文, 吴彩娟, 等. 超临界 CO_2 从黄花蒿中提取青蒿素的研究 [J]. 化工进展, 2005, 24(3): 286-290.
[29] 黄梅, 杨亦文, 任其龙. 超临界流体色谱法制备 EPA-EE 和 DHA-EE[J]. 化工学报, 2003, 54(11): 1558-1562.
[30] Yang Y, Yan H, Su B, et al. Diffusion coefficients of C_{18} unsaturated fatty acid mthyl esters in supercritical carbon dioxide containing 10% mole fraction ethanol as modifier[J]. The Journal of Supercritical Fluids, 2013, 83: 146-152.
[31] Su B, Xing H, Yang Y, et al. Solubility of oxymatrine in supercritical carbon dioxide[J]. Journal of Chemical & Engineering Data, 2008, 53(7): 1672-1674.
[32] Su B, Bao Z, Xing H, et al. Enantioseparation of paroxetine intermediate on an amylose-derived chiral stationary phase by supercritical fluid chromatography[J]. Journal of Chromatography A, 2009, 1216(26): 5140-5146.
[33] Duan D, Su B, Zhang Z, et al. Synthesis, characterization and structure effects of polyethylene glycol bis(2-isopropoxyethyl) dimethyl diphosphates on lanthanides extraction with supercritical carbon dioxide[J]. The Journal of Supercritical Fluids, 2013, 81: 103-111.

[34] Paul P F M, Wise W S. The principles of gas extraction[M]. UK: Mills and Boon, 1971.

[35] Chen J D, Hahn P S, Slattery J C. Coalescence time for a small drop or bubble at a fluid-fluid interface[J]. AIChE Journal, 1984, 30(4): 622-630.

[36] Dobbs J M, Wong J M, Johnston K P. Nonpolar co-solvents for solubility enhancement in supercritical fluid carbon dioxide[J]. Journal of Chemical and Engineering Data, 1986, 31(3): 303-308.

[37] Goto M, Sato M, Hirose T. Extraction of peppermint oil by supercritical carbon dioxide[J]. Journal of Chemical Engineering of Japan, 1993, 26(4): 401-407.

[38] Reverchon E, Daghero J, Marrone C, et al. Supercritical fractional extraction of fennel seed oil and essential oil: experiments and mathematical modeling[J]. Industrial & Engineering Chemistry Research, 1999, 38(8): 3069-3075.

[39] Eckert C A, Ziger D H, Johnston K P, et al. Solute partial molal volumes in supercritical fluids[J]. The Journal of Physical Chemistry, 1986, 90(12): 2738-2746.

[40] 朱恩俊. 超临界流体萃取固态物料的缩芯萃取模型 [J]. 江苏理工大学学报, 1997, (05): 16-21.

[41] Reverchon E, Donsi G, Osseo L S. Modeling of supercritical fluid extraction from herbaceous matrices[J]. Industrial & Engineering Chemistry Research, 1993, 32(11): 2721-2726.

[42] Bulley N R, Fattori M, Meisen A, et al. Supercritical fluid extraction of vegetable oil seeds[J]. Journal of the American Oil Chemists' Society, 1984, 61(8): 1362-1365.

[43] Villermaux J. Chemical engineering approach to dynamic modeling of linear chromatography: a flexible method for representing complex phenomena from simple concepts[J]. Journal of Chromatography A, 1987, 406: 11-26.

[44] Maxwell R J, Hampson J W, Cygnarowicz-Provost M L. Comparison of the solubility in supercritical fluids of the polycyclic ether antibiotics: lasalocid, monensin, narasin, and salinomycin[J]. The Journal of Supercritical Fluids, 1992, 5(1): 31-37.

[45] Sovová H. Rate of the Vegetable oil extraction with supercritical CO_2—Ⅰ. modeling of extraction curves[J]. Chemical Engineering Science, 1994, 49(3): 409-414.

[46] Reis-Vasco E M C, Coelho J A P, Palavra A M F, et al. Mathematical modeling and simulation of pennyroyal essential oil supercritical extraction[J]. Chemical Engineering Science, 2000, 55(15): 2917-2922.

[47] Reverchon E, Kaziunas A, Marrone C. Supercritical CO_2 extraction of hiprose seed oil: experiments and mathematical modelling[J]. Chemical Engineering Science, 2000, 55(12): 2195-2201.

[48] Lee A K K, Bulley N R, Fattori M, et al. Modelling of supercritical carbon dioxide extraction of canola oil seed in fixed beds[J]. Journal of the American Oil Chemists' Society, 1986, 63(7): 921-925.

[49] Chen F Q, Wu S F, Chen J Z, et al. COD removal efficiencies of some aromatic compounds in supercritical water oxidation[J]. Chinese Journal of Chemical Engineering, 2001, 9(2): 137-140.
[50] Nguyen K, Barton P, Spencer J S. Supercritical carbon dioxide extraction of vanilla[J]. The Journal of Supercritical Fluids, 1991, 4(1): 40-46.
[51] Goto M, Roy B C, Hirose T. Shrinking-core leaching model for supercritical-fluid extraction[J]. The Journal of Supercritical Fluids, 1996, 9(2): 128-133.
[52] Brunner G, Peter S. The state of the art of extraction with compressed gases[J]. Chemie Ingenieur Technik, 1981, 53(7): 529-542.
[53] Brunner G. Gas extraction: an introduction to fundamentals of supercritical fluids and the application to separation processes[M]. Berlin: Springer Science & Business Media, 2013.
[54] Skjold-Jorgensen S. Group contribution equation of state(GC-EOS): a predictive method for phase equilibrium computations over wide ranges of temperature and pressures up to 30 MPa[J]. Industrial & Engineering Chemistry Research, 1988, 27(1): 110-118.
[55] Michelsen M L. The isothermal flash problem: Part Ⅰ. stability[J]. Fluid Phase Equilibria, 1982, 9(1): 1-19.
[56] Cygnarowicz M L, Seider W D. Design and control of a process to extract β-carotene with supercritical carbon dioxide[J]. Biotechnology Progress, 1990, 6(1): 82-91.
[57] Herrero M, Mendiola J A, Cifuentes A, et al. Supercritical fluid extraction: recent advances and applications[J]. Journal of Chromatography A, 2010, 1217(16): 2495-2511.
[58] Subra P, Jestin P. Powders elaboration in supercritical media: comparison with conventional routes[J]. Powder Technology, 1999, 103(6): 2-9.
[59] 陈维杻 . 超临界流体萃取的原理和应用 [M]. 北京 : 化学工业出版社 , 1998.
[60] 廖传华 , 顾海明 , 黄振仁 . 超临界 CO_2 萃取技术的应用和研究进展 [J]. 粮油加工与食品机械 , 2004, (7): 26-27.
[61] Dong X, Su B, Xing H, et al. Diffusion coefficients of L-menthone and L-carvone in mixtures of carbon dioxide and ethanol[J]. The Journal of Supercritical Fluids, 2010, 55(1): 86-95.
[62] 闫海燕 . C_{18} 不饱和脂肪酸甲酯在改性超临界 CO_2 中的扩散系数研究 [D]. 杭州 : 浙江大学 , 2014.
[63] Marentis R T, Charpentier B A. Supercritical fluid extraction and chromatography[M]. Washington: ACS, 1998: 127.
[64] Aubert M C, Lee C R, Krstulovic A M. Supercritical fluid extraction of an organic acid using modifiers[J]. Journal of Chromatography, 1991, 557: 47-58.
[65] 刘颖 . 超临界流体扩散性质的分子动力学模拟和鹿茸中活性成分的萃取 [D]. 天津 : 天津大学 , 2006.
[66] 段先志 , 夏红英 , 罗平 . 夹带剂性质对超临界二氧化碳萃取的影响 [J]. 日用化学工业 , 2004, 34(1): 41-43.

[67] 廖传华，黄振仁．夹带剂对超临界 CO_2 萃取过程的影响 [J]. 香料香精化妆品，2004, (1): 34-37.

[68] Schmitt W J, Reid R C. The use of entrainers in modifying the solubility of phenanthrene and benzoic acid in supercritical carbon dioxide and ethane[J]. Fluid Phase Equilibria, 1986, 32(1): 77-99.

[69] 韩小金．红花及其种籽的超临界流体萃取与有效成分分析 [D]. 太原：中国科学院山西煤炭化学研究所，2009.

[70] Dobbs J M, Johnston K P. Selectivities in pure and mixed supercritical fluid solvents[J]. Industrial & Engineering Chemistry Research, 1987, 26(7): 1476-1482.

[71] Van Alsten J G. AIChE Annual Meeting[C]. San Francisco, 1984.

[72] Smith S A, Shenai V, Matthews M A. Diffusion in supercritical mixtures: CO_2+cosolvent+solutes[J]. The Journal of Supercritical Fluids, 1990, 3(4): 175-179.

[73] Walsh J M, Ikonomou G D, Donohue M D. Supercritical phase behavior: the entrainer effect[J]. Fluid Phase Equilibria, 1987, 33(3): 295-314.

[74] 臧志清．超临界二氧化碳萃取红辣椒的夹带剂筛选 [J]. 农业工程学报，1999, 15(2): 208-212.

[75] Larson K A, King M L. Evaluation of supercritical fluid extraction in the pharmaceutical industry[J]. Biotechnology Progress, 1986, 2(2): 73-82.

[76] 董新艳．溶质在超临界 CO_2 及含改性剂的超临界 CO_2 中扩散系数及其构效关系研究 [D]. 杭州：浙江大学，2012.

[77] 曹秋瑾．香豆素及黄酮类物质在超临界 CO_2 中的扩散系数研究 [D]. 杭州：浙江大学，2016.

[78] Sunol A K. Supercritical fluid science and technology[M]. London: Mills and Boon Limited Press, 1971.

[79] 徐海军，邓碧玉，蔡云升，等．夹带剂在超临界萃取中的应用 [J]. 化学工程，1991, 19(2): 58-63.

[80] 毛忠贵．生物工业下游技术 [M]. 北京：中国轻工业出版社，1999.

[81] 范晓良，颜继忠，张纯，等．响应面法优化 CO_2 超临界萃取紫花地丁总黄酮的工艺研究 [J]. 中国现代应用药学，2014, 31(2): 172-178.

[82] Machmudah S, Shotipruk A, Goto M, et al. Extraction of astaxanthin from *Haematococcus pluvialis* using supercritical CO_2 and ethanol as entrainer[J]. Industrial & Engineering Chemistry Research, 2006, 45(10): 3652-3657.

[83] 禹慧明，姚汝华，林炜铁．夹带剂对超临界 CO_2 萃取被孢霉中 γ- 亚麻酸油脂的影响 [J]. 中国油脂，1999, 24(2): 38-39.

[84] 朱仁发，杨俊，张悠金．夹带剂在烟草超临界萃取中的应用 [J]. 烟草科技，1999, 39(3): 21-24.

[85] 刘晓庚．超声化学及其在粮油食品工业中应用 [J]. 粮食与油脂，2001, (7): 9-11.

[86] 梁汉华, 杨汝德, 郭乾初. 超声处理大豆浆体对提高蛋白质和固形物萃取率的作用[J]. 食品工业科技, 1998, (5): 7-11.

[87] Zhao Y, Bao C, Mason T J. Ultrasonics international '91 conference proceedings[C]. Butterworths, Oxford, U. K., 1991.

[88] Kim S M, Zayas J F. Processing parameters of chymosin extraction by ultrasound[J]. Journal of Food Science, 1989, 54(3): 700-703.

[89] Li C, Yang R F, Fu X F, et al. Ultrasonic-assisted supercritical CO_2 extraction of volatile oil from compound recipe of clove and cinnamon[J]. Journal of South China University of Technology, 2015, 36(7): 67-71.

[90] Tang W Q, Li D C, Lv Y X, et al. Extraction and removal of caffeine from green tea by ultrasonic-enhanced supercritical fluid[J]. Journal of Food Science, 2010, 75(4): C363-368.

[91] 李卫民, 王治平, 刘杰, 等. 超声强化超临界流体萃取对大黄总蒽醌提取效果的探究[J]. 中国实验方剂学杂志, 2010, 16(10): 30-32.

[92] 肖飞, 李卫民, 王治平, 等. 超临界 CO_2 萃取丹参及超声强化超临界工艺探讨[J]. 山东中医药大学学报, 2012, 36(4): 357-360.

[93] Riera E, Blanco A, José García, et al. High-power ultrasonic system for the enhancement of mass transfer in supercritical CO_2 extraction processes[J]. Physics Procedia, 2010, 3(1): 141-146.

[94] 方瑞斌, 方世鸿. 超声强化临界萃取紫杉醇的研究[C]// 全国无机微量技术及痕量分析学术会议. 1997.

[95] 陈钧, 杨克迪, 陈洁. 超声强化超临界流体萃取中传质的试验研究[C]// 全国超临界流体技术学术及应用研讨会. 1996.

[96] 秦炜, 原永辉, 戴猷元. 超声场对化工分离过程的强化[J]. 化工进展, 1995, (1): 1-5.

[97] 胡熙恩, 杨惠文, 王学军, 等. 电场强化液-液萃取[J]. 有色金属工程, 1998, 50(3): 65-70.

[98] 宁正祥, 秦燕, 林纬. 高压脉冲-超临界萃取法提取荔枝种仁精油[J]. 食品科学, 1998, 19(1): 9-11.

[99] Joos F M, Snaddon R W L. On the frequency dependence of electrically enhanced emulsion separation[J]. Chemical Engineering Research & Design, 1984, 65(1): 33-38.

[100] Barnabas I J, Dean J R, Fowlis I A, et al. Extraction of polycyclic aromatic hydrocarbons from highly contaminated soils using microwave energy[J]. Analyst, 1995, 120(7): 1897.

[101] Ganzler K, Salgó A, Valkó K. Microwave extraction: a novel sample preparation method for chromatography[J]. Journal of Chromatography A, 1986, 371: 299-306.

[102] Lopez-Avila V, Young R, Beckert W F. Microwave-assisted extraction of organic compounds from standard reference soils and sediments[J]. Analytical Chemistry, 1994, 66(7): 1097-1106.

[103] Thomas P, Finnie J K, Williams J G. Feasibility of identification and monitoring of arsenic species in soil and sediment samples by coupled high-performance liquid chromatography-inductively coupled plasma mass spectrometry[J]. Journal of Analytical Atomic Spectrometry,

1997, (12): 1367-1372.

[104] Chee K K, Wong M K, Lee H K. Microwave-assisted solvent elution technique for the extraction of organic pollutants in water[J]. Analytica Chimica Acta, 1996, 330(2-3): 217-227.

[105] 余先纯，李湘苏，龚铮午. 微波-超临界 CO_2 萃取联用萃取柚皮果胶工艺研究 [J]. 林产化学与工业，2011, 31(5): 109-112.

[106] Ma C J, Huang Q, Wu D H, et al. Study on extraction technologies of tea seed oil by microwave and supercritical CO_2[J]. Food Science, 2008, 29(10): 281-285.

[107] 丁伟安. 微波辐射加热在湿法冶金中的应用 [J]. 有色金属，1997, (3): 43-44.

[108] 张嘉芷，段胜林，张耀林，等. 微波辐射技术在食品萃取工业上的应用 [J]. 食品工业科技，1999, 20(6): 17.

[109] 沈平孃，邵忠法，唐青华，等. 新技术在中成药工业中的应用与展望 [J]. 中成药，1998, 20(5): 1-3.

[110] 贾贵儒，杨海燕. 从细胞中萃取特定物质机理的研究 [J]. 农业工程学报，1998, 14(2): 68-72.

[111] 陈翠莲，袁东星，陈猛. 预混合饲料中维生素 A、D、E 的微波萃取法 [J]. 分析科学学报，1999, 15(1): 36-38.

[112] 由业诚，郭明，张晓辉. 微波辅助萃取大蒜有效成份方法的研究 [J]. 大连大学学报，1999, 20(4): 6-8.

[113] 陈猛，袁东星，许鹏翔. 微波萃取法研究进展 [J]. 分析测试学报，1999, 18(2): 82-86.

[114] 段筱薇. 超临界流体萃取技术的发展及应用 [J]. 广东蚕业，2018, (52): 35.

[115] 迪力夏提·而斯白克，康淑荷，寇亮，等. 超临界 CO_2 萃取技术在天然产物提取中的研究及应用 [J]. 西北民族大学学报 (自然科学版), 2013, (34): 1-9.

[116] 毕晓丹. 天然香料提取方法的研究进展 [J]. 赤峰学院学报 (自然科学版), 2019, (35): 39-41.

[117] 余汉谋，姜兴涛，肖海，等. 超声波辅助萃取天然植物香料研究进展 [J]. 香料香精化妆品，2011, (2): 29-32.

[118] 邢华斌. 青蒿素的超临界流体吸附基础研究 [D]. 杭州：浙江大学. 2003.

[119] 杨静. 应用超临界 CO_2 萃取两种天然植物中有效成分的工艺研究 [D]. 天津：天津大学. 2004.

[120] 赵丹，尹洁. 超临界流体萃取技术及其应用简介 [J]. 安徽农业科学，2014, (4): 4772-4780.

[121] 李继睿，禹练英，杨孝辉，等. 超临界流体萃取野菊花中绿原酸工艺研究 [J]. 食品研究与开发，2012, (33): 30-32.

[122] 杨靖，陈芝飞，孙志涛. 超临界 CO_2 流体萃取烟叶中烟碱工艺研究 [J]. 香料香精化妆品，2010, (1): 17-18.

[123] 钟玲，徐婷. 超临界 CO_2 萃取金银花叶中绿原酸及挥发油成分研究 [J]. 亚太传统医药，2013, (9): 43-46.

[124] 张春涛 , 肖晓明 , 邢立霞 , 等 . 超临界萃取 - 气相色谱 - 串联质谱法分析烟草精油的化学成分 [J]. 理化检验， 2018, (54): 1-6.
[125] 贾静波 . 柑橘精油提取及其应用研究进展 [J]. 宁夏农林科技 , 2016, (57): 38-39, 49.
[126] 李卓 , 郭玉蓉 , 邓红 . 超临界 CO_2 流体萃取天然植物香精研究进展 [J]. 农产品加工学刊 , 2012, (9): 21-24.
[127] Sugiyama K, Saito M. Simple microscale supercritical fluid extraction system and its application to gas chromatography-mass spectrometry of lemon peel oil[J]. Journal of Chromatography A, 1988, 442: 121-131.
[128] 徐宁 . 椪柑皮精油脱萜与微胶囊制备研究 [D]. 长沙 : 湖南农业大学 . 2014.
[129] 全晓艳 . 柠檬生物活性物质分离纯化及工艺研究 [D]. 成都 : 西华大学 , 2013.
[130] 陈巧云 . 超临界 CO_2 萃取芹菜籽油工艺研究 [J]. 江西化工 , 2013, (3): 87-90.
[131] 孙广仁 , 刁绍起 , 姚大地 . 山芹菜籽精油化学组成的 GC-MS 分析 [J]. 东北林业大学学报 , 2009, 37(7): 102-103.
[132] 王莹 . 超临界萃取在中草药提取中的应用与发展 [J]. 中医临床研究 , 2011, 3(9): 101-106.
[133] 王志锋 , 王青 . 超临界流体萃取技术在中药提取中的应用 [J]. 科技与创新 , 2018, (14): 13-15.
[134] 崔文霞 . 超临界提取浙贝母生物碱的研究 [D]. 杭州 : 浙江大学 , 2016.
[135] 沈以红 , 朱见 , 李竞 . 植物生物碱在医药领域的研究与应用 [J]. 蚕学通讯 , 2008, (28): 25-31.
[136] 刘娜 . 超临界流体萃取技术在中药提取的应用 [J]. 广州化工 , 2017, (45): 31-33.
[137] Liu B, Guo F, Chang Y, et al. Optimization of extraction of evodiamine and rutaecarpine from fruit of *Evodia rutaecarpa* using modified supercritical CO_2[J]. Journal of Chromatography A, 2010, 1217(50): 7833-7839.
[138] 周雪晴 , 冯玉红 . 超临界 CO_2 萃取技术在中药有效成分提取中的应用新进展 [J]. 海南大学学报 (自然科学版), 2007, 25(1): 101-105.
[139] 王颖滢 . 超临界 CO_2 流体萃取荷叶总生物碱工艺研究 [J]. 中国食品学报 , 2011, (11): 35-40.
[140] 佟若菲 , 张秋爽 , 朱雪瑜 . 黄连中生物碱的超临界 CO_2 萃取工艺研究 [J]. 天津药学 , 2010, (22): 71-73.
[141] 卢琴芳 , 徐常龙 , 潘丽芳 , 等 . 微波联用超临界萃取菊三七生物碱工艺的实验研究 [J]. 江西师范大学学报 (自然科学版), 2014, (38): 481-484.
[142] 张玉红 , 温慧 . 黄檗中小檗碱的超临界二氧化碳萃取工艺研究 [J]. 林产化学与工业 , 2010, (30): 103-106.
[143] 尹志芳 , 钟桐生 , 彭晓赟 , 等 . 黑茶中茶多酚及咖啡碱的超临界 CO_2 流体萃取研究 [J]. 湖南城市学院学报 (自然科学版), 2012, (21): 56-59.
[144] 邓传波 , 夏延斌 , 邓洁红 , 等 . 超临界 CO_2 流体萃取食用级辣椒碱研究 [J]. 食品与机械 ,

2012, (28): 135-138.
[145] 张玉 . 柑桔皮渣中黄酮类化合物的提取分离技术研究 [D]. 重庆 : 西南大学 , 2010.
[146] 李倩，蒲彪 . 超临界流体萃取技术在天然产物活性成分提取中的应用 [J]. 食品与发酵技术 , 2011, (47): 11-27.
[147] 刘一杰 , 薛永常 . 植物黄酮类化合物的研究进展 [J]. 中国生物工程杂志 , 2016, (36): 81-86.
[148] 张诗静 , 史书龙 , 孙琴 , 等 . 超临界 CO_2 萃取赶黄草中黄酮类化合物的工艺研究 [J]. 中成药 , 2013, (35): 2043-2046.
[149] 丁丽娜 , 邱亦亦 , 束彤 , 等 . 超高效液相色谱 - 质谱联用技术解析沙棘果超临界 CO_2 萃取物中黄酮类天然产物结构 [J]. 食品科学 , 2019, (40): 273-280.
[150] 石仝雨 , 缪伟伟 , 王志雄 . 超临界二氧化碳法萃取桑叶中总黄酮工艺研究 [J]. 生物技术进展 , 2017, (7): 77-84.
[151] 张珊珊 , 朱文娴 , 赵晓红 , 等 . 超临界 CO_2 萃取北方地区早园竹叶中总黄酮的工艺优化 [J]. 食品科学 , 2011, (32): 143-147.
[152] 尹志芳 , 彭晓赞 , 杨宇强 , 等 . 黑茶中茶多酚的醇水 - 超临界 CO_2 流体联合提取 [J]. 食品工业科技 , 2014, (36): 194-197.
[153] 李洪玲 . 二氧化碳与酯类二元系统气液相平衡研究 [D]. 天津 : 天津大学 , 2010.
[154] 张乐 , 宋凤瑞 , 王琦 , 等 . 人参中稀有皂苷超临界二氧化碳提取 [J]. 应用化学 , 2010, (27): 1483-1485.
[155] 姜晓晴 , 魏福祥 , 张楠 , 等 . 超临界 CO_2 绿色萃取人参皂苷 Rh1、人参皂苷 Rh2 的研究 [J]. 河北科技大学学报 , 2012, (33): 544-548.
[156] 樊红秀 , 刘婷婷 , 刘鸿铖 , 等 . 超临界萃取人参皂苷及 HPLC 分析 [J]. 食品科学 , 2013, (34): 121-126.
[157] 杨军宣 , 张毅 , 吕姗珊 , 等 . 超临界 CO_2 萃取酸枣仁皂苷类成分的研究 [J]. 中成药 , 2015, (37): 899-902.
[158] 张新宇 , 张笛 , 王琳 , 等 . 绞股蓝皂苷提取纯化工艺研究进展 [J]. 食品工业科技 , 2014, (18): 378-386.
[159] 杜晶 , 汪珊 . 多糖提取技术的研究进展 [J]. 中国社区医师 , 2018, (34): 9-11.
[160] 王玉 , 郑欣 , 唐宝珠 . 多糖类药物提取及分离分析 [J]. 药物研究 , 2013, (6): 36-38.
[161] 王宇明 , 于淼 , 季宇彬 . 天然植物苷类物质提取方法研究 [J]. 哈尔滨商业大学学报 (自然科学版), 2016, (32): 385-398.
[162] 杨孝辉 , 郭君 . 正交试验优化超临界 CO_2 流体萃取淮山多糖工艺 [J]. 山东化工 , 2018, (47): 34-38.
[163] 韦晓洁，银慧慧 , 孟菲 , 等 . 超临界 CO_2 流体萃取苦丁茶多糖的工艺优化 [J]. 广西植物 , 2018, (38): 590-595.
[164] 李青宇 , 孟哲 , 王磊 . 响应面法优化超临界 CO_2 提取甘草多糖及抗氧化活性研究 [J]. 食品工业 , 2017, (38): 1-5.

[165] 刘春雷，李丹，彭彪．超临界 CO_2 萃取脱脂技术在银耳多糖提取中的应用 [J]. 宁德师范学院学报 (自然科学版), 2015, (27): 252-256.
[166] 励建荣，夏明．超临界流体萃取技术研究进展 [J]. 食品与发酵工业，2001, 27(9): 79-83.
[167] 雷鹏，张青，张滨，等．超临界流体萃取技术的应用与发展 [J]. 河北化工，2010, 33(3): 25-29.
[168] Bogolte B T, Ehlers G A C, Braun R. Estimation of PAH bioavailability to *Lepidium sativum* using sequential supercritical fluid extraction-case study with industrial contaminated soils[J]. European Journal of Soil Biology, 2007, 43(4): 242-250.
[169] Kawashima A, Watanabe S, Iwakiri R. Removal of dioxins and dioxin-like PCBs from fish oil by countercurrent supercritical CO_2 extraction and activated carbon treatment[J]. Chemosphere, 2009, 75(6): 788-794.
[170] Rodil R, Carro A M, Lorenzo R A. Multicriteria optimization of a simultaneous supercritical fluid extraction and clean-up procedure for the determination of persistent organophosphate pollutants in aquaculture samples[J]. Chemosphere, 2007, 67(7): 1453-1462.
[171] Mahugo-Santana C, Sosa-Ferrera Z, Torres-Padrón M E. Analytical methodologies for the determination of nitroimidazole residues in biological and environmental liquid samples[J]. Analytica Chimica Acta, 2010, 665(2): 113-122.
[172] Choi J H, Mamun M I R. Inert matrix and naedta improve the supercritical fluid extraction efficiency of fluoroquinolones for HPLC determination in pig tissues[J]. Talanta, 2009, 78(2): 348-357.
[173] Valverde A, Aguilera A, Rodriguez M, et al. Evaluation of a multiresidue method for pesticides in cereals using supercritical fluid extraction and gas chromatographic detection[J]. Journal of Environmental Science & Health, Part B Pesticides Food Contaminants & Agricultural Wastes, 2009, 44(3): 204-213.
[174] Yao Y, Cai W, Yang C. Supercritical fluid CO_2 extraction of *Acorus alamus* L. and its contact toxicity to sitophilus[J]. Natural Product Research, 2011, 26(16): 1498-1503.
[175] Gupta D K, Verma M K, Lal S. Extraction studies of *Podophyllum hexandrum* using conventional and nonconventional methods by HPLC-UV-DAD[J]. Journal of Liquid Chromatography & Related Technologies, 2013, 37(2): 259-273.
[176] Vázquez L, Hurtado-Benavides A M, Reglero G. Deacidification of olive oil by countercurrent supercritical carbon dioxide extraction: experimental and thermodynamic Modeling[J]. Journal of Food Engineering, 2009, 90(4): 463-470.
[177] Goyal G, Dwivedi A K. Decolourization and deodourization of soyabean oil[J]. Journal of Industrial Pollution Control Paper, 2013, 29(1): 103-110.
[178] Terada A, Kitajima N, Machmudah S. Cold-pressed yuzu oil fractionation using countercurrent supercritical CO_2 extraction column[J]. Separation and Purification Technology, 2010, 71(1):

107-113.

[179] Arribas M V. Application of supercritical CO_2 extraction for the elimination of odorant volatile compounds from winemaking inactive dry yeast preparation[J]. Journal of Agricultural and Food Chemistry, 2010, 58(6): 3772-3778.

[180] Gañán N, Brignole E A. Supercritical carbon dioxide fractionation of *T. minuta* and *S. officinalis* essential oils: experiments and process analysis[J]. The Journal of Supercritical Fluids, 2013, 78(0): 12-20.

[181] Ge Y, Ni Y, Yan H, et al. Optimization of the supercritical fluid extraction of natural vitamin E from wheat germ using response surface methodology[J]. Journal of Food Science, 2002, 67(1): 239-243.

[182] Catchpole O J, Kamp J C V, Grey J B. Extraction of squalene from shark liver oil in a packed column using supercritical carbon dioxide[J]. Industrial & Engineering Chemistry Research, 1997, 36(10): 4318-4324.

[183] Wu J, Zhou R B, Tong Q Z. Optimizing of the parameters in SFE-CO_2 about volatile oil from *Atractylodes macrocephala* Koidz and studying on its constituents[J]. Mod Chin Med, 2007, 9(4): 14-18.

[184] 李昌文 . 超临界萃取技术在粮油工业中的应用 [J]. 粮油加工 , 2008, (7): 82-84.

[185] Machmudah S, Kawahito Y, Sasaki M, et al. Supercritical CO_2 extraction of rosehip seed oil: fatty acids composition and process optimization[J]. The Journal of Supercritical Fluids, 2007, 41(3): 421-428.

[186] Nagpal V, Guigard S E. Remediation of flare pit soils using supercritical fluid extraction[J]. Journal of Environmental Engineering and Science, 2005, 4(5): 307-318.

[187] Librando V, Hutzinger O, Tringali G, et al. Supercritical fluid extraction of polycyclic aromatic hydrocarbons from marine sediments and soil samples[J]. Chemosphere, 2004, (54): 1189-1197.

[188] Shamsipur M, Ghiasvand A R, Yaminia Y. Solubilities of chelating ligands dibenzoylmethane, 1, 10-phenanthroline, and 8-hydroxyquinoline in supercritical carbon dioxide[J]. Journal of Chemical & Engineering Data, 2004, 49(5): 1483-1486.

[189] Yu J J. Removal of Organophosphate pesticides from wastewater by supercritical carbon dioxide extraction[J]. Water Research, 2002, 36(4): 1095-1101.

[190] 陈皓 , 赵建夫 , 刘勇弟 . 超临界二氧化碳萃取再生吸苯活性炭的研究 [J]. 化工环保 , 2001, 21(2): 66-69.

[191] Wang S, Lin Y, Wai C M. Supercritical fluid extraction of toxic heavy metals from solid and aqueous matrices[J]. Separation Science and Technology, 2003, 38(10): 2279-2289.

[192] Su B, Xing H, Yang Q. Unique CO_2-philic neutral open-chain crown ether analogues as selective ligands for metal ions separation by supercritical carbon dioxide[C]// AIChE Meeting.

2010.

[193] Cocero M J, Alonso E, Torio R, et al. Supercritical water oxidation in a pilot plant of nitrogenous compounds: 2-propanol mixtures in the temperature range500-750℃ [J]. Industrial & Engineering Chemistry Research, 2000, 39(10): 3707-3716.

第五章

双水相萃取技术

第一节 概述

传统的溶剂萃取通常是指在互不相溶的两相中某种溶质的分配过程，它的特点是能够使用不同的萃取剂、稀释剂和水溶液体系，并且适用于多种溶质，比较典型的是有机溶剂和水溶液形成的两相体系。传统的溶剂萃取能够实现高效和高选择性的大规模生产，速度快，处理量大[1]。但是，随着生物化工等新型学科的发展，一些具有生理活性、含量微少又极有价值的生物物质的分离提纯，成了关键的技术难题。常规的分离技术往往带来易失活、收率低和成本高等缺点[2]。例如蛋白质、核酸、各种细胞器和细胞在常规有机溶剂中易于失活变性，而且大部分蛋白质具有很强的亲水性，不能溶于有机溶剂中[3]。因此，新型的生物活性物质分离技术必不可少，双水相萃取即是针对生物活性物质的提取所开发的一种新型液 - 液萃取过程强化分离技术。

与传统的有机溶剂萃取相比较，双水相萃取在生物质的分离中有其独到的优越之处。双水相系统（Aqueous Two-Phase System，ATPS）是由两种不相容的聚合物或一种聚合物与一种无机盐的水溶液组成，两种溶液中的水含量高达 80% 以上，界面张力一般在 0.5 ～ 10^{-4}mN/m，因为萃取环境相当温和，生物相容性高，且有研究表明聚合物对生物大分子的结构不仅没有破坏作用，反而使其更稳定[4]。

双水相现象最早是在 1896 年荷兰微生物学家 Berjerinck 将琼脂水溶液与可溶性淀粉或明胶水溶液混合时，发现当两种亲水性的高分子聚合物溶于水时它们并非混为一相，而是形成两个互不相溶的水相，然而其后整整半个世纪并无大的建树。直到1956年，瑞典Lund大学的Albertsson教授及其同事们才开始对双水相系统进行了比较详细的研究，测定了许多双水相系统的相图，考察了蛋白质、核酸、病毒及细胞颗粒等在双水相系统中的分配行为，为发展双水相萃取技术奠定了坚实的基础[5]。

目前，利用双水相分配进行分离的生物对象的范畴已经十分广泛，包括酶、核酸、病毒、生长素、干扰素、细胞组织以及重金属离子等。近年来，还涉及一些小分子物质如抗生素、氨基酸和植物有效成分等的分离和纯化。另外，对双水相萃取在生物转化和萃取发酵中的应用研究，也有不少文献报道[6,7]。

第二节　双水相萃取技术原理

一、双水相系统的主要类型

双水相系统种类丰富，并且在这几十年不断发展出新的双水相体系。目前应用最普遍的双水相系统可以分为两大类：聚合物/聚合物水系统和聚合物/低分子组分水系统，具体如表5-1所示。在研究中应用最多的是聚乙二醇（PEG）/葡聚糖（Dextran）系统和聚乙二醇（PEG）/盐系统，并且可以通过改变PEG和Dextran的分子量衍生出各种理化性质和分配性能差异较大的双水相系统。

1. 聚合物/聚合物系统

早期以Albertsson教授为代表的学者认为[5]，聚合物与聚合物间的不相容性是促使双聚合物系统发生相分离行为的主要因素。当两种聚合物溶液互相混合时，分层还是将混合成一相，取决于混合时熵的增加和分子间作用力这两个因素。两种物质混合时的熵增与分子的数目有关，与分子的大小无关；而分子之间的相互作用可以看作是分子各基团相互作用力之和，随分子尺寸的增大而增加，故对尺寸很大的分子（如聚合物），以摩尔计的分子间相互作用能超过混合熵增效应而占据主导地位，进而决定了聚合物的混合或分层现象。当两种聚合物之间互不相容，分子间表现为排斥作用，导致一种分子更易被同种分子包围，这样两种聚合物水溶液混合达到平衡时就形成了互不相溶的各自富含某种聚合物的两相，这种现象称为聚合物的不相容性（incompatibility）。这一分相机理与低分子量混合物（如水和苯）的相分离机理并没有多大区别，只是聚合物具有大的分子尺寸，导致可在极相似的聚合物间以及质量分数仅为百分之几的低浓度下发生相分离。这一描述早已奠定诸多双水相热力学模型的基础，并且可以精确表征相图和一些大分子的分配。

表 5-1　常用的双水相系统类型 [8,9]

类型	上相	下相
非离子型聚合物/非离子型聚合物/水	聚丙二醇	甲氧基聚乙二醇
		聚乙二醇
		聚乙烯醇
		聚乙烯吡咯烷酮
		羟丙基葡聚糖
		葡聚糖
	聚乙二醇（PEG）	聚乙烯醇
		聚乙烯吡咯烷酮
		葡聚糖
		聚蔗糖
	聚乙烯醇（PVA）	甲基纤维素
		羟丙基葡聚糖
		葡聚糖
	聚乙烯吡咯烷酮（PVP）	甲基纤维素
		葡聚糖
	甲基纤维素	羟丙基葡聚糖
		葡聚糖
	乙基羟乙基纤维素	葡聚糖
	聚蔗糖（Ficoll）	葡聚糖
	羟丙基葡聚糖	葡聚糖
聚电解质/非离子型聚合物/水	羧甲基葡聚糖钠	甲氧基聚乙二醇 -NaCl
		聚乙二醇 -NaCl
		聚乙烯醇 -NaCl
		聚乙烯吡咯烷酮 -NaCl
		甲基纤维素 -NaCl
		乙基羟乙基纤维素 -NaCl
		羟丙基葡聚糖 -NaCl

类型	上相	下相
聚电解质/非离子型聚合物/水	葡聚糖硫酸钠	聚丙二醇
		甲氧基聚乙二醇 -NaCl
		聚乙二醇 -NaCl
		聚乙烯醇 -NaCl
		聚乙烯吡咯烷酮 -NaCl
		甲基纤维素 -NaCl
		乙基羟乙基纤维素 -NaCl
		羟丙基葡聚糖 -NaCl
		葡聚糖 -NaCl
	DEAE 葡聚糖盐酸	聚丙二醇 -NaCl
		聚乙二醇 -Li_2SO_4
		聚乙烯醇 -NaCl
		甲基纤维素 -NaCl
聚电解质/聚电解质/水	葡聚糖硫酸钠	羧甲基葡聚糖钠
		羧甲基纤维素钠
		DEAE 葡聚糖盐酸 -NaCl
	羧甲基葡聚糖钠	羧甲基纤维素钠
聚合物/低分子量成分/水	聚丙烯	磷酸钾
	甲氧基聚乙二醇	磷酸钾
	聚乙二醇	磷酸钾
	聚乙烯吡咯烷酮	磷酸钾
		乙二醇二丁醚
	聚丙二醇	葡聚糖
		甘油
	聚乙烯醇	乙二醇二丁醚
	葡聚糖硫酸钠	NaCl（0℃）
	葡聚糖	乙二醇二丁醚 丙醇

20 世纪 80 年代中后期，以 Zaslavsky 为代表的一些学者开始把目光转向占系统 80% 以上的溶剂水，认为聚合物引起的水分子结构的变化是促使相分离的主要原因。X 射线衍射数据表明，无水时的 Dextran 与 PVA 混合物（1：1）并不呈现不相容性，而它们在水溶液中仅需相当低的浓度［3.5%(质量分数)Dextran 和 2.45%(质量分数）PVA］便发生相分离，可见溶剂水在相分离中的作用不可忽视。在水溶液中，聚合物长链分子通过氢键与周围的水分子发生强烈的相互作用，每一个氧原子位点上可结合两个水分子，这样溶液中的 PEG 分子就被一层高度有序化的水合作用层所包围，PEG 分子的疏水部分则包埋在晶格之内。Dextran 虽然没有和 PEG 相类似的结构，但同样可利用分子结构中的多个羟基基团通过氢键作用在分子周围形成一个水分子层，这一水分子层也有特殊的定向分布。Zaslavsky 认为，两种聚合物混合时产生的相分离正是由这两种聚合物周围不同的、互不相容的水分子结构引起的，该分相机理可用于解释温度、添加无机盐和尿素等对分相行为的影响。不同聚合物对溶剂水性质的影响程度按如下顺序递减：PEG>PVA>PVP>Ficoll>Dextran，而与 Dextran 成相所需的聚合物浓度按如下次序递增：PVA<PEG<PVP<Ficoll，综合考虑聚合物的分子量因素，二者的次序是十分一致的。此后，该观点被 Guan 等发展为“几何饱和模型”（geometrical saturation model），Guan 等认为相分离前后溶液的结构是有差异的，在双节点线上的溶液可看作是达到了几何饱和，无法再容纳溶质，故在双节点之上的溶液自然分成了互为几何饱和但结构显著差异的两液相。

2. 聚合物/低分子组分系统

最具代表性的是聚合物 / 无机盐系统。无机盐相对于 Dextran 在价格上的优势，使得 PEG/ 无机盐系统在工业应用中具有更为广阔的前景。能与聚合物形成双水相系统的盐类的相对成相能力，一般遵循基于盐析能力的离子排序（lyotropic series 次序），但阴离子的贡献比阳离子显得更重要（改变阳离子的影响较小），并且多原子离子比单原子离子更加有效。PEG/ 盐系统的分相机制目前尚不完全清楚，但一般认为其相分离依赖于 PEG 分子中的氧原子 - 阳离子缔合能被水 - 阳离子水化所取代的程度，即依赖于 PEG 分子的单体长度与阴离子的大小及电荷密度所引起的空间尺度上的冲突程度。宏观的证据表明，阳离子与小的、高电荷密度的多原子阴离子的作用会被抑制，因而使得这些盐向聚合物表面区域的靠近受到阻碍，在聚合物表面形成了一个无盐的、定向的水化层区域，当聚合物和盐的浓度达到一定值时就促使了相分离的发生。多原子阴离子构成的盐（如磷酸钾、硫酸铵）所需要的成相浓度比较低，但尺寸大、电荷密度低的单原子阴离子构成的盐（如氯化钠、氯化钾），其阳离子却容易与 PEG 分子中的氧偶极子发生作用，因而其需要的成相浓度就相当高，无法在生物大分子的分离中得以应用。不过，NaCl、KCl 等中性盐作为添加组分加入聚合物 / 聚合物或聚合物 / 无机盐系统中，只需要很低的浓度便会对分配产生显著的影响。

在聚合物 / 聚合物系统中，蛋白质在两相中的分配取决于聚合物的分子量、浓度、pH 值及盐浓度等因素，细胞的分配也是如此，这种体系可以直接应用于离子交换色谱进一步纯化，该体系的成本虽然比 PEG/ 盐体系高出 3~5 倍，但不会造成严重的环境污染，并且比较易于生物降解，而且可回收聚合物的开发使得成本大大降低。在 PEG/ 盐系统中，一般蛋白质主要分配在下相，只有疏水性很强或等电点较低的蛋白质，才有可能分配在上相。这种体系盐浓度高，后续的纯化工艺不能采用高效的层析方法。虽然该体系的成本低，比较适合于工业规模的应用，但废盐水的处理比较困难，不能直接排入生物氧化池中。由此可见，聚合物 / 聚合物系统和聚合物 / 盐系统各有优势，应根据待分离纯化对象的具体要求选择不同的系统。

二、双水相系统的形成

1. 聚合物分子量

影响双水相系统形成的因素众多，尤其是聚合物的类型和分子量对双水相系统的形成影响极大。通常聚合物分子量越高，发生相分离形成双水相所需要的浓度就越低。温度对双水相形成的影响也较大，温度越高，发生相分离所需要的聚合物浓度越大。李勉[10]的研究表明，在同一温度条件下，不同平均分子量的 PEG/ 羟丙基淀粉（HPS）系统的临界分相浓度有很大差别，PEG 的平均分子量越大，其临界分相浓度就越低；反之，PEG 平均分子量越小，其临界分相浓度就越高，原因主要有如下两个方面：

（1）随着 PEG 平均分子量增大，PEG 的分子体积也逐渐增大，在水中的溶解度也减小，此时由于 PEG 分子增大，分子间的位阻效应也就随之增强，相互间渗透的难度增加，导致分相的临界浓度降低，反之就会使分相的临界浓度增加。

（2）随着 PEG 平均分子量增大，PEG 分子内极性基团（如羟基等）的比重逐渐减小，从而导致分子极性程度降低，其亲水基团比重也相应减少，而其憎水程度增高，因此随着平均分子量的增大，PEG 水溶液与 HPS 水溶液之间的憎水程度差异逐渐增大，即增大了分相的动力，导致分相临界浓度降低。

2. 黏度

双水相系统的黏度不仅会影响相分离速度和流动特性，而且也会影响物质的传递和颗粒（特别是细胞、细胞碎片和生物大分子）在两相的分配。一般而言，聚合物 / 聚合物体系的黏度要比聚合物 / 无机盐体系的黏度高。在分子量和浓度相同的条件下，支链聚合物溶液要比直链聚合物溶液的黏度低。聚合物分子量越大或聚合物浓度越高，体系黏度也会越高。但是，如前所述，聚合物分子量增大，该聚合物形成双水相的临界浓度会相应降低。因此，适当调整成相聚合物的分子量和浓度，可以降低系统黏度。研究表明，由 Dextran 和 PEG 组成的双水相系统中，富含 Dextran 的下相黏度比富含 PEG 的上相黏度高得多，并且黏度差值会随着体系系线长度的增加而迅速增大。对于体系中含有蛋白质时，上、下相的黏度会明显升高。

3. 密度和密度差

双水相体系的含水量高达 80% 以上，两相密度几乎接近于 $1000kg/m^3$，两相的密度差非常小，为 10 ～ $50kg/m^3$。所以，仅仅依靠重力差，体系的相分离速度很慢，必须借助离心力场才能进行有效的相分离。

4. 界面张力

双水相萃取分离过程易受粒子表面特性的影响，所以双水相系统中两相间的界面张力是一个很重要的物性参数。研究表明，界面张力主要取决于系统的组成和两相间组成的差异。从相图上看，与系线长度 TLL 密切相关。PEG/ 磷酸盐体系的界面张力高于 PEG/Dextran 体系。温度降低，界面张力会增加。聚合物分子量增大，界面张力也会增加。在 PEG/Dextran 体系中，当 Dextran 分子量从 40000 增加到 500000，界面张力增加 59%。必须指出的是，与传统的溶剂萃取相比，双水相系统的界面张力依然非常小，为 0.1 ～ 100μN/m。因此，双水相系统两相极易混合，相分离则比较困难。

5. 相间电位差

在 PEG/ 盐双水相体系中，如果盐的阴离子和阳离子在两相中有不同的分配系数，为保持每一相的电中性，必定会在两相间形成电位差，其大小约为毫伏量级。显然，盐的分配平衡是决定相间电位差的重要因素。对由卤族阴离子和碱金属阳离子组成的盐，分配系数接近于 1；碱金属阳离子的分配系数小于 1，而且 $K^+<Na^+<Li^+$；而卤族阴离子的分配系数大于 1，且 $I^->Br^->Cl^->F^-$。磷酸盐和硫酸盐的分配系数小于 1，而对应酸的分配系数均大于 1，柠檬酸和草酸的分配系数也都大于 1。通常磷酸盐的分配系数会随对应的酸根所带电荷的增加而减小，且相差较大。为控制相间电位差，常需向双水相体系中同时添加不同比例的磷酸盐和氯化钠。

6. 相分离时间

如前所述，通常双水相系统的相间密度差和界面张力均很小，因此，相分离较慢，一般需要 1h 以上，甚至达数小时。在远离临界点时，聚合物浓度较高，黏度也较高，因而相分离会更慢。与聚合物 / 聚合物系统相比，PEG/ 盐系统相分离较快。另外，相分离快慢也与系统的相比有关，通常相比越接近 1，分相越快。

三、相图的制备

双水相系统的形成条件和定量关系可以用相图来表示，图 5-1 是两种聚合物水溶液形成的双水相系统的相图。图中以聚合物 Q（以 PEG 为例）的质量分数（%）为纵坐标，以聚合物 P（以 Dextran 为例）的质量分数（%）为横坐标。将均相区与两相区分开的曲线称为双节线（bimodal）。如果体系总组成配比落在双节线下方的区域，两聚合物将均匀溶于水中而不分相。如果体系总组成配比落在双节线上方的区域，体系就会分层形成两相，上相富集了聚合物 Q，而下相富集了聚合物 P。用 A 点代表体系的总组成，B 点和 C 点分别代表平衡的上相和下相组成，称为节点。A、B、C 三点在一条线上称为系线（tie line），B、C 间长度称为系线长度（Tie Line Length, TLL）。同一系线上的不同点（A），总组成不同，但上、下两相组成（B 和 C）相同，只是上、下相体积 V_T 或 V_B 不同，但均服从杠杆原理。由于聚合物溶液的密度通常和纯水密度相近，两相的密度差很小，所以

$$\frac{V_T}{V_B}=\frac{CA}{AB} \tag{5-1}$$

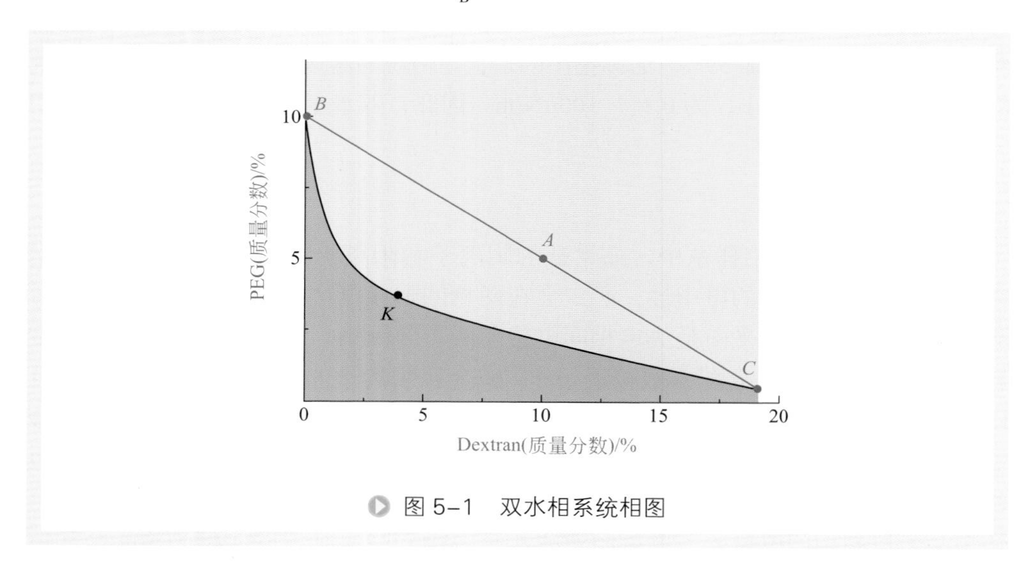

图 5-1 双水相系统相图

若 A 向双节线移动，系线 TLL 变短，B、C 两点接近，则两相组成差异减小，当 A 点移动到双节线 K 点时，体系变成均匀单相，K 点称为临界点（critical point）。在 K 点上，体系总组成的微小变化都可能导致一个单相体系向两相体系的转变。系线长度 TLL 是系统总组成及上、下相浓度的关联参数，它反映了该线两端的两相密度的差异，两相密度差随 TLL 的增长而增大，而相分离速度直接取决于相密度差。从相图可知，靠近临界点的相间密度差较小，因此相分离速度较慢；远离临界点的聚合物浓度高，聚合物富集相的黏度会升高，也会导致低的相分离速

度；所以在中间组成时，分离速度最快。在很多双水相系统中，含水量较高时，两相的密度会趋于一致，密度的典型值在 1000 ～ 1100kg/m³。

双水相系统的相图及其系线和临界点均可由实验测得。具体的操作步骤：定量称取聚合物 P 的浓溶液若干克，置于试管。另取已知浓度的聚合物 Q，滴加到含有聚合物 P 的浓溶液的试管中，初始会得到 P 和 Q 的单相混合物溶液。继续滴加 Q 至混合物开始浑浊，并慢慢分成两相，此时记录下混合物溶液中 P 和 Q 的质量分数。接着加 1g 蒸馏水，使混合物变清，两相消失；再加聚合物 Q，使溶液再次变浑浊形成两相，记录下 P 和 Q 的质量分数。如此反复操作，记下一系列在恰好形成两相时的 P 和 Q 百分含量组成。将 P 的质量分数对 Q 的质量分数作图，得到由聚合物 P 和 Q 形成的双水相系统的双节线。在两相形成后，分别取样分析上、下相中聚合物 P 和 Q 的含量，并在相图上分别找到这两个点（节点 *B* 和 *C*），连接这两点就得到了系线。在实验中，经过多次反复可获得这样一个特殊的聚合物 P 和 Q 的百分含量，即稍微过量聚合物 P 或者 Q，都会使溶液从单相变成两相，且这两相的组分和体积均相等，这一节点就是临界点（*K*）。

许多聚合物都能形成双水相系统，其中在生物分离中最常用的是 PEG 和 Dextran。各种 Dextran 的数均分子量 M_n 和重均分子量 M_w 详见表 5-2。各种 PEG 的数均分子量见表 5-3。图 5-2 和图 5-3 是一些常用的双水相体系的相图及具体的上、下相组成的数据。

表 5-2　各种 Dextran 的数均分子量和重均分子量[8]

缩写符号	数均分子量，M_n	重均分子量，M_w	缩写符号	数均分子量，M_n	重均分子量，M_w
D5	2300	3400	D37	83000	179000
D17	23000	约 30000	D48	180000	460000
D19	20000	42000	D68	280000	2200000
D24	40500		D70	73000	

表 5-3　各种 PEG 的数均分子量[8]

缩写符号	数均分子量，M_n	缩写符号	数均分子量，M_n
PEG20000	15000 ～ 20000	PEG1000	950 ～ 1050
PEG6000	6000 ～ 7500	PEG600	570 ～ 630
PEG4000	3000 ～ 3700	PEG400	380 ～ 620
PEG1540	1300 ～ 1600	PEG300	285 ～ 315

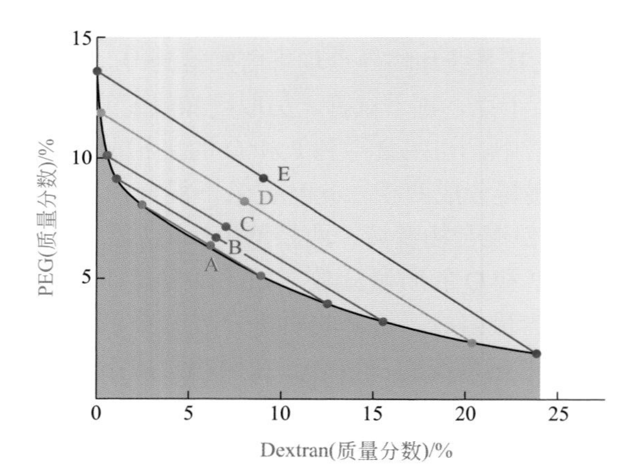

体系	总体系（质量分数）/%			下相（质量分数）/%			上相（质量分数）/%		
	Dextran	PEG	水	Dextran	PEG	水	Dextran	PEG	水
A	6.14	6.09	87.77	8.91	4.99	86.10	2.52	7.82	89.66
B	6.50	6.50	87.00	12.48	3.93	83.59	1.00	9.09	89.91
C	7.00	7.00	86.00	15.50	3.25	81.25	0.44	10.07	89.49
D	8.00	8.00	84.00	20.34	2.28	77.38	0.15	11.80	88.05
E	9.00	9.00	82.00	23.81	1.90	74.29	0.13	13.46	86.41

图 5-2 D48/PEG4000 体系的相图（20℃）[8]

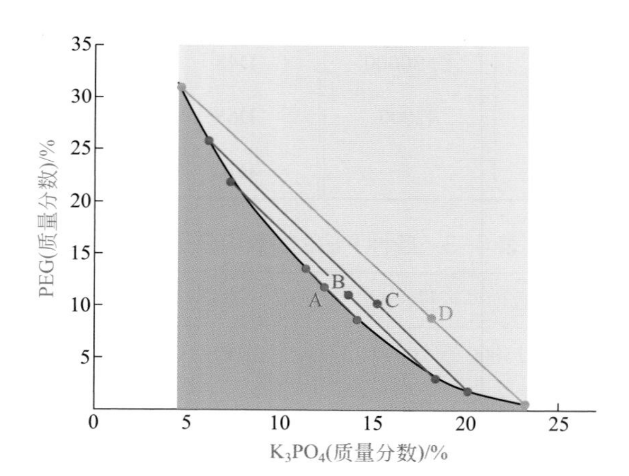

体系		A	B	C	D
总体系	盐	12.36	13.66	15.21	18.13
	PEG	11.37	10.74	9.99	8.56
	水	76.27	75.60	74.80	73.31
下相	盐	14.12	18.34	20.13	23.17
	PEG	8.57	2.94	1.68	0.48
	水	77.31	78.72	78.19	76.35
上相	盐	11.35	7.31	6.11	4.62
	PEG	13.38	21.86	25.64	31.00
	水	75.27	70.83	68.25	64.38

注：表格中单位均为质量分数（%）。

图 5–3 PEG1540/ 磷酸钾体系的相图（20°C）[8]

四、溶剂化特性

多数有机化合物在水溶液中的低溶解度是限制水在作为分离和反应介质方面应用的主要障碍。表面活性剂、超临界水、共溶剂等的应用能有效增加有机物在水溶液中的溶解度。比如，表面活性剂的极性区和非极性区构成的胶团体系具有疏水的内核和亲水的极性外表面，使得有机物能富集在胶团的内核，从而增加有机物在水溶液中的溶解度。超临界水则主要是通过降低水的介电常数和氢键作用力来增强有机物在水中的溶解度。通常，双水相体系中常用的聚合物 PEG 被认为是水中的共溶剂（co-solvent），其水溶液可看作是由自由水包围的水化聚合物分子组成，能有效降低水溶液的极性，提高有机物溶解度。Zaslavsky 认为 PEG 界面处的临近水与纯水的性质有很大差异，PEG 导致临近水密度降低、介电松弛、黏度增加、离子导电性增强。PEG 能有效增强有机物在水溶液中溶解度使得其能被用于有机合成的相转移催化剂和作为反应、催化的溶剂。其他水性聚合物溶液也具有相似的特性，这些经过“修饰”的水性溶液由于以绿色溶剂水为主体，被认为是绿色的萃取和反应介质。

为了更深入地研究这些水性溶液的特性，研究者借助于转移自由能、溶剂化线性自由能方程和溶剂化显色方法等研究它们的溶剂化特性。这些特性的研究有助于人们深入理解双水相系统等水性体系与传统有机溶剂体系的相似性和差异，更合理地利用和开发新型双水相系统。

1. 转移自由能

水溶性聚合物和有机溶剂一样，都可以通过计算溶剂对非极性亚甲基 CH_2 的相对亲和力［即转移自由能 $\Delta G(CH_2)$］来表征其相对疏水性。$\Delta G(CH_2)$ 与溶剂的极性没有直接关系，而是表示空穴形成的自由能或者内聚能密度。

双水相体系的 $\Delta G(CH_2)$ 可通过测定一系列结构相似但碳链长度不同的脂肪醇和二硝基苯取代的氨基酸在体系中分配系数来进行计算[11]，具体如下：

$$\Delta G(CH_2) = -RTE \tag{5-2}$$

$$\ln K = C + En_c \tag{5-3}$$

式中 R——通用气体常数；

T——温度；

E——一个亚甲基基团对分配系数的贡献；

K——分配系数；

C——非甲基部分对分配系数的贡献；

n_c——烷基侧链的亚甲基基团数。

表 5-4 是各种含水体系（水 / 有机溶剂、胶团、双水相体系）的转移自由能 $-\Delta G(CH_2)$。结果显示，双水相体系的转移自由能的变化范围比较大，如 PEG2000/K_2CO_3 的转移自由能 $-\Delta G(CH_2)$ 范围为 0.263 ~ 0.696kcal/mol，最大值要高于胶团体系和水 / 正丁醇体系，说明双水相体系的转移自由能是可调节的，并且可以接近或超过胶团体系和部分有机溶剂 / 水体系。因此，双水相体系可能对某些疏水性有机化合物有更高的溶解度，利于作为分离和反应介质。

表 5-4　各种含水体系的转移自由能 $-\Delta G(CH_2)$[1]

体　　系	$-\Delta G(CH_2)$/(kcal/mol)
水 / 己烷	1.101 ± 0.043
水 / 氯仿	0.846 ± 0.24
水 / 正丁醇	0.542 ± 0.058
十二烷基硫酸钠胶团体系	0.473 ~ 0.657
辛烷基硫酸钠胶团体系	0.449 ~ 0.567
PEG2000/K_2CO_3	0.263 ~ 0.696
PEG2000/NaOH	0.312 ~ 0.503
PEG2000/Li_2SO_4	0.142 ~ 0.285
PEG2000/$(NH_4)_2SO_4$	0.214 ~ 0.472
PEG2000/Dextran75000	0 ~ 0.0235

通过系统深入的研究，Huddleston 等[12]发现 PEG/ 盐双水相体系的转移自由能 $-\Delta G(CH_2)$ 只与上、下相之间的差异程度有关。实验研究了不同分子量 PEG 和各种盐［K_3PO_4、K_2CO_3、NaOH、Li_2SO_4、$(NH_4)_2SO_4$、$ZnSO_4$、$MnSO_4$］构成的多种双水相体系的 $-\Delta G(CH_2)$，并用 ΔEO（乙烯氧化物单体 EO 摩尔浓度在上、下相

间的差）、ΔPEG 和 ΔTLL 来表示两相间的差异，证实了这个结论，即当两相差异程度相同时，转移一个 CH_2 基团所需的转移自由能 $-\Delta G(CH_2)$ 也相同。

2. 溶剂化线性自由能方程

线性自由能是用来描述溶质在溶剂中的分配与溶剂 - 溶质分子作用力之间的相互关系。溶剂化线性自由能方程（Linear Solvent Free Energy Relationships, LSER）可用来表征溶剂的特征。Abraham 等[13] 建立了用 Gibbs 自由能分子特征描述符来表征的溶剂化线性自由能方程，以表征水 / 有机溶剂和胶团体系的溶剂化特征。LSER 方程如下：

$$\lg SP = c + rR_2 + s\pi_2^H + a\sum\alpha_2^H + b\sum\beta_2^H + \upsilon V_x \quad (5\text{-}4)$$

式中 lgSP——一系列与溶质溶解度相关的性质，包括分配系数；

c——线性拟合常数；

r——溶剂分子通过 π 与 n 电子对相互作用的能力；

R_2——溶质的过量摩尔折射率；

s——溶剂的偶极极化度；

π_2^H——溶质的偶极极化度；

a——溶剂氢键碱性参数；

$\sum\alpha_2^H$——溶质的有效氢键酸性；

b——溶剂氢键酸性参数；

$\sum\beta_2^H$——溶质的有效氢键碱性；

υ——溶剂相对疏水性的一种量化方式，类似 $\Delta G(CH_2)$，与空穴的形成自由能相关；

V_x——溶质分子的范德瓦尔斯体积参数。

LSER 可以用来表示各种双相体系的相同点和差异，方程中每一项的系数（c，r，s，a，b，υ）都具有重要意义。表 5-5 列出了不同双相体系的 LSER 方程中各项的系数（溶剂描述符参数）。可以看出，氯仿 / 水和己烷 / 水的系数 a 是绝对值较大的负值，说明这两个体系不适合氢键贡献能力（氢键酸性）强的溶质的分配。而正丁醇 / 水体系的系数 a 极小，接近于 0，说明此项可忽略，即对溶质分配几乎不起作用。又如，在 PEG2000/$(NH_4)_2SO_4$ 和 PEG6000/Dextran75000 双水相体系中，代表溶剂偶极极化度的系数 s 较小，表明这两类双水相体系中偶极极化度对溶质分配的影响不大。而 PEG2000/$(NH_4)_2SO_4$ 双水相体系中 r 系数较大，接近或超过有机溶剂 / 水体系和胶团体系，表明该双水相体系的溶质和溶剂间有较强的 π 与 n 电子对相互作用，因此该体系与有机溶剂 / 水体系相似，比较适合芳香族和含卤素的溶质分配。双水相体系中溶质分子尺寸是决定其分配的重要因素，υ 为正值表明随着分子尺寸的增大，溶质趋于分配到富 PEG 相，因为 PEG 相的有序性比盐相差。具体地，以 PEG/$(NH_4)_2SO_4$ 为例，如表 5-6 所示，υ 是最重要的参数，对溶质分配的贡献占 78%，但是相比其他体系其值仍较小，这是由 PEG/ 盐体系的水性特征和富 PEG 上相高度结构化的特性所决定的，并且其他体系的 v 值普遍较大说明在大多数含水溶剂体系中，除了分散力之外几乎没有什么分子间作用力能阻止空穴的形成。其次为 b，占 15%，说明 PEG/ 盐体系的氢键酸性很重要，但是 b 为负值，说明其并不适合氢键接受能力（氢键碱性）强的溶质的分配。r 值也占据了 4% 的贡献，而 a 和 s 则几乎不贡献，说明它们对溶质分配几乎没有影响。这些贡献顺序恰好与 LSER 各项系数的绝对值呈正相关。

表 5-5　不同含水体系的 LSER 各溶剂描述符参数 [1]

含水体系	c	r	s	a	b	v
$PEG2000/(NH_4)_2SO_4$	−0.05	0.65	−0.21	0.21	−1.31	1.71
PEG6000/Dextran75000	0.06	−0.03	0.05	0.04	−0.16	0.15
正丁醇 / 水	0.09	0.56	−1.05	0.03	−3.46	3.81
氯仿 / 水	0.13	0.12	−0.37	−3.39	−3.47	4.52
己烷 / 水	0.36	0.58	−1.72	−3.60	−4.76	4.34
十二烷基硫酸钠胶团体系	−2.43	0.32	−0.24	0	−1.60	2.69
溴化十二烷基三甲基铵	−0.57	0.57	−0.15	0.85	−3.61	3.36
非离子表面活性剂 Brij-35	−0.31	0.88	−0.15	1.06	−3.58	2.83

表 5-6　$PEG/(NH_4)_2SO_4$ 双水相中 LSER 溶剂描述符参数对溶质分配的贡献 [1]

LSER 系数	对溶质分配的贡献 / %	LSER 系数	对溶质分配的贡献 /%
v	78	$a+b+v+r$	97
$b+v$	93	$s+a+b+v+r$	97
$b+v+r$	97		

LSER 方程中，除各项系数（溶剂描述符参数）外，各项溶质描述符也都具有各自特定的意义。表 5-7 列出了 16 种有代表性的醇、酮、羧酸、苯和卤化物在 $PEG/(NH_4)_2SO_4$ 双水相体系中的分配系数 $\lg D$ 和在辛醇 / 水体系中的分配系数 $\lg P$ 及其 LSER 方程的溶质描述符的值。研究 $PEG/(NH_4)_2SO_4$ 双水相体系的各个参数，发现当溶质分子体积参数 V_x 增大时，分配系数 $\lg D$ 明显增大，表明溶质分子体积增大可利于其分配到富 PEG 相，该结果与上述溶剂化描述符参数的分析结果一致，即 v 是最重要的参数。其次，过量摩尔折射率 R_2 的改变会极大影响芳香族和卤素溶质在双水相中的分配，这主要是通过溶剂（聚合物分子）和溶质分子间的 π 与 n 电子对相互作用来增大溶质在 PEG 相分配。比如，对比苯和 1,4- 二氯联苯，苯的摩尔折射率 R_2 是 0.610，V_x 是 0.71，$\lg D$ 是 1.48；而 1,4- 二氯联苯比苯分子多了 2 个氯和 1 个苯环，其摩尔折射率 R_2 增加到 1.640，V_x 增加到 1.31，$\lg D$ 则大幅增加

到 3.14。此外，增加溶质的氢键碱性$\sum\beta_2^H$会明显降低溶质对 PEG 相的亲和力，这就导致多种纤维素、DNA 和 RNA 较易分配到 PEG/ 盐的富盐相。其他溶质描述符对溶质在双水相体系中分配的影响则相对较小。

表 5-7　16 种溶质在 2 种溶剂体系中的分配系数及 LSER 溶质描述符 [1,12]

溶质	lg D	lg P	R_2	π_2^H	$\sum\alpha_2^H$	$\sum\beta_2^H$	V_x
乙醇	0.25	–0.31	0.246	0.42	0.37	0.48	0.44
丙醇	0.49	0.25	0.236	0.42	0.37	0.48	0.59
2- 丙醇	0.40	0.05	0.212	0.36	0.33	0.56	0.59
正丁醇	0.68	0.88	0.224	0.42	0.37	0.48	0.73
正戊醇	0.92	1.51	0.219	0.42	0.37	0.42	0.87
1- 辛醇	1.54	3.00	0.199	0.42	0.37	0.48	1.29
丙酮	0.23	–0.34	0.237	0.90	0.04	0.33	0.40
苯乙酮	1.38	1.58	0.818	1.01	0	0.49	1.01
乙酸	0.23	–0.17	0.265	0.65	0.61	0.45	0.46
对苯二甲酸	1.69	2.27	0.730	0.90	0.60	0.38	1.07
安息香酸	1.45	1.87	0.730	0.90	0.59	0.40	0.93
苯	1.48	2.13	0.610	0.52	0	0.14	0.71
甲苯	1.55	2.73	0.601	0.52	0	0.14	0.85
氯苯	1.81	2.84	0.718	0.65	0	0.07	0.83
1,4- 二氯联苯	3.14	5.23	1.640	0	0.20	1.56	1.31
碘甲烷	0.75	1.51	0.676	0.43	0	0.13	0.50

LSER 在评估影响溶质分配的溶剂 - 溶质相互作用中起到非常重要的作用，可以借此来比较各种双水相体系、胶团体系和有机溶剂 / 水体系中的溶质分配行为。Huddleston 等 [12] 将 LSER 方程应用于 PEG/ 盐和 PEG/Dextran 双水相体系，并与胶团体系和有机溶剂 / 水体系进行比较，考察了氨基酸、短肽和醇类等在各体系中的分配系数，有利于更深入了解双水相体系的溶剂特性和溶质分配行为，指导可替代有机溶剂体系的双水相系统的选择等。Huddleston 等 [12] 成功利用 PEG/ 盐双水相体系从造纸废液中分离了木质素和纤维素。木质素为分子量高、芳香性强的聚合物，由 LSER 方程可以知道，溶质分子体积和芳香性会增强它们在双水相体系富 PEG 相中的分配；而纤维素缺少苯环结构，缺少通过 π 与 n 电子对与 PEG 相互作用的能力，较易分配在富盐相。因此，用 PEG/ 盐体系分离可溶性的木质素和纤维素及其裂解片段是合理的，有望用于造纸工业的绿色化反应萃取过程。

3. 溶剂化显色方法

溶剂的极性、极化率参数 π^*、氢键酸性 α 和氢键碱性 β 是决定溶质溶解度和分配的重要性质。用溶剂化显色方法可以方便地研究这些溶剂性质。

（1）极性　用 Reichardt 染剂［2,6- 二苯基 -4-(2,4,6- 三苯基 -1- 吡啶) 苯酚］为溶剂致变色探针可以测定溶剂极性 $E_T(30)$ 和标准化溶剂极性 E_T^N [14]。其原理是基于溶剂致变色探针的氧原子与溶剂间氢键作用力导致的探针分子电荷转移带的移动，越高的 E_T^N 意味着溶剂与探针氧原子间越强的氢键作用力。其计算值主要是由溶剂致变色探针在待测溶剂中的最大吸收波长 λ_{max}(nm) 决定的。公式如下：

$$E_T(30)(\text{kcal/mol}) = 28591/\lambda_{max} \tag{5-5}$$

$$E_T^N = [E_T(30) - 30.7]/32.4 \tag{5-6}$$

式中，标准化溶剂极性 E_T^N 在 0 ～ 1 之间变动，其中最小极性 0 即以非极性溶剂四甲基硅烷为标准溶剂的极性，而最大极性 1 是以极性溶剂水为标准溶剂的极性。

Reichardt 用溶剂化显色方法测定了 300 多种溶剂的极性 $E_T(30)$ 和标准化溶剂极性 E_T^N，其中包括烷、烯、环烷、环烯、卤代烷、卤代烯、芳香烃、吡啶、醇、醚、醛、酮、羧酸、酯、酰胺、有机盐等各类有机物 [14]。表 5-8 列出了双水相体系和其他几种溶剂体系的极性 $E_T(30)$，发现双水相体系的极性与水最相近并略小于水，这是因为双水相的主要成分是水，并且聚合物浓度越高，双水相极性会越低。表 5-9 进一步列出了 PEG2000/K_3PO_4 双水相体系上相及下相的极性 $E_T(30)$ 的值，并与系线长度 TLL 相关联。结果表明，上相（富 PEG 相）的极性小于下相（富盐相），并且 TLL 越长，上下相的极性差异越大，其中上相极性随 TLL 增长而减小，更偏离水，下相极性则随 TLL 增长而增大，直至与水的极性几乎接近。此外，上相的极性变化范围较小，在 1kcal/mol 以内，而下相的极性变化范围较大，在 4kcal/mol 以内。

表 5-8　几种溶剂体系的极性 $E_T(30)$[14]

溶剂体系	水	PEG/ 盐	PEG/Dextran	正己烷	正丁醇	CTAB	Brij-35	SDS
$E_T(30)$/(kcal/mol)	63.1	55.75 ～ 60.8	58.5 ～ 60.5	31.0	50.2	53 ～ 54	52.8	57.5

表 5-9　PEG2000/K_3PO_4 的系线长度 TLL 和上、下相极性 $E_T(30)$[14]

PEG2000/K_3PO_4 质量分数 /%	TLL	$E_T(30)$(上相)/(kcal/mol)	$E_T(30)$(下相)/(kcal/mol)
11.5/9.0	16.8	56.8	57.7
12.8/9.05	22.8	56.75	58.0
14.0/9.1	27.4	56.4	58.3
14.5/9.4	29.4	56.2	58.7
16.2/9.9	34.4	55.8	59.5
17.3/10.0	37.0	55.75	60.8

（2）其他溶剂性质　据报道，有多种溶剂化显色方法可以测定溶剂的极化率参数 π^*、氢键酸性 α 和氢键碱性 β。Yuan 等[15]用 4- 硝基苯胺和 N,N-2- 乙基 -4 硝基苯胺的组合染剂测定了溶剂氢键碱性 β，并由此可以计算溶剂极化率参数 π^*。Huddleston 等[12]用 4- 硝基苯酚和 4- 硝基苯甲醚的组合染剂测定并计算了溶剂氢键碱性 β 和极化率参数 π^*，还结合 Reichardt 染剂测定了氢键酸性 α 值。计算公式如下：

$$\pi^* = 0.427(34.12 - \upsilon_1) \tag{5-7}$$

$$\beta = 0.346(35.045 - \upsilon_2) - 0.547\pi^* - 0.12\delta \tag{5-8}$$

$$\alpha = \frac{0.0649 \times 28591}{\lambda_{max} - 2.03 - 0.72\pi^*} \tag{5-9}$$

式中　υ_1——溶剂经 4- 硝基苯甲醚染色后的最大吸收波数；

υ_2——溶剂经 4- 硝基苯酚染色后的最大吸收波数；

λ_{max}——溶剂经 Reichardt 染剂染色后的最大吸收波长，nm。

表 5-10 列出了用此方法测出的 PEG2000/K_3PO_4 和 PEG2000/$(NH_4)_2SO_4$ 双水相体系中上、下相的 π^*、α 和 β 值。这两个体系中上、下相的 π^* 和 β 值基本没有差别，并且随系线长度 TLL 的变化也不明显，只有 α 值在上、下相表现出了些微差别。因此，在 PEG/ 盐双水相体系中，溶剂极化率参数 π^* 和氢键碱性 β 对溶质分配基本没有影响，溶剂氢键酸性 α 对溶质分配的影响也很小；这与溶剂化线性自由能方程 LSER 的结果完全一致，其中溶剂化显色研究中的 π^*、α 和 β 分别对应 LSER 方程中的 s、a 和 b。溶剂化显色方法对溶剂极性的研究进一步证实了溶剂化线性自由能方程表征的溶剂 - 溶质相互作用的可靠性和重要性。

表 5-10　PEG2000/K_3PO_4（左）和 PEG2000/$(NH_4)_2SO_4$（右）中的 π^*、α 和 β[12]

TLL	π^*(上相)	π^*(下相)	α(上相)	α(下相)	TLL	π^*(上相)	π^*(下相)	β(上相)	β(下相)
16.8	1.10	1.15	0.87	0.93	20.7	1.13	1.12	0.68	0.682
22.8	1.13	1.16	0.86	0.94	23.2	1.12	1.12	0.69	0.684
27.4	1.12	1.14	0.84	0.96	30.5	1.14	1.13	0.68	0.68
29.4	1.12	1.17	0.83	0.98	34.1	1.13	1.14	0.682	0.676
31.6	1.13	1.13	0.84	1.00	40.0	1.16	1.13	0.684	0.682
34.4	1.12	—	0.80	1.04	46.5	1.17	1.16	0.69	0.664
37.0	1.10	1.18	0.80	1.12					

五、热力学与相平衡和界面性质

1. 热力学模型与相平衡性质

含盐或不含盐的聚合物溶液热力学是以聚合物溶液、电解质溶液和小分子溶液热力学为基础的，双水相系统就是这种含盐或不含盐的聚合物溶液系统的代表。目前，研究一般聚合物溶液热力学的理论模型主要有状态方程模型和活度系数模型（以晶格模型为基础）及其多个修正模型。同时，电解质溶液热力学主要是 Pitzer 的渗透维里模型、NRTL（Non-Random Two Liquid）模型、扩展的 UNIQUAC（Universal Quasi-Chemical）模型和 UNIFAC（Universal Quasi-Chemical Functional Group Activity Coefficients）模型等。基于这些热力学模型，针对双水相系统的液 - 液相平衡性质，主要发展了以 Florry-Huggins 理论为主的似晶格模型、渗透维里模型和积分方程理论。吴有庭[16]对双水相系统的热力学做了详细的介绍，并重点研究了修正的 NRTL 模型和修正的 Pitzer 渗透维里模型，关联和预测了双水相系统的液 - 液平衡性质。以下分别介绍这两个模型。

（1）修正的 NRTL 模型及其在双水相系统中的应用　基于电解质溶液的 NRTL 模型在小分子电解质溶液系统的应用中已获得很大的成功，确定了它在热力学中的地位。因此，将修正的 NRTL 模型和电解质溶液 NRTL 模型有机地统一起来，完整描述含或不含电解质的聚合物溶液系统的相平衡性质，可扩大模型的适用范围。吴有庭[16]综合考虑离子间长程静电作用、链段间短程作用和聚合物在溶液中巨大的构型熵贡献这三大因素，成功扩展了修正的 NRTL 模型，并能较好地关联和预测 PEG/Dextran 和 PEG/ 盐两大类双水相系统液 - 液平衡（LLE）相图。和实验结果相比，总体平均绝对偏差（δW）一般小于 1.0%（质量分数），最大绝对偏差（δW_{max}）大多不超过 3.0%（质量分数），各相中不同溶质的平均绝对偏差（δW_i）都在 2.0%（质量分数）以内。对 PEG/ 盐双水相系统而言，其中 PEG/1-2 价型盐系统 [以 PEG/$(NH_4)_2SO_4$ 系统为例]，考虑部分电离时模型能更好地描述 LLE 相图，各项误差指标（δW、δW_{max}、δW_i）都有不同程度的下降；对 PEG/2-2 价型盐系统（以 PEG/$MgSO_4$ 系统为例），电离情况较严重，考虑部分电离后模型由不能描述该类 LLE 相图转向能较好地关联和预测该类系统的 LLE 相图。

（2）修正的 Pitzer 渗透维里模型及其在含盐双水相系统中的应用　渗透维里模型是另一类在双水相系统中得到广泛应用的模型，众多研究者曾应用不同形式的渗透维里方程描述了双水相系统的液 - 液平衡和生物活性分子在该系统的分配行为。纵观各种不同的模型，可以发现：①渗透维里方程虽然表达形式多样，但其以溶液浓度按级数展开的思路均保持不变，而且早期仅截止到第二维里系数的表达式逐渐被淘汰，截止到第三维里系数的表达式将成为主流；②链段 - 链段相互作用开始取代分子 - 分子相互作用概念，以达到同时描述同系列聚合物溶液（仅分子量不同）的相行为；③渗透维里方程由传统的从溶液化学位和 Gibbs-Duhem 方程出发得到模型，更多地转向从 G^E 表达式出发得到模型，在含电解质溶液的应用中尤为如此；④渗透维里方程的应用已向同时含电解质和非电解质特别是聚合物的溶液系统发展，但对直接以电解质作为成相组分的双水相系统的应用尚付阙如。目前，缺乏一个可同时用于描述含或不含电解质溶液系统的统一的渗透维里模型。另外，和晶格模型类似，在提高渗透维里模型的预测功能方面也注意得不够。

众所周知，电解质溶液理论中的 Pitzer 模型（1973）也是一类渗透维里方程模型，它是电解质溶液中的实用性模型，可很好地描述直至 6 mol/kg 的电解质溶液的性质。基于此，吴有庭[16]提出将 Pitzer 模型进行修正和扩展，并和非电解质溶液的渗透维里模型相结合，应用于计算含或不含电解质的聚合物溶液系统的相平衡性质。首先推导了 PEG/ 盐双水相系统的修正的 Pitzer 模型，全部用气 - 液平衡（VLE）数据关联模型参数，较好地预测了三类 PEG/1-2 价型盐系统的 LLE 相图，预测值与实验值相比，δW 一般小于 1.0%(质量分数)，δW_{max} 大多不超过 3.0%(质量分数)；然后提出了渗透维里方程通式，据此用 VLE 数据关联参数，并借用少量的 LLE 数据来拟合溶质 - 溶质间的交叉维里型参数，再用来预测 PEG4000/D70、PEG6000/D70 两个三元系统和 PEG6000/D70/KCl（KCl 浓度分别为 0.1、0.5、0.75）三个四元系统的 LLE 相图，以及 KCl 在双水相系统中的分配系数，都获得了满意的结果；最后推导了生物活性分子在双水相系统中分配系数的通用表达式，并以 PEG/Dextran/ 盐系统为例，讨论了该表达式的进一步简化能力和实用化前景。

表 5-11 对这两个修正模型进行了系统的比较，包括泛性和特性。相对而言，若考虑将模型应用于双水相系统，特别是描述生物分子在系统中的分配行为等方面，修正的 Pitzer 模型稍胜一筹；若以模型的广泛适用性和简洁性等泛性特征来评价模型，修正的 NRTL 模型为好。因此，在双水相系统的应用过程中，若能将这两类模型有机地结合，用修正的 NRTL 模型部分来描述双水相系统 LLE 相图，用修正的 Pitzer 模型部分来解释离子 - 聚合物、离子 - 生物分子间的作用力，将会使模型具有更强大的功能。

表 5-11 修正的 NRTL 模型和修正的 Pitzer 模型的比较[16]

属性		修正的 NRTL 模型	修正的 Pitzer 模型
泛性	1. 模型类别和理论背景	似晶格模型，有较强的统计热力学背景	渗透维里展开式，有较强的统计热力学背景
	2. 适用系统	各类溶液系统	一般适用于含小分子溶剂的溶液系统
	3. 浓度范围	全浓度范围	稀或半稀（semi-dilute）溶液
	4. 温度范围	极易引入模型参数的温度依赖关系，以使模型具有较宽的温度适用范围	难以引入模型参数的温度依赖关系，一般只适用于一个特定的温度
	5. 分子间力	通过引入局部组成概念，部分或隐含地考虑了三体相互作用	明确地表达了三体相互作用（第三维里系数相）
	6. 模型参数特征	模型参数间有较强的相关性，使参数的物理意义的明确性下降，且参数在一定的置信区间内有较大的变化范围	模型参数简单的相关性较弱，参数的物理意义明确

续表

属性		修正的 NRTL 模型	修正的 Pitzer 模型
泛性	7. 模型的简化	除通过令非任意性因子 $\alpha=0$，使模型退化为 F-H 模型外，难有其他简化方法	通过部分或全部忽略第三维里系数项及第二维里系数对离子强度的倒数项来简化模型，有相当的灵活性
	8. 参数求取	一般至少需要少量 LLE 数据来关联参数，完全用 VLE 数据来关联参数的方法在小分子系统中已有定论，有成功的可能，但文献中成功的例子不多	除直接拟合 LLE、VLE 等数据获得模型参数外，还可通过实验直接测定（如低角激光散射、膜渗透、黏度测定等）、借用维里系数的理论定义式、借用排除体积概念等途径来估算
	9. 二元推三元	一般只需二元参数即可完成对三元以上系统的预测	除二元参数外，一般尚需三元参数
	10. 对含盐或缔合系统的处理	可方便地结合电离平衡、离子化平衡、物种的缔合平衡等来拓宽模型的使用范围和提高计算精度	难以引入各种平衡关系式，文献中也未有这方面报道
特性	1. PEG/Dextran 系统	使用 6 个参数，PEG/Dextran 链段间的参数一般须从 LLE 数据得到，参数的变化范围较大，关联和预测精度有很好的结果［$\delta W<0.5\%$（质量分数）］，也有稍差的结果［$\delta W<1\%$（质量分数）］	使用 7 个参数，PEG/Dextran 链段间的参数可从 VLE 得到以达到完全预测的目的，也可从少量 LLE 数据关联得到，此时关联和预测精度基本和修正的 NRTL 相当
	2. PEG/ 盐系统［以 PEG/$(NH_4)_2SO_4$ 和 PEG/$MgSO_4$ 为例］	①不考虑部分电离。PEG/ 盐间的 2 个参数从 1 至 2 条系线数据关联得到，PEG/ 盐间的非任意因子 α 对相平衡的计算影响较大。在合适的 α 下，模型能较好地关联和预测 PEG/$(NH_4)_2SO_4$ 系统，但不能成功地关联和预测 PEG/$MgSO_4$ 系统 ②考虑部分电离。仅增加 2 个参数，能较大地提高关联和预测精度	PEG 和盐间有 4 个参数，但可完全从 VLE 数据关联得到，能达到完全预测 LLE 的目的。对 PEG/$(NH_4)_2SO_4$ 系统，预测精度比不考虑部分电离的修正的 NRTL 模型更好，和考虑部分电离的修正的 NRTL 模型基本相当。能预测 PEG/$MgSO_4$ 系统，但误差较大，不如考虑部分电离的修正的 NRTL 模型
	3. PEG/Dextran/盐系统	增加一个盐组分，便增加 4 个参数，须从 LLE 数据关联得到，由于模型数据间较强的相关性，能正确反映盐对 LLE 相图影响的参数值较难关联得到，本书未做具体计算	增加一个盐组分，仅需增加 3 个参数，甚至 2 个（忽略第三维里系数）。模型的简化能力起主要作用，能较好地预测盐浓度对 LLE 相图的影响及盐在双水相系统中的分配系数
	4. 生物分子在双水相系统中的分配	除令非任意性因子 $\alpha=0$，使模型退化为 F-H 模型，并由其推导分配系数公式外，难有其他简化方法。因此该模型难以应用。且该方法文献中已有尝试，进展不大，说明有很大局限性	模型具有很强的可直接简化性，分配系数的推导也相对简单扼要。从本模型出发，可导出文献中已有的多种分配系数表达式，且仍有很大的潜力可以发掘，实用化前景光明

2. 界面张力

利用双水相分配技术分离和纯化生物活性物质如蛋白质、核酸、病毒、细胞器等是一种新型分离技术。在该技术中，生物微粒在两水相及界面间分配达到平衡。界面张力（σ）是影响分配的一个重要参数。如图 5-4 所示，界面处半径为 R 的球状微粒在双水相中存在 3 种类型的界面，在上相、下相、界面位置的界面自由能分别为 $G_1 = 4\pi R^2\sigma_1, G_2 = 4\pi R^2\sigma_2, G_{12} = 4\pi R^2\sigma_2 + 2\pi Rh\sigma_1 - 2\pi Rh\sigma_2 - \pi r^2\sigma_{12}$。式中，$\sigma_1$，$\sigma_2$，$\sigma_{12}$ 分别表示微粒与上相、微粒与下相及上相与下相的界面张力（即单位表面积的表面自由能）；h 表示微粒在上相中的高度；r 表示微粒在界面处的半径。

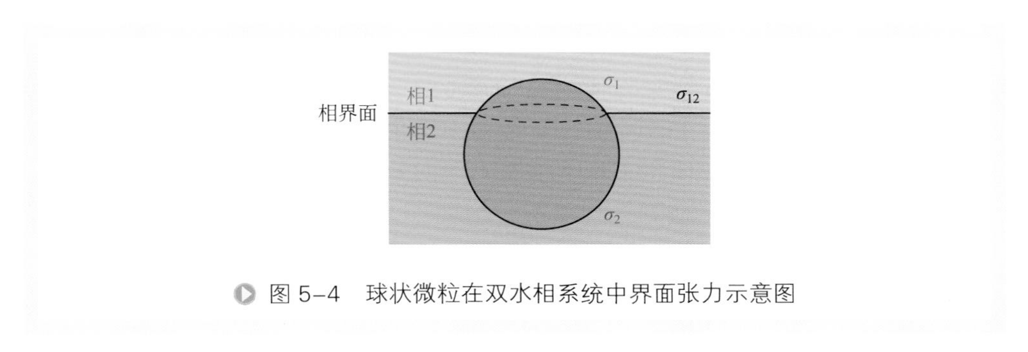

图 5-4　球状微粒在双水相系统中界面张力示意图

因此，微粒的分配取决于微粒在哪个位置能获得最低的界面自由能，即微粒是分配在上相、下相还是界面处是由微粒的尺寸和界面张力的相对大小来决定的。考虑界面处的微粒，微粒在双水相体系中将存在上相与下相间的分配系数、上相与界面间的分配系数以及界面与下相间的分配系数。分配系数统一由以下公式计算：

$$K = e^{A\Delta\sigma/(kT)} \tag{5-10}$$

式中，A 表示微粒表面积；当 $\Delta\sigma=\sigma_2-\sigma_1$，$K$ 为上相与下相间的分配系数；当 $\Delta\sigma=\sigma_{12}-\sigma_1$，$K$ 为上相与界面间的分配系数；当 $\Delta\sigma=\sigma_2-\sigma_{12}$，$K$ 为界面与下相间的分配系数。当两种微粒的分配系数出现较大差异时（比如一正一负），两种物质就可以分别富集在上相和下相，从而分开。特别地，定义 $\delta=-\Delta\sigma/\sigma_{12}$，当 $\delta \leqslant -1$，微粒具有较高疏水性，被分配到富含 PEG 的上相；当 $\delta \geqslant 1$，微粒具有较高亲水性，被分配到富含盐或葡聚糖的下相；而当 $-1 \leqslant \delta \leqslant 1$，则表示微粒具有一定的亲疏水平衡，容易富集到相界面。这里，液 - 液界面张力 σ_{12} 反映了两相间的差异，对生物微粒在两相间的分配起到关键作用。

通常 σ 的测定方法很多，适用于液 - 液 σ 的测定方法主要有滴体积法（滴重法）、De Nouy 环法、Whihelmy 平板法、悬滴法、躺滴法、旋转液滴法和等密度法等。吴有庭[16] 首次在国内搭建了一台旋转液滴界面张力仪，利用旋转液滴法测定了 8 类 PEG/ 盐双水相系统的液 - 液 σ，较全面地考察了 PEG 分子量和浓度、溶质总浓度、盐浓度和种类等因素对 σ 的影响，发现 σ 随系线长度 TLL、PEG 和盐浓度差的增加而呈指数增大；PEG 分子量增大，σ 也增大；盐种类对 σ 的影响也很大，σ 增大的顺序为 PO_4^{3-} > HPO_4^{2-} > $H_2PO_4^-$ 和 Mg^{2+}>Na^+> NH_4^+。测量精度良好，误差在 3.0% 以内。

同时，吴有庭[16]提出用界面热力学理论方法来关联和预测界面张力。采用界面化学法，提出和推导了基于修正的 NRTL 模型的界面张力模型，并应用于 PEG/Dextran 和 PEG/ 盐两类双水相系统的 σ 的关联和预测。该模型对界面组成不做任何假设，仅认为所有组分的摩尔界面面积为常数，与分子大小和结构有关，不随组成的变化而变化。基于此假设，只需 1 个参数即比例因子 β 就能半定量地双重预测（用预测得到的相图预测表面张力）PEG/Dextran 双水相系统的 σ 随聚合物分子量、TLL、聚合物两相浓度差等各参数的变化。通过假定盐或非电解质的结构差异而引起的比例因子 λ 的值（λ=−1），也仅用 1 个参数可定性地双重预测 PEG/$(NH_4)_2SO_4$ 和 Na_2SO_4 的 σ 值随 TLL、PEG 分子量、PEG 和盐的两相浓度差等各因素的变化规律，能定量地双重预测 PEG/Na_2CO_3 双水相系统的 σ 值。

第三节 双水相萃取的影响因素及放大过程

待分离物质在双水相系统中的分配系数是双水相萃取分离工艺中的重要参数。近年来的研究工作主要是针对目标产物，研究其在双水相系统中的分配行为及各影响因素。

物质在双水相系统中的分配取决于许多因素，待分配物质与各组分之间的相互作用也十分复杂，涉及氢键、电荷相互作用、范德华力、疏水相互作用以及空间位阻效应等，既与系统本身的性质有关，又与待分离的分子或颗粒的特性相联系。因此，影响双水相系统中各物质相平衡分配系数的因素众多。如何选择合适的相系统和操作条件，使目标产物和主要杂质能分配到不同的相中从而达到分离纯化的目的，目前尚无明确的规律可循。现将不同双水相分配机理及主要影响因素和可调参数汇总于表 5-12 中。

表 5-12　不同双水相分配机理、主要影响因素和可调参数

分配驱动力	影响因素		可调参数
	相系统因素	颗粒或大分子因素	
空间排斥分配	聚合物分子尺度	表面积	聚合物分子量、浓度
疏水性分配	相间疏水性差异	表面疏水性	聚合物分子量、浓度及疏水改性

续表

分配驱动力	影响因素		可调参数
	相系统因素	颗粒或大分子因素	
电化学分配	相间界面静电势	表面电荷	pH、添加无机盐种类、聚合物的荷电改性
亲和分配	配基的趋向性分配	特殊结合位点	配基的种类和浓度、pH
构型相关性分配	聚合物分子空间构型	空间构型	聚合物分子量、浓度、pH、温度等
手性分配	聚合物的旋光性	旋光性	聚合物的旋光性

在双水相系统中，粒子的表面能和电荷是影响其分配的主要因素。分配系数与表面能和电位差呈指数关系，表示为：

$$-\lg K = \alpha\Delta\gamma + \delta\Delta\phi + \beta \tag{5-11}$$

式中　α——表面能；

$\Delta\gamma$——两相表面能之差；

δ——电荷数；

$\Delta\phi$——电位差；

β——一个热力学量，其中包含标准化学位和活度系数。

表面自由能可以用来度量粒子表面的相对憎水性。改变成相聚合物的种类、平均分子量和分子量分布及聚合物浓度，都会对相的憎水性产生影响。对于蛋白质等生物大分子和细胞等固体颗粒，由于粒子的表面积比较大，所以 $\Delta\gamma$ 的微小变化都会较大地改变其分配系数。此外，加入系统中的小分子无机盐以及调节系统 pH 值都会改变相间电位差和蛋白等粒子所带电荷数，所以也会影响分配系数。正是因为在不同条件下许多生物物质在两相会有不同的分配，因而可以通过控制条件来实现它们之间的分离。

双水相萃取分配的主要影响因素（可调因子）有：①组成双水相体系的聚合物类型；②聚合物的平均分子量和分子量分布；③聚合物的浓度；④成相盐和非成相盐的种类；⑤盐的离子强度；⑥ pH 值；⑦温度。

一、成相组分的影响

1. 成相组分的种类

不同的成相组分使得双水相的相间呈现不同的物化性质，对被分配分子的吸引力也不同，有时候选择不同的成相组分会使得分配系数发生令人惊喜的变化。例如李勉[10]在研究红霉素的双水相萃取过程中发现，红霉素的分配系数在环氧乙烷

EO-环氧丙烷PO无规共聚物（EOPO）/K_2HPO_4系统中要比在PEG/K_2HPO_4系统中大得多。在EOPO/K_2HPO_4系统中，红霉素的分配系数在13.80～51.68之间；而在PEG/K_2HPO_4系统中，红霉素的分配系数只有7.03～26.94。这是因为红霉素是强憎水性物质，EOPO中PO憎水性比EO还要强，因而EOPO的憎水性比PEG要强很多。根据“相似相溶”原则，红霉素对EOPO具有更强的亲和力，使得红霉素更易分配在含EOPO的上相中。而红霉素在另一种双水相体系，即马来酸酐-环氧乙烷共聚物(AKM)/磷酸盐（PK）体系中的分配系数为2～20之间[10]。

2. 聚合物的分子量

在聚合物浓度保持不变的前提下，降低聚合物分子量，待分配的可溶性生物大分子如蛋白质、核酸，或待分配的颗粒如细胞、细胞碎片、细胞器，将更多地分配于该聚合物富集相，如对PEG/Dextran体系而言，富集于下相的Dextran的分子量减小，物质分配系数就会减小（表5-13）；而若富集于上相的PEG的分子量减小，分配系数就会增大（表5-14）。这个规律可用热力学理论来解释。

表5-13　Dextran分子量对蛋白质分配系数的影响

蛋白质	蛋白质分子量	D19	D24	D37	D48	D68
细胞色素C	12384	0.18	0.14	0.15	0.17	0.21
卵清蛋白	45000	0.58	0.69	0.74	0.78	0.86
牛血清蛋白	69000	0.18	0.23	0.31	0.34	0.41
乳酸脱氢酶	140000	0.06	0.05	0.09	0.16	0.10
过氧化氢酶	250000	0.11	0.23	0.40	0.79	1.15
藻红蛋白	290000	1.9	2.9		12	42
β-葡糖苷酶	540000	0.24	0.38	1.38	1.59	1.61
磷酸果糖激酶	800000	<0.01	0.01	0.01	0.02	0.03
核酮糖二磷酸酯羧化酶	800000	0.05	0.06	0.15	0.28	0.50

注：体系6%PEG6000/8% Dextran，0.01mol/L磷酸钠盐，pH=6.8。

表5-14　PEG分子量对蛋白质分配系数的影响

蛋白质	蛋白质分子量	D48(9%)/PEG4000(7.1%)	D48(8%)/PEG6000(6%)	D48(8%)/PEG20000(6%)	D48(9%)/PEG40000(6%)
细胞色素C	12384	0.17	0.17	0.13	0.12
卵清蛋白	45000	2.25	0.85	0.50	0.50
牛血清蛋白	69000	0.52	0.34	0.14	0.11
乳酸脱氢酶	140000	0.13	0.08	0.05	0.03
过氧化氢酶	250000	0.82	0.38	0.16	0.10

对聚合物/盐体系，这种聚合物分子量的影响更为显著。表5-15和表5-16给出了红霉素在PEG4000/K_2HPO_4、PEG6000/K_2HPO_4双水相体系中的分配系数（K）数据。红霉素在这两种系统中分配系数较在聚合物/聚合物系统中大，其中红霉素在PEG4000/K_2HPO_4系统中分配系数在10以上，在PEG6000/K_2HPO_4系统中分配系数也在7以上。图5-5为系线长度TLL对红霉素在PEG/K_2HPO_4双水相系统中分配的影响。由图可看出，PEG平均分子量不同，分配系数也不同。在相同系线长度TLL下，PEG平均分子量小时，分配系数大。随着PEG平均分子量的增加，由于聚合物链段之间的相互作用，PEG的体积排斥效应增大，其空间位阻也相应增大，会使更多的生物分子被排斥到含PEG少的下相去，因此分配系数就减小[10]。

表5-15 红霉素在PEG4000/K_2HPO_4双水相系统中的分配

序号	总组成（质量分数）/%		上相组成（质量分数）/%		下相组成（质量分数）/%		TLL（质量分数）/%	相体积/mL		相比	K	萃取率/%	得率/%
	PEG	盐	PEG	盐	PEG	盐		上	下				
1	16.0	11.2	28.4	4.80	0.80	19.4	31.22	4.40	4.40	1.00	26.94	96.42	96.41
2	16.0	10.0	23.8	5.80	1.20	17.6	25.50	4.54	4.36	1.04	19.76	95.36	89.73
3	11.2	10.7	19.2	7.20	2.40	15.6	18.78	3.64	5.36	0.68	11.86	88.96	84.37

表5-16 红霉素在PEG6000/K_2HPO_4双水相系统中的分配

序号	总组成（质量分数）/%		上相组成（质量分数）/%		下相组成（质量分数）/%		TLL（质量分数）/%	相体积/mL		相比	K	萃取率/%	得率/%
	PEG	盐	PEG	盐	上	下		上	下				
1	9.80	9.99	23.3	5.03	0.55	15.5	25.03	3.22	5.60	0.58	11.49	86.95	73.79
2	12.8	9.97	18.4	6.13	0.90	13.8	19.7	4.02	4.90	0.82	9.09	88.17	85.10
3	16.2	9.91	10.2	8.76	4.65	11.2	6.05	4.52	4.40	1.03	7.03	95.67	93.60

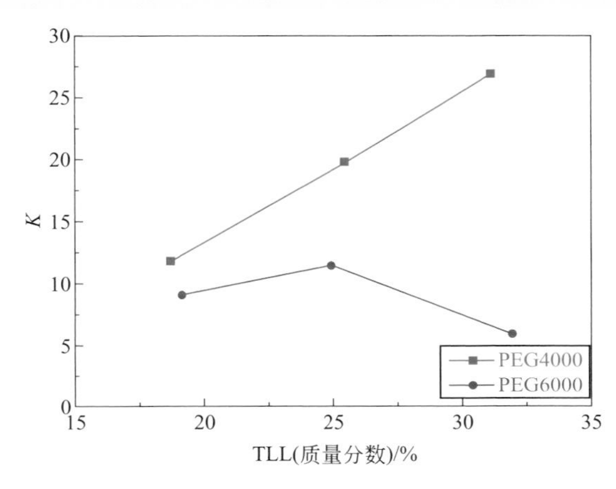

图5-5 系线长度对红霉素在PEG/K_2HPO_4双水相系统中分配的影响（25℃）

3. 成相组分的浓度

双水相系统的组成越接近于临界点，可溶性生物大分子如蛋白质的分配系数（K）越接近1。在PEG/Dextran系统中，成相聚合物浓度越高，两相体系距临界点越远，分配系数越远离1（表5-17）。

表5-17 聚合物浓度对蛋白质分配系数的影响

系统		lg K			
Dextran（质量分数）/%	PEG（质量分数）/%	葡萄糖-6-磷酸脱氢酶	3-磷酸甘油酯激酶	乙醇脱氢酶	总蛋白
5.00	3.57	−0.33	−0.25	−0.32	−0.18
6.00	4.29	−0.62	−0.57	−0.52	−0.65
7.00	5.00	−1.00	−0.97	−0.88	−1.07
8.00	5.71	−1.36	−1.25	−1.21	−1.33
9.00	6.43	−1.77	−158	−1.50	−1.54

对于细胞等颗粒，在近临界点处，细胞多分配于某一相中，而不吸附在相界面上。随着聚合物浓度增加，细胞会更多地吸附在相界面上。

在EOPO/K_2HPO_4对红霉素的萃取实验中，随着EOPO浓度的增加，上下相憎水性差异加大，红霉素较多地富集在含EOPO的上相，致使其表现出较大的分配系数，K值呈增大趋势。随着K_2HPO_4浓度的增加，K值先缓慢增大，然后突然上升到很高值，这是因为当K_2HPO_4浓度很大时[>11.2%（质量分数）]，由于红霉素在高盐浓度下易失活，致使下相红霉素浓度很小。

二、操作条件的影响

1. 加盐

由于盐的正、负离子在两相的分配不同，两相间形成电位差，从而影响带电生物大分子的分配。同时，加盐的影响与被分配的物质性质密切相关。图5-6为Na_2SO_4对L-Ile在EOPO/羟丙基淀粉（HPS100）系统中分配的影响。从图中看出，Na_2SO_4浓度（mol/L）的改变对L-Ile的分配影响不大，只是略微使分配系数（K）有所增加，如在10%EOPO/9%HPS100双水相体系中，Na_2SO_4的浓度为0.3mol/L时，分配系数为3.42；而不加盐时分配系数为3.28。

而对于红霉素在双水相系统中的分配，加入Na_2SO_4后红霉素纯品及发酵液的分配结果如图5-7，K值较不加Na_2SO_4时大，且在一定范围内随Na_2SO_4浓度增大，K值增大。另外，在AKM/PK系统中加入NaCl或Na_2SO_4，随着盐浓度的升高，K

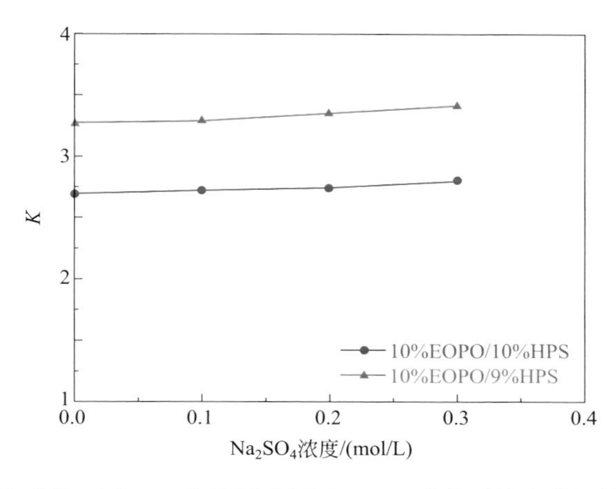

图 5-6　Na_2SO_4 对 L-Ile 在 EOPO/HPS100 双水相系统中分配的影响（25℃）

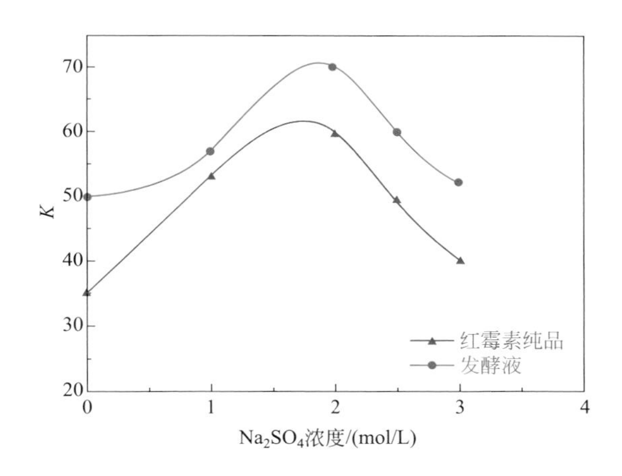

图 5-7　Na_2SO_4 对红霉素纯品及发酵液在 EOPO/K_2HPO_4 双水相系统中分配的影响

值也会增大。因此，盐的加入有利于红霉素的分配，但盐浓度不宜过大。

红霉素含有—OH 亲水基团，在水中能解离成 OH^- 带电荷的基团，使基团表面带有电荷并形成一定的水膜，在水溶液中往往以胶状物稳定存在。一旦加入中性盐后，中性盐在水中解离形成水化离子时有可能夺走红霉素表面的水分子，破坏了红霉素表面的水膜结构；同时由于中性盐在水中会解离成正、负离子，它们会中和红霉素表面的电荷，此两种作用均使红霉素的溶解度下降。随着中性盐浓度增加，上述两种作用也相应增强，红霉素的溶解度就减小，此时下相对其的盐析作用也将增强，红霉素在下相的浓度也就减小，按照物质守恒定律，相应其在上相的浓度就要增加，从而导致分配系数的增大。此外，Na_2SO_4 是一种影响水结构的盐，它和作

为成相剂的 K_2HPO_4 一起大大降低了水的活度，改变了上相内憎水基团间的相互作用，增加了相间的憎水性差异，使红霉素大量进入上相，从而也导致分配系数的增加。但是随着中性盐浓度的继续增大，正、负离子也就增加，除有部分离子用于中和红霉素表面的电荷外，还有大量的正、负离子存在，它们能吸附在红霉素的表面，使其又重新带上电荷，导致其溶解度增大，会使分配系数减小[10]。

在双水相系统萃取分配中，磷酸盐的作用非常特殊，它既可作为成相盐形成聚合物 / 盐双水相系统，又可作为缓冲剂调节体系的 pH。由于磷酸不同价态的酸根在双水相系统会有不同的分配系数，因而可通过控制不同磷酸盐的比例和浓度来调节相间电位差，从而影响物质的分配。

2. pH值

pH 值对分配的影响原因有两个方面。一是 pH 值可影响蛋白质分子中可解离基团的解离程度，因此会改变蛋白质所带电荷的性质和大小，这是与蛋白质等电点有关的。二是 pH 值可影响磷酸盐的解离程度，从而改变 $H_2PO_4^-$ 和 HPO_4^{2-} 两者的比例，进而影响相间电位差。所以，蛋白质的分配会因 pH 值的改变发生变化。尽管是 pH 值的微小改变，也可能会使蛋白质的分配系数改变 2 ～ 3 个数量级。添加不同的非成相盐，pH 值的影响结果是不同的。

图 5-8 为 pH 变化对 L-Ile 在 EOPO/HPS100 双水相体系分配的影响。带电物质的分配往往与所带净电荷有关，而所带电荷是溶液 pH 的函数。*K* 随着 pH 的增加先增大，达到最大值后，又随 pH 的增加而减小，在 10%EOPO/9%HPS100 双水相体系中，当 pH 为 7.0 时，L-Ile 的分配系数最大为 3.63；在 10%EOPO/10%HPS100 双水相体系中，当 pH 为 7.5 时，L-Ile 的分配系数为 3.39，达到最大。L-Ile 的等

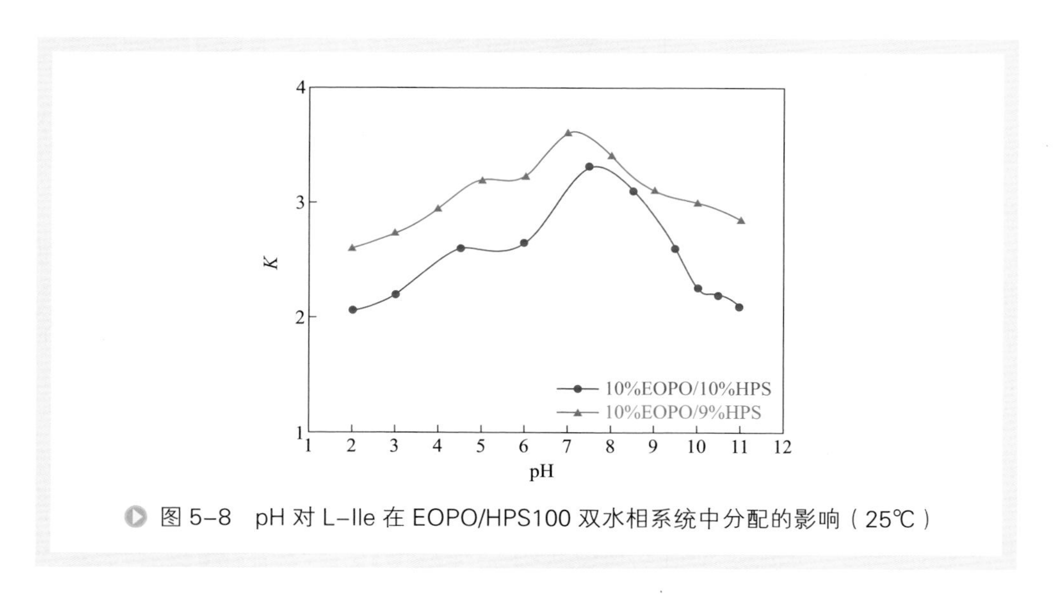

图 5-8　pH 对 L-Ile 在 EOPO/HPS100 双水相系统中分配的影响（25℃）

电点为6.02，因此，pH<6.02时，L-Ile带正电；当pH>6.02时，L-Ile带负电。pH的改变决定了氨基酸离子态的分布，而且pH值通过调节氨基酸各离子态的分率，改变了氨基酸的电性和其表面性质，最终决定了氨基酸与相系统间的相互作用。

值得一提的是，在研究分配系数与pH值的关系时，加入的盐不同，pH的影响也不同。但是在等电点处，蛋白质或氨基酸不带电荷，对不同的盐分配系数应该相同，因此，加入不同的盐所测得的分配系数与pH值的关系曲线的交叉点即为等电点。这种测定等电点的方法称为交错分配。

3. 温度

温度对物质分配的影响通常可用Brϕnstedt方程来进行估算。如前所述，温度首先会影响相图，且在临界点附近尤为明显。但当偏离临界点较远时，温度影响变弱。因为聚合物对生物活性物质有稳定作用，在大规模生产中一般采用常温操作，以节省冷冻费用。而采用较高的操作温度，系统黏度会降低，从而有利于相分离。

4. 细胞浓度

细胞浓度也是影响萃取的一个重要参数，它会影响蛋白质等可溶性生物活性大分子的分配。通常，系统细胞浓度增加，蛋白质会更多地转移到下相。

三、成相组分的回收

双水相系统的应用减少了分离纯化的步骤，且能得到高的产率，但它的缺点是化学品（聚合物和盐）的消耗量巨大。目前对用双水相系统提取生物物质的研究大部分是关注将生物物质提取到聚合物相，但是无论从纯化的角度还是从聚合物回收的角度都要求这两者能够进一步分开。如何从聚合物相中回收生物物质，循环利用聚合物以降低成本是这项新技术能否大规模工业化的关键。脱除聚合物的方法主要有：萃取、超滤、沉淀、吸附等。图5-9是一个典型的三步双水相萃取纯化酶的流程。

如图5-9所示，第三步萃取的下相中获得纯化的蛋白质产品，但此时产品中还含有1%～2%的PEG，这取决于第三步的萃取体系的系线长度。同时，上相中含有的大量PEG必须回收，以减少聚合物的消耗，降低成本及减小环境污染。通常采用超滤的方法去除产品中的PEG，并同时进行脱盐，也可以用离子交换方法直接从第三步萃取的下相中回收蛋白质。至于富含PEG的上相中聚合物的回收，目前比较经济的方法是不经任何附加的处理，返回第一步萃取中循环使用。成相盐的回收可通过降低温度到6℃，使盐发生沉淀，回收再利用。

另一个简单可行的方法就是利用温度诱导相分离，实现聚合物、生物物质的分

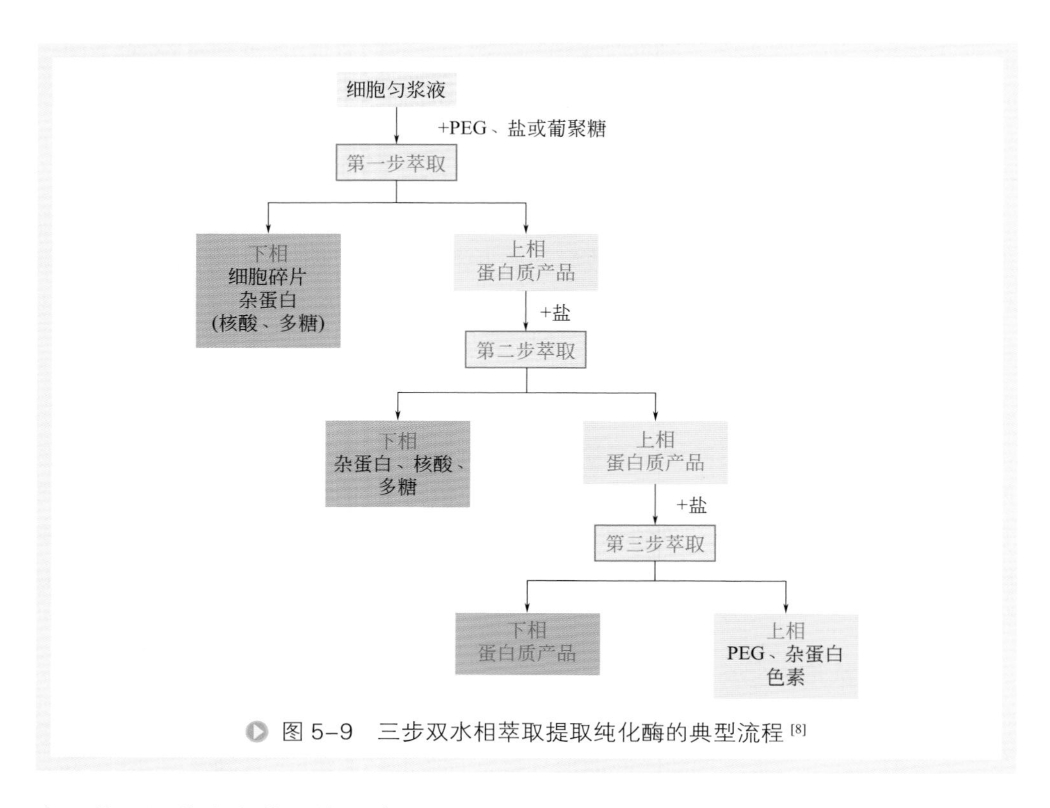

图 5-9 三步双水相萃取提取纯化酶的典型流程[8]

离，从而回收聚合物，该技术受到了人们的关注。温度诱导相分离实质上是聚合物水溶液系统的相分离行为。聚合物溶液系统有着极为复杂的相行为，如其温度-组成相图会出现下临界溶解温度（Lower Critical Solution Temperature, LCST），或既有下临界溶解温度、又有上临界溶解温度（Upper Critical Solution Temperature, UCST）的互溶圈（miscibility loop）等独特的现象。一般地，当温度逐渐升高，溶液中聚合物的溶解度降低，溶液会变得混浊，最终出现相分离，这时的温度就被称为浊点温度（Cloud Point Temperature, CPT），CPT 与聚合物种类和结构、聚合物分子量和浓度以及添加物质的性质等有关。当温度超过 CPT，形成清晰的两相系统。通常上相含有大量的溶剂，特别是在离浊点较远时，上相几乎不含聚合物，下相则主要是大量的聚合物和部分溶剂。常见的这类聚合物有 PEG、聚氧乙烯（PEO）、PVA、乙基-羟乙基纤维素（EHEC）和 EOPO 等。李伟[17]利用温度诱导双水相系统（EOPO/HPS100 和 EOPO/盐等）提取了黄芩黄酮类物质，李勉等[10,18]也从发酵液中提取了红霉素和氨基酸，对该方法进行了详细的研究。Modlin 等[19]采用 EO-PO 等量共聚物（UCON）/HPS200 双水相体系从菠菜类植物中萃取蜕皮素和 20-羟基蜕皮素，这两种物质主要分配在富含 UCON 的上相，而细胞碎片、蛋白质和其他杂质分配在富含 HPS200 的下相。把 UCON 相与下相分离并加热到 56℃，此时 UCON 和水分成两相。蜕皮素和 20-羟基蜕皮素按照它们疏水性的差异而分别分配在 UCON 相和水相中。由于水相体积较大，两种蜕皮素均可得到高于 80% 的产率。若初始系统含有 20% 的乙醇，就可回收 88.7% 蜕皮素和 91.2% 的 20- 羟基蜕皮素，UCON 也得以回收。与传统方法相比，温度诱导相分离是一种快速、简便、廉价的方法。双水相系统结合温度诱导相分离有可能解决聚合物回收和循环使用的困难，大大降低操作费用。

四、萃取过程的放大与传质

众所周知，传质特性的研究是分离技术从实验室走向工业生产的关键。传质系数是塔器设计的一个重要参数，也是衡量传质过程快慢的一个指标。化工生产中常用的萃取设备有混合澄清槽、填料塔、筛板塔、喷淋塔和搅拌塔。一些研究者先后报道了在填料塔、筛板塔、喷淋塔、搅拌塔中双水相萃取蛋白质半连续过程的传质特性。关怡新等[20, 21]也开展了双水相系统中蛋白质和生物小分子萃取的传质研究。在这些萃取设备中，混合澄清槽占地面积大。筛板塔和喷淋塔返混程度大，效率低，根据文献数据[22]，填料塔中双水相萃取半连续过程的传质系数是筛板塔和喷淋塔的 5 ～ 10 倍。搅拌塔和填料塔相比，两者具有相同数量级的传质系数，搅拌桨能对萃取系统输入较高的能量，以使两者充分混合，这对界面张力大的系统的分散作用较显著，然而对低界面张力的双水相系统的分散作用并不明显，并且填料塔比搅拌塔简单。

阎恭喜[23]系统研究了填料塔中双水相萃取过程的分散相体积总传质系数 K_da，作为比较，同时也测定了一些条件下喷淋塔和搅拌塔的分散相体积总传质系数。系统考察了流体流速、进料时溶质浓度、系统总组成、操作方式（连续和半连续）、填料类型和大小、填料层高度、塔型、溶质分子大小（蛋白质和氨基酸）和温度等对双水相萃取过程的分散相体积总传质系数的影响。结果表明：①分散相流速增大时，阻碍传质的滞止液膜变薄，传质阻力减小，导致 K_da 增大；连续相流速增大时，分散相运动的阻力增大，使分散相的液滴变小，增大了相际传质面积，也使 K_da 增大；②连续相进口浓度对传质系数影响不大；③随着双水相系统中 PEG 和盐含量的增大，系线增长，分散相黏度增大，分散相 K_da 减小；并且由于 PEG/ 盐系统连续逆流萃取过程中，阻力来自分散相（富含 PEG 相），因此凡是增大分散相流速的措施都有利于减小传质阻力、增大分散相 K_da；④ PEG/ 盐系统中，与上相作为连续相相比，密度较大的下相作为连续相的 K_da 较大；连续操作过程的 K_da 比半连续操作的大；⑤填料层高度对传质系数影响不大；对于不同类型的填料，传质系数随着填料比表面积的增大而提高；对于相同类型的填料，随着填料尺寸的减小，孔隙率降低和比表面积增加，K_da 增大；⑥对 PEG/ 盐系统，填料塔和搅拌塔的 K_da 相当，两者又远大于喷淋塔的 K_da，但是填料塔的操作弹性大，能在相对较大的流速下进行操作，生产量大；⑦对比溶质分子大小，相同条件下两种氨基酸（苯丙氨酸和丙氨酸）的 $K_\mathrm{d}a$ 都大于 BSA 蛋白的 $K_\mathrm{d}a$；⑧不同温度下，其他操作条件对 $K_\mathrm{d}a$ 的作用规律相近，而其他条件相同时，$K_\mathrm{d}a$ 随温度的升高而增大。与有机溶剂 / 水系统相比，PEG/ 盐系统的传质单元高度较小，萃取效率高，设备结构、物性和操作条件等对双水相传质效率影响较大。因此，双水相传质性能的研究在双水相萃取的放大过程中是至关重要的。

双水相传质模型的建立是双水相传质性能研究从经验上升为理论的过程，是必不可少的。半经验模型是化工工艺研究的主流，结合现有的萃取传质理论，建立双水相传质过程半经验模型既是现实的，也是该技术进一步发展的需要。阎恭喜 [23] 借助传统溶剂萃取的基本理论和方法，建立了适合于填料塔、筛板塔和喷淋塔的各种 PEG/ 盐系统萃取蛋白质半连续过程传质系数的通用模型，对文献数据的模拟表明，计算值和实验值相对平均偏差在 10% ～ 20% 之间。针对有关设备结构、物理性质和操作条件等对 $K_\mathrm{d}a$ 的影响，该模型则能综合描述这些因素对 $K_\mathrm{d}a$ 的影响规律，不仅通用性强，也有较好的计算准确度。进一步根据其建立的半连续通用模型所反映的填料塔中传质特性，结合 PEG/ 盐系统的特点，借助 Naveir-Stokes 方程描述液滴的流动过程，首次得到了具有理论基础的填料塔中连续逆流过程 $K_\mathrm{d}a$ 的关系式，

$$K_\mathrm{d}a=\frac{A_0}{(2+3Q)^{A_1}}\frac{d^3\Delta\rho g}{6\mu_\mathrm{c}}\phi^{A_2}\left(\frac{a_\mathrm{p}^0}{\varepsilon^3}\right)^{A_3}\left(\frac{\mu_\mathrm{d}}{D_\mathrm{md}\rho_\mathrm{d}}\right)^{A_4}a \tag{5-12}$$

$$Q=\mu_\mathrm{d}/\mu_\mathrm{c}$$

式中 d——液滴直径；

a——相界传质面积；

μ_d——分散相流速；

μ_c——连续相流速；

ϕ——持液分率；

$\Delta\rho$——两相密度差；

a_p^0——无量纲填料比表面积；

ε——填料空隙率；

D_md——分散相扩散系数；

ρ_d——分散相密度。

用数据得到模型参数 A_0 ～ A_4 的值，并对实验结果进行理论计算，计算值和实验值的平均相对偏差在 8% ～ 14% 之间。将该模型推广到搅拌塔中的逆流过程，计算值和实验值平均相对偏差为 6.7%。此模型可适用于填料塔和搅拌塔中大分子蛋白质和小分子氨基酸在多种 PEG/ 盐双水相系统中的连续逆流传质过程。

第四节 双水相萃取技术在绿色分离过程中的应用

一、生物分离工程中的应用

1. 细胞和亚细胞的回收

双水相系统在细胞和亚细胞的回收与鉴定上早有应用，主要是 PEG/Dextran 系统。这两种聚合物的稀溶液可用作保护剂，并通过加入作为缓冲剂的盐使之与细胞内环境保持等渗状态，可为细胞和亚细胞提供一个相对稳定的环境。表 5-18 列出了 Albertsson 教授等汇总的双水相系统用于回收微生物细胞、动物细胞、细胞器和膜泡囊等的实例。

表 5-18 双水相系统用于处理细胞、细胞器和膜泡囊[5]

微生物细胞	动物细胞	细胞器和膜泡囊
苏云金芽孢杆菌（*Bacillus thuringiensis*）	红细胞	叶绿体
酿酒酵母（*Saccharomyces cerevesiae*）	成纤维细胞	类囊体
大肠杆菌（*Escherichia coli*）	肝细胞	本体
节杆菌（*Arthrobacter simples*）	黑素瘤细胞	高尔基体
小球藻（*Chlorella*）	单核细胞	过氧化物酶体
葡萄球菌（*Staphylococcus*）	白细胞和淋巴细胞	微粒体
链球菌（*Streptococcus*）	杂交瘤细胞	染色体
霉菌（*Mucor, Penicillium, Rhizopus, Trichoderma*）	人骨细胞	器官复合体
	小鼠乳癌细胞	质膜 / 原生质膜线粒体（来自玉米、花椰菜、燕麦根、小麦、菠菜、鸡足草等）
	兔肠上皮细胞	绿藻细胞壁
	海拉和小鼠肥大细胞	线粒体内膜
		神经元膜泡囊（来自兔肝细胞膜、鼠肉瘤、角膜内皮细胞、肺成纤维细胞、肾上皮细胞和胚成纤维细胞）

另外，不具有细胞结构的病毒也可以通过双水相系统进行分离和纯化。当病毒进入双水相系统后，可调节不同的 NaCl 浓度，使得病毒全部分配在上相或下相，从而实现病毒的提取、纯化和反萃取。例如由 PEG6000（0.5%）、硫酸葡聚糖（NaDS，0.2%）和 NaCl（0.3mol）组成的双水相系统，可以使脊髓灰质炎病毒浓缩 80 倍，活性收率大于或等于 90%[9]。

2. 蛋白质和酶的提取与纯化

双水相萃取技术可广泛应用于微生物细胞胞内酶的提取。该方法可以从微生物细胞破碎液中提取酶，同时去除细胞碎片，从而节省传统的利用离心或膜分离除碎片的操作过程。因此，双水相系统应用于胞内蛋白质和酶的分离纯化是非常有利的。要成功应用双水相萃取技术，选择的体系应满足以下条件[8]：

（1）待提取的酶和细胞或其碎片应分配于不同的相中，一般细胞碎片分配于下相，而酶分配于上相。

（2）酶的分配系数应足够大，使得在一定的相比下，一步萃取的收率就可以达到很高。

表 5-19 列出了一些从细胞碎片中提取酶的研究实例。从表中可以看出，用双水相系统从细胞破碎液中提取酶时，酶分配于上相，细胞或细胞碎片分配于下相，且分配系数大多大于 2，甚至高达 10 以上。此外，在酶的提取纯化中，PEG/ 盐体系应用最广，因为这种体系价格低，物理特性较好，且易于分离。

表 5-19　应用双水相萃取技术从微生物细胞碎片中分离酶[24]

酶	菌种	双水相系统	细胞浓度 /%	分配系数	收率 /%	纯化倍数
天冬氨酸酶	大肠杆菌（*Escherichia coli*）	PEG/ 盐	25	5.7	96	6.6
α- 葡萄糖苷酶	酿酒酵母（*Saccharomyces cerevisiae*）	PEG/ 盐	30	2.5	95	3.2
葡萄糖异构酶	酵母菌（*Saccharomyces species*）	PEG/Dextran	20	3.0	86	2.5
支链淀粉酶	肺炎杆菌（*Klebsiella pneumoniae*）	PEG/Dextran	25	3.0	91	2.0
亮氨酸脱氢酶	球形芽孢杆菌（*Bacillus sphaericus*）	PEG/ 盐	20	9.5	98	2.4
D- 乳糖脱氢酶	乳杆菌（*Lactobacillus species*）	PEG/ 盐	20	4.8	95	1.5
NAD- 激酶	纤维二糖乳杆菌（*Lactobacillus cellobiosus*）	PEG/ 盐	20	—	100	3.0
延胡索酸酶	产氨短杆菌（*Brevibacterium ammoniagenes*）	PEG/ 盐	20	3.3	83	7.5
甲酸脱氢酶	博伊丁假丝酵母（*Candida boidinii*）	PEG/ 盐	33	4.9	90	2.0
甲醛脱氢酶	博伊丁假丝酵母（*Candida boidinii*）	PEG/Dextran	20	11	94	—
异丙醇脱氢酶	博伊丁假丝酵母（*Candida boidinii*）	PEG/ 盐	20	19	98	2.6

双水相萃取法与传统的细胞碎片分离方法相比，无论在收率上还是成本上都要优越得多，如表 5-20 所示。

需要指出的是，从微生物细胞破碎液中提取到的粗酶还需要进行进一步的纯化，而多步双水相萃取技术能够实现该纯化过程。第三节的图 5-9 展示了三步双水相萃取纯化酶的典型流程。对细胞破碎液进行第一步萃取后，可通过加入适量的盐对富集酶的上相（PEG 富集相）进行第二步萃取，目的是除去核酸和多糖，它们的亲水性强，多分配于下相，而酶依旧分配于上相。第三步萃取是向富集酶的上相再加入盐，目的是使目的蛋白分配于下相（盐相），从而与 PEG 分离，以便进一步纯化蛋白和回收聚合物 PEG。

表 5-20　不同处理方法去除细胞碎片的比较

方法		细胞量/kg	体积/L	浓度/(kg/L)	处理量/(L/h)	时空产量/[kg/(L・h)]	收率/%	浓缩倍数	时间/h	成本/$
双水相萃取 碟片式离心机连续分离		100	330	0.3	120	0.11	90	3 ～ 5	3	7800
碟片式离心机间歇离心（∑：7000m²）		100	1000	0.1	100	0.01	85	1	10	30000
转鼓式过滤器（A：1.5m²）		100	500	0.2	60	0.02	85	1	8.3	46000
中空纤维错流过滤	（A：10m²①）	100	200	0.05	200	0.005	85	1	10	25000
	（A：20m²②）	100	400	0.03	400	0.003	85	1	10	40000

① 酶滞留比 R=0。② 酶滞留比 R=0.7。

3. 生物小分子氨基酸和二肽

在前面的讨论中，我们发现双水相萃取技术大多数研究集中在酶等大分子的分离纯化上。在相当长的一段时期内，人们认为双水相系统只能用于生物大分子的分离。根据传统的 Brϕnsted 理论：

$$K = \exp\left(\frac{\lambda M}{kT}\right) \quad (5\text{-}13)$$

式中　K——分配系数；

M——待分离的生物物质的分子量；

k——Boltzmann 常数；

T——热力学温度；

λ——与系统性质有关的参数。

当双水相系统用于生物大分子物质的分离，M 值很大，而 K 与 λ 成指数关系，意味着 λ 发生微小的变化就会导致 K 值有很大的变化，说明双水相系统对生物大分子物质分离有利。因此一直以来双水相萃取技术主要应用于生物大分子物质的处理。当应用于生物小分子时，M 值很小，λ 变化不大时，$\lambda M \to 0$，得到 $K \to 1$。因此过去普遍认为生物小分子物质在双水相体系中趋于均匀分配，氨基酸在 PEG/Dextran 中的分配证实了该观点[25]。

然而，自 20 世纪 90 年代以来，国内外的一些研究结果打破了双水相分配技术只能用于生物大分子物质的传统观点，证实了将双水相分配用于分离生物小分子物质如氨基酸和二肽等，也可取得较理想的效果。因此，有学者提出要重新评价生物小分子在双水相系统中的分配[26]。表5-21和表5-22分别列出了有关氨基酸和二肽在双水相系统中的分配数据。从表中可以看出，国内外涌现出了很多用双水相系统来分离、浓缩生物小分子的实例，而且从分配系数看，该技术在生物小分子物质分离上确实具有应用前景，尤其对于二肽，不同的氨基酸残基和排列顺序都会导致不同的二肽分配系数。

表 5-21　氨基酸在双水相系统中的分配系数

氨基酸	双水相系统	K（分配系数）	回收率 / %
赖氨酸	PEG1540/$MgSO_4$，pH3.0	0.023	96.4
赖氨酸	PEG1540/Na_2SO_4，pH3.0	0.028	99.7
赖氨酸	PEG1540/$(NH_4)_2SO_4$，pH4.0	0.029	97.4
苯丙氨酸	PEG1540/K_2HPO_4，pH8.7	3.7	—
苯丙氨酸	PEG1540/$MgSO_4$，pH3.4	1.6	83
苯丙氨酸	PEG1540/Na_2SO_4，pH6.7	2.3	—
谷氨酸	PEG1540/K_2HPO_4，pH8.5	0.38	83
谷氨酸	PEG1540/$MgSO_4$，pH3.4	0.13	84

表 5-22　二肽在 PEG3400/ 磷酸盐双水相系统中的分配系数（20℃）

二肽	双水相系统		二肽	双水相系统	
	A	B		A	B
①未带电荷极性和非极性侧链			③未带电荷极性和带电荷极性侧链		
Gly-Ala	0.465	0.348	Gly-Asp	0.372	0.247
Ala-Gly	0.486	0.363	Asp-Gly	0.504	0.387
Gly-Val	0.593	0.464	Gly-Lys	0.276	0.143
Val-Gly	0.638	0.511	Lys-Gly	0.299	0.163
Gly-Leu	0.691	0.592	Gly-His	0.334	0.196
Leu-Gly	0.775	0.687	His-Gly	0.453	0.313
Gly-Ile	0.691	0.581	④非极性侧链		
Ile-Gly	0.798	0.714	Ala-Val	0.657	0.541
Gly-Phe	0.984	0.975	Val-Ala	0.670	0.565
Phe-Gly	1.10	1.14	Ala-Leu	0.769	0.688
Gly-Trp	1.95	2.40	Leu-Ala	0.792	0.734
Trp-Gly	2.01	2.55	Ala-Trp	2.00	2.55
Gly-Pro	0.484	0.372	Trp-Ala	2.14	2.87

续表

二肽	双水相系统		二肽	双水相系统	
	A	B		A	B
Pro-Gly	0.561	0.449	⑤非极性和带电荷极性侧链		
Gly-Met	0.627	0.505	Ala-Asp	0.436	0.298
Met-Gly	0.701	0.623	Asp-Ala	0.555	0.430
Ser-Leu	0.718	0.625	Val-Asp	0.541	0.426
Leu-Ser	0.695	0.577	Asp-Val	0.688	0.601
Tyr-Ala	1.13	1.21	Val-Lys	0.382	0.234
Ala-Tyr	1.08	1.11	Lys-Val	0.396	0.266
②未带电荷极性侧链			Leu-Arg	0.559	0.472
Gly-Ser	0.394	0.241	Arg-Leu	0.593	0.491
Ser-Gly	0.428	0.279	⑥带电荷极性侧链		
Gly-Tyr	1.01	0.990	Asp-Lys	0.305	0.199
Tyr-Gly	1.12	1.09	Lys-Asp	0.273	0.178

注：体系A为上相8.19%磷酸盐，15.96%PEG，75.85%水；下相14.06%磷酸盐，4.23% PEG，81.71%水；

体系B为上相5.56%磷酸盐，23.99%PEG，70.45%水；下相17.41%磷酸盐，1.30% PEG，81.29%水。

可见，双水相分配技术对小分子生物物质同样可以达到比较理想的分离效果。但在分配理论和模型的分析研究、过程的传质和工业化开发等工程研究方面还亟待进一步深入。相信随着一些基础问题（如水在双水相系统中所起的作用和结构变化，以及离子、水和聚合物间的相互作用的定量描述等）的研究有所进展，生物小分子在双水相系统中的分配理论也一定会深入[10, 27]。将双水相分配技术应用于生物小分子物质在一定程度上代表了双水相分配技术的一种新趋势。

二、药物分离和提取中的应用

随着医药工业的迅速发展，从各种原料（生物发酵液、动物和植物等）中分离和提取药物有效成分受到了广泛关注。但是使用传统分离技术得到的产品收率少，纯度低，成本高，一定程度上限制了医药工业的发展。双水相萃取技术的出现为医药工业面临的上述问题找到了新的出路，该技术设备投资少、操作简单，而且易于解决产品中有机物残留的问题，显示出其在药物分离与提取中良好的应用前景。

1. 基因工程药物和抗生素类的分离及提取

基因工程药物的生产和抗生素类药物的自身特点使常规分离手段面临巨大的挑

战。目的产物通常是通过生物合成而得到，转化液中的浓度很低，且对温度、酸、碱和有机溶剂较为敏感，容易失活和变性，用常规分离手段得到的产品收率低且纯度不高。双水相萃取技术分离条件温和，可以减少目标产物的失活和变性，在替代传统分离手段用于基因工程药物和抗生素类的分离和提取方面前景广阔。

周长林等[28]以PEG-磷酸酯/磷酸盐双水相系统，经两次萃取从重组大肠杆菌匀浆液中提取α-干扰素。适宜的萃取条件为22%PEG-磷酸酯，16%磷酸盐，3%NaCl，pH6.9。α-干扰素的分配系数达到155，收率99.6%，纯度提高25倍。研究表明反萃取的较优条件为20%PEG-磷酸酯，10%磷酸盐，pH6.0，收率可达75.6%。与传统提取方法相比，省去了高速离心去除细胞碎片的步骤，操作简单，能耗较低，而收率较高，同时纯度也有所提高。最终产物α-干扰素存在于磷酸盐相内，其中PEG含量仅为0.5%左右，这对进一步纯化很有利。Menge等[29]发现在PEG-磷酸酯/磷酸盐双水相系统中β-干扰素完全分配在上相，杂蛋白几乎全富集在下相，且β-干扰素浓度越高，分配系数越大。纯化因子高达350，收率达97%，干扰素的特异活性大于10^6单位/mg蛋白，用这一技术结合层析技术组合成了一套新的分离过程，已成功地迈向工业规模。瑞典Alfa-Laval公司[30]用PEG4000（6.6%）/磷酸盐（14%）系统从重组大肠杆菌（*E. coli*）碎片中提取人生长激素（hGH），进行了连续萃取和3级错流萃取实验，处理量为15 L/h，总收率可达81%，纯化倍数为8.5。Hart等[31]也报道了用14%PEG8000/5%Na_2SO_4双水相系统从重组大肠杆菌中分离类胰岛素I号生长因子IGF-I，收率为90%。

已在实验室中开展研究的抗生素主要有以下几类：β-内酰胺族抗生素，如青霉素（penicillin）、头孢菌素C（cephalosporin）；大环内酯族抗生素，如红霉素（erythromycin）、乙酰螺旋霉素（acetylspiramycin）；多肽族抗生素，如万古霉素（vancomycin）；其他抗生素，如春霉素（pristinamycin）等[27]。在这里介绍一个经典的应用实例，即头孢菌素C和去乙酰头孢菌素C的分离。去乙酰头孢菌素C是头孢菌素C的副产物，两者的结构极为相似。研究者将两者混合物通过双水相分配后，目标产物头孢菌素C大部分在上相中，而副产物大部分在下相中，充分展示了利用双水相分配技术将这两种结构类似物分开的潜在性。Yang等[32]考察了青霉素在PEG3350/K_2HPO_4系统中的分配行为。对青霉素发酵液来说，青霉素G的分配系数达13～14.5，收率达93%～97%。纯物质的分配系数则更大。考察青霉素发酵液在双水相系统中的分配时，同时测得苯基乙酸（phenyl acetic acid）的分配系数为0.25，远小于青霉素的分配系数，细胞碎片和固体残渣沉积在相界面和下相底部，可见只用一步双水相分配就可以使青霉素和杂质得到有效分离，且不存在青霉素的降解和乳化现象。关怡新等[20, 33]对改造传统的抗生素提取工艺进行了尝试。用双水相系统直接处理青霉素发酵液，将其提取到PEG相后，结合传统提取工艺的溶剂萃取法，用醋酸丁酯（BA）进行反萃，再结晶，最后得到青霉素钾盐晶体。对1000mL青霉素发酵液，得到青霉素晶体7.228g，晶体纯度84.15%，三步操作总收率 76.56%，与青霉素提取的传统工艺相比，该工艺可直接处理发酵液，免除发酵液预处理即过滤、酸化除蛋白；将三次调节 pH 值改为只需调节一次，减少了青霉素的失活；将三次萃取改造为一次萃取过程，大大减少了溶剂用量，对原工艺进行了过程集成，缩短了工艺流程。该研究打通了整个青霉素提取的小试工艺流程，表明双水相分配技术在抗生素提取工艺中具有潜在应用价值。表 5-23 列出了部分抗生素在双水相系统中的分配系数，展示了双水相技术在抗生素分离中的巨大应用前景。

表 5-23　抗生素在双水相系统中的分配系数

抗生素	双水相系统	K（分配系数）	回收率 /%
青霉素 G 发酵液	PEG3350/K_2HPO_4	13 ～ 14.5	93 ～ 97
青霉素 G 发酵液	PEG2000/$(NH_4)_2SO_4$，20 ℃，pH5.0	58.39	93.67
头孢菌素 C	PEG/ 磷酸盐	1.38	—
去乙酰头孢菌素 C	PEG/ 磷酸盐，pH4.5 ～ 7.0	0.95	—
头孢菌素 C	PEG/$(NH_4)_2SO_4$	1.30	—
去乙酰头孢菌素 C	PEG/$(NH_4)_2SO_4$，pH4.5 ～ 7.0	0.95	—
红霉素	AKM/K_3PO_4，pH7.0	约 10	—
红霉素	PEG/K_3PO_4，pH7.0	约 6	—
乙酰螺旋霉素	PEG3350/K_2HPO_4，pH6.7，25 ℃	42.20	91.2
春霉素	PEG6000/Dextran20000	3.8	>90

2. 从动物组织中提取酶制剂

Johansson 等[34, 35]利用接有染料配基的 PEG/Dextran 双水相系统从猪肉中提取 LDH。考察了不同染料配基、pH、聚合物和缓冲液浓度等因素对亲和分配的影响。纯化的 LDH 比活可达 456 ～ 494U/mg 蛋白，并对这一技术的放大进行了摸索和探讨。

Lin 等[36]用双水相亲和萃取技术从兔肌中提取乳酸脱氢酶（LDH），对 2 种常用进口染料 Cibaron Blue F3GA，Procion Red HE2B 以及 13 种国产活性染料作为亲和配基进行了考察。在研究了 PEG/ 无机盐、PEG/ 羟丙基淀粉（PES）系统中游离染料亲和分配行为的基础上，考察了不同影响因素下游离染料对 LDH 的亲和作用，结果表明活性黄 K-RN 和活性橙 KE-2G 两种染料可有效地用于 LDH 的亲和萃取。确定了 LDH 提取的最佳条件为：PEG2000 13.0%，PES100 11.8%，活性橙 KE-2G 0.5mg/g，粗提液加入量 10%，pH7.4。最终设计了一个从兔肌组织匀浆液中提取 LDH 的二次萃取工艺流程，实现了实验室规模的提取，纯化倍数达 7.4，收率达 80% 以上，LDH 比活为 110U/mg 蛋白，萃取过程稳定可靠。重要的是，改进了传统的将亲和基团结合到成相组分的方法，使得聚合物和染料得以充分循环使用。

Boland 等[37]利用 PEG1550/ 磷酸盐系统从牛肝和猪肾中提取和回收了超氧物歧化酶（SOD）、过氧化氢酶（catalase）和 D- 氨基酸氧化酶（DAO），考察了成相剂浓度、pH 等因素的影响，确定了最适宜提取条件，提出了两步萃取方案。

3. 从天然植物中提取药用有效成分

随着现代医学的发展，从天然植物中提取药用有效成分越来越受到人们的关注。中草药是我国的瑰宝，历史悠久，但是中草药中有效成分的研究进展缓慢，限制了中草药的现代化、产业化和国际化。高效的中草药药用有效成分提取技术是中草药有效成分研究、合理组方、药效及临床应用的前提。然而，采用传统工艺进行提取操作存在收率和纯度较低、工艺复杂且通常会残留部分有机溶剂等问题，因此开展温和高效的双水相系统对中草药有效成分的提取研究是一项很有意义的工作。

蜕皮激素和 20- 羟基蜕皮激素在商业上通常作为杀虫剂或用于某些疾病的诊断指示剂。Modlin 等[19]利用新型的 EOPO/HPS 温度诱导双水相系统从菠菜中提取上述两种蜕皮甾族化合物，取得较好的结果。因此，用双水相分配结合温度诱导相分离从天然植物中提取有效成分不失为一种简便、快捷和经济的技术，有望迈向商业化。

三、金属离子分离中的应用

在经典的有机溶剂 / 水两相萃取体系中，一般是通过加入有机萃取剂改变被萃取物质在两相中的水化和溶剂化能，使萃取剂与被萃取物形成低水化和高溶剂化的化合物，来实现从水相向有机相的转移过程。但是，当萃取一类带电荷的金属离子及其与水溶性有机化合物形成的配合物时，有机溶剂 / 水两相体系往往难以达到理想的结果。双水相系统可用于此类物质的萃取和分离，一般而言，传统的有机萃取剂只溶于有机相，而双水相系统中使用的有机萃取剂却溶于水相，如冠醚、铬菁 R 等，它们能与金属离子反应形成配合物；另外，一些无机阴离子也能实现和水溶性有机化合物类似的萃取剂功能，如卤素离子和 SCN^-，其中 SCN^- 是一种离液序列高的化合物（chaotropic compound），它能够打破水中的常规氢键结构，增加非极性物质在水中的溶解度，从而影响聚合物的二级结构和它们在水溶液中的溶解度。这些水溶性的有机萃取剂和无机阴离子在双水相系统中具有较高的分配系数，在 PEG/ 盐体系中被分配到富含 PEG 的上相，从而达到对金属离子富集和分离的目的。总体来说，金属离子在双水相中的分配方式依萃取剂的不同可分为三大类：①无萃取剂存在，如 TcO_4^- 和 $Au(CN)^-$ 两种金属离子的萃取分离；②卤素离子、SCN^- 及不饱和杂多钨酸阴离子作为萃取剂与金属离子形成配合物；③水溶性有机萃取剂与金属离子形成配合物。迄今为止，利用 PEG/ 盐［主要是 $PEG/(NH_4)_2SO_4$］双水相系统所研究的金属离子几乎包括了元素周期表的全部，即主族金属、过渡金属、镧系和锕系元素[1]。可见双水相系统在金属离子分离中的应用非常广泛。下面具体介绍：

1. 无萃取剂存在下的分配

Zhang 等[38]发现在 PEG/Na_2SO_4（或 K_2CO_3、Na_3PO_4）双水相系统中不需要加入任何萃取剂，金氰化物 $Au(CN)^-$ 就可以容易地被萃取到富含 PEG 的上相。PEG 相中的 $Au(CN)^-$ 可以进一步被锌粉还原而实现反萃。PEG2000 与不同的盐形成的双水相系统的萃取能力顺序为 $Na_2SO_4>Na_3PO_4>K_2CO_3$，且分配系数随盐浓度的增加而增大，萃取率在 93% ～ 99% 之间。另有研究发现[1]，PEG/ 盐双水相系统可以直接从 Na_2MoO_4 的碱性溶液中萃取分离高锝酸根离子 TcO_4^-，无需使用有机溶剂，且分离过程简单易行。PEG2000 与不同阴离子的盐形成的双水相系统的萃取能力顺序为：$OH^- > CO_3^{2-} > SO_4^{2-} > PO_4^{3-}$，且 TcO_4^- 的分配系数随盐浓度和 PEG 浓度的增加而增大。

2. 无机阴离子作为萃取剂

Rogers 等[39]研究了 5 种环境污染型重金属离子在 PEG2000/$(NH_4)_2SO_4$ 双水相系统中的分配行为。结果如表 5-24 所示，可以看出，Cd^{2+}、Bi^{3+}、Hg^{2+}、Tl^+、Pb^{2+} 这 5 种金属离子在酸性条件下的分配系数明显提高，除 Bi^{3+} 外基本都提高了一个数量级。尽管如此，Cd^{2+}、Bi^{3+}、Pb^{2+} 这 3 种金属离子的分配系数仍然小于 1。为进一步提高这些金属离子在双水相系统中的分配系数，引入卤素阴离子 X^- 作为无机配位剂。结果表明，Bi^{3+} 在 1.0 mol/L HCl 介质中的分配系数可达 2.5，相比于 2.0mol/L HNO_3 和 2.0 mol/L H_2SO_4 提高了近百倍。Cd^{2+} 的分配系数随着卤素离子从 F^- 到 I^- 的顺序逐渐增大：$F^-<Br^-<Cl^-<I^-$[1,39]。在研究卤素离子的浓度对金属离子分配系数的影响中发现，Hg^{2+}、Tl^+、Pb^{2+} 的分配系数随 NH_4Br 浓度的变化不明显，而 Cd^{2+} 和 Bi^{3+} 的分配系数随着 NH_4Br 浓度的增加而显著增大。

表 5-24 重金属离子在 40%PEG2000/$(NH_4)_2SO_4$ 双水相系统中的分配系数[39]

溶液体系	Cd^{2+}	Bi^{3+}	Hg^{2+}	Tl^+	Pb^{2+}
H_2O	0.066	0.050	0.26	0.12	0.010
2.0mol/L HNO_3	0.15	0.037	10	1.0	0.32
2.0mol/L H_2SO_4	0.22	0.043	12	1.0	0.19

除卤素阴离子 X^- 外，SCN^- 也可以作为无机萃取剂广泛应用于双水相萃取中。例如在含有 1mol/L NH_4SCN 和 1 ～ 2mol/L H_2SO_4 的 PEG/$(NH_4)_2SO_4$ 双水相系统中，Co^{2+}、Zn^{2+}、Fe^{3+}、Ln^{3+}、Sc^{3+} 的分配系数都接近甚至超过 100。在 PEG/KSCN 双水相系统中，SCN^- 既可以与 PEG 形成双水相，又可以作为无机萃取剂与金属离子形成配合物而使金属离子被萃取到 PEG 相中。相比较之下，在不含 SCN^- 的 PEG/$(NH_4)_2SO_4$ 双水相系统中，由于 SO_4^{2-} 与上述金属离子较强的相互作用，金属离子不

能被萃取到 PEG 相中。

此外，杂多钨酸阴离子也是一种无机阴离子萃取剂。常用的杂多钨酸阴离子 $K_{10}P_2W_{17}O_{16} \cdot nH_2O$（PW）可在 PEG/$(NH_4)_2SO_4$ 或 PEG/$(NH_4)_2HPO_4$ 双水相系统中用于多种不同价态的锕系金属的分离[1]。在 PW 存在下，三价和四价的锕系金属可以被分配到 PEG 相中；而在无 PW 存在的情况下，分配系数则很小。与之不同的是，五价和六价的锕系金属在有无 PW 存在下，都不会被分配到 PEG 相中，从而可以用 PW 来成功分离不同价态的锕系金属。

3. 水溶性有机化合物作为萃取剂

在双水相系统中，使用水溶性有机化合物作为萃取剂，可以实现有机溶剂/水体系难以进行的带电荷的金属离子的分离。带电荷的金属离子能与水溶性有机化合物形成稳定的配合物，利用水溶性有机萃取剂在双水相中的不对称分布，可以达到带电荷金属离子在双水相中的不对称分配。常用的水溶性有机萃取剂除冠醚（$\lbrack O—CH_2—CH_2 \rbrack_n$）外，还包括一些工业上作为染料用的配位酮，如 AZ、XO、AC、MTB 和铬菁 R，结构式见图 5-10，这些配位酮的共同特征是都具有苯环结构。

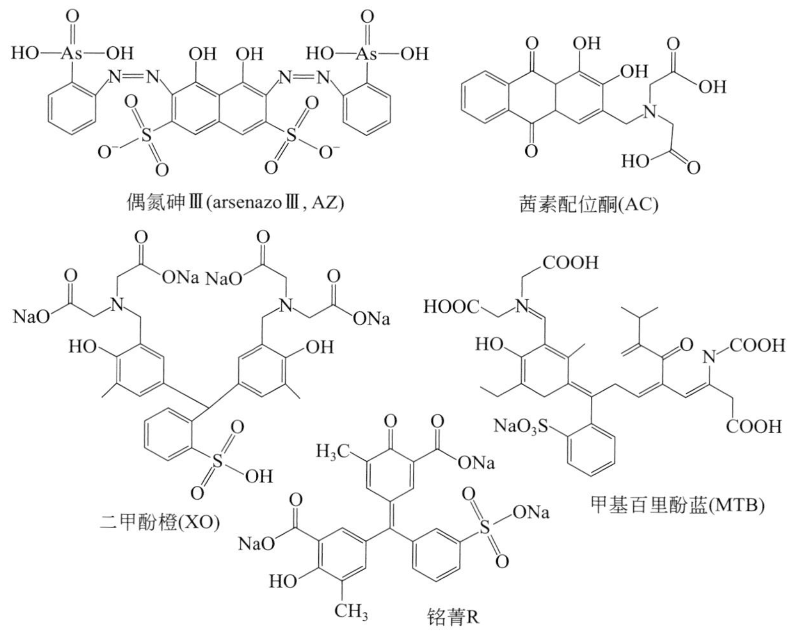

偶氮砷Ⅲ(arsenazo Ⅲ, AZ)　茜素配位酮(AC)

二甲酚橙(XO)　铬菁R　甲基百里酚蓝(MTB)

图 5-10　常用的水溶性有机萃取剂的结构

冠醚是由若干乙氧基重复单元构成的大环多醚类化合物，兼具亲水的极性氧原子和亲脂的非极性亚乙基。冠醚可通过冠醚环上的氧原子和亚乙基的空间位置来调节其亲疏水性，因而其在水溶液和疏水有机溶剂中都展示出较好的溶解性能，并且冠醚的结构使其更容易分配到 PEG 相中。其中，冠醚 15- 冠 -5 和 18- 冠 -6 在碱金属和碱土金属的萃取中应用广泛，选择性高。表 5-25 示出了在含 1.25 mol/L 18- 冠 -6 醚及不同浓度 $NaNO_3$ 的 40%PEG2000/20%NaOH（1∶1，体积比）双水相系统中第Ⅰ和第Ⅱ主族金属离子的分配行为。可以看出，在 2.0mol/L $NaNO_3$ 存在下，除 Na^+ 和 Ca^{2+} 外，Rh^+、Cs^+、Sr^{2+}、Ba^{2+} 的分配系数均大于 1。表 5-26 则充分显示了 18- 冠 -6 醚的优势，在 1mol/L 18- 冠 -6 醚的存在下，几乎所有锕系金属离子的分配系数都增加了几倍甚至几十倍之多。

表 5-25　第Ⅰ和Ⅱ主族金属离子在含 18- 冠 -6 醚双水相系统中的分配系数 [1]

溶液体系	Na^+	Rh^+	Cs^+	Ca^{2+}	Sr^{2+}	Ba^{2+}
H_2O	0.3	1.1	0.9	0.1	0.3	0.4
1.0mol/L $NaNO_3$	0.3	3.1	1.6	0.1	0.6	1.8
2.0mol/L $NaNO_3$	0.3	4.2	1.6	0.1	1.6	7.4

表 5-26　锕系金属离子在含 18- 冠 -6 醚双水相系统中的分配系数 [1]

溶液体系	UO_2^{2+}	Th^{4+}	Am^{3+}	Pu^{4+}
H_2O	0.08	0.025	0.01	0.05
1 mol/L 18- 冠 -6 醚	1.26	0.14	0.04	0.25

配位酮类有机萃取剂区别于脂肪族有机萃取剂的特点是含有若干苯环。表 5-27 展示了配位酮类有机萃取剂相比于无萃取剂或脂肪族萃取剂存在下的镧系金属 Eu^{3+} 和锕系金属 Am^{3+} 的分配行为。可以看出，水溶性配位酮萃取剂（0.02mol/L）相比于脂肪族萃取剂能明显增大 Eu^{3+} 和 Am^{3+} 在 PEG/K_2CO_3 双水相系统中的分配系数。尤其是 AC、XO、HPIDAA 和 MTB 使这两种金属离子的分配系数提高了 3 ～ 4 个数量级。表 5-28 进一步研究了在 AC、XO 和 MTB 存在下（0.02mol/L）PEG/K_2CO_3 双水相系统中锕系金属离子的分配系数，可以看出，除了 U(Ⅵ) 和 Np^{5+} 外，其余金属离子均能通过加入合适的酮萃取剂而得到有效分配。

表 5-27　Eu^{3+} 和 Am^{3+} 在含配位酮类有机萃取剂双水相系统中分配系数 [40]

萃取剂	Eu^{3+}	Am^{3+}
无	0.002	0.006
茜素络合酮（AC）	32.7	57.8
二甲酚橙（XO）	16.7	32.7
羟苯亚胺 -*N,N'* 二乙酸（HPIDAA）	6.0	4.8
甲基百里酚蓝（MTB）	1.0	2.5

续表

萃取剂	Eu^{3+}	Am^{3+}
羟乙基二甲基膦酸（HEDMPA）	0.01	0.0003
对苯二酚络合酮（HMIDA）	0.04	0.15
对苯二酚亚胺二甲基膦酸（HMIDPA）	0.006	0.004
1,3- 二羟基苯基甲基亚胺二乙酸（DHPMIAA）	0.07	0.1
百里酚酞（氨酸）配合剂（TP）	0.09	0.05
乙二胺四乙酸二钠盐（EDTA）	0.06	0.04
二亚乙基三胺五乙酸（DTPA）	0.21	0.3

表 5-28　锕系金属离子在含配位酮类有机萃取剂双水相系统中分配系数 [40]

金属离子	茜素络合酮（AC）	二甲酚橙（XO）	甲基百里酚蓝（MTB）
$^{253\sim254}Es^{3+}$	88.7	143.7	0.61
$^{249}Cf^{3+}$	36.8	69.6	1.10
$^{247}Bk^{3+}$	42.5	48.2	1.42
$^{243}Cm^{3+}$	67.6	47.4	0.95
$^{241}Am^{3+}$	105.8	32.2	2.50
$^{239}Pu^{4+}$	13.4	0.05	0.04
$^{237\sim239}Np^{5+}$	0.14	0.10	0.021
$^{233}U(Ⅵ)$	0.05	0.019	0.030
$^{152\sim154}Eu^{3+}$	31.8	16.9	1.01
$^{144}Ce^{3+}$	30.2	16.9	0.069

此外，邓凡政等 [41] 系统地研究了在 $PEG/(NH_4)_2SO_4$ 双水相系统中，利用甲基三苯类化合物，如铬菁 R、铬天青 S、铝试剂、钍试剂、铜试剂（DDC）、亚硝基 R 盐等作为水溶性萃取剂时，Fe^{3+}、Co^{2+}、Ni^{2+}、La^{3+}、Al^{3+}、Cu^{2+}、Mn^{2+}、Cd^{2+}、Pr^{3+}、Dy^{3+}、TiO^{2+} 等金属离子的分配行为，展现了较好的分配和分离效果。

四、其他方面的应用

1. 双水相萃取分析

对于生物活性物质的分析检测，常规的检测技术既烦琐又费时，很难满足现代生化生产的要求，因而开发一种快速、方便、准确的生物活性物质的检测技术是非常必要的。基于液 - 液体系或界面性质而开发的双水相分析检测技术是一项潜在的有应用价值的生化检测分析技术。这一技术已成功应用于免疫分析、生物分子间相互作用力的测定和细胞数的测定。

在经典免疫分析中，一般是利用抗原（或细胞）和抗体之间达到一定的平衡来进行分析的。双水相萃取分析法则是一种非平衡法，抗体和抗原之间并没有达到平衡状态，而是利用两者分配系数不同来进行检测的。例如强心药物异羟基毛地黄毒苷（简称黄毒苷）的免疫测定，是将含有黄毒苷的血清样品与 ^{125}I 标记的黄毒苷混合，加入一定量的抗体，保温后加入 7.5%PEG4000 和 22.5%$MgSO_4$ 组成的双水相系统中，分相后黄毒苷分配在上相，抗体则分配在下相，测定上相的放射性即可知道其免疫效果。此法与经典放射性免疫法对比相关系数为 0.979[42]。

2. 双水相萃取色谱

常规的溶剂萃取过程一般包括萃取和反萃取步骤，反萃取即使金属离子等从负载有机相重新回到水相的过程。对于双水相系统，当萃取效率比较高时，反萃过程相对困难，循环 PEG 的过程也相对较复杂，而且需要移走大量的水，费用也更高。因此，研究者将 PEG 共价键合到某种固体支撑物，即形成双水相萃取色谱（Aqueous Biphasic Extractive Chromatography, ABEC）来解决这一难题。在这种情况下，可以通过加入盐或水来产生或破坏双水相系统，而不会损失任何成相聚合物。例如，在设定的 pH 和盐的条件下，可以萃取相应的金属离子或无机非金属离子到固定的 PEG 相，而反萃过程只需要简单地加入水即可完成。因此，ABEC 体系可以有效地克服上述双水相萃取的缺点[1]。

ABEC 树脂的合成路线如图 5-11，是将具有一定分子量的甲基聚乙二醇（Me-PEG）共价键合到对乙基氯苯乙烯上，通过乙烯基团的聚合形成带大量 Me-PEG 侧链的聚合物树脂。

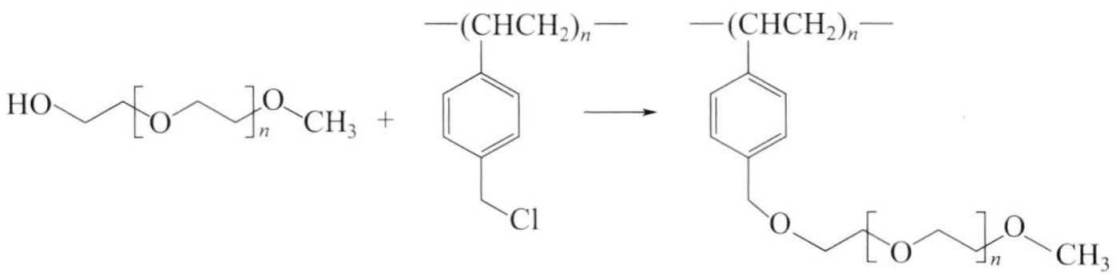

图 5-11 双水相萃取色谱 ABEC 树脂的合成路线图

为区别于普通的 PEG/ 盐液 - 液双水相系统（分配系数 D），将 ABEC 体系的分配系数记为 D_w，计算式如下[1]：

$$D_w = \frac{A_t - A_f}{A_t} \times \frac{V}{m_R C} \tag{5-14}$$

$$C = \frac{W_t - W_t'}{W_t} \tag{5-15}$$

式中 A_t——溶液接触 ABEC 树脂前的浓度；

A_f——溶液接触 ABEC 树脂后的浓度；

m_R——ABEC 树脂质量；

V——接触面积；

C——干重转化因子；

W_t——树脂重量（湿重）；

W_t' ——树脂干重。

ABEC 树脂填充的色谱柱可以用来分离金属离子（或非金属离子）。具体步骤：称取 0.5g 商业化的 ABEC 树脂，加入 30mL 去离子水悬浮在烧杯中，超声样品 20min，使其均匀分散，装柱，柱高约 2cm。将孔径 0.45μm 的玻璃过滤器置于色谱柱内，以防止加入洗脱液时扰动树脂。将整个柱子超声 20min，使柱内 ABEC 树脂分布更均匀。用 5mL 不含金属离子的盐溶液平衡 ABEC 树脂，再用含金属离子的盐溶液上样，特定金属离子被吸附在 ABEC 树脂上。吸附完成后通过加入水降低盐浓度很容易将此金属离子洗脱下来，实现特定金属离子的分离。

3. 双水相系统中固体微粒的分离

由于双水相系统两相的差异，固体微粒在双水相系统中通常会进行不均匀分配，最终达到分配平衡。这种分配平衡主要由微粒的布朗运动和界面张力所决定。布朗运动趋向于微粒的任意分布，而界面张力则造成微粒的不均匀分配，更倾向于分配到能量较低的一相。微粒在双水相中的不均匀分配主要可以用于生物微粒、无机微粒以及聚合物乳胶微粒的分离。这些微粒在双水相中的分配主要受以下因素共同影响：微粒的表面性质和大小、微粒电荷数、极性和非极性的比例、双水相成相聚合物的分子量、盐的种类、离子组成、体系 pH 值，以及双水相的界面张力、成相组分与临界点的相对位置等。

双水相萃取可分离的生物微粒主要包括细胞、细菌颗粒、核酸和不溶性蛋白等。微粒直径小于 1μm 的主要在上 / 下相分配，而微粒直径在 100μm ～ 1cm 之间的氨基酸结晶物则主要富集在相界面处。表 5-29 展示了不同生物微粒在 PEG/Dextran 和 PEG/ 盐双水相系统中的分配行为。淀粉和纤维素始终分配在下相，而其余微粒则会随聚合物分子量变化而改变分配状态，这主要是由于分子量的改变会影响微粒和成相组分的亲和力。

表 5-29 生物微粒在双水相系统中的分配 [5]

双水相系统	淀粉微粒	纤维素微粒	小球藻	红细胞	血红细胞	包含体（IB）
PEG6000/D19	下相	下相	下相	下相	下相	—
PEG6000/D48	下相	下相	上相	界面	下相	—

续表

双水相系统	淀粉微粒	纤维素微粒	小球藻	红细胞	血红细胞	包含体（IB）
PEG400/K_3PO_4	下相	下相	上相	上相	上相	—
PEG600/K_3PO_4	下相	下相	上相	界面	上、下相	—
PEG1000/K_3PO_4	下相	下相	上相和界面	界面	上、下相	—
PEG4000/K_3PO_4	下相	下相	下相	下相	下相	—
PEG8000/KH_2PO_4+ K_2HPO_4	—	—	—	—	—	下相

双水相可分离的无机微粒主要包括 SiO_2、Fe_2O_3、TiO_2、$Ca_5F(PO_4)_3$ 等。表 5-30 展示了几种常用的双水相系统分离无机微粒的实例。因为表面活性剂对无机微粒的吸附作用，可以通过改变表面活性剂浮选剂的类型控制无机微粒在双水相中的分配。常用的表面活性剂浮选剂有十二烷基三甲基苯磺酸钠（SDS）、十二烷基三甲基溴化铵（DTAB）、十六烷基三甲基溴化铵（CTAB）和油酸钠等。这与矿物浮选很相似，因此双水相系统可以潜在地应用于金属矿物浮选。另外，pH 值也可以明显地改变无机微粒在双水相中的分配，如 SiO_2 在 Dextran/Triton 双水相系统中，当 pH 在 2 ～ 3 之间时主要分配在上相，而 pH 在 4 ～ 11 之间时则主要分配在下相；又如 TiO_2 在含 SDS 的 PEG/Na_2SO_4 体系中，当 pH3.5 时主要分配在上相，而 pH8.3 时主要分配在下相。因此通过调节 pH 和添加不同的表面活性剂都可以改变无机微粒在两相体系上下相间的分配，从而实现各种无机微粒的分离。

表 5-30　无机微粒在双水相系统中（pH 中性）的分配

双水相系统	SiO_2	FeS_2	Fe_2O_3	TiO_2	$Ca_5F(PO_4)_3$
Dextran/Triton	下相	—	下相	—	—
Dextran/Triton + SDS	下相	—	—	—	—
Dextran/Triton + DTAB	上相	—	上相	—	—
PEG/Dextran	上相	—	—	—	—
PEG/Dextran + SDS	下相	—	—	—	—
PEG/Dextran + DTAB	下相和相界面	—	—	—	—
PEG/Na_2SO_4	—	下相	—	下相	下相
PEG/Na_2SO_4 + SDS	—	—	—	下相	上相
PEG/Na_2SO_4 + CTAB	—	—	—	下相	下相

此外，双水相萃取还可用于分离聚合物乳胶微粒。不同组成（甲基丙烯酸的比例）和尺寸（100 ～ 500 nm）的聚丙烯酸类乳胶微粒可以在 PEG/Dextran、PEG/PVP、PEG/HEUR（疏水修饰的聚氧乙烯基聚亚胺酯）等双水相系统上下相间呈现

多样的分配情况。聚合物乳胶微粒在上下相的分配同样受到 pH 的影响，比如丙烯酸丁酯 BA/苯乙烯/5% 甲基丙烯酸 MAA 乳胶微粒（180nm）在 pH6.5 时分配在 PEG 相，而在 pH9.6 时分配在 Dextran 相。特别地，大多数聚合物乳胶微粒都分配在 PEG/HEUR 系统的 HEUR 相中，这是因为疏水修饰的 HEUR 能强烈吸附聚合物乳胶微粒。

4. 生物催化与转化和双水相萃取的耦合

（1）酶生物催化　双水相技术广泛应用于酶生物催化反应中，包括生物质水解和生物合成等，如纤维素、淀粉、环糊精的酶水解和抗生素发酵过程。对于这些酶水解过程，双水相系统将有利于强化反应速率，节约成本和能源，而且均不使用有机溶剂，具有环境友好性。表 5-31 列出了两种典型的酶水解与双水相萃取的耦合过程。与单水相反应相比较，双水相中的酶反应通常具有以下特点：①双水相选择性地将酶和底物分配在一相（图 5-12 中的下相），而产物则被分配在另一相（图 5-12 中的上相）；这种选择性可以通过聚合物分子量的差异和分子结构的不同来实现。例如，未水解的生物质反应物（如纤维素和淀粉）是高分子化合物，而水解后的产物葡萄糖是小分子化合物，它们在双水相中性质差别很大，很容易被分配在不同的相中。②由于酶和产物在不同的相中，可以有效地避免产物抑制和副反应的发生。③富含 PEG 的上相还可以防止产物的水解。

表 5-31　典型的酶水解与双水相萃取的耦合[1]

底物	酶	双水相	产物
纤维素	内源/外源-β 葡聚糖酶	PEG/Dextran	葡萄糖
淀粉	α-淀粉酶	PEG/Dextran 或 $MgSO_4$, $(NH_4)_2SO_4$	麦芽糖，葡萄糖

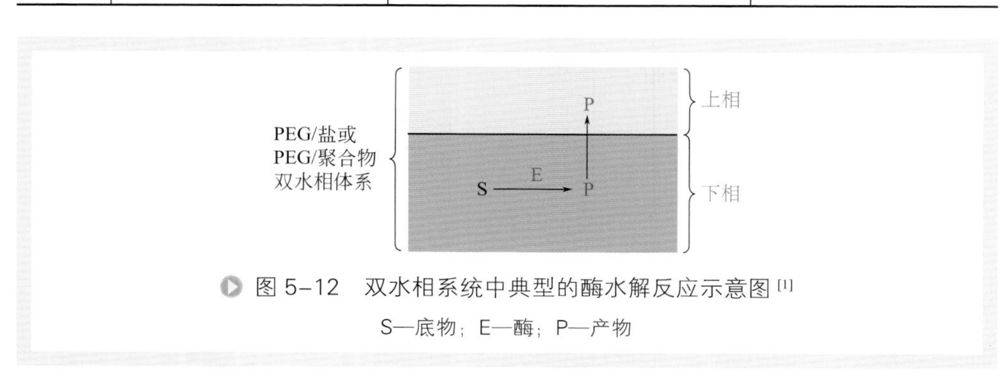

图 5-12　双水相系统中典型的酶水解反应示意图[1]

S—底物；E—酶；P—产物

在纤维素生物转化生产葡萄糖或乙醇的过程中，酶及其重复利用是生物转化过程成本的主要组成部分。双水相系统能应用于纤维素预处理、水解和发酵过程，具体地，纤维素底物和酶可以被分配到下相，而水解产物葡萄糖和一些水溶性还原糖将被分配到上相。在这里，双水相萃取结合超滤法和具体的反应器可有效地强化反应速率，提高产率。至于天然淀粉在PEG/Dextran和PEG/淀粉双水相系统中被淀粉酶水解的过程也早有研究，使用淀粉的主要优点是淀粉也可以作为一种成相聚合物，它将显著降低生产成本。在PEG/Dextran双水相系统中，谷物淀粉被固定在超细硅微粒上的淀粉酶水解，固定化酶被分配到富集PEG的上相，而产物则可以在下相中得到。酶催化本质上是一个绿色、清洁、环保、无毒的过程，结合双水相萃取技术，酶表现出较高的活性，不涉及化学过程中酶的保护/去保护问题，具有广阔的应用前景。

（2）全细胞生物转化　双水相系统不仅可用于上述酶催化反应，亦可用于全细胞催化的生物转化反应。双水相系统具有良好的生物相容性，因而能在有效解决底物/产物抑制的同时，不破坏细胞生长和催化活性。表5-32列出了几种与双水相产物萃取分离耦合的全细胞生物转化，包括甾体类药物的生物转化、多糖以及葡萄糖的转化。王艳婷等[7]在组成为7%PEG6000/8% Dextran70000双水相系统中研究了分枝杆菌催化植物甾醇生产雄烯二酮（AD）的过程，产物AD主要分布在富含PEG的上相，而细胞则主要分布在富含Dextran的下相。将植物甾醇投料浓度提高到10g/L，发酵96h后AD的浓度达到1.1g/L。表明双水相系统部分缓解了转化过程中存在的产物抑制，可应用于分枝杆菌降解植物甾醇萃取发酵生产AD。他们还测定了分枝杆菌细胞和产物AD在聚合物/聚合物、聚合物/盐双水相系统中的分配系数，考察了不同分子量PEG对分枝杆菌的毒性，为大规模应用积累了基础数据。

表5-32　全细胞生物转化与双水相萃取分离的耦合

底物	生物催化剂	双水相	产物
植物甾醇	分枝杆菌（*Mycobacterium* sp. MB3683）	7% PEG6000/ 8% Dextran70000	雄烯二酮
葡萄糖	酿酒酵母（*Saccharomyces cerevisiae*）	6% PEG8000/ 2% DextranT500	乙醇
淀粉	酿酒酵母（*Saccharomyces cerevisiae*）+α-淀粉酶+葡萄糖淀粉酶	5% PEG20000/ 3% 粗 Dextran	乙醇
纤维素	酿酒酵母（*Saccharomyces cerevisiae*）+纤维素酶+β-半乳糖苷酶	25% PEG3000/ 6% DextranT40	乙醇
葡萄糖	丙酮丁醇梭菌（*Clostridium acetobutyricum*）	25% PEG8000/ 6% DextranT40	丙酮/丁醇
葡萄糖	大肠杆菌（*Escherichia coli*）	6% PEG8000/ 7.5% Dextran	乙酸
氢化可的松	节杆菌（*Arthrobacter simplex*）	25% PEG8000/ 6% DextranT40	氢化泼尼松

第五节 双水相萃取技术的新进展

一、新型双水相系统的开发

经典的双水相萃取系统主要是聚合物/聚合物和聚合物/盐两大类（如表5-1所示），然而这两大系统中成相聚合物价格昂贵，在大规模工业生产时，无明显的经济性上的优势，因而开发更先进的双水相成相材料具有重要意义，尤其是那些廉价的或者易回收的材料。针对成相材料，研究者最近开发的新型双水相系统主要包括小分子有机溶剂/盐系统、离子液体/盐系统、离子型表面活性剂混合双水相系统、双水相胶束系统、含生物有机物的双水相系统、亲和双水相系统等。

1. 小分子有机溶剂/盐双水相系统

众所周知，有机聚合物/盐双水相系统应用广泛，但是其特点是聚合物难挥发，使得反萃取必不可少，且盐进入反萃取相后，会对随后的纯化和分析测定带来很大的麻烦。而且，含聚合物的体系黏度普遍较大，易导致取样和测定误差，不易定量操作。事实上，普通的水溶性有机溶剂（异丙醇、乙醇、丙酮等）也能在无机盐的存在下形成双水相系统，并已经应用于血浆铬和血清铜等的分析中。考虑到水溶性有机溶剂/盐双水相萃取具有价廉、低毒、黏度低、易挥发而无需反萃取等特点，人们对各种有机溶剂/盐双水相系统中的相行为开展了研究。

为比较双水相系统中不同种类盐分相能力的差异，可重点考察不同盐对选定的一种有机溶剂分相情况的影响。以异丙醇为例，在恒定体积（4mL）下，分别加入$(NH_4)_2SO_4$、Na_2CO_3、$NaNO_3$、$Na_3PO_4 \cdot 12H_2O$、Na_2SO_4、$K_2HPO_4 \cdot 3H_2O$、NaCl、NaAc，直至盐饱和点。研究中发现，这些盐均能使异丙醇/水不同程度地分相。其中，$NaNO_3$、NaCl、NaAc分相能力较差；$Na_3PO_4 \cdot 12H_2O$、Na_2SO_4在室温下溶解度太低，且溶解度的温度系数较大，因此常温分相操作有困难；而$(NH_4)_2SO_4$和$K_2HPO_4 \cdot 3H_2O$则表现出了优异的分相能力，且$(NH_4)_2SO_4$略优于$K_2HPO_4 \cdot 3H_2O$。与异丙醇相比，乙醇有较大的水化能，因此能与乙醇形成双水相的盐较少，目前所有能使乙醇/水分相的盐均含有二价或者更高价的阴离子，尚未发现能与乙醇形成双水相的一价阴离子。而对于丙酮，三种碱金属碳酸盐的分相能力强弱顺序为：$Na_2CO_3>K_2CO_3>Cs_2CO_3$。这与碱金属离子半径成反比，而与金属离子的水化能的顺序一致，具体表现为水化能越大，分相所需盐的量越少。即一般而言，离子半径越小，其水化能力和盐析作用也就越强。此外，双水相中盐的盐析效应一般随离子强度的增加而增强，所以，高价金属离子的分相能力较强，按如下顺序递减：$Al^{3+}>Fe^{3+}>Mg^{2+}>Ca^{2+}>Li^{+}>Na^{+}>NH_4^{+}>K^{+}$。进一步研究发现盐析能力强的盐对有机溶剂/水的分相能力也强[43]。

考察盐对不同种类有机溶剂/水的分相情况的作用，可以发现针对同一种盐，不同有机溶剂/水系统的分相效果差异较大，且分相所需要盐的量也有较大差别。如对 $(NH_4)_2SO_4$ 而言，分相能力顺序为异丙醇 > 丙酮 > 乙醇，与有机溶剂水合作用的强弱顺序恰好相反；又如对 NaCl，分相能力顺序为异丙醇 >1,4- 二氧六环 > 丙酮。可见，有机溶剂与水的作用强弱直接影响其与水分相的难易程度。事实上，有机溶剂/盐双水相系统的分相过程是一个水溶性有机溶剂与无机盐争夺水分子的过程。通常加入较少量有机溶剂时，分相所需的无机盐的量就较大，因为在这种富盐体系中，少量有机溶剂水合分子可以滞留其中，只有当盐浓度进一步增加，盐夺取了水分子，有机溶剂分子才会被释放出来，独立成相。相反，当有机溶剂量较大时，恰好分相所需的盐就较少。

在实际应用中，有机溶剂/盐双水相系统表现出了较多优于聚合物/盐双水相系统的特点。以甘氨酸单铵盐的萃取分离为例，用 PEG600/$(NH_4)_2SO_4$ 或 PEG6000/$(NH_4)_2SO_4$ 作为双水相系统时，虽然 PEG600/$(NH_4)_2SO_4$ 比 PEG6000/$(NH_4)_2SO_4$ 黏度低了许多，但是实际操作中仍感不便。尤其是用此双水相系统从甘草浓缩液中提取甘氨酸单铵盐时，甘氨酸单铵盐与 PEG 很难完全分离。因此虽然 PEG600/$(NH_4)_2SO_4$ 双水相系统萃取甘氨酸单铵盐的萃取率高，但是无法应用于实际生产。而乙醇 /K_2HPO_4 双水相系统可以分离纯化甘氨酸单铵盐得到白色松散粉末，其质量分数 13%，纯化倍数 2.6[43]。与传统分离工艺相比，有机溶剂/盐双水相萃取系统操作简单、结晶性状好、纯度较高，可应用于生产工艺中。

2. 离子液体/盐双水相系统

离子液体是一种由阴离子和有机阳离子构成的在临界温度（一般定义为 100℃）下呈现液态的新型绿色溶剂。特别地，在室温下呈液态的离子液体，常被称为室温离子液体。由水溶性离子液体和盐组成的混合水溶液在一定条件下会形成双水相系统。由于没有聚合物存在，离子液体/盐双水相系统具有更低的黏度，且离子液体几乎不挥发、不易燃易爆、易回收，产物通过简单加入水即可析出分离，优势明显。

离子液体/盐双水相系统作为近年开发的一种新型双水相萃取系统，目前研究尚不充分。Xie 等[44] 研究开发了新型的由长链羧酸阴离子和胆碱阳离子构成的生物相容性离子液体，与 K_3PO_4 形成双水相系统，测定了体系相图，且分相明显，并能有效萃取苯丙氨酸、色氨酸、咖啡因等物质。夏寒松等研究了离子液体阴阳离子结构和溶液性质变化对离子液体/盐双水相系统相图的影响。发现减小离子液体头部极性、延长疏水烷基侧链及采用较疏水的阴离子都有利于双水相的形成，升高体系温度会阻碍短侧链离子液体形成双水相，却能促进长侧链离子液体双水相的形成。邓凡政等建立了由亲水性离子液体 1- 丁基 -3- 甲基咪唑四氟硼酸盐

（[Bmim][BF_4]）和 KH_2PO_4 形成的双水相系统，用以萃取分离牛血清白蛋白（BSA）。结果表明，离子液体 / 盐双水相系统对 BSA 有较高的萃取率。刘庆芬等提出了由 [Bmim][BF_4] 和 NaH_2PO_4 形成的双水相系统萃取青霉素 G 的新方法，樊静等研究了六氟磷酸盐类离子液体 [Bmim][PF_6]、[Hmim][PF_6] 和四氟硼酸盐类离子液体 [Hmim][BF_4]、[Omim][BF_4] 对间氨基苯磺酸和对氨基苯磺酸稀水溶液的萃取行为，结果表明四氟硼酸盐类离子液体对氨基苯磺酸的萃取能力大于六氟磷酸盐类离子液体，在所研究的离子液体中，[Hmim][BF_4] 和 [Omim][BF_4] 对氨基苯磺酸有较好的萃取性能，且萃取相（富离子液体相）中的氨基苯磺酸易分离纯化，离子液体亦可循环使用。离子液体 / 盐双水相系统作为一种新型的双水相萃取技术具有巨大的研究开发潜力，但是目前离子液体 / 盐双水相系统的相行为、萃取能力和应用等还需要进一步的深入和完善 [45]。

3. 离子型表面活性剂混合双水相系统

在无聚合物存在的情况下，由阴离子表面活性剂（如十二烷基磺酸钠，SDS）和阳离子表面活性剂（如十六烷基三甲基溴化铵，CTAB）及盐组成的混合水溶液在一定条件下也会形成双水相系统，且平衡的两相均为很稀的溶液，有效降低了传统聚合物双水相系统的黏度。阴、阳离子混合表面活性剂双水相系统的出现为双水相分离技术的发展提供了一个新的思路，与高分子双水相系统和非离子型表面活性剂双水相系统相比，其具有含水量高（水的质量分数可达 99% 以上）、两相易分离、表面活性剂用量小且易于循环利用等独特优势。

目前，应用这类双水相系统进行物质分配已开展了一些研究工作。滕弘霓等研究了盐对 SDS/CTAB 混合双水相系统的相行为的影响，并对上相的液晶性质进行了初步探索。盐能促使阴离子双水相区和阳离子双水相区分别向 SDS 和 CTAB 方向移动，导致双水相区加宽。对 SDS/CTAB/Na_2SO_4 双水相体系的相图以及牛血清白蛋白和色氨酸在不同区域双水相中的分配系数进行了测定，发现相图中存在 2 个双水相区，盐的类型和浓度及双水相的两相高度之比是影响双水相分相快慢的重要因素。物质的疏水性越大，越容易被萃取到富表面活性剂相中，而水溶性小分子物质则不能被萃取。孙美娟等研究了在 CTAB 和 SDS 混合体系水溶液中加入阴离子相同而阳离子不同的盐或阳离子相同而阴离子不同的盐，以探索盐的阴阳离子半径对表面活性剂混合溶液双水相系统相行为的影响。表明盐对系统相行为中的两个双水相区分别产生不同的影响。目前对不同阴阳离子表面活性剂形成的表面活性剂混合溶液双水相系统的分相规律、双水相区域及其影响因素和对各类物质的萃取分配行为的研究还较少，需要进一步丰富 [45]。

4. 双水相胶束系统

不同于上述离子型表面活性剂，非离子型表面活性剂的特征之一是在一定添加物浓度或一定温度的条件下，溶液会自动分相，形成表面活性剂浓度很低的稀相及富含表面活性剂的凝聚层相，其中稀相的表面活性剂浓度大于或等于其临界胶束浓度，这就是非离子表面活性剂双水相胶束系统。其实质是凝聚层相形成的微观乳浊液，温度在其中起到了关键作用，溶液分相时的温度即是浊点，所以这一体系又被称为“浊点体系”。与阴阳离子表面活性剂混合双水相系统相比，单一非离子型表面活性剂形成的双水相系统同样具有较宽的双水相区。

已有报道双水相胶束系统用于萃取和反应萃取中。许林妹等[46]用十二烷基聚氧乙烯醚（AEO_9）双水相胶束系统进行了苯酚的萃取，探究了盐对体系的影响，发现盐能降低体系浊点，并且 Na_2SO_4 对浊点下降的影响比 NaCl 大；但是盐的加入反而使得体系对苯酚萃取率下降，且 Na_2SO_4 对萃取率的影响比 NaCl 要小；同时发现添加阴离子型表面活性剂 SDS 使得体系萃取率下降，而添加阳离子型表面活性剂 CTAB 使得萃取率明显提高。王志龙[47]首先将单一非离子型表面活性剂 Triton X-100 形成的双水相胶束系统用于苯酚的萃取，又进一步研究了将表面活性剂 Triton X-100 和 Triton X-114 形成的双水相胶束系统用于微生物催化的甾醇侧链降解反应。凝聚层相一方面促进底物增溶，充当底物的储存库；另一方面萃取产物，解除产物抑制和降解。该体系避免了有机溶剂 / 水系统带来的生物毒性和环境影响。双水相胶束系统由于其优异的溶解萃取性能和良好的生物相容性，可和生物催化与转化相耦合，在反应萃取方面有较好的应用前景。

5. 含生物有机物的双水相系统

传统的双水相系统成相聚合物如 PEG 和 Dextran 等价格昂贵，难以用于大规模工业化生产。以廉价、可再生的生物有机物作为成相材料能大大缓解这一难题。用变性淀粉（PPT）、糊精、麦芽糖糊精、乙基羟乙基纤维素（EHEC）等生物有机物代替昂贵的 Dextran，或者用羟基纤维素代替 PEG 构成双水相系统已取得阶段性的研究成果。由这些生物有机物构成的双水相系统相图与 PEG/Dextran 双水相系统相图极其类似，该体系稳定性比 PEG/Dextran 更好，且具有黏度低、蛋白质溶解度大等优势。使用 PEG/ 羟丙基淀粉（Reppal PES）双水相系统从黄豆中萃取分离磷酸甘油醛脱氢酶（GAPDH）和磷酸甘油酸激酶（PGK），收率可达到 80% 以上，成本仅为 PEG/Dextran 系统的 1/8。

6. 亲和双水相系统

在生物活性分子的分离纯化方面，双水相萃取技术以其条件温和、处理量大等优点已经取得明显成效。为进一步提高萃取效率，人们将亲和配基引入到双水相系统，从而大大加强了双水相萃取过程的选择性。通常配基是与一种成相聚合物相结合，利用成相组分的单相聚集来实现亲和分配的。双水相亲和分配可直接应用于复杂的待分离系统，细胞碎片和大部分的杂蛋白一般分配于下相或吸附在界面，目标物质通过亲和作用萃取入上相，这样便在去除杂质的同时实现了目标物的富集和纯化。减少了分离步骤。分配入上相中的目标物可通过改变分配条件或形成另一双水相系统得到进一步的纯化，同时与载体高聚物 - 配基分离，使得载体 - 配基得以循环使用[48]。许多类型的配基都在双水相亲和分配中得以应用。当然，目前的研究大部分还只限于实验室规模，要获得广泛的实际应用还有待于诸如双水相连续萃取、聚合物与配基的回收循环等方面的深入研究。根据亲和配基的不同，亲和分配大体可分为功能团配基亲和分配、免疫配基亲和分配、金属螯合配基亲和分配和染料配基亲和分配等。具体如下：

（1）功能团配基亲和分配：一些功能基团，如—NH_2、—COOH、PO_4^{3-}、SO_4^{2-}或疏水侧链共价结合到其中一种成相聚合物上，分配行为很大程度上与蛋白质的表面疏水性质及电荷性质有关。Johansson[49]考察了带有不同长度烃链脂肪酸的聚乙二醇酯类，发现当脂肪酸链长至软脂酸和硬脂酸时，对蛋白质分配的影响才变得显著，并且不饱和脂肪酸的效果更加明显。Menge 等[29]利用 PEG- 磷酸酯 / 磷酸盐系统进行 β- 干扰素的提取，分配系数高达 630，杂蛋白几乎完全分配于下相。

（2）免疫配基亲和分配：免疫配基亲和分配旨在利用抗体 - 抗原之间的高亲和能力和高特异性来实现选择性分配。应用中需要注意两个问题：①抗体和成相聚合物是否能有效结合；②结合之后的抗体是否仍具有免疫活性[50]。解决这两个问题的关键在于抗体的修饰，可通过活化后的 PEG 与蛋白质表面的赖氨酸残基反应来实现。另一方面，Karr 指出可利用 PEG- 蛋白质 A 来使抗体分配入上相，这样就避开了抗体与成相聚合物结合的问题。

（3）金属螯合配基亲和分配：金属螯合物上的金属离子将与蛋白质或多肽中的电子供体 N、S、O 原子发生作用，如 Cu^{2+}、Zn^{2+} 和 Ni^{2+} 优先与蛋白质表面的组氨酸、半胱氨酸和色氨酸的侧链结合，因此可用于亲和分配。结合的选择性主要取决于螯合基团、金属离子和蛋白质表面的氨基酸残基，且这种结合作用在高盐浓度下仍不受影响，因而 PEG/ 无机盐系统可能更适合于金属螯合亲和分配[50]。金属离子 - 蛋白质复合物的解离可通过降低 pH 至 4 ～ 5 或加入具有金属螯合作用的底物如 EDTA 来实现。Pesliakas 等[51]利用 IDA-PEG 螯合 Cu^{2+} 进行 NAD^+ 依赖型脱氢酶的亲和分配。Sub 等[52]对 Cu(Ⅱ)-IDA-PEG 与蛋白质表面组氨酸残基作用进行了理论探讨。

（4）染料配基亲和分配：活性染料可在碱性条件下共价偶联到 PEG 上以用于亲和分配[53]。关于染料配基双水相亲和分配，Karl-Max 大学的 Kirchberger 和 Kopperschlager 主要利用亲和分配来考察配基与酶蛋白之间的相互作用，Lund 大学的 Johansson 和 Joelsson 在亲和分配的实际应用方面作了许多有益的探索，这也体现了亲和分配两方面的用途。表 5-33 列出了亲和双水相萃取在蛋白质提取中的广泛应用。

表 5-33 亲和双水相萃取在蛋白质提取中的应用

蛋白质	配基	蛋白质	配基
胰蛋白酶	二氨基 -α,ω- 二酚氨甲酰	谷氨酸脱氢酶	三嗪染料
血清白蛋白	脂肪酸	甘油激酶	三嗪染料
β- 乳球蛋白	脂肪酸	己酸激酶	三嗪染料
S-23 骨髓瘤蛋白	二硝基酚	乳糖脱氢酶	三嗪染料
组蛋白	脂肪酸	苹果酸脱氢酶	三嗪染料
3- 氧化甾醇异构酶	雌二醇	转氨酶	三嗪染料
甲醛脱氢酶	NADH	甲种胎儿球蛋白	三嗪染料
甲酸脱氢酶	NADH	前白蛋白	Remazol 黄
共脂肪酶	卵磷脂	葡萄糖 -6- 磷酸脱氢酶	三嗪染料
肌球蛋白	脂肪酸	甘油醛磷酸脱氢酶	三嗪染料
磷酸果糖激酶	三嗪染料	3- 磷酸甘油激酶	三嗪染料
干扰素	磷酸	乙醇脱氢酶	三嗪染料
丙酮酸激酶	三嗪染料	硝酸还原酶	三嗪染料

二、双水相萃取技术与其他技术的集成

从目前的研究发展趋势来看，国内外的专家学者一致认为，生化分离技术的开发可以从以下两个方面加强：其一，继续研制一些适用于生化工程的新型分离技术；其二，各种分离技术的高效集成化。各种分离技术的集成化可以将生化工程下游技术中几步或全部操作方法集成到一种技术上，提高了生化分离过程的效率，高度体现了过程集成化的优势[54, 55]。双水相萃取技术有其自身的优势，而且便于与其他分离单元操作相结合，互相取长补短，提高分离效率。下面对与双水相分配技术有关的过程集成化技术进行集中介绍[4]。

（1）与生物转化的集成：许多生物转化过程都存在产物抑制，且需考虑细胞或酶的循环利用问题，及时将产物从生物转化体系中分离是解决该问题的关键。虽然膜分离和固定化技术可以与生物转化进行集成用于解决该问题，但是对某些底物（如木质纤维素），采用固定化技术底物的转化率很低，而膜分离技术又难以操作，将双水相萃取与生物转化相结合为解决这一问题提供了新的思路。如本章第四节所述，双水相系统对菌体或酶几乎没有毒性，且可将产物萃取入上相而消除产物抑制，同时分布于下相的细胞或酶得以循环使用。Andersson 等[56] 研究了在 PEG/Dextran 系统中，利用枯草杆菌流加发酵生产 α- 淀粉酶，与常规发酵相比酶产率提高了 63%，他们还将这一技术应用到青霉素酰化酶的生产[57]。

（2）与膜分离技术的集成：双水相萃取中一个比较困扰的问题便是生物大分子

在两相界面的吸附及乳化作用，将双水相萃取与膜分离技术相结合有助于这个问题的解决。Dahuron 等[58]将中空纤维聚丙烯微孔膜与双水相萃取结合起来，分离细胞色素 C 及过氧化氢酶等，由于中空纤维膜传质面积大，因而大大加快了萃取传质速率，利用膜将双水相系统分隔开，还可以避免由于双水相系统的界面张力小而产生的乳化作用。

（3）与温度诱导相分离的集成：聚合物溶液随着温度的升高易形成液 - 液两相，一相富含聚合物，另一相富含溶剂。如本章第三节所述，这一两相系统已经应用于一些生物质的分离中[59]。把这一技术引入双水相分配，利用聚合物（PEO、PVA、EHEC 和 EOPO 等）替代 PEG 作为成相组分，经一次双水相系统分相后，取出富含聚合物的上相进行温度诱导，可实现二次分离，同时解决了聚合物的回收和循环使用问题[60, 61]。

（4）与亲和沉淀的集成：Kamihira 等[62]将亲和沉淀与双水相分配技术相结合纯化重组蛋白 Protein A。所用亲和沉淀载体为 Eudragit S100，人免疫球蛋白 G（IgG）为配基，因为 Eudragit 主要分配在上相，故 Protein A 与 Eudragit S100-IgG 络合而萃入上相，取出上相，调节 pH，使 Eudragit 沉淀，再用洗脱液洗脱可得目标蛋白 Protein A，同时上相及载体 - 配基复合物可循环使用。Dong 等[63]利用这一技术从肌肉匀浆液中提取乳酸脱氢酶（LDH）。过程集成之后，既能发挥双水相分配去除细胞碎片的优点，并促使目标蛋白质分配在上相，经亲和沉淀后，又可使目标物易于与原系统中的成相组分分离，这一新的分离过程更显示出高效和节能的优势。

（5）与层析分离的集成：Mattiasson 等[64]认为，双水相亲和分配后仍存在着目标酶与成相聚合物分离的困难，通常的做法如加入盐，形成 PEG/ 盐系统或超滤分离等均无法迅速有效地去除聚合物。Mattiasson 等将双水相分配与亲和层析相结合，在双水相系统中引入结合有亲和配基的层析颗粒 -PEG 修饰 Sepharose CL-2B，形成三相系统，层析颗粒亲和吸附目标酶停留在中间相，细胞碎片及大部分杂蛋白分配在下相，收集层析颗粒按常规洗脱操作便可获得目标酶。集成之后可直接处理含固体杂质的稀溶液，分离因子进一步提高，聚合物的回收更方便。

（6）与电泳技术的集成：Raghva Rao 等[65, 66]通过对双水相系统施加电场，成倍地缩短了相分离时间。Levine 等[67]采用 U 形管电泳装置研究了双水相系统中血红蛋白的迁移率，观测到界面有阻滞作用。Stichlmair 等[68]在制备型电泳的研究中，提出了利用双水相的液 - 液界面以阻止电泳分离中起破坏作用的热对流这一设想。Marando 等[69]在柱形电泳装置中进行了双水相萃取牛血清白蛋白和牛血清红蛋白的实验。黎四芳等[70]改进了 Marando 等的装置，较好地实现了电泳和双水相萃取的结合，证明了电泳可大大改善蛋白质在两相间的分配，改变电场方向可实现相间的任意迁移，且双水相液 - 液界面起到了很好的抗热对流作用。

（7）胞内释放和分离的集成：常规机械破胞法得到的处理液黏度很高，难以进行离心分离，且杂蛋白的大量释放增加了后续分离的难度。化学渗透法（chemical permeabilization）则是通过加入甘氨酸及其衍生物或表面活性剂等，使细胞膜的透过性增大，导致胞内酶的选择性释放[71,72]。贺修等结合化学渗透释放和双水相分配技术，实现了大肠杆菌内的半乳糖苷酶的释放和分离的集成。采用PEG6000/磷酸钾系统，甘氨酸分布在下相，大肠杆菌也在下相，由于甘氨酸对菌体膜的作用，半乳糖苷酶得以游离释放并向上相转移，而细胞碎片却留在下相，从而纯化了半乳糖苷酶。循此途径，可使某些基因产品得到游离释放，并同时在一个设备内实现分离。

（8）磁场强化双水相分配：双聚合物系统由于黏度大、相密度差小，相分离时间一般需要10～30min以上。Flygare等[73,74]通过在相系统中添加铁氧颗粒（即磁铁矿，直径约1μm，添加量约10～50mg/mL），利用磁场作用来加速相分离，对PEG/PES系统相分离时间可缩短到原来的1/100，对PEG/磷酸盐系统也可缩短为1/10，一般可在1min内完成相分离，并可克服因细胞匀浆的加入引起相分离时间延长的问题。实验表明，铁氧颗粒的加入并不改变酶的分配系数，并用3.3cm×30cm的分离柱进行了实验室规模的分离，从酵母细胞中亲和提取磷酸果糖激酶（PFK）、乙醇脱氢酶（ADH）等，结果表明磁场加强相分离是切实可行的。

（9）超声波强化的双水相分配：Allman等[75]利用超声波富集技术（harvesting technique）加速双水相系统的相分离。经超声加速后，相分离时间几乎与相比无关，上下相的相体积差别越大，增强效果越明显。研究者考察了酵母和大肠杆菌的分配行为，表明超声波加速相分离在分离时间和分配率（partition yield）两方面均与离心相匹配，但其处理过程显然比离心更方便，这对改善双水相逆流分配的烦琐操作很有实用价值。

综上所述，双水相萃取技术与其他相关技术实现集成化之后，互相渗透，取长补短，对原有的分离过程或相关技术均有比较大的改善，具体体现在以下3个方面（如图5-13所示）：①为已有的技术提供新的思路；②引进其他分离技术进行融合以提高分离效率；③与常规技术结合以解决双水相萃取固有的局限和难点问题。

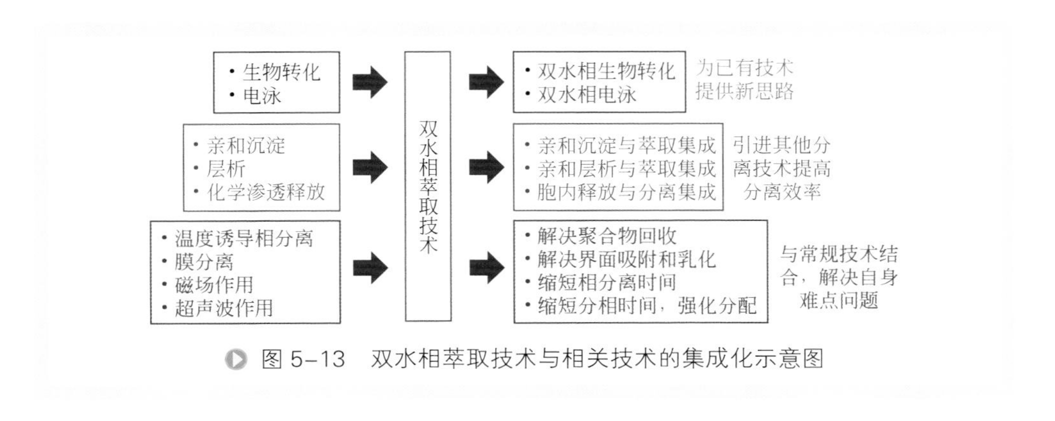

图5-13　双水相萃取技术与相关技术的集成化示意图

参考文献

[1] 朱屯 , 李洲 . 溶剂萃取 [M]. 北京 : 化学工业出版社 , 2007.

[2] 戴猷元 . 液液萃取化工基础 [M]. 北京 : 化学工业出版社 , 2015.

[3] 汪家鼎，陈家镛 . 溶剂萃取手册 [M]. 北京 : 化学工业出版社 , 2001.

[4] 林东强 . 双水相萃取的分离工艺及其热力学 [D]. 杭州：浙江大学 , 1997.

[5] Albertsson P A. Partition of cell particles and macromolecules[M]. 3rded. New York: John Whily & Sons, 1986.

[6] 王艳婷 . 两相体系中分枝杆菌降解植物甾醇侧链制备雄甾 -4- 烯 -3,17- 二酮过程研究 [D]. 杭州 : 浙江大学 , 2017.

[7] 王艳婷 , 袁俊杰 , 关怡新 , 姚善泾 . 双水相体系中分枝杆菌降解植物甾醇制备雄甾 -4- 烯 -3,17- 二酮 [J]. 高校化学工程学报 , 2017, 31(1): 104-110.

[8] 戴猷元 . 新型萃取分离技术的发展及应用 [M]. 北京 : 化学工业出版社 , 2007.

[9] 严希康 , 俞俊棠 . 生物物质分离工程 [M]. 北京 : 化学工业出版社 , 2010.

[10] 李勉 . 新型双水相系统的基础及工程研究——红霉素、氨基酸的分配 , 模型化及工艺 [D]. 杭州 : 浙江大学 , 1996.

[11]Maia F M, Rodríguez O, Macedo E A. $\Delta G(CH_2)$ in biphasic systems of water and bis(trifluoromethylsulfonyl)imide-based ionic liquids[J]. J Chem Eng Data, 2013, 58(6): 1565-1570.

[12] Huddleston J G, Willauer H D, Rogers R D. Solvatochromic studies in polyethylene glycol-salt aqueous biphasic systems[J]. J Chromatogr B, 2000, 743: 137-149.

[13] Abraham M H, Andonian Haftvan J, Whiting G S, Leo A, Taft R S. Hydrogen bonding: Part 34. The factors that influence the solubility of gases and vapours in water at 298 K, and a new method for its determination[J]. J Chem Soc Perkin Trans, 1994, 2: 1777-1791.

[14] Reichardt C. Solvatochromic dyes as solvent polarity indicators[J]. Chem Rev, 1994, 94: 2319-2358.

[15] Yuan J J, Guan Y X, Yao S J. Evaluation of biocompatible ionic liquids for their application in phytosterols bioconversion by *Mycobacterium* sp. resting cells[J]. ACS Sustain Chem Eng, 2017, 5: 10702-10709.

[16] 吴有庭 . 聚合物、电解质溶液热力学及界面性质 - 双水相系统平衡性质及其液液界面张力的研究 [D]. 杭州 : 浙江大学 , 1996.

[17] 李伟 . 温度诱导双水相技术提取黄芩黄酮类物质 [D]. 杭州：浙江大学 , 1998.

[18] Li M, Zhu Z Q, Mei L H. Partitioning of amino acids by aqueous two-phase systems combined with temperature-induced phase formation[J]. Biotechnol Progr, 1997, 13(1): 105-108.

[19] Modlin R F, Alred P A, Tjerneld F. Utilization of temperature-induced phase separation for the purification of ecdysone and 20-hydroxyecdysone from spinach[J]. J Chromatogr A, 1994, 668:

229-236.

[20] 关怡新 . 用双水相分配技术提纯抗生素的基础与工艺研究 [D]. 杭州 : 浙江大学 , 1994.

[21] 关怡新，傅晖，朱自强，韩兆熊 , 梅乐和 . 用填料萃取塔时青霉素 G 钠盐在双水相系统中的传质性能 [J]. 浙江大学学报 (自然科学版), 1997, (04): 90-96.

[22] Patil T A, Jafarabad K R, Sawant S B, Joshi J B. Enzyme mass-transfer coefficient in aqueous 2 phase system using a packed extraction column[J]. Can J Chem Eng, 1991, 69(2): 548-556.

[23] 阎恭喜 . 蛋白质和氨基酸在双水相萃取塔中的传质系数测定和模型化 [D]. 杭州 : 浙江大学 , 1996.

[24] Hustedt H. Protein recovery using 2-phase systems[J]. Trends Biotechnol, 1985, 3(6): 135-149.

[25] Sasakawa S, Walter H, Yang W Y. Partition behavior of amino acids and small peptides in aqueous dextean-poly(ethylene glycol) phase system[J]. Biochem, 1974, 13(1): 29-33.

[26] Chu I M, Chang S L, Wang S H, Yang W Y. Extraction of amino acids by aqueous two-phase partition[J]. Biotechnol Tech, 1990, 4(2): 143-146.

[27] 朱自强 , 关怡新 , 李勉 . 双水相分配技术提取生物小分子的进展 [J]. 化工进展 , 1996, 4: 29-34.

[28] 周长林 , 关岳 , 邬行彦 . 两水相萃取法从重组大肠杆菌匀浆液中提取干扰素 α_1 的研究 [J]. 生物工程学报 , 1993, 9(3): 271-276.

[29] Menge U, Morr M, Mary U, Kula M R. Purification of human fibroblast interferon by extraction in aqueous two-phase systems[J]. J Appl Biochem, 1983, 5: 75-90.

[30] Datar R, Rosen C G. Studies on the removal of *Escherichia coli* cell debris by aqueous two-phase polymer extraction[J]. J Biotechnol, 1986, 3: 207-219.

[31] Hart R A, Ogez J R, Builder S E. Use of multifactorial analysis to develop aqueous two-phase systems for isolation of non-native IGF-I[J]. Bioseparation, 1995, 5: 113-121.

[32] Yang W Y, Chu I M. Extraction of penicillin-G by aqueous two-phase extraction[J]. Biotechnol Tech, 1990, 4(3): 191-194.

[33] Guan Y X, Zhu Z Q, Mei L H. Technical aspects of extractive purification of penicillin fermentation broth by aqueous two-phase partitioning[J]. Sep Sci Technol, 1996, 31(18): 2589-2597.

[34] Johansson G, Joelsson M. Liquid-liquid extraction of lactate dehydrogenase from muscle using polymer-bound triazine dyes[J]. Appl Biochem Biotechnol, 1986, 13: 15-27.

[35] Tjerneld F, Johansson G, Joelsson M. Affinity liquid-liquid extraction of lactate dehydrogenase on a large scale[J]. Biotechnol Bioeng, 1987, 30(7): 809-816.

[36] Lin D Q, Zhu Z Q, Mei L H. Affinity extraction of lactate dehydrogenase by aqueous two-phase systems using free trizaine dyes[J]. Biotechnol Tech, 1996, 10(1): 41-46.

[37] Boland M J, Hesselink P G M, Hustedt H. Extractive purification of enzymes from animal tissue using aqueous phase sysytems[J]. J Biotechnol, 1989, 11(4): 337-352.

[38] Zhang T X, Li W J, Zhou W J, Gao H C, Wu J G, Xu G X, Chen J, Liu H Z, Chen J Y. Extraction and separation of gold (Ⅰ) cyanide in polyethylene glycol-based aqueous biphasic systems[J]. Hydrometallurgy, 2001, 62(1): 41-46.

[39] Rogers R D, Eiteman M A. Aqueous biphasic separations: biomolecules to metal ions[M]. New York and London: Plenum Press, 1994: 1-19.

[40] Rogers R D, Eiteman M A. Aqueous biphasic separations: biomolecules to metal ions[M]. New York and London: Plenum Press, 1994: 91-100.

[41] 邓凡政，石影，陈岩．用聚乙二醇 - 硫酸铵 - 铝试剂体系萃取分离铁(Ⅲ)、铝(Ⅲ)、铜(Ⅱ)、钴(Ⅱ)、镉(Ⅱ)、锰(Ⅱ)、镍(Ⅱ)[J]. 分析化学，1997, 25: 215-218.

[42] 李淑芬，白鹏．制药分离工程 [M]. 北京：化学工业出版社，2009.

[43] 冯淑华，林强．药物分离纯化技术 [M]. 北京：化学工业出版社，2009.

[44] Xie Y B, Xing H B, Yang Q W, Bao Z B, Su B G, Ren Q L. Aqueous biphasic system containing long chain anion-functionalized ionic liquids for high-performance extraction[J]. ACS Sustain Chem Eng, 2015, 3(12): 3365-3372.

[45] 高云涛．丙醇 - 盐双水相和盐诱导浮选法分离贵金属的研究 [D]. 昆明：昆明理工大学，2008.

[46] 许林妹，许虎君，唐玮键．十二烷基聚氧乙烯（9）醚双水相体系萃取苯酚 [J]. 日用化学工业，2007, 37(3): 164-167.

[47] 王志龙．甾醇侧链切除的微生物转化技术 [J]. 工业微生物，2006, 36(3): 49-54.

[48] Johansson G, Tjerneld F. Affinity partition between aqueous phase - a tools for large-scale purification of enzymes[J]. J Biotechnol, 1989, 11(2): 135-141.

[49] Johansson G. The effect of poly(ethyleneglycol) esters on the partition of proteins and fragmented membranes in aqueous biphasic systems[J]. Biochimica et Biophysica Acta, 1976, 451(2): 517.

[50] Kopperschlager G, Birkenmeier G. Affinity partitioning and extraction of proteins[J]. Bioseparation, 1990, 1: 235-254.

[51] Pesliakas H, Zutautas V, Baskericiute B. Immobilized metal-ion affinity partitioning of NAD^+ -dependent dehydrogenase in polyethylene glycol-dextran two-phase systems[J]. J Chromatogr A, 1994, 678: 25-34.

[52] Sub S S, Arnold F H. A mathematical model for metal affinity protein partitioning[J]. Biotechnol Bioeng, 1990, 35: 682-690.

[53] Johansson G, Joelsson M. Preparation of Cibacron blue F3GA-polyethyleneglycol in large scale for use in affinity partitioning[J]. Biotechnol Bioeng, 1985, 27: 621-625.

[54] 龚宗福，孙静．生物技术系统的整体统一性和耦合技术：1. 整体统一的基础和策略 [C]// 第六届全国生物化工学术会议论文集．北京：化学工业出版社，1995: 216-219.

[55] 龚宗福，孙静．生物技术系统的整体统一性和耦合技术：2. 子系统间的耦合技术及下游

阶段间的统一 [C]// 第六届全国生物化工学术会议论文集 . 北京 : 化学工业出版社 , 1995: 210-215.
[56] Andersson E, Johansson A G, Hahn-Haegerdal A. α-amylase producing in aqueous two-phase systems with *Bacillus subtilis*[J]. Enzyme Microb Technol, 1985, 7: 333-338.
[57] Andersson E, Mattiasson B, Hagerdal B H. Enzymatic conversion in aqueous two-phase systems: deacylation of benzylpenicillin to 6-aminopenicillanic acid with *Penicillin acylase*[J]. Enzyme Microb Technol, 1984, 6: 301-306.
[58] Dahuron L, Cussler E L. Protein extraction with hollow fibers[J]. AIChE J, 1988, 34: 130-136.
[59] Terstappen G L, Ramelmeior R A, Kula M R. Protein partitioning in detergent-based aqueous two-phase systems[J]. J Biotechnol, 1993, 28: 263-275.
[60] Harris P A, Karlstrom G, Tjerneld F. Enzyme purification using temperature-induced phase formation[J]. Bioseparation, 1992, 1: 237-246.
[61] Alred P A, Tjerneld F, Kozlowski A, Harris J M. Synthesis of dye conjugates of ethylene oxide-propylene oxide copolymers and application in temperature-induced phase partitioning[J]. Bioseparation, 1993, 2: 363-373.
[62] Kamihira M, Kaul R, Mattiasson B. Purification of recombinant protein A by aqueous two-phase extraction integrated with affinity precipitation[J]. Biotechnol Bioeng, 1992, 40: 1381-1387.
[63] Dong G Q, Kaul R, Mattiasson B. Integration of aqueous two-phase extraction and affinity precipitation for purification of lactate dehydrogenase[J]. J Chromatogr A, 1994, 668: 145-152.
[64] Mattiasson B, Ling T G. Efforts to integrate affinity interactions with convertional separation technoloies affinity partition using biospecific chromatographic particles in aqueous two-phase systems[J]. J Chromatogr B, 1986, 376: 235.
[65] Raghva Rao K S M S, Stewart R M, Todd P. Electrokinetic demixing of two-phase aqueous polymer systems: Ⅰ. separation rates of PEG-dextran mixtures[J]. Sep Sci Technol, 1990, 25: 985.
[66] Raghva Rao K S M S, Stewart R M, Todd P. Electrokinetic demixing of two-phase aqueous polymer systems：Ⅰ. separation rates of PEG-maltodextrin mixtures[J]. Sep Sci Technol, 1991, 26: 257-262.
[67] Levine M L, Bier M. Electrophoretic transport of solutes in aqueous two-phase systems[J]. Electrophoresis, 1990, 11: 605.
[68] Stichlmair J, Schmidt J, Proplesch R. Electroextraction: a novel separation technique[J]. Chem Eng Sci, 1992, 47: 3015-3022.
[69] Marando M A, Clark W M. Two-phase electrophoresis of proteins[J]. Sep Sci Technol, 1993, 28: 1561-1577.
[70] 黎四芳，丁富新，袁乃驹 . 电泳强化双水相萃取分离蛋白质 [C]// 第六届全国生物化工学术会议论文集 . 北京 : 化学工业出版社 , 1995: 321-324.

[71] Ikura Y. Effect of glycine and it derivative on production and release of β-galactosidase by *E.coli*[J]. Agric Biol Chem, 1986, 50(27): 47-53.

[72] Naglak P T, Wang H Y. Recovery of foreign protein from the preplasm of *E.coli* by chemical permeabilization[J]. Enzyme Microb Technol, 1990, 12: 603-611.

[73] Wikstrom P, Flygare S, Grondalen A, Larsson P O. Magnetic aqueous two-phase separation: a new technique to increase rate of phase separation using dextran-ferrofluid or large iron oxide particles[J]. Anal Biochem, 1987, 167: 331-339.

[74] Flygare S, Wikstrom P, Johansson A G, Larsson P O. Magnetic aqueous two-phase separation in preparative application[J]. Enzyme Microb Technol, 1990, 12: 95-103.

[75] Allman R, Coakley W T. Ultrosound enhanced phase partition of microorganisms[J]. Bioseparation, 1994, 4: 29-38.

第六章

外场与介质辅助强化萃取技术

液-液萃取的传质强化有两个途径：一种是通过某种外力作用，产生较大的传质比表面积，提高传质速率；另一种则是利用外力在液滴内部或液滴周围产生高强度的湍动，从而增大液滴内外的传质系数。研究结果表明，外场的加入对于这两种途径的实现都有相当的推动作用。在萃取过程中附加的外场有很多种，包括离心力场、电场、超声场、磁场、微波等，其中研究最多的是超声场、微波和电场。

外场强化萃取有其明显的优势，但大多停留在工艺性研究，尚未达到工业应用程度，存在的问题不容忽视。比如，对于电萃取，要求分散相的导电性能良好，而连续相导电性差，这就使得电萃取的溶剂选择受到限制。再比如，微波辅助萃取植物细胞中的天然产物时，只能用于热稳定的成分，如寡糖、多糖、核酸、生物碱、黄酮、皂苷等的萃取；另外要求被处理物料具有良好的吸水性，否则难以实现细胞破壁。总之，外场强化萃取还有许多工作需要深入探讨，随着研究工作的推进，外场强化萃取技术将展现广阔的应用前景。

第一节　超声场强化萃取技术

一、原理

超声场强化萃取过程是利用超声场的“超声空化”等特殊性质来促进传质，其频率范围在 15 ～ 60Hz。超声空化引起了湍动效应、微扰效应、界面效应和聚能效应，其中湍动效应使边界层减薄，微扰效应强化了微孔扩散，界面效应增大了传质表面积，聚能效应活化了待分离溶质，从而整体强化了萃取分离过程的传质速率和分离效果。随着外场强化萃取研究工作的深入，其强化原理得到了较好的阐述。

超声场传质过程中，超声能量与物质间有一种独特的作用形式，即“超声空化”。这种作用方式与电能、热能及其他能量和物质的作用方式都有所不同。所谓超声空化是指存在液体中的微小气核在超声的作用下振动、生长和闭合的过程。超声空化可以看作是聚集声能的作用方式，当气核聚集了足够高的能量崩溃闭合时，在气核周围产生局部高温高压。根据对声场的响应程度，超声空化分为稳定空化和瞬态空化两种类型。稳态空化是一种寿命较长的气泡振动，一般在较低的声强（<10W/cm）时产生，气泡崩溃闭合时产生的局部高温高压不如瞬态空化时高，但可引起声冲流。瞬态空化一般在较高声强（>10W/cm）时发生，在 1 ～ 2 个周期内完成，空化气泡内气体或蒸气可被压缩而产生 1000℃的高温和 50MPa 的局部高压，伴随着发光、冲击波，在水溶液中产生自由基 OH・等。有关超声空化的研究还表明，靠近液 - 固界面的超声空气，其气泡崩溃时形成微射流，或对固体表面产生损伤，或能使微小的固体颗粒之间产生高速碰撞。正是由于超声能量和物质间的特殊作用形式，使得超声在某种程度上可以加快传质速率，达到萃取强化的目的。

二、特点

超声空化现象使得超声场存在湍动效应、微扰效应、界面效应和聚能效应这四种附加强化作用。超声空化产生的声冲流和冲击波可引起体系的宏观湍动和固体颗粒的高速冲撞，使边界层变薄，增大传质速率，称为“湍动效应”；超声空化的微扰动作用可能使微孔扩散得以强化，称为“微扰效应”；超声空化产生的微射流对固体表面的剥离、凹蚀作用创造了新的活性表面，增大了传质表面积，称为“界面效应”；超声空化的能量聚结产生的局部高温高压可能使待分离物质分子与固体表面分子的结合键断裂而活化，实现传质，称为“聚能效应”。研究人员通过实验设计，先后开展了四个附加效应的实验研究[1-6]，加深了对超声场强化分离过程的机理认识。

秦炜等[6]采用多普勒激光测速仪对搅拌条件与超声场条件下的单相体系的主体流速和湍动强度进行了对比。结果表明，搅拌条件下液体的主体速度很大，与搅拌速度正相关；而超声场条件下的主体速度则相对较小，且与输入能量的关系不大。相反，超声场条件下的湍动强度远大于搅拌条件下的湍动强度，在相同能量输入条件下，前者为后者的 2 ～ 8 倍，充分反映了超声空化造成的“湍动效应”作用，这一效应对于增强体系的湍动强度具有十分明显的作用。

秦炜等[2]采用液相色谱毛细管法测定毛细管内的二元扩散系数，通过分别分析直接超声、热效应和超声场（排除热效应）的强化效果，探讨了超声场对微孔扩散的强化作用机理。结果表明，超声场对微孔扩散的影响是热效应和管内流体扰动效应两方面共同作用的结果。在排除热效应的影响后，随超声功率的增大，毛细管内的二元扩散系数随之增大。当超声功率为 55.6W 时，二元扩散提高近 20%，表明超声空化造成的“微扰效应”显著强化了毛细管内部的扩散。

为研究“聚能效应”，秦炜等[5]以两个较典型的氢键缔合的吸附体系：NKA-II 树脂 -TBP-50% 乙醇水体系和 CL-TBP 树脂 - 苯酚 - 水体系为实验对象，测定了超声场条件下溶质的解吸动力学曲线，探讨了超声功率和温度对解吸平衡浓度的影响。研究表明，对已达到平衡的两种体系施加超声场或升温时，平衡解吸物的浓度随温度的升高和超声功率的增大均呈现上升趋势。超声场作用下的解吸物的平衡浓度比无超声场同温度下的平衡浓度高，即超声场的作用打破了原有的解吸平衡。这主要是因为超声空化一方面提高了介质的温度，更重要的是超声空化产生的局部高温高压克服了负载物与树脂表面活性基团之间的氢键缔合作用，使之断裂，促使更多负载物解吸。超声空化造成的“聚能效应”对于氢键缔合的负载固定相的解吸过程确有强化作用。

为研究“界面效应”，秦炜等[1]借助树脂吸附的动力学过程进行超声场界面效应和微扰效应的研究。以 D301G 弱碱性树脂为吸附剂，乙酸为被吸附溶质，采用夹套式容器与恒温水浴相连接以排除超声场的热效应，同时，在实验容器中加入搅拌装置削减超声场的湍动效应对液相传质过程的影响。实验测定了不同超声功率下树脂吸附乙酸的动力学曲线和树脂粒径的变化，结果表明，超声场的功率越高，树脂的吸附速率越快，当输入功率为 19.1W 时，吸附平衡时间为 1h，但是在无超声场条件下，吸附平衡需要 3h。同时，超声场的输入功率越大，颗粒的破碎程度越高。破碎的细小颗粒的平均粒径随输出功率的增大略有减小。根据颗粒的粒径分布与树脂的破碎率，计算得到了总传质表面积，结果表明，超声场的介入导致了传质表面积增大，且随着超声功率增大，总传质面积增大。所以，超声空化造成的“界面效应”是影响树脂吸附的重要因素。

三、影响因素

（1）超声波频率。超声波频率是影响有效成分提取率的主要因素之一，目标成分的提取率一般随超声波频率的增加而增大。但是，由于介质受到超声波作用而产生的气泡尺寸不是单一的，存在一个分布范围，因此提取时超声波频率也有一个变化范围。实际应用中，应针对具体的样品品种和被提取组分，通过实验来确定适宜的超声波频率。

（2）超声提取温度。超声波提取一般不需要加热，其本身存在较强的热效应，且介质的温度对空化作用的强度也有一定的影响，提取过程中有必要对温度进行适当的控制。以水为介质时，温度升高，水中的小气泡增多，对产生空化作用有利；

但温度过高时，气泡中的蒸气压太高，将增强气泡闭合时的缓冲作用，导致空化作用减弱。超声提取的最佳温度在 60℃左右，当超过这个温度时，目标物质的结构容易被破坏，使目标物质的提取率下降。

（3）超声提取时间。超声提取通常比常规提取的时间要短。一般情况下，超声处理时间在 20 ～ 45min 以内即可获得较好的提取效果。而随着时间的延长，目标物质的结构可能会发生改变和受损，提取率反而会略微下降。相对于其他影响因素而言，超声提取时间对提取率没有显著影响。

（4）占空比。超声波的占空比是超声波的工作时间与间隙时间（脱气时间）之比。根据操作方式的不同，超声波提取器可分为连续式和间歇式两种类型。连续式超声波提取器的介质中一直有超声波存在，而间歇式超声波提取器在工作一段时间后，即停止一段时间进行脱气。占空比对控制超声空化现象及其附加作用有明显影响，但占空比对提取率的影响仍需进一步研究。

四、超声场萃取的应用

1. 金属离子的回收

超声场对于固 - 液分离及液 - 液分离过程的强化作用均十分明显，该技术已广泛用于回收金属离子。蒋德敏等 [7] 为提高冶金废水中镁离子回收过程的萃取效率，采用超声场强化二壬基萘磺酸萃取冶金废水中的镁离子，分别考察了二壬基萘磺酸浓度、超声变幅杆浸入液面深度、萃取时间、超声器功率和有机相与水相体积比 (相比) 等因素对镁离子萃取率的影响。结果表明，超声强化萃取的萃取速度是传统萃取方法的 20 倍，节约了大量萃取时间。最佳工艺条件为：25℃，萃取剂浓度 0.8mol/L，变幅杆浸入深度 5mm，超声萃取时间 2min，超声萃取功率 108W，相比 3 ∶ 1，当冶金废水中镁的浓度为 21.62g/L 时，镁的萃取率为 81.67%。紫外分析结果表明超声作用不会破坏萃取剂的结构与性能，萃取剂能够再生后重复利用。因此，与传统间歇萃取法相比，超声场强化萃取工艺将更利于提高生产效率。Pesic 等 [8] 研究了超声场对 Ni 萃取过程的强化，结果表明超声对于萃取过程有显著的影响，可将萃取速率提高 4 ～ 7 倍。但是，超声场不影响萃取平衡，表明超声的强化作用并不是化学反应机理，主要通过增大萃取表面积等物理效应实现。Lv 等 [9] 研究了湿法磷酸中萃取 Fe（Ⅲ）的过程，分别考察了超声强度、萃取时间、萃取剂二(2- 乙基己基)磷酸的浓度、萃取温度的影响。通过响应面法分析表明，在超声作用下，萃取速率最高可提升 7 倍。该研究同样表明，萃取平衡不受超声场的影响，萃取速率的提高是因为超声空化效应增加了萃取界面的表面积。

2. 天然活性物质的萃取

超声场强化萃取技术广泛用于天然抗氧化剂原青花素的提取研究。苏芳等 [10]

考察了葡萄籽中原花青素的超声波萃取工艺，考察了乙醇体积分数、提取时间、超声功率、提取温度和料液比等因素对葡萄籽中原花青素提取率的影响，并通过单因素实验和正交实验确定最优工艺条件。结果表明，最佳提取工艺条件为乙醇体积分数70%，提取时间20min，超声功率90W，提取温度50℃，料液比1：20（g/mL），在此最优条件下，葡萄籽中原花青素的提取率为3.98%。张盼盼等[11]以蓝莓果渣为原料，用酒石酸酸化乙醇提取花青素，同时应用超声波进行辅助萃取，采用双波长pH示差法计算花青素提取率，利用响应面分析法对蓝莓果渣花青素的提取工艺条件进行优化。结果表明：其最佳提取条件为提取温度50℃，pH=3.0，酸化乙醇浓度65%，料液比1：70（g/mL），超声波功率500 W，提取时间20min，蓝莓果渣花青素提取率实际值为83.442%。姚思敏蔷等[12]采用超声波辅助提取黑果枸杞中花青素，以花青素提取率为评价指标，研究黑果枸杞中花青素的提取工艺。在单因素实验基础上，选取乙醇体积分数、液料比、提取温度和提取时间四个显著影响因素，并利用响应曲面法优化黑果枸杞花青素的提取工艺。结果表明，最佳提取条件为：乙醇体积分数72%、液料比27：1（mL/g）、提取时间16min、提取温度38℃。在此条件下花青素平均提取率为（9.16±0.059）mg/g。与未用超声波的乙醇溶剂法相比，提取率增加了近1倍。超声波可以有效缩短提取时间，提高提取效率，弥补溶剂法提取的不足。

合成色素大部分有毒，有的甚至可能导致畸形、癌变，而天然色素安全无毒，且有着巨大的医疗功效，因此开发天然色素对人类的生活至关重要。史高峰等[13]以万寿菊为原料，以石油醚为提取剂，料液比1：8（g/mL），40℃超声波提取1h，其提取率为12.6%，并与其他提取方法做比较，热回流提取率为8.9%，微波提取率为11.3%，得出超声波提取叶黄素效果较优，可能源于超声的空化作用，使得超声波对叶黄素选择性较高。丁来欣等[14]研究超声强化勿忘我花色素提取，60%乙醇为溶剂，料液比1：80（g/mL），40℃下超声30min，结果表明，提取率比传统的浸泡法提高了21.3%。孙海涛等[15]探讨超声法提取山核桃色素，超声法提取色素的平均吸光度为0.799，而常规提取色素的平均吸光度为0.575。相比之下，超声波提取具有提取温度低、时间短的优点，且色素产品提取率高，因此超声在植物色素的提取方面有很好的发展空间。

多糖是生命体的基础分子之一，具有多种免疫调节活性，以及降血糖、抗病毒、抗肿瘤、抗氧化、抗辐射等药理活性。近年来，超声波技术因其具有提取条件温和、提取时间短及提取率高等优点，在多糖提取中广受欢迎。李粉玲等[16]用超声提取橘红皮多糖，优化条件：料液比1：40（g/mL），功率120W，超声40min，相比传统热回流法，时间上由3h降到40min，产物由8.63mg/100g变为9.13mg/100g，使提取时间大大降低，产物量提高。Ying等[17]以桑树叶为原料，超声波法在最佳条件下提取多糖的产率为10.99%，而常规法产率为4.77%，微波产率为9.72%。由对比实验结果可知，超声波法提取20 min比常规法1.5 h所得到的产物高了6.22%，比微波高了 1.27%，使得产物的得率有了明显的提高。

3. 有机污染物的萃取

超声萃取常作为环境中污染物残留分析的样品前处理技术。郭亚芸等[18]采用超声辅助微萃取联合气质检测葡萄酒中三唑类农药戊菌唑、氟硅唑、烯唑醇和苯醚甲环唑的残留量，考察了萃取剂种类及用量、超声时间和盐效应等因素对萃取效率的影响。研究结果表明，最适宜的萃取条件为：以 30μL 十一醇为萃取剂、超声时间为 10min 和 NaCl 浓度为 30g/L，得到戊菌唑、氟硅唑、烯唑醇和苯醚甲环唑的平均富集倍数分别为 61.7 倍、71.3 倍、83.9 倍和 115.6 倍。

雷敏等[19]采用超声萃取联合气质检测土壤中残留的六六六和 DDT，研究探讨了萃取时间、萃取剂种类、萃取次数等因素对目标物萃取效率的影响。确定以石油醚为萃取剂，超声萃取 15min，重复超声 3 次为最优超声萃取条件，萃取 3 次后六六六的回收率为 96.4%，DDT 的回收率为 95.6%。

第二节 微波辅助萃取技术

一、原理

微波能是一种电磁能，其频率介于红外与无线电波之间（300 ～ 300000MHz），它具有波动性、高频性和热特性。微波加热不同于一般的常规加热方式，传统热萃取是外部热源以热传导、热辐射等方式由外向里进行，即能量首先无规则地传递给萃取剂，再由萃取剂扩散进基体物质，然后从基体中溶解或夹带出多种成分出来，即遵循加热—渗透进基体—溶解或夹带—渗透出来的模式，因此萃取的选择性较差；而微波萃取是由于介质损耗而引起的基体加热，具体通过离子迁移和偶极子转动两种方式里外同时加热，微波能对体系中的不同组分进行选择性加热，使目标组分直接从基体中分离的萃取过程。

微波萃取的机理为：由于微波的频率与分子转动的频率相关联，所以微波能是一种由离子迁移和偶极子转动引起分子运动的非离子化辐射能。当它作用于分子时，促进了分子的转动运动，分子若此时具有一定的极性，便在微波电磁场作用下产生瞬时极化，并以 24.5 亿次 /s 的速度做极性变换运动，从而产生键的振动、撕裂和粒子之间的相互摩擦、碰撞，促进分子活性部分（极性部分）更好地接触和反应，同时迅速生成大量的热能。在微波场中，不同物质的介电常数、比热容、形状及含水量的不同，会导致各种物质吸收微波能的能力的不同，其产生的热能及传递给周围环境的热能也不同，这种差异使得萃取体系中的某些组分或基体物质的某些区域被选择性加热，从而使被萃取物质从基体或体系中分离出来，进入到介电常数小、微波吸收能力差的萃取剂中。

不同种类的物质对微波具有不同的吸收能力，因而微波加热的能力取决于样品和介质的耗能因子，耗能因子则由样品和介质的离子传导和偶极子转动决定。

$$\tan\alpha=\frac{\text{介电损耗}}{\text{介电常数}}$$

$\tan\alpha$ 越大，表明该物质对此频率微波的吸收也越大。各种物质的微波吸收是由物质所含各种组分的微波吸收特性所决定的。因此，通过控制微波辐射频率和功率改变 $\tan\alpha$，使某种萃取组分微波吸收达到最大，即可达到提高萃取速率和选择性萃取某种组分的目的。

二、特点

微波在传输过程中遇到不同的物质，会产生吸收、穿透和反射等现象。按介电常数的不同可以分为以下 3 类物质：第一类极性物质（如水、乙醇、某些酸、碱、盐类）可以将微波转化为热能，这类物质能吸收微波，提升自身及周围物质的温度；第二类物质（如烷烃、聚乙烯等非极性分子结构物质）在微波透过时很少吸收微波能量，微波穿过这些物质时，其能量几乎没有损失；第三类物质（金属类）可以反射微波而基本上不吸收微波能，根据其几何形状，可以把微波限制在一定的范围内。根据微波与不同物质的作用方式，微波对萃取的强化作用表现出以下特点：

（1）由于微波的穿透能力，微波可以与样品中的相关物质分子或分子中的某些活性基团直接发生作用，这些与微波发生作用的分子或基团，很快与整个样品主体或周围环境分离开来，从而加快分离速率、提高萃取率。这种微波与被分离物质的直接作用被称为“激活作用”。

（2）极性溶剂可以吸收微波能，提高了溶剂的活性，使溶剂与样品间的相互作用更为有效。由于非极性溶剂几乎不吸收微波，微波萃取的萃取剂不能完全使用非极性溶剂。

（3）利用金属对微波的反射作用，可以使微波萃取在密闭环境中以较高的温度下进行，密闭容器中压力的增高使萃取温度可以远远高于萃取溶剂的沸点，高温高压显著提高了微波萃取的萃取率。

微波辅助萃取的制样方法是利用极性溶剂或极性溶剂 - 非极性溶剂混合物与样品混合，装入微波制样容器（一般为抗腐蚀和耐高温的聚四氟乙烯制品），在密闭状态下微波加热，根据要求控制萃取压力、温度和萃取时间。最后，从系统中取出样品，过滤后分析测试。与传统提取方法相比，微波萃取有无可比拟的优势，主要体现在以下几点：选择性高，可以提高收率及提取物质纯度，快速高效，节能，节省溶剂，污染小，质量稳定。

Lopezavila 等[20] 详细比较了索氏（Soxhlet）萃取法和微波辅助萃取法的萃取效果。研究对象为美国环境保护署监控标准方法 EPA-8250 中涉及的 94 种化合物，所用萃取溶剂是己烷 - 丙酮。在 94 种被萃取化合物中，微波辅助萃取法的回收率有 51 种大于 80%，33 种在 50% ～ 79% 之间，8 种在 20% ～ 49%，仅有 2 种小于 19%。在精密度方面，94 种化合物中有 90 种的相对标准偏差小于 10%。而索氏萃取法的回收率尽管与微波萃取的结果相近，但是精密度较差，94 种化合物中仅 52 种的相对标准偏差小于 10%。

Zlotorzynski[21] 则对微波萃取法和索氏萃取法的萃取时间和萃取回收率进行了比较，发现微波萃取法不仅具有更好的回收率，而且萃取时间仅为索氏萃取法的 1/30。

三、影响因素

微波辅助萃取操作过程中，萃取参数包括萃取温度、萃取溶剂、萃取功率和萃取时间。影响萃取效果的因素很多，如萃取剂的选择、微波剂量、物料含水量、萃取温度、萃取时间及溶剂 pH 值等。

1. 溶剂种类

微波萃取要求溶剂必须有一定的极性，才能吸收微波进行内部加热。通常的做法是在非极性溶剂中加入极性溶剂。目前常见微波辅助萃取剂有：甲醇、丙酮、乙酸、二氯甲烷、正己烷、苯等有机溶剂和硝酸、盐酸、氢氟酸、磷酸等无机溶剂以及己烷 - 丙酮、二氯甲烷 - 甲醇、水 - 甲苯等混合溶剂。

2. 水分含量

水是介电常数较大的物质，可以有效地吸收微波能并转化为热能，所以植物物料中含水量的多少对萃取率和萃取时间的影响很大，因而干的物料需要较长的辐照时间。有研究[22] 指出生物物料的含水量对回收率影响很大，正因为动植物物料组织中含有水分，能有效吸收微波能，进而产生温度差。若物料是经过干燥（不含水分）的，就要采取物料再湿的方法，使其具有足够的水分。也可选用部分吸收微波能的半透明萃取剂，用此萃取剂浸渍物料，置于微波场中进行辐射加热的同时发生萃取作用。

3. 微波剂量

在微波辅助萃取过程中，所需的微波剂量的确定应以最有效地萃取出目标成分为原则。一般所选用的微波能功率在 200 ～ 1000W，频率 2×10^3 ～ 3×10^5MHz，最常用的加热频率为 2450MHz（波长 12.5cm），微波辐照时间不可过长。

4. 破碎度

和传统提取一样，被提取物经过适当破碎，可以增大接触面积，有利于提取的进行。但通常情况下传统提取不把物料破碎得太小，因为这样可能使杂质增加，增加提取物中的无效成分，也给后续过滤带来困难。同时，近 100℃的提取温度，会使物料中的淀粉成分糊化，使提取液变得黏稠，这也增加了后续过滤的难度。在微波提取中，通常根据物料的特性将其破碎为 2 ～ 10mm 的颗粒，粒径相对不是太细小，后面可以方便地过滤。

5. 溶质的极性

在微波场下，极性分子易受微波作用，目标组分如果是极性成分，会比较容易扩散。在天然产物中，完全的非极性分子是比较少的，物质分子或多或少存在一定的极性，绝大部分天然产物的分子都会受到微波电磁场的作用。在适当的条件下，微波提取一个批次可以在数分钟内完成。需要指出的是，物质离开微波场后提取过程并不会立即停止，事实上，离开微波场后由于微波持续产生的热量，以及形成的温度梯度，提取过程仍会进行。正如在微波炉中加热过的食物，取出放置一段时间后，会变得干燥一样。因此，微波提取中被提取物不需要始终处在微波场中。

6. 溶剂pH值

溶剂 pH 值也会对微波萃取的效率产生一定的影响，针对不同的萃取样品，溶液有一个最佳的用于萃取的酸碱度。Stout 等[23]发现从土壤中萃取除草剂三嗪时，随着 pH 值的上升，除草剂的回收率也逐步增加，但是由于萃取出的酸性成分的增加，使萃取物颜色加深。

7. 萃取时间

微波萃取时间与被测物样品量、溶剂体积和加热功率有关。与传统萃取方法相比，微波萃取的时间很短，一般情况下 10 ～ 15min 已经足够。研究表明[24]，从食品中萃取氨基酸成分时，萃取效率并没有随萃取时间的延长而有所改善，但是连续的辐照也不会引起氨基酸的降解或破坏。在萃取过程中，一般加热 1 ～ 2min 即可达到所要求的萃取温度。对于不同的物质，最佳萃取时间不同。连续辐照时间也不可太长，否则容易引起溶剂沸腾，不仅造成溶剂的极大浪费，还会带走目标产物，降低产率。

8. 萃取温度

在微波密闭容器中内部压力可达到十几个大气压，因此，溶剂沸点比常压下的溶剂沸点高，这样微波萃取可达到常压下同样的溶剂达不到的萃取温度。此外，随着温度的升高，溶剂的表面张力和黏性都会有所降低，从而使溶剂的渗透力和对样品的溶解力增加，以提高萃取效率，而又不至于分解待测萃取物。萃取回收率随温度升高的趋势仅表现在不太高的温度范围内，且各物质的最佳萃取回收温度不同，例如，在密闭容器（1.2MPa）中丙酮的沸点提高到164℃，丙酮 - 环己烷（1∶1）的共沸点提高到158℃，这远高于常压下的沸点。

9. 萃取剂用量

萃取剂用量可在较大范围内变动，以充分提取目标物质为度，萃取剂与物料之比（L/kg）在（1∶1）～（20∶1）范围内选择。固液比是提取过程中的一个重要因素，主要表现在影响固相和液相之间的浓度差，即传质推动力。在传统萃取过程中，一般随液固比的增加，回收率也会增加，但是在微波萃取过程中，有时回收率却随固液比的增加反而降低。

四、微波辅助萃取的应用

微波辅助萃取已经发展为一种新型的萃取技术，它具有萃取时间短、选择性好、回收率高、溶剂用量少、后处理方便、能耗低、样品制备条件可控等特性，已被大量应用于土壤中多环芳烃、农药残留、重金属残留等分析样品制备中，也应用于天然活性物质提取、油脂萃取、微量元素的提取等研究。

1. 有机污染物的萃取

环境中的有机污染物是指农药残留、多环芳烃、多氯联苯、杀虫剂、除草剂等有机物。利用微波萃取法提取不同样品中的农药残留，可以有效地从样品中把农药残留成分萃取出来，并大大减少萃取溶剂的消耗，但是需要选用与常规方法不同的萃取剂，使萃取剂有效吸收微波能。

Silgoner 等[25]采用异辛烷、正己烷 - 丙酮、苯 - 丙酮、甲醇 - 乙酸、甲醇 - 正己烷、异辛烷 - 乙腈等溶剂，在土壤有一定湿度的条件下，微波萃取法仅用 3min，就可获得与索氏法 6h 相同的有机氯农药残留回收率。Lopezarila 等[26]用微波辅助萃取土壤中 12 种农药（艾氏剂、α- 六六六、β- 六六六、DDT、狄氏剂、异狄氏剂、硫丹Ⅰ、硫丹Ⅱ、七氯、环氧七氯、七氯苯、七氯环氧二烯）的残留，并与超声萃取和索氏萃取法对照，结果表明，微波萃取 10min 后回收率和精密度均好于其他两种方法。

Pylypiw 等[27]利用微波萃取法从植物样品中提取多种杀虫剂。结果表明，微波萃取与超临界流体萃取相比较，杀虫剂的回收率相近，单萃取剂用量和萃取时间明显减少。微波萃取的最佳回收率与提取温度、杀虫剂类型密切相关。Onuska[28]等研究了溶剂组成、样品中含水量、提取时间、杀虫剂初始含量等对沉积物中杀虫剂的提取率的影响。发现微波萃取法比传统的萃取方法能快速、可靠、经济地提取有机氯杀虫剂。Molins 等[29]从土壤样品中微波萃取除草剂三嗪，乙腈 - 水、二氯甲烷 - 水、二氯甲烷 - 甲醇三种溶剂在同样的萃取条件下，以二氯甲烷 - 甲醇的萃取效果最佳，各种土壤样品的萃取率均大于 95%。

2. 金属元素的萃取

Donard 等[30]以微波萃取法提取沉积物中各种金属锡有机化合物。分别采用异辛烷、甲醇、去离子水和人造海水在不同的微波功率下，考察了丁基锡衍生物和苯基锡衍生物的稳定性和萃取率。研究表明，微波萃取有机金属化合物，不仅方法可行，而且萃取时间仅用了 3min，相比传统萃取方法萃取时间缩短到 1/20 ～ 1/200。

微波萃取也用于冶金领域中金属元素的回收，例如，从含 Ni、Co、Mn 的氧化物矿石或硅酸盐矿石中回收 Ni、Co 和 Mn；用三氯化铁溶液提取铜矿石中的 Cu、方铅矿中的 Pb、闪锌矿石中的 Zn；硫酸提取钛铁矿等。研究结果表明，在相同温度、压力、粒度、固液比和溶剂浓度下，微波萃取比传统方法的提取和反应速度快。

微波萃取金属元素的研究还包括海洋生物中甲基汞和砷，动植物样品中的铜、镁、锌和铅，河流中的有机锡和重金属元素，土壤中的汞、铅、锌和铜等。

3. 天然活性物质的萃取

Chen 等[31]以正己烷、乙醇、正己烷 - 乙醇为萃取溶剂，采用微波萃取法从迷迭香和薄荷叶中提取挥发油。研究工作系统讨论了微波场中的温度分布，考察了物料量、微波功率、微波辐射时间对提取率的影响。Lopezavila 等[32]用微波萃取法从新鲜薄荷叶中提取薄荷油，并与传统的乙醇浸取进行了对比，结果表明，微波萃取得到的薄荷油提取率高，质量好，几乎不含叶绿素和薄荷酮。吴晓菊等[33]利用微波辅助亚临界萃取技术萃取神香草精油，通过单因素试验和正交试验，确定了微波辅助萃取神香草精油的最佳工艺参数是：微波强度 480W、微波处理时间 2min、萃取时间 60min、亚临界萃取温度 45℃。在此条件下提取 3 次，神香草精油平均提取率为 3.232%

吕平[34]在人参冷冻干燥和超微粉碎后，对其粉末进行微波萃取条件优化。最优微波萃取工艺：乙醇浓度是 85%；萃取时间是 25min；萃取温度是 60℃，料液比是 1∶12（g/mL），萃取 3 次。经微波萃取的人参总皂苷含量明显高于传统的提取方法，分别比回流萃取法、索氏萃取法、浸渍法和渗漉法提取的人参总皂苷含量提高 29% ～ 41%。郑坚强等[35]以宁夏枸杞为原材料，采用微波辅助处理，萃取枸杞中的类胡萝卜素。通过单因素试验，采用响应面优化法优化萃取时间、萃取温度、有机溶剂混合的比例，优化出最佳萃取工艺。通过 DPPH 自由基清除剂测定其抗氧化活性。微波辅助萃取最佳条件为：温度 45℃，时间 10min，料液比 1∶15（g/mL）。与超声波萃取的类胡萝卜进行抗氧化活性试验发现，微波辅助萃取法萃取的类胡萝卜素抗氧化活性较高，自由基清除率为 95.22%。张岩等[36]以微波辅助乙醇提取大豆生育酚，考察萃取功率、萃取温度、萃取时间对萃取量的影响。结果表明，用无水乙醇提取大豆生育酚的最佳工艺条件：料液比 1∶10(g/mL)，萃取时间 10min，萃取温度 40℃，萃取功率 400W。在此条件下，生育酚的萃取量可达 7.9mg/100g。

王艳玲等[37]通过改变微波功率、微波萃取时间、样品溶液的水浴温度及液固比（蒸馏水与南瓜干粉的体积比）等条件，进行微波辅助提取南瓜多糖的工艺研究。结果表明，调整微波功率为 600W，固液比为 1∶30，微波时间为 3min，水浴温度为 50℃，提取出的南瓜多糖平均提取率为 19.59%。宿婧等[38]采用响应面优化法研究微波萃取仙鹤草多糖的萃取工艺，最终得到实验室最佳提取工艺为：微波功率 400W、微波时间 111s、提取温度 87.3℃、液料比 70.17∶1，多糖提取率平均值为 4.54%，与常规水煮法相比，前者提取率约为后者的 2.4 倍。李宏燕等[39]采用微波辅助提取枸杞中的多糖，并采用正交试验法优化主要影响因素，如微波功率、提取时间、提取温度、提取次数等。结果表明，微波辅助提取枸杞多糖的最佳工艺条件为：微波功率 700W，提取温度 80℃，提取时间 40min，提取次数 2 次，多糖提取率较高，多糖含量 5.6%。

第三节 电场强化萃取技术

一、电萃取

电场主要有静电场、交变电场和直流电场三种，将电能加到液 - 液萃取体系中，能提高扩散速率，强化两相分散及澄清过程，从而达到提高分离效率的目的。电萃取的概念[40]首先由 Thornton 等人提出，他们认为，萃取体系由导电的分散相和不导电的连续相组成，在高强度电场的作用下，分散相小液滴很容易产生，而且在电场库仑力的作用下，荷电小液滴可以在连续相内高速运动，从而使液滴内外的传质系数提高，从而强化传质。电场对液 - 液萃取的强化机理大致包括以下几个方面：

（1）在高强度电场的作用下，分散相液体破碎，增大了传质比表面积。

液 - 液萃取体系中，如果分散相具有很好的导电能力而连续相导电能力很弱甚至不导电，在电场作用下，根据静电感应原理，导电的分散相液滴在电场力的作用下会发生极化现象。导电液滴内部的自由电荷将向电性质发生明显变化的两相界面区域聚集，在连续相一侧也发生相应的变化。这样，在外加电场的作用下，液 - 液两相界面处会发生较大的界面电场力。如果这种界面电场力足以克服维持界面稳定的界面张力，界面将会发生剧烈的湍动。正是由于这种作用机理，在静电场作用下的液 - 液萃取体系内，很容易产生较小的液滴，从而使电萃取的传质比表面积比一般的萃取过程大。

此外，传统的搅拌过程是通过电能 - 机械能 - 液滴分散界面能的转化实现的。而电场诱发分散是直接将电能转化为液滴分散界面能，由于去除机械搅拌环节，可以大幅度降低能耗。Martin 等 [41] 进行了电场诱导液 - 液分散实验，装置为直径 3.9cm、高 120cm 的喷淋萃取柱，柱内有 8 对电极，每一电极长 10cm，由 15kV 交流电源供电。实验表明，当电压高于 11kV 时，水相液滴进入柱内立即被剧烈分散。

（2）由于静电加速作用提高了界面剪应力，产生液滴内循环，因此增大了液滴内外的传质系数。

通过与两相电极的接触和静电感应，分散相液滴会成为荷电粒子，在库仑力的作用下，这些荷电粒子在连续相内快速运动。这样，一方面促使小尺寸液滴内部产生内循环，提高分散相液滴内部的分传质系数；另一方面，由于静电加速作用，分散相通过连续相时提高了界面剪应力，使液滴周围的液体的运动发生变化，增大了连续相的分传质系数，实现了传质的有效强化。

（3）小液滴的聚并速度加快，减少了相分离的时间，两相的夹带量明显下降。

在电场强度不够高的电场力作用下，有利于液滴的聚并，达到利用外加电场加速液滴的聚并，缩短分相时间，减少两相夹带的目的。电萃取的传质性质涉及许多微观现象，有待于进一步深入研究。

二、电泳萃取

另一种电萃取过程是将电泳和萃取过程结合起来，称作电泳萃取，是由德国 Essen 大学化学工程系的 Stichlmair 等人 [42] 于 1987 年提出来的。电泳萃取技术是电泳技术在多液相状态下实施的，采用两相或多相，利用界面的选择性，消除对流的不利影响，提高分离能力。Stichlmair 等人的研究认为，电泳萃取技术一方面类似于电泳和电渗析技术，另一方面又类似于萃取分离技术。液 - 液萃取过程的两相中有一相作为分散相，另一相是连续相；而电泳萃取体系由两个或多个不相混溶的连续相组成。其中一相含有待分离组分，另一相作为溶剂，将待分离组分带走。

电泳萃取技术不仅仅是电泳技术与萃取技术的简单组合。这种新分离技术克服了电泳技术和萃取技术各自的某些不足。制备型电泳存在两个难以解决的问题：第一，必须迅速移走电泳过程中电流所产生的大量热量，否则会在电泳装置内形成各种形式的温度梯度，产生热扩散或对流，造成已分离区带重叠，甚至会使生物活性物质变性失活；第二，必须有效地抑制电泳过程中各种对分离过程有破坏作用的混合过程，如电渗流、浓度扩散和等电点沉淀等。这两大问题的存在使电泳技术的应用大多局限于生物分析和药检，迄今为止，制备型电泳在实际生产过程中应用还未见报道。传统的液 - 液萃取方法在化工分离中得到了广泛的应用，但对于多组分复杂体系和稀溶液的分离往往不能达到较高的分离要求，使其在生物技术中的应用受到限制。而电泳萃取技术一方面利用了液 - 液界面的双极性膜性质，使浓差扩散严格地限制在一相中，同时使荷电的待分离组分进入萃取剂中，这可以较好地解决制备型电泳技术中的第二个问题。另外，该技术还有可能利用扩散、对流等性质加快传质。在设备设计中，可以选择好的散热材料，加之利用较小的操作相比、连续流动等手段，将热量移出，可较好地解决制备型电泳技术中的第一个难题。此外，该技术中应用了外加电场破坏了液 - 液界面的弱电场，打破了原有的化学平衡，强化了传质，这样，萃取剂的选择可以拓宽条件，且有利于溶剂再生。总之，进行电泳萃取技术的研究具有十分重要的意义。

三、电泳萃取的特点

电泳萃取对体系的导电能力有一定的要求，另外，分相的要求也使体系必须满足一定的要求。Stichlmair 等总结出合适的萃取应具备的特征：

（1）相间有足够大的密度差，使得分相容易进行；

（2）界面张力适中，以使界面清晰；

（3）黏度低，以促进传质，并且利于气体排出；

（4）要求良好的导电性。

Stichlmair 等 [42] 认为以下几种体系可以用于电泳萃取：第一种是二元体系，其中水在有机溶剂中有一定的溶解度，以便改善有机相的导电能力，可应用的溶剂有正丁醇及 4- 氯代 -1- 丁醇；第二种是三元体系，例如丙三醇 - 丙酮 - 水体系，其中水分散在其他两种溶剂中组成两相；第三种是双水相体系，主要应用于生物制品的提取；第四种是由水和非离子型表面活性剂组成的“浊点萃取”体系，表面活性剂在水相和凝聚相之间进行分配，达到平衡时凝聚相中含有大量表面活性剂而水相仅含有极少量表面活性剂。

四、电场强化萃取的应用

国内外对电泳萃取的研究比较少，Stichlmair 等 [42] 以正丁醇为溶剂，萃取品红染料。在常规萃取中，水相为 0.1L，溶剂为 1.2L，12 级错流萃取操作的回收率为 52%，而电泳萃取仅需要 0.1L 溶剂，单级回收率达到 90%。结果表明，相比传统的萃取技术，电泳萃取可以提高回收率，同时节省大量溶剂，降低操作相比，减少溶剂夹带。研究者在 U 形管中对比了传统萃取、电泳和电泳萃取三者的性能，在操作时间 30min 内，电场强度 50V/cm 的条件下，电泳因对流扩散和热对流的原因，分离较差；传统萃取未能实现传质；电泳萃取获得了很好的分离效果，大多数溶剂分子从水相进入有机相，同时相界面保持稳定。

Marando 等 [43] 采用聚乙二醇和葡聚糖水溶液组成双水相体系，将电泳萃取用于血红素和白蛋白的生物混合体系的分离过程，研究了电场方向、pH 值、时间、场强及相比等因素对分离的影响。结果表明，在场强 50V/cm、相比为 1、pH 为 6、萃取时间 2h 下，选用电泳萃取分离时，99% 的血红素在重相富集，95% 的白蛋白在轻相富集；采用双水相萃取则没有分离效果；采用电泳技术，血红素在重相的回收率为 3.7%，白蛋白在轻相中的回收率为 78%。这一结果表明，电泳双水相萃取的分离效果要比相同条件下的电泳和双水相萃取的分离效果好。

骆广生等[44]应用电泳萃取技术进行了一些有机酸的分离，如醋酸稀溶液、丁二酸稀溶液及柠檬酸稀溶液体系的分离等，萃取剂为正丁醇。实验研究了在场强和料液浓度不变的情况下，萃取时间对有机酸萃取效果的影响、时间和料液浓度不变的情况下场强对萃取效果的影响，以及场强和时间不变的情况下料液浓度对萃取效果的影响。通过研究发现，被分离组分在两相的分配系数与一般萃取平衡相比大大增加。在实验浓度范围内 (约 0.001mol/L)，乙酸、琥珀酸、柠檬酸的液 - 液萃取平衡分配系数分别为1.37、0.7、0.2，而电泳萃取在场强60V/cm的条件下，采用1∶6的相比，萃取 1h 后，3 种酸的分配系数分别升高至 6、9、18。可见电泳萃取的效果比常规液 - 液萃取有明显的改善，表明该技术具有溶剂比小、萃取率高以及溶剂易于回收的特点。

针对大部分染料均为荷电组分的特点，骆广生等[45]采用电泳萃取技术处理染料废水。以正丁醇为萃取剂萃取甲基蓝、直接耐晒翠蓝 GL、酸性络蓝 K，回收率可达 85% 以上。随着电泳萃取时间的延长和电场强度的增加，染料的回收率明显增大。

第四节 反胶团萃取技术

一、原理

传统的溶剂萃取技术尽管已广泛应用于天然产物生产中，但却难以应用于蛋白质的萃取和分离，其主要原因有两个：一是被分离对象蛋白质等在 40 ～ 50℃便不稳定，开始变性，而且绝大多数蛋白质都不溶于有机溶剂，若使蛋白质与有机溶剂接触，也会引起蛋白质的变性；二是萃取剂问题，蛋白质分子表面带有许多电荷，普通的离子缔合型萃取剂很难奏效。因此，研究和开发易于工业化的、高效的生化物质分离方法已成为当务之急。反胶团萃取法就是在这一背景下发展起来的一种基于介质辅助的新型萃取技术。1977 年，瑞士的 Luisi 等人首次提出用反胶团萃取蛋白质，但并未引起人们的广泛注意。直到 20 世纪 80 年代，生物学家们才开始认识到其重要性。近年来该项研究已在国内外深入展开，从所得结果来看，反胶团萃取具有成本低、溶剂可反复使用、萃取率和反萃取率都很高等突出优点，同时具有分离和浓缩效果，为蛋白质的分离开辟了新的途径。

将表面活性剂溶于溶剂中，当其浓度超过临界胶团浓度（Critical Micelle Concentration, CMC）时，表面活性剂就会聚集在一起而形成聚集体。在反胶团中，这种聚集体的非极性基团在外与非极性的有机溶剂接触，而极性基团则排列在内形成一个极性核。此极性核具有溶解极性物质的能力，与水结合后形成“水池”。当含有此反胶团的有机溶剂与蛋白质水溶液接触后，蛋白质及其他亲水物质能够通过螯合作用进入“水池”。反胶团萃取的本质仍是液 - 液有机溶剂萃取，但与一般有机溶剂萃取不同的是，反胶团萃取利用表面活性剂在有机相中形成的反胶团进行萃取，反胶团在有机相内形成一个亲水微环境，使蛋白质类生物活性物质溶解于其中，从而避免在有机相中发生不可逆变性。此外，构成反胶团的表面活性剂往往具有溶解细胞的能力，因此可用于直接从完整细胞中提取蛋白质和酶，省却了细胞破壁。

反胶团萃取的机理仍然存在分歧，通常认为反胶团如图 6-1 所示的 4 种方式将蛋白质溶解其中。水壳模型认为，蛋白质亲水基团倾向于被胶团包裹，居于“水池”中心，水壳层则保护了蛋白质，使其活性不变。插入模型认为，在反胶团形成后，蛋白质亲水基团部分会穿过胶团壁插入反胶团中，它的一部分可能没有被胶团包裹住而露在外面。吸附模型认为，蛋白质分子进入或包裹到胶团中后，由于蛋白质亲水基团的亲水性，它会吸附在胶团内部由表面活性剂亲水头组成的亲水壁上，使其稳定在胶团中。以上 3 种溶解方式的共同点都是认为蛋白质与胶团之间的静电相互作用是蛋白质进入胶团的主要驱动力。溶解模型则认为反胶团朝外的亲脂基团

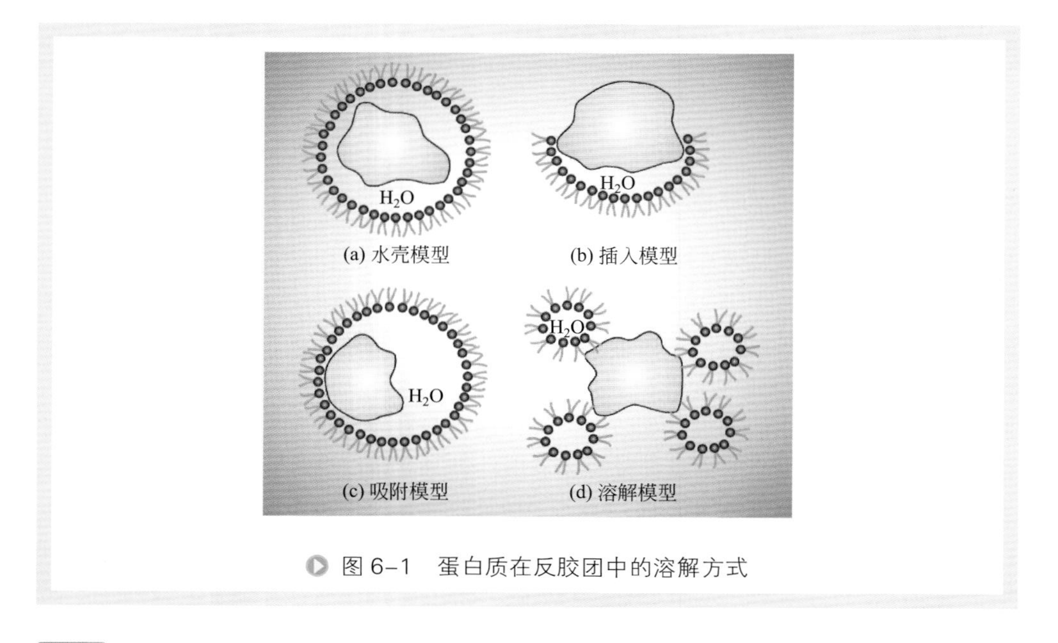

图 6-1　蛋白质在反胶团中的溶解方式

会直接与蛋白的疏水部分相互作用，一个蛋白质分子可能被多个胶团包围，类似于溶质在溶剂中的溶解过程。尽管人们对蛋白质如何穿过反胶团进入“水池”中的机理尚不完全清楚，但上述机理都有实验结果支持。特别是多数情况下，蛋白质表面的电荷与反胶团内表面的静电相互作用的一些因素，如水溶液 pH、离子强度等对蛋白质的溶解过程影响很大。调节这些参数可改变胶团对不同蛋白质的选择性溶解，这就使得反胶团具有可控的选择性。

水壳模型是比较公认的蛋白质溶解模型，反胶团中水含量对蛋白质的溶解过程起着重要作用。通常用非极性溶剂中水的浓度与表面活性剂浓度的比值表示水含量（W_0）的大小：

$$W_0=\frac{\text{非极性溶剂中水的浓度}}{\text{表面活性剂的浓度}}$$

反胶团“水池”中的水因受到双亲分子极性基团的束缚而与自由水不同，如黏度较大、介电常数较小、氢键网络结构破坏等。特别是当水含量相当低（$W_0<10$）时，其冰点通常低于 0℃。

二、特点

蛋白质进入反胶团溶液是一种协同作用，即在有机相和水相界面间的表面活性剂层同临近的蛋白质发生静电作用而变形，接着在两相界面形成了包含有蛋白质的反胶团，此反胶团扩散进入有机相中，从而实现了蛋白质的萃取。萃取过程如图 6-2 所示。

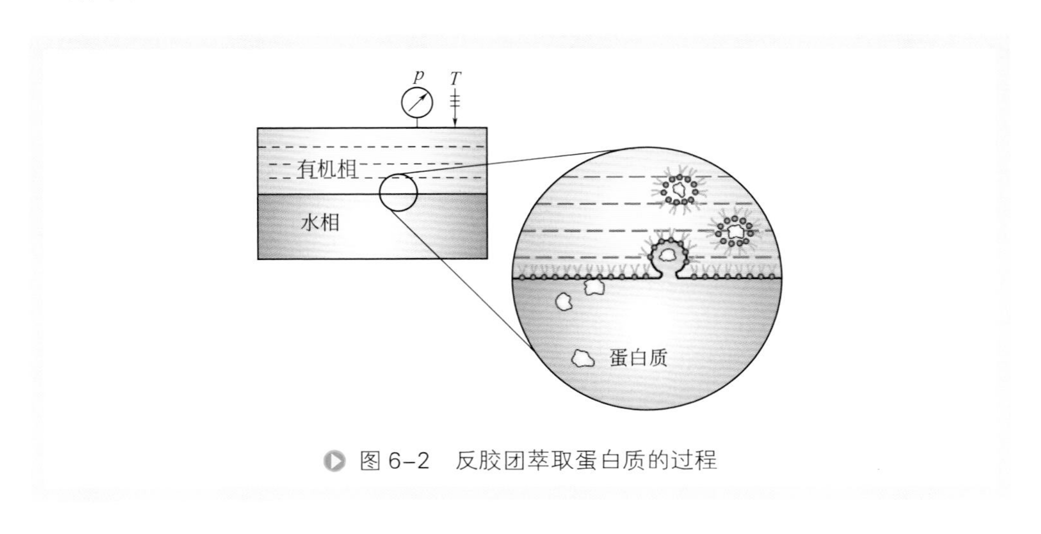

图 6-2　反胶团萃取蛋白质的过程

蛋白质进入反胶团的推动力主要包括表面活性剂和蛋白质的静电作用力和位阻效应：

1. 静电作用力

在反胶团体系中，表面活性剂和蛋白质都是带电分子，因此静电相互作用肯定是萃取过程中的一种推动力。其中一个最直接的因素是 pH 值，它决定了蛋白质带电基团的离解速度及蛋白质的净电荷。当 pH=pI 时，蛋白质呈电中性；当 pH<pI 时，蛋白质带正电；当 pH>pI 时，蛋白质带负电荷，随着 pH 的改变，被萃取蛋白质所带电荷是不同的。因此，如果静电作用是蛋白质增溶过程的主要推动力，对于阳离子表面活性剂形成的反胶团体系，萃取只发生在水溶液的 pH>pI 时，此时蛋白质与表面活性剂极性部分相互吸引，而当 pH<pI 时，静电排斥将抑制蛋白质的萃取；对于阴离子表面活性剂形成的反胶团体系，情况正好相反。

此外，离子型表面活性剂的反离子并不都固定在反胶团的表面，对于阴离子表面活性剂反胶团，约有 30% 的反离子处于解离状态，同时，在反胶团“水池”内的离子和主体水相中的离子会进行交换，从而同蛋白质分子竞争表面活性剂离子，降低了蛋白质和表面活性剂的静电作用。另有研究认为，离子强度影响蛋白质与表面活性剂极性头之间的静电作用力使解离的反离子在表面活性剂极性头附近建立了双电层，称为德拜屏蔽，从而缩短了静电吸引力的作用范围，抑制了蛋白质的萃取，因此在萃取时要尽量避免后者的影响。

2. 位阻效应

许多亲水性物质，如蛋白质、核酸和氨基酸都可以通过溶入反胶团“水池”来达到溶于非水溶剂的目的，但是反胶团“水池”的物理性能及其中水的活度是可以用 W_0 的变化来调节的，并且会影响大分子如蛋白质的增溶或排斥，达到选择性萃取的目的，这就是位阻效应。许多研究表明，随着 W_0 降低，蛋白质的萃取率也减少，说明确实存在位阻效应。

三、影响因素

反胶团萃取与蛋白质表面电荷和反胶团内表面电荷间的静电作用，以及反胶团的大小有关，任何可以增强这种静电作用或者导致形成较大的反胶团的因素，都有助于蛋白质的萃取。主要影响因素有表面活性剂的种类与浓度、有机溶剂种类、溶液 pH、溶液离子强度和萃取温度等。

1. 表面活性剂

常用的形成反胶团的表面活性剂有：二 (2- 乙基己基) 丁二酸磺酸钠（AOT）、吐温（Tween）类非离子表面活性剂、山梨糖醇酯类（Span）、各种聚氧乙烯类表面活性剂、烷基三甲基卤化铵和磷脂类等。不同类型的表面活性剂对酶活性的影响有很大的差异。Rees 等人比较了五种微生物脂肪酶在不同 W/O 微乳液中的活性，并证实了内酯酶的活性在 AOT 体系中高于 CTAB 体系；脂肪酶的稳定性在 CTAB

体系中较高，但是当 AOT 体系中含水量降低时，其稳定性提高。Paoloviparelli 等人对 α- 胰凝乳蛋白酶活性的研究也表明，表面活性剂的种类对酶活性的影响较大，且酶活性随阳离子表面活性剂的聚集而改变。如非离子表面活性剂 TX100 和 Pog，使酶活性降低 7.8%（与纯溶液相比）；阳离子表面活性剂 CTABr 使酶活性降低 25%。同时 CTPABr 使 SpNA 的活性升高 83%，使 GpNA 升高 140%。

表面活性剂浓度对反胶团萃取的影响比较复杂。通常情况下，即使超过了 CMC，表面活性剂浓度仍在较低的范围内，随着表面活性剂浓度的增加，蛋白质的萃取率也会增加。有研究认为，表面活性剂的浓度对反胶团的大小和结构的影响很小，而仅使反胶团的数量增加，从而提高蛋白质的萃取率。也有研究认为，表面活性剂浓度的增加会同时增加有机相中反胶团的数目和大小，从而增加了反胶团的萃取容量和两相分配，最终增加蛋白质的萃取率。但是，表面活性剂的浓度超过一定限度后会导致胶团间的相互作用发生变化，从而出现渗滤和胶团界面受损的问题，反而使蛋白质萃取率下降。

2. 水相中的离子

水相中的离子强度、离子种类、离子半径、离子价数和离子的电性都会对蛋白质的萃取和反胶团产生显著的影响。离子强度对萃取的影响表现在以下 4 个方面：

（1）离子强度增大，反胶团内表面的双电层变薄，减弱了蛋白质与反胶团内表面之间的静电引力，降低了蛋白质在反胶团中的溶解度；

（2）反胶团内表面的双电层变薄后，也减弱了表面活性剂极性基团之间的斥力，使反胶团变小，使大分子蛋白质进入反胶团的阻力增大；

（3）离子强度增大后，增大了盐分向反胶团内“水池”迁移并取代蛋白质的倾向，使蛋白质从反胶团中盐析出来；

（4）盐与蛋白质或表面活性剂的相互作用，可改变蛋白质的溶解性，盐浓度越高，影响越大，再者，与形成反胶团的表面活性剂带有相反电荷的离子对萃取的影响大于带相同电荷的离子，价数相同的条件下，离子半径越大，影响越大，价数越高，影响越大。

3. 水相pH

水相的 pH 值决定了蛋白质的表面电荷状态，从而对萃取过程造成影响。只有当反胶团内表面电荷与蛋白质表面电荷相反时，两者产生静电引力，蛋白质才有可能进入反胶团。故对于阳离子表面活性剂，溶液的 pH 值需高于蛋白质的 pI 值，萃取才能进行；对于阴离子表面活性剂，当 pH 大于 pI 时，萃取率几乎为 0，当 pH 小于 pI 时，萃取率急剧提高，这表明蛋白质所带的净电荷与表面活性剂极性头所带电荷符号相反，两者的静电作用对萃取蛋白质有利，如果 pH 值很低，在界面上会产生白色絮凝物，这是由于蛋白质变性导致萃取率降低。

四、反胶团萃取的应用

张喜峰等[46]采用反胶团萃取熊猫豆中的蛋白质，采用响应面法得出最佳萃取条件为萃取时间2h、CTAB（十六烷基三甲基溴化铵）浓度40mmol/L、烷醇比4∶1、pH7、蛋白质浓度1.4mg/mL、萃取温度25.7℃、盐浓度0.02mol/L，萃取优化后实验测得熊猫豆蛋白提取率为66.7%，与预测值64.3%接近。在该条件下，采用pH4.0、3mol/L NaCl、温度22℃水相进行反萃取，反萃取率可达53.41%。

杨秋慧子等[47]采用阳离子表面活性剂十六烷基三甲基溴化铵（CTAB）反胶团体系萃取红豆中蛋白质。采用Plackett-Burman（PB）实验综合考察水相pH、表面活性剂浓度、离子强度、蛋白质浓度、有机溶剂与助剂种类和比例、萃取时间、萃取温度对萃取率的影响，然后利用最陡爬坡实验及Box-Behnken设计选取对影响其萃取率的显著因素进行中心组合实验，获取最佳萃取条件为pH4.3、NaCl浓度0.02mol/L、CTAB浓度40.24mmol/L、蛋白质浓度2mg/mL、萃取时间90min、萃取温度20℃、烷醇比4∶1，红豆蛋白质的萃取率为56.85%。在该条件下，采用温度为20℃、pH为6.0、1.1mol/L NaCl水相进行反萃取，反萃取率可达64.96%。

刘月华等[48]采用阳离子表面活性剂CTAB反胶团萃取黑豆中蛋白质。分别考察有机溶剂与助剂种类、表面活性剂浓度、水相pH、盐离子种类和浓度以及萃取温度对萃取率的影响。通过正交试验考察萃取过程中水相pH、表面活性剂浓度和离子强度对萃取率的影响。结果表明，以CTAB/异辛烷-正己醇反胶团体系萃取黑豆蛋白质最佳工艺条件为pH=6，表面活性剂浓度0.04mol/L，KCl浓度0.10mol/L，此条件下，萃取率可达82.50%。

刘月华等[49]采用正交试验，研究反胶团体系中丁二酸-2-乙基己基酯磺酸钠（AOT）浓度、萃取pH值、萃取离子强度、反萃取pH值、反萃取离子强度5个因素对L-精氨酸提取的影响。结果表明：萃取pH值和反萃取pH值对L-精氨酸的反胶团萃取起着显著作用，各因素作用的主次顺序为萃取pH值>反萃取pH值>萃取离子强度>反萃取离子强度>AOT浓度，即萃取pH值对反胶团萃取L-精氨酸影响最大。正交试验得到的最优提取条件为萃取pH 7.0，反萃取pH 13.0，萃取离子强度0.2mol/L，反萃取离子强度1.5mol/L，AOT浓度60.0mmol/L，L-精氨酸的萃取率为65%左右。

第五节 膜萃取技术

膜萃取是“膜”这一分隔介质辅助液-液萃取的新型分离技术，其传质过程是在分隔物料（液相和萃取相）的微孔膜表面上进行的，根据膜形式的不同可分为液膜萃取和固定膜萃取，液膜萃取又可分为支撑液膜萃取、乳状液膜萃取等。固定膜萃取还可分为疏水性膜萃取、亲水性膜萃取和亲水 - 疏水复合膜萃取等。1984 年 Kiani 和 Kim 首先提出膜萃取分离技术，1986 年 Audusson 提出了支撑液膜萃取技术，1993 年 Wang 利用中空纤维制作出了固定膜萃取装置；1998 年 Shen 等提出了微孔膜液 - 液萃取模型。膜萃取分离技术如今已得到了很大的发展，在诸如药物提取、有机物萃取、金属萃取等领域得到了广泛的应用。

作为一种新的分离技术，膜萃取过程有以下特点：

（1）通常的萃取过程往往是一相在另一相内分散为液滴，实现分散相和连续相间的传质，然后分散相液滴重新聚并分相。细小液滴的形成创造了较大的传质比表面积，有利于传质的进行。但是，过细的液滴又容易造成夹带，使溶剂流失或影响分离效果。膜萃取由于没有相的分散和重新聚并过程，可以减少萃取剂在料液相中的夹带损失。

（2）连续逆流萃取是一般萃取过程中常采用的流程。为了完成液 - 液直接接触中的两相逆流流动，在选择萃取剂时，除了考虑其对分离物质的溶解度和选择性外，还必须注意它的其他物性（如密度、黏度、界面张力等）。在膜萃取中，料液相和溶剂相各自在膜两侧流动，并形成直接接触的液 - 液两相流动，料液不受溶剂流动的影响。因此，在选择萃取剂时可以对其物性要求大大放宽，使一些高浓度的高效萃取剂可以付诸使用。

（3）一般柱式萃取设备中，由于连续相与分散相液滴群的逆流流动，柱内轴向混合的影响是十分严重的。据报道，一些柱式设备中 60% ～ 70% 的柱高是为了克服轴向混合的影响，同时，萃取设备的生产能力也将受到液泛总流速等条件的限制。在膜萃取过程中，两相分别在膜两侧作单相流动，使过程免受“反混”的影响和“液泛”条件的限制。

（4）可以实现同级萃取反萃过程，可以采用流动载体促进迁移等措施，以提高过程的传质效率。

（5）料液相与萃取溶剂相在膜两侧同时存在可以避免与其相似的支撑液膜中膜内溶剂的流失问题。

一、液膜萃取的原理和特点

液膜萃取技术的研究始于 20 世纪 60 年代中期，经过数十年的发展，该技术进一步发展出支撑液膜过程、包容液膜过程、大块液膜过程、静电式准液膜过程及内耦合萃取交替分离过程。液膜萃取主要是指乳状液膜萃取，如图 6-3 所示，乳状液膜是一种双重乳状体系，首先把不相溶的有机相（膜溶剂）和反萃相搅拌制成乳状液，然后将这种乳状液分散到萃取料液中，萃取料液可称为第三相，也可叫外相，乳状液滴包裹的反萃相为内相，外相与内相之间的膜相即是液膜。液膜是分隔与其

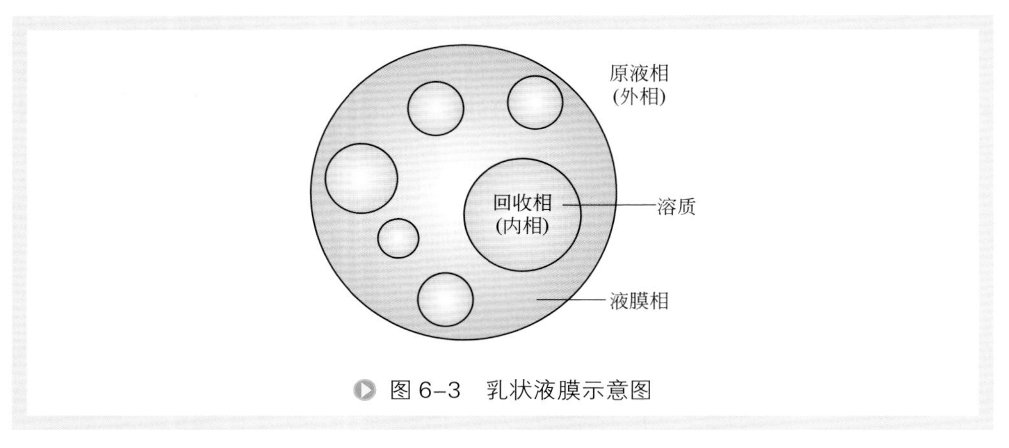

图 6-3　乳状液膜示意图

互不相溶的液体的一个介质相，它是被分隔两相液体之间的"传质桥梁"。通常不同溶质在液膜中具有不同的溶解度（包括物理溶解和化学络合溶解）与扩散系数，即液膜对不同溶质的选择透过，从而实现了溶质之间的分离。液膜分离技术与传统的溶剂萃取都是由萃取和反萃取两个步骤构成的，溶剂萃取中的萃取与反萃取是分步进行的，而液膜萃取时萃取和反萃取是同时进行，一步完成的。

液膜萃取具有如下几方面特点：

（1）实现了同级萃取与反萃取的耦合。在液膜分离过程中，萃取与反萃取分别发生在液膜的左右两侧界面，溶质从料液相被萃入膜相左侧，并经液膜扩散到膜相右侧，再被反萃入接受相，从而实现了二者的耦合。

（2）传质推动力大，所需分离级数少。萃取与反萃取是同时进行，一步完成的，因此，同级萃取反萃取的优势对于萃取平衡分配系数较低的体系则更为明显。

（3）试剂消耗量少。

（4）溶质可以"逆浓度梯度迁移"。

研究者们为提高液膜的稳定性，不断探索新的液膜结构。液膜按其构型和操作方式的不同，主要可以分为厚体液膜、乳状液膜和支撑液膜。

（1）厚体液膜　厚体液膜一般采用 U 形管式传质池，其上部分别为料液相和接受相，下部为液膜相，对三相均以适当强度搅拌，以利于传质并避免料液相与接受相的混合。厚体液膜具有恒定的界面面积和流动条件，操作方便，限于实验室研究使用。

（2）乳状液膜　乳状液膜有"水 - 油 - 水"型（W/O/W）或"油 - 水 - 油"型（O/W/O）的两种双重乳状液高分散体系。将两个互不相溶的液相通过高速搅拌或超声波处理制成乳状液，然后将其分散到第三种液相中，就形成了乳状液膜体系。乳状液膜的稳定性好，可用于工业分离。

（3）支撑液膜　如果液体能润湿某种固体物料，它就在固体表面分布成膜。微孔材料制成的膜片或中空纤维，用膜相溶液浸渍后，就形成了固体支撑的液膜。聚四氟乙烯、聚丙烯制成的微孔膜，用以支撑有机液膜；滤纸、醋酸纤维素微孔膜和微孔陶瓷，可支撑水膜。支撑液膜的形状、面积和厚度，取决于支撑材料。

二、固定膜萃取的原理和特点

固定膜萃取的具体过程为：原料液相和萃取相溶液分别在膜两侧流动，其中一相会润湿膜并渗透进入膜孔，在膜表面上与另一相形成固定界面层。由于在两相中存在溶解度差异，溶质会从一相中扩散到两相界面，先进入膜中的萃取相，再通过膜孔扩散进入萃取相主体。其传质过程是在分隔原料液相和萃取相的膜微孔表面进行的，不存在通常萃取过程中液滴的分散和聚合现象。当使用疏水性膜时，有机相将优先浸润膜并进入膜孔，当水相的压力等于或大于有机相的压力时，在膜孔的水相侧形成有机相与水相的固定界面，溶质通过固定相界面从一相传递到另一相，扩散进入接受相主体，完成膜萃取过程；当采用亲水性微孔膜时，水相将优先浸润膜并进入膜孔；若采用一侧亲水、另一侧疏水的复合膜，则亲水 - 疏水复合膜的界面处就是水和有机相的界面[50]。

自 20 世纪 80 年代以来，固定膜萃取过程的研究工作，包括膜萃取工艺过程研究、膜萃取器材的浸润性及传质规律的研究，利用膜萃取实现同级萃取反萃取的研究，流体在膜中流型分布的研究以及装备设计的研究已经逐步深入。目前，固定膜萃取的研究工作主要包括膜萃取的传质机理和数学模型，膜材料的浸润性能和传质规律，膜萃取过程中的两相渗透问题，膜萃取过程中膜孔溶胀问题及对传质速率的影响，膜萃取中装置的放大与操作条件优化等。

三、膜萃取的传质特性

以双膜理论为基本出发点，可以建立包括膜阻在内的膜萃取传质模型[51,52]，如图 6-4 所示。图（a）和图（b）分别绘出了以亲水膜或疏水膜为固定界面的膜萃取

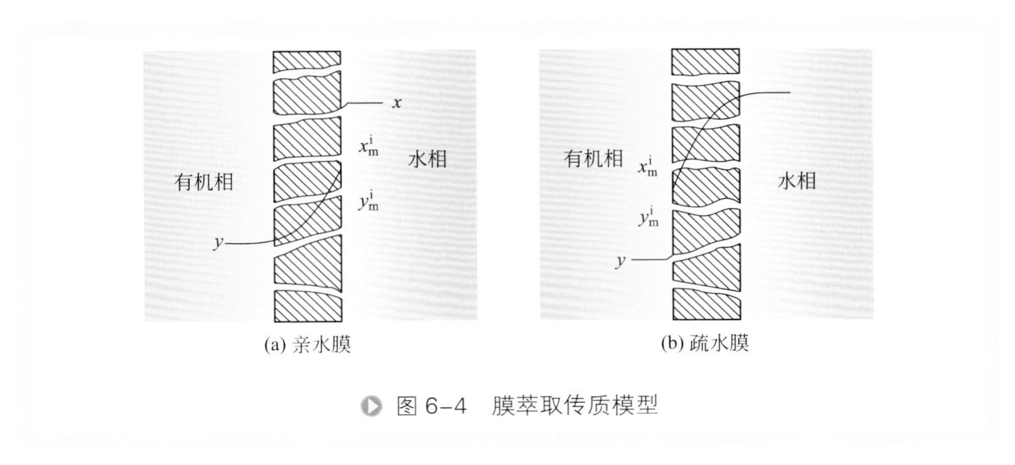

图 6-4　膜萃取传质模型

过程的传质模型图。假设膜的微孔被有机相（或水相）完全浸满，把微孔膜视为由一定的弯曲度、等直径的均匀孔道构成，并且忽略微孔端面液膜的曲率对于传质的影响，则膜萃取过程的传质阻力由三部分组成，即有机相边界层阻力、水相边界层阻力和膜阻。因此，膜萃取总的传质系数一般由水相传质系数、膜内传质系数和有机相传质系数三部分组成。此外，对某些萃取过程还可能需要考虑水相和膜相的接触表面存在表面化学反应阻力。

假定溶质在两相间分配平衡关系呈线性关系，那么按照一般传质过程的阻力叠加法可以获得基于水相的总传质系数 K_w 和水相分传质系数 k_w，膜内分传质系数 k_m，和总有机相分传质系数 k_o 关系。

对于疏水膜：

$$\frac{1}{K_w}=\frac{1}{k_w}+\frac{1}{k_m m}+\frac{1}{k_o m} \tag{6-1}$$

其中膜阻一项可表示为：

$$\frac{1}{k_m}=\frac{\tau_m t_m}{D_o \varepsilon_m} \tag{6-2}$$

对于亲水膜：

$$\frac{1}{K_w}=\frac{1}{k_w}+\frac{1}{k_m}+\frac{1}{k_o m} \tag{6-3}$$

其中膜阻一项可表示为：

$$\frac{1}{k_m}=\frac{\tau_m t_m}{D_w \varepsilon_m}$$

式中 ε_m——微孔膜孔隙率；

t_m——膜厚；

τ_m——弯曲因子；

D_o，D_w——溶质在有机相或水相中的扩散系数。

中空纤维膜器是最常用的膜萃取设备。在一般操作中，水相由中空纤维管内流过，有机相则由中空纤维膜的管间流过。操作条件下，两相的流型均为层流状态。根据管内的传热传质性质，层流时，管内的膜传质系数为：

$$k_w=1.62\left(\frac{D_w}{d}\right)\left(\frac{d}{L}\right)^{1/3}\left(\frac{du_w}{v}\right)^{1/3}\left(\frac{v}{D_w}\right)^{1/3} \tag{6-4}$$

许多研究通过上述关联式得到了 k_w 值，系数大约在 1.5 ～ 1.9 之间。对于处于壳程层流流动的膜传质系数，较常用的是：

$$k_o=0.023\left(\frac{D_o}{d}\right)\left(\frac{d_e u_e}{v}\right)^{0.6}\left(\frac{v}{D_w}\right)^{1/3} \tag{6-5}$$

Sikar 等人根据他们的膜萃取研究结果，对上式进行了修正，得出了如下的关系式：

$$k_o=5.9\left(\frac{D_o}{d_e}\right)\left(\frac{d_e}{L}\right)\left(\frac{d_e u_e}{v}\right)^{0.6}\left(\frac{v}{D_e}\right)^{1/3} \tag{6-6}$$

式中　u_w，u_e——管内水相流速和管外有机相流速；

d——纤维内径；

d_e——壳程当量直径；

L——膜器有效长度；

v——运动黏度。

对于中空纤维膜器中的连续逆流萃取，若平衡关系仍为线性 $y=mx+b$，水相进出口浓度为 x_0、x_1，有机相进出口浓度为 y_1、y_0，水相和有机相的流量分别为 Q_w、Q_o，膜器传质表面积为 A，则有

$$N=K_w(x-x^*)=\frac{Q_w\Delta t\mathrm{d}x}{A\mathrm{d}t} \tag{6-7}$$

分离变量并积分得：

$$K=\frac{Q_w}{A}\times\frac{1}{1-\dfrac{Q_w}{mQ_o}}\ln\frac{x_0-x_0^*}{x_1-x_1^*} \tag{6-8}$$

依据上述数学模型和关系式可以求取基于水相或有机相的总传质系数，讨论膜萃取过程的特性。一般单元操作过程中，传质单元高度 HTU 值是用于衡量柱式设备传质效率的表观参数，同样可以求出膜萃取器的 HTU 值：

$$\mathrm{HTU}=\frac{L_w}{K_w aS}$$

尽管膜萃取与通常的萃取过程相比，两相流动一般呈滞流状态，且增加了膜阻，使总传质系数变小。但中空纤维膜器可以提供很大的传质表面积，使总体积传质系数的量级可观。在相应的处理量条件下，中空纤维膜器的 HTU 值一般小于通常的萃取塔（如填料塔）相应值，这些工作为推动膜萃取过程的应用提供了基础[53]。

四、固定膜萃取过程的影响因素

1. 膜材料浸润性能的影响

膜材料的浸润性能是保证膜萃取过程可以正常进行的首要因素[54,55]。所选用微孔膜必须有足够的疏水性或亲水性，且有一定的突破压力，保证两相间不至于相互渗透。膜材料的溶胀性能直接影响微孔膜的孔径、空隙率、溶胀率、孔径分布和膜厚等，进而影响传质效率，而且有些溶胀会造成膜的破裂、溶解。此外，膜孔径分布也是影响传质的重要参数。孔径越大，膜传质速率越快，但同时极易造成油相和

水相的相互渗透而发生乳化。

膜材料作为一个间隔介质，并不提供分离的选择性，如果溶质通过膜孔中的扩散为有障碍扩散，则膜的阻力也不容忽视[56]，但可以根据溶质相平衡分配系数选择不同性质的膜来减少膜阻力。从总传质系数与分传质系数间的关系推出：对 $m>1$ 的体系，若采用疏水膜，则膜的阻力可略；对于 $m<1$ 的体系，若采用亲水性膜，则膜的阻力可略，因此在许多体系的膜基萃取中，膜的性质与传质速率无关。而当 m 值接近于 1 时，膜萃取过程中膜阻一项在传质总阻力中所占比例很大，而且随着体系两相流速的增大，水相及有机相边界层阻力减小，膜阻就成为影响过程传质速率的决定因素。

除相平衡分配系数之外，料液体系也是决定膜种类选用的重要因素。通常情况下，疏水膜适用于以下情况：要求 pH 值适用范围大或化学稳定性好的体系；要求减少细胞污染的体系；要求膜孔较大，以避免对大分子组分的扩散形成障碍的体系；要便于灭菌的体系。对于下列情况可考虑使用亲水膜：当大多数用于溶剂萃取的亲水膜孔较小，适用于溶剂萃取中大分子组分不需透过膜的体系。

实际操作中，膜材料一般具有很强的亲水或疏水性，当某一相流动较快时，则会发生两相间渗透现象，因此，两相间必须维持一定的压力差，从而避免膜萃取两相间的夹带。但两相间压差并不影响传质系数，这主要是由于：膜萃取过程中的传质推动力主要是浓度差，压差的作用只能通过对相间化学位差的改变而产生，而在实验范围内，两相压差的变化尚不足以产生对化学位差的影响。

2. 两相压差的影响

膜萃取研究的实验结果表明，保持一定的压差条件，可以避免膜萃取两相之间相的夹带。两相压差的作用只是为了防止两相间的渗透，而对传质推动力没有直接影响。从图 6-5 可以看出，改变两相间的压差，并不会引起总传质系数 K_w 值的明显变化。这主要是因为，在膜萃取过程中，传质推动力主要是化学位，而不是两相压差。压差的作用只能通过对相间化学位差的改变而产生。在实验范围内，两相压差的变化不足以产生对化学位差的影响。因此，膜萃取过程的传质系数受两相压差的影响较小。

3. 两相流量的影响

两相流量对总传质系数值的影响主要取决于分离体系传质过程中水相边界层阻力或有机相边界层阻力在总传质阻力中所占的比例。对于一些体系，在操作范围内，当有机相流量维持不变时，总传质系数基本不随水相流量的改变而发生变化，而当水相流量不变时，总传质系数则随有机相流量的增大而呈上升趋势。这是由于在这些体系中有机相边界层阻力为主的缘故。随着有机相流量的加大，有机相边界层阻力减小，使总传质阻力减小。对于另外一些体系则相反，体系传质阻力以水相

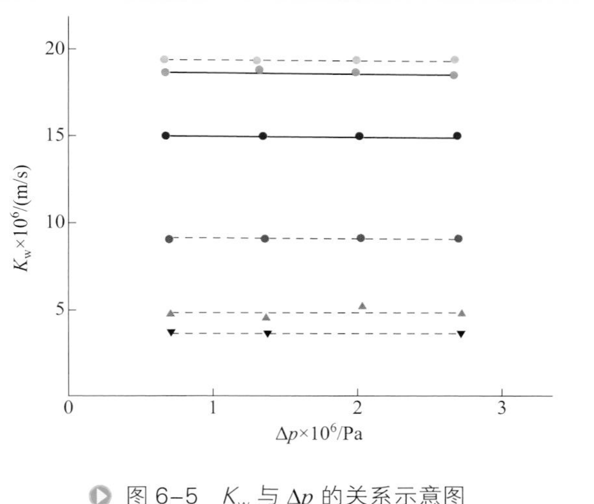

图 6-5　K_w 与 Δp 的关系示意图

边界层为主，水相流量的变化将会带来总传质系数的变化，而有机相流量的变化却不会产生明显的影响。对于水相边界层阻力、膜阻力及有机相边界层阻力在总传质阻力中所占比例相当的体系，两相流量的变化都会对总传质系数产生影响。

4. 体系的界面张力和穿透压的影响

在通常的液 - 液萃取过程中往往是一相在另一相内分散为液滴，实现两相之间的传质，体系界面张力是影响传质性质的重要因素。在相同的操作条件下，低界面张力体系中的分散液滴较小，传质比表面积大，可能获得更大的体积总传质系数；高界面张力体系中的分散相液滴较大，传质比表面积相对较小，体积总传质系数较小。然而在膜萃取过程中不存在通常萃取过程中的液滴分散现象和聚并现象，体系界面张力对于体积总传质系数不产生直接的影响。

为了防止膜萃取过程中相间的渗透，两相间需要保持一定的压差，未浸润膜微孔的一相的压力应高于浸润膜微孔一相的压力。然而，这一压差存在一个临界值 Δp_{cr}，若压差超过这一临界值，未浸润膜微孔的一相会穿透进入浸润膜微孔的另一相，导致膜萃取过程的非正常状态。这一压差的临界值，称为穿透压。

穿透压一般与体系的界面张力 γ、膜微孔半径 r_p 和相接触角 θ_c 有直接关系。相接触角指膜微孔道壁面与以液 - 液 - 固三相接触点为起点的微孔端两相界面的切线之间的夹角。如果假设膜微孔道为平行的均匀圆柱形孔道，则微孔膜的穿透压可以表示为：

$$\Delta p_{cr}=\frac{2\gamma\cos\theta_c}{r_p}$$

由上式可知，对于一定的接触角，穿透压的大小和体系的界面张力成正比，而与微孔膜的孔径成反比。对于非圆柱形孔道的实际情况，可以用有效接触角 θ_{eff} 代替 θ_c，关联膜萃取过程的穿透压[57]。值得注意的是，低界面张力体系中分离溶质的存在、具有表面活性剂性质的物质的混入可能使体系的穿透压降至更小，使膜萃取操作出现困难。在这样的情况下适当地调整萃取剂的组成，使体系的界面张力有所上升或选用孔径略小的微孔膜是有效的解决方法。

五、液膜萃取的影响因素

1. 液膜乳液成分的影响

表面活性剂的种类对液膜的稳定性、渗透速率、分离效果都有明显影响。在分离和浓缩金属离子时，选择流动载体（萃取剂）是能否取得满意分离效果的关键。液膜乳液中含有的表面活性剂的油膜体积（V_o）与内相实际体积（V_i）之比（油内比 R_{oi}），对液膜的稳定性有明显的影响。当 R_{oi} 从 1 增加到 2 时，可以使膜变厚，从而使膜稳定性增加，但是渗透速率降低。

2. 搅拌强度的影响

料液与液膜乳液在一定搅拌强度下良好地混合，对生成很小的乳液滴有促进作用，为溶质的迁移提供了较大的膜表面积。搅拌强度过低，料液与乳液不能充分混合；而搅拌强度过高，又会使液膜破裂，从而使分离效果降低。

3. 接触时间的影响

料液与液膜乳液最初接触的一段时间内，溶质迅速渗透过膜进入内相。由于膜表面积大，所以渗透很快。如果再延长接触时间，料液中待分离物的浓度又有回升，这是由于乳液滴破裂造成的。

4. 连续相pH值的影响

连续相 pH 值决定渗透物的存在状态，在一定的 pH 下，渗透物能与液膜中的载体形成配合物而进入液膜相，从而产生良好的分离效果，反之分离效果差。

5. 乳水比的影响

液膜乳液体积（V_e）与料液体积（V_w）之比称为乳水比（R_{ew}）。对液膜分离过程来说，乳水比越大，渗透过程的接触面积越大，分离效果也越好。但乳液消耗多，则成本高，所以希望高效分离时，R_{ew} 值应当尽量低。

6. 油相黏度的影响

油相黏度大液膜较稳定，因此有时向煤油中加入液体石蜡或聚二丁烯增加其黏度。

7. 操作温度的影响

液膜分离操作一般是在常温或料液温度下进行的，提高温度虽然可以加快传质速率，但是降低了液膜的黏度，增大了膜相的挥发速度，甚至可能促进表面活性剂的水解，降低液膜的稳定性和分离效果。

综上所述，影响液膜分离效果的因素很多，且往往相互关联、相互制约。进行这方面的研究往往需要采用正交设计法或者响应面法综合分析和确定体系的配置条件和工艺操作参数，从而提出一个经济、高效的液膜萃取工艺。

六、固定膜萃取的应用

膜萃取作为一种富集、分离手段，在金属离子萃取、有机物萃取等方面取得很大的进展，是一种高效、无二次污染的分离技术。

1. 金属离子萃取

国内方面，戴猷元、骆广生等人做了很多研究工作。戴猷元等[56]以体积分数为 30% 的煤油 -$ZnSO_4$-H_2O 为实验体系进行了研究，发现中空纤维膜器能提供较大的传质比表面积，有相当高的分离效率；并证明了同级萃取 - 反萃过程优势明显。戴猷元等[58]以 P_{204} 即 2- 乙基己基磷酸 + 正庚烷为萃取剂，将中空纤维膜萃取技术用于处理水溶液中镉离子、锌离子。研究了两相流速、初始浓度等因素对传质系数和萃取率的影响。对低浓度料液，传质阻力由水相边界层控制；对初始浓度较高的料液，三项传质阻力均不可忽略；对于初始浓度很高的料液，传质由有机相和膜项阻力控制。通过计算，该中空纤维膜萃取 $(HTU)_w$ 在 15 ～ 30cm 之间，大大低于传统的萃取塔。张凤君等[59]采用聚偏氟乙烯中空纤维疏水膜器，研究了二(2,4,4- 三甲基戊基)膦酸（HBTMPP）- 庚烷体系中对镱、铒的萃取效率及传质性能。研究表明，稀土离子通过中空纤维膜的传质机理是伴有界面反应的扩散控制模式。采用同级萃取 - 反萃可较好地发挥萃取过程的单元操作优势，也是提高过程传质的有效途径。左丹英等[60]进行了聚丙烯中空纤维膜萃取水溶液中铜离子的研究，结果表明，两相流速、膜面积对萃取率基本无影响；而水溶液的 pH 值和有机相初始铜离子浓度的改变使萃取率在 40% ～ 99% 之间变化。冯海波等[61]采用中空纤维支撑液膜技术，模拟酸性铟渣浸出液，以磷酸二异辛酯、磺化煤油体积比 3 ∶ 7 为液膜萃取相，盐酸溶液为反萃相，研究了单组件膜萃取系统、双膜组件萃取 - 反萃系统对酸性浸出液中 In 的提取与分离效率。结果表明，浸出液中 In 的提取率可达 90% 以上，反萃液中 In 含量可达浸出液中 In 含量的 70%。

国外方面，Daiminger 等[62]以 M- 二（2- 乙基己基）磷酸（D2EHPA）(M=Cd，Ni，Zn）为实验体系，研究了中空纤维萃取器萃取金属离子的高效性。结果表明，通过一次萃取，溶液中金属离子浓度可以减小 2 ～ 4 个数量级。将膜萃取得到的结果与脉冲筛板柱和混合澄清槽比较后表明：一个 0.54m 长，9000 根纤维，或 0.25m 长，31000 根纤维的膜器可以代替一个 6m 高的脉冲筛板柱，获得 2 ～ 4 个理论级的分离效率。Raghuraman 等人[63]以硫酸 - 油酸 -Hg^{2+}、Cu^{2+}、Ni^{2+}为实验体系，将乳化液膜萃取应用于膜萃取，实现了同级萃取 - 反萃过程，与 ELM（乳化液膜）和 SLM（支撑液膜）相比去除率高，夹带及泄漏量少，在无表面活性剂情况下也取得了良好的效果。膜萃取用于金属萃取还具有高选择性。Argiorpoulos 等[64]研究了从盐酸溶液中萃取 Au，实验所采用的是一种由萃取剂增塑剂和 PVC 制成的新型均质膜，实验结果表明：即使在 Cu 存在的情况下，Au 的萃取率依然很高，证明了膜萃取的高选择性。膜萃取用于金属离子萃取的传质模型研究也在不断深入。Goto 等[65]开展了用 2- 乙基己基磷酸、单一 2- 乙基己基酯萃取钴、镍的研究，并用界面化学反应存在下的扩散模型解释了实验结果。通过膜循环萃取也可以提取放射性元素。Kathios 等[66]使用 DHDECMP 和 CMPO 萃取剂与同级萃取反萃取装置对含有铷元素的放射性废水进行了研究，实验中发现：萃取时有机相流速快，水相流速慢，反萃取时有机相流速慢，水相流速快会使整个过程效果较好。此外，研究者还在积极探索利用改变操作方式强化传质。Schoner 等[67]研究了错流式中空纤维膜器壳程的传质，实验体系为 $ZnSO_4$- 双 -2- 乙基己基磷酸盐 - 异十二烷。实验发现，在错流操作壳程压降比相同的条件下，逆流操作的压降要低得多，而且错流操作时体积流速可以较高。当 Zn^{2+} 的入口含量为 10^{-4} 时，用错流操作方式可以把 54L/h 的溶液的 Zn^{2+} 含量降到 2×10^{-6}。

2. 有机物萃取

戴猷元等[68, 69]研究了 100%TBP（煤油）- 对硝基苯酚 - 水、50%TBP- 苯酚 - 水、50%TBP- 醋酸 - 水、100% 煤油 - 苯酚 - 水四种不同分配系数下的膜萃取传质特性，导出了膜萃取三相阻力模型中各分传质系数的预测公式，指出膜材料的选择应该根据实验体系的不同分配系数而确定。Sirkar 等[70]利用中空纤维膜萃取器研究了用膜萃取方法从有机废水中脱除苯酚和氯酚等污染物的传质过程，获得了良好的有机物去除率，证明了膜萃取应用于废水处理过程相比于传统过程更易实现，其出口萃余液中溶剂含量远小于溶剂在水中的饱和溶解度。

随着世界环境污染的加剧，去除水中有机物成为研究者关注的问题。用膜萃取去除水中的有机物不仅效率高，而且不会造成二次污染。Stevanovic 等[71]研究了中空纤维膜器中用环己烷萃取苯酚。实验证明用分配系数很低的环己烷萃取苯酚是可行的，避免了溶剂对水的污染。Yun 等[70]以乙酸异丙酯 - 苯酚 - 水、正己烷 - 苯酚 - 水、MiBK- 氯酚 - 水、IPAc- 氯酚 - 水为实验体系，研究了用膜萃取方法从有机废水中去除有机物的传质过程，得到了良好的有机物去除率证明了膜萃取应用于废水处理过程相比传统过程更加容易实现，且出口萃余液中溶剂含量远小于其饱和溶解度。王玉军等[73]采用 20% 三辛胺（TOA）+30% 正辛醇 +50% 煤油为萃取剂，利用中空纤维膜器处理含对氨基苯磺酸的水溶液。研究了两相流速、溶液 pH、初始浓度对传质性能的影响，结果表明，传质由水相边界层阻力控制，在相比（有机相 : 水相）较小的情况下，实验可使初始浓度为 1000mg/L 的溶液降至 30mg/L 左右。

对于挥发性有机物的去除，通常采用空气抽提的方法会造成二次污染。Zander 等[74]用葵花籽油做萃取剂在聚二硅氧烷中空纤维膜中研究了易挥发有机物（包括氯酚、三氯乙烯、四氯化碳、四氯乙烷）的萃取。实验结果表明，膜萃取传质系数比空气抽提塔高，且不会造成二次污染。王玉军等[75]采用煤油做萃取剂，用聚丙烯中空纤维膜器去除水中的氯仿，传质效率较高，其 HTU 值可以达到 15cm。即使在相比很低的情况下，萃取率依然可以达到 80%，同时溶液的 COD 值显著降低。

3. 溶剂污染

在通常的液 - 液萃取过程中，传质是通过两相的充分混合接触、聚并澄清分层实现的。为增大两相间的传质面积，往往要在系统中加入一定的能量，或在设备中添加一定的构件，使得一相在另一相中形成细小的液滴。这种细小的液滴的形成增大了两相间的传质比表面积，加速了传质速率，但也不可避免地造成了分散相在连续相中的夹带损失。

两相夹带对萃取过程造成了不利影响，除在极端情况下出现乳化，会破坏萃取的正常操作外，夹带会造成萃取剂的流失。另外，当分离目的是为了去除废水中的有机溶质时，这种夹带会造成二次污染，给废水的处理带来后续的分离困难。当萃取过程应用于生物发酵过程时，这种夹带又有可能对菌株的活性产生抑制，甚至使菌株死亡。因此，夹带现象会极大地限制萃取剂的选择，甚至萃取过程的应用。

相比传统的液 - 液萃取过程，膜萃取中不存在两相间的直接接触，更不会造成一相在另一相中的分散。两相仅仅通过膜表面的微孔相接触，膜萃取不存在两相夹带。为探讨膜萃取在防止溶剂污染方面的优势，李云峰等[76]采用颗粒直径分析仪研究膜萃取和常规萃取中有机相在水相中的夹带情况，实验证明了膜萃取的夹带量极少。膜萃取过程夹带量明显低于常规萃取澄清分层后的夹带量，其夹带的体积分数是澄清分层后继续澄清 2min 后夹带体积分数的 1/30，与离心分离 5min 后的夹带量相同，证明了膜萃取过程在防止溶剂夹带方面的优势。

化学需氧量（COD）是在一定条件下，水样中有机物、亚硝酸盐、亚铁盐、硫化物等在化学氧化过程中所需消耗氧的量。它可以作为有机相在水相中相对含量的指标之一。有研究表明[55]，在膜萃取过程达到稳态操作后，分别从水相进出口取一定的样品，测定其 COD 值，对比 COD 残留率和溶质残留率，证明了膜萃取过程萃余液的 COD 值主要是由于残留溶质造成的。去离子水经过膜萃取后的 COD 值与进口状况下的 COD 值基本相同，这一结果又一次证明了膜萃取过程可以有效防止溶剂污染。

七、液膜萃取的应用

液膜分离技术具有良好的选择性和定向性，分离效率很高。因此，它涉及气体分离、金属分离浓缩、烃类分离、氨基酸及蛋白质等诸多研究领域，特别是在处理高浓度有机废水方面，液膜萃取取得了显著的成绩，其应用前景宽广。

1. 烃类混合物及其他气体分离

一些物理化学性质相近的烃类化合物用常规的精馏法和萃取法分离，成本既高又难以达到分离要求。采用液膜法进行分离具有简便、快速和高效等特点。研究者已针对苯 - 正己烷、甲苯 - 庚烷、正己烷 - 苯 - 甲苯、己烷 - 庚烷、正己烷 - 环己烷、庚烷 - 己烯等混合体系进行了成功的实验 [77]。

烃类混合物料液均为有机相，故分离中使用水膜。常用液膜组成为水、皂草苷和丙三醇。水是膜溶剂；皂草苷是一种水溶性表面活性剂，控制液膜的稳定性；丙三醇是一种有效的液膜增强剂，可延长液膜寿命。有时还在液膜中加入水溶性增溶添加剂，作为分离特殊烃组分的载体，以控制液膜对烃组分渗透的选择性。

Ward 和 Robb[78] 使用亚砷酸钠的饱和碳酸氢铯溶液渗透的多孔醋酸纤维素薄膜，从 O_2-CO_2 混合气体中去除 CO_2，分离系数高达 4100，亚砷酸钠的存在使 CO_2 的渗透率增加了 3 倍，并且 $NaAsO_2$ 很稳定，使这一优良性能可以长期保持。

2. 金属离子的萃取

Marr 于 1988 年研究了液膜法提取黏胶纤维工厂中的含锌废水，萃取剂使用 D2EHPA，稀释剂为煤油。经一次提取可除去 95% 的 Zn^{2+}，但 Ca^{2+}、Mg^{2+} 几乎不被除去。Marr 等在奥地利建立了一套处理量为 $75m^3/h$ 的中型处理装置，用液膜萃取法处理含锌废水是成功的 [79, 80]。

中科院大连化学物理研究所开发的“液膜法提金同时回收氰化钠”工艺于 1991 年通过中试鉴定，并于 1992 年采用该技术先后同山东莱州黄华山金矿和仓上金矿合作开展了提金、除氰和回收氰化钠的小型工业化试验；之后，在中国科学院的组织下在黄华山金矿建立了一套日处理量为 10t 氰化浸出液的中间放大试验的生产装置，具有良好的社会效益和经济效益 [81-85]。对氰化浸出液，经液膜法二级提金，金含量由 1 ～ 3mg/L 降至 0.05mg/L 以下。对锌粉置换贫液，经液膜法二级除氰，氰根离子由 100 ～ 300mg/L 降至 0.5mg/L 以下。氰化钠去除率达 99% 以上，氰的回收率高于 90%。萃取柱内径 340mm，有效高度 1.2m，整个柱内分成 7 个小室，每室均有一搅拌桨。破乳器采用交流脉冲高压发生器。装置连续运转 3 个月左右。油相可循环使用 30 次以上。

此外，液膜萃取也适用于处理其他金属离子，如 Cr^{3+}、Hg^{2+}、Cd^{2+}、Fe^{3+}、稀土等 [86,87]。如李玉萍等采用乳状液膜不同的体系分别分离富集、测定痕量的银、铅、钴等，效果显著；曾平等用乳状液膜法处理高氟废水，当外相废水的质量浓度为 0.15g/L，经一级液膜处理氟的质量浓度可以降到 0.101g/L 以下，达到排放标准；李绍秀等用乳状液膜法分别在弱酸和弱碱的条件下分离钼和钨，也可达到要求。目前大部分研究还处于实验室阶段，但仍需对分离过程的传质模型和机理进行更充分的研究。

3. 含酚废水的处理

在 20 世纪 80 年代中期，上海环科所张妫等 [88] 采用乳状液膜法对上海新华香料厂的有机废水（含酚量为 500 ～ 2000mg/L）进行了处理，取得了良好的效果。接着邓兆辉等 [89] 相继开展了对高浓度含酚废水处理的研究，采用乳状液膜法对含酚量小于 50000mg/L 的含酚废水处理，除酚率可以达到 97% ～ 98%，出水中酚浓度可降低到 0.5mg/L 以下，达到了国家排放标准。万印华等 [90] 用 LMS 系列表面活性剂 - 煤油 -NaOH 的膜体系对含酚 10000 ～ 47000mg/L 的工业废水经 2 ～ 3 级处理后，出水中酚浓度可降至 0.5mg/L 以下，内相富集酚达 270g/L 以上，破乳后可从内相回收酚钠盐。

广州南中塑料厂于 1985 年建成一套年处理量为 1200t 的液膜法处理酚醛树脂废水装置 [91]。膜体系为 LMS-2- 液体石蜡 - 煤油 -NaOH，处理后的废水含酚量由 1000mg/L 降至 0.5mg/L 以下，除酚率达到 99.96%。乳液经破乳后重复循环使用 50 次，脱酚效率仍很理想。该技术于 1986 年 4 月通过了中试鉴定。

太原机械学院（现为中北大学）汪景文等 [92] 对太原焦化厂含酚废水采用液膜法进行了处理，建成一套日处理废水 1.7t 的连续式中试装置，采用蓝 113B- 煤油 -NaOH 膜体系，经二级处理，使废水中的含酚量由 500 ～ 1000mg/L 降至 0.5mg/L 以下。该中试装置运转了半年之久，能比较稳定地达到脱酚指标。

针对煤气化含酚废水，中煤集团哈尔滨气化厂采用沈阳化工研究院的液膜分离技术开展了 24t/d 的中型规模连续试验研究 [93,94]。废水总酚浓度 5000mg/L，在油内比 2∶1、乳水比 1∶6.7 时，处理后总酚浓度 220 ～ 350mg/L，酚去除率 >90%。中冶集团建筑研究总院邵刚等 [72,95] 主持开发的“液膜法处理含酚、含重金属废水”项目，采用液膜法处理焦化含酚废水时，含酚 1244mg/L 的废水经一级液膜萃取可降至 51mg/L，净化效率达 96%，经二级液膜萃取可达到排放标准。

总之，液膜萃取是一种先进的分离技术，已取得了较大的进展，但是该技术的大规模应用仍需研究人员在液膜性能、设备的连续性操作、工程放大等方面开展深入的研究。

参考文献

[1] 秦炜 , 原永辉 , 戴猷元 . 超声场对化工分离过程的强化 [J]. 化工进展 , 1995, (01): 1-5.
[2] 秦炜 , 张英 , 戴猷元 . 超声场对毛细管内电解质扩散系数的影响 [J]. 清华大学学报 (自然科

学版), 2001, (06): 41-43.
[3] 秦炜, 韩扶军, 张英, 戴猷元. 超声场对毛细管内电解质浸出过程的影响 [J]. 清华大学学报(自然科学版), 2001, (06): 38-40.
[4] 秦炜, 郑涛, 原永辉, 戴猷元. 超声场对姜黄素提取过程的强化 [J]. 清华大学学报(自然科学版), 1998, (06): 47-49.
[5] 秦炜, 原永辉, 戴猷元. 超声场“聚能效应”的研究——超声场对氢键缔合的负载固定相解吸平衡的影响 [J]. 清华大学学报(自然科学版), 1998, (02): 86-89.
[6] 秦炜, 王东, 戴猷元. 超声场对树脂吸附醋酸动力学影响的机理研究 [J]. 清华大学学报(自然科学版), 2001, (Z1): 28-31.
[7] 蒋德敏, 方荣美, 陈建钧, 邓茂君, 王大才. 超声辅助二壬基萘磺酸萃取镁的工艺研究 [J]. 高校化学工程学报, 2018, (03): 545-551.
[8] Pesic, B, Zhou, T. Application of ultrasound in extractive metallurgy: sonochemical extraction of nickel[J]. Metallurgical Transactions B-Process Metallurgy, 1992, 23(1): 13-22.
[9] Lv X, Liu D, Ji J, Chen J, Yang T. Ultrasound-assisted extraction of Fe (Ⅲ) from wet-process phosphoric acid[J]. Solvent Extraction Research and Development-Japan, 2017, 24: 11-22.
[10] 苏芳, 顾明广, 冯献起. 超声波辅助法提取葡萄籽中原花青素工艺的研究 [J]. 中国酿造, 2015, (12): 113-116.
[11] 张盼盼, 王丽, 时志军, 杜美君. 蓝莓果渣花青素的超声辅助提取工艺优化 [J]. 食品与机械, 2017, (02): 152-157.
[12] 姚思敏蔷, 单虹宇, 于雅静, 吕远平. 响应曲面法优化超声波辅助提取黑果枸杞中花青素工艺 [J]. 食品工业科技, 2017, (16): 210-215.
[13] 史高峰, 李刚刚, 李娜, 苗长林. 万寿菊中叶黄素酯的提取工艺研究 [J]. 食品科技, 2010, (09): 254-257.
[14] 丁来欣, 宋先亮, 白逾. 超声波强化溶剂法提取勿忘我花色素的工艺研究 [J]. 生物质化学工程, 2010, (03): 17-21.
[15] 孙海涛, 邵信儒. 响应面法优化超声波提取山核桃壳色素工艺 [J]. 东北林业大学学报, 2012, (02): 74-77.
[16] 李粉玲, 蔡汉权, 陈冬凤. 橘红皮多糖的超声波萃取工艺 [J]. 食品研究与开发, 2010, (07): 91-95.
[17] Ying Z, Han X, Li J. Ultrasound-assisted extraction of polysaccharides from mulberry leaves[J]. Food Chemistry, 2011, 127(3): 1273-1279.
[18] 郭亚芸, 丁燕, 韩晓梅, 王哲, 史红梅. 超声辅助 - 分散液液微萃取 - 气相色谱 / 质谱法测定葡萄酒中三唑类农药残留 [J]. 分析科学学报, 2018, (03): 409-412.
[19] 雷敏, 孙秀敏, 丑天姝, 黄秋鑫. 超声萃取 -GC/MS 法测定土壤中的六六六和滴滴涕 [J]. 环境科学与技术, 2015, (08): 140-144.
[20] Lopezavila V, Young R, Teplitsky N. Microwave-assisted extraction as an alternative to Soxhlet,

sonication, and supercritical fluid extraction[J]. Journal of AOAC International, 1996, 79(1): 142-156.

[21] Zlotorzynski A. The application of microwave-radiation to analytical and environmental chemistry[J]. Critical Reviews in Analytical Chemistry, 1995, 25(1): 43-76.

[22] Ganzler K, Szinai I, Salgo A. Effictive sample preparation method for extracting biologically-active compounds from different matrices by a microwave technique[J]. Journal of Chromatography, 1990, 520: 257-262.

[23] Stout S J, Dacunha A R, Allardice D G. Microwave-assisted extraction coupled with gas chromatography electron capture negative chemical ionization mass spectrometry for the simplified determination of imidazolinone herbicides in soil at the ppb level[J]. Analytical Chemistry, 1996, 68(4): 653-658.

[24] Kovacs A, Ganzler K, Simon-Sarkadi L. Microwave-assisted extraction of free amino acids from foods[J]. Zeitschrift Fur Lebensmittel-Untersuchung Und-Forschung A Food Research and Technology, 1998, 207(1): 26-30.

[25] Silgoner I, Krska R, Lombas E, Gans O, Rosenberg E, Grasserbauer M. Microwave assisted extraction of organochlorine pesticides from sediments and its application to contaminated sediment samples[J]. Fresenius Journal of Analytical Chemistry, 1998, 362(1): 120-124.

[26] Lopezavila V L, Young R, Benedicto J, Ho P, Kim R, Beckert W F. Extraction of organic pollutants from solid samples using microwave-energy[J]. Analytical Chemistry, 1995, 67(13): 2096-2102.

[27] Pylypiw H M, Arsenault T L, Thetford C M, Mattina M. Suitability of microwave-assisted extraction for multiresidue pesticide analysis of produce[J]. Journal of Agricultural and Food Chemistry, 1997, 45(9): 3522-3528.

[28] Onuska F I, Terry K A. Extraction of pesticides from sediments using a microwave technique[J]. Chromatographia, 1993, 36: 191-194.

[29] Molins C, Hogendoorn E A, Heusinkveld H, Vanharten D C, Vanzoonen P, Baumann R A, Microwave assisted solvent extraction (MASE) for the efficient determination of triazines in soil samples with aged residues[J]. Chromatographia, 1996, 43(9-10): 527-532.

[30] Donard O, Lalere B, Martin F, Lobinski R. Microwave-assisted leaching of organotin compounds from sediments for speciation analysis[J]. Analytical Chemistry, 1995, 67(23): 4250-4254.

[31] Chen S S, Spiro M. Study of microwave extraction of essential oil constituents from plant materials[J]. Journal of Microwave Power and Electromagnetic Energy, 1994, 29(4): 231-241.

[32] Lopezavila V, Benedicto J. Microwave-assisted extraction combined with gas chromatography and enzyme-linked immunosorbent assay[J]. Trac-Trends in Analytical Chemistry, 1996, 15(8): 334-341.

[33] 吴晓菊 , 徐效圣 . 微波辅助萃取神香草精油的工艺 [J]. 食品研究与开发 , 2017, (16): 51-53.

[34] 吕平 . 微波辅助萃取超微冻干人参粉总皂苷的研究 [J]. 食品研究与开发 , 2016, (15): 102-105.
[35] 郑坚强 , 司俊玲 , 宋佳旭 , 李红 , 吴晓宗 , 彭新榜 . 微波辅助萃取枸杞中类胡萝卜素技术及其抗氧化活性研究 [J]. 食品研究与开发 , 2018, (10): 27-32.
[36] 张岩 , 张红红 , 吴树国 . 天然生育酚的微波萃取工艺研究 [J]. 应用化工 , 2015, (04): 782-784.
[37] 王艳玲 , 高云碧 . 微波辅助提取南瓜多糖工艺的研究 [J]. 生物化工 , 2016, (05): 27-29.
[38] 宿婧 , 赵志刚 , 梁彬 . 响应面法 - 微波辅助萃取仙鹤草多糖工艺优化 [J]. 海南师范大学学报 (自然科学版), 2016, (02): 160-165.
[39] 李宏燕 , 郝凤霞 , 余学梅 . 微波辅助萃取枸杞多糖的工艺研究 [J]. 食品研究与开发 , 2014, (17): 29-32.
[40] Ray M S. Science and practice of liquid-liquid extraction, 2 volumes[M]//Thornton J D. UK: Oxford University Press, 1992: 1039.
[41] Martin L, Vignet P, Fombarlet C, Lancelot F. Electrical-field contactor for solvent-extraction[J]. Separation Science and Technology, 1983, 18(14-1): 1455-1471.
[42] Stichlmair J, Schmidt J, Proplesch R. Electroextraction - a novel separation technique[J]. Chemical Engineering Science, 1992, 47(12): 3015-3022.
[43] Marando M A, Clark W M. 2-Phase electrophoresis of proteins[J]. Separation Science and Technology, 1993, 28(8): 1561-1577.
[44] 骆广生 , 周双杰 , 汪家鼎 . 溶剂萃取与电泳技术的耦合——电泳萃取技术 [J]. 化工进展 , 1996, (02): 9-12.
[45] 骆广生 , 吕阳成 , 江伟斌 , 朱慎林 . 萃取 - 电泳萃取复合过程用于回收染料 [J]. 化学工程 , 2000, (05): 36-38.
[46] 张喜峰 , 陈蒙恩 , 周健 , 余欢 , 明红梅 , 倪斌 . 响应面法优化反胶团萃取熊猫豆蛋白质的条件 [J]. 食品工业科技 , 2014, (16): 264-269.
[47] 杨秋慧子 , 张志宽 , 陈雨泰 , 曹礼 , 张喜峰 . 反胶团萃取分离红豆蛋白质 [J]. 食品工业科技 , 2013, (19): 252-256.
[48] 刘月华 , 施云芬 , 魏群 . 反胶团法提取黑豆蛋白质的前萃取工艺研究 [J]. 食品工业 , 2016, (12): 81-84.
[49] 刘月华 , 施云芬 , 张春玲 . 反胶团萃取 L- 精氨酸的研究 [J]. 中国酿造 , 2010, (04): 113-114.
[50] 刘伟 , 高书宝 , 吴丹 , 蔡荣华 , 黄西平 , 张琦 . 膜萃取分离技术及应用进展 [J]. 盐业与化工 , 2013, (11): 26-31.
[51] 刘彤 . 试简述膜萃取过程分离原理 [J]. 广东化工 , 2011, (03): 24-25.
[52] 王玉军 , 骆广生 , 王岩 , 戴猷元 . 轴向扩散对中空纤维膜萃取器传质性能的影响 [J]. 化学工程 , 2002, (04): 52-55.
[53] 张卫东 , 朱慎林 , 骆广生 , 戴猷元 , 汪家鼎 . 中空纤维封闭液膜技术的传质强化研究 [J]. 膜

科学与技术 , 1998, (03): 55-59.
[54] 郑丁杰 , 贾悦 , 吕晓龙 . 中空纤维支撑液膜稳定性的研究 [J]. 天津工业大学学报 , 2008, (03): 29-31.
[55] 张卫东 , 朱慎林 , 骆广生 , 戴猷元 , 汪家鼎 . 膜萃取防止溶剂污染的优势 [J]. 水处理技术 , 1998, (01): 41-44.
[56] 戴猷元 , 朱慎林 , 路慧玲 . 固定膜界面萃取的研究 [J]. 清华大学学报 (自然科学版), 1989, (03): 70-77.
[57] Kim B S, Harriott P. Critical entry pressure for liquids in hydrophobic membranes[J]. Journal of Colloid and Interface Science, 1987, 115(1): 1-8.
[58] 王玉军 , 骆广生 , 王岩 , 吴忠峻 , 戴猷元 . 膜萃取处理水溶液中镉、锌离子的工艺 [J]. 环境科学 , 2001, (05): 74-78.
[59] 张凤君 , 马根祥 , 李德谦 . 二 (2,4,4- 三甲基戊基) 膦酸在中空纤维膜器中萃取镱、铒及传质研究 [J]. 应用化学 , 1999, (02): 88-90.
[60] 左丹英 , 朱宝库 , 王绍洪 , 徐又一 . 聚丙烯中空纤维膜 / 二 (2- 乙基己基) 膦酸体系萃取水溶液中铜离子的研究 [J]. 功能材料 , 2006, (01): 150-154.
[61] 冯海波 , 贾悦 , 吕晓龙 , 刘薇 , 苏烨 , 卢卫球 . 中空纤维支撑液膜萃取法提铟工艺比较研究 [J]. 水处理技术 , 2012, (08): 96-100.
[62] Daiminger U A, Geist A G, Nitsch W, Plucinski P K. Efficiency of hollow fiber modules for nondispersive chemical extraction[J]. Industrial & Engineering Chemistry Research, 1996, 35(1): 184-191.
[63] Raghuraman B, Wiencek J. Extraction with emulsion liquid membranes in a hollow-fiber contactor[J]. AIChE Journal, 1993, 39(11): 1885-1889.
[64] Argiropoulos G, Cattrall R W, Hamilton I C, Kolev S D, Paimin R. The study of a membrane for extracting gold(Ⅲ) from hydrochloric acid solutions[J]. Journal of Membrane Science, 1998, 138(2): 279-285.
[65] Goto M, Kubota F, Miyata T, Nakashio F. Separation of yttrium in a hollow fiber membrane[J]. Journal of Membrane Science, 1992, 74(3): 215-221.
[66] Kathios D J, Jarvinen G D, Yarbro S L, Smith B F. A preliminary evaluation of microporous hollow-fiber membrane modules for the liquid-liquid-extraction of actinides[J]. Journal of Membrane Science, 1994, 97: 251-261.
[67] Schoner P, Plucinski P, Nitsch W, Daiminger U. Mass transfer in the shell side of cross flow hollow fiber modules[J]. Chemical Engineering Science, 1998, 53(13): 2319-2326.
[68] 戴猷元 , 王秀丽 , 汪家鼎 : Study on mass transfer characteristics of membrane extraction processes[J]. Communication of State Key Laboratories of China, 1991, (02): 175-180.
[69] 戴猷元 , 王秀丽 , 汪家鼎 . 膜萃取过程的传质特性研究 [J]. 高校化学工程学报 , 1991, (02): 87-93.

[70] Yun C H, Prasad R, Sirkar K K. Membrane solvent-extraction removal of priority organic pollutants from aqueous waste streams[J]. Industrial & Engineering Chemistry Research, 1992, 31(7): 1709-1717.

[71] Stevanovic S M, Mitrovic M V, Korenman Y I. Membrane extraction of phenol with linear monoalcyl cyclohexane[J]. Separation Science and Technology, 1999, 34(4): 651-663.

[72] 杜三旺，刘文凤．乳状液膜分离技术在中国的应用研究进展 [J]. 当代化工，2015, 44(01): 101-104.

[73] 王玉军，骆广生，蔡卫滨，王岩，戴猷元．膜萃取去除水中对氨基苯磺酸的研究 [J]. 现代化工，2000, (10): 31-33.

[74] Semmens M J, Qin R, Zander A. Using a microporous hollow-fiber membrane to separate vocs from water[J]. Journal American Water Works Association, 1989, 81(4): 162-167.

[75] 王玉军，朱慎林，戴猷元．膜萃取去除水中氯仿的研究 [J]. 膜科学与技术，1999, (03): 34-37.

[76] 李云峰，秦炜．膜萃取过程的溶剂夹带 [J]. 膜科学与技术，1994, (3): 36-40.

[77] 时钧，袁权，高从堦．膜技术手册 [M]. 北京：化学工业出版社，2001.

[78] Ward W J, Robb W L. Carbon dioxide-oxygen separation - facilitated transport of carbon dioxide across a liquid film[J]. Science, 1967, 156(3781): 1481.

[79] Draxler J, Furst W, Marr R. Separation of metal species by emulsion liquid membranes[J]. Journal of Membrane Science, 1988, 38(3): 281-293.

[80] Marr R, Draxler J. Recycling of metals from low concentrated-solutions[J]. Chemie Ingenieur Technik, 1988, 60(5): 348.

[81] 严忠，孙文东．乳液液膜分离原理及应用 [M]. 北京：化学工业出版社，2005.

[82] 林立，温铁军，刘凤芝，金美芳．改性胺在碱性氰化液中对金的萃取研究 [J]. 稀有金属，1997, (03): 20-24.

[83] 林立，金美芳，温铁军，刘凤芝．乳化液膜提取柠檬酸及其溶胀的研究 [J]. 水处理技术，1995, (06): 331-336.

[84] 金美芳，温铁军，林立，刘凤芝，刘利军，章元琦，张处俊，邓鹏飞，宋增春．液膜法从金矿贫液中除氰及回收氰化钠的小型工业化试验 [J]. 膜科学与技术，1994, (04): 16-28.

[85] 金美芳，温铁军，林立，刘凤芝，张春延，赵彤，章元琦．乳化液膜提金的研究——氰化浸出贵液中提金及回收氰化钠的工艺研究 [J]. 水处理技术，1992, (06): 23-31.

[86] 姚淑华，石中亮，侯纯明，周华锋．乳化液膜法处理含铬废水的研究 [J]. 辽宁化工，2003, 32(1): 24-25, 33.

[87] 李绍秀，王向德，张秀娟．乳状液膜法分离高钼低钨料液中钨钼的研究 [J]. 膜科学与技术，1998, (01): 53-56.

[88] 张妫，张月贞，刘瑜，陶遵玉，童步清，张兴海，舒仁顺．液膜技术处理含酚废水 [J]. 化工环保，1984, (01): 12-18.

[89] 邓兆辉，林映华．液膜法处理高浓度含酚废水 [J]. 化工环保，1989, (04): 194-199.
[90] 万印华，王向德，冯肇霖，张秀娟．液膜法处理和回收多种废水中高浓度酚的研究 [J]. 水处理技术，1991, (04): 12-18.
[91] 张秀娟，范琼嘉，张兴泰，刘振芳，黄平瑜，刘健宏，梁庆棠，廖向阳，邱木华，陈荣旭，卢天赐，缪仕顿．液膜法处理含酚废水的工业应用 [J]. 水处理技术，1987, (05): 286-291.
[92] 汪景文，王秉章，崔子文，孙玉歧，柳崇先，关济安．液膜法处理焦化厂含酚废水的中试工艺与设备 [J]. 水处理技术，1988, (02): 7-13.
[93] 程迪．液膜分离技术在精细化工行业节能减排、资源回收中的应用 [J]. 精细与专用化学品，2008, (11): 14-17.
[94] 师玉虎．含酚废水液膜处理分析 [J]. 民营科技，2008, (09): 40.
[95] 邵刚，王开文．液膜法处理含酚废水 [J]. 工业水处理，1983, (02): 32-37.

第七章

萃取设备

第一节 经典萃取设备

一、连续操作式混合澄清槽

混合澄清槽（或混合澄清器），顾名思义，在这种类型的萃取设备内要进行两液相的搅拌混合和澄清分相两个过程。这两个过程既可以在同一设备内按先后顺序间歇进行，也可以分别在相连接的混合设备和澄清设备内连续进行。对于后一种情况，混合设备可以是采用不同方式进行搅拌的搅拌容器，也可以是采用有机械搅拌或者没有机械搅拌的各种类型的液流混合器或管道混合器。澄清设备则可分为非机械类型（包括重力澄清器和水力旋流器型的澄清器）和机械类型（即离心式澄清器）[1]。从原则上讲，任一类型的混合器和任一类型的澄清器均可互相搭配而组成为一定型式的混合澄清器。由于常用的混合和澄清设备的结构型式多为槽式，故一般亦称其为混合澄清槽。由一个混合槽和一个澄清槽组成的混合澄清单元，称为混合澄清槽的一级。实际应用的混合澄清槽常常是由多个级串联组合而成的。随着萃取法在原子能和湿法冶金工业中的广泛应用，近三十年来，人们对混合澄清槽进行了很多研制、改进的工作，它具有结构简单、级效率高、可即开即关、环境适应性强、成本低、萃取效果好的特点，是目前萃取工业中的主要萃取设备[2]。已经应用的混合澄清槽就有一二十种不同的结构型式，下面概要地介绍其中的几种主要型式。

1. 箱式混合澄清槽

随着原子能工业的发展，水平放置的箱式混合澄清槽首先在英国温茨凯尔（Windscale）核燃料后处理工厂被采用。它把混合槽和澄清槽连成了一个整体，从外观来看，就像一个长长的箱子，内部用隔板分隔成一定数目的进行混合和澄清的小室，即混合室和澄清室。

在箱式混合澄清槽中，利用水力学平衡关系并借助搅拌器的抽吸作用，重相由次一级澄清室经过重相口进入混合室，而轻相由上一级澄清室自行流入混合室。在混合室中，经搅拌使两相充分接触而进行萃取，然后，两相混合液进入该级澄清室进行分相。就混合澄清槽的同一级而言，两相是并流的，但是就整个箱式混合澄清槽来讲，两相在槽内的流动方式是逆流的：水相从第一级混合室进入，从最后一级澄清室流出。有机相从最后一级混合室加入，从第一级澄清室流出[3]。

在混合室内，搅拌器不但要使两相得到充分的接触，而且还要使重相由次一级澄清室抽入混合室。人们研究了各种不同型式搅拌器的操作性能。目前一般采用的有泵式和桨叶式（又分为平桨和涡轮）两大类型。在核燃料后处理工厂中，为了便于远距离操作，也广泛使用空气抽压液柱脉冲进行搅拌。基于所采用的搅拌器类型的不同，箱式混合澄清槽又可分为简单重力混合澄清槽和泵混合式混合澄清槽两种。前者输送液流的推动力主要是来自级间的密度差，因此，其推动力是有限的，液流的通量也较小。为了克服这一弱点，发展了泵混合式的类型。后者和前者比较，将轻相溢流进入改为由下相口进入，同时用泵式搅拌器代替了搅拌桨以加大抽吸能力，从而可加大液流的通量。

混合相的澄清一般是在简单的重力澄清室中进行的。为了加速澄清过程，也可以在澄清室内充填填料、安装挡板或装设其他促进分散相聚合的装置。

箱式混合澄清槽把搅拌和液流输送结合起来，去掉了另外设置的级间泵，简化了结构，同时把多组混合槽和澄清槽组成了一个整体，这样就使槽体结构更加紧凑，减少了占地面积，并便于加工制造。由于箱式混合澄清槽具有这样一些优点，因此，它不仅在原子能工业中，而且在其他金属的水冶过程中都得到了广泛的应用。

近年来，随着溶剂萃取法在有色金属（如铜、钴、镍等）湿法冶金过程中的应用，所要求的料液处理量越来越大，这种箱式混合澄清槽也日益暴露了它的不足之处。最突出的问题是生产效率较低，所需体积大，相应的占地面积、物料和溶剂的积压量也大。因此，人们对原有的混合澄清槽，特别是澄清槽进行了很多的改进设计，进一步发展了多样化、大型化和高效化的混合澄清槽。

2. 浅层澄清的混合澄清槽

浅层澄清的混合澄清槽是 General Mills 所研制的一种混合澄清设备。其结构型式如图 7-1 所示。它是为大规模湿法冶金设计的，最先用于铜的萃取过程。该设计采用带有垂直挡板的圆形混合槽。安装在靠近混合槽底部的封闭式叶轮同时起着混合和泵吸两相液流的作用。经过充分搅拌和传质以后，混合相从混合槽顶部流出，进入浅的长方形澄清槽。混合槽的尺寸是根据处理量和达到一定级效率所需要的停留时间而确定的。这种浅层的澄清槽可以在一定程度上减少有机相的滞留量，因此适用于处理量大的萃取过程。

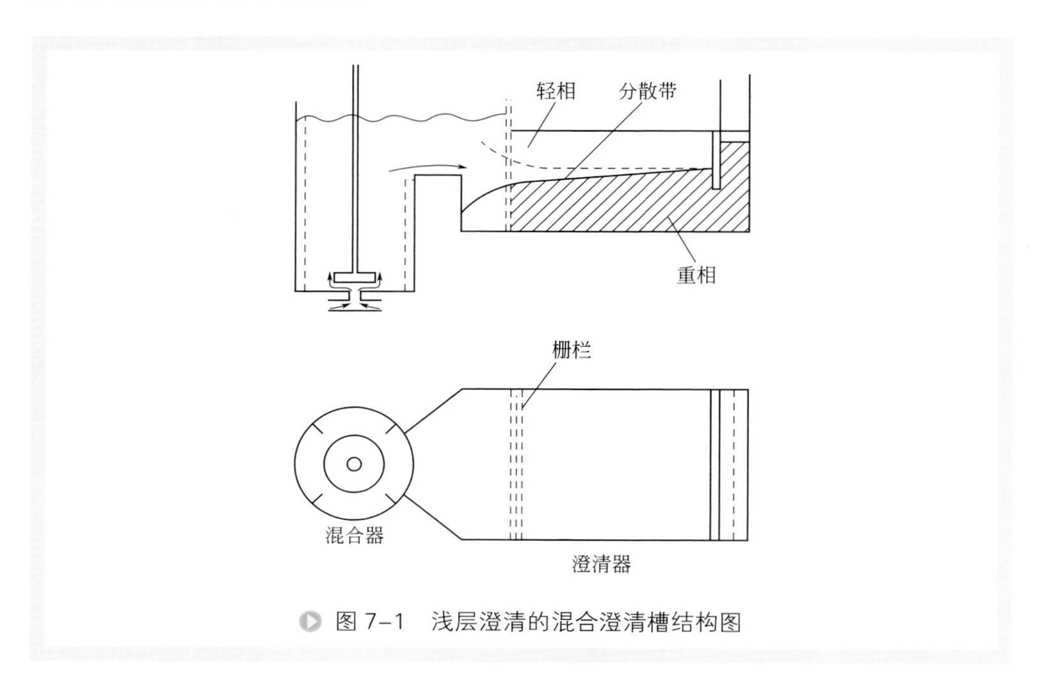

图 7-1　浅层澄清的混合澄清槽结构图

箱式混合澄清槽中搅拌桨主要起抽吸作用，搅拌混合效果较弱。为了使料液进行充分混合，王春花等[4]提出一种双混合室浅层澄清室的结构，如图 7-2 所示。

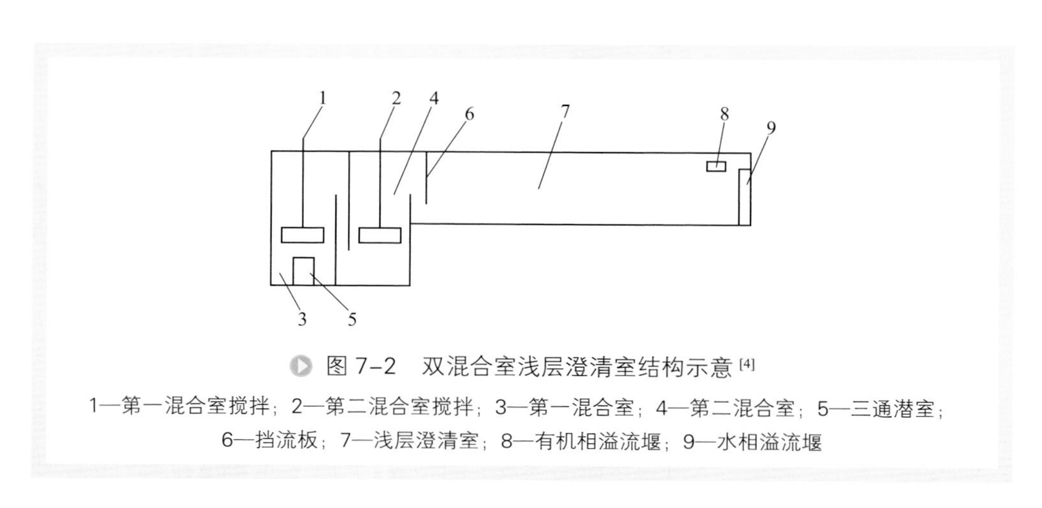

图 7-2　双混合室浅层澄清室结构示意[4]

1—第一混合室搅拌；2—第二混合室搅拌；3—第一混合室；4—第二混合室；5—三通潜室；6—挡流板；7—浅层澄清室；8—有机相溢流堰；9—水相溢流堰

双混浅层槽由两个混合室和一个浅层澄清室组成，第一个混合室用于抽吸，第二个混合室用于搅拌传质，随后流体在浅层澄清室中进行分相。双混合室的结构充分考虑了抽吸和搅拌混合的要求，同时浅层澄清室的设计可以减少料液的压槽量，对于多级操作可有效降低一次性投资成本。分散相经过第一混合室打碎成小液滴后可能会在两混合室间进行初步聚并，此时第一混合室对液滴的破碎效果减弱，要达到较好的搅拌效果则需增大第二混合室的搅拌转速，因此该过程做了无用功。此外，双混浅层混合澄清槽每一级设备需要用到两个搅拌桨，需要的电机数量增加，功率消耗也会有所增大。

3. MSPI（Mixing-Settler based on Phase Inversion）混合澄清槽

MSPI 混合澄清槽最大的特点就是将占地面积较大的澄清室放置在混合室底部，其中以 Hadjiev 等[5,6]研制的反向槽最为典型（图 7-3）。由于采用管式澄清结构，该混合澄清槽具有占地面积小、压槽量低的优点，但是该设备需要将物料通过泵输送到高位混合槽中，消耗大量的电能，其工业应用还需进一步研究。

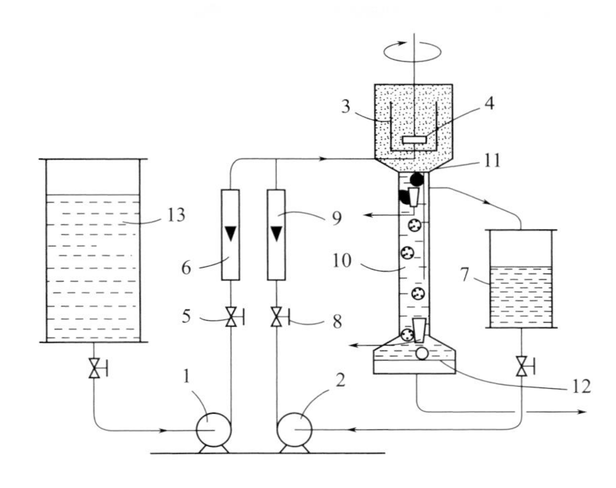

图 7-3　MSPI 混合澄清槽工艺图[5,6]

1,2—泵；3—混合室；4—搅拌桨；5,8—阀门；6,9—流量计；7—有机相储槽；10—澄清段；11—多孔板；12—相界面；13—水相储槽

该设备的工作原理是将油水两相通入到顶部的混合室中进行接触传质，充分混合后通过一个多孔板形成大量的混合相液滴并进入澄清段，由于混合相液滴的密度比澄清室顶部的油相密度大，因此会缓慢向下沉降，沉降过程中混合相液滴内的细小油滴逐渐从液滴内部扩散到油相主体，经过充分澄清后液滴中只剩水相，并最后进入到底部的水相中。

4. Davy Powergas 混合澄清槽

其结构示意图如图 7-4 所示。其总体为箱式，即混合槽截面为方形，澄清槽截面为矩形。该设备采用封闭式叶轮泵抽吸和搅拌两相，在混合槽顶装设折流挡板，以消除混合槽内的旋涡并促进循环[7]。在澄清槽装有混合相进口挡板，以使混合相平稳地进入澄清槽的分散带。当设备规模很大时，澄清槽的高度可以小于混合槽，以减少澄清槽内的滞留量。这种型式的大型槽已经在赞比亚萃铜工厂中应用。

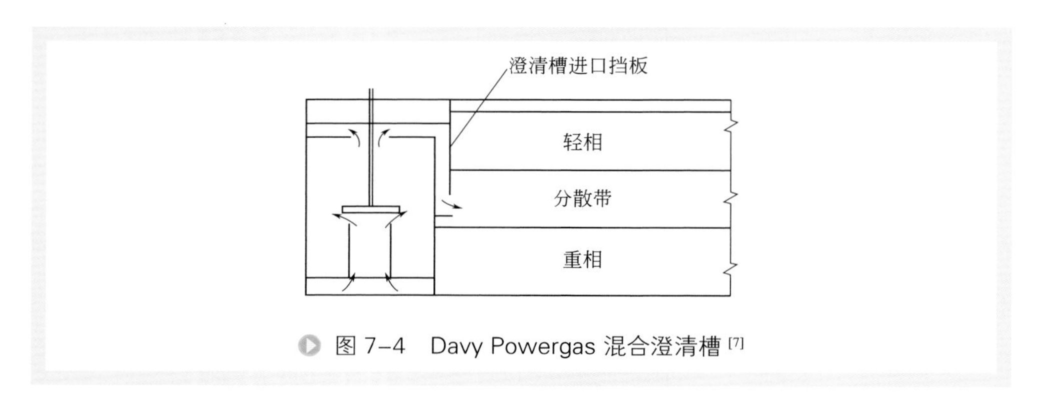

图 7-4　Davy Powergas 混合澄清槽[7]

5. I.M.I 混合澄清槽

I.M.I 混合澄清槽为以色列矿业公司所设计。它已用于工业规模的铀和磷酸的精制过程，其结构如图 7-5 所示。设备的设计思想颇有新颖之处，在混合槽内除了搅拌叶轮外，在同一根轴上还安装了一个轴流泵以将混合液提升到能借重力流入澄清槽的高度。由于搅拌和抽吸作用分别由两个同轴的叶轮完成，通过合理设计，可以分别使搅拌和抽吸的效果达到最优。澄清槽也是圆柱形的，而且比较深。混合相进入澄清槽中心后沿径向向外流动，在流动过程中线速度下降，这样有助于聚合和分相。澄清槽内还安装了防湍流挡板，可以进一步加快澄清速度。分离后的两相分别从槽子周边上的相口引出。

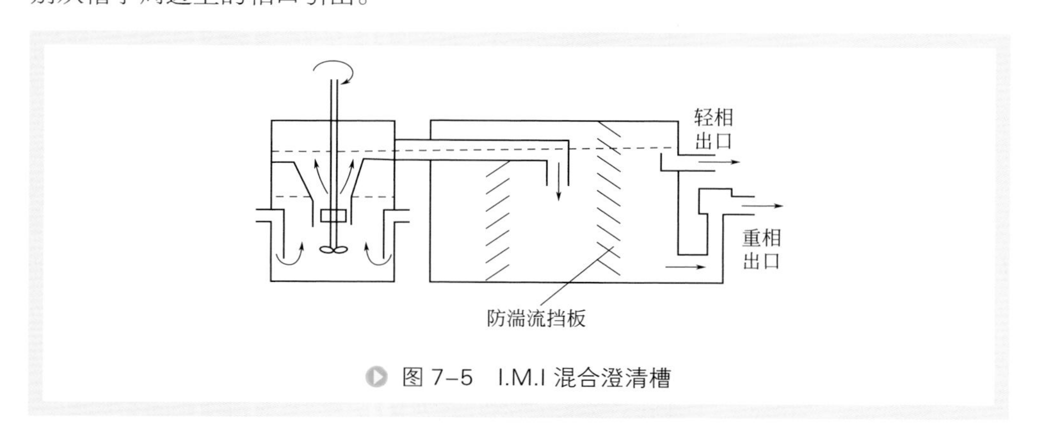

图 7-5　I.M.I 混合澄清槽

据报道，这种萃取槽处理能力很大，且能适用于两相物理性质（如黏度、密度等）逐级发生显著变化的工艺过程，对工艺和操作条件的变化具有很大的适应性。

6. Kemira 混合澄清器

这是一种由芬兰人研制并经改进的泵混式混合澄清器[8]，其结构示意图和连接图如图 7-6 及图 7-7 所示。

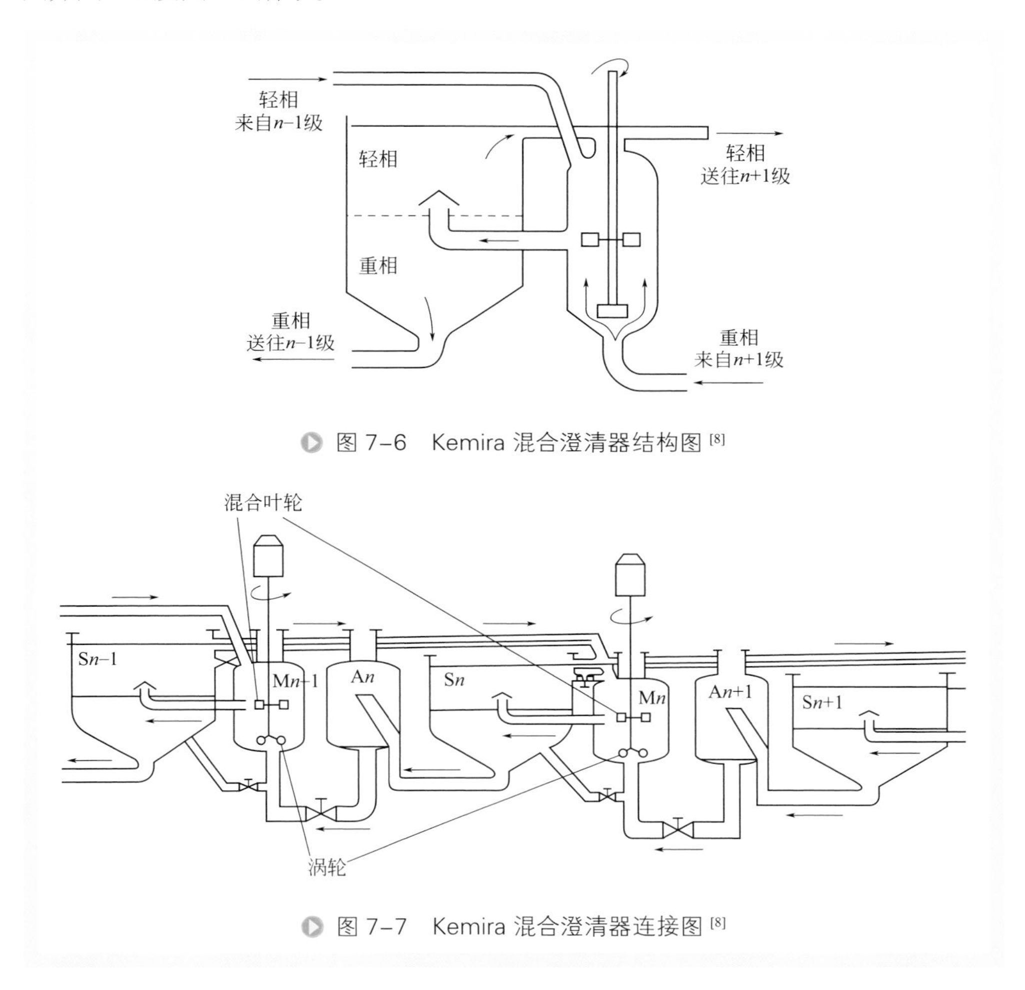

图 7-6 Kemira 混合澄清器结构图[8]

图 7-7 Kemira 混合澄清器连接图[8]

Kemira 混合澄清器主要有以下特点：

（1）泵吸设备和搅拌器是分开的，但是安装在同一根转轴上。

（2）重相从底部流进混合器，而轻相在重力作用下自动由上一级澄清器流入混合器，两相逆流流动时，不需要外部的泵进行输送。

（3）在每一级内均可以控制有机相的循环。

Kemira 混合澄清器主要是为制造硝酸 - 磷酸盐肥料的萃取过程而研制的。实践表明，这种设备操作弹性好，对于各级之间流量变化显著的体系其工作十分可靠，其在从磷灰石中萃取分离稀土的过程中的应用也很成功。

7. Denver混合澄清槽

图 7-8 示出了典型的 Denver 混合澄清单元装置。在此单元内，泵用于两相的输送和混合，其容量可以通过调节可调间隙的大小进行控制。由图可见，在此单元内可以实现任一相的再循环，并且可以在任一相连续的条件下进行操作[8]。

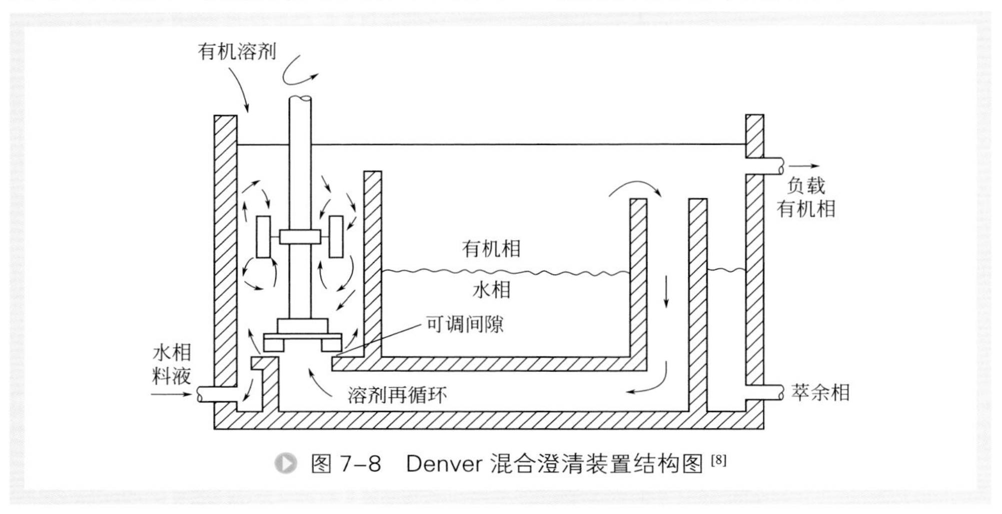

图 7-8　Denver 混合澄清装置结构图[8]

8. Krebs型混合澄清器

Krebs 型混合澄清器为法国 Krebs 公司所研制，已用于镍、钴分离，铀和钒的萃取等领域。其结构简图示于图 7-9[9-11]。

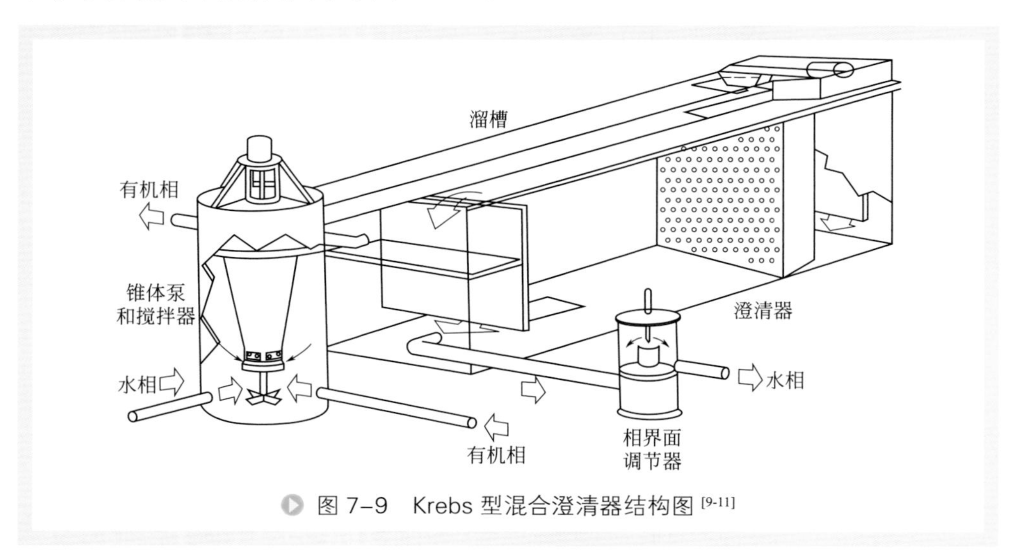

图 7-9　Krebs 型混合澄清器结构图[9-11]

Krebs 型混合澄清器具有如下设计特点：

（1）两相的混合可以采用不同类型的搅拌器，从而得到最佳的混合效果和传质速率；

（2）采用减弱扰动的“锥体泵”抽送流体，可使泵在一个相当宽的流量范围内具有稳定的工作特性；

（3）在澄清器顶部设置溜槽，两相的分离从此开始，然后两相分别进入澄清器主体并得到进一步的分离。

Krebs 型混合澄清器较之常规的混合澄清器具有占用空间小（面积减少到常规装置的三分之二）、溶剂滞留量小（约减少二分之一到三分之二）、可将所有混合器都安装在同一边而易于操作等优点，从而具有更好的经济性。

9. “蜂窝”式（honeycomb）脉冲混合澄清器和柱形混合室的混合澄清器

“蜂窝”式脉冲混合澄清器是由苏联学者研制的混合澄清器。在“蜂窝”式混合澄清器内，以两相并流的脉冲柱段作为混合室，而澄清室则是随意排布的，它可置于混合室之上、之下或其后，而且整个装置可以有不同的排列方式（如图 7-10 所示）。

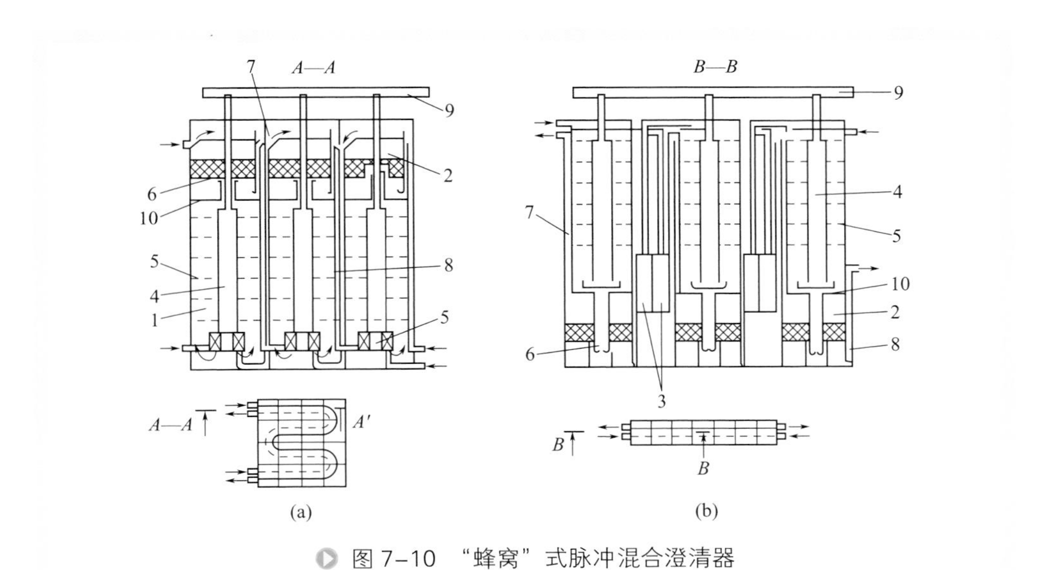

图 7-10 “蜂窝”式脉冲混合澄清器

1—混合室；2—澄清室；3—轻、重相输送单元；4—脉冲室；5—KRIMZ填料；6—混合液通道；7—轻相通道；8—重相通道；9—脉冲总管；10—挡板

采用脉冲柱段作为混合室，主要是利用它的柱塞流型的操作特性，从而可降低为实现两相混合所消耗的输入能量，并且控制脉冲强度获得大小适宜的直径为 0.8 ～ 1.2mm 的均匀液滴。同时，单独输送每一相，从而避免了二次雾沫的生成。

这样两相的澄清速率就比一般混合澄清槽内的澄清速率大大提高了。

在对不同尺寸设备直至工业设备进行研究的基础上，研究者发现，这种类型的混合澄清器的澄清室体积可减少到通常采用的混合澄清槽澄清室体积的 1/4 ～ 1/5，显然，溶剂滞留量也将相应地减少。

10. CMS（the Combined Mixer-Setter）萃取器

一般认为，CMS 萃取器的出现是对常规混合澄清器型式的一个重大突破。它是由 Davy Mckee 矿业和金属公司研制的。其设计原理图如图 7-11 所示[12]。

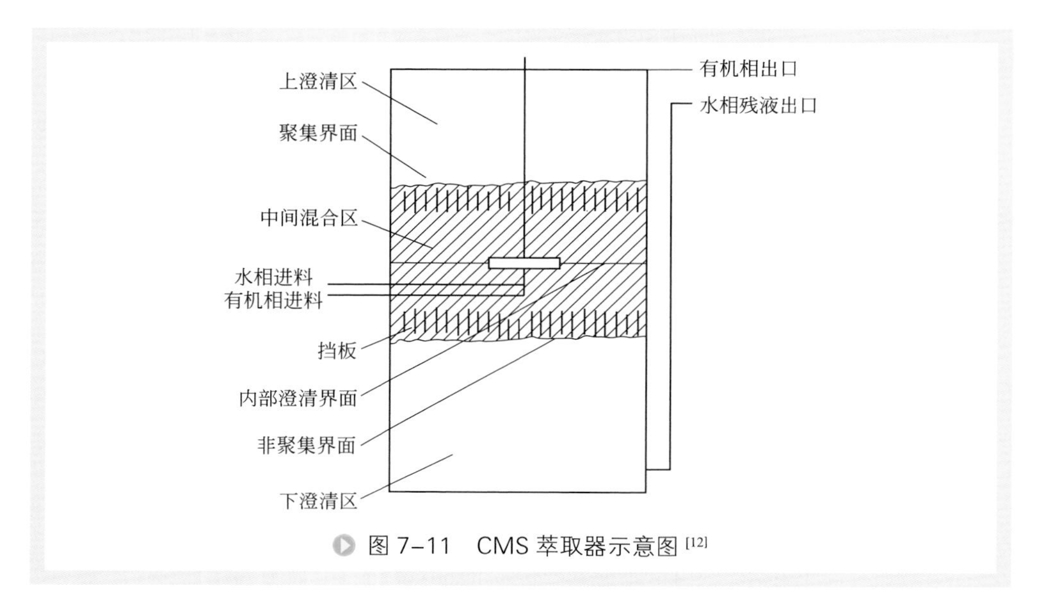

图 7–11　CMS 萃取器示意图[12]

CMS 单元只由单一容器组成。在一定的操作条件下容器内分为三个区域，即上澄清区、下澄清区和充满分散系的中心区。在中心区内装设泵式搅拌器进行搅拌并起泵吸作用，在中心区上、下端装置挡板，以抑制湍流并促进澄清分相。

CMS 单元的主要特点是在一个容器内综合了混合和澄清两个过程。中心区内的两相接触相比可通过调节有机相堰或水相堰进行控制，进料流比的改变不会影响接触相比，这样，即使进料流比为 1 : 10，在中心区内也可控制接触相比为 1 : 1。

CMS 单元除具有自调节接触相比的操作特性外，还具有占地面积小、溶剂滞留量小、要求的输入能量低、易于操作控制以及可处理含固量达 300×10^{-6} 的料液等特点。CMS 单元的建设和操作费比常规的混合澄清槽均可有较大的节省。

上述几种类型的混合澄清槽虽然各适用于不同的场合，但其共同的特点都是水平放置的。这样，占地面积较大的缺点仍然没能很好地解决。另外，对于大型槽而言，由于每级混合槽都需要各自安装一套搅拌装置，所以结构比较复杂，消耗能量比较多，为此，人们提出了将多级混合澄清槽垂直放置的塔形结构。

11. 塔形混合澄清萃取器

塔形混合澄清萃取器的型式也是多种多样的，图 7-12 示出了 Treybal 提出的一种塔形的示意图。

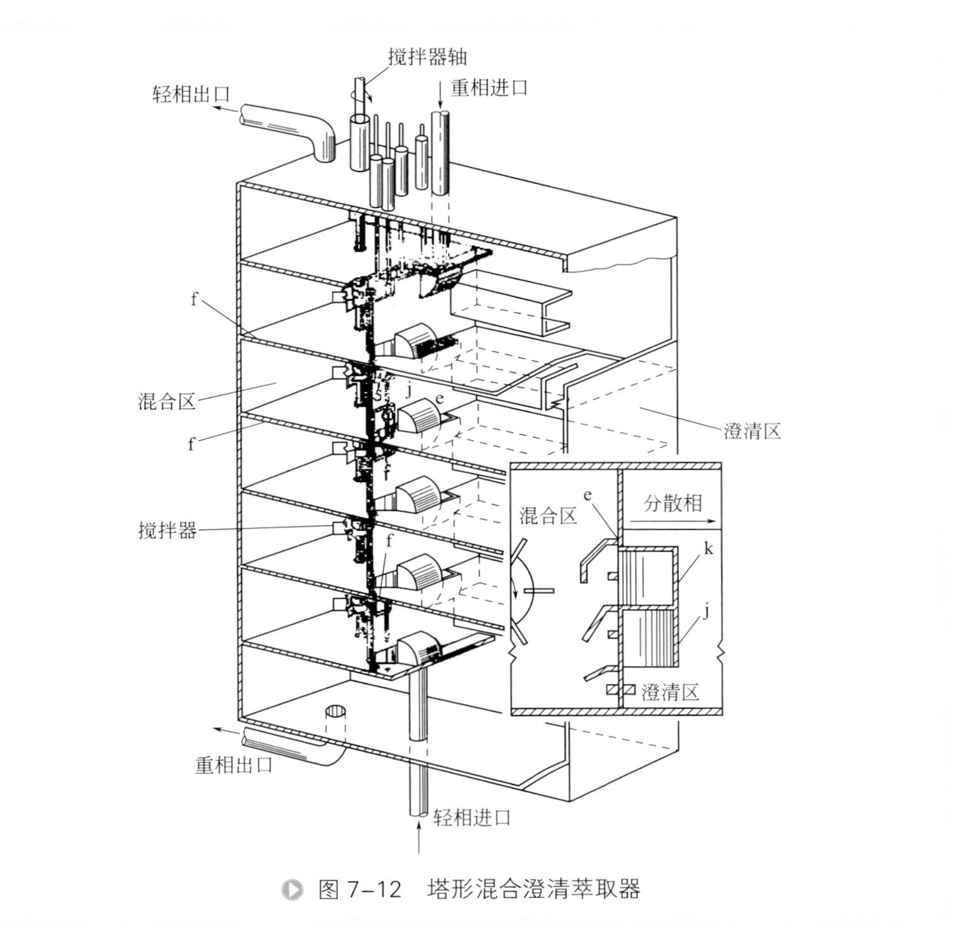

图 7–12 塔形混合澄清萃取器

图 7-12 所示为五级混合澄清器，其搅拌器均串在同一个搅拌轴上，级间用隔板 f 隔开，各级的混合室和澄清室用隔板 e 隔开。当轻相自下而上、重相自上而下进行逆流流动时，轻相通过 j 开口从下一级澄清室进入上一级混合室，而上一级的重相通过 k 开口进入下一级混合室。每级的混合相是通过混合相通道从混合室进入澄清室的。

后来，这一结构的混合澄清器进一步改进设计，成了真正的柱形，如图 7-13 所示。它实际上是由两根柱子组成，小柱子装在大柱子内，偏向一方，它们用水平隔板分隔成级，被分隔的小柱子的小室起混合室作用，混合相通过一定的开口进入大、小柱子之间的环形区，后者相当于澄清室。此设备即使对于困难的萃取过程也

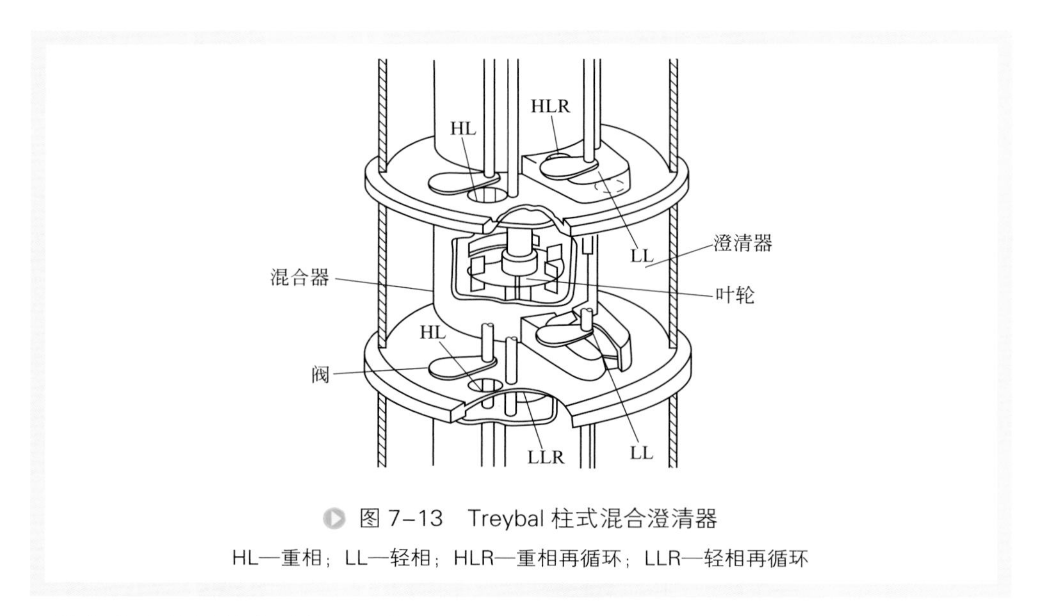

图 7-13 Treybal 柱式混合澄清器

HL—重相；LL—轻相；HLR—重相再循环；LLR—轻相再循环

可获得较高的级效率（约 80%）。

Lurgi 塔形萃取器是已获实际应用的一种塔形混合澄清设备，塔内设有澄清室的级间通道，相的分散、混合和级间流动由安装在塔外的轴流泵和管线完成。图 7-14、图 7-15 分别给出了轻相再循环、重相再循环时的 Lurgi 型萃取器的结构示意图 [13]。

如图 7-14 所示，两相混合液由泵打入澄清室 A 进行分相，然后，重相从隔板 B 下方流入相邻的排液室 C。轻相从隔板上方向上流经通道 D 到上一级的排液室，然后经泵再循环至原来的级。其中的一部分轻相通过通道 E 流到更上一级的排液室。泵 G 通过排液孔 F 吸取两相进行混合并输送至下一级澄清室 A，这样即实现了两相的逆流流动。

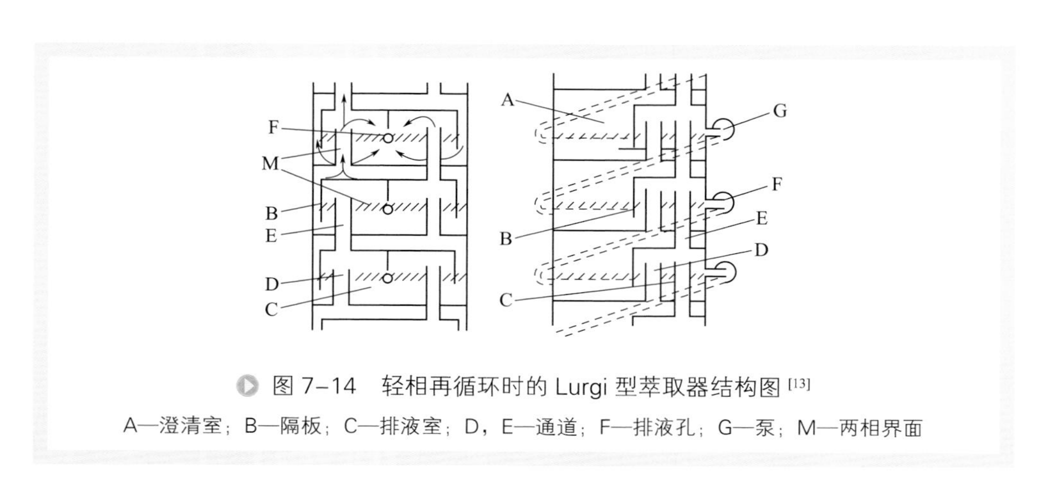

图 7-14 轻相再循环时的 Lurgi 型萃取器结构图 [13]

A—澄清室；B—隔板；C—排液室；D，E—通道；F—排液孔；G—泵；M—两相界面

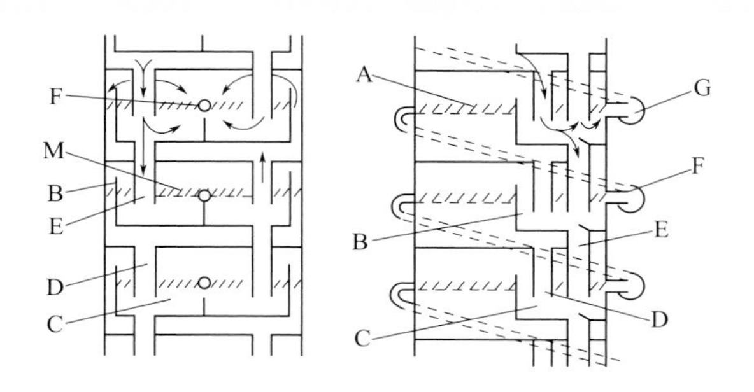

图 7-15　重相再循环时的 Lurgi 型萃取器结构图 [13]

A—澄清室；B—隔板；C—排液室；D,E—通道；F—排液孔；G—泵；M—两相界面

对于重相再循环有类似的情况，具体液流走向参见图 7-15。

Lurgi 萃取塔原来主要用于从脂肪族碳氢化合物中分离芳香族化合物的 AROSOLVAN 过程，但现在它已被研究用于其他许多物质的萃取过程，如从液体丙烷中提取硫化氢，从煤的气化工厂的废水中提取苯酚等过程。目前 Lurgi 型萃取器的最大直径已达 8m，其处理容量可达 1800t/h。

长期以来，混合澄清槽之所以在各种萃取过程中得到广泛的应用，是和它所具有的一系列优点分不开的。归结起来，它主要有以下几方面的优点：

（1）高效率。由于两相在槽内各级可根据需要保证良好的接触和分相，因此可得到很高的级效率。对于工业规模的大型混合澄清槽，一般可达 85% ～ 95%，小型实验用混合澄清槽往往可接近 100%。

（2）操作适应性强。特别表现在可以适应于很大的流比变化范围。同时，通过某一相或两相的回流可以调节和控制槽内的实际相比不同于进料流比，从而取得较好的萃取效果。

其操作的适应性还表现在，当连续运行的槽子暂时停车后再启动时，不会改变槽子内各级的物料平衡状态，从而可以提高操作效率。

（3）级数可变。水平放置的混合澄清槽可方便地根据需要增减级数。这对于试验研究用的混合澄清槽是尤为有利的。

（4）易于放大。这一点和其他类型的萃取设备（如萃取柱或离心萃取器）相比是很突出的。

（5）需要厂房高度低（对水平放置的槽子而言）。

（6）和其他类型萃取设备相比，对于同样的处理要求，可能有较低的设备费用。

水平放置的混合澄清槽的缺点与不足之处大体可分为以下几个方面：

（1）占地面积大。

（2）物料和溶剂滞留（积存）量大。这一缺点对于处理贵重物料和溶剂比较昂贵时尤其突出。

（3）能量消耗一般较大。这是由于各级均需相应的搅拌机构。而且，对于大处理量的混合澄清槽多需装设级间泵。

（4）难于自动排污。在处理强放射性物料时，由于辐射降解作用会产生界面污物的积累，积累多了影响正常操作。

当然，上述优、缺点都是和其他类型的萃取设备比较而言的，因此不是绝对的，随着对混合澄清槽的不断研究、改进，其现存的一些不足之处亦将会有所弥补或克服。

二、液－液萃取柱

1. 简单的重力作用萃取柱

（1）喷淋柱　喷淋柱是一种最简单的连续逆流萃取设备，它由空的柱壳和两相的导入及排出装置构成，图 7-16 所示是一种轻相分散的操作情况。重相为连续相，从柱顶引入，充满整个萃取柱，并从柱底通过液封管流出。轻相从柱底部进入，通过一个分布器分散成细小的液滴。液滴群通过向下流动的重相并在柱顶聚合成轻相液层。移动液封管的高度，可以调节界面高度。在工业装置中，则可以用重相排出管线上的阀门来调节界面。

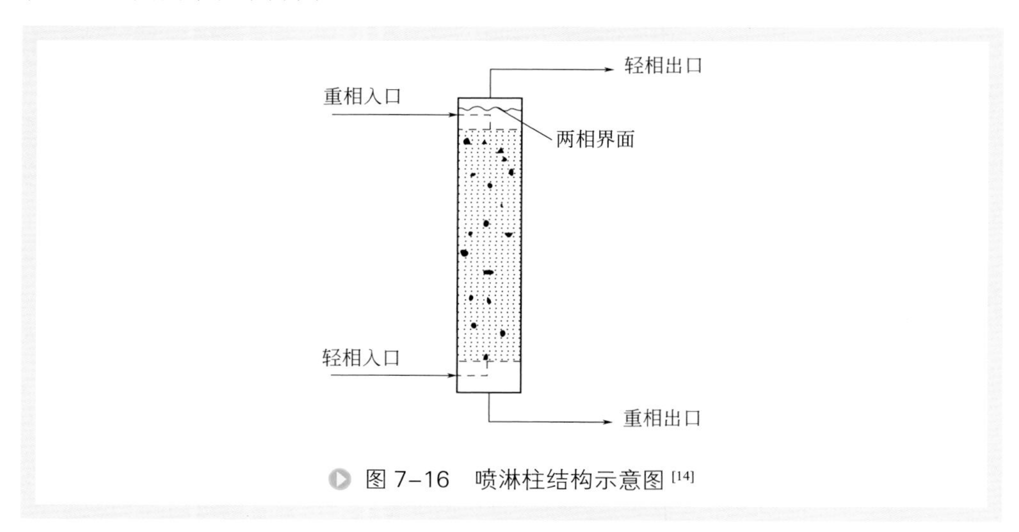

图 7-16　喷淋柱结构示意图 [14]

这种萃取柱处理能力比较大，并随着两相密度差的增加而增大，随着连续相黏度的增加而减小。通过分布器形成的分散相液滴直径，对处理能力有很大的影响。由于萃取柱内没有内部构件，两相接触时间较短，传质系数比较小，而且连续相纵向混合严重，因此喷淋柱的萃取效率一般很低。一个很高的喷淋柱的萃取效果只相当于 1 ～ 2 个理论级[14]。由于结构简单，设备费用和维修费用低，喷淋柱在一些简单的洗涤和溶剂处理过程中还有应用。它还可用于料液中含有悬浮固体颗粒的情况。此外，还在研究用这种设备进行浓液直接接触热交换[15]。

（2）填料柱　填料柱的结构如图 7-17 所示。为了改善两相接触、减少纵向混合以提高传质效率，在萃取柱的柱体内装填了适当的填料。

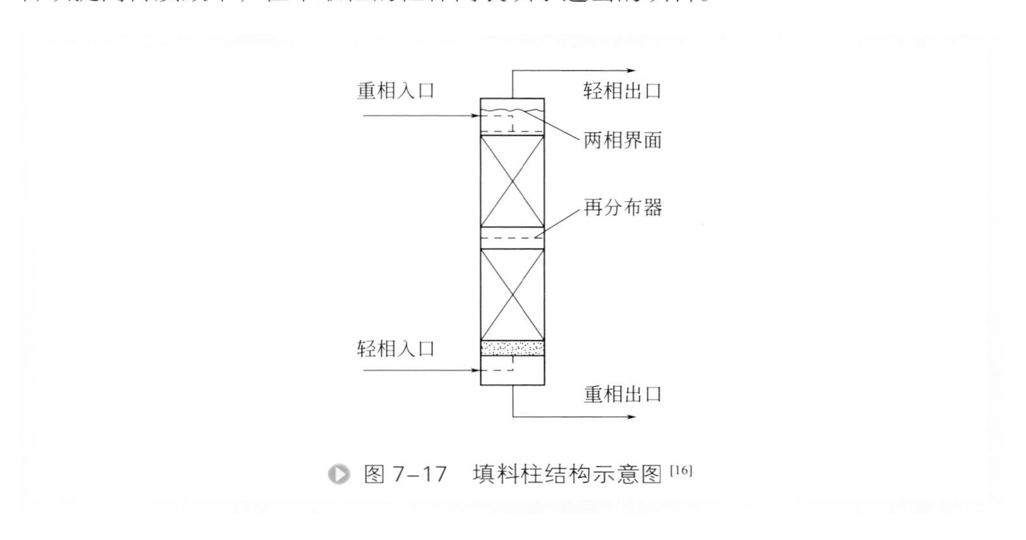

图 7–17　填料柱结构示意图[16]

填料有环形、鞍形与金属丝网等各种型式，可以用陶瓷、塑料或金属材料等制成。填料材料应该浸润连续相，以避免分散相液滴在填料表面上聚合而减小接触面积。为了减少沟流现象，对于比较高的填料柱通常隔一定的距离安装一个液体再分布器。填料的尺寸应小于柱径的 1/8，以减小壁效应和使填料装得比较密实。由于填料的存在，使萃取柱内实际的流动截面积减小，因此填料柱的处理能力比喷淋柱小，但是其传质效率却有较大的提高。因此，填料柱的操作强度比喷淋柱高[16]。

填料柱适用于一些组分比较容易分离或分离要求不太高的化工工艺中。例如，在糠醛精制润滑油的工艺中，曾经使用过柱径 3.6m、柱高 30m 的填料柱，其萃取效果相当于六个理论级。

（3）筛板柱　筛板柱是一种逐级接触式的萃取设备。如图 7-18 所示，在柱体内安装着一系列的筛板，并且在每块筛板的一侧安装着一个弓形溢流管。图中画出的是轻相作分散相的情况。轻相通过筛板上的小孔并分散成小液滴。重相从上一层筛板的溢流管中流下，沿着水平方向流过筛板上方，与分散相液滴接触并传质，然后又沿着溢流管流向下层筛板。

一般筛板柱筛孔直径约为 3 ～ 6mm，呈三角形或正方形排列，孔间距约 12 ～ 18mm。体系的界面张力越大，筛孔的孔径应选得越小。筛板的开孔率应合理选择，一般应使分散相通过筛孔时的流速在 15 ～ 30cm/s 的范围内，以便保证液滴得到良好的分散。筛板间距一般为 150 ～ 600mm，视柱径和体系特性而定。通常

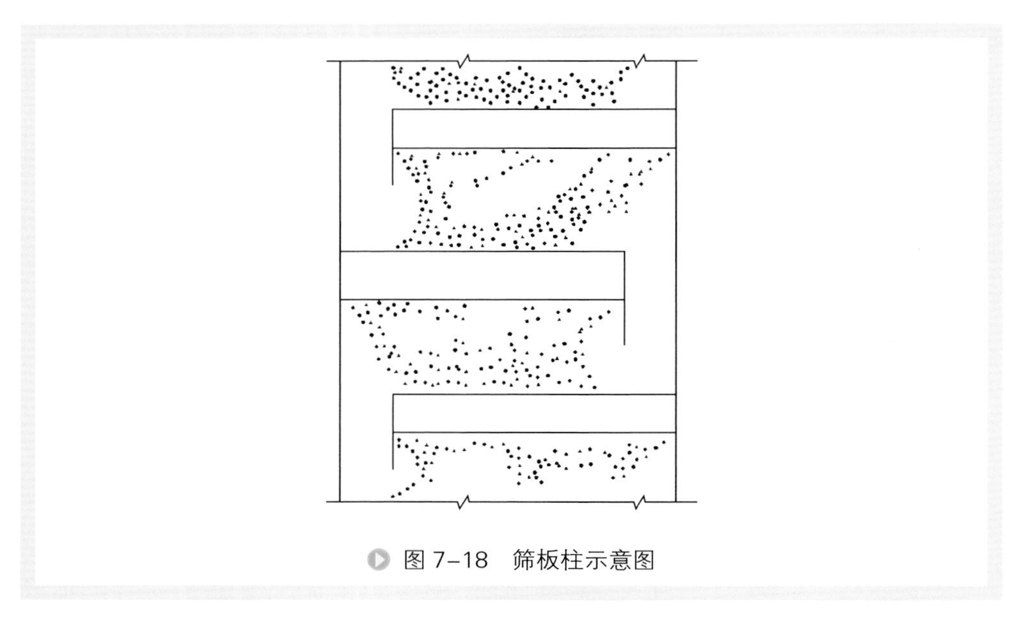

图 7-18　筛板柱示意图

板间距越小，整个萃取柱的传质效率越高，但处理能力越低。筛板柱的传质效果一般可以用级效率 E_0 来表示。其数值在 10% ～ 40% 之间，视体系特性、柱结构和操作条件而定。级效率可根据一些半经验公式来估算。如

$$E_0 = \frac{6.9\left(H_{\mathrm{T}}\right)^{0.5}}{\sigma} - \left(\frac{u_{\mathrm{d}}}{u_{\mathrm{c}}}\right)^{0.42}$$

式中，板间距 H_{T} 用 in（1in=2.54cm，下同）表示；界面张力 σ 用 dyn/cm（1dyn=10^{-5}N，下同）表示。

筛板柱结构简单，当设计良好时，具有一定的操作弹性和传质效率，而且处理量也比较大。据报道，用于芳烃抽提的筛板柱，其柱径达 2.1m，高为 20m，相当于 10 个理论级，使用情况良好 [17]。

2. 机械搅拌萃取柱

利用各种型式的机械搅拌可以改善两相的接触，增加单位设备体积内的相界面面积。为了减小纵向混合的不利影响，通常安装某种型式的挡板。几种最常用的机械搅拌萃取柱分别介绍如下。

（1）转盘萃取柱（RDC）　转盘萃取柱的结构如图 7-19 所示。在柱体内沿垂直方向等距离地安装了若干固定圆环。在柱中央的转轴上安装着旋转圆盘，其位置介于相邻的两个固定圆环之间。两相借快速旋转的圆盘的剪切力作用而获得良好的分散。固定环的作用在于减小液体的纵向混合，并使从转盘上甩向柱壁的液体返回，在每个萃取柱段内形成循环。两相充分混合和进行传质后，由于重度差而实现逆流流动 [18]。

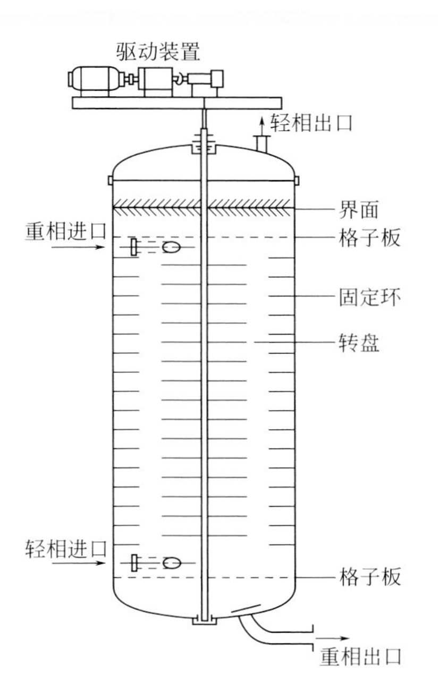

图 7-19 转盘萃取柱结构示意图 [18]

转盘的转速越高，液滴被粉碎得越小，传质效果越好，但是随着转速的提高，处理能力下降。当转速，也就是单位体积输入能量超过一定值后，处理能力迅速下降。另外，体系的界面张力对转盘柱的处理能力有很大的影响。转盘柱的结构对柱性能也有很大的影响。通常，转盘直径与柱径之比为 1：（1.5 ～ 3），固定环内径要大于转盘直径，以便于安装和检修，而转盘间距与柱径之比约为 1.2 ～ 8。过程中体系的物理性质有显著变化时，不同柱高处的固定环间距可以作适当的调整。

转盘柱在石油化工和化学工业中应用广泛。特别是在糠醛精制润滑油、丙烷脱沥青、芳烃抽提和己内酰胺的精制等工艺中，得到成功的应用。柱径达 3.6m 的转盘柱已用于生产。

近二十年来，对转盘柱的性能进行了大量的研究工作，并积累了一些有关工业转盘柱性能的资料，为转盘柱的扩大设计提供了依据。

（2）Scheibel 萃取柱　Scheibel 萃取柱是一种最早得到工业应用的机械搅拌萃取柱 [19]。这种柱的早期设计是在萃取柱内交替地安装了中心装有搅拌器的混合段和空隙率约为 97% 的金属丝编织网填料，混合段和填料段的相对高度可以变化，以适应不同的要求。填料段虽然起一定的相分离作用，但主要用来隔开混合室，以减小纵向混合的不利影响。

另外有几种改进型的 Scheibel 萃取柱 [20,21]，根据新的设计，在紧靠叶轮的上、下方都安装着环形挡板，它们可以提供比较均匀的两相混合和良好的传质。这就减少了理论级当量高度随柱径增加而迅速增加的倾向。同时，改进型的 Scheibel 萃取柱的混合室高度与柱径的比例也降低了，这样有助于提高萃取效率[22]。

（3）Oldshue-Rushton 萃取柱　Oldshue-Rushton 萃取柱又称 Mixco 萃取柱[23]，这是一种柱内装有挡板的机械搅拌萃取柱。其搅拌由装有六叶桨式搅拌器的中央转动轴提供。混合器沿柱高等间距配置。用一系列的固定圆环等距离地隔成混合室。在柱壁上安装了垂直的折流挡板以提高混合效率。这种萃取柱的混合隔室高度约为柱径的 1/2，搅拌器直径约为柱径的 1/3。Oldshue-Rushton 萃取柱的电能消耗也比较小。例如一个柱径 1m、柱高约 9m 的萃取柱只需要一台安装在塔顶的 2hp（1hp=746W，下同）的电动机来带动。这种柱型应用的缺点之一是转速范围比较窄，特别是在有乳化倾向的体系中，转速相差 10%，常常可能造成搅拌不足或发生乳化的问题[24,25]。

（4）Kühni 萃取柱　Kühni 萃取柱是一种装有多孔板的机械搅拌萃取柱，近年来在欧洲得到相当多的应用。柱结构如图 7-20 所示。利用封闭的透平叶轮改善径向混合的特性，使两相在混合室内得到充分的混合和良好的传质。改变分隔混合室的固定多孔板的设计，可以控制纵向混合并适应各种不同的用途[26]。

图 7-20　Kühni 萃取柱结构示意图[26]

据报道，在直径 150mm 的实验柱中用一些常用体系对 Kühni 萃取柱的流体力学特性和传质特性进行了广泛的研究。适当选择多孔板的开孔率，可以使处理量和级效率之间有一个最优的搭配。例如分布板开孔率为 40% 的 Kühni 柱，对某过程的最优处理量为 510L/（dm^2 · h），每米大约有 6 个理论级。而分布板开孔率为 10% 的 Kühni 柱，最优处理量为 90L/（dm^2 · h），每米有 12 个理论级。当体系的物理性质随柱高发生变化时，可以改变多孔板的设计来保证各混合室具有比较均匀的滞留量和液滴平均直径，这样就使这种萃取柱的设计具有很大的弹性。

（5）不对称转盘柱（ARD 萃取柱）　ARD 萃取柱实际上是一种逐级接触式萃取器。萃取柱内安装了偏心的转轴。利用旋转圆盘使两相得到良好的分散。混合室之间用水平挡板隔开。在萃取柱的一侧，隔出一个圆环形的澄清区，每一级的澄清区被装在两个混合室挡板之间的环形过流挡板隔开。从混合室流出的两相混合物在澄清区内得到分离。轻相和重相分别进入上、下两级，从而减小级间的纵向混合。

ARD 萃取柱的性能和扩大设计方法得到了比较充分的研究。萃取柱柱径的标准尺寸范围是 0.6 ～ 2.4m。在此范围内，萃取柱的理论级当量高度（HETS）为 0.6 ～ 1.05m，比负荷为 16.2 ～ 30.6m^3/(m^2 • h)。

不对称转盘柱可以用于石油化工、制药工业、含酚废水处理、润滑油精制等方面，使用效果良好。目前已有柱径 2.4m 的大型萃取柱运行。

（6）淋雨桶式萃取器（graesser raining bucket contactor） 淋雨桶式萃取器是一种卧式的连续萃取器。在水平圆筒状壳体的中心安装有一根转轴[27]。轴上等距离地安装着一系列垂直的圆形挡板。挡板和筒壁之间保持一定的间隙。每两块挡板之间，在接近周边处安装了许多“C”形容器（即“水桶”）。如图 7-21。

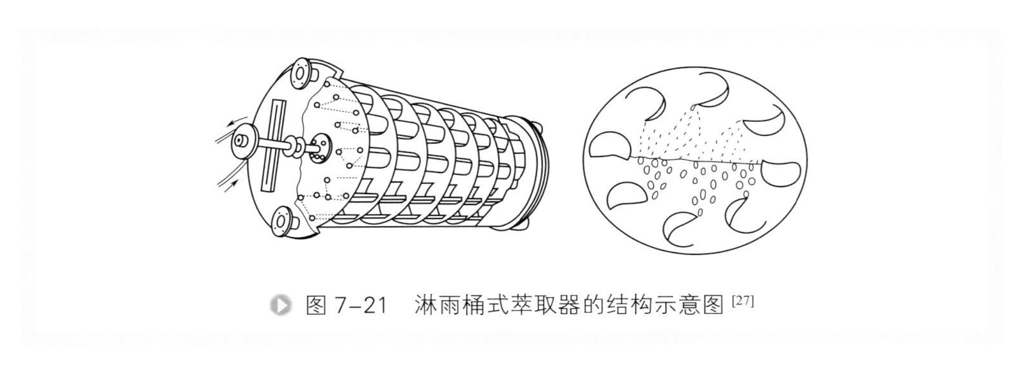

图 7–21 淋雨桶式萃取器的结构示意图[27]

这种设备的特点是转速慢，耗电少和动作平稳，适合于处理通常容易乳化和含有固体颗粒的物料。据报道，一个筒体直径为 1.8m 的设备，在转速 1.5r/min 的条件下，甲苯和水的总处理量为 22.7m^3/h，比负荷为 8.7m^3/(m^2 • h)。设备的一个理论级的长度约等于壳体的半径。常用的设备直径为 1 ～ 1.8m。

3. 脉冲萃取柱

采用脉冲搅拌的办法，可以明显地改善简单的填料柱与筛板柱的性能，使柱内流体作快速的往复脉动，既可以粉碎液滴，增加分散相存留分数，从而大大地增加两相接触面积，又可以增大流体的湍动，改善两相的接触。因此，脉冲萃取柱的传质效率比简单的重力作用萃取柱高得多，HETS 或传质单元高度（HTU）大幅下降。与此同时，采用脉冲搅拌，柱内没有运动部件和轴承，对处理强腐蚀性和强放射性的物料特别有利，因此在核化工、湿法冶金与石油化工中得到广泛应用。

脉冲萃取柱主要有脉冲填料柱和脉冲筛板柱两种。按脉冲产生的方法来分，又有机械脉冲与空气脉冲两类。

（1）脉冲填料柱 脉冲填料柱的结构与一般填料柱相似，在垂直的圆柱形柱体内装有填料。各种填料都能应用，主要是应使填料的材质优先浸润连续相，以防止分散相液滴在填料表面上大量聚合而减小传质表面积。也要注意防止乱堆填料在脉冲作用下发生定向排列而导致沟流现象。分散相液滴群通过填料层与连续相逆向流动，然后在柱顶或柱底的界面处聚合。

脉冲填料柱的传质效率在很大程度上取决于液滴打散的程度。液滴平均直径是决定柱性能的重要因素。但脉冲强度过大，将导致纵向混合的加剧，降低传质推动力，对柱性能产生不利影响。对于这种柱型，传质的主要阻力在分散相，因此柱高可以用下式表示：

$$L = \mathrm{NTU}_{\mathrm{oxp}} \times \mathrm{HTU}_{\mathrm{oxp}}$$

这里表观传质单元数 $\mathrm{NTU}_{\mathrm{oxp}}$ 可以根据体系的平衡关系和分离要求计算。对于表观传质单元高度存在下列关系，

$$\mathrm{HTU}_{\mathrm{oxp}} = \mathrm{HTU}_{\mathrm{oxd}} \times \mathrm{HTU}_{\mathrm{ox}}$$

式中　$\mathrm{HTU}_{\mathrm{ox}}$——假定两相保持柱塞流动时的真实传质单元高度；

$\mathrm{HTU}_{\mathrm{oxd}}$——由于纵向混合影响而增加的分散单元高度。

（2）脉冲筛板柱　脉冲筛板柱内安装了一组水平的筛板。与普通筛板柱不同的是它们没有降压管。筛板孔径通常约为 3mm，板间距约为 50mm。筛板的开孔率一般为 20% ～ 25%。由于筛板的孔径与开孔率较小，当两相界面张力比较大时，单靠密度差将无法使两相通过筛板作逆流流动。柱内流体周期性的上、下脉动作用，既能使液体得到很好的分散和混合，又能使流体通过筛板，实现两相逆流流动。萃取柱的两端分别设有上、下澄清段，以保证两相得到比较完全的澄清与分离。在操作时，两相界面位置取决于分散相的选择。如果重相分散，则两相界面在柱底；如果轻相分散，则两相界面在柱顶。分散相的选择根据工艺要求和体系特性而定。

由于脉冲筛板柱具有传质效率高、处理能力较大、柱内无运动部件，便于远距离操作等优点，因此在核化工和湿法冶金等领域中，得到广泛应用[28,29]。

（3）振动筛板柱　振动筛板柱的工作原理与脉冲筛板柱相似。但是为了克服后者使整个萃取柱内流体产生脉动因而能量消耗较大的缺点，改为流体不振动，而使筛板在柱内作上、下的往复运动。振动筛板使液滴得到良好的分散和均匀的搅拌。

Karr 和罗德成开发出了开型振动筛板柱，筛板开孔率约为 58%，一系列筛板和一些用于减小纵向混合的圆环形挡板，安装在中心轴上，形成一个装配件。利用安装在柱顶的马达、减速箱和凸轮机构，推动中心轴和筛板作往复振动。振幅是可以调节的，通常为 3 ～ 50mm。振动频率可以从低频一直增加到 1000 次 /min。

据报道，研究者们已经广泛地对不同柱径的振动筛板柱的性能进行了广泛的研究（柱径分别为 25mm、75mm、300mm 及 900mm）。实验表明，这种萃取柱具有处理量大、传质速率高、操作弹性大和结构简单等优点[30]。

振动筛板柱分散均匀，混合良好，纵向扩散系数比较小，而且柱径的影响比较小，因此，这种柱型比较容易放大。在大量实验数据的基础上，Karr 和罗德成建议

用下列经验公式来进行振动筛板柱的扩大设计：

$$\frac{(\mathrm{HETS})_2}{(\mathrm{HETS})_1}=\left(\frac{D_2}{D_1}\right)^{0.38} \tag{7-1}$$

式中　下标 1——实验柱；

下标 2——生产柱；

D——直径；

HETS——理论级当量高度。

相应的大型生产柱操作所需要的振动频率可以用下式计算：

$$\frac{(\mathrm{SPM})_2}{(\mathrm{SPM})_1}=\left(\frac{D_1}{D_2}\right)^{0.14} \tag{7-2}$$

式中　SPM——振动频率。

在进行振动筛板柱的扩大设计时，先在直径 50mm 或 76mm 的实验柱中进行系统的研究，求得使体积效率最高的操作条件和柱结构参数。然后保持板结构（如孔径、开孔率等）和板间距不变，保持振幅不变。再计算大型柱的 HETS。当给定体系的搅拌强度和实验柱有明显差别时，可以略微调整式（7-1）中的指数。振动频率可以按式（7-2）计算。单位柱面积处理能力在扩大设计时可以保持不变。此外，根据经验，可以在大型柱中设计和安装适当的挡板。

利用上述设计顺序，已经成功地扩大设计了数十个工业规模的振动筛板柱，最大柱径达 900mm。这种柱型主要用于制药、石油化工和废水处理等工业部门。它也适用于处理容易发生乳化的体系。此外，小直径的振动筛板柱还可以用于实验室或中间试验工厂。

近年来，振动筛板柱又有了一些发展。例如：

（1）带溢流口的振动筛板柱。这种萃取柱安装了带溢流口的筛板以便于连续相流动，而分散相通过筛板上比较小的筛孔与连续相逆流流动。据报道，由于分散相液滴从小孔中喷出，因此液滴分布比较均匀。液滴平均直径可以通过适当改变孔径、振动频率和振幅来控制。这种萃取柱纵向混合较小，而且处理能力更大。这种萃取柱已经获得工业应用，最大柱径已达 500mm，重相连续使用效果良好。

（2）双轴逆向振动筛板柱。这种萃取柱内安装了两根轴，两轴上交替地安装着在不同方向带有溢流口的筛板。两根振动轴可以独立地在垂直方向进行振动。安装在柱顶的传动机构使两者交替地逆向振动。据报道，这种设计可以减小传动机构和萃取柱间的作用应力，并使之更为均匀。

（3）其他：振动筛板柱的研究和发展比较快，近年来还出现了一些新的设计。如振动金属网填料萃取柱、旋转振动筛板柱、小孔径小开孔率的振动筛板柱等，各有其一定的特点。

三、离心萃取器

离心萃取器是进行两相快速充分混合并利用离心力代替重力快速分相的一种萃取设备[31]。离心萃取器特别适于处理两相密度差小、黏度大和易乳化的体系，如在重力分相的萃取设备中要求两相密度差大于 0.1g/cm³，而在离心萃取器中，两相密度差可以小至 0.01g/cm³。

离心萃取器的特点是萃取器内两相物流的滞留量小，其相应的停留时间短，物流（特别是溶剂相）滞留量小可降低物料积压量，减少投资，在核工业生产中还有可能避免产生临界问题，相停留时间短（一般只有几秒钟）使得离心萃取器适用于要求短的相接触时间的萃取体系。例如，在某些抗生素的生产过程中，为了保持产品的生物活性，就要求很短的萃取接触时间，又如在高辐照深度的核燃料后处理过程中，为了降低溶剂的辐射降解损失、改善萃取净化效果并增加核安全性，也要求短的两相接触时间。最早问世的离心萃取器就是根据制药工业的需求而进行研制的。由于两相停留时间短，有可能利用待分离物质萃取动力学行为的差异采用"非平衡萃取技术"提高它们之间的分离效果[32]。

离心萃取器设备紧凑，单位容积生产能力高，溶剂滞留量小，且开、停车方便，易于达到稳态操作。正是由于它的这些特点，从 20 世纪 30 年代问世至今，它已经发展了多种型式，并在制药、香料、染料、石油、化工、水法冶金、核化工以及废水处理等多个领域内得到了应用。离心萃取器也有不足之处，主要是结构较复杂，制造费用高，维修麻烦，且一般不适用于处理含固体的料液。

离心萃取器可以有多种分类方法，例如按其安装方式可以分为立式和卧式，按其转速可以分为高速（10^4r/min）和低速（10^3r/min），按每台装置所包含的级数可分为单台单级和单台多级，而按两相在离心萃取器内的接触方式又可分为逐级接触式和连续接触式两大类。图 7-22 列出了若干主要类型的离心萃取器[33]。

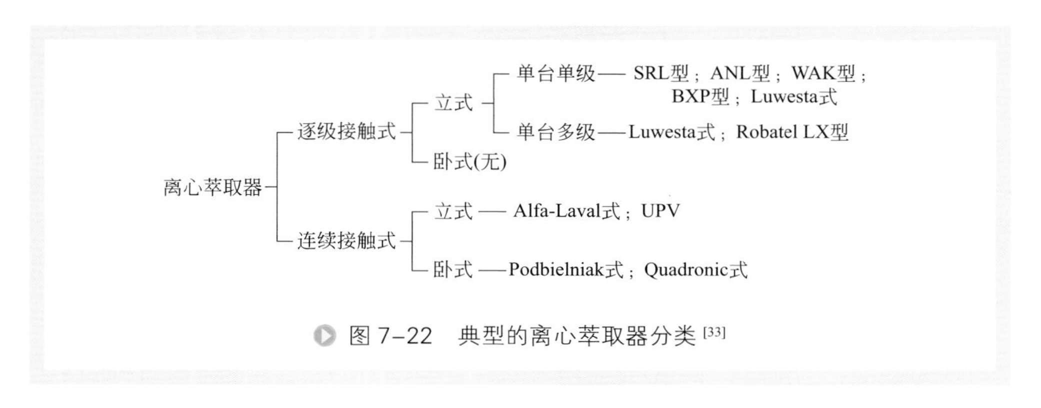

图 7-22 典型的离心萃取器分类[33]

对于逐级接触的离心萃取器，一台装置即相当于一个萃取级或者在其中容纳若干个独立的萃取级，其两相接触方式和在混合澄清槽内类似，是逐级进行的。对于连续接触的离心萃取器来说，其中两相的接触方式和在萃取柱内类似，是连续进行的，一台装置可以给出若干萃取理论级的萃取效果。下面介绍几种主要型式的离心萃取器[34]。

1. 微分接触离心萃取器

（1）波式（Podbielniak）离心萃取器　波式离心萃取器在 1934 年由 Podbielniak 发明，并且早在 20 世纪 50 年代就已获工业应用。它的历史悠久，规格齐全，处理能力大，至今仍广为采用。

波式离心萃取器主要由一水平转轴和一绕轴高速旋转的圆柱形转鼓以及固定外壳组成，在萃取器的转鼓内包含有多层带筛孔的同心圆筒，其转速一般为 2000 ～ 5000r/min（具体转速高低可依据所处理的体系物性而定）[35]。操作时两相在压力下通过具有特殊的机械密封装置的轴进入，轻相经一个穿过筛板筒圆柱体的通道被引到转鼓外缘，重相进到转鼓的中心部位，借助于转鼓转动时所产生的离心力的作用，重相从里向外流动，轻相则从外边被挤到里边，两相沿径相逆流通过筛板筒并进行混合及传质，最后重相从转鼓的最外部进入出口通道而流出离心萃取器，轻相则由设备中心部位进入出口通道而流出器外。观察其工作原理，恰与筛板柱相似，但是由于离心力的作用，大大减少了两相接触时间，并使设备更为紧凑。

波式离心萃取器广泛地用于制药工业（如青霉素的萃取），并且还在其他领域，如石油处理、溶剂精制、酸处理、废水脱酚、从矿石浸取液中萃取铀以及澄清和相分离的工作中被采用。

（2）阿尔法 - 拉弗尔式（Alfa-Laval）立式离心萃取器　阿尔法 - 拉弗尔式立式离心萃取器是美国和瑞典共同设计的垂直放置的离心萃取器，与波式离心萃取器的工作原理和结构相似。两相在压力下从底部被送进萃取器，通过装在转轴内分开的通道轻相被送到转鼓的外缘，重相被送到中心部位。在离心力的作用下，重相从里向外运动，轻相从外向里运动，它们在同心圆筒的夹道间逆流流动，并通过交错排布在同心圆筒的顶部和底部的小孔，然后轻重两相分别通过内部和外围通道从顶部排出。由于两相逆流流动所产生的剪切力以及当它们反向通过小孔时产生的充分混合为两相间的传质创造了有利的条件[36]。

在一大尺寸的 Alfa-Laval ABE-216 型离心萃取器内，两相接触路线可长达 25.5m，可相当于 20 个理论级以上。标准装置的容量为 5685 ～ 21224L/h，相应的停留时间为 10s。

这种类型的离心萃取器结构较为复杂，主要是用于抗生素（如青霉素、链霉素等）的萃取和石油化工处理过程，但不适于处理含有固体的物料和放射性物料。

（3）夸德罗尼克（Quadronic）离心萃取器　夸德罗尼克离心萃取器是由 Liquid Dynamics 公司研制的，因此又被称为 Liquid Dynamics 型离心萃取器。它于 1964 年在联邦德国问世，是在波式离心萃取器的基础上为了进一步提高其适应性而进行研制的。其外形与波式离心萃取器相似，也是水平放置，但其内部结构有较多的改进。其结构改进之处主要在于：

① 两相的进出料位置通过装在进出料通道内的液位选择器可在径向位置上任意进行调节。

② 用一系列嵌在同心圆筒之间并固定在轴上的筛孔板柱代替波式离心萃取器同心圆筒上的筛孔作为两相逆流的通道。为了控制两相的混合强度，筛孔板柱的直径可以是沿径向逐步缩小或逐步加大，相应地筛孔孔径也是改变的。一般是每30cm的同心圆筒宽度装置8个筛孔板柱。

③ 同心圆筒是不等距的，其间距沿径向加大，两端用端板将其固定，设备易于拆卸、转移，后来又发展了这种萃取器的Ⅰ、Ⅱ系列，在此两系列的装置中分别用筛孔板条和同心板代替了筛孔板柱来调节筛孔孔径和截面积。

实验表明，对于一个转鼓直径为1.5m的装置，其通量可高达83380L/h，当量理论级可达到10级。

2. 逐级接触离心萃取器

（1）路韦斯塔（Luwesta）式离心萃取器　路韦斯塔式离心萃取器是由联邦德国进行研制的一种立式离心萃取器。其主体是固定在壳体上的环形盘，它们随壳体一起作高速旋转。在壳体中央装有一固定的空心轴，轴上也装有圆形盘，并开有喷嘴或装设分配环和收集环。操作时两相均由空心轴顶部进入，重相在空心轴内沿管线进到设备下部，轻相进到设备上部，然后它们在设备内分别沿实、虚线所示路线流动（见图7-23）。即在空心轴内，轻相与来自下一级的重相汇合，然后经空心轴上的喷嘴（或分配环）沿转盘和上、下固定盘间的通道被甩到外壳的四周，在离心力的作用下两相被分离，然后再分别沿不同的通道进入各自的收集环，重相向上进入上一级，轻相向下进入下一级，最后两相再分别经设于空心轴内的管线由顶

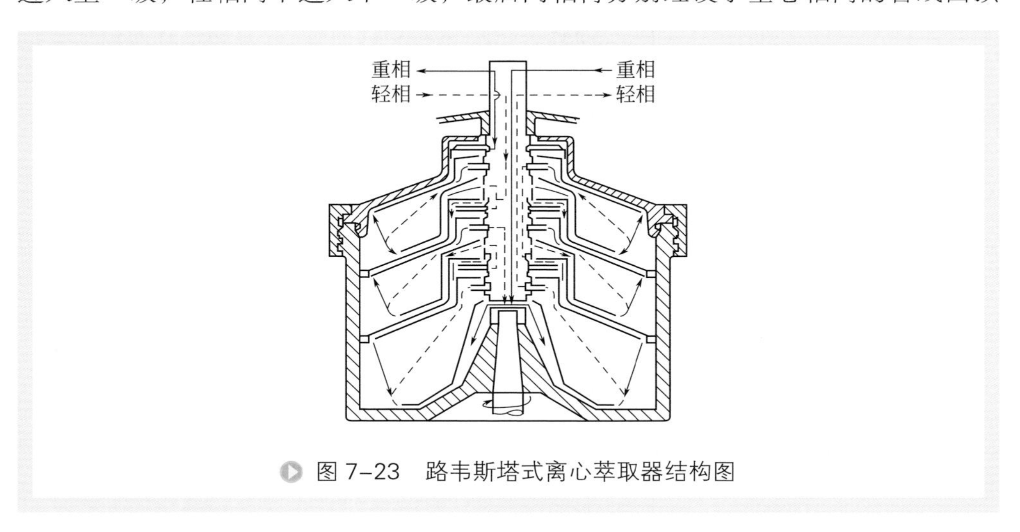

图7-23　路韦斯塔式离心萃取器结构图

部排出。

这种类型的萃取器主要被用于制药工业中，其最大型式的处理容量为 7.6m³/h（3 级）到 49m³/h（单级）。它的主要优点是轻相不必加压引进，同时级效率高。据报道，在相比（有机相 / 水相）低的条件下，用醋酸丁酯从氨液中萃取焦油酸时的级效率可达 100%，但不适于处理含固体物料。

（2）转筒式离心萃取器　转筒式离心萃取器是一种单台单级离心萃取器，初期主要是为了处理辐照核燃料而研制的，美国的 SRL 型和 ANL 型、联邦德国的 WAK 型、法国的 BXP 型以及我国研制的单级离心萃取器均属于这一类型。下面介绍一下 SRL 型单级离心萃取器。

有关 SRL 型单级离心萃取器的研制工作是由美国萨凡那河实验室进行的，设备尺寸从直径 2.54cm（容量为 0.3L/min）到 25.4cm（容量达 378.5L/min），试验规模从实验室到工业规模 [37]。

SRL 型离心萃取器运行时，重相和轻相从下面“⊥”形管相向进入混合室，在搅拌桨的剧烈搅拌下，两相充分混合并产生相间传质，然后混合相进入转鼓，在强大的离心力的作用下重相被甩向转鼓外缘，而轻相被挤在转鼓的内部，它们再分别流经重、轻相堰，向外经辐射状导管到重、轻相收集室并外流到出口排出。两相界面的控制可采用压缩空气控制和重相堰控制两种型式，当用压缩空气控制界面时，要在轴上打一个中空的孔，并装设旋转密封装置和供气系统。这种类型的离心萃取器结构简单、效率高、易于操作控制、运行可靠，目前已分别在若干国家核燃料后处理工厂的萃取工序中应用。

美国阿贡国立实验室为了把离心萃取器用于处理液态金属快中子增殖堆（LMFBR）燃料，将 SRL 型离心萃取器加以改进研制设计出了 ANL 型和高速环形离心萃取器 [38-40]。

ANL 型离心萃取器的改进之处主要是小直径（为了保证临界安全），高转速，其性能优于 SRL 型。高速环形离心萃取器做了进一步的改进，它去掉了搅拌桨和混合室，两相改由侧面切向进入转筒和外壳间的环隙区，在环隙区内由于转筒高速转动的摩擦作用而使两相剧烈混合，然后向上流动而离心分相。这种设备萃取效率很高。

环形离心萃取器的尺寸比 ANL 型离心萃取器小，但处理能力却比它大，再加上其结构简单、便于检修，因此对于处理高钚燃料是一种较为适宜的萃取设备。近年来我国有关单位也对环形离心萃取器做了一定的研制工作，以期不仅在核燃料处理，而且在其他元素的萃取分离过程中应用这一类型的萃取设备。

（3）罗泊特尔（Robatel）离心萃取器　罗泊特尔离心萃取器是一种立式单台多级类型的离心萃取装置，由法国罗泊特尔 - 圣戈班新技术公司研制，并定型为 LX 系列，它具有装置紧凑、萃取效率高等一系列优点。

LX 型多级离心萃取器分为 LX 标准型和 LX-N 核型两种，其内部结构大体相同，主要不同点在于标准型的驱动机构在底部，离心萃取器为下支撑式，而核型基于射线防护的需要，驱动机构在顶部，离心萃取器为悬挂式。这种类型的离心萃取器的内部机构正好和一个多级混合澄清槽相当，垂直的转筒内分为若干级，每一级均由混合室和澄清室两部分组成。

以其中一级为例予以说明，混合室由进出口叶轮和固定在中心轴上的搅拌圆盘组成。轻相由上一级澄清室越过轻相堰经混合相入口叶轮进入混合室，由下一级澄清室来的重相通过靠近转鼓壁的侧面通道越过重相堰经混合相入口叶轮进入混合室。对于每一级来说，两相是并流进入混合室的。两相在搅拌圆盘的强大剪切力作用下达到良好的混合和相间传质。混合相靠混合相出口叶轮的泵送作用进入澄清室。在澄清室中，两相在离心力作用下迅速分离，重相被甩到外层，通过转鼓壁上的开门向上流动，轻相被挤到内层，越过轻相堰进入下一级混合室。

澄清室中的两相界面的控制是通过相堰实现的。一般将轻相堰设计为固定式，而把重相堰设计为可调式，以适应不同萃取体系的要求。界面位置的计算与单级圆筒式离心萃取器相类似，操作时重相首先靠重力进入最后一级混合室、轻相靠重力进入最上一级混合室，然后两相分别向上、向下而实现逆流流动。

LX-320 和 LX-520 型的离心萃取器在无机、有机、制药、石油化工和香料工业中有着各种用途。我国从 1971 年开始进行仿 LX 型的 SR 系列的单台多级离心萃取器的研制工作，已经取得了一定的成果。

第二节 填料萃取设备

填料萃取塔是典型的连续接触式萃取设备。填料萃取塔一般包括澄清段、填料段、沉降段三部分。实际操作中，两相由于密度的差异，在重力的作用下在填料段内逆流接触传质，之后轻相在澄清段与重相分离从塔顶流出，重相在沉降段与轻相分离排到塔外。由于填料萃取塔是利用重力实现两相接触传质的设备，所以可以避免搅拌萃取塔因严重的轴向返混引起的乳化现象，同时塔内填料增加了两相流道的复杂程度，降低了连续相返混，实现了分散相液滴的分散和聚合，因而传质性能优良。填料萃取塔通常用于萃取体系界面张力较低、处理能力要求较大、理论级数要求不多的场合[41]。

填料塔由于人为操作中的问题容易引发意外事故，造成严重不良社会影响，也对企业发展造成影响。因此，企业对填料萃取塔设计提出了更高的要求。下面就填料萃取塔设计几个关键环节，如填料的选用、轴向返混的影响、体系物性的重要性以及液 - 液分布器的设计等进行了简要的讨论[42-44]。在填料萃取塔设计过程中，只有对这几个关键环节进行正确、合理的设计，才能提升该设备的萃取效率，从而提高企业的生产效率。

一、填料的选择

虽然填料萃取塔常常使用与气 - 液传质过程相似的填料，但是萃取过程对填料的要求与精馏和吸收过程有明显的差别[45]。在填料萃取塔内分散相不应与填料表面浸润，如果液滴群与填料表面浸润，就会引起聚结和形成沿着填料的液流。由于填料萃取塔内的相际传质过程是在分散相液滴群和连续相之间进行的，上述由于与填料表面浸润而引起的聚结现象会明显降低传质效率。在气 - 液接触过程如精馏和吸收过程中，液相沿着填料表面流动，传质过程的相际界面与填料被湿润的表面积有关。因而在气 - 液传质过程中设计选用表面积大而易被液相湿润的填料。然而，在液 - 液萃取过程中，填料通常优先为连续相所湿润，分散相以分离的液滴群的形式上升或下降。这样，在液 - 液萃取过程中填料的作用是降低连续相严重的对流或轴向返混并提供表面积来促进分散相的粉碎和聚合以强化传质。这样，比表面积高的填料虽然常常有益，但并不像气 - 液接触过程那样起决定性的作用。

塔填料的性质决定了填料塔的操作，只有性能优良的塔填料再辅以理想的塔内件才能构成技术上先进的填料塔。对塔填料改进与更新的目的在于：改善流体的均匀分布、提高传递效率、减少流动阻力、增大流体的流量以满足节能降耗、设备放大以及高纯产品制备等各种需要。因此，人们对于塔填料进行了广泛深入的研究，发明了各种新型高效填料并应用于工业生产中，主要分为散堆填料和规整填料两种塔填料。

1. 散堆填料

散堆填料是具有一定几何尺寸的颗粒体，在塔内以散堆方式堆积。近年来散堆填料的研究方向主要集中在以下几个方面：散堆填料的自规整化；开发适用于新塔型的散堆填料；填料功能复合化；对填料表面加以改性以提高传质效率；复合填料塔。从近些年的理论和工业开发来看，散堆填料的发展趋势是朝增大空隙率和减少压降、增大比表面积、改善润湿性能以及功能多样化的方向发展。下面仅就几种典型填料进行讨论。

（1）IMPAC 填料　IMPAC 填料是由美国 Lantcskan 公司发明，其结构可以看作是由几个 Intalox 填料合并而成，既有规整填料的特性也有散堆填料的优点[46]。由于 IMPAC 填料结构的独特性，使得它不仅具有环形结构高通量的优点，还具有鞍形结构良好的分布性能以及较低的高径比。使用该种填料的填料萃取塔的通量相较使用一般散堆填料的填料萃取塔的通量提高 15% 以上；该填料无翻边和多翅片的设计使其能够有效避免气 - 液滞留而且自分布性能优良；IMPAC 填料具有高比表面积的优点，从而使用其作为填料时比使用一般散堆和规整填料的填料萃取塔的传质单元高度降低 20% 以上。

（2）阶梯短环（CMR）填料 阶梯短环[47]填料是由美国 Glistch 公司发明的一种散堆填料，它最大的特点是将高径比从原来阶梯环的 0.5 降低到阶梯短环的 0.3，如图 7-24 所示。实验表明：高径比对于传质效率的影响很大，其中越小的高径比具有越高的传质效率[48]。因此，由于生产制造的规格和种类很多，阶梯短环在工业上应用相当广泛，比如地下水净化等。

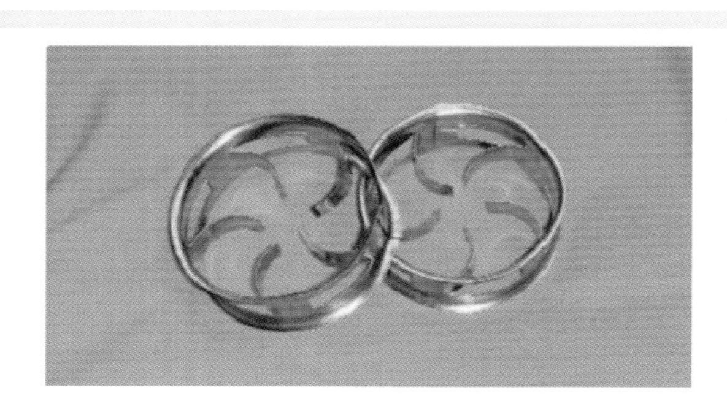

图 7–24 一种典型的阶梯短环[47]

（3）超级扁环（SMR）填料 由清华大学研制的内弯弧形筋片扁环填料[49]和挠性梅花扁环填料[50]，如图 7-25 和图 7-26 所示。该类型填料采用独特的内弯弧形结构和极低的高径比（0.2 ～ 0.3）设计，能够有效促进塔内液滴分散 - 聚合 - 再分散的循环；此外，虽然 SMR 填料是一种散堆填料，但是依然能够在塔内堆放时表现出一定的序列性，使得阻力降能够有效降低。因此，该种填料的发明和使用能够大大提高塔的处理能力和传质效率。在与鲍尔环、拉西环等填料的填料塔萃取对比

图 7–25 内弯弧形筋片扁环（QH–1）[49]

图 7-26 挠性梅花扁环（QH-2）[50]

实验中发现，QH-1 型填料表现出更加优越的性能，能够使塔的传质效率提高 20% 以上。而 QH-2 型填料的结构在 QH-1 型填料的基础上有了进一步的优化和改进，使得其性能在 QH-1 型填料的基础上有更进一步的提高，它由开有矩形窗口的扁环和与矩形窗口的两条短边相连的内弯弧形筋片组成。在上述两种超级扁环的基础上，费维扬等人[51]又发明了带有加强筋和锯齿形窗口的内弯弧形筋片扁环，如图 7-27 所示。该超级扁环具有更高的空隙率和更小的堆密度；此外，加强筋能显著提高填料强度，从而在制造填料时可以选择更少的材料进行加工从而降低成本。最后，新型的矩形窗口和筋片上的锯齿形可以加强连续相的湍流，同时使分散相具有更为均匀的液滴平均直径，有效提高填料塔的传质效率。

图 7-27 带有加强筋和锯齿形窗口的内弯弧形筋片扁环（QH-3）[51]

2. 规整填料

规整填料（structured packing），是一种在塔内按均匀几何图形排布、整齐堆砌的填料。规整填料是继散堆填料之后在近 20 年来发展的新型高效填料，目前规整填料种类很多，形状不同，性能各异。规整填料具有以下特点：分离效率高；通量及操作弹性大；阻力压降小；放大效应低；液体滞留量少；节能；可降低塔径。由于规整填料具有上述特点，因此在精细化工、香料工业、炼油、化肥、石油化工等领域的众多塔器内得到了广泛的应用。

应用于萃取过程的规整填料，国内的有 VKB 型规整填料、FG 型格栅填料、HS-1 型驼峰筛板填料、蜂窝形格栅规整填料，国外的有 Mellapak、SMV、SMVP、Norton 2T 规整填料、Optiflow 多通道规整填料等。VKB 型填料是清华大学研制的一种新型的垂直通道板波纹填料，规整填料抽提塔的比负荷大，传质效率较高，在石油化工的抽提过程中有良好的应用前景。清华大学蜂窝形（FG）规整填料则一般用于工业上理论级数要求不高、处理能力要求很大的萃取过程（如汽油脱硫醇和溶剂脱沥青等）。其内部构件类似蜂窝状，不但对分散相起到切割破碎作用，而且还有聚合导流作用[52]。驼峰筛板填料（HS-1 型）塔是一种兼有筛板和填料功能的新型萃取塔，塔的通量大，传质效率高。进口 700Y 型 Mellapak 填料是通过实验筛选出的液 - 液萃取传质效率较高的孔板波纹填料。Optiflow 多通道规整填料的几何结构型式具有高度的对称性，使得流体的运动方向均匀对称，液体可以达到理想的混合[53]。

此外，组合式填料或复合式填料以其兼有多种填料的优点成为发展新型高效填料的途径之一[54]。一般来说，有两种复合方法，一种是将两种或多种填料依次交替排列而成，另一种是将其他填料加入一种填料结构中，如双层丝网波纹填料。这两种方法使得复合式填料具有多种填料的结构和特点。兰州炼油化工总厂采用 FG 规整填料和 TH-Ⅱ型双鞍环散堆填料组成的复合填料用于 *N*- 甲基吡咯烷酮溶剂精制装置萃取塔中，取得了很好的效果[55]。天津大学利用板波纹填料和塑料板波纹填料交替放置组成的新型萃取用组合填料，应用于液 - 液萃取之中，可加速分散相的破碎与聚并，提高分散相的滴膜交替流动频率，从而提高萃取传质效果，通过实验研究具有不错的效果，现正进行工业推广[56]。

二、轴向返混影响消除

对于填料萃取塔来说，要研究流体在填料塔中的实际流动状况，测定流体的轴向液体返混的程度，对填料塔进行设计和分析，这是必备的手段[57]。在防止流体轴向返混，首先要确定相关流体轴向返混系数。可以通过示踪响应技术，确定填料塔内流体轴向返混系数。一般来说，可以采用等距法对实验得到的示踪剂停留时间分布曲线中出现的异常数据进行剔除，接着是利用五点三次平滑公式对数据进行滤波处理，用一维轴向扩散模型对曲线进行拟合，最后采用时间域最小二乘法确定轴向返混系数。这样就可以为下一步防止轴向返混提供相关的数据。要防止填料萃取塔中的返混现象，就要设计好填料塔的塔径，尤其是要设计好支撑板，它起着支撑填料层的作用，能够使填料塔内的气体均匀地分布，控制好填料层的内气。另外，填料塔的液体分布器起着均匀分布液体的作用，可以防止气体和液体在填料层内的沟流，也必须掌握设计要点。在设计填料塔时，还要控制好液体喷淋密度，如果密度过大，会导致部分气体往下流动。同时要注意预防填料塔内气 - 液的湍流脉动使气 - 液微团停留等现象。

和其他萃取塔相比，填料萃取塔是轴向返混较小的塔型，早期用于描述填料萃取塔传质特性的模型是柱塞流模型，该模型假设两相中均不存在返混。但是通过对填料萃取塔浓度剖面的分析测定，发现两相浓度偏离平推流模型的计算值，尤其是连续相溶质浓度。据报道对于工业上常用的萃取塔设备，有的用塔高补偿轴向混合所引起的不利影响。

1. 填料萃取塔中轴向返混的成因

引起填料萃取塔中的返混的原因是复杂的，在连续相中通常认为有两方面的原因：一是湍流混合；二是径向存在速度分布[58]。

湍流混合可以是连续相本身湍流脉冲而引起，也可以是分散相的夹带引起，径向速度分布可以是边界条件所致，也可以是塔内部件对流体的不同阻挡程度引起。对分散相而言，返混程度大大小于连续相，分散相轴向返混的原因也有很多，通常认为在填料萃取塔中，塔中液滴的大小不同，引起大小液滴的运动速度不同，引起液滴在塔中有不同的停留时间分布，是引起返混的主要原因，此外，在两相流速较大的情况下，连续相的局部快速流动，会影响分散相液滴运动的速度，甚至使部分分散相液滴作与主体方向相反的运动。液滴之间的相互作用也可能引起分散相的返混。

2. 描述轴向返混的模型

描述萃取过程返混的模型有很多[59-61]，近二十多年来发展了考虑轴向返混的扩散模型、返流模型、前混模型等，其中扩散模型和返流模型得到了较多的应用。已经有人证实了扩散模型和返流模型的一致性[62]，因为二者都是用处理连续相一样的方法处理分散相，即假设同一塔截面上的所有液滴都有相同的性质。实际上萃取塔中的分散相是具有一定直径分布的液滴群，不同大小的液滴具有不同的运动速度、传质速率，甚至组成都有差别。

为了更正确地表达分散相轴向混合的影响，许多研究者提出了考虑液滴直径分布的数学模型，如级式模型。这些模型对连续相仍然使用扩散模型或返流模型形式，对分散相则考虑不同大小的液滴具有不同的运动速度、传质速率等，有人称之为复合模型，这样的考虑是比较符合塔内的实际情况的。扩散模型是一维的，张泽廷等在研究了填料塔的流体流动和混合的基础上，推导和提出了假一维模型[63]、二维模型[64]，以及二维混合池模型[65]。只是在塔径较大的吸收塔中进行了实验数据拟合。假一维模型在一维模型的基础上，考虑了沿塔径方向有不同的轴向混合及径向浓度梯度，但是没有直接描述径向混合。二维扩散模型同时考虑了轴向及径向的混合影响，但是模型的求解是很复杂的。前混模型考虑了直径不同的分散相液滴有不同的运动速率和传质速率。

3. 轴向混合测定方法

两相逆流萃取设备中，无论是连续相还是分散相，都存在轴向扩散，使两相间的浓度梯度降低。为完成某一分离任务，需要增加塔高。因此测定两相的轴向混合系数是研究填料萃取塔性能的重要方面。传统的方法有三种：稳态示踪剂注射法、非稳态示踪剂注射法、溶质浓度剖面测定法[66]。

示踪剂注射方法，是通过测定示踪剂浓度剖面，来测定轴向混合情况。方法是测定示踪剂的停留时间分布来测定轴向混合情况。但是理想脉冲的注入是困难的，并且和实际的操作条件也不同，容易引入偏差。因此，建议采用非理想脉冲注入法，并提出了相应的矩量计算式。许多研究者认为，矩量法对停留时间分布的尾部的测量随机误差十分敏感，往往导致较大的实验误差。因此，先后有不少研究者提出了传递函数法、加权矩量法、域拟合法等[67,68]。扩散模型是填料萃取塔中使用较广的模型，很多研究者发展了扩散模型的近似解法，但是所有这些方法都要在预先知道描述两相的轴向混合系数的情况下使用，而且轴向混合系数是在无传质的条件下，用动态响应的方法测定，所得的结果往往与实际有较大误差。清华大学的雷夏、费维扬等人根据其他人的扩散模型和引入的辅助变量，提出了一种数据处理的新方法，即采用浓度剖面的最优化拟合方法，由浓度剖面同时求得轴向混合系数和“真实传质单元高度”，这种方法避开了在无传质条件下测定混合系数。

三、体系物性与分布器设计

1. 体系物性的影响

体系物性包括界面张力、两相的密度和黏度等[45]。其中界面张力影响到分散相液滴平均直径，界面张力对填料塔的处理能力与传质效率起着十分关键的作用。在工业运用上，填料萃取体系的界面张力有很大的不同。比如对于润滑油酚精制的界面张力比较低，也有一些工业体系的界面张力比较高。在运用过程中，不同体系的液泛速度和传质性能就有很大的不一样。一般来说，可以通过不同的液 - 液萃取的实验体系去测定比较多的填料萃取塔的性能数据。所以，在实际操作中，可以根据具体体系的物性，设计计算过程中参考适当的数据，并且可以选用适当的设计计算公式。

2. 液体分布器的设计

液体的初始分布对于填料塔分离效率有很大的影响，不良的液体初始分布将导致填料塔效率的大幅度下降，因此在填料萃取塔设计的过程中，液体分布器的设计选择非常关键，目前填料塔的液体分布器有几十种，在很多大中型的填料塔中，很多是采用槽式、盘式、管式等分布器。例如：盘式分布器在分布管上分布有一些小孔，物料从塔总管的中部进入，分成 4 股到分布管进行喷淋。这种分布器结构简单，且阻力较小，但是其操作弹性小，当喷淋液减少时，外圈分布管中的喷淋液会以滴状向填料层喷淋。若在制造过程中存在分布管弧度不一致现象，那么可能导致喷淋分布不均问题。一般来说，为便于后期的安装与检修，可以优先设计成管式预分布器的二级槽式液体分布器。如果填料层某段液体的分布器容易被脏物堵塞，可以选用螺旋喷嘴式液体分布器，这样可以提升管内液体流速，同时也能够防止管内脏、堵问题。如遇循环取热段，可以选择盘槽和盘槽管，所占空间高度较低，并且可以充分达到淋降传热的目的。液体分布器的设计，首先应考虑物系分离的难易程度，对于一些分离要求不高的塔，例如某些吸收塔和传热塔，可以使用简单的分布器，传热中常用喷头型；中等分离要求的塔，选用结构较为复杂的槽式液体分布器；对高分离要求装置的分布器的设计需要特别精致；直径小于 ϕ1000mm 的塔，普通的盘形分布器基本能够满足各项要求；对于高喷淋密度的大塔，则应使用槽式液体分布器。另外，槽盘是关键，常减压蒸馏装置中的常压塔和减压塔属于多侧线塔。它同时具有两个塔内件的功能，拥有集液、气体分布、液体分布和侧线采出的功能，而且它的总占位高度较低，成本较低，采用新连通槽式分布器，占空间高度较低，降低塔高，这样保留了连通槽式液体分布器的优势，也能够灵活地解决了液体全收集的困惑，具有很强的功能。

第三节 微通道萃取装置

传统萃取已成为物质分离和纯化的重要手段，但其依然存在着诸多需要解决的问题，比如萃取剂的耗量大，萃取剂与空气接触面积大，受环境温度的影响大，挥发严重；萃取的选择性差，萃取效率低等。20 世纪 90 年代以来，微流体技术作为一个新的概念在化学工程领域受到了广泛的关注，并取得了飞速的发展[69-71]。微流体技术是使用小型反应器来进行化学或物理反应的一种新技术，这种小型反应器在一个尽可能小的空间里将化学反应强化，此化学反应空间一般控制在微米甚至纳米级。这种小型反应器具有狭窄规整的微通道、非常小的反应空间和非常大的比表面积，这些尺寸上的变化会使得管道内流动的物质之间的温度、压力、浓度和密度梯度提高几个数量级，可很大程度上增加化学反应过程中的原料和能源的使用效率，极大地减小了化学反应过程所需设备的体积同时大大增加了单位体积的生产效率，能够实现反应过程增强化、绿色化和小型化，而且反应易于控制、高度集成、适应面广，可实现连续生产[72]。

微流体技术在过程强化和溶剂萃取方面表现出明显的优势。层流和扩散效应为溶剂萃取提供了高效化、集成化和微型化的可能。微流体溶剂萃取技术引起国内外广泛关注[73]，美国、英国、法国、荷兰、比利时、日本、印度、中国等国的学术界和工业界都参与到此项工作中，相对于常规的溶剂萃取过程，微流体溶剂萃取有以下的优点：

（1）增加体系的稳定性　传统萃取过程需要在超强搅拌、粉碎湍流、形成大量油包水和水包油的微液滴的情况下来传质，但在微萃取器中，互不相溶的两相可以在短时间内层流流动的情况下进行快速传质，即使原液中有可稳定乳化液滴的微小的颗粒存在，也不会出现乳化情况，同时也避免了因搅拌引起的高速剪切力对体系稳定性的破坏，从而确保萃取过程的稳定、可靠运行。

（2）萃取剂的用量大大减少　微流体微反应器进行萃取时，萃取反应在微通道内进行，这就避免了常规萃取时有机相萃取剂长时间暴露在空气中挥发造成部分萃取剂损失的问题；由于微反应器的反应通道特别窄，有的地方可能只有几微米，通道内的萃取反应十分迅速，可在数秒中完成，很大程度上减少了试剂的用量，且有些微反应器在通道内反应完后就可以迅速实现有机相和水相的分离。此外，微流体进行萃取金属时，过程中乳化的现象会大大降低，这就避免了常规萃取过程中乳化损失有机相的问题。

（3）减少共萃、乳化现象和萃取级数　在常规萃取中，我们通常采用高速搅拌的方式使有机相和水相混合均匀，如果溶液中存在多种金属离子时，由于有机相与水相的接触面积的增加，会导致一些正常情况下不容易被萃取剂萃取的金属离子从水相中被萃取到有机相中，这就是所谓的共萃现象，这就会降低所要萃取的金属离子的萃取效果。而用微流体技术进行金属离子的萃取时，萃取过程总是处于一个动态平衡的过程，容易被萃取的金属离子总是比不易萃取的金属离子先一步被萃取到有机相中，因而实现了金属离子的有效分离，同时，还减少了萃取过程所需的萃取级数，很大程度上简化了实验的过程。

一、微通道内液滴流的形成

液滴的生成是微流控液滴系统的基础，由于微流体流动的层流特性，很难采用搅拌方法来生成液滴，微通道中利用两种互不相溶液体的相互作用形成液滴[74]。以其中一种作为连续相，另一种作为分散相，利用微通道的结构或者是外力操纵，在液体局部产生能量梯度，在两相间的剪切力、黏性力及界面张力的共同作用下形成微液滴。液滴的生成主要为多相流法，根据通道构型的不同，主要分为三种方式：T 形通道法（T-junction）[75-77]、流动聚焦法（flow-focusing）和共轴流法（coaxialflow），如图 7-28 所示。

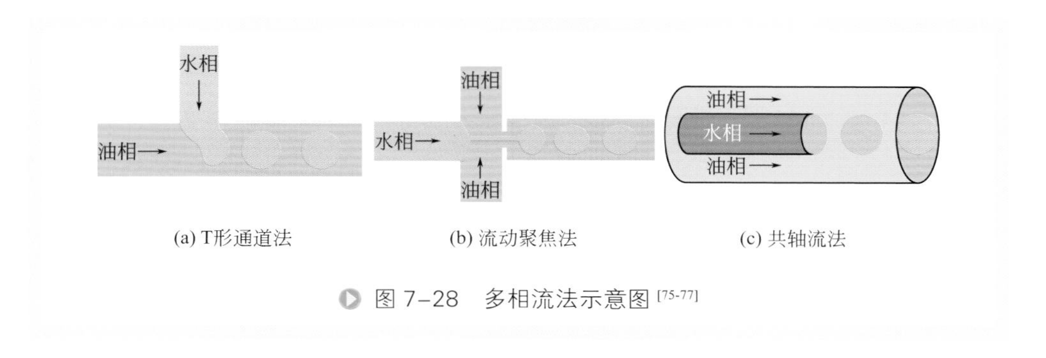

图 7-28　多相流法示意图[75-77]

1. T形通道法（T-junction）液滴形成机理

利用“T 形”通道法生成液滴是传统乳化过程的模拟和微型化，液滴生成的机理为剪切力与液滴前后压力差诱导产生。在 T 形微通道中，分散相由垂直入口流入到不相溶的连续相主通道中，在两相界面处在连续相剪切力的作用下，部分分散相流体脱离出来从而形成液滴。该方法由于便于制作和操纵，被广泛应用于对微液滴均匀性要求不高的场合，此外，该法所生成的液滴可控范围相对较小。

国内外一些学者也进行了 T 形微通道内液滴或者液滴生成的研究[78-80]，研究结果表明，当两相的驱动压力大小相近时，两相流速比、流量和黏度等因素是影响微液滴生成及微液滴尺寸的主要因素；当两相的驱动压力相差较大时，无法形成微液滴，此时为层流。液滴生成过程采用“两步法”模型：液滴头部生长阶段和颈部受挤压断裂阶段。当分散相进入主通道时，形成两相初始接触界面，并在主通道中不断发展。随着分散相不断地进入，液滴头部逐渐形成，并阻碍连续相的流动，连续相为了保持原有的运动速率，会使周围的分散相加速。在连续相黏性剪切力和前后两侧压力的作用下，液滴的头部开始沿着主通道滑向通道下游，在这个过程中液滴的体积不断增大，阻塞部分主通道，阻挡了连续相流体的流动，直至达到临界状态；连续相对液滴头部的压力逐渐增大，在界面张力和剪切力的共同作用下，液滴颈部断裂，最终脱离形成单个液滴。

图 7-29 为液滴生成示意图。F_p 表示由积压而产生的压力，液滴头部与壁面之间的薄层厚度为膜厚 ε，二者之间的关系如式（7-3）。

$$F_p \approx \mu_c Q_c w/(h^2\varepsilon^3) \tag{7-3}$$

式中　μ_c——连续相的黏度；

Q_c——连续相的流量；

w——下游通道的水力直径；

h——下游通道的高度。

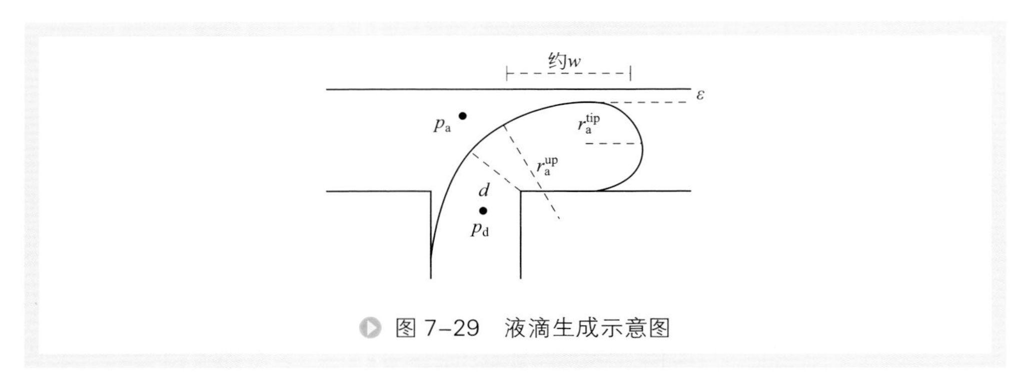

图 7-29　液滴生成示意图

黏性力 F_τ 的计算如式（7-4）

$$F_\tau \approx \mu_c Q_c w / \varepsilon^2 \tag{7-4}$$

界面张力 F_σ 定义为式（7-5）

$$F_\sigma \approx -\sigma h \tag{7-5}$$

由公式（7-3）～式（7-5）可以得出，随着液滴体积的增大，连续相薄膜厚度 ε 减小，液滴所受到的压力和黏性力随之增大。但同时由式（7-3）～式（7-5）可知，在液滴形成过程中，液滴前后受到的压力远远大于黏性力，因此液滴头部受到的压力诱导作用是驱动液滴运动并最终断裂的主要作用力。当分散相进入主通道后，液滴头部不断发展阻塞主通道，此时液滴头部长度近似等于下游通道的水力直径 w。之后，随着液滴头部不断向通道下游方向运动，连续相以一定速度挤压和剪切形成中的液滴颈部。此时，该速度 $U_{squeeze}$ 约等于连续相运动速度 U_c，如式（7-6）所示。

$$U_{squeeze} \approx U_c = Q_c / (hw) \tag{7-6}$$

液滴头部速度 U_{growth} 约等于分散相速度 U_d，如下式所示。

$$U_{growth} \approx U_d = Q_d / (hw) \tag{7-7}$$

式中　U_d——分散相速度。

由此推导出生成的液滴长度 L 如下式所示。

$$L \approx w + \left(\frac{d}{U_{squeeze}}\right) U_{growth} = w + d(Q_d / Q_c) \tag{7-8}$$

将其量纲化为 1 后，得到公式（7-9）

$$L / w = 1 + \lambda(Q_d / Q_c) \tag{7-9}$$

式（7-8）中 d 代表分散相颈部特征宽度，由 T 形通道接口处的结构尺寸决定；式（7-9）中 λ 代表特征常数，与微通道的结构尺寸有关，$\lambda = d / w_c$。挤压机制下，在较小的毛细数（$Ca \leqslant 0.002$）的情况下，生成弹状液滴，分散相与连续相流量比 [81]、通道的几何结构以及两相黏度是影响液滴生成尺寸的主要因素。挤压机制下生成的液滴形状通常为较长子弹状。因此，减小通道的几何尺寸、增大连续相流速、增大连续相黏度，或增大连续相中表面活性剂的浓度均可减小生成液滴的尺寸[82]。

2. 基于流动聚焦法的液滴形成机理

基于流动聚焦法的液滴形成机理如图 7-30 所示。在流动聚焦微流控芯片中，连续相从外围流路流入，分散相从两条连续相的通道中间流入，两侧对称的连续相剪切力将分散相夹断形成液滴。流动聚焦法形成微液滴利用的是两相界面的毛细不稳定性，根据芯片的不同结构，临界毛细数不同，当 Ca 值小于临界毛细数时，界面张力引起的应力作用大于黏性应力，液滴界面缩小形成球形，液滴发生破裂，在主通道中形成分散的液滴。微液滴的形成可以分为两个阶段：液滴头部生长和液滴颈部断裂两阶段。分阶段显示，液滴的形成过程主要是连续相对分散相产生夹流聚焦效应，连续相对分散相的黏性力、剪切力及两相界面张力共同作用的结果。与 T 形结构相比，流动聚焦法液滴的生成过程更稳定，生成液滴大小的可控范围更宽[83]。

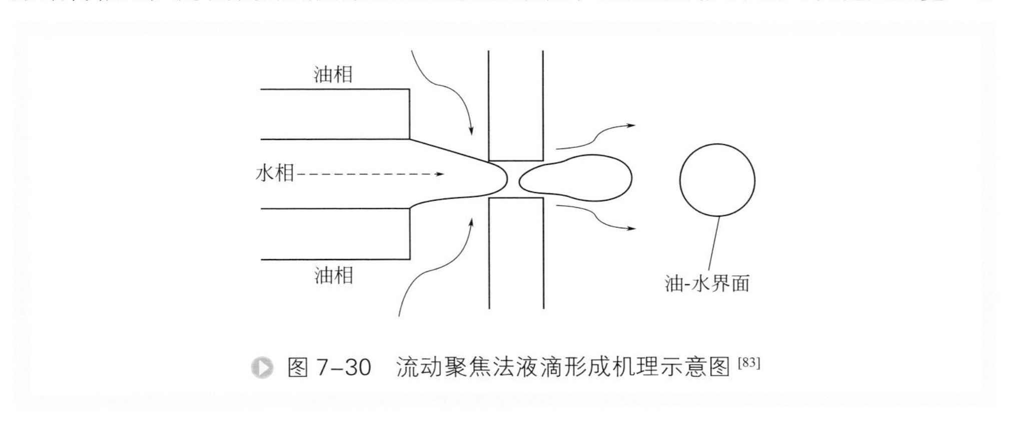

图 7–30 流动聚焦法液滴形成机理示意图[83]

3. 共轴流法液滴形成机理

共轴流法液滴的形成机理是将毛细管的一端拉伸成尖嘴状并置于微通道中，在毛细管内部和外部分别通入平行流动的分散相及连续相，微液滴形成于毛细管的尖嘴状处。与流动聚焦法不同，共轴流法的连续相并非从两侧剪切分散相，而是通过环绕在分散相四周并“挤压”分散相形成“收缩颈”进而生成微液滴。所生成的微液滴半径的计算公式为：

$$2R=\left(6v\frac{T_{\mathrm{n}}}{\pi}\right)$$

R 代表微液滴半径；v 代表分散相的流速；T_{n} 代表液滴产生的周期。两相界面的开尔文 - 亥姆霍兹不稳定性（Kelvin-Helmholtz instability）是共轴流法生成微液滴的原理。当连续相和分散相的速率不同时，此种不稳定性使得两相界面产生一定的波动。当两相流动速率之差在某一范围内时，界面张力可抑制该不稳定性，进而保证界面稳定；当两相流动速率之差超过该范围时，波长较小的波不稳定性持续增加导致液滴形成。两相流动速率差的范围如下：

$$(U_1-U_2)^2<2\sqrt{\sigma\left(\rho_1-\rho_2\right)g}\,\frac{\rho_1+\rho_2}{\rho_1\rho_2} \tag{7-10}$$

式中　U_1，U_2——连续相和分散相的流动速率；

ρ_1，ρ_2——连续相和分散相的密度。

从公式（7-10）可知，此不稳定性的速率差由两相密度和界面张力共同决定。

二、微通道内液-液萃取传质特性

在微通道反应器内的主要流动方式为层流或者段塞流，因此，扩散为微通道反应器内的主要传质方式[84]。由于微通道反应器内传质扩散距离短、界面积体积比大以及在段塞流状态下的内循环从而导致了微通道反应器内的强化传质。在微通道反应器中，由于流体的 *Re* 数较低，因此可以忽略湍流状态。传质机理为分子扩散传质和对流传质。

1. 经典传质理论

经典传质理论模型包括双膜理论、溶质渗透理论和表面更新理论，是传质过程的模型基础。在 1923 年 Whitman 提出双膜理论以来，经过百年时间的发展，传质理论模型被不断地修正发展，多年来，理论研究很难从微观机理上解释两相界面传质过程，而且大多数的传质理论都基于经典的传质模型，针对微通道反应器内的传质还需进一步的探索和研究。

双膜理论是最简单的相间传质模型，其基本要点如下[85]：

（1）当两相流体相互接触时，在两相间存在稳定的相界面，界面两侧各有一个很薄的停滞膜，薄膜中的流体不受流体主体运动状态的影响。传质阻力主要集中在两个薄膜层中，溶质以分子扩散的方式进行传质。

（2）在两相界面处，两相处于动态平衡。

（3）在两个停滞膜以外的区域，流体各处浓度均匀一致，传质阻力很小。

根据以上假设可以得到较为简单的传质系数表达式：

$$k_{\rm L}=\frac{D_{\rm L}}{\delta}$$

式中　$k_{\rm L}$——Whitman 传质系数；

$D_{\rm L}$——组分分子扩散系数；

δ——静止流体表面薄层的厚度。

双膜理论是将传质过程的机理简化为通过两层薄膜的分子扩散过程，认为界面两侧的薄膜是静止不动的，并且两相中传质独立进行互不影响，但在实际过程中，完全符合双膜理论的情况很少见，因此该理论具有一定的局限性。

为了更准确地描述相间传质过程机理，在 1951 年 Danckwerts[86] 提出了溶质渗透理论模型，该模型考虑了溶质扩散的瞬时性，主要研究对象是液膜控制的吸收。认为相间传质是动态的过程，是界面上不稳定分子传质，即非稳态过程，可以获得流场内每一点的浓度和瞬时传质通量。其传质系数表达式为：

$$k_{\mathrm{L}}=2\sqrt{\frac{D_{\mathrm{L}}}{\pi\theta}}$$

式中 k_{L}——传质系数；

D_{L}——分子扩散系数；

θ——停留时间。

和双膜理论相比，渗透理论放弃了稳态扩散的观点，描述了非稳态传质过程，揭示了传质过程的非稳态特性，此模型更加接近真实状况下气 - 液对流传质过程，缺点是没有考虑流体微元年龄分布的随机性，简单将其处理为假定停留时间为常数，这不完全符合实际情况。

1955 年 P.V.Danckwerts[87] 对溶质渗透理论进行了修正，提出了表面更新理论。该模型假定界面上的微元暴露时间并不相等，而是按 0～∞ 分布并且服从统计分布规律。接触时间分布函数 $\phi(\theta)$ 与表面更新速率的关系式为：

$$\phi(\theta)=s\mathrm{e}^{-s\theta}$$

式中 $\phi(\theta)$——接触时间分布函数；

s——表面更新速率。

其传质系数表达式为：

$$k_{\mathrm{L}}=\sqrt{Ds}$$

该模型考虑了流体微元停留时间的随机性，引入表面更新速率 s，提高了此模型描述相间传质过程的准确性，但是表面更新理论中流体微元的时间分布很难用实验方法准确测定。

经典模型虽然简单直观，但是却具有很大的局限性，都忽略了流体力学的特性而导出。流体力学的特性与传质特性是紧密联系不可忽略的，它既包括宏观的主体流动，还包括微观的湍流结构，例如涡旋尺度、涡旋速度、脉动速度及频谱等。严格来说，忽略这些因素而得到的以上模型都是经验模型。经验模型就具有经验常数，例如双膜模型中的膜厚 δ，渗透模型中的接触时间 θ，表面更新模型中的表面更新速率 s。这些常数均系流体力学特性函数。由于模型过于简化，只能由实验数据回归，无法从流体力学特性求取 [88,89]。

1958 年 Marchello 和 Toor[90] 在渗透理论与双膜理论的基础之上，创立了新的传质模型：膜 - 渗透理论。该理论的基本内容是：传质阻力主要集中在界面两侧的层流膜内，膜内进行的是非稳态的扩散传质过程。相主体中的流体微元由于涡流的作用被带到界面上，形成新的表面元，传质发生在这些表面元中，经过传质的表面元和流体主体相混合。当停留的时间很短时，物质扩散的距离离边界不远，这个过程就相当于渗透理论所描述的情况。但在中间过程，两种机理兼有。当停留时间较长时，膜内就会建立起稳定的浓度梯度，这个过程就类似于双膜理论所描述的传质过程。因此该模型修改了扩散方程中的初始和边界条件。

Permutter[91] 于 1960 年修正了表面更新模型。Permutter 认为 Danckwerts 模型中假定大多数可能的流体微元在主体相中停留时间分布密度为零是不合理的，他提出了“多容量效应”(multiple-capacitance effect) 模型。将流体微元从主体到界面的流动假定成 2 个串联容量过程，并给出了具体的停留时间分布密度函数：

$$f(t)=\frac{1}{\tau_2-\tau_1}[\exp(-t/\tau_2)-\exp(-t/\tau_1)]$$

式中　τ_1，τ_2——第 1 容量及第 2 容量的停留时间。

停留时间为零的微团其概率也为零。

自 20 世纪 60 年代到现在，不少学者考虑了对流传质项的渗透模型，即求解以下对流扩散方程：

$$\frac{\partial c}{\partial t}+u(x,y,t)\frac{\partial c}{\partial x}+v(x,y,t)\frac{\partial c}{\partial y}=D\frac{\partial^2 c}{\partial y^2}$$

求解以上偏微分方程，需要有具体的 u 和 v 的表达式。迄今为止尚无准确的速度表达式来描述相际界面的速度场，一般都采用近似式或经验关联式。其中比较有代表性的是 Ruckenstein 的周期性调和函数来表达 u 和 v 的。

2. 流体力学型传质理论

质量传递与动量传递是紧密相连的，而经典传质理论却忽略了相际传质过程中流体力学的影响，因此经典型传质理论的应用很有限。自 20 世纪 60 年代起便有很多科研工作人员把质量传递和动量传递结合起来考虑，开辟了相际传质理论研究的一个新领域。这方面的研究归纳起来可以划分为两大类：一是旋涡池模型，二是旋涡扩散模型。

旋涡池模型 (eddy cell model) 假设旋涡的速度可以由准确的数学表达式来表达，因此将速度表达式代入对流扩散方程就能求解旋涡中的浓度场分布，最后界面处的局部传质系数可以由下式求得：

$$k=-D\left(\frac{\mathrm{d}c}{\mathrm{d}y}\right)_{y=0}$$

旋涡模型可以分类为大旋涡模型及小旋涡模型。

1967 年 Fortsoe 和 Pearson[92] 提出了大旋涡模型。他们假设在界面附近处因为湍动而形成了一连串大小和性质皆不同的旋涡，并在其中进行质量传递。质量传递系数具体可以表达如下：

$$k_{\mathrm{L}}=C_{\mathrm{L}}\sqrt{\frac{Du'}{l}}$$

式中　l——模拟盒厚度。

大旋涡模型较普遍化渗透模型的独特之处在于将模型中的常数与湍流的微观结构相联系，开创了传质理论的新天地。Lamont 和 Scott[93] 对大旋涡模型的基本假设“大尺度旋涡在质量传递中起控制作用”提出了不同的看法，认为在充分发展的流场中，对传质起控制作用的是流场中最小的黏性耗散涡，尽管这些旋涡的能量较低，但是它们在界面附近导致局部混合，从而促进界面的质量传递。据此他们提出了小旋涡模型。其基本观点是每个旋涡皆为理想的黏性 Kolmogorov 涡，涡的速度场分布可以用 Kovasaznay 流函数来描述。通过求解流函数，就可以得到流场的速度分量，就可求解对流扩散方程，从而推得传质系数。自由界面处的传质系数具体可以表达如下：

$$k_{\mathrm{L}} = C_{\mathrm{s}}\left(\frac{D}{\nu}\right)^{2/3}(\varepsilon\nu)^{1/4}$$

式中　ε——单位体积液体能耗。

旋涡扩散模型是 King[94] 基于表面更新以及涡流扩散的概念提出的，它的特点是考虑了自由界面附近的涡流扩散系数连续分布状况，依据 Prandtl 混合长理论可以得到以下传质系数表达式：

$$k = 0.32\sqrt{\frac{Du^3\rho}{\sigma}}$$

式中　ρ——密度；

　　σ——表面张力。

在 King 的模型里，分子扩散与对流传质必须与“旋涡扩散”结合[95]，Biń[96] 对这种方法进行了综述和评价，并且进一步研究了相应参数和流体力学特性之间的关系。

微反应器内液 - 液弹状流有两个独立、可协调的传质机理：液弹内部是通过内循环强化传质的对流传质机理，相邻的液弹之间是通过扩散来实现传质的（如图 7-31）。管道壁面与液弹轴线之间的剪切力引起了液弹里的内循环，同时内循环又

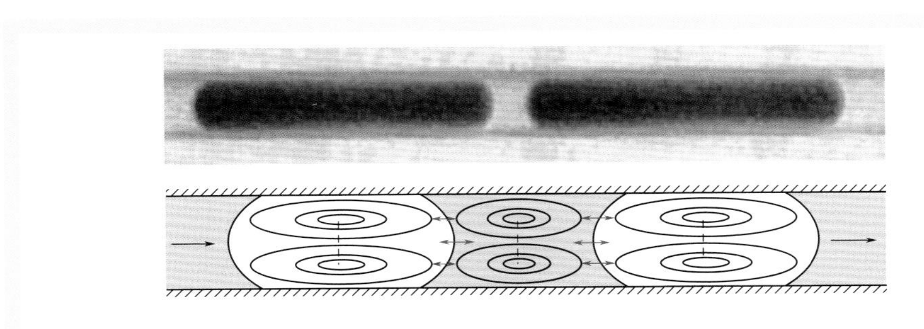

图 7–31　液 – 液弹状流实验照片和液弹内循环以及相邻液弹界面扩散示意图

减弱相界面的边界层，导致传质距离减小，从而强化了穿透扩散，提高了反应速率。液弹内部可以分为两个区域：停滞区和循环区。内循环的流型对反应器的性能参数，如反应选择性、压降、弹状流的稳定性等起到决定性的作用。

三、微通道萃取装置介绍

1. 微通道萃取典型装置

前面介绍的微孔道内液滴流的形成与液 - 液萃取传质特性是设计微通道萃取设备的基础。在实验室规模的研究和检测中，通常使用微芯片做萃取设备，因为其流动路径高度集成，多相流动在显微镜下很容易观察到[97]。这些芯片通常由聚二甲基硅氧烷（PDMS）通过软光刻方法制备，如图 7-32（a）所示。然而，这些基于 PDMS 的微芯片在大多数有机溶剂中会迅速膨胀，所以更适合在水溶液中应用[98]。除此之外，聚甲基丙烯酸甲酯（PMMA）、聚碳酸酯（PC）和聚偏氟乙烯（PVDF）也被认为是潜在的微通道萃取材料，这些材料是通过机械铣削或热成型加工组成微芯片的[99]，如图 7-32（b）所示。然而，塑料芯片在极端的操作条件下仍然很脆弱，因此硅片或耐热玻璃制成的萃取器更适合高温或高压萃取，如超临界萃取[100]，如图 7-32（c）所示。这类微芯片通常是通过湿法或干法蚀刻来制备，并通过阳极键合来密封[101]。

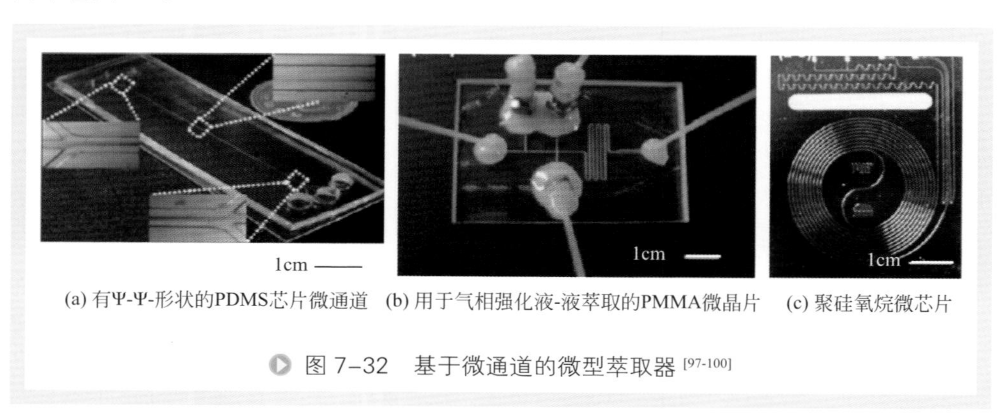

(a) 有Ψ-Ψ-形状的PDMS芯片微通道　(b) 用于气相强化液-液萃取的PMMA微晶片　(c) 聚硅氧烷微芯片

图 7-32　基于微通道的微型萃取器[97-100]

除微芯片外，微管和毛细管也是微流萃取的良好设备。这些设备通常由氟塑料制成，例如全氟烷氧基烷烃（PFA）、乙烯四氟乙烯（ETFE）和氟化乙烯丙烯（FEP），它们相对便宜且耐溶剂。Jensen 等[102]用接头将微管与微型混合器和流量控制系统连接，搭建萃取设备。在温度控制方面，可以在管外套上加热壳[103]，如图 7-33（a）所示。为了进一步增强在管状萃取器中的传质，Kumar 和 Nigam[104]提出了一种称为螺旋流逆变器（CFI）的管状装置，如图 7-33（b）所示。通过周期性地改变管子的旋转方向，二次流的方向可以周期性地变化，这有助于混合各相[105]。该管可以根据提取过程的需要固定在阶梯状、锯齿形或框架形的载体上，并且可以

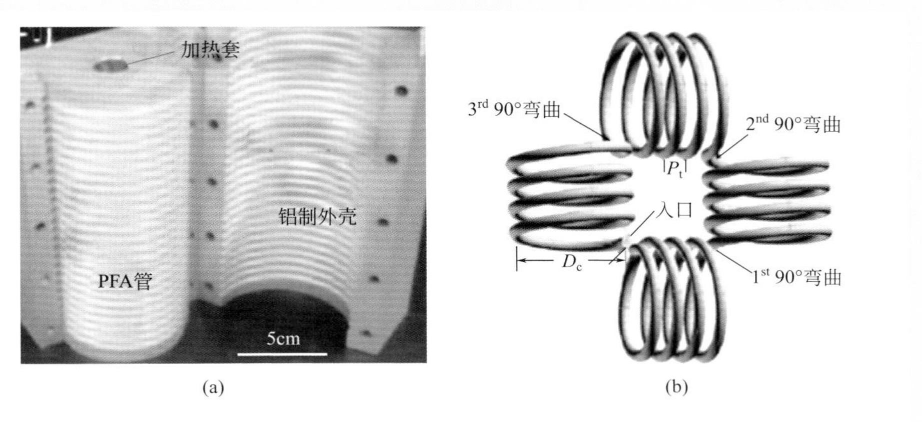

图 7-33　一种包含温度控制外壳的螺旋 FEP 管（a）和螺旋流逆变器（CFI）（b）[103,104]

根据需要任意配置，以满足所需的提取时间。由于传质主要通过 CFI 中的二次流动来增强，因此 CFI 的操作最好在较高的 Dean 数下 [$De=Re(r_{tube}/R_p)^{1/2}$，其中 r_{tube}/R_p 是弯管半径与弯管曲率半径之比][106]。

除了螺旋管增大了的萃取器体积，液滴在短管内以向前和向后的周期性运动也增加了传质速率和时间。由于单个液滴的体积可以低至几微升，因此该方法能够以较低的物质成本快速测量萃取系统的分配系数。

如前所述，萃取装置和工艺的小型化是以工艺强化为基础的。针对微型化萃取器的放大问题，研究了多相微混合器在微型化萃取器中产生大量微滴的方法。如图 7-34（a）[107] 和图 7-34（b）[108] 所示的微筛分散混合器，其最大处理能力为 100mL/min。大容量微型化萃取器由于流动阻力小，其流体流速通常高于微管和芯片。通过更强的剪切力和惯性力作用，液滴的体积可以缩小到几十微米，体积为数百皮升。由于相之间接触面积大，传质过程通常可以在混合器中完成。然而，如果

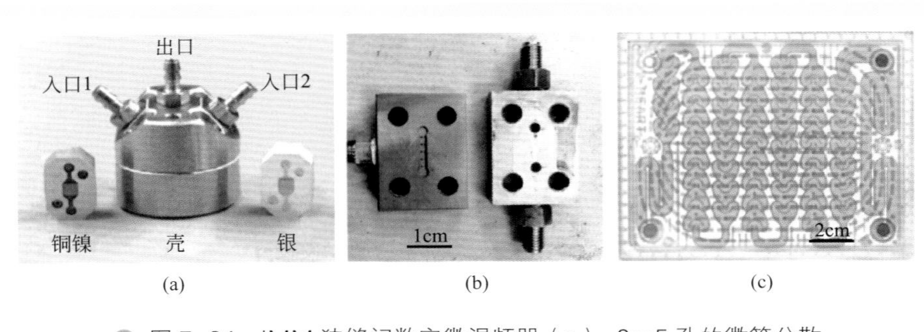

图 7-34　IMM 狭缝间数字微混频器（a）、2×5 孔的微筛分散萃取器（b）和含有心形通道的康宁逆流反应器（c）[107,108]

萃取系统需要较长的萃取时间，则可以使用二级分散结构来维持液滴的分散尺寸。以图 7-34（c）所示的康宁逆流反应器为例，其处理能力为 200 mL/min[109]。

2. 微通道萃取相分离器

与传统的液 - 液萃取过程相似，不仅需要使用微型混合器来实现小型化的萃取过程，还需要小型化的相分离器。在平行液 - 液微流萃取过程中，通过分离共流流体可以很容易地实现相分离。然而，液 - 液分散流中的相分离实际上是一个依赖于时间的过程，主要取决于液滴的聚结速率。尽管沉降器可用于微流萃取，但其体积将比萃取器大得多。这主要是由于微流中的重力特别弱，使得很难在微结构中利用重力进行液滴聚结。实际上，在微米级流动中，毛细作用力（界面作用力）在促进液滴聚结方面更有效。

基于此，证明了如果局部改变通道壁的润湿特性以润湿分散相，则液滴可以附着在微通道上。由于固定液滴与其他液滴的融合相对容易，因此该技术可用于通过从相分离区域连续除去聚结的分散相来获得快速的相分离。实际上，改变微结构的局部润湿特性的最简单方法是使用不同的出口。如图 7-35（a）所示，Y 形相分离器使用了一个亲水管和一个疏水管[110]。但是，在这些小型化的相分离器中，要在较宽的工作范围内实现 100% 的相分离具有挑战性，因为狭小的空间无法提供足够的停留时间以匹配相分离的需求，因此在一个或两个相中都存在夹带现象。因此，为了延长相分离时间，进行了局部微通道改造或制备具有较大润湿面积的专用连接器[111]，以延长相分离时间。如图 7-35（b）所示，可增强相分离。该方法还可以通

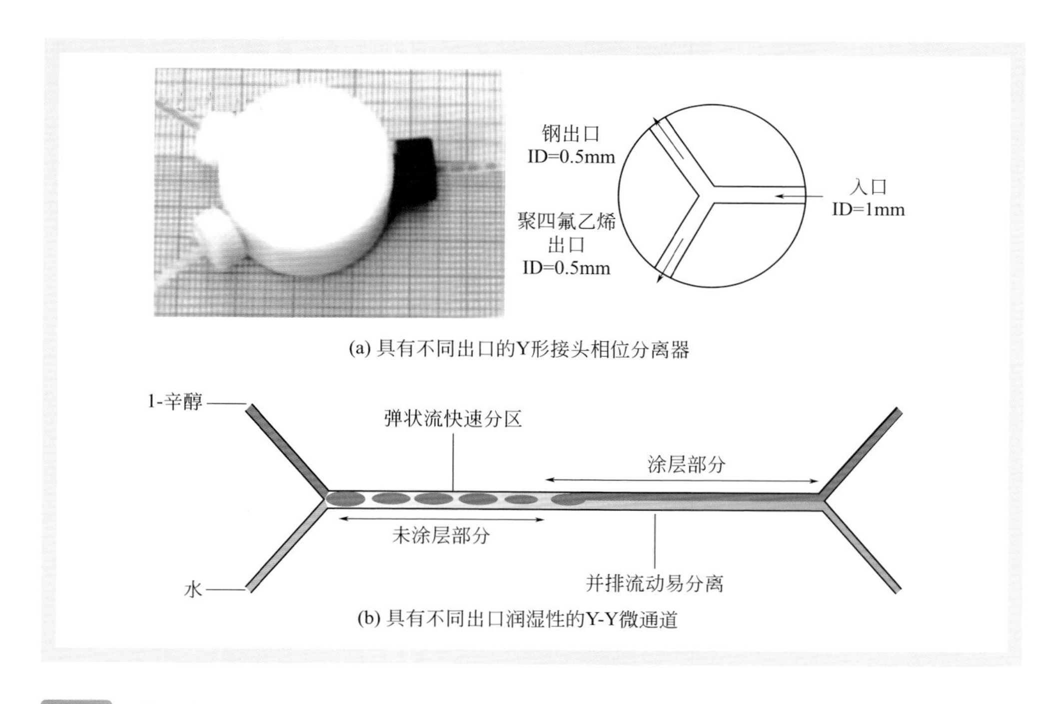

(a) 具有不同出口的Y形接头相位分离器

(b) 具有不同出口润湿性的Y-Y微通道

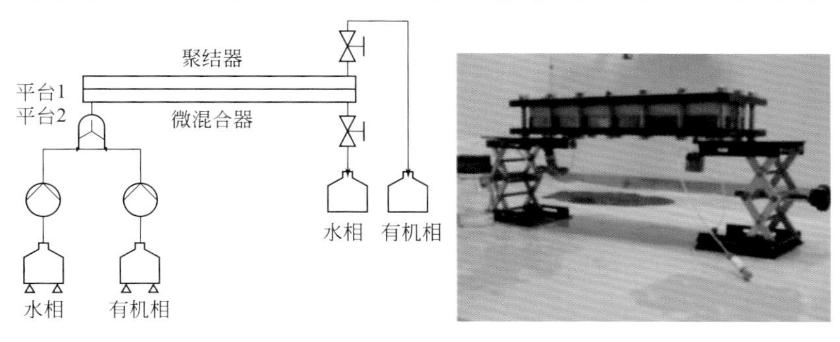

(c) 采用板相分离器的大容量微型萃取系统

图 7–35　根据元件间润湿特性差异设计的小型化相分离器 [110-112]

过扩展平行板来扩大规模，这些平行板可提供不同的润湿特性，如图 7-35（c）[112]。

除了微结构表面，微型萃取器的特殊几何形状也可用于相分离。由于毛细管力在较小的微通道中明显更强，因此可以使用微通道阵列从两相混合物中快速提取连续相，如图 7-36（a）所示 [100]。该方法最初设计用于分离气体和液体，但也已证明在液 - 液系统中效果很好。

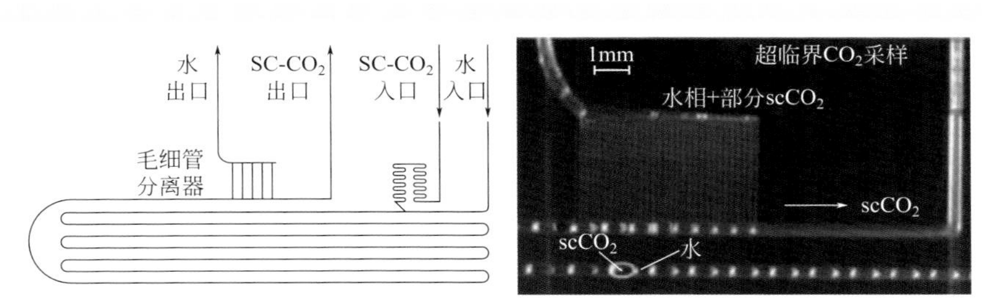

(a) 用于从水-超临界二氧化碳混合物中吸取水的微通道阵列

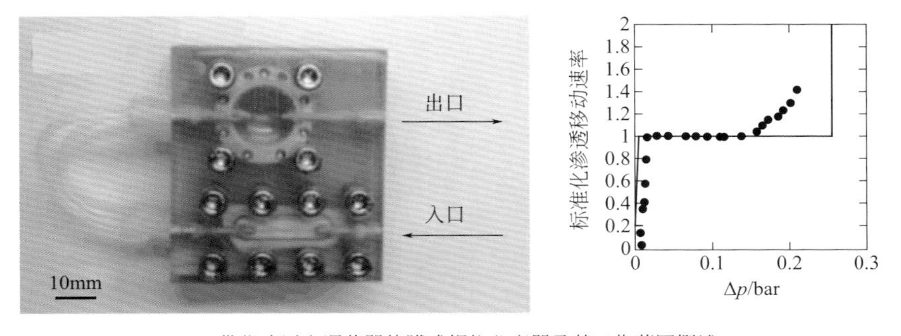

(b) 带集成压力调节器的膜式相位分离器及其工作范围概述

图 7–36

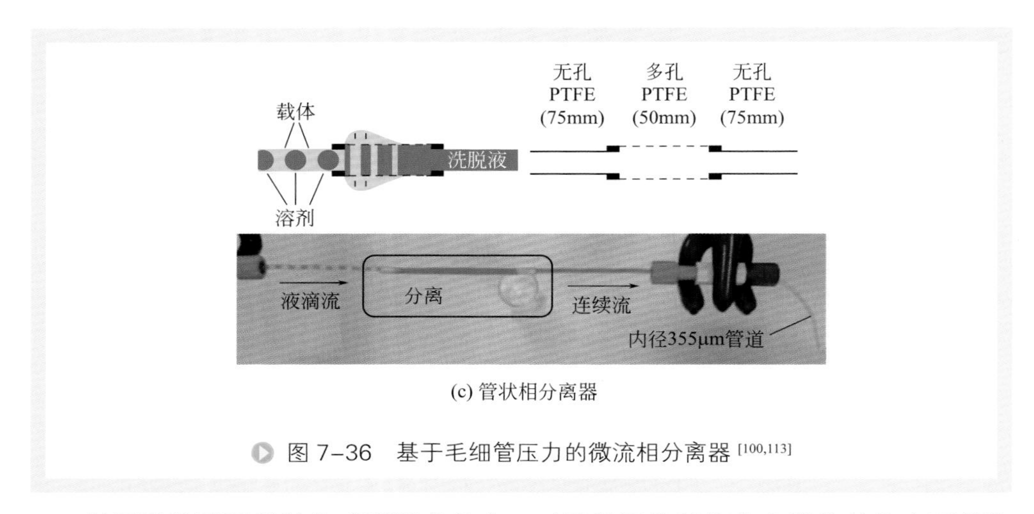

(c) 管状相分离器

图 7-36 基于毛细管压力的微流相分离器 [100,113]

微通道阵列通常被集成到微芯片中。对于需要外部相分离器的其他小型萃取器，多孔膜是微通道阵列的良好替代品。商业化的膜价格便宜，并且由于材料的稀薄性，除了具有较低的哈根-泊厄性阻力之外，还可以为小孔提供较高的毛细压力。通过改变膜面积也可以方便地调节处理能力。在膜相分离器中，膜润湿液被称为渗透液。为避免复杂的压力调节，适用于较宽的压力范围的压力调节器可以集成到相位分离器中，如图 7-36（b）所示。除了基于平面膜的相位分离器，管状膜的相位分离器也被提出，如图 7-36(c)所示[113]。这些管式分离器直接连接到管式萃取器，可以通过改变管道的长度和直径来简单地调节流体混合物的压力[73]。

3. 基于微通道的多级萃取

在液-液萃取的应用中，从实现分离需求的角度考虑，通常优选多级萃取。然而，在微结构中获得逆流微流仍然具有挑战性，因此，必须在逆流阶段进行多级提取。图 7-37 显示了使用微芯片萃取器和重力相分离器的多级逆流萃取系统。在该系统中，止回阀用于控制两相的方向，而注射泵用于控制流速[114]。此外，也可以

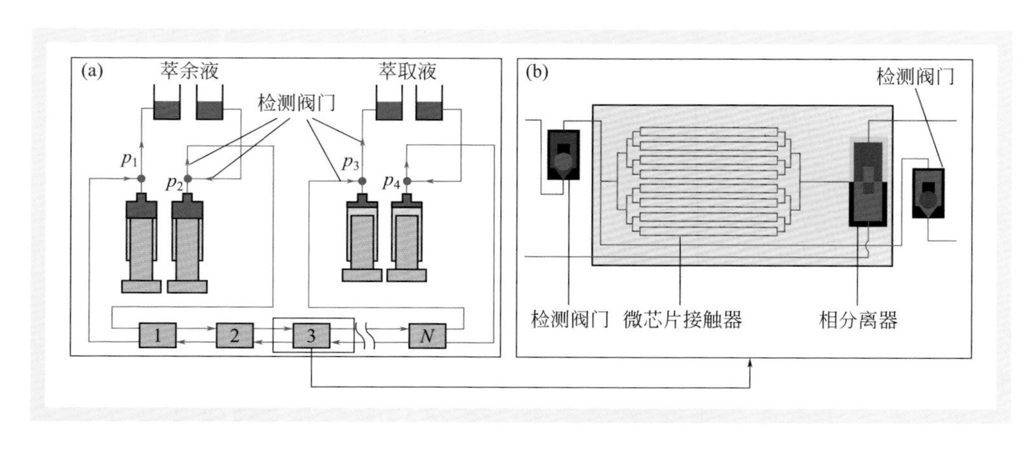

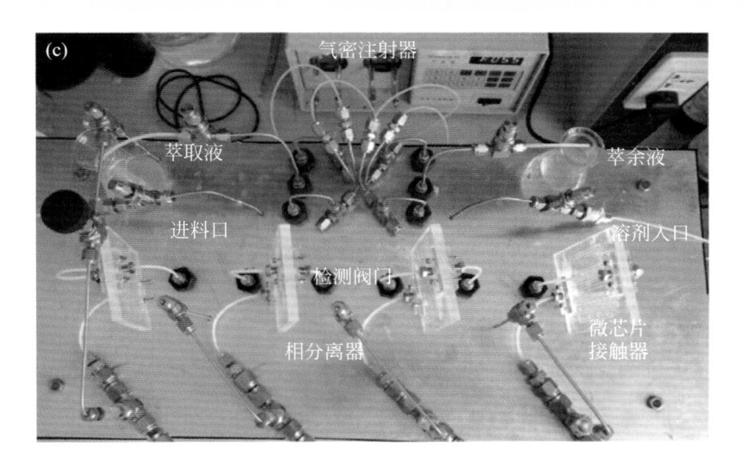

图 7-37　基于微流的多级逆流萃取 [114]

在两级之间使用泵，以在多级萃取过程中提供更精确的流量控制。尽管这种方法需要额外的泵或控制系统，但每个阶段的高萃取效率可以减少阶段数 [115]。因此，逆流小型化萃取系统特别适用于由低效率所限制的由几个阶段组成的工艺。

参考文献

[1] 李希鹏 . 萃取槽澄清室的澄清性能研究与结构设计 [D]. 赣州 : 江西理工大学 , 2018.
[2] 邹洋 , 王运东 , 费维扬 . 混合澄清槽研究进展 [J]. 化工设备与管道 , 2014, 51(05): 40-46.
[3] 刘秀 . 箱式混合澄清萃取槽流场数值模拟研究 [D]. 赣州 : 江西理工大学 , 2013.
[4] 王春花 , 黄桂文 . 双混浅层澄清室的混合澄清器研究 [J]. 稀土 , 2007, (02): 60-64.
[5] Hadjiev D, Limousy L, Sabiri N E. The design of separators based on phase inversion at low velocities in the nozzles[J]. Separation and Purification Technology, 2004, 38(2): 181-189.
[6] Paulo J B A, Hadjiev D. Mixer-settler based on phase inversion: design of the mixing zone[J]. Industrial & Engineering Chemistry Research, 2006, 45(11): 3821-3829.
[7] 付子忠 . 卧式机械搅拌混合澄清器简介与选择 [J]. 矿产综合利用 , 1985, (01): 57-61.
[8] 傅爱华 . 液 - 液混合澄清萃取器的研究动态与发展方向 [J]. 化学工业与工程技术 , 2004, (04): 9-11, 57.
[9] 叶芸 . KREBS 混澄器的研制和使用 [J]. 有色冶炼 , 1984, (04): 44-47.
[10] 汪焰台 . 混合澄清器的研究和展望 [J]. 湿法冶金 , 1994, (03): 6-13.
[11] Miller G, Readett D J. The Mount Isa Mines limited copper solvent extraction and electrowinning plant[J]. Minerals Engineering, 1992, 5(10-12): 1335-1343.
[12] 徐耀兵 . 中间盐法石煤灰渣酸浸提钒工艺的试验研究 [D]. 杭州 : 浙江大学 , 2009.

[13] 马婷婷 . 混合澄清槽内流动的测量与模拟 [D]. 天津 : 天津大学 , 2014.
[14] Schweitzer P A. Handbook of separation techniques for chemicak engineers[M]. New York: McGraw-Hill Professional, 1996: 10-199.
[15] 王允 . 脉冲萃取柱流体流动和质量传递性能研究 [D]. 黑龙江 : 哈尔滨工程大学 , 2012.
[16] 兰昭洪 . 金属丝网波纹填料及其在化工生产中的应用 [J]. 贵州化工 , 2005, (01): 13-14, 33.
[17] 汪家鼎 , 陈家镛 . 溶剂萃取手册 [M]. 北京 : 化学工业出版社 , 2001: 56-577.
[18] 陈艳红 . 转盘萃取塔动态建模与仿真的研究 [D]. 北京 : 北京化工大学 , 2013.
[19] Scheibel E G. Liquid-liquid extraction column having rotatable pumping impeller assecblies[P]: US 3389970. 1968.
[20] Pang K H. Mathematical modeling of a modified Scheibel liquid-liquid extraction column in the frequency domain[J]. Canadian Journal of Chemical Engineering, 1971, 49: 837-847.
[21] 袁慎峰，尹红，陈真生，陈志荣 . 带筛板的夏贝尔萃取塔 [P]: CN 101693151. 2010-04-14.
[22] 袁妍娜 . 改进的 Scheibel 萃取塔两相流动行为研究 [D]. 杭州 : 浙江大学 , 2013.
[23] Oldshue J Y, Rushton J H. Chem solvent extraction[J]. Eng Prog, 1952, 48: 297.
[24] Haug H F. Backmixing in multistage agitated contactors-a correlation[J]. American Institute of Chemical Engineers Journal, 1971, 17: 585.
[25] Ingham J. Axial mixing in a Graesser raining bucket liquid-liquid contactor[J]. Trans Inst Chem Eng, 1972, 50: 372.
[26] Bailes P J, Hanson C, Hughes M A. Liquid-liquid extraction: the process, the equipment[J]. Chem Eng, 1976, 83(2): 86.
[27] 李以圭 , 等 . 化学工程手册 : 第 14 篇 - 萃取及浸取 [M]. 北京 : 化学工业出版社 , 1985: 14-223.
[28] Yadav R L, Patwardhan A W. CFD modeling of sieve and pulsed-sieve plate extraction columns[J]. Chemical Engineering Research & Design, 2009, 87(1): 25-35.
[29] Tai D. Study on hydrodynamic characteristics of a pulsed sieve plate extraction column under large flow ratio conditions[J]. Chinese Journal of Nuclear Science & Engineering, 1987, (Z1): 246-253.
[30] 林登彩 , 孙世仁 , 毛宗强 , 马栩泉 , 黄左 , 周成华 . 振动筛板萃取柱流体力学性能的研究 [J]. 石油化工 , 1987, (01): 1-5.
[31] 王艳桢 , 李国玲 , 等 . 离心萃取机的问题分析及改进研究 [J]. 过滤与分离 , 2014, 1(25): 34-37.
[32] 叶春林 , 等 . 圆筒式离心萃取器 [M]. 北京 : 原子能出版社 , 1982.
[33] 李以圭 , 费维扬 , 杨基础 , 等 . 液 - 液萃取过程和设备 [M]. 北京 : 原子能出版社 , 1993.
[34] 杨佼庸， 刘大星 , 等 . 萃取 [M]. 北京 : 冶金工业出版社 , 1988.
[35] 凌智英 . 溶剂萃取设备 [J]. 有色冶炼 , 1976, (Z1): 56-73.
[36] 崔国昌 . 国内外离心萃取器发展概况 [J]. 稀有金属与硬质合金 , 1981, (03): 1-27.

[37] Ogino H, Fujisaku K, Washiya T. Centrifugal extractor includes main shaft surrounded by airtightly arive-portion housing coupled to rotor housing[P]: FR, 2848468. 2004.

[38] Bernstein G J, Grosvenor D E, Lenc J F, et al. Development and performance of a high-speed annular centrifugal contactor: ANL-7969[R]. USA: Argonne National Laboratory, 1973.

[39] Leonard R A. Recent advances in centrifugal contactor design[J]. Separation Science and Technology, 1988,23(12-13): 1473-1487.

[40] Jubin Robert T. Centrifugal contactor modified for end stage operation in a multistage system[P]: US 4925441. 1990-05.

[41] 庆哲，宋昭峥，彭洪湃，等 . 塔填料的最新研究现状和发展趋势 [J]. 现代化工 , 2008, (s1): 59-62.

[42] 高灿 , 常宏委 , 陆莹莹 , 等 . 复合萃取剂提取林可霉素机理及填料萃取塔中试研究 [J]. 化工进展 , 2014, (1): 247-252.

[43] 朱璇雯 , 刘成 , 张敏华 , 等 . 填料萃取塔的研究现状及进展 [J]. 化工进展 , 2013, 32(1): 22-26, 64.

[44] 费维扬 . 萃取塔设备研究和应用的若干新进展 [J]. 化工学报 , 2013, 64(1): 44-51.

[45] 段云丽 . 简析填料萃取塔设计中应注意的几个环节 [J]. 化工管理 , 2015, (20): 51.

[46] Lang. Method and blank for the manufacture of high efficiency open volumed packing bodies[P]: US 4724593.

[47] Gilitsch. Cascade mini-rings for high efficiency mass transfer. INC, Bulletin 345[Z]. 1986.

[48] Billet. Packed column analysis and design. Ruhr-Univ Bochum[Z]. 1989.

[49] 费维扬 . 内弯弧形筋片扁环填料 [P]: CN 2061864U. 1990-09-12.

[50] 费维扬 . 挠性梅花扁环填料 [P]: CN1129605. 1996-08-28.

[51] 费维扬 . 带有加强筋和锯齿形窗口的内弯弧形筋片扁环填料 [P]: 中国 , CN2410035. 2000-12-13.

[52] 朱慎林 , 骆广生 , 张宝清 . 新型规整填料 (FG 型) 用于低界面张力萃取体系的研究 [J]. 石油炼制与化工 , 1995, 26(7): 11-15.

[53] Annette Eckstein, Jörg Koch, Alfons Vogelpohl, et al. Applicability of the Sulzer OPTIFLOW structure for the liquid-liquid extraction- investigation of single drops[J]. Chem Eng Technol, 1999, 22(11): 909-912.

[54] 朱慎林 , 骆广生 . 复合填料萃取塔操作性能研究 [J]. 化学工程 , 1997, 25(4): 17-20.

[55] 王岩 , 张彬德 . 复合填料在润滑油溶剂精制萃取塔中的应用 [J]. 石油炼制与化工 , 1999, 30(1): 37-43.

[56] 鲍银龙 . 新型萃取组合填料的研究及开发 [D]. 天津 : 天津大学 , 2012.

[57] Misek T, Rod V. Recent advances in liquid-liquid extraction[M]. Oxford: Pergamon Press, 1971.

[58] 史季芬 , 等 . 多级分离过程 [M]. 北京 : 化学工业出版社 , 1991.

[59] Kato Y, Tanaka S, Fukuda T. Residence time distribution of suspended solid particles in multi-

stage bubble column [J]. J Chem Eng Japan, 1984, 17(1): 99.
[60] Kato Y, Kago T, Morooka S. Longitudinal concentration distribution of droplets in multi-stage bubble columns for gas-liquid-liquid systems [J]. J Chem Eng Japan, 1984, 17(4): 429.
[61] Teng Dawei, Fang Bo, Zhang Shou qian. A study on axial mixing for gas-liquid-liquid system in multistage agitated column [J]. J Chem Eng of Chinese Univ, 1994, 8(2): 137.
[62] Mechlenburg J C, Hantland S. The theory of backmixing[M]. New York: Wilely Interscience Press, 1975.
[63] Zhang Zeting, Wang Shuying, Yu Guocong.Studies on liquid phase mixing in packed columns(Ⅰ): a pseudo one-dimensional model[J].Journal of Chemical Industry and Engineering(China), 1988, 39(3): 285-291.
[64] Zhang Zeting, Wang Shuying, Yu Guocong. Studies on liquid phase mixing in packed columns(Ⅱ): a two-dimensional model[J]. Journal of Chemical Industry and Engineering(China), 1988, 39(3): 292-298.
[65] Zhang Zeting, Wang Shuying, Yu Guocong.A two-dimensional mixing pool stochastic model for mass transfer in packed columns[J]. Journal of Chemical Industry and Engineering(China), 1989, 40(1): 53-59.
[66] Shword, Pigford, et al. 传质学 [M]. 北京：化学工业出版社，1988.
[67] Roes A W M. Mass transfer in a gas-solid packed column at trickle flow[J]. Chemical Engineering Journal, 1979, 18(1): 29-37.
[68] Clements W C. A note on determination of the parameters of the longitudinal dispersion model from experimental data[J]. Chemical Engineering Science, 1969, 24: 957-963.
[69] Liu G, Fang Y, Guo H, Gu L, Kuang C. Development of microreactors[J]. Contemporary Chemical Industry, 2010, 39(3): 315-318.
[70] 吴迪，高朋召．微反应器技术及其研究进展 [J]. 中国陶瓷工业，2018, 25(05): 19-26.
[71] 骆广生，王凯，徐建鸿，王玉军，吕阳成．微化工过程研究进展 [J]. 中国科学：化学，2014, 44(09): 1404-1412.
[72] 朱琳．微反应器混合特性研究和三水碳酸镁的制备 [D]. 大连：大连理工大学．2016.
[73] Wang K, Luo G. Microflow extraction: a review of recent development[J]. Chemical Engineering Science, 2017, 169: 18-33.
[74] 杨丽．微通道内液滴生成与混合理论方法与实验研究 [D]. 天津：河北工业大学，2016.
[75] 邓金，郑晓斌，吴纪周，等．T- 型微通道中液滴形成机制的 CFD 模拟 [J]. 化学工程，2012, 40(11): 39-43.
[76] 付涛涛，马友光，朱春英．T 形微通道内气泡（液滴）生成机理的研究进展 [J]. 化工进展，2011, 30(11): 2357-2363.
[77] 王维萌，马一萍，王澎，等．T 型微通道中微液滴被动破裂的可视化实验研究 [J]. 工程热物理学报，2015, 36(02): 338-341.

[78] 宋文斌，董朝青，任吉存．微液滴微流控芯片：微液滴的形成、操纵和应用 [J]. 分析科学学报，2011, 27(01): 106-112.
[79] Melinda G, Simon A P. Microfluidic droplet manipulations and their applications[C]//Day, Philip, Manz, Andreas, ZhangYonghao. Microdroplet technology. New York: Springer, 2012: 23-50.
[80] Dash S, Chandramohan A, Weibel J A, et al. Buoyancy-induced on-the-spot mixing in droplet sevaporating on nonwetting surfaces[J]. Physical Review E, 2014, 90(06): 062407.
[81] Singh P, Aubry N. Transport and deformation of droplets in a microdevice using dielectrophoresis[J]. Electrophoresis, 2007, 28(4): 644-657.
[82] Schwartz J A, Vykoukal J V, Gascoyne P R C. Droplet-based chemistry on a programmable micro-chip[J]. Lab on a Chip, 2004, 4(1): 11-17.
[83] Rhee M, Liu P, Meagher R J, et al.Versatile on-demand droplet generation for controlled encapsulation[J]. Biomicrofluidics, 2014, 8(3): 034112.
[84] 潘志群．微通道内液 - 液多组分传质实验与模拟研究 [D]. 天津：天津大学，2014.
[85] Whitman W G. The two-film theory of gas absorption[J]. AIChE Journal, 1923, 29(4): 146-148.
[86] Danckwerts P V. Significance of liquid-film coefficients in gas absorption[J]. Industrial & Engineering Chemistry Research, 1951, 43(6): 1460-1467.
[87] Danckwerts P V. Gas absorption accompanied by chemical reaction[J]. American Institute of Chemical Engineers, 1955, 1(4): 456-463.
[88] 苗容生，余国琮．相际传质研究的进展 [J]. 化工进展，1990, 13(1): 10-15
[89] 赵超凡．液 - 液两相界面传质过程的研究 [D]. 天津：天津大学，2007.
[90] Toor H L, Marchello J M. Film-penetration model for mass and heat transfer[J]. AIChE Journal, 1958, 4(1): 97-101.
[91] Permutter D D. Surface-renew models in mass tansfer[J]. Chemical Engineering Science, 1961, 16(3): 287-296.
[92] Fortsoe G E, Pearson J R. On gas absorption into a turbulent liquid[J]. Chemical Engineering Science, 1967, 22(9): 1163-1176.
[93] Lamont J C, Scott D S. An eddy cell model of mass transfer into the surface of a turbulent liquid[J]. AIChE Journal, 1970, 16(4): 513-519.
[94] King C J. Turbulent liquid phase mass transfer at free gas-liquid interface[J]. AIChE Journal, 1966, 5(1): 1-7.
[95] Davies J T, Driscoll J. Eddies at free surfaces simulated by pulses of water[J]. Industrial & Engineering Chemistry, 1974, 13(2): 105-109.
[96] Biń A K. Mass transfer into a turbulent liquid film[J]. International Journal of Heat and Mass Transfer, 1983, 26(7): 981-991.
[97] Chen Y, Chen Z, Wang H. Enhanced fluorescence detection using liquid-liquid extraction in a

microfluidic droplet system[J]. Lab Chip, 2012, 12: 4569-4575.

[98] Novak U, Pohar A, Plazl I, Žnidaršič-Plazl P. Ionic liquid-based aqueous two-phase extraction within a microchannel system[J]. Sep Purif Technol, 2012, 97: 172-178.

[99] Miserere S, Mottet G, Taniga V, Descroix S, Viovy J L, Malaquin L. Fabrication of thermoplastics chips through lamination based techniques[J]. Lab Chip, 2012, 12: 1849-1856.

[100] Assmann N, Kaiser S, Rudolf Von Rohr P. Supercritical extraction of vanillin in a microfluidic device[J]. J Supercrit Fluid, 2012, 67: 149-154.

[101] Marre S, Adamo A, Basak S, Aymonier C, Jensen K F. Design and packaging of microreactors for high pressure and high temperature applications[J]. Ind Eng Chem Res, 2010, 49: 11310-11320.

[102] Jensen K F, Reizman B J, Newman S G. Tools for chemical synthesis in microsystems[J]. Lab Chip, 2014, 14: 3206-3212.

[103] Adamo A, Beingessner R L, Behnam M, Chen J, Jamison T F, Jensen K F, Monbaliu J M, Myerson A S, Revalor E M, Snead D R, Stelzer T, Weeranoppanant N, Wong S Y, Zhang P. On-demand continuous-flow production of pharmaceuticals in a compact, reconfigurable system[J]. Science, 2016, 352: 61-67.

[104] Kumar V, Nigam K D P. Numerical simulation of steady flow fields in coiled flow inverter[J]. Int J Heat Mass Tran, 2005, 48: 4811-4828.

[105] Mandal M M, Aggarwal P, Nigam K D P. Liquid-liquid mixing in coiled flow inverter[J]. Ind Eng Chem Res, 2011, 50: 13230-13235.

[106] Kurt S K, Gelhausen M G, Kockmann, N. Axial dispersion and heat transfer in a milli/microstructured coiled flow inverter for narrow residence time distribution at laminar flow [J]. Chem Eng Technol, 2015, 38: 1122-1130.

[107] Benz K, Jackel K P, Regenauer K J, Schiewe J, Drese K, Ehrfeld W, Hessel V, Lowe H.Utilization of micromixers for extraction processes[J]. Chem Eng Technol, 2001, 24: 11-17.

[108] Wang K, Lu Y C, Xu J H, Luo G S. Droplet generation in micro-sieve dispersion device[J]. Microfluid Nanofluid, 2011, 10: 1087-1095.

[109] Woitalka A, Kuhn S, Jensen K F. Scalability of mass transfer in liquid-liquid flow[J]. Chem Eng Sci, 2014, 1(16): 1-8.

[110] Kashid M N, Agar D W. Hydrodynamics of liquid-liquid slug flow capillary microreactor: flow regimes, slug size and pressure drop[J]. Chem Eng J, 2007, 131: 1-13.

[111] Gaakeer W A, de Croon M H J M, van der Schaaf J. Schouten J C. Liquid-liquid slug flow separation in a slit shaped micro device[J]. Chem Eng J, 2012, 207-208: 440-444.

[112] Okubo Y, Toma M, Ueda H, Maki T, Mae K. Microchannel devices for the coalescence of dispersed droplets produced for use in rapid extraction processes[J]. Chem Eng J, 2004, 101: 39-48.

[113] Bannock J H, Phillips T W, Nightingale A M, deMello J C. Microscale separation of immiscible liquids using a porous capillary[J]. Anal Methods, 2013, 5: 4991-4998.
[114] Li S W, Jing S, Luo Q, Chen J, Luo G S. Bionic system for countercurrent multi-stage micro-extraction[J]. RSC Adv, 2012, 2: 10817-10820.
[115] Zhang L, Peng J, Ju S, Zhang L, Dai L, Liu N. Microfluidic solvent extraction and separation of cobalt and nickel[J]. RSC Adv, 2014, 4: 16081-16086.

第八章

工业化萃取技术示例

第一节 芳烃抽提

芳烃是汽车尾气中造成空气污染的重要因素，对177种空气毒物的评价结果显示，芳烃具有致癌作用，长期呼吸含苯的汽车尾气会引起人体抵抗力降低，出现呼吸道感染、败血症等疾病。一般情况下，催化重整装置出来的汽油馏分中含有50%～70%的芳烃，其中苯约5%～15%。随着目前对环保的日益重视，世界各国新汽油标准都要求降低汽油中芳烃含量，尤其是苯的含量。2017年1月份起，国标规定汽油中芳烃含量不大于35%，苯的含量从2.5%（体积分数）降低到不大于1.0%（体积分数），后续可能进一步降低。苯抽提已成为炼油厂的重要组成装置，一大批生产高辛烷值汽油的重整装置均设置了苯抽提装置，促进了芳烃抽提技术的发展和改进。另外，作为基本有机化工原料的芳烃（主要指苯、甲苯、二甲苯，合称“化学三苯”）是合成纤维、橡胶、塑料、洗涤剂、染料、医药、香料等的重要原料，其产量和规模仅次于乙烯和丙烯。世界范围内化学工业的快速发展对于化学三苯的需求量迅速增长，芳烃的生产技术水平是一个国家石化工业发展水平的标志之一，这也促进了芳烃抽提技术的快速发展和大规模应用[1]。

一、原理

石脑油、加氢裂解汽油和催化重整生成油的组分复杂，很多芳烃和非芳烃的沸点相近，如苯的沸点 80.1℃，环己烷的沸点 80.74℃，3- 甲基丁烷的沸点为 80.88℃，它们之间的沸点差很小，在工业上很难用精馏的方法从混合物中分离出纯度很高的苯。此外，有些非芳烃组分和芳烃组分形成了共沸混合物，用一般的精馏方法就更加难以分离。分离芳烃的主要方法有液 - 液萃取法、吸附法、萃取精馏法、加氢催化法、渗透膜法等。其中液 - 液萃取法是利用待抽提原料中各种烃类组分溶解度的不同，并且能分层形成两个密度不同的液相，实现芳烃和非芳烃分离的工艺过程。而萃取精馏是通过向原料中加入极性溶剂，利用溶剂对烃类各组分相对挥发度影响的不同，提高目的芳烃和其他组分间的相对挥发度，实现芳烃和非芳烃分离的工艺过程。通常液 - 液抽提工艺设有专门的气提塔，而萃取精馏将抽提过程和气提过程在一个塔器内完成。吸附分离侧重于分离单个高纯芳烃组分，对于芳烃与非芳烃的初步分离不宜采用。芳烃加氢饱和工艺则需要以降低辛烷值为代价。渗透膜法分离芳烃是较新颖的方法，但该法目前缺乏成熟的理论，研发思路多依赖于经验总结，仍需更进一步的理论研究。目前，工业上广泛采用的是液 - 液萃取的方法。

液 - 液萃取利用某些有机溶剂对芳烃和非芳烃的溶解度差异，经过连续逆流抽提过程而使芳烃和非芳烃得以分离。在溶剂与重整生成油混合后生成的两相中，一个是溶剂和溶于溶剂的芳烃，称为提取液；另一个是在溶剂中只有极小溶解度的非芳烃，称为提余液。将两相液层分开后，再将溶剂和溶解在溶剂中的芳烃分离，即得到芳烃混合物。抽提过程包括三个步骤：料液混合物与萃取剂发生混合，放置澄清使萃取相与萃余相发生分离，分别回收两相中的溶剂。

抽提能够顺利进行的必要条件如下[2]：

（1）所选取的萃取剂对于原液体混合物中的溶质与原溶剂具有选择性溶解能力，即对于溶质有相当大的溶解度，对于原溶剂则不互溶。

（2）萃取相易于分离，以便回收萃取剂得到溶质产品。

（3）萃取的进行取决于溶质由原溶液至萃取剂的传递能力。

二、工艺特点

芳烃抽提工艺的流程如图 8-1 所示，自重整装置来的重整油打入抽提塔中部，含水约 5% ～ 10% 的溶剂自抽提塔顶部喷入，塔底打入回流芳烃（含芳烃 70% ～ 85%，其余为戊烷）。经逆相溶剂抽提后，塔顶引出提余液，塔底引出提取液。

提取液经换热后，温度约以 120℃自抽提塔底部借本身压力流入气提塔顶部的闪蒸罐，在其中由于压力骤降，溶于提取液中的轻质非芳烃、部分苯和水被蒸发出来，与气提塔顶部蒸出的油气汇合，经冷凝冷却后进入回流芳烃罐进行油水分离，分出的油去抽提塔底作回流芳烃。分出的水与从抽出芳烃罐分出的水一道流入循环

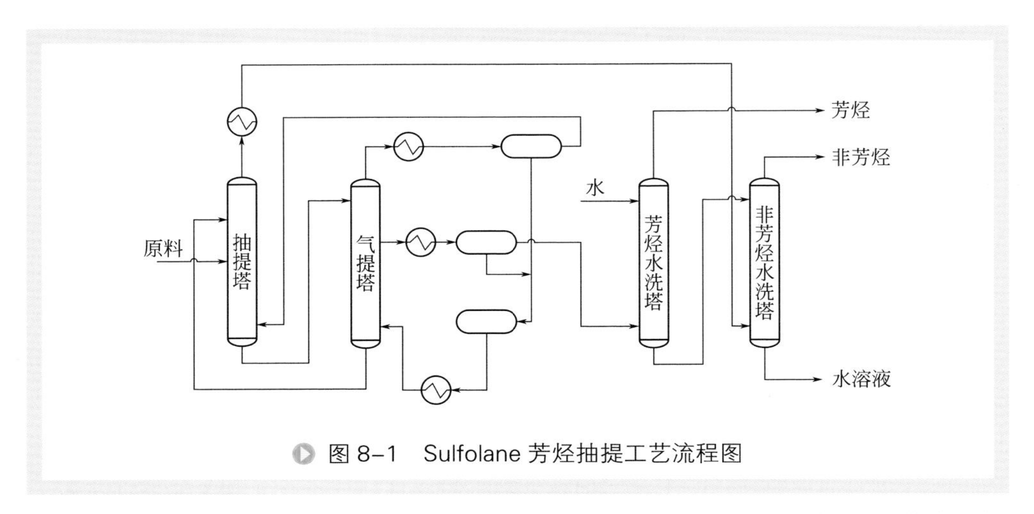

图 8-1　Sulfolane 芳烃抽提工艺流程图

水罐，用泵打入气提塔作气提用水。经闪蒸后未被蒸发的液体自闪蒸罐流入气提塔。

混合芳烃自气提塔侧线呈气相被抽出，因为若从塔顶引出则不可避免地混有轻质非芳烃、戊烷等，而从侧线以液态引出又会带出过多溶剂，引出的芳烃经冷凝分水后送入水洗塔，经水洗后回收残余的溶剂，然后送到芳烃精馏装置进一步分离成单体芳烃。

三、萃取剂选择

选择合适的溶剂是芳烃抽提过程的第一步，也是最关键的一步，溶剂的选择直接影响着抽提体系的建立、装置效率、投资及操作费用。一个理想的溶剂应有以下特点[1]：

（1）对芳烃选择性好，有利于分离效果和芳烃纯度；

（2）对芳烃溶解能力大，以降低装置投资和操作费用；

（3）热稳定性及化学稳定性好，防止溶剂变质和过多损耗，避免降解物污染芳烃或造成设备腐蚀；

（4）与芳烃沸点差大，便于与芳烃分离；

（5）与原料密度差大，不易乳化，保证抽提塔内轻重两相良好的水力学流动特性；

（6）两相界面张力大，以利于液滴聚集与分层；

（7）蒸气压低，减少溶剂损耗；

（8）黏度小、凝点低，有利于传热与传质；

（9）无毒、无腐蚀，降低操作和设备选材要求；

（10）廉价易得。

近年来，关于芳烃抽提溶剂的研究非常广泛，试验过的溶剂多种多样，包括单一萃取剂、新型萃取剂、复合萃取剂和离子液体萃取剂等。然而，从世界上已建成投产的装置统计资料来看，能够用于芳烃抽提的溶剂主要有以下几种：环丁砜、*N*-甲酰基吗啉、*N*- 甲基吡咯烷酮、四甘醇、三甘醇和二甲基亚砜。世界上已经建成投产的芳烃抽提装置主要采用以下工艺技术：Dow 公司和 UOP 公司开发的甘醇类技术（Udex 工艺），Shell 公司和 UOP 公司开发的环丁砜技术（Sulfolane 工艺）、KRUPP UHDE 公司的 *N*- 甲酰基吗啉技术（Morphylane 工艺）、IFP 公司的二甲基亚砜技术（IFP 工艺）、LURGI 公司的 *N*- 甲基吡咯烷酮技术等。

我国目前使用较多的抽提溶剂有三乙二醇醚、二乙二醇醚和环丁砜，其中，环丁砜萃取剂具有腐蚀性小、对芳烃的溶解度较大、选择性高、萃取剂 / 原料比率较低的优点，应用最广。国内最具有代表性的此类抽提技术为北京金伟晖工程技术有限公司开发的 SUPER-SAE- 环丁砜 - 液 - 液抽提技术和中国石化石油化工科学研究院（RIPP）开发的以环丁砜 -COS 复合溶剂为提取液的 SED 技术。

四、芳烃抽提的影响因素

1. 温度

温度对溶剂的选择性和溶解度均有较大的影响，进一步表现为对萃取过程两相区的影响。

一般来说，随温度的升高溶解度增大，而两相区变小。当温度升高到某临界温度，两相区消失，完全互溶。此时，萃取分离就无法进行。因此，温度升高对萃取过程显然是不利的，同时温度升高还会使两相的浓度接近，密度差变小，容易产生液泛。温度降低两相区增大，对萃取有利，但降得较低时对有些系统可能产生第二或第三部分互溶的情况。通常碰到的是溶剂与溶质之间不完全互溶，所以，过低的操作温度对萃取也是不利的。因此，在抽提塔内必须维持一个上高下低的温度梯度。在确定抽提塔的各点温度时，应全面考虑，首先在低于其相应的临界溶解温度的前提下，还要达到芳烃的回收率和纯度。在操作中应以设计参数为依据，随着原料的变化，通过实验，找出适宜的抽提温度，以保证得到优质产品。

2. 压力

压力对于相图的影响很小，可以忽略。抽提塔的压力是保证抽提过程呈液相操作，即在低于液体的泡点温度下进行操作，抽提塔内若发生汽化则会降低抽提效率，严重时会造成液泛，破坏抽提过程。压力本身不影响芳烃在溶剂中的溶解度和选择性，但塔内压力波动，会影响进出物料的平衡，影响操作，故必须维持一个恒压操作。

3. 溶剂比

溶剂比是指进入抽提塔顶部的溶剂对进料的质量或体积比，它是调节芳烃回收率的重要手段，同时又决定了气提塔、回收塔的负荷，因此是抽提过程中最重要的参数。

对一定的原料量，溶剂比大意味着设备中循环的溶剂量大，也意味着装置操作费用增大。较高的溶剂比可以从提余相中回收较多的芳烃，但往往降低芳烃的纯度，一般可用增加返洗比的办法来补偿。同时溶剂比与温度也有相当的关系，当温度升高时，相当于溶剂比增大。所以在抽提过程中选择一个适当的溶剂比是重要的。

4. 返洗比

返洗比是指抽提塔中轻质非芳烃和轻芳烃作回流的回流比。非芳烃在环丁砜中也有一定的溶解能力，但较轻的非芳烃要比较重的非芳烃更易于溶解。为了保证芳烃的纯度，在抽提塔下部设有一轻质非芳烃回流线，用以顶替出富溶剂中的重质非芳烃。其回流愈大，顶替出的重质非芳烃愈多，则芳烃的纯度愈高，但返洗比过大，会影响塔的有效负荷，甚至形成液泛，这对操作是不利的。操作实践证明：返洗比和溶剂比在某种意义上有互换性，即降低溶剂比具有增大返洗比的作用。反之，增加溶剂比时又具有降低返洗比的作用。为了保证产品质量，必须在提高溶剂比的同时，适当地增大返洗比才行。

5. 界面和液面

抽提塔的界面和回收塔的液面，表示了装置内溶剂的平衡关系。当两塔的界面和液面不规则波动时，说明塔内出现故障。故界面和液面反映了抽提塔和回收塔的物料平衡关系和溶剂的循环量。一般在界面稳定的情况下操作时，产品的抽出量和收率均有保证。

6. 溶剂含水量

溶剂含水量的变化对抽提效果是有一定的影响。二甲基亚砜抽提时，溶剂含水量可作为一个主要参数控制，含水量的变化，决定产品收率和质量变化。但环丁砜的选择性和溶解度随其含水量的变化并不显著。同时在实际操作中不能在回收塔中以任意调整温度的办法来控制贫溶剂的含水量。因此溶剂的含水量不作操作变数考虑，在生产运行中环丁砜中含水量约为0.4%～0.8%[2]。

五、外场辅助作用下芳烃的抽提

孙东旭等[3]研究了超声场下糠醛对柴油中芳烃的萃取效果，考察了萃取温度、剂油比、萃取时间、超声波功率、加盐、萃取级数等因素对芳烃萃取效果的影响。实验结果表明，在超声功率为200W、剂油比为4∶1，温度为40℃、萃取时间为30min时，芳烃萃取分离的效果最佳，萃取率达到79.3%，比无超声时的萃取率提高了12%。此外，萃取过程中加入无机盐会产生盐析效应，提高芳烃萃取效果。在超声波存在条件下，其空化作用和机械效应使盐析效应的影响增强，可进一步改善芳烃萃取效果。

苏玉忠等[4]则研究了外加电场对芳烃萃取效率的提高作用，实验在电场中用溶剂二甲亚砜萃取环己烷和甲苯混合物中的甲苯。结果表明，通过外加电场可有效促进芳烃萃取过程，在高场强下，环己烷-二甲亚砜-甲苯体系呈现喷射雾状，在该状态下液滴进一步破碎，因而场强对于传质产生显著的强化效果。

六、离子液体溶剂用于芳烃的抽提

1. 咪唑类离子液体

芳烃抽提研究中，咪唑类离子液体的研究最多。它是由带有烷基取代基的咪唑阳离子，例如*N*-甲基咪唑（$[mim]^+$）、1,3-二甲基咪唑（$[Mmim]^+$）、1-丁基-3-甲基咪唑（$[Bmim]^+$）与四氟硼酸根（$[BF_4]^-$）、双(三氟甲基磺酰)亚胺根（$[NTf_2]^-$）、烷基硫酸根、六氟磷酸根（$[PF_6]^-$）、卤素阴离子组成的一类离子液体。

Al-Rashed等[5]研究了1-丁基-3-甲基咪唑六氟磷酸盐（$[Bmim][PF_6]$）在室温下对模拟石脑油中苯、甲苯、邻二甲苯的抽提效果。当模拟石脑油中的芳烃含量不断增加时，该离子液体对芳烃组分的选择性均减小；当苯环上烷基数增加时，离子液体对芳烃组分的选择性和分配系数均减小，即：苯＞甲苯＞邻二甲苯。在对芳烃质量分数10%的模拟石脑油的抽提研究中得到，该离子液体对三苯（苯、甲苯、二甲苯）的综合选择系数为19.6，分配系数为0.11，其抽提效果要优于环丁砜。Maduro等研究了1-甲基-3-辛基咪唑六氟磷酸盐（$[Omim][PF_6]$）对六个三元系统中的苯、甲苯、二甲苯的抽提实验，发现离子液体对同一三元体系中芳烃的分配系数没有一致性，在同一烷烃的三元体系中，离子液体对三苯的分配系数和选择系数变化幅度大，也没有一致性。与$[Bmim][PF_6]$相比，两者与甲苯的混溶性相差很小，但是$[Bmim][PF_6]$具有更小的密度和黏度，因此认为$[Bmim][PF_6]$更适于工业应用。

García等[6]研究了1-乙基-3-甲基咪唑甲基磺酸盐（$[Emim][CH_3SO_3]$）、1-乙基-3-甲基咪唑三氟甲磺酸盐（$[Emim][CF_3SO_3]$）、1-乙基-3-甲基咪唑-1,1,2,2-四氟乙基磺酸盐（$[Emim][CHF_2CF_2SO_3]$）三种咪唑类离子液体对甲苯-庚烷体系的抽提效果，结果表明$[Emim][CH_3SO_3]$对甲苯的选择性最高，然而在分配系数上却低于环丁砜的，其余两种离子液体选择性和分配系数均优于环丁砜。

Domínguez 等[7]研究了 1- 丙基 -3- 甲基咪唑双（三氟甲基磺酰）亚胺盐（[pmim]-NTf_2）、1- 丁基 -3- 甲基咪唑双（三氟甲基磺酰）亚胺盐（[bmim]NTf_2）对环烷烃中苯、甲苯、乙基苯的选择性和分配系数。不同浓度下，[pmim]NTf_2 对苯的分配系数在 0.79 ～ 1.08 之间，而选择性在 2.94~5.31 之间。结合文献研究，表明脂环烃分子大小以及自身的双键，还有脂环烃与离子液体间的空间位阻大小均是影响相平衡的重要因素。此外，苯环上的烷基也在一定程度上影响离子液体的选择性[8]，例如 [bmim]NTf_2 对苯的选择性最大为 9.78，对乙基苯仅为 4.04。

Arce 等[9]采用 [emim]NTf_2 萃取分离芳烃和烷烃，在 25℃的条件下分别测定了庚烷 - 甲苯 -[emim]NTf_2 和辛烷 - 乙基苯 -[emim]NTf_2 三组分物系的液 - 液平衡数据。随着芳烃含量的增加，庚烷 - 甲苯的分配系数从 0.92 降至 0.88，选择性系数降低；辛烷 - 乙基苯的分配系数基本保持 0.48 不变，选择性系数降低。由于溶质的分配系数随着烷烃分子量的增加而降低，所以当原料含有重烃时，分离芳烃所需 [emim]NTf_2 的量较大，故 [emim]NTf_2 不适合分离重烃中的芳烃。

2. 吡啶类离子液体

吡啶类离子液体是由吡啶的氮烷基取代物组成的阳离子，例如 3- 甲基 -*N*- 丁基吡啶（$[3Mebupy]^+$）、3,4- 二甲基 -*N*- 丁基吡啶（$[3,4\text{-}Dimebupy]^+$）等与二氰胺（$[N(CN)_2]^-$）、三氰甲烷（$[C(CN)_3]^-$）、$[BF_4]^-$、$[NTf_2]^-$、烷基硫酸根、二烷基磷酸酯根等阴离子组成的一类离子液体。

Meindersma 等[10]用甲基 -*N*- 丁基吡啶四氟硼酸盐（[Mebupy][BF_4]）、[Mebupy]-CH_3SO_4、[Bmim]BF_4 环丁砜分别对庚烷 - 甲苯体系进行抽提。实验表明这些离子液体的分配系数和选择性均达到环丁砜的 1.5 ～ 2.5 倍。其中 [Mebupy]BF_4 对甲苯的萃取效果最好，分配系数为 0.44，选择性系数为 53.6。继续对各种组成的芳烃 - 烷烃混合物抽提，最终得出，[Mebupy][BF_4] 对苯、甲苯、二甲苯的选择性均高于环丁砜的结论。进一步通过 Aspcn 模拟分析表明，基于 [Mebupy]BF_4 离子液体的抽提过程与传统的环丁砜抽提过程相比，既能省去 35% 以上的投资成本，又可降低抽提过程的能耗[11]。

Larriba 等[12]与 García 等[13]分别比较了 [4Mebupy][NTf_2]、[Emim][$N(CN)_2$]、[Emim][$CHF_2CF_2SO_3$]、[Emim]DCA 组成的混合离子液体对烷烃中甲苯的抽提效果。两组实验均发现当 [4Mebupy][NTf_2] 的摩尔分数逐渐增大时，苯的选择性系数逐渐减小，而分配系数逐渐增大。随后两组研究均优选出 [4Mebupy][NTf_2] 摩尔分数为 0.3 的混合离子液体，并在 40℃下对正庚烷中摩尔分数为 10% 的甲苯抽提，发现两种混合离子液体对甲苯的选择性和分配系数都显著高于环丁砜，且平衡后的正庚烷相没有发现离子液体[10]。

Kim 等[14]研究了吡啶类离子液体中烷基对三苯（苯、甲苯、二甲苯）抽提的影响。阴离子为硫氰酸根（$[SCN]^-$），阳离子为含不同烷基的吡啶离子，如甲基吡啶（$[Mpy]^+$）、乙基吡啶（$[Epy]^+$）、丁基吡啶（$[Bpy]^+$）、2-甲基-*N*-乙基吡啶（$[2Mepy]^+$）、（$[3Mepy]^+$）、4-甲基-*N*-乙基吡啶（$[4Mepy]^+$）。所考察体系为苯-异辛烷、甲苯-异辛烷、二甲苯-异辛烷。3-甲基-*N*-乙基吡啶。结果表明，非吡啶环上的氮连接的烷基，其链长越长，离子液体对芳烃的分配系数越大，但是当烷基与吡啶环上的氮相连时，烷基链的增长反而导致离子液体对芳烃的选择性减小。计算表明吡啶环上的甲基，可促进芳烃与 SCN^- 阴离子的氢键相互作用，从而提高吡啶类离子液体对芳烃的萃取能力。

3. 其他离子液体

唐晓东等[15]研究了无水 $A1Cl_3$ 和助剂 L 对石脑油的脱芳效果。选取反应温度为 70℃，反应时间为 60min，在无水 $A1Cl_3$ 与助剂的质量比为 0.11 的条件下，当无水 $A1Cl_3$ 与石脑油质量比为 0.06 时，能使石脑油中芳烃质量分数从 8.15% 降低到 0.46%，脱芳烃率为 94.36%，此时达到最佳的脱芳烃效果。

Kareem 等[16]提出了由四丁基溴化膦、乙基三苯基醋酸膦分别和环丁砜等氢键供体组成的新型共晶溶剂。他们研究了两种共晶溶剂与甲苯-庚烷体系的相平衡，发现随着甲苯浓度的降低，四丁基溴化膦与环丁砜形成的共晶溶剂能够表现出更高的选择性和分配系数。在低芳烃浓度条件下，共晶溶剂有望代替常规的芳烃抽提有机溶剂。

Zhang 等[17]研究了 2 三氯化铝-1-甲基-3-丁基咪唑（$2AlCl_3$-BMIC）、2 三氯化铝-三甲胺盐酸盐（$2AlCl_3$-Me_3NHCl）、三氯化铝-三乙胺盐酸盐（$AlCl_3$-Et_3NHCl）三种离子液体对模拟油的抽提。模拟油为正庚烷，分别与苯、甲苯、乙苯形成的两组分混合物，其芳烃含量均低于 15%。结果表明氯铝酸盐类离子液体对芳烃具有很强的溶解能力，而对正庚烷溶解则较弱，因此这类离子液体对芳烃的抽提效果均较好，其中，$2AlCl_3$-BMIC 的萃取效果优于其他两种离子液体。随着离子液体中 $AlCl_3$ 与有机盐摩尔比的增加，可使芳烃的分配系数和选择性系数也随之增加。温度的考察结果表明，在较低的温度下，该离子液体表现出更好的萃取效果

尽管离子液体有着操作简单、条件温和、易于回收等优点，且阴、阳离子结构可调，对于芳烃的溶解能力具有广泛的调节性。然而其应用目前仅限于实验室范围，要真正实现工业化，必须在成本、稳定性以及可再生技术方面开展更加深入的研究。

第二节 金属离子萃取

溶剂萃取是利用不同物质在互不相溶的两相（水相和有机相）间的分配系数的

差异，使目标物质与基体物质相互分离的方法。因为两相都是液体，所以溶剂萃取也称为液 - 液萃取。溶剂萃取既可用于有机物的分离，也可用于无机物的分离。本节所讨论的溶剂萃取体系仅限于由水和与水互不相溶的有机溶剂所组成的体系，重点讨论不同萃取模式对无机物（金属离子）的萃取。

一、钴 - 镍分离技术

镍、钴两种元素在化学元素周期表中同属第三周期第Ⅷ族，因此具有很多相似的物理化学性质，且镍、钴在矿床中常共生、伴生，因此在各种含钴废渣中常有镍，如镍冶炼转炉渣、铜冶炼含钴转炉渣、镍精炼含钴渣等；在各种特殊合金材料、电池材料、催化剂中，也都同时含有钴和镍；随着镍、钴消费量的逐年提高与资源的日益枯竭，对镍、钴分离与回收技术的研究就更加值得关注。目前主要的分离方法有化学沉淀法、溶剂萃取法、离子交换与吸附法、浮选法与双水相萃取法、聚合物 - 盐 - 水的液 - 固萃取（非有机溶剂液 - 固萃取）法和氧化还原法等。其中沉淀、氧化还原、结晶等经典方法操作简单，工艺成熟；溶剂萃取技术具有高选择性、高回收率、流程简单、操作连续化和易于实现自动化等优点，已成为镍、钴分离的主要工业方法。镍、钴的溶剂萃取技术主要是在萃取剂的选择与萃取工艺等方面进行研究。目前已经实现工业应用的萃取剂有脂肪酸、叔胺、季铵、磷（膦）类、螯合型萃取剂等。另外包括浮选、双水相萃取以及液膜萃取技术。

在氯化物体系中，钴、镍的萃取分离主要使用胺类萃取剂，最常用的有叔胺和季铵盐。利用 Co^{2+} 与 Cl^- 生成的阴离子配合物比 Ni^{2+} 与 Cl^- 生成的阴离子配合物的稳定性高得多的特点，萃取钴氯络阴离子实现钴、镍分离。申勇峰等[18]用三烷基胺（N235）对合金废渣盐酸浸出液中的镍、钴进行了分离回收，Co^{2+} 萃取率可达 99.9%，稀盐酸反萃后可回收 99.2% 的 Co^{2+}。Nayl[19]研究了在含 Co（Ⅱ）、Ni（Ⅱ）离子的废镍氢电池硫酸浸出液中，用 Aliquat 336 作萃取剂，萃取分离 Co（Ⅱ）、Ni（Ⅱ）离子，分离系数可达 606.7。

磷（膦）酸类萃取剂主要适用于硫酸盐溶液中钴、镍的分离，其中二（2- 乙基己基）磷酸（国外称 D2EHPA，国内称 P204）、2- 乙基己基磷酸单 -2- 乙基己基酯（国外称 PC-88A，国内称 P507）、二（2,4,4- 三甲基戊基）膦酸（Cyanex272）的应用最为广泛，这三种萃取剂酸性逐渐减弱而分离钴、镍的能力依次增强。张阳等[20]研究了锂电池浸出液中钴、镍、锂的 P507 萃取分离方法，通过直接采用草酸反萃富钴有机相得到草酸钴产品。试验对含有 53.8g/L 钴的料液进行萃取，研究结果表明最佳萃取条件如下：有机相组成（体积分数）为 25%P507+5%TBP+70% 磺化煤油，萃取剂皂化率为 70%，水相初始 pH 值为 3.5，常温下萃取 10min，有机相与水相的相比 O/A 为 1.5：1.0。通过 3 级错流萃取，钴的萃取率达 99.5%，锂和镍的萃取率仅为 4.9% 和 3.1%，P507 萃取分离钴、镍、锂过程的焓变分别为 –2.043kJ/

mol、−0.812kJ/mol 和 1.586kJ/mol。直接使用草酸反萃富钴有机相，得到分相良好的油 - 水 - 固三相，钴的反萃率达 99.5%，反萃后的萃取剂和水相均可再生循环利用。Vaishnavi Sridhar 等[21]分别使用 LIX 984N 和 ACORGA M5640 对锰结合硫酸浸出液中的铜、镍和钴进行了萃取分离，首先将锰、铁进行沉淀去除，然后进行铜与镍的共萃，钴于萃余液中，最后将铜、镍进行选择性反萃，达到铜、镍、钴的分离。Al-Mulla 等[22]报道了 *N*，*N′*- 羰基双脂肪酰胺与棕榈油混合有机萃取液对钴的萃取，此有机液可从 Fe（Ⅱ）、Ni（Ⅱ）、Zn（Ⅱ）和 Cd（Ⅱ）等离子中将 Co（Ⅱ）离子成功分离出来。

为了提高分离效率、简化分离工艺等，许多研究者对萃取剂组合的方法进行了研究和工业应用。

协同萃取主要研究酸性萃取剂之间，酸性萃取剂与非螯合肟类萃取剂，以及酸性萃取剂与螯合肟类萃取剂间协同萃取效应。王胜等[23]研究了以有机磷（膦）酸萃取剂 P507 为基体，P204 协同萃取分离钴、镍的工艺，钴的一级萃取率可达 87.62%。Zhao 等[24]研究了 Cyanex272 与 PC-88A 的复配萃取剂对锂离子电池中废弃的阴极材料中的 Co^{2+}，Mn^{2+} 和 Li^{+} 等分离回收，Cyanex272 与 PC-88A 的协萃效果明显。Darvishi 等[25]研究了 Cyanex272 和 Cyanex302 对 P204 分离镍 - 钴的协同效应。研究发现，Cyanex302 和 P204 相对于单独的 P204 有较高的分离系数，而且温度和 pH 值升高，分离系数也增大。Cyanex302 对 P204 的协同效果较 Cyanex272 的更好。在 pH=4.0、T=60℃时，P204 的 $\beta_{Co/Ni}$ 为 13。P204-Cyanex272（0.3mol：0.3mol）相同条件下的钴 - 镍分离系数为 52，P204-Cyanex302 在相同摩尔配比条件下钴 - 镍的分离系数达 193。夏李斌等[26]研究了 P507-Cyanex272 协同萃取分离回收废旧镍氢电池中的镍 - 钴金属。结果表明 P507-Cyanex272 混合萃取剂对 Co 萃取具有协同效应。协同效应的适宜条件是：协同萃取剂浓度 10%，相比（A/O）= 2：1，皂化度 70%，温度 50℃，pH=5，P507-Cyanex272 摩尔比 3：2，萃取时间 4min。Coll 等[27]采用将萃取剂 PrimeneJMT 与 Cyanex272 混合在氯盐电解质中进行协同萃取分离钴、镍。PrimeneJMT 起到维持 pH 值平衡的作用 V_{JMT}：$V_{Cyanex272}$：V_{D100}=10%：10%：80% 的协同萃取剂对钴、镍离子分离效果较好；钴、镍浓度均为 1g/L 的溶液，经 4 级逆流萃取（VO/VA），超过 99% 的钴和 11% 的镍被萃取进入有机相，89% 的镍和 0.3% 的钴留在了水相中。为了降低成本，同时提高萃取分离效果，协同萃取体系备受青睐，众多协同萃取体系的钴、镍分离系数均高于单萃取体系。因此，协同萃取分离镍 - 钴是今后的发展方向。

液膜分离技术是一项高效、快速、节能的新型分离技术，其发展了支撑液膜过程、包容液膜过程、大块液膜过程、静电式准液膜过程及内耦合萃反交替分离过程等。与传统溶剂萃取技术相比，不仅可以实现同级萃取与反萃取的耦合，还具有传质推动力大、所需分离级数少等优点。支撑液膜的支撑体材料常用聚砜、聚四氟乙烯、醋酸纤维素、聚丙烯等，由此类材料制成惰性多孔膜。Blitz-Raith 等[28]将

Aliquat336 吸附在聚氯乙烯固体膜上对含有 Fe^{3+}、Cd^{2+} 等杂质的 Ni^{2+}、Co^{2+} 混合液进行了萃取分离，Co^{2+} 能有效地与 Ni^{2+} 分离，且 Fe^{3+}、Cd^{2+} 等杂质对 Co^{2+} 的萃取不产生影响。Beata Pośpiech 等[29]研究了聚合物夹杂膜，其中包括以醋酸纤维素为支撑体，分别以三辛胺（TOA）、异三辛胺（TIOA）为离子载体对 Cu（Ⅱ），Co（Ⅱ）和 Ni（Ⅱ）离子进行分离，Cu（Ⅱ）与 Co（Ⅱ）能有效地从含有 Ni（Ⅱ）的水相中分离出来。范艳青等[30]利用胺类萃取剂对大洋富钴结壳经硫酸活化浸出除杂后的硫酸盐电解质水溶液体系进行了萃取分离工艺研究，在较优的萃取工艺条件下，钴萃取率达 99.99%，反萃率达 99.81%，反萃液中钴、镍浓度比达 106，萃取分离后得到的氯化钴和氯化镍溶液纯度高，满足电解沉积金属的要求，还可用于生产高纯化工产品。何展伟等[31]通过对 2 种不同的萃取工艺对比，确定了较优操作工艺，镍离子的回收率可达 99.69%，钴离子的回收率可达 98.19%。桑雅丽等[32]利用 P507 作萃取剂对镍 - 钴离子摩尔比为 3：1 的硫酸盐溶液分离工艺进行了研究。当平衡水相 pH 值为 4.2、P507 的体积分数为 20% 时，钴的萃取率最高为 99.95%，钴 - 镍的分离系数最大为 128。王靖坤等[33]对镍基高温合金废料硫酸浸出溶液进行了回收，采用 6 级萃取钴→ 6 级洗涤→ 4 级反萃的连续萃取工艺，制得了镍 - 钴浓度比达 8000 的富镍电解质和钴 - 镍浓度比达 12576 的富钴电解质。

二、铜湿法冶金技术

铜作为一种重要的有色金属应用于工业的方方面面，虽然近年来世界铜的产能在持续增长，但铜的供需矛盾仍然存在。随着铜矿石开采品位的逐渐下降、难处理矿石的增加以及对 SO_2 所造成的环境污染等问题的日益突显，特别是近年来铜价的大幅度波动，人们对湿法炼铜给予了高度重视。湿法炼铜出现于 20 世纪 60 年代，随着有机化学行业与自动化行业的发展，目前该工艺已达到大规模工业化生产及高机械自动化的水平，成为一种主要的炼铜方法[34]。

自 1968 年发展到现在，世界范围内已经设计建设并且运转了大约 50 家浸出 - 溶剂萃取 - 电积厂。其中美国拥有 16 家，在 2000 年时，铜产量已经达到 55.75 万吨，占据其精炼铜产量的 28%。1980 年智利使用溶剂萃取 - 电积工艺，进行铜生产，产量只有 1.5 万吨，而到 2000 年转而成为了世界最大的铜生产国家，拥有 21 家生产工厂，年生产量达到 134.73 万吨，占据其精铜总量的 51%。目前，溶剂萃取 - 电积工艺已经很成熟，凭借低成本和低风险优势，被广泛地应用[35]。

除此之外，赞比亚、秘鲁和澳大利亚等国的湿法冶铜技术也在不断改进，近年来有了飞速发展[36]。随着一些大的湿法炼铜项目相继竣工，如 TFM、KCC、MUMI 和华刚，湿法炼铜的产量将会继续增长。

自该工艺应用以来，我国对浸出、萃取工艺等的研究力度也在不断加大。在 20 世纪 80 年代以后，已经形成了较为完整的工艺，被逐渐推广应用。到了 90 年代，国际铜湿法冶金技术加速发展，我国铜生产以及市场受到国外的冲击增加，使得铜湿法冶金技术研究成为科技攻关的重点内容，推动着我国铜湿法冶金的发展和应用[37]。当前，我国拥有的大规模铜生产企业如下：德兴铜矿废石的细菌浸出-萃取-电积试验厂，年产量能够达到2000t；紫金矿业公司硫化铜矿细菌浸出-萃取-电积试验厂，年产量1000t；中条山铜矿峪矿就地酸浸-萃取-电积试验场，年产量为500t。

铜的湿法冶金工艺的投资费和生产成本较低，且操作相对简单，而且可以在矿山附近直接生产阴极铜，使得该工艺有较大的经济吸引力，这促使其取代传统的浮选后熔炼和电解精炼的工艺而得到广泛应用。

铜湿法冶金的原理为浸出-萃取-电积，关于硫化铜矿石，目前研究最多且发展最快的技术是生物氧化浸铜。在实际应用中，用于生物浸出的微生物，具体包括氧化亚铁硫杆菌以及氧化硫杆菌。能够在35℃以下的高酸以及重金属浓度比较高的极端环境中生存。从机理角度来说，细菌氧化浸出主要是通过细菌吸附到矿物表面，进而和矿物发生作用，使得矿物能够溶解[38]。从技术应用角度来说，生物菌浸出具有较强的技术优势，比如无污染和操作简单等。

最新的微生物浸出工艺，向尾矿中加入一定的微生物细菌、硫酸亚铁等，提高铜的浸出率。生物浸出也叫细菌浸出，其借助某些细菌的催化作用，主要用于低品位矿石与废石的浸出。用于硫化铜矿浸出的菌种有嗜温菌（40℃以下）、中等嗜热菌（45～50℃）和极端嗜热菌（70℃以上）等。这些细菌在适宜的酸度、温度等条件下，可直接或间接地以其代谢产物氧化含铜硫化物，使铜浸出[39-41]。自20世纪70年代末起，世界各地陆续建厂采用细菌浸出处理氧化铜矿与硫化铜矿。1980年，智利的Minera Pudahuel矿业公司建成第一个商业化规模的低品位铜矿的生物堆浸厂，年产铜15000t。2002年中国紫金矿业公司建成一个硫化铜矿生物堆浸厂，到2008年其铜年产量突破10000t。目前，一些厂实现了次生铜矿、废铜矿的生物堆浸提铜，在处理黄铜矿的研究中也取得一定进展。

照比常规的浮选法，微生物浸出工艺的应用，采用的是原位浸出法，不需要重新搬运尾矿石，而且也不需要破碎以及选矿，只需要在堆放原地，进行生物细菌溶液的喷淋，优化了工艺流程，减少了生产成本，促使矿石能够大量浸出。在铜湿法冶金技术中，生物浸出作为新兴技术，具有极大的发展潜力以及技术优势。

对于卤化盐类[38]，从$CuFeS_2$-H_2O系的E-pH图可知，$CuFeS_2$在常压下不能单纯用酸浸出，必须添加氧化剂。盐类浸出就是利用电位较高的盐类做氧化剂，常用的盐有$Fe_2(SO_4)_3$、$FeCl_3$、$CuCl_2$[43]。主要的代表工艺有：Intec铜工艺和Hydro Copper™工艺，Intec铜工艺由澳大利亚英泰克（Intec）公司开发，浸出液主要成分为氯化钠和溴化钠，一种卤素结合离子（Halex™）在一个特制电解槽中由阳极反应生成的，还原性极强，可以浸出金[44]。整个浸出分3段，在常压下以空气中的氧气为氧化剂。铜在第1、2段被浸出，金在第3段被浸出，铜的浸出率在

12 ～ 14h 内达 98% 以上；在第 3 段浸出时溶解的金，直接用活性炭吸附回收。该工艺对黄铁矿、辉钼矿浸出率很低，因而与其伴生的金、银得不到较好的回收；芬兰奥图普（Outotec，原名 Outokumpu）公司近年来开发了一种 Hydro Copper™ 的氯化物浸出工艺。该工艺是在氯化铜 - 氯化钠溶液中，温度 85 ～ 95℃，常压下以 Cu^{2+}、空气中氧或纯氧为氧化剂浸出黄铜矿 [45]。铁和硫分别以氧化物、单质硫形态进入渣中，金、银等贵金属在浸出过程中溶解并能得到回收。该盐水体系的优点在于：由于 Cu^{+} 的侵蚀性与稳定性，浸出与回收过程中能耗较低；反应剂如苛性钠、氯气和氢气，均可采用现代的氯 - 碱电解槽的新技术循环再生。

硫化铜矿酸浸按反应温度可分为高温、中温、低温 3 种，浸出过程中通常要加压。高温氧化酸浸是指在温度 200 ～ 230℃、压力 4 ～ 6MPa 条件下进行浸出，黄铜矿中的硫全部氧化为硫酸根 [46]。中温氧化酸浸的温度一般在 140 ～ 180℃，初始阶段的浸出速度比较快，但随着单质硫的形成，反应速度逐渐下降。当温度高于硫的熔点时，熔融的硫开始包裹未反应矿物颗粒表面，并能团聚形成颗粒小球状，从而影响浸出反应的进行 [47]。低温氧化酸浸黄铜矿是指在低于硫的熔点之下的温度下进行浸出，其氧化的化学过程比较复杂，大部分硫氧化生成单质硫 [46]。浸出中产生固态硫包裹未反应矿物颗粒，导致出现钝化现象，阻止反应进行。因此通常需要先活化黄铜矿，或者增强浸出剂的氧化能力。

氨与铵盐的水溶液体系可以浸出硫化铜矿和氧化铜矿，铵盐一般为碳酸铵 [48]。黄铜矿氨浸的氨气与氧气消耗量大；生成的 Fe_2O_3 沉淀可能会形成一层膜包裹在矿粒表面，影响进一步反应。由于耗氧量大，反应速率通常取决于供氧速度。氨溶液中铜的回收有 3 种方式：蒸氨沉淀，氢还原，萃取 - 电积 [49]。20 世纪 70 年代美国 Anaconda 公司的 Arbiter 氨 - 铵盐体系流程在 75 ～ 80℃、48 ～ 55kPa 氧分压下进行氨浸辉铜矿与硫砷铜矿；20 世纪 90 年代智利的 Escondida 矿厂采用 BHP Billiton 公司开发的氨浸工艺处理辉铜矿。目前还没有专门采用氨浸处理黄铜矿工业实践。

新的湿法炼铜工艺的优势体现在如下几个方面：避免 SO_2 排放物和硫产品，即硫能转化成单质硫或石膏而不是硫酸；能够处理含杂质高的低品位铜精矿，尤其是多金属精矿；投资较低，尤其是在比熔炼 / 精炼厂规模更小的厂。总之，铜的湿法冶金将会进一步受到广泛关注。

三、稀有金属和贵金属提取技术

稀贵金属以其特异的性能及珍稀的特点著称，是现代工业和国防建设的重要原料、国家不可或缺的“战略性物资”。一方面，单一高品位稀贵金属资源日益枯竭，杂贫难选矿产逐渐成为稀贵冶金主要资源物质；另一方面，各行各业对稀贵金属产品的质量要求却越来越高 [50]。稀贵金属包括贵金属、稀土金属和稀有金属三类。其中贵金属有 8 种，它们是金、银、铂、钌、钯、铑、铱、锇，其中铂、钌、钯、铑、铱、锇又称为铂族金属。稀土金属有17种，它们是镧、铈、镨、钕、钷、钐、铕、钆、铽、镝、钬、铒、铥、镱、镥、钪、钇。稀有金属有17种，地壳中含量稀少，提取难度较大，它们是锂、铍、钛、铷、铯、钨、钼、钒、铼、钽、铌、锆、铪、镓、铟、铊、锗。我国铂族金属天然矿物资源储量极度匮乏，2008年查明的铂族金属资源储量为324.13t，占世界总储量的0.46%。目前我国铂族金属年生产量约200kg，远远不能满足国防和工业的需要，年需求量的90%以上依赖进口。因此，如何高效地从原料例如天然矿物质、废料等中提取贵金属有着非常重要的经济和社会效益[51]。

根据（稀）贵金属具有变价和形成各种配合物的特点，很适合用于溶剂萃取法从大量贱金属中提取或富集或者使它们彼此间互相分离。

栾和林等[52]采用环碳酸酯类萃取剂对稀贵金属进行了萃取实验研究，并设计合成了PGM-A、PGM-P系列新萃取剂，实验结果表明环碳酸酯类贵金属萃取剂的空间位阻小，杂原子上电子云密度大，萃取性能相比其他类型的萃取剂大大改进。其中的PGM-P系列还可以萃取铂、钯贵金属，经一级萃取后，PGM-P可萃取出99.9 %的金、铂和98%的钯。陈鹏[53]研究了酰胺酸萃取剂在稀土及稀贵金属二次资源回收中的应用，将新一代CHON型绿色高效萃取剂（D2EHDGAA）溶解在离子液体中，并进一步地浸渍到XAD型大孔树脂中物理性结合形成浸渍树脂，实验结果证明在较低pH环境下，该萃取剂不仅有良好的萃取效率，同时Lu和Y还具有一定的分离性，五次重复实验后其萃取率下降不到5%，能进行工业大规模生产。Shimojo等人[54]研究了*N*,*N*-二辛基-3-氧戊酰胺酸（DODGAA）对镧系元素的溶剂萃取，发现与典型的羧酸类萃取剂相比，DODGAA具有高的萃取分离三价镧系元素的性能，此外，DODGAA对轻镧系元素的相互分离能力比有机磷萃取剂要高。A. Rout等人[55]研究了*N*，*N*-二异辛基-3-氧戊酰胺酸（D2EHDGAA）在离子液体条件下对Eu（Ⅲ）的萃取。研究发现，D2EHDGAA在离子液体和一般稀释剂中有良好的溶解性能，在较低pH条件下对Eu（Ⅲ）仍具有良好的萃取性能。

离子液体作为新兴的绿色溶剂，也被大量用于稀贵金属的提取技术中。Sheldon[56]率先开展了基于疏水性离子液体的液-液萃取研究，通过[Bmim][PF_4]离子液体从水中萃取苯的衍生物，同时在离子液体为萃取相萃取过渡金属及有毒重金属等方面做了大量的研究工作。Allen等[57]研究了以冠醚DCH-18C6为萃取剂、离子液体为溶剂，实现了对锶的萃取，表明离子液体萃取金属离子具有重要的应用价值。Dietz等[58]报道了用离子液体[$C_n$mim][NTf_2]为溶剂，以DCH-18C6为萃取剂，从HNO_3介质中萃取Sr^{2+}的阳离子交换机理。实验发现，Sr^{2+}分配比随HNO_3浓度增加而减小，随咪唑基烷基链长度减小（即咪唑基的疏水性减小）而增加。溶剂浸渍树脂（Solvent Impregnated Resin，SIR）[59]，又叫浸渍树脂，在稀贵金属的分离回收中也起到了重要的作用。1974年，R. 克罗斯等用TBP萃淋树脂对钍和铀的分离进行了半工业化的研究。1979年，R. 布隆伯格等将Aliquat 336萃淋树脂和

HDEHP 萃淋树脂应用到有色金属的分离提纯上。到了 20 世纪 80 年代初，我国科学家首次将 HDEHP 萃淋树脂应用到稀土的萃取分离上，并取得了良好的效果，但是由于萃取剂的影响，在分离重稀土时，淋洗液酸度太高导致在处理流出液上遇到了一定的困难[60]。罗文静等[61]利用静态吸附法在盐酸介质中用 5 种不同膦（磷）类萃取剂浸渍树脂吸附重稀土，结果表明，膦（磷）类萃取剂与 Cyanex272 组成的双萃取剂浸渍树脂体系具有协同效应，与同等实验条件下单一 Cyanex272 萃取剂浸渍树脂相比，前者对重稀土的吸附性更强。其中 Cyanex272 与 P507，Cyanex302 与 TBP，Cyanex923 和 TBP 分别以体积比 1∶1，2∶1 混合时吸附率最优。

第三节　酚类萃取

一、概述

水，是人类和万物赖以生存的基础，与生命息息相关。但是，近年来，随着经济的快速发展、人口的急剧增加，多地出现了水资源短缺及严重的生活用水污染事件，给人民群众的生活健康带来了极大的威胁。

随着工业的快速发展，产生废水、废物的种类和数量也日趋增加，排放量增大，其中含有随水流失的工业生产原料、中间产物、成品以及在生产过程中产生的污染物质，对水体的污染更加严重和广泛。工业废水对水系的污染是最严重的环境污染现象之一，尤其是高浓度有机废水，其数量大、分布广且含有大量有毒物质，对环境和人体造成了严重的污染和危害，是进行环境治理的首要对象。环境部严格规定了一些毒性大的有机污染物的排放标准，见表 8-1[62]。

表 8-1　部分有机污染物的排放标准　　单位：mg/L

污染物	一级标准（现有）	二级标准（现有）	三级标准
挥发酚	1.0	1.0	2.0
甲醛	2.0	3.0	—
氰化物	15	15	20
石油类	15	20	30
硝基苯类	3.0	5.0	5.0
阴离子合成洗涤剂	10	15	20

按工业废水中所含有的污染物的主要成分，可将其分为酸性废水、碱性废水、含酚废水、含铬废水、含有机磷废水和放射性废水等。其中，酚是工业废水中常见的高毒性及难降解有机物。含酚废水（phenolic wastewater）来源广泛、污染范围广，对环境造成的危害大，已被美国国家环保局列为129种优先控制污染物黑名单当中。酚（phenol）的通式为ArOH，是羟基取代芳香烃环上氢的一类芳香族化合物[63]。苯酚是最简单的酚。酚上羟基的酸性比醇羟基强，酚不太稳定，易被氧化，无色的晶体酚在空气中易被氧化成粉红色或红色的醌。含酚废水主要是指树脂、炼油、纺织、塑料、造纸、陶瓷、制药等工业产生的酚类有机污染物废水。苯酚及其衍生物为芳香族（aromatic）化合物，是一种原生质毒物，对生物体具有毒害作用。如它可通过皮肤、黏膜的接触直接进入血液，损害细胞；也可通过口腔侵入人体内损害细胞，使细胞失去活性，导致神经系统发生病变；当水中酚含量达到5～10mg/L时，会致使鱼类大批死亡，还会抑制其他生物的自然生长速度，破坏环境生态平衡；而且含酚废水很难被降解[64]。但是酚类又是重要的化工原料之一，广泛用于化工、制药、杀虫剂、合成纤维等行业。因此，世界各国的研究者越来越关注对含酚废水的治理和回收，包括我国在内的许多国家已经将酚列在了重点控制的污染物名单中。

近年来，多国科研者们已经研究出了多种治理工业废水的方法，如化学氧化法、生物氧化法、液膜分离技术、气提法、盐析法、溶剂萃取（solvent extraction）法等。

（1）盐析法　对于含有2%～3%酚的废水，可用氯化钠以盐析的形式将酚析出。酚析出后，水中酚类物质的含量就降低了，从而减轻含酚废水对环境的危害。但是此种方法对含酚废水的处理有很大的局限性。

（2）吸附法　就是利用比表面积较大、吸附性能较强的多孔吸附剂吸附废水中的酚类物质，吸附剂吸附饱和后可再生利用，酚类物质也可以回收利用。虽然操作上方便，但只适用于废水中酚含量低的治理。

（3）溶剂萃取法　是工业上常用的一种脱酚方法。溶剂萃取法不仅操作简单、占用空间少、设备投资少、能耗低、工业运行经验丰富，而且可以有效回收利用主要污染物。溶剂萃取法适用于治理和回收高浓度不易降解的有机工业废水，目前广泛应用于治理各种有机废水。

萃取法就是利用与水不相溶解或极少溶解的萃取剂（特定溶剂）与废水充分接触混合，由于萃取剂对废水中的某些杂质有更高的亲和力而使它们重新分配转入溶剂；然后将溶剂与已脱除污染的废水分离，从而达到净化废水和回收污染物的目的。通过改变负载后萃取剂的温度或pH值来反萃再生[66]。分为三大步：废水与萃取剂充分接触；萃取液与萃余液分离；分离回收萃取液中的污染物。

表8-2列出了废水中常见的酚类物质种类[67]。

表 8-2　废水中常见的酚类物质

酚的种类	苯酚、甲酚、二甲酚、三甲酚磷酸酯	水杨酸、烷基酚、烷氧基酚等	丁子香酚、呋喃酚等	二元酚、三元酚	硝基酚类	氯酚、对氯苯酚等	萘酚类
废水来源	增塑剂、杀菌剂、酚醛树脂黏合剂	医药、合成洗涤剂、农药	医药、农药等	染料、煤气、颜料等	炸药、染料中间体等	染料、除草剂等	颜料、香料等

二、萃取剂的设计/选取

采用萃取法处理有机废水的要点在于针对不一样的废水体系选择合适的萃取剂，选择恰当的萃取设备以及选择有利的萃取溶剂再生方法等。

在萃取溶剂选择方面，对于一些工业有机废水萃取处理过程的理想萃取剂来说，一般应满足以下几种要求[68]：

（1）有较好的萃取容量。单位体积或单位重量的萃取剂应该能够尽可能多地萃取目标溶质，即所能萃取物质的饱和容量要大；如果萃取容量不够，将会增大试剂的消耗和成本。

（2）有较高的选择性：在使用条件下的各种水相介质中极少溶解，以减少萃取剂的损失并保证萃取分离效果。

（3）无毒或毒性要小、蒸气压要小，保证操作时的安全性，尽量避免二次污染。

（4）萃取剂与被萃取溶质间沸点差别尽量大，以便于分离回收溶质。

（5）与待处理的废水有较大的密度差，这样才能迅速分离，提高分离效率。

（6）要有足够的化学稳定性。要求萃取剂加热时不易分解，不易水解，对设备腐蚀性小，能耐酸、碱、盐、还原剂等的作用。

（7）经济性方面要廉价易得。萃取剂需来源广泛、易于制备，再循环利用过程中损耗尽量小。

（8）要有适当的表面张力：因为萃取剂的表面张力太小时，容易产生乳化现象，影响两相的有效分离；萃取剂的表面张力过大时，虽然分离速度快，但分散度变差，减轻了两相间的充分接触。

（9）对于被萃取的物质，既要有较高的选择性和萃取能力，又要可以用适当的反萃剂进行反萃取。

处理废水时常用的萃取剂有以下几类：

（1）含氧萃取剂，如仲、辛醇。

（2）中性含磷萃取剂，如主要用在处理含重金属离子废水的磷酸三丁酯（TBP）；萃取有机羧酸、醇、酚等的三辛基氧膦（TOPO）等。酸性含磷萃取剂，萃取醇、胺等的二(2-乙基己基)磷酸等。

(3)含氮萃取剂，如萃取有机羧酸、酚、醇、有机磺酸等的伯胺，如三烷基胺，在酸性条件下，三烷基胺能有效地萃取染料中间体废水中的苯、萘与蒽醌系带磺酸基的染料中间体，有很好的脱色效应。

(4)其他，如可以萃取橡胶加工废水中噻唑类化合物的苯；处理含酚废水的轻油等。

采用溶剂萃取法处理含酚废水的要点在于选取高效的萃取剂。合适的萃取剂一般应满足以下几个条件：①能大量溶解酚类化合物，即分配系数大；②易于回收；③化学稳定性好、物理性质适宜；④价格便宜、来源广泛、易于获得。常用的萃取剂有烃类、芳香烃类等(醚、苯、甲苯)。

选择性和分配系数是选择萃取剂的两个重要参数。通常情况下，分配系数高的溶剂不一定具有高的选择性，两者往往存在着相反的关系。溶剂损失大小也是选择理想萃取剂的重要参数之一。表8-3列出了苯酚在水和各种溶剂之间的分配系数[69]。从表中数据可以看出，苯酚在溶剂中的分配系数越大，其在水中的溶解度越大。也就是说，通常情况下，溶剂的高分配系数是以它在水中的溶解损失为代价的。因此，为了减小分配系数高的极性溶剂在水中的溶解度，可以选择小极性的溶剂作稀释剂来形成混合溶剂，以降低溶解损失并保证具有较高的分配系数。

表8-3 各种溶剂在水中的溶解度及对苯酚的分配系数(25℃)

溶剂	溶剂在水中的溶解度(质量分数)/%	苯酚的分配系数	
		摩尔分数/摩尔分数	(mg/L)/(mg/L)
苯	0.178	11.4	2.3
甲苯	0.05	11.8	1.97
二乙酮	3.2	556	94.5
醋酸丁酯	1.2	525	71.0
四氯乙烷	0.32	16.2	2.76
四氯化碳	0.083	2.6	0.477
三氯乙烯	0.1	5.2	1.03
甲基环己醇	1.0	353	51.6
正己醇	0.56	345	49.6
正辛醇	0.054	347	39.6
正己烷	0.00095	0.96	0.132
环己烷	0.0055	0.96	0.159
间二甲苯	0.02	10.48	1.53
二异丙醚	0.9	227	29.0

三、萃取热力学

溶剂萃取法处理含酚废水的工艺主要有物理萃取脱酚工艺与络合萃取脱酚工艺两种。

1. 物理萃取脱酚工艺

主要有苯 - 碱法脱酚工艺、洗油溶剂脱酚工艺、蓖麻油酸溶剂脱酚工艺、醋酸丁酯萃取脱酚工艺、甲基异丁基酮（MIBK）溶剂脱酚工艺等。

物理萃取脱酚工艺中采用的主要溶剂有苯、重苯、醋酸丁酯、异丙醚等，它们对苯酚的分配系数都较高，但它们在水中的溶解度也大，这势必会产生溶剂的流失、加重残液中溶剂回收的难度，这也是物理萃取工艺中存在的缺陷。对于二元酚及其他多元酚，由于其具有较强的亲水性，所以采用一般的物理溶剂进行分离是比较困难的。表 8-4[70,71] 列出了多元酚在溶剂和水相中的分配系数。从表中数据不难发现，DIPE 及 MIBK 对多元酚的分配系数要比苯酚小很多。工业含酚废水成分复杂，物理萃取脱酚工艺对浓度低的含酚废水处理效果较差，也就是说经过单一萃取操作后，萃取液中的含酚量达不到排放标准。因此，物理萃取脱酚工艺适应于处理和回收浓度高的含酚废水。

表 8-4　多元酚在溶剂和水相中的分配系数

溶质	分配系数 K_D		
	DIPE	MIBK	20%（质量分数）TOPO 的 DIBK
苯酚	36.5	100	460
邻苯二酚	4.9	18.7	200
间苯二酚	2.1	17.9	98
对苯二酚	1.03	9.9	35
连苯二酚	—	3.0	53
偏苯二酚	0.18	5.0	24
均苯二酚	—	3.9	21

2. 络合萃取处理工艺

主要有 N503 碱法溶剂脱酚工艺（N503 萃取剂的脱酚能力较强，并且在水中的溶解度较小）、QH-1 型溶剂络合萃取脱酚工艺。QH-1 型溶剂络合萃取脱酚包括水杨酸生产中含酚废水处理、硝基酚生产中含酚废水处理、甲基硝化过程中含酚废水的处理以及 2- 甲基 -4- 氯苯氧乙酸钠生产中含酚废水处理。其中利用络合萃取法处理 2- 甲基 -4- 氯苯氧乙酸钠生产中含酚废水，降低了产品的单耗，减轻了环境的污染，产生了明显的社会、经济效益。

萃取过程是一个质量传递过程，因此要提高过程的速率，可采取如下方法：

（1）增大两相接触面积：可以采用喷淋、鼓泡、产生泡沫等方式；

（2）提高推动力：增大浓度差，适当增加萃取剂用量，或采用逆流萃取方式；

（3）增大流体的湍动程度：强化搅拌，提高传质系数。

四、发展前景

处理含酚废水的技术可以分成两大类：一类是可以回收利用酚，如溶剂萃取法、精馏法、吸附法；一类是不能回收酚，只能去除酚，如生物法、氧化法。

提高治理含酚废水的效率，一方面要改良工艺，尽可能降低工业废水中含酚浓度；或循环用水。另一方面，利用现有的工艺对含酚废水进行治理或回收利用。由于酚属于毒性大、降解难的有机物；同时又是重要的有机化工原料之一，对经济的发展具有重要意义。因此，含酚废水的净化与资源化研究将成为含酚废水处理技术的发展方向。

在实际的含酚废水处理过程中，既要考虑经济合理、技术可行；又要最大限度地保护环境不受二次污染，要有利于生态及经济的全面发展。因此，应在充分了解已有资料原理方法的基础上，根据实际情况（因为含酚废水中常含有其他较高浓度的污染物）进行比较、调查、分析，将各种治理方法恰当地结合起来，进而选择高效的处理含酚废水处理工艺。

第四节 抗生素分离

溶剂萃取技术在制药工业中，特别在抗生素提取中已有广泛的应用，青霉素的溶剂萃取就是一个典型的例子。溶剂萃取在抗生素提取中的应用，主要有两大方面：一是用于发酵产品的纯化，其中次级代谢产物主要是抗生素，如青霉素、红霉素、林可霉素、麦迪霉素、螺旋霉素等；另一方面是中间体的提取、分离，如放线菌素 D 等的生产。尽管溶剂萃取技术已很成熟，进一步研究它们的应用特点，找出存在的问题，并探求新的应用领域和发展方向仍是具有重要意义的。下面重点讨论抗生素萃取的相关技术。

一、抗生素萃取基本原理

现代抗生素提取技术主要包括双水相萃取、反胶团萃取、膜分离提取，其基本原理不尽相同。

双水相体系（Aqueous Two-Phase System，ATPS）是一种或几种物质在水中以一定浓度混合，在一定条件下形成互不相溶的两相水溶液体系。双水相萃取（ATPE）原理与常见的水 - 有机溶剂萃取法相似，都是依据物质在两相间的选择性分配[72]。当物质进入双水相体系后，由于界面张力、疏水作用以及各种力的存在，使目标提取物在两相中不平衡分配，通过调节各影响因素，如成相盐的种类与浓度、中性盐的种类与浓度、pH 值、温度等，来提高目标产物的选择性，达到向单相富集的目的。

常规的双水相体系包括聚合物 - 聚合物 - 水体系以及聚合物 - 无机盐 - 水体系。近年来国内外研究人员相继开发了一系列新的双水相体系，主要包括离子液体 - 无机盐 - 水体系、有机小分子 - 无机盐 - 水体系以及表面活性剂双水相体系。由于 ATPS 中组分性质的多样性，到目前为止还未有一套完整统一的理论来解释不同体系的成相原理。

聚合物 - 聚合物 - 水双水相体系的形成主要是由于高聚物之间的不相容性即高聚物分子的空间阻碍作用，相互无法渗透，不能形成均相，从而具有分离倾向，在一定条件下即可分为两相。一般认为，只要两聚合物水溶液的憎水程度有所差异，混合时就可发生相分离，且憎水程度相差越大，相分离的倾向也就越大[73]。

聚合物 - 无机盐 - 水双水相体系的形成普遍认为是盐析作用的结果。对于聚合物溶液来说，加入少量电解质并不会影响其稳定性，至等电点也不会发生聚沉，只有加入更多的电解质才会使其聚沉，这一现象称为盐析。发生盐析作用的主要原因是去水化作用，当聚合物溶液中加入中性盐，中性盐对水分子的亲和能力大于聚合物，破坏了聚合物表面的水化层直至其减弱或消失。有些聚合物分子带电，少量电解质的加入可以引起动电电势（ζ）的降低，但并不能使它失去稳定性，这时聚合物分子仍是高度水化的，只有加入更多的盐才会出现盐析现象。成相盐由于阴阳离子水化能力以及电荷的不同，盐析能力也有差异。

离子液体 - 无机盐 - 水双水相这一概念最早是由 Gutowski 等[74]提出的。该体系的形成实质上与聚合物 - 无机盐 - 水体系相近，是离子液体与无机盐争夺水分子的过程，离子液体的水化能力与成相盐的盐析能力决定分相能力，离子液体的水化能力越差，成相盐的盐析能力越强，则分相能力越强，反之越弱。

有机小分子 - 无机盐 - 水双水相体系的研究国内外才刚刚起步，常用的有机小分子为乙醇、正丙醇、异丙醇等亲水性有机小分子。一般认为该体系的形成是有机溶剂与成相盐竞争水分子形成缔合物的结果。

表面活性剂双水相体系既包括非离子型表面活性剂组成的 ATPS，也包括离子型表面活性剂组成的 ATPS。表面活性剂混合溶液分相主要是由于表面活性剂浓度超过临界胶团浓度（Critical Micelle Concentration，CMC）后表面活性剂分子会自组织成球状、棒状、层状等多种形态的胶团。目前有两种模型描述这种现象：相分离模型和多级平衡模型。前者将胶团假设为一个宏观的相与水相平衡，后者将表面活性剂溶液当作一个大小不一的胶团与单体分子平衡共存的系统。

反胶团是表面活性剂分子在非极性溶剂中自发形成的分子聚集体，又称为反胶束、逆胶束，表面活性剂的亲水基向内，亲油基朝外，形成球状聚集体，内部溶解了一定量的水，称为微水池或微水相。反胶团的微水池能溶解可溶性极性物质。反胶团体系由表面活性剂（<10%）、助溶剂、水（0 ～ 10%）和有机溶剂（80% ～ 90%）构成。人们用 Wo 表征反胶团系统中的含水量，这一参数显示了反胶团的大小以及每个反胶团结构中表面活性剂分子数目。最简单的反胶团体系是由一种表面活性剂溶解在有机溶剂中构成的单一反胶团体系。在单一反胶团体系的基础上又逐步发展了混合反胶团体系和亲和反胶团体系。混合反胶团体系由两种或两种以上的表面活性剂构成，与单一反胶团萃取体系相比，在活性、产率和选择性方面有明显的优势。亲和反胶团体系是指在反胶团中间加入与目标提取物有特异亲和作用的助表面活性剂，加入少量亲和配基即可大大提高目标产物的选择性和提取率，现已成为反胶团萃取研究的热点。影响反胶团萃取的因素包括表面活性剂种类与浓度、助表面活性剂的种类和浓度、水相 pH 值、水相离子强度、水相盐的种类、有机溶剂的种类以及温度。

反胶团萃取抗生素的基本原理是这样的，首先，在宏观两相，即有机相与水相界面上的表面活性剂与邻近的抗生素分子发生相互作用，在两相界面上逐步形成包含有抗生素分子的反胶团，此反胶团扩散进入有机相，从而实现了抗生素的提取，通过改变水相条件可实现反萃。Chang 等[75]在对反胶团萃取蛋白质的研究中发现，在反胶团体系中，只有少量的反胶团包容了蛋白质，大部分反胶团内部是空的，两种胶团之间存在一种动态平衡。反胶团之间交换物质非常频繁。

目前应用于抗生素提取的膜分离技术主要包括超滤（Ultra Filtration，UF）、反渗透（Reverse Osmosis，RO）、纳滤（Nano Filtration，NF）、微滤（Micro Filtration，MF）和液膜（Liquid Membrane，LM）萃取。这里只介绍液膜萃取的基本原理。

LM 是指两液相间形成的界面膜，按构型可分为乳化液膜（Emulsion Liquid Membrane，ELM）和支撑液膜（Supported Liquid Membrane，SLM）。ELM 主要由表面活性剂、流动载体和膜溶剂组成。SLM 主要由载体、多孔支撑体和膜溶剂组成。液膜萃取的传质机理主要分为三类[76]：单纯迁移、Ⅰ型促进迁移和Ⅱ型促进迁移。

① 单纯迁移：膜中不含流动载体，内外相不含与待分离物质发生化学反应的试剂，依据待分离组分（A 和 B）在膜中溶解度和扩散系数的不同，从而导致待分离组分在膜中渗透速度不同实现分离。

② Ⅰ型促进迁移：在接受相内添加与溶质发生不可逆化学反应的试剂（R），使待迁移的溶质（A）与其生成不能逆扩散透过膜的产物（P），从而保持渗透物在膜相两侧的最大浓度差，以促进溶质迁移。

③ Ⅱ型促进迁移：在制乳时加入流动载体，载体分子（R1）先在外相选择性地与某种溶质（A）发生化学反应，生成中间产物（R1A），然后这种中间产物扩散到膜的另一侧，与液膜内相中的试剂（R2）作用，并把该溶质（A）释放到内相，而流动载体又扩散到外相侧，重复上述过程。

整个过程中，流动载体没有被消耗，只起了搬移溶质的作用，被消耗的只是内相中的试剂。这种含流动载体的液膜在选择性、渗透性和定向性三方面更类似于生物细胞膜的功能，使分离和浓缩同时完成。

二、不同类别抗生素工业萃取工艺

双水相萃取技术始于20世纪50年代，目前已广泛应用于生物工业、食品工业、医药工业、分析检测等领域，成功实现了蛋白质、核酸、细胞、氨基酸、抗生素、植物有效成分、金属离子等的分离纯化。ATPS提取了包括青霉素、头孢菌素、红霉素、乙酰螺旋霉素、万古霉素在内的多种抗生素，其中研究最多的是β-内酰胺类抗生素的双水相萃取技术[77]。

Guan等[78]研究了青霉素在PEG2000-$(NH_4)_2SO_4$双水相体系的分配行为。结果显示，在含8% PEG2000和含20%$(NH_4)_2SO_4$的双水相体系中，青霉素的分配系数为58.39，富集系数为3.53，回收率达到了93.67%。这证明了双水相提取青霉素的可行性。此外，还进行了反萃研究，将醋酸丁酯加入PEG富集的上相，达到相平衡后的分配系数为60.99，富集系数为6.30，所得产率为92.42%。这说明了双水相萃取、醋酸丁酯反萃提取青霉素的可行性，简化了操作流程，大大减少了有机溶剂的使用量。Yang等[79]利用PEG-$(NH_4)_2SO_4$双水相体系提取抗生素，在此体系中头孢菌素C的分配系数K_c大于1，而去乙酰头孢菌素C的分配系数K_d小于1，添加丙醇、甲醇、乙醇、异丙醇和正丁醇有利于提高K_c，而使K_d进一步下降，这说明通过调节双水相萃取影响因素有望解决结构相近抗生素的分离难题。此外，还对比了头孢菌素在过滤液、不同批次发酵液、稀释液中的分配系数，结果非常相近，这也说明ATPE可以直接从发酵液中提取抗生素，大大简化了操作流程。Bora等[80]用PEG-硫酸盐/磷酸盐双水相体系对头孢氨苄和氨基头孢菌酸二元混合物的分配进行了研究。实验结果显示该法对于头孢氨苄具有高选择性，表明ATPE作为头孢氨苄生物合成下游工程中的一种分离技术具有良好的前景。Soto等[81]在室温下用离子液体提取阿莫西林和氨苄青霉素，Mallakpour等[82]用疏水性离子液体萃取红霉素均取得了很好的效果。研究说明了ILATPS提取抗生素的可行性，该法目前和传统的有机溶剂法相比，生产消耗较高，但是随着离子液体生产成本的下降，该技术将逐步满足工业需求。

反胶团萃取法作为一种新型的生物产品分离方法，受到了大家的关注。其中研究最多的为反胶团萃取分离蛋白质[83]。

Hu 等[84]研究了二-2-乙基己基磷酸钠（NaDEHP）/异辛烷反胶团萃取氨基糖苷类抗生素新霉素和庆大霉素。结果显示，氨基糖苷类抗生素能被有效萃取至反胶团溶液中，在适当条件下经一步萃取的萃取率可达 80% 以上，而且萃取至反胶团相的抗生素很容易能够被反萃到二价金属阳离子（如 Ca^{2+}）水溶液中。抗生素萃取率在很大程度上受到水相料液中 pH 值和盐浓度的影响。在 pH 值为 8.5 ～ 11 时，萃取率随 pH 值升高而急剧下降；随着（$(NH_4)_2SO_4$）浓度上升，萃取率也下降。他们提出了一个简单的萃取-反萃机理：在萃取过程中，抗生素分子主要是通过静电相互作用萃取至反胶团的微水池；在反萃过程中，由于二价阳离子破坏反胶团体系，萃取到反胶团相中的抗生素重新释放回到水相中。Fadnavis 等[85]用二-（2-乙基己基）琥珀酸磺酸钠（AOT）/异辛烷反胶团体系萃取分离了红霉素、土霉素、青霉素及放线菌酮，在温和的试验条件下均得到了很高的萃取率。Fadnavis 等还研究了用该体系直接从发酵液中萃取土霉素，萃取率和产品纯度都高达 90% 以上，这说明直接从发酵液中选择性萃取并高效回收抗生素的可行性。Fadnavis 等认为反胶团萃取抗生素除了静电作用和疏水作用外，溶质与水形成的氢键也起了重要的作用。如苄青霉素有羧基，红霉素有羟基可与水形成氢键，因此这两种抗生素的萃取率都不高。

从上述研究可以看出，目前应用于抗生素提取的反胶团体系相当有限，离子型表面活性剂的毒性限制了该技术在下游工程中的应用[86]，所以一些研究者建议使用两性表面活性剂，如大豆磷脂，从而得到具有生物相容性的反胶团体系[86]。

目前，膜分离技术在抗生素提取中的应用十分活跃，主要包括：应用于抗生素生产[88]，取代或部分取代原有的抗生素提取技术；应用于废水处理，回收其中的抗生素；应用于抗生素残留检测，提取微量/痕量抗生素残留。

液膜萃取技术经过将近 40 年的发展，受到人们的普遍关注，在抗生素提取（特别是青霉素[89]）中的研究较多。我国的朱澄云等[90]用乳状液膜法从发酵液中提取青霉素 G，研究了石蜡用量、搅拌速率、载体用量、内相碳酸钠溶液浓度和表面活性剂用量对青霉素提取的影响，在最佳条件下提取率可达 76.5%，浓缩比为 6.0。他们进一步研究了提取青霉素时乳化剂和载体的配伍性能[91]。结果发现三辛胺（TOA）与 Span80 配伍提取青霉素时提取率和溶胀率分别为 93.8% 和 85%，两者配伍性能很好，适合提取青霉素。液膜的溶胀不仅与乳化剂有关，还受载体、内外相化学位梯度等影响。在液膜配方及操作参数选择适宜的条件下，以 Span80 作乳化剂，溶胀率可以达到很低，Span80 由于其低毒性不失为一种好的乳化剂。Lee[92]研究了混合表面活性剂 Span80 和 PARABAR9551 对于萃取率的影响，PARABAR9551 是多胺类物质，相较于 Span80 能在界面形成更紧密的吸附层，增加乳液稳定性。采用混合表面活性剂比采用其中一种的萃取率高。Marches 等最先将支撑液膜技术应用于青霉素的提取，描述了四丁基胺和青霉素作用生成离子团在膜相中的转移，两侧水相的 pH 值控制在 6.5 左右，保证了青霉素的稳定性，减少了损失[93]。支撑液膜法提取的抗生素还包括头孢菌素 C、大环内酯类抗生素（红霉素、螺旋霉素、泰乐菌素）、氨基糖苷类抗生素（新霉素、庆大霉素、链霉素）。

在抗生素提取中，常常是几种膜分离技术联合起来提取抗生素或是部分取代溶剂萃取法进行萃取，组合膜分离技术包括：超滤 - 纳滤、超滤 - 纳滤 - 微滤、微滤 - 超滤、反渗透 - 超滤、反渗透 - 纳滤、微滤 - 反渗透。膜分离技术在抗生素的预处理与后续分离、浓缩方面都显示了很好的效果，具有广阔的工业应用前景。

第五节 油脂的超临界二氧化碳萃取

用超临界二氧化碳萃取油脂，回收率高，并可调节萃取条件，对不饱和脂肪酸等成分实现选择性分离。刘松义等研究了小麦胚芽油的超临界二氧化碳提取，探索了压力、温度、时间和流量对萃取率的影响，得到最佳工艺条件：压力 20MPa，温度 35%，流量 4L/min。张素华用超临界二氧化碳萃取法萃取、分离等工艺得到的沙棘油，与溶剂法相比，所得沙棘油酸价低。吕维忠用超临界二氧化碳萃取技术从大豆粗磷脂中萃取天然高纯度卵磷脂，得到最佳工艺条件为：萃取压力 30MPa，萃取温度 50%，萃取时间 6h，产品纯度 98%，残油含量 43%，该法比溶剂法优越，产品质量高，为开发和综合利用大豆资源开辟了新途径。方涛等对油脂脱臭馏出物的甲酯化产物进行了超临界萃取，用来浓缩天然生育酚。鱼油中含有大量的二十碳五烯酸（EPA）和二十二碳六烯酸（DHA）具有生理活性的不饱和脂肪酸，作为功能性食品原料而引人注目，其具有预防和治疗脑血栓、动脉粥样硬化、改善记忆力、提高智商等作用，用超临界萃取可将 EPA 和 DHA 从鱼油中分离。尹卓容采用超临界二氧化碳萃取法从月见草种子和丝状真菌提取亚麻酸，物料水分升高，回收率降低，回收率还随压力升高而增大直至稳定。另外，超临界二氧化碳可从紫苏子中萃取分离出紫苏脂肪油，其中亚麻酸为主要成分，有很好的调血脂作用，无毒副作用。

一、工艺流程及设备

1. 工艺流程

利用超临界二氧化碳的溶解能力随温度或压力改变而连续变化的特点，可将超临界二氧化碳萃取过程大致分为两类，即等温变压流程和等压变温流程。前者是使萃取相经过等温减压，后者是使萃取相经过等压升（降）温，结果都能使超临界二氧化碳失去对溶质的溶解能力，达到分离溶质和回收溶剂的目的。

虽然通过降低压力和（或）改变温度可使溶解在超临界流体中的萃取物质分离出来，但为了避免热敏性天然产品的有效成分在温度过高时发生分解，以及减少过程的能耗，一般实验规模的超临界流体萃取过程主要通过改变压力进行分离，即采用等温降压法，其工艺流程如下：

（1）加料　液体原料可通过进料计量泵直接加入萃取釜中。此时萃取釜内装有特制的金属填料。

（2）升温　缓冲罐、萃取釜和分离釜均安装在恒温箱内。恒温箱采用红外加热器加热，箱内设有微型风扇使空气循环流动，恒温箱的温度由温控仪控制。缓冲罐、萃取釜和分离釜均设有水夹套，用超级恒温水浴的循环水将其加热到操作温度，一般在临界点以上。

（3）加压萃取　钢瓶中的二氧化碳流体经过过滤器后进入加压泵加压，出口二氧化碳经过换热器预热后进入缓冲罐。二氧化碳流体在缓冲罐中稳压升温至操作压力和温度，再经换热器加热至操作温度或恒温，形成超临界状态，进入萃取釜，与釜中的物料接触萃取。

（4）减压分离　萃取出的产物被超临界二氧化碳流体携带，经节流阀减压和换热器加热后进入一级分离釜进行初步分离，出口二氧化碳经节流阀再次减压后进入二级分离釜，在此釜中二氧化碳流体与萃取物完全分离。一级分离釜和二级分离釜结合，亦可对多组分物系的超临界流体萃取进行层析分离。萃取物从一级、二级分离釜的底部抛出，原料残液从萃取釜的底部放出。

按操作特点，超临界二氧化碳流体萃取系统大致可以分为如下几类：

（1）单程萃取系统　以如图 8-2 所示的单程超临界二氧化碳萃取鱼油流程，在给定温度下进行单程萃取，阶梯式地调节萃取器的压力，以不同压力下萃取鱼油，并在较低压力下收集产品。压力不同，鱼油内各组分在超临界二氧化碳流体内的溶解度是不同的，其设计原理在于利用温度和压力对鱼油中的有关组分溶解度的不同影响，从而达到分离效果。

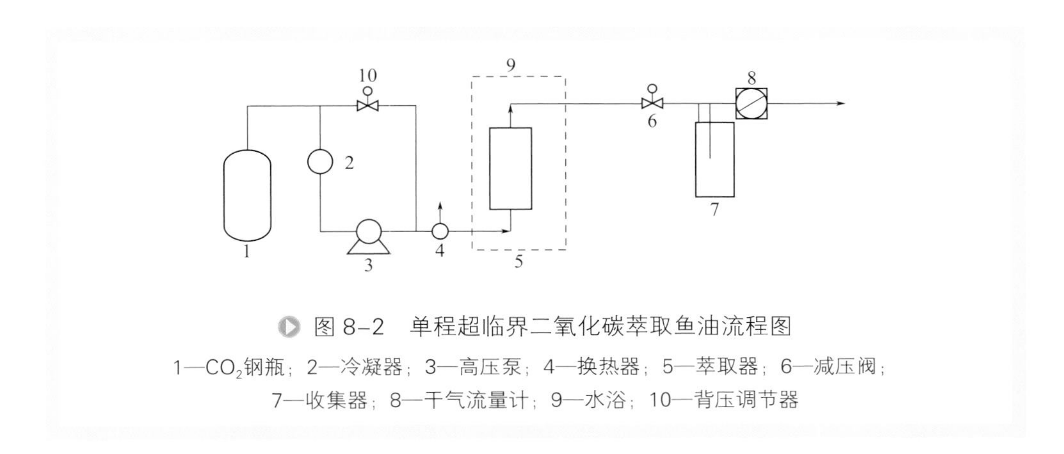

图 8-2　单程超临界二氧化碳萃取鱼油流程图

1—CO_2钢瓶；2—冷凝器；3—高压泵；4—换热器；5—萃取器；6—减压阀；7—收集器；8—干气流量计；9—水浴；10—背压调节器

将二氧化碳气体压缩升温达到溶解能力最大的状态，即超临界状态，然后加到萃取器与被萃取物料接触。鱼油的溶解度同样随着压力上升而增加，呈现出先显著提高后平缓发展的趋势。由于超临界二氧化碳有很高的扩散系数，故传质过程很快就达到平衡。温度对萃取过程的影响较为复杂，在二氧化碳流体的临界点附近，即压力较低时，温度升高导致鱼油溶解度下降，主要因超临界二氧化碳的密度随温度上升而下降，故称此阶段为“温度的负效应阶段”。在较高的压力下，温度对二氧化碳流体密度的影响较小，而温度升高提高了鱼油的蒸气压，因此，温度升高溶质的溶解度也随之增加，故称此阶段为“温度的正效应阶段”。当过程维持压力恒定，则温度自然下降，密度必定增加，然后萃取物流进分离器，进行等温减压分离过程，这时超临界二氧化碳的溶解能力减弱，溶质从萃取相中析出，过程就可以周而复始。

（2）变温变压回流系统　图 8-3 所示为变温变压回流系统的流程图。在回流环路中，调节温度和压力可使溶质的溶解度降到底，所形成的液体馏分，再泵压回到精馏柱的顶部，构成一个逆流流动。超临界二氧化碳中尚含有的其他溶质则通向分离器，此时压力和温度都下降，收集萃取物质。溶质的流率和总体积分别用转子流量计和累加器测量。用鲱鱼油作为研究对象，所得到的结果如表 8-5。此时的萃取温度和压力分别为 35℃和 9.65MPa，在回流环路中相应为 95℃和 9.3MPa。原料中含 ω-3 酸 40.40%，经变温变压回流系统的萃取后，在萃余物中的 ω-3 酸的含量增加到了 87.84%；其中 EPA 和 DHA 的回收率分别达到了 38.6% 和 92.4%；EPA 的浓度从 17.30% 提升到 22.25%；DHA 的浓度则从 9.49% 提高到 29.23%。运用变温变压回流的超临界流体萃取系统虽然使 EPA 和 DHA 的浓度有所提升，但幅度较小。

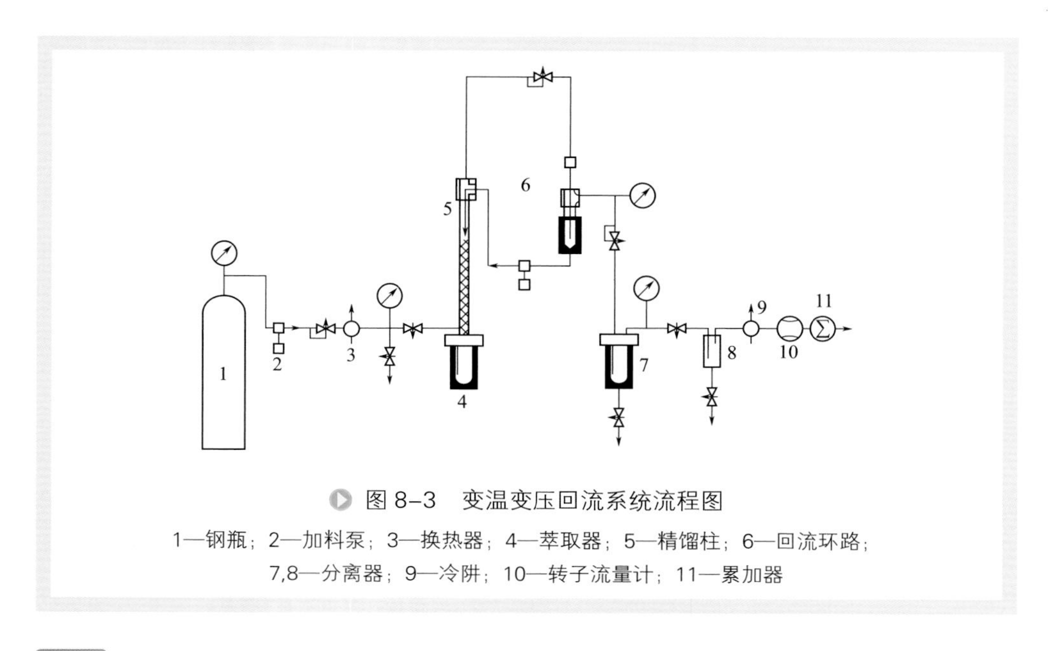

图 8-3　变温变压回流系统流程图

1—钢瓶；2—加料泵；3—换热器；4—萃取器；5—精馏柱；6—回流环路；7,8—分离器；9—冷阱；10—转子流量计；11—累加器

表 8-5　变温变压回流系统的超临界 CO_2 流体萃取结果

项目	原始样品（10g）		萃取物（6.1g）		萃余物（3.0g）		回收率 /%
	含量 /%	质量 /g	含量 /%	质量 /g	含量 /%	质量 /g	
$C_{18:3}$	5.86	0.589	1.82	0.110	11.81	0.354	60.4
$C_{20:3}$	4.48	0.403	0.38	0.023	14.23	0.354	95.3
$C_{20:4}$	1.03	0.103	0.02	0.001	2.10	0.063	61.2
$C_{20:5}$	17.30	1.730	1.08	0.066	22.25	0.667	38.6
$C_{22:5}$	2.20	0.220	0.01	—	8.21	0.220	100.0
$C_{22:6}$	40.40	4.030	3.74	0.277	87.84	2.590	64.3

（3）超临界萃取技术与尿素包合技术相结合　饱和脂肪酸结构呈直链状，易被尿素包合，不饱和脂肪酸中有双键，使长链弯曲，具有一定的空间构型，不易被尿素包合。鱼油中含有各种不同碳链长的饱和脂肪酸和不饱和脂肪酸，超临界流体萃取的优势在于按分子量大小来分离脂肪酸，却不适宜分离碳链相同的脂肪酸构成的混合物。

斋藤正三郎首次提出了用超临界萃取技术与尿素包合技术相结合的工艺，先用超临界二氧化碳流体萃取脂肪酸混合物，得到的溶有脂肪酸的超临界相进入装有尿素细粉的容器中形成包合物，二氧化碳与尿素不发生包合的组分通过减压阀进入收集器，得到的是不饱和度较高的脂肪酸。而后铃木康夫对该流程进行了改进，如图 8-4 所示。将萃取器与包合物形成的容器合二为一，并增设了一个气相循环泵。待萃取的鱼油脂肪酸酯装入萃取器底部，釜上部设尿素填充床。萃取时，阀门 9 先关闭，由泵进行循环，这样饱和脂肪酸酯以及低不饱和度脂肪酸酯被尿素包合，留在填充床内。气相循环一段时间后，打开阀门 9 出料，不饱和脂肪酸组分在分离器里

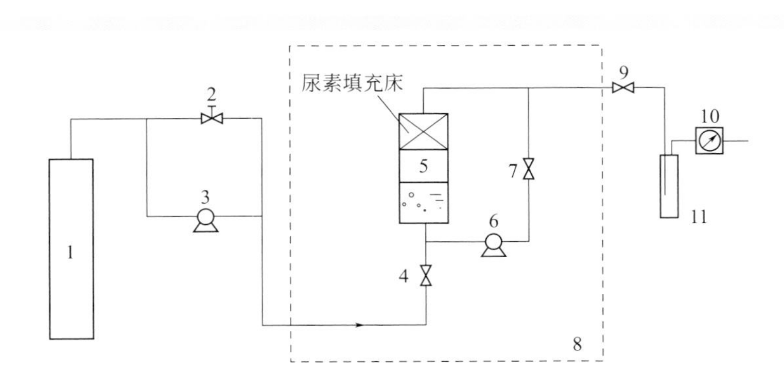

图 8-4　用带尿素填充床的萃取釜进行萃取的流程

1—CO_2钢瓶；2,4,7,9—阀门；3—高压泵；5—萃取釜；6—循环泵；8—恒温装置；10—干式气量计；11—收集器

进行收集。

2. 工艺设备

超临界流体萃取装置的主要设备有萃取釜、分离釜、换热器、高压泵、压缩机等[94]。超临界流体萃取的操作压力一般为7～34MPa，有的可达100MPa以上。萃取釜是装置的核心部分，它必须能够耐高压、抗腐蚀、密封可靠、操作安全。因此，萃取釜按GB 150《钢制压力容器》进行设计、制造、试验和验收。筒体和法兰加工完毕后，应进行渗透探伤检查，保证没有裂纹和缺陷。萃取釜制造完毕之后，应以设计压力的1.25倍压力下进行水压试验。萃取液体物料时，釜内加入螺旋填料。为了提高生产效率和方便操作，萃取釜的顶盖必须设计成快开式结构。大型萃取釜的快开式封头还要配置液压自控系统，实现自动启闭。实验室采用超临界二氧化碳流体萃取设备，其萃取釜容积一般在500mL以下，结构简单，无二氧化碳循环设备，承受压力可达70MPa，适合于实验室探索性工作。中试设备的萃取釜容积一般为1～20L，其配套性好，二氧化碳可循环使用，适用于工艺研究和小批量样品生产，国际上发达国家都有生产，我国也有专门生产厂家。工业化生产装置的萃取釜容积一般为50L至数立方米，国外主要采用德国UHDE和KRUPP公司的设备。分离釜、缓冲罐的结构与萃取釜相似，罐内不设进料管、填料和提篮。加热采用螺旋盘管式换热器。

二、工艺参数优化

溶质在超临界流体中的溶解度与超临界流体的密度有关，而超临界流体的密度又取决于它所在的温度和压力。超临界二氧化碳流体密度的变化规律是二氧化碳作为溶剂最受关注的。二氧化碳流体的密度是压力和温度的函数，其变化规律有两个特点：①在超临界区域内，二氧化碳流体的密度可以在很宽的范围内变化（从150g/L增加到900g/L），也就是说适当控制流体的压力和温度可使溶剂密度变化达3倍以上；②在临界点附近，压力或温度的微小变化可引起流体密度的大幅度改变。由于二氧化碳溶剂的溶解能力取决于流体密度，使得上述两个特点成为超临界二氧化碳萃取过程的最基本特征，也是超临界二氧化碳流体萃取过程参数选择得当的重要依据。

EPA和DHA在鱼油中主要是以甘油三酯的形式存在，它们是与其他脂肪酸一起结合在甘油分子上的。超临界二氧化碳对鱼油直接萃取，鱼油的溶解度很低，更难将EPA和DHA从甘油分子上解离下来得以分离。在80℃、20MPa附近，鱼油的浓度为0.016%，而鱼油甲酯的浓度为5%左右，即在相同条件下，鱼油甲酯的溶解度是鱼油的330倍。要制备高浓度的EPA和DHA，首先要解决的问题是萃取前对鱼油进行处理，把甘油酯变成脂肪酸甲酯或乙酯，目的是把EPA和DHA从甘油三酯上解离下来，使之成为游离脂肪酸酯的形式便于萃取。

Eisenbach 最早报道了鳕鱼油乙酯的超临界流体精制的研究结果。Eisenbach 在萃取器和分离器之间安装了一个分馏柱和一个直接热交换器。分馏柱由耐压管制成，其中填充了不锈钢填料，直接热交换器置于分馏柱的顶端，而且维持着比其他部位要高的温度。当携带有脂肪酸酯的超临界二氧化碳流体通过塔顶温度较高的区域时，由于温度升高，密度下降，溶解度较低的组分就会分离出来形成液体向下回流至分馏柱，起到普通精馏的作用，溶解度高的组分沿分馏柱上升并通过塔顶分离出去。

此时，溶解度较低的组分在塔内的浓度会越来越高，起到浓缩作用。Eisenbach 用鳕鱼油的乙酯作为原料，进料量为 2350g，操作条件：萃取压力和温度分别为 15MPa 和 50℃，分离压力和温度分别是 2.5MPa 和 50℃，二氧化碳的流率为 25L/h。每小时用气相色谱法分析超临界相的组成，运用两步法，可得到高纯度的 C_{20}-乙酯，其中 EPA 含量占 52.7%。

通常认为影响超临界二氧化碳萃取的参数主要包括萃取压力、萃取温度、萃取时间、二氧化碳流量，萃取原料的物性（主要是含水量）和夹带剂对萃取率也有影响。在研究过程中，通常将超临界二氧化碳萃取与其他方法如索氏提取法进行对比，以证实这种方法的有效性和可重复性。

1. 萃取压力

萃取压力是超临界二氧化碳萃取的最重要工艺参数之一。不同原料在不同超临界条件下的溶解度曲线表明，萃取物在超临界二氧化碳中的溶解度与流体的密度密切相关，而萃取压力是改变超临界流体对物质溶解能力的重要参数。通过改变萃取压力可以使超临界流体的密度发生变化，改变传质距离，改变溶质和溶剂之间的传质效率，从而增大或减小它对物质的溶解能力。随着超临界萃取压力的增加，萃取物的溶解度一般都会急剧上升。在萃取温度、二氧化碳流量恒定时，萃取压力增大，超临界二氧化碳密度增大，分子间距离减小，分子运动加剧，内部分子间的相互作用能急剧加大，使之更加接近油脂内部分子间的作用能，按相似相溶原理，植物油脂在二氧化碳中的溶解度增加。但二者并非呈线性关系，当萃取压力增加到一定程度时，植物油脂在二氧化碳中的溶解度增加缓慢，存在一个“最大溶解度”萃取压力的问题。并且萃取压力过大，将原料压缩成块，不利于萃取，萃取出来的油脂色泽变暗（高压下二氧化碳将原料中的部分色素也萃取了出来）。另外，考虑到高压会增加设备投资和操作费用，并影响油脂的纯度，因此萃取压力并非越高越好。一般最佳萃取压力的确定需要综合考虑原料性质、溶解油脂能力、浸出的选择性、产品质量、设备投资等多种因素。综合已有资料，油脂的萃取压力一般应在 20 ～ 30MPa。

2. 萃取温度

萃取温度是影响超临界二氧化碳密度的另一个十分重要的参数，与萃取压力相比，萃取温度对超临界二氧化碳流体萃取过程的影响要复杂得多。在一定萃取压力下，萃取温度对植物油脂萃取的影响有两种趋势：一是随温度的升高，油脂收率逐渐增加，当超过一定温度时，又逐渐下降，这种情况在萃取压力较高时出现。这是因为萃取压力大时，二氧化碳密度高，可压缩性小，升温时二氧化碳密度降低较少，但大大提高了待分离组分的蒸气压和物料的扩散系数，而使溶解能力提高。二是随温度增加，产品收率呈降低趋势，这种情况在较低萃取压力下出现。这是因为在超临界二氧化碳临界点附近，压力较低时，超临界二氧化碳的可压缩性大，升温时二氧化碳密度急剧下降，此时虽可提高分离组分的挥发度和扩散系数，但难以补偿二氧化碳密度降低所造成的溶解能力下降。另外，温度升高，在萃取率增大的同时，杂质的溶解度也会相应增大，从而增加了分离纯化过程的难度，这反而有可能降低产品的收率，并且高温有可能造成某些成分的变性、分解或失效，因此在选择萃取温度时要综合考虑这些因素。由于油脂大多都含有不饱和脂肪酸，故萃取温度应较为温和，一般在 30 ～ 50℃。

3. 萃取时间

实验表明，萃取时间越长，出油率越高。在萃取的初始阶段，出油率增加显著；但随着萃取时间的延长，出油率增长缓慢，存在一个经济时间的终点，且萃取的选择性也下降。为降低成本，提高设备效率，综合考虑萃取时间一般为 1 ～ 3h。较其他萃取技术而言，超临界二氧化碳萃取所需时间较短。在保证油脂收率的情况下，40min ～ 3h 对于绝大多数样品来说已经足够。

4. 二氧化碳流量

二氧化碳流量的变化对超临界二氧化碳萃取有两个方面的影响。一方面，二氧化碳流量增加，可增大萃取过程的传质推动力，也相应地增大了传质系数，使传质速率加快，较快达到平衡溶解度，从而提高萃取能力，缩短萃取时间；但另一方面，二氧化碳流量过大，会造成萃取器内二氧化碳流速增加，使二氧化碳停留时间缩短，从而使二氧化碳与被萃取物接触的时间减少，不利于萃取率的提高，增加生产成本。因此，二氧化碳流量在萃取中存在一个最佳值。一般原料含油率高时，二氧化碳流量大则有利于提取。但实际上，二氧化碳流量在操作中不容易控制。

5. 夹带剂

由于纯二氧化碳本身的非极性特点，大大限制了其应用范围。油脂在超临界二氧化碳中的溶解度一般较低，为提高溶解度，可以考虑加入夹带剂。加入夹带剂可以增加萃取率或改善选择性，并有效降低萃取压力。据文献报道，当夹带剂的质量分数达到 10% 时，油脂萃取率可以提高到 97% 左右。禹慧明等人用超临界二氧化碳萃取被孢霉中 γ- 亚麻酸时用 10% 甲醇作夹带剂，使萃取率提高 4 倍，操作压力从 38.3MPa 降至 13.4MPa。然而，夹带剂的用量必须是相对二氧化碳流量而言的，其往往有一个最佳值，太大或太小都不好。需要特别指出的是，相对于溶质来说，好的溶剂也是好的夹带剂。油脂萃取中为避免有机溶剂残留，常用乙醇作为夹带剂。乙醇是具有强烈亲核加成性质的极性物质，它很容易提供一对电子与带正电荷的羰基碳结合，增加溶剂二氧化碳的极性，同时也增加了被萃取物油脂的极性，使整个体系分离因子增大，从而提高了萃取率。

超临界二氧化碳萃取技术作为一种新兴技术，已初步显示其优势，在植物油脂提取、中药有效成分提取、天然产物研究、食品、化工、香料等多个方面都得到了广泛的应用，尤其在植物油脂的萃取方面具有较好的应用前景。超临界萃取技术还可与现代分析技术相结合，如薄层色谱、气相色谱、液相色谱、气 - 质联用、液 - 质联用等，因而更能高效、快速地对所提取的植物油脂进行成分分离和分析。

第六节 天然活性物质的提取与分离

一、概述

我国土地辽阔，天然资源丰富多样，无论是海洋生物、动物、植物还是微生物，都有着分布广泛、种类繁多的优势。随着人们物质生活水平的提高，人们对健康的意识也不断强烈，日益察觉到了生态平衡及生物活性物质多样性的重要性，认识到了自然界与个人健康生活息息相关。自然界的生物千差万别，它们含有丰富的天然有机化合物，这些天然的物质不仅对生物本身可以起到平衡机体机制、调节生理、防御保护、增强活力等的作用，而且在人类的健康生活方面做出了突出贡献。

天然活性物质是通过生物化学技术、精细化工，从天然原料中提取分离出的具有生物活性和独特功能的化合物。在我国，用溶剂从天然原料中提取有用物质的研究有着悠久的历史，早在公元前一百年就有提取及应用中草药中活性物质的详细记载。目前，科研者对从天然活性物质中寻找药物或其他生活必需品越来越有兴趣。随着提取技术与应用的迅速发展、日趋成熟，将天然活性物质的研究成果应用在食品、医药、化妆品等各方面。食品方面，天然活性物质可用于食品增稠剂、乳化剂，食品调料、食用香料，食品保鲜剂以及功能性食品等。其中保健食品是具有调节机体的功能，对人体不会产生任何急性或慢性伤害的食品[95]。如人参提取物能增强智力与体力[96]，花青素具有保护心脏的作用，大豆蛋白拥有降低胆固醇的效果[97]。医药方面，安全、无毒的天然活性成分可用于预防糖尿病、心血管疾病，还具有抗衰老、抗过敏、预防高血压功能以及抑制肿瘤的功效等。如紫杉醇具有抗肿瘤活性，利血平可用于治疗高血压，西地兰可作为强心药等。化妆品方面，纯天然化合物及提取物被广泛用于化妆品中[98]。某些含有生物活性成分的物质具有美白皮肤、减少黑色素沉积、保湿等功效。如微生物发酵产品 L- 乳酸可以去皱纹，酵母发酵产品具有抗老化以及提高免疫力的功效等[99]。总之，无论是在食品方面还是医药、化妆品方面，天然活性物质在人类的生活和健康方面都起着至关重要的作用。

天然活性物质资源主要包括四大类。表 8-6 列出了天然活性物质的来源及类型[100]。

表 8-6　天然活性物质的来源及类型

来源	活性物质
植物	多糖、生物碱、蛋白质、挥发油、氨基酸、多肽类、糖醇、香豆素类、黄酮类
动物	牛、羊等家畜
微生物	抗生素、药用生理活性物质
海洋生物	藻类、软体动物、苔藓虫类、海绵等

二、萃取剂

天然产物提取分离技术主要有萃取法、酶辅助提取、微波提取、高速逆流提取等，新技术的出现，提高了有效成分的收率和纯度。用溶剂从天然原料中提取有用物质的实践在食品工业中有着悠久的历史。萃取由于操作条件温和、选择性好，广泛应用于分离提取有机化合物，是分离液体混合物常用的单元操作。

食品工业对健康和卫生方面有严格的要求。对在生产食品过程中使用的溶剂需要有严格的规定，尤其要考虑溶剂的毒性，对使用无毒的溶剂没有限制，在使用有毒溶剂时必须严格按照相关的法规，要保证有毒溶剂在食品中的残余量小于国家卫生安全及健康法规所规定的水平。

事实上，可以用在食品工业中的溶剂数量较少。主要有二氧化碳，一些短链烷烃、卤代烃，以及某些低分子醇、酮和酯。表 8-7 列出了一些常用于食品工业中溶剂的物理性质[101]。

表 8-7　一些常用溶剂的物理性质

溶剂	分子量	密度（20℃）/（kg/m^3）	沸点（常压下）/℃	水中溶解度 /（g/100g 水）
二氧化碳	44	常温常压下为气体	–78.5	常温常压下为气体
甲醇	32	792	65	混溶

续表

溶剂	分子量	密度（20℃）/（kg/m³）	沸点（常压下）/℃	水中溶解度 /（g/100g 水）
乙醇	46	789	78	混溶
异丙醇	60	785	82	混溶
丙烷	44	常温常压下为气体	–42.2	常温常压下为气体
丁烷	58	常温常压下为气体	–0.6	常温常压下为气体
戊烷	72	625	36	0.036
已烷	86	659	69	0.014
二氯甲烷	85	1324	40	2
三氯乙烯	131	1468	87	0.1
乙酸乙酯	88	901	77	8.5
乙酸丁酯	115	871	126	0.7
糠醛	96	1159	162	9.1

从表中可以看出，在食品工业中，甲醇、乙醇和异丙醇是应用较广的醇类；酯类化合物只有乙酸乙酯和乙酸丁酯；卤代烃中只有二氯甲烷可以使用。

除此之外，在选择萃取剂方面还需考虑以下因素：①溶解度，对有效溶质的溶解度要远大于对杂质的溶解度；②选择性，萃取剂要有较高的选择性以减少萃取剂的损失；③化学性质，要有足够的化学稳定性，减小对设备的腐蚀，溶剂不能与天然活性物质的成分发生化学反应；④物理性质，选取萃取剂时要考虑其密度、黏度、表面张力、沸点等因素，一般情况下，倾向于使用沸点低的溶剂，便于萃取后溶剂的脱除；⑤经济性，需要廉价易得，循环利用过程中损耗尽量小。此外，溶剂的极性也是一个重要的因素，它与溶解度直接相关。

三、工业应用

天然活性物质成分复杂，有效成分含量低，且有效成分往往不明确，因此对天然活性物质的提取、分离和纯化显得十分重要。一般情况下，天然生物材料制成产品需要以下几个步骤：原料的选择和预处理；原料的粉碎；提取，即经溶剂从原料中分离有效成分，制成粗产品的工艺过程；纯化，即经过盐析、有机溶剂沉淀、吸附、层析、透析、结晶等步骤将粗产品进行精制的工艺过程；干燥保存成品原料；制剂，将原料进行精细加工制成供应用的各种剂型。

1. 生物碱的提取

生物碱是存在于自然界（主要为植物，但有的也存在于动物）的一类含氮的碱性有机化合物。大多数有复杂的环状结构，氮素多包含在环内，有显著的生物活性，种类繁多，约在一万种，是中草药中重要的有效成分之一，具有光学活性。蔡建国等[102]采用超临界二氧化碳，结合使用甲醇、乙醇、丙酮作为夹带剂以及碳酸钠碱化处理原料来研究对生物碱的提取率及提取物中总生物碱的影响。结果表明，在318.15K的温度及35MPa的压力条件下，相对于单纯使用超临界二氧化碳萃取技术，此种方法将生物碱的提取率从0.0436%提高到了0.2019%，即提高了3.63倍；提取物中生物碱的质量分数从12.5%提高到了20.03%；提取物中生物碱的平均分子量从334.63提高到了400.03，即提高了近0.2倍。

2. 磷脂的提取

磷脂是一类含有磷酸的酯类，机体中主要含有两大类磷脂，由甘油构成的磷脂称为甘油磷脂（phosphoglyceride）；由神经鞘氨醇构成的磷脂，称为鞘磷脂（sphingolipid）。磷脂为两性分子，一端为亲水的含氮或磷的头部基团，另一端为疏水（亲油）的长烃基链。磷脂几乎存在于所有机体细胞中，动物磷脂主要来源于动物体脑组织、蛋黄、肝脏、肾脏及肌肉组织部分；植物磷脂主要存在于油料种子、坚果及谷物中。磷脂在油料种子的含量在0.25%～3.2%之间，如表8-8所示[103]。从表中数据可以看出，大豆油是在植物油中磷脂含量最高的。

表8-8　常见油料种子的磷脂含量　　单位：%

种子	磷脂含量	种子	磷脂含量
大豆	1.2～3.2	棉籽仁	1.8
油菜籽	1.02～1.2	大麻籽	0.85
向日葵籽	0.6～0.84	亚麻籽	0.44～0.73
花生	0.44～0.62	蓖麻籽	0.25～0.3

磷脂是生命基础物质。磷脂具有活化细胞、维持新陈代谢、荷尔蒙的均衡分泌以及增强人体的免疫力和再生力的作用。另外，磷脂在促进脂肪代谢、降低血清胆固醇、防止脂肪肝、预防心血管疾病等方面，也发挥着重大的作用[104]。在食品工业中，磷脂常作为乳化剂，其中卵磷脂最为常见，一般以食用油为原料得到，它可用作面包、巧克力等的食品添加剂，也可作为食品起酥剂等[105]。

从油脂精炼过程中得到的磷脂含量一般在60%～70%之间，如果进一步精炼，可先用乙醇萃取，再用丙酮脱脂进行提纯。乙醇萃取主要是利用蛋白和磷脂在乙醇溶剂中的溶解度不同，进而将蛋白除掉，提高磷脂的含量。丙酮脱脂主要是利用油脂类成分易溶于丙酮而磷脂不溶于丙酮，这样达到油脂与磷脂的分离，进而提高磷脂的含量。萃取时多采用间歇操作，需至少萃取2～3次，直至上层澄清的丙酮为浅黄色。

近年来，科研者对提取高质量的磷脂越来越有兴趣。曾虹燕等[87]尝试用超临界二氧化碳的方法来提取大豆磷脂，并探究出了最佳的工艺条件：萃取压力为

25MPa、萃取时间为 150min、CO_2 流量为 30kg/h、大豆磷脂夹带剂乙醇的流量为 3kg/h、收率为 1.95%。

3. 咖啡因的脱除

咖啡因是一种黄嘌呤生物碱化合物，主要存在于植物中，它来源于咖啡豆——咖啡树的种子，从植物中脱下的咖啡因可作为药物中的掺和剂；茶是另外一个咖啡因的重要来源。有咖啡因成分的咖啡、茶、软饮料及能量饮料十分畅销。它是一种中枢神经兴奋剂，能够暂时地驱走睡意并恢复精力。超临界萃取技术常用于风味及芳香物质的提取，用于小规模和小批量生产。超临界萃取常用的溶剂是二氧化碳，表 8-9 列出了液态 CO_2 对一些溶剂的溶解度[65]。

表 8-9 液态 CO_2 对一些溶剂的溶解性

完全混溶	部分溶解（质量体积分数）/%		不溶或微溶
吡啶	水	0.1	大多数无机盐
乙酸	碘	0.2	胡萝卜素
乙醇、己醇	萘	2	苯乙酸
噻吩、辛酸	甘油	0.05	葡萄糖
汽油	苯胺	3	草酸
苯甲醛	油酸	2	苹果酸
苯、乙腈	润滑油	0.7	尿素

咖啡因也可溶于氯仿、二氯甲烷、三氯甲烷、乙酸乙酯等溶剂中。无论用哪种溶剂去萃取，都必须用水浸泡咖啡豆，得到含干固物 15% ～ 40% 的水相，其中咖啡因的含量为 0.6% ～ 1%。之后再用二氯甲烷或乙酸乙酯将咖啡因萃取出来。萃取后通常再用水进行反萃取以回收咖啡因。

4. 黄酮类提取

黄酮类化合物泛指两个苯环通过三个碳原子互相连接而成的一系列化合物。黄酮类化合物一般不溶于水或难溶于水；易溶于甲醇、乙醇、乙酸乙酯、氯仿、乙醚等有机溶剂。黄酮类分子中多为酚性羟基，故显酸性，可溶于碱性水溶液、吡啶等溶剂中[42]。几乎所有的绿色植物中都含有黄酮类化合物。主要分布于高等植物中，具有广泛的生物活性。如槲皮素具有抗氧化作用，银杏总黄酮具有治疗心血管疾病的作用，水飞蓟素具有保肝作用。

黄酮类化合物具有这么多的药理作用，对这类物质进行提取分离显得尤为重要。近年来，科研者对具有治疗心脑血管疾病作用的银杏黄酮和银杏内酯的研究比较深入，研究者直接从银杏叶中萃取了黄酮化合物。国内用乙醇提取得到的银杏叶粗产品中有害成分的含量为 2g/100g ；在 35MPa 的压力和 600℃的温度下，以乙醇作为溶剂、经二氧化碳超临界萃取后得到的有害成分的含量减小到了 0.02g/100g，效率提高了 99 倍。这就证明了用超临界二氧化碳提取银杏叶中的药物成分是可行的。

5. 天然活性同系物的选择性分离

从生物质资源中分离出天然活性物质，一般分为提取和纯化两个阶段。提取阶段是将初始原料中的目标活性物质溶出的过程，这个过程相对容易，一般可以达到较高的提取效率。由于生物体内通常存在着一系列结构相似、物化性质相近的同系物，提取和初步分离得到的往往是由两种以上同系物组成的混合物，然而各个同系物常具有各异的生理活性和用途。因此，同系物分离成为高纯度、高活性的高端天然化学品生产制备中的关键过程。一个典型案例是羊毛脂中甾类同系物的选择性分离。

羊毛脂是羊毛洗涤脱脂过程中产生的副产品，我国每年产生羊毛脂约 3 万吨，直接排放不仅浪费资源而且污染环境。长期以来，我国除一小部分精制后作为药用或用于化妆品工业外，大部分羊毛脂以低廉的价格被国外公司收购。羊毛脂中含有一些高附加值成分，如胆固醇是合成维生素 D_3、甾体激素等药物的关键原料，并可作为乳化剂和饲料添加剂在化妆品、水产等行业中广泛应用；24- 去氢胆固醇则可作为合成活性维生素 D_3 的关键原料。我国维生素 D_3 产销量占全球 80% 以上，但其原料胆固醇长期受制于国外少数巨头企业。因此，利用我国丰富的羊毛脂资源，开发高品质胆固醇、24- 去氢胆固醇等重要甾类产品的生产技术，打破国外垄断，可以产生显著的经济效益和社会效益。

然而羊毛脂组成复杂，活性组分含量低，其中胆固醇约 10%、24- 去氢胆固醇

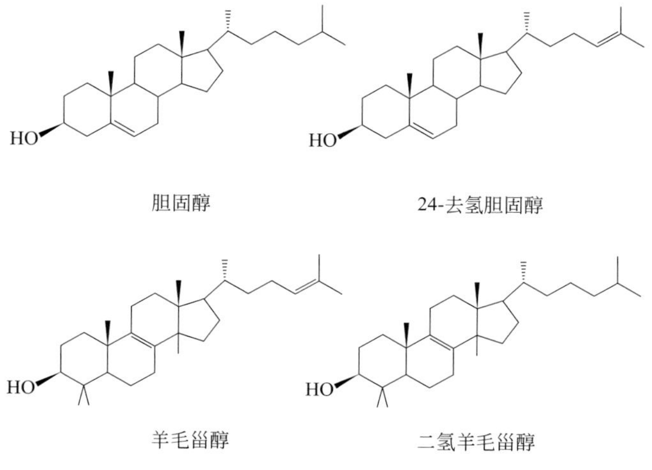

胆固醇

24-去氢胆固醇

羊毛甾醇

二氢羊毛甾醇

图 8-5 羊毛脂中部分甾类同系物的分子结构

低于 1%，与数十种结构相似的甾类同系物（图 8-5）共存，分离难度大。特别是 24- 去氢胆固醇与胆固醇分子结构极为相似，分子量差异小于百分之一，其选择性分离极具挑战。国内之前并无羊毛脂胆固醇生产的报道，美国药典 NF 级羊毛脂胆固醇（纯度 >95%）全部依赖进口，严重阻碍了我国维生素 D_3 产业的健康发展，24- 去氢胆固醇的生产技术则在全球范围内尚属空白。

传统的化工分离提纯技术普遍受制于分离介质分子辨识能力弱、分离选择性低的瓶颈。针对这一难题，浙江大学的研究人员采用量子化学方法找出同系物分子电子 / 电荷分布的细微差异，提出了高电子 / 电荷密度萃取剂结构设计策略，开发了兼具高选择性和高容量的双功能萃取剂，显著提升了对同系物分子的特异性辨识能力和协同作用能力。以此为基础，发明了弱极性甾类同系物分子辨识萃取分离关键技术，创建了以液 - 液萃取为核心，从羊毛脂中分离制备胆固醇、24- 去氢胆固醇等高附加值成分的全流程新工艺，从原本价格很低甚至当作废弃物丢弃的原料中，提取制备出几乎与黄金等价的宝贝，大大提高其“含金量”，实现变“废物”为“黄金”。

该技术在浙江实现产业化后，高纯度 24- 去氢胆固醇产品系全球独家生产，美国药典 NF 级胆固醇产品占全球市场份额的 80%。目前，该技术的实施企业是全球高纯度 24- 去氢胆固醇唯一生产企业和全球最大、国内唯一的美国药典 NF 级羊毛脂胆固醇生产企业，创造了显著的经济效益和社会效益。

四、展望

天然活性物质具有绿色无污染、资源丰富、潜在价值大、对人类健康生活起着至关重要作用等优势，科研工作者逐渐提高对其提取分离技术及有效成分的收率和纯度的关注。随着科学技术的进步、经济的发展和人们生活水平的提高，人们对健康长寿的追求及食品卫生方面的要求必然越来越高。现在食品工业已经不满足于仅使人类填饱肚子，而是努力使人类能够有效地合理膳食、科学饮食以满足各类营养的需求，避免营养过剩、营养不良或营养缺乏症的发生。天然活性物质的提取条件一般要温和，以避免失活、变性，萃取技术正好满足条件。

参考文献

[1] 陈利维, 张天嵌 . 芳烃抽提技术研究进展和应用现状 [J]. 石油化工应用, 2017, 36(1): 7-10.

[2] 傅承碧, 沈国亮 . 化工工艺学 [M]. 北京 : 中国石化出版社, 2014.

[3] 孙东旭, 戴咏川, 宋官龙, 金英杰, 尚俊龙, 彭映达 . 超声波辅助作用下芳烃萃取分离研究 [J]. 现代化工, 2016, 36(5): 94-97.

[4] 苏玉忠, 赵亚东, 李军, 高浩其 . 电促芳烃萃取研究 [J]. 石油化工, 2005, 34(z1): 808-810.

[5] Al-Rashed O A, Fahim M A, Shaaban M. Prediction and measurement of phase equilibria for the

extraction of BTX from naphtha reformate using $BMIMPF_6$ ionic liquid[J]. Fluid Phase Equilibria, 2014, 363: 248-262.

[6] García S, García J, Larriba M, Torrecilla J S, Rodriguez F. Sulfonate-based ionic liquids in the liquid-liquid extraction of aromatic hydrocarbons[J]. Journal of Chemical and Engineering Data, 2011, 56(7): 3188-3193.

[7] Domínguez I, Gonzalez E J, Domínguez A. Liquid extraction of aromatic/cyclic aliphatic hydrocarbon mixtures using ionic liquids as solvent: literature review and new experimental LLE data[J]. Fuel Processing Technology, 2014, 125: 207-216.

[8] Calvar N, Domínguez I, Gomez E, Domínguez A. Separation of binary mixtures aromatic plus aliphatic using ionic liquids: influence of the structure of the ionic liquid, aromatic and aliphatic[J]. Chemical Engineering Journal, 2011, 175: 213-221.

[9] Arce A, Earle M J, Rodriguez H. 1-Ethyl-3-methylimidazolium bis {(trifluoromethyl) sulfonyl} amide as solvent for the separation of aromatic and alihatic hydrocarbons by liquid extraction extension to C_7 and C_8 fractions[J]. Green chemistry, 2008, 10: 1294-1300.

[10] Meindersma G W, Podt A, de Haan A B. Selection of ionic liquids for the extraction of aromatic hydrocarbons from aromatic/aliphatic mixtures[J]. Fuel Processing Technology, 2005, 87(1): 59-70.

[11] Meindersma G W, de Haan A B. Conceptual process design for aromatic/aliphatic separation with ionic liquids[J]. Chemical Engineering Research & Design, 2008, 86(7A): 745-752.

[12] Larriba M, Navarro P, Garcia J, Rodriguez F. Separation of toluene from *n*-heptane, 2, 3-dimethylpentane, and cyclohexane using binary mixtures of [4empy][Tf_2N] and [emim][DCA] ionic liquids as extraction solvents[J]. Separation and Purification Technology, 2013, 120: 392-401.

[13] García S, García J, Larriba M, Casas A, Rodriguez F. Liquid-liquid extraction of toluene from heptane by {[4bmpy][Tf_2N]+ [emim][$CHF_2CF_2SO_3$]} ionic liquid mixed solvents[J]. Fluid Phase Equilibria, 2013, 337: 47-52.

[14] Kim M J, Shin S H, Kim Y J, Cheong M, Lee J S, Kim H S. Role of alkyl group in the aromatic extraction using pyridinium-based ionic liquids[J]. Journal of Physical Chemistry B, 2013, 117(47): 14827-14834.

[15] 唐晓东，李晶晶，李晓贞，肖坤良．石脑油脱芳烃-FCC汽油脱硫耦联工艺的实验研究[J]. 石油炼制与化工，2013, 44(8): 67-70.

[16] Kareem M A, Mjalli F S, Hashim M A, Hadj-Kali M K O, Bagh F S G, Alnashef I M. Phase equilibria of toluene/heptane with tetrabutylphosphonium bromide based deep eutectic solvents for the potential use in the separation of aromatics from naphtha[J]. Fluid Phase Equilibria, 2012, 333: 47-54.

[17] Zhang J, Huang C, Chen B, Ren P, Lei Z. Extraction of aromatic hydrocarbons from aromatic/ aliphatic mixtures using chloroaluminate room-temperature ionic liquids as extractants[J].

Energy & Fuels, 2007, 21(3): 1724-1730.

[18] 申勇峰，薛文颖，牛文勇.Recovery of Co(Ⅱ) and Ni(Ⅱ) from hydrochloric acid solution of alloy scrap[J].Transactions of Nonferrous Metals Society of China, 2008, (05): 1262-1268.

[19] Nayl A A. Extraction and separation of Co(Ⅱ) and Ni(Ⅱ) from acidic sulfate solutions using Aliquat 336[J]. Journal of Hazardous Materials, 2009, 173(1).

[20] 张阳，满瑞林，王辉，梁永煌. 用 P507 萃取分离钴及草酸反萃制备草酸钴 [J]. 中南大学学报 (自然科学版), 2011, 42(02): 317-322.

[21] Vaishnavi Sridhar, Verma J K. Extraction of copper, nickel and cobalt from the leach liquor of manganese-bearing sea nodules using LIX 984N and ACORGA M5640[J]. Minerals Engineering, 2011, 24(8).

[22] Al-Mulla Emad A Jaffar,Al-Janabi Khalid Waleed S.Extraction of cobalt(Ⅱ) from aqueous solution by *N*, *N'*-carbonyl difatty amides[J].Chinese Chemical Letters, 2011, 22(04): 469-472.

[23] 王胜，王玉棉，赵燕春，郭鹏成. P507-P204 协同萃取分离镍钴 [J]. 有色金属，2010, 62(03): 65-68.

[24] Zhao J M, Shen X Y, Deng F L, Wang F C, Wu Y, Liu H Z. Synergistic extraction and separation of valuable metals from waste cathodic material of lithium ion batteries using Cyanex272 and PC-88A[J]. Separation and Purification Technology, 2010, 78(3).

[25] Darvishi D, Haghshenas D F, Alamdari E Keshavarz, Sadrnezhaad S K, Halali M. Synergistic effect of Cyanex 272 and Cyanex 302 on separation of cobalt and nickel by D2EHPA[J]. Hydrometallurgy, 2005, 77(3).

[26] 夏李斌，谢法正，王瑞祥.P507-Cyanex272 协同萃取分离回收废旧镍氢电池中镍钴金属新工艺研究 [J]. 中国有色冶金，2011, 40(01): 67-69.

[27] Coll M T, Fortuny A, Kedari C S, Sastre A M. Studies on the extraction of Co(Ⅱ) and Ni(Ⅱ) from aqueous chloride solutions using Primene JMT-Cyanex272 ionic liquid extractant[J]. Hydrometallurgy, 2012, 125: 126.

[28] Blitz-Raith Alexandra H, Rohani Paimin, Cattrall Robert W, Kolev Spas D. Separation of cobalt(Ⅱ) from nickel(Ⅱ) by solid-phase extraction into Aliquat 336 chloride immobilized in poly(vinyl chloride)[J]. Talanta, 2006, 71(1).

[29] Beata Pośpiech, Władysław Walkowiak. Separation of copper(Ⅱ), cobalt(Ⅱ) and nickel(Ⅱ) from chloride solutions by polymer inclusion membranes[J]. Separation and Purification Technology, 2006, 57(3).

[30] 范艳青，蒋训雄，汪胜东，等. 富钴结壳浸出液中钴镍的 N235 萃取分离 [J]. 有色金属，2006, 58 (3): 70-72.

[31] 何展伟，李永华. 镍钴铜铁和稀土混合废料中各元素的分离提纯[J]. 广东化工，2006, 33 (5): 13-15.

[32] 桑雅丽，崔荣荣，刘春华，等. P507 萃取分离钴、镍离子的实验研究 [J]. 赤峰学院学报，

2015, (21): 3-5.
[33] 王靖坤 , 高凯 , 许万祥 , 等 . P507 萃取分离镍钴工艺研究 [J]. 有色金属 , 2018, 8 (6): 19-22.
[34] 谢昊 , 李鑫 . 国内外铜湿法冶金技术现状及应用 [J]. 中国有色冶金 , 2015, 44(06): 15-20.
[35] 黄旺银 , 苏庆平 . 铜湿法冶金现状及发展趋势 [J]. 安徽化工 , 2011, 37(02): 13-14, 24.
[36] 杨习威 , 张吉明 , 孙宇辉 . 分析铜湿法冶金现状及未来发展方向 [J]. 世界有色金属 , 2018, (18): 10-12.
[37] 崔斐 . 铜湿法冶金工艺的应用 [J]. 科技创新导报 , 2017, 14(29): 102, 104.
[38] 范悦 , 姜合萍 , 于航 , 魏巍 . 基于难加工材料数控加工切削参数优化的研究 [J]. 新技术新工艺 , 2017, (02): 81-83.
[39] Hirato T , Majima H , Awakura Y. The bioleaching of chalcopyrite in ferric sulfate[J]. Metall Mater Trans B, 1987, 18B: 489- 496.
[40] Rath P C, Paramguru R K, Jena P K. Kinetics of dissolution of zinc sulphide in aqueous ferric chloride solution[J]. Hydrometallurgy, 1981, 6(3-4): 219-225.
[41] Schippers A, Sand W. Bacterial leaching of metal sulfides proceeds by two indirect mechanisms via thiosulfate or via polysulfides and sulfur[J]. Appl Environ Microbiol, 1999, 65(1): 319-321.
[42] 张忠立 , 左月明 , 徐璐 , 等 . 三白草黄酮类化学成分的研究 [J]. 中草药 , 2011, 42(8): 1490-1493.
[43] 朱祖泽 , 贺家齐 . 现代铜冶金学 [M]. 北京 : 科学出版社 , 2003.
[44] Moyes J, Houllis F, Bhappu R R. The Intec copper process demonstration plant[C]//5th Annual Copper Hydromet Roundtable '99 International Conference; Phoenix, AZ; USA; 10 Oct. 1999. Randol International, 2000: 65-72.
[45] Hyvärinen O, Hämäläinen M. HydroCopper™—a new technology producing copper directly from concentrate[J]. Hydrometallurgy, 2005, 77(1-2): 61-65.
[46] McDonald R G, Muir D M. Pressure oxidation leaching of chalcopyrite: Part Ⅰ. comparison of high and low temperature reaction kinetics and products[J]. Hydrometallurgy, 2007, 86(3-4): 191-205.
[47] McDonald R G, Muir D M. Pressure oxidation leaching of chalcopyrite: Part Ⅱ: comparison of medium temperature kinetics and products and effect of chloride ion[J]. Hydrometallurgy, 2007, 86(3-4): 206-220.
[48] Beckstead L W, Miller J D. Ammonia, oxidation leaching of chalcopyrite—reaction kinetics[J]. Metallurgical Transactions B, 1977, 8(1): 19-29.
[49] 朱屯 . 现代铜湿法冶金 [M]. 北京 : 冶金工业出版社 , 2002.
[50] Телегина Л Е, 张教五 . 国外贵金属提取技术进展的新动向 [J]. 黄金 , 1985, (01): 39-44.
[51] 吴晓峰 , 汪云华 , 范兴祥 , 赵家春 , 关晓伟 , 顾华祥 . 贵金属提取冶金技术现状及发展趋势 [J]. 贵金属 , 2007, (04): 63-68.
[52] 栾和林 , 姚文 , 武荣成 . 环酯类贵金属萃取剂的研究 [J]. 有色金属 , 1999, (02): 47-51.

[53] 陈鹏 . 酰胺酸萃取剂在稀土及稀贵金属二次资源回收中的应用 [D]. 福州 : 福建师范大学 , 2017.
[54] Shimojo K, Aoyagi N, Saito T, et al. Highly efficient extraction separation of lanthanides using a diglycolamic acid extractant[J]. Analytical Sciences, 2014, 30(2): 263-269.
[55] Rout A, Souza E R, Binnemans K. Solvent extraction of europium (Ⅲ) to a fluorine-free ionic liquid phase with a diglycolamic acid extractant[J]. RSC Advances, 2014, 4(23): 11899-11906.
[56] Sheldon R. Catalytic reactions in ionic liquids[J]. Chemical Communications, 2001, (23): 2399-2407.
[57] Allen D, Baston G, Bradley A E, et al. An investigation of the radiochemical stability of ionic liquids[J]. Green Chemistry, 2002, 4(2): 152-158.
[58] Dietz M L, Dzielawa J A. Ion-exchange as a mode of cation transfer into room-temperature ionic liquids containing crown ethers: implications for the ‘greenness’ of ionic liquids as diluents in liquid–liquid extraction[J]. Chemical Communications, 2001, (20): 2124-2125.
[59] Durocher Terry Earl. Ion exchange and solvent extraction: a series of advances[M]. Boca Raton, Florida: CRC Press, 1981.
[60] 廖春发 , 焦芸芬 , 邱定蕃 . 膦 (磷) 类萃取剂浸渍树脂吸附重稀土的性能 [J]. 过程工程学报 , 2007, (02): 268-272.
[61] 罗文静 , 谢家理 , 田芳 , 吴剑平 . P_{204}-TBP 浸渍树脂对硫酸介质中 Sc^{3+} 的吸附行为研究及其应用 [J]. 离子交换与吸附 , 2003, (06): 547-553.
[62] 中华人民共和国国家标准 : 污水综合排放标准 : GB 8978—88[S].
[63] 王箴 . 化工辞典 [M]. 北京 : 化学工业出版社 , 2010.
[64] 张芳西 , 等 . 含酚废水的处理与应用 [M]. 北京 . 化学工业出版社 , 1983.
[65] Bienford D E. The potential of carbon dioxide as an extraction solvent[J]. Prog in Foog Eng, 1983, 207: 215.
[66] 徐光宪 , 王文清 , 吴瑾光 , 等 . 萃取化学原理 [M]. 上海 : 上海科学技术出版社 , 1984.
[67] 汪家鼎 , 陈家镛 , 等 . 溶剂萃取手册 [M]. 北京 : 化学工业出版社 , 2001.
[68] 时钧 , 汪家鼎 , 余国琮 , 陈敏恒 , 等 . 化学工程手册 : 上卷 [M]. 2 版 . 北京 : 化学工业出版社 , 1996.
[69] Kiezyk P R, Mackay D. Can J Chem Eng, 1971, 49: 747.
[70] Greminger D C, Burns G P, Lynn S, Hanson D N, King C J. Ind Eng Chem Process Des Dev, 1982, 21: 51.
[71] King C J, et al. Solvent Extr Ion Exchange, 1985, 1(3): 1.
[72] 王赟 , 闫永胜 , 胡仕平 , 韩娟 . 抗生素提取技术及研究进展 [J]. 中国抗生素杂志 , 2009, 34(11): 641-649, 712.
[73] 余江 , 刘会洲 , 陈家镛 . 微乳相萃取技术的研究进展 [J]. 化工学报 , 2006, (08): 1746-1755.
[74] Gutowski K E, Broker G A, Willauer H D, et al. Controlling the aqueous miscibility of ionic

liquids: aqueous biphasic systems of water-miscible ionic liquids and water-structuring salts for recycle, metathesis, and separations[J]. Journal of the American Chemical Society, 2003, 125(22): 6632-6633.

[75] Chang Q, Liu H, Chen J. Extraction of lysozyme, α-chymotrypsin, and pepsin into reverse micelles formed using an anionic surfactant, isooctane, and water[J]. Enzyme and Microbial Technology, 1994, 16(11): 970-973.

[76] 吕宏凌，王保国．液膜分离技术在生化产品提取中的应用进展 [J]. 化工进展，2004, 23(7): 696-700.

[77] Salgado J C, Andrews B A, Ortuzar M F, et al. Prediction of the partitioning behaviour of proteins in aqueous two-phase systems using only their amino acid composition[J]. Journal of Chromatography A, 2008, 1178(1-2): 134-144.

[78] Guan Y, Zhu Z, Mei L. Technical aspects of extractive purification of penicillin fermentation broth by aqueous two-phase partitioning[J]. Separation Science and Technology, 1996, 31(18): 2589-2597.

[79] Yang W Y, Lin C D, Chu I M, et al. Extraction of cephalosporin C from whole broth and separation of desacetyl cephalosporin C by aqueous two-phase partition[J]. Biotechnology and Bioengineering, 1994, 43(6): 439-445.

[80] Bora M M, Borthakur S, Rao P C, et al. Aqueous two-phase partitioning of cephalosporin antibiotics: effect of solute chemical nature[J]. Separation and Purification Technology, 2005, 45(2): 153-156.

[81] Soto A, Arce A, Khoshkbarchi M K. Partitioning of antibiotics in a two-liquid phase system formed by water and a room temperature ionic liquid[J]. Separation and Purification Technology, 2005, 44(3): 242-246.

[82] Mallakpour S, Kolahdoozan M. Room temperature ionic liquids as replacements for organic solvents: direct preparation of wholly aromatic polyamides containing phthalimide and *S*-valine moieties[J]. Polymer Journal, 2008, 40(6): 513.

[83] Basheer S A, Thenmozhi M. Reverse micellar separation of lipases: a critical review[J]. Int J Chem Sci, 2010, 8(5): 57-67.

[84] Hu Z, Gulari E. Extraction of aminoglycoside antibiotics with reverse micelles[J]. Journal of Chemical Technology & Biotechnology: International Research in Process, Environmental and Clean Technology, 1996, 65(1): 45-48.

[85] Fadnavis N W, Satyavathi B, Deshpande A A. Reverse micellar extraction of antibiotics from aqueous solutions[J]. Biotechnology Progress, 1997, 13(4): 503-505.

[86] Mazzola P G, Lopes A M, Hasmann F A, et al. Liquid–liquid extraction of biomolecules: an overview and update of the main techniques[J]. Journal of Chemical Technology & Biotechnology: International Research in Process, Environmental & Clean Technology, 2008,

83(2): 143-157.
[87] 曾虹燕，方芳，蒋丽娟．超临界 CO_2 萃取大豆油与大豆磷脂工艺条件研究 [J]. 生物技术，2003, 13(2): 37-39.
[88] 汪茂田，谢培山，王忠东．天然有机化合物提取分离与结构鉴定 [M]. 北京：化学工业出版社，2004.
[89] 许亚夫，邹大江，熊俊．滤膜材料及微滤技术的应用 [J]. 中国组织工程研究，2011, 15(16): 2949-2952.
[90] 朱澄云，宋文暄．乳状液膜法从发酵液中提取青霉素的研究 [J]. 膜科学与技术，2000, 20(6): 55-57.
[91] 朱澄云，莫凤奎．乳状液膜法分离技术中乳化剂与载体性能的研究 [J]. 沈阳药科大学学报，2002, (06): 407-409, 426.
[92] Lee S C. Continuous extraction of penicillin G by emulsion liquid membranes with optimal surfactant compositions[J]. Chemical Engineering Journal, 2000, 79(1): 61-67.
[93] 李春玲．液膜分离技术及在医药化工中的应用 [J]. 化学工程与装备，2016, (1): 171-173.
[94] 崔秉懿，亓平言．溶剂萃取技术在抗生素提取中的应用和发展 [J]. 国外医药：抗生素分册，2000, 21(5): 215-217.
[95] 余攻．中国保健食品行业发展的市场乱象分析 [J]. 山西财经大学学报，2010, (S2): 13-15
[96] Oliynyk S, Oh S. Actoprotective effect of ginseng: improving mental and physical performance[J].Journal of Ginseng Research, 2013, 37(2): 144-166.
[97] 安磊，崔欣悦．植物功能性食品的研究进展 [J]. 食品研究与开发，2014, 35(15): 131-133.
[98] Guldbrandsen N H. Screening of Panamanian plant extracts for agricultural and cosmetic activities, and metabolomic study of "*Isatis tinctoria*" accessions[D]. Switzerland: University of Based, 2015.
[99] 施昌松．天然活性化妆品的现状与发展趋势 [J]. 日用化学品科学，2012, 35(2): 1-5.
[100] 刘志皋. 食品营养学 [M]. 北京：中国轻工业出版社，2013: 226-230.
[101] 时钧，汪家鼎，等．化学工程手册：第一篇 [M]. 北京：化学工业出版社，1989.
[102] 蔡建国，张涛，陈岚．超临 CO_2 流体萃取博落回生物碱的研究 [J]. 中草药，2006, 37(6): 334-336.
[103] 张根旺，刘景顺．油脂工业副产品综合利用 [M]. 北京：中国财政经济出版社，1988.
[104] 曹栋，裘爱泳，王兴国．磷脂结构、性质、功能及研究现状 [J]. 粮食与油脂，2004, 05: 3-6.
[105] 杨继勤．奇妙的天然乳化剂——卵磷脂 [J]. 中国食品工业，2000, (12).

索　引

D

F

G

H

P

Q

R

S

T

W

X

Y

Z

其他